极端条件下气井油管柱耦联振动机理及其疲劳寿命和开裂预测

练章华 张 强 牟易升◎著

石油工业出版社

内 容 提 要

本书主要介绍了极端条件下气井油管柱耦联振动机理及其疲劳寿命和开裂预测所涉及的部分基础理论及其研究成果，主要内容包括：油管柱失效统计分析及失效机理、油管柱屈曲及冲蚀损伤、油管柱流固耦联振动、气体诱发油管柱振动相似模拟试验、油管柱振动测试工具设计及现场试验、交变载荷作用下油管柱疲劳寿命预测、油管柱机械力学及环境敏感断裂韧度试验评价、管柱环境敏感开裂研究及临界裂纹预测方法等。

本书适合油气田开发工程、油气井工程技术人员参考使用，也可供石油院校相关专业师生阅读。

图书在版编目（CIP）数据

极端条件下气井油管柱耦联振动机理及其疲劳寿命和开裂预测 / 练章华, 张强, 牟易升著. -- 北京 : 石油工业出版社, 2025.1. -- ISBN 978-7-5183-6894-5

I. TE931

中国国家版本馆 CIP 数据核字第 202468HL43 号

出版发行：石油工业出版社

（北京安定门外安华里二区 1 号楼　100011）

网　　址：www.petropub.com

编辑部：（010）64523687　图书营销中心：（010）64523633

经　　销：全国新华书店

印　　刷：北京九州迅驰传媒文化有限公司

2025 年 1 月第 1 版　2025 年 1 月第 1 次印刷
787 毫米 ×1092 毫米　开本：1/16　印张：15.25
字数：305 千字

定价：130.00 元
（如出现印装质量问题，我社图书营销中心负责调换）
版权所有，翻印必究

前言 preface

随着油气勘探开发的深入，超深、超高温、超高压及超高产量油气井日趋增多，在这样的极端条件下，油管柱失效的频率增加，因此对油管柱完整性和安全可靠性提出了更高要求。极端条件下油管柱不仅承受着轴向拉伸、压缩、内外压、高温、弯矩和剪切力等多种外部静力学载荷的作用，同时，在生产过程中高速气体的瞬变流动"耦联"诱发油管柱振动，使油管柱承受交变的动态载荷作用，底部油管柱屈曲与套管柱内壁接触产生摩擦、磨损，以及油管柱纵、横向开裂的断裂失效，使油管柱处于更加恶劣的动力学环境中。本书采用理论计算、计算机仿真模拟、室内实验及现场测试相结合的方法，主要针对极端条件下油管柱耦联振动机理、疲劳寿命及其开裂预测方法进行讨论，重点介绍了油管柱屈曲及冲蚀损伤、油管柱振动的理论及实验、交变载荷作用下油管柱疲劳寿命和油管柱环境敏感开裂等方面内容。本书是笔者近10年来在油管柱力学方面的研究成果总结。

全书共9章。第1章概述了油管柱屈曲、振动及损伤机理的国内外研究现状；第2章从不同角度系统地分析和研究油管柱失效的规律和机理；第3章对全井段油管柱复杂屈曲行为及冲蚀损伤机理进行讨论；第4章根据流体流动和固体运动的控制方程，建立油管柱耦联振动数学模型，揭示油管柱的耦联振动特性；第5章介绍了利用油管柱耦联振动相似模拟试验装置开展管柱振动模拟试验，分析了油管柱在不同管径、轴向力和生产气量下的振动规律；第6章介绍了笔者设计并开发的一套油管柱振动测试工具，并对测试工具进行室内测试和现场实验；第7章基于累积损伤理论，进行了螺纹接头、带卡瓦压痕管体、带冲蚀划痕管体及带腐蚀坑群管体的动力学损伤机理分析和疲劳寿命预测；第8章介绍了油管材料的理化性能测试、疲劳性能测试及环境敏感断裂韧度测试；第9章建立了带有腐蚀坑油管的弹塑性力学—电化学耦合有限元模型，研究了油管柱环境敏感开裂，计算了管材的环境敏感断裂韧度。

本书由国家自然科学基金项目"极端条件下气井管柱耦联振动力学行为与控制基础理论研究"（编号：51974271）、"多相瞬变流作用下深层高压高产气井油管柱多场耦合振动特性研究"（编号：52204015）资助完成。

全书由"油气藏地质及开发工程国家重点实验室"西南石油大学练章华教授等著，参与编写的人员还有张强副教授和牟易升博士，同时林铁军教授、于浩副教授等也为本书的编写提供了帮助。在本书的编写过程中，得到了中国石油塔里木油田公司的大力支持和帮助，同时也得到了我国油气井工程界的著名专家施太和教授的大力支持和帮助，借此机会表示衷心的感谢！

由于笔者水平有限，书中不妥之处在所难免，敬请广大读者批评指正。

目录 contents

1 国内外研究现状 ········· 1

  1.1 管柱屈曲行为研究现状 /2
  1.2 油管流道冲蚀研究现状 /10
  1.3 管道水锤效应及流固耦合理论研究现状 /12
  1.4 流体诱发油管柱振动研究现状 /16
  1.5 油管柱应力腐蚀开裂研究现状 /21

2 油管柱失效统计分析及失效机理 ········· 24

  2.1 油管柱失效统计分析 /24
  2.2 油管柱失效案例分析 /27
  2.3 油管柱失效机理 /33

3 油管柱屈曲及冲蚀损伤 ········· 35

  3.1 油管柱屈曲理论 /35
  3.2 全井段油管柱屈曲有限元模拟 /42
  3.3 屈曲管柱冲蚀分析 /56
  3.4 管柱内壁冲蚀模型建立与计算 /66
  3.5 注入工况下冲蚀评价方法的现场应用 /74
  3.6 管柱内壁冲蚀缺陷敏感性分析 /83

4 油管柱流固耦联振动 ········· 86

  4.1 水锤现象及其基本模型 /86
  4.2 油管柱流固耦联振动模型 /87
  4.3 油管柱流固耦联振动模型的数值解法 /95
  4.4 阻尼作用下油管柱受迫振动特性的瞬态动力学 /102

5 气体诱发油管柱振动相似模拟试验 ……………………………………… 109

5.1 油管柱振动相似系数建立 /109

5.2 模拟试验方案 /112

5.3 试验数据处理及分析 /116

6 油管柱振动测试工具设计及现场试验 ……………………………………… 127

6.1 测试工具的结构及功能 /127

6.2 测试工具室内测试 /130

6.3 油管柱振动现场测试及分析 /136

6.4 理论计算与测试数据对比 /142

7 交变载荷作用下油管柱疲劳寿命预测 ……………………………………… 143

7.1 油管柱疲劳寿命预测方法 /143

7.2 含缺陷油管柱动力学损伤机理分析及疲劳寿命预测 /149

8 油管柱机械力学及环境敏感断裂韧度试验评价 ………………………… 170

8.1 管材机械力学性能测试 /170

8.2 管材疲劳性能测试 /178

8.3 管材缺口敏感性分析 /182

8.4 管材环境敏感断裂韧度测试 /186

9 管柱环境敏感开裂研究及临界裂纹预测方法 …………………………… 197

9.1 油管柱应力腐蚀中腐蚀电位差异定量化模拟 /197

9.2 基于强度弱化的油管柱材料开裂演化 /203

9.3 已存裂纹或缺陷管柱裂纹扩展预测及 K_{ISCC} 精确计算 /209

参考文献 ……………………………………………………………………… 221

1 国内外研究现状

近年来，随着我国油气勘探行业的发展，油气井的井深、温度、压力以及产量均显著提高[1-3]，导致油气井管的服役环境也越来越恶劣，油管柱的失效现象逐年严重[4-6]。根据国内外规定，将井深大于6000m的井称为超深井，井底温度高于200℃的井称为超高温井，压力高于140MPa的井称为超高压井，天然气无阻流量高于$120 \times 10^4 m^3/d$的气井称为高产气井[7-8]。

本书将超深、超高温、超高压以及超高产量的气井定义为"极端条件"下的气井，也称其为"四超"气井，随着石油勘探开发的发展和天然气资源的紧缺，油气勘探开发行业遭遇到的极端条件气井越来越多[9-11]。极端条件下气井油管柱处于恶劣的工作环境，在服役过程中，油管柱承受着轴向拉伸、压缩、内外压、高温、弯矩和剪切力等多种外部静力学载荷的作用，同时，气井以高产量生产时，由于井筒内温度压力变化、阀门操作、管径变化、气嘴节流等因素使油管柱内的高速流体处于不稳定流动状态，流体压力发生瞬时变化，从而诱发管柱与管内流体一起"耦联"振动。油管柱振动将加速油管的疲劳破坏、接头磨损、螺纹松动和井筒完整性等问题，严重的振动将导致螺纹松扣、封隔器失封甚至油管疲劳断裂等事故[12-19]。

极端条件下气井油管柱的服役工况面临着力学因素、材料因素以及环境因素的综合影响：（1）力学因素涉及弹塑性力学与断裂力学理论；（2）材料因素包括宏观性能与微观特征；（3）环境因素综合了力学载荷、化学腐蚀及电化学腐蚀。三种因素之间的影响机理非常复杂，并不是简单的叠加关系，如图1.1所示。

笔者从极端条件下油管柱失效情况入手，根据对大量现场资料的分析和研究，找出极端条件下气井油管柱失效的主要原因及机理。通过综合数值模拟实验、室内实验以及现场测试等手段开展研究工作，针对极端条件下气井油管柱的工作特点和受力特征，引入相应学科的基础理论和方法，开展油管柱屈曲及冲蚀研究、高速气体瞬变流动诱发油管柱耦联振动机理研究、油管柱动力学行为研究、疲劳损伤与开裂预测研究，为现场极端条件下气井油管柱动力学、井筒结构完整性防控以及实际生产管理提供理论依据与技术支撑。

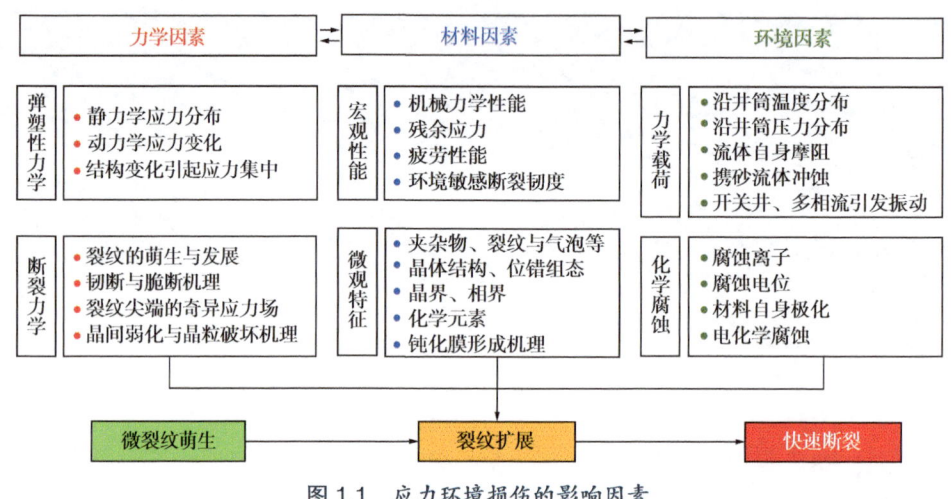

图 1.1 应力环境损伤的影响因素

1.1 管柱屈曲行为研究现状

当管柱承受的轴向压缩力超过临界载荷时,管柱会发生弯曲变形以期降低总势能,这种现象称为管柱屈曲[20]。在一定情况下,钻柱、油管、套管和抽油杆都有可能发生屈曲,在石油工程中管柱屈曲对油气井勘探开发作业的安全进行有着重要影响。钻柱屈曲后会增加钻井摩阻和扭矩,导致钻压传递困难,严重的钻柱屈曲甚至会引起钻柱疲劳破坏等井下事故;油管屈曲引起的弯曲应力集中容易导致接头密封失效、油管断裂等,在高压气井中容易造成环空带压等复杂情况;套管屈曲会导致下套管困难,在水平井、大斜度井下套管过程中套管在摩阻力作用下发生屈曲,从而产生更大的下放阻力,可能导致套管下放遇阻、套管断裂等情况;抽油杆在下行阻力过大时可能发生屈曲,与油管内壁接触而出现"自锁"现象,导致无法继续开展采油作业。针对管柱屈曲临界载荷、屈曲形态和屈曲影响因素等方面,国内外学者开展了大量研究工作。

1.1.1 管柱屈曲临界载荷研究

作为管柱屈曲行为研究的开创者,Lubinski[21]于1950年首次提出垂直井眼中旋转钻柱的屈曲问题。通过建立垂直井眼中两端铰支无重管柱的力学模型,其研究发现,在钻压达到临界值之前,钻柱将保持直线稳定状态;当钻压达到某一临界值后,直线状态将不再稳定,钻柱将发生屈曲变形并与井壁接触;继续增大载荷,钻柱将具有二阶、三阶乃至更加复杂的屈曲形态。通过经典弹性力学理论推导及贝塞尔函数转换,Lubinski提出垂直井眼中管柱的第一阶和第二阶横向屈曲临界载荷分别为

$$\begin{cases} F_{\text{crs1}} = 1.94 \cdot \sqrt[3]{EIq^2} \\ F_{\text{crs2}} = 3.75 \cdot \sqrt[3]{EIq^2} \end{cases} \quad (1.1)$$

式中：F_{crs1} 和 F_{crs2} 分别为第一阶和第二阶横向屈曲临界载荷，N；E 为弹性模量，Pa；I 为截面惯性矩，m^4；q 为单位长度管柱的重量，N/m。

Lubinski 推导的公式已经得到了广泛的认可和应用，然而针对不同条件（如定向井、水平井）下管柱屈曲临界载荷的取值，学术界仍然存在很大争议。1964 年，Paslay 和 Bogy[22] 通过建立倾斜圆筒中圆杆低边接触力学模型，研究了斜直井眼中管柱屈曲问题。假设管柱屈曲形态为沿井眼低边的多级正弦波形状，首次利用三角级数描述油管柱的屈曲形态，并将平衡条件和稳定性条件引入能量法表达式中，最终得到斜直井眼中管柱的正弦屈曲临界载荷为

$$F_{\text{crs}} = EI\left(\frac{n\pi}{L}\right)^2 + \frac{q\sin\alpha}{r_c}\left(\frac{L}{n\pi}\right)^2 \quad (1.2)$$

式中：F_{crs} 为管柱发生正弦屈曲时的临界载荷，N；L 为油管柱长度，m；α 为井斜角，(°)；r_c 为环空间隙，m；n 为管柱屈曲阶数。

在此基础上，Dawson 和 Paslay[23] 于 1984 年提出，当管柱长度很长时，其屈曲阶数 n 可视为连续函数，并令 $n = \left(\frac{L^4 q\sin\alpha}{\pi^4 EI r_c}\right)^{0.25}$，得到式（1.2）中的最小屈曲临界载荷为

$$\min(F_{\text{crs}}) = 2\sqrt{\frac{EIq\sin\alpha}{r_c}} \quad (1.3)$$

式（1.3）定量描述了管柱屈曲的临界状态，且形式简洁、方便应用，但推导过程较为复杂。为简化 Dawson 和 Paslay 的推导过程，Chen 等[24]、Miska 等[25] 通过假设管柱屈曲后变形曲线为正弦曲线并利用能量法得到了相同的结果。1983 年，Dellinger 等[26] 采用试验的方法研究了倾斜井眼中钻柱屈曲问题，根据试验数据得到的管柱正弦屈曲临界载荷拟合公式与式（1.3）十分接近：

$$F_{\text{crs}} = 2.93(EI)^{(1.436/3)} q^{(1.564/3)} \left(\frac{q\sin\alpha}{r_c}\right)^{0.436} \quad (1.4)$$

进一步增大管柱的轴向压缩载荷，管柱的正弦屈曲形态将不再稳定并进入更稳定的螺旋屈曲形态。1990 年，Chen 等[24] 假设管柱由正弦屈曲过渡到螺旋屈曲过程中轴向力保持不变，并推导出管柱螺旋屈曲临界载荷为正弦屈曲临界载荷的 $\sqrt{2}$ 倍，即

$$F_{\text{crh}} = 2\sqrt{2}\sqrt{\frac{EIq\sin\alpha}{r_c}} \quad (1.5)$$

式中：F_{crh} 为管柱发生螺旋屈曲时的临界载荷，N。

1992 年，Wu[27] 在其博士学位论文中改进了 Chen 的研究方法，指出 Chen 的结果只是正弦屈曲和螺旋屈曲临界载荷的中间值，Wu 通过假设管柱由正弦屈曲过渡到螺旋屈曲过程中轴向力按照线性规律变化，得到管柱螺旋屈曲临界载荷为正弦屈曲临界载荷的 $2\sqrt{2}-1$ 倍，即：

$$F_{crh} = 2(2\sqrt{2}-1)\sqrt{\frac{EIq\sin\alpha}{r_c}} \tag{1.6}$$

1996 年，Miska 等[25] 研究表明，当轴向压缩载荷超过正弦屈曲临界载荷的 1.875 倍时，管柱将不再处于正弦屈曲状态，因此管柱的螺旋屈曲临界载荷为

$$\max(F_{crs}) = 3.75\sqrt{\frac{EIq\sin\alpha}{r_c}} \tag{1.7}$$

Halliburton 公司的 Mitchell 针对管柱屈曲开展了大量研究工作。1997 年，Mitchell[28] 研究了井斜角对管柱螺旋屈曲行为的影响，通过建立管柱屈曲微分方程，并采用伽辽金法求解非线性屈曲方程，提出了管柱屈曲过渡阶段的稳定性准则，包括由直线状态过渡为正弦屈曲状态、由正弦屈曲状态过渡为螺旋屈曲状态、由螺旋屈曲状态卸载过渡为正弦屈曲状态。随后，Mitchell[29] 通过建立管柱屈曲平衡方程和能量方程，提出了相应的近似简化解。

在弯曲井眼中，管柱在轴向压缩力作用下会与井眼低边接触，其屈曲行为与直井和斜直井中管柱的屈曲有一定区别。大量研究（Schuh[30]、McCann 和 Suryanarayana[31]、Saliés[32]）表明，弯曲井眼可以提高管柱的稳定性，即相比于直井和斜直井，弯曲井眼中管柱的屈曲临界载荷更高。

1995 年，Wu 和 Juvkam-Wold[33] 研究了水平井钻完井过程中连续油管的屈曲及载荷传递问题，认为弯曲井段管柱较难发生屈曲变形，主要是由于两个因素：(1) 轴向压缩力的横向分量会促使管柱紧贴井眼低边；(2) 弯曲井眼中管柱的屈曲变形需要更高的能量。推导出弯曲井眼中管柱正弦屈曲和螺旋屈曲临界载荷分别为

$$F_{crs} = \frac{4EI}{r_c R}\left(1+\sqrt{1+\frac{r_c R^2 q\sin\alpha}{4EI}}\right) \tag{1.8}$$

$$F_{crh} = \frac{12EI}{r_c R}\left(1+\sqrt{1+\frac{r_c R^2 q\sin\alpha}{8EI}}\right) \tag{1.9}$$

式中：R 为弯曲井段的井眼曲率，(°)/30m。

但由于 Wu 和 Juvkam-Wold 采用二维建模，即假设管柱的屈曲变形在二维平面内，此假设无法正确考虑管柱的屈曲变形，尤其当管柱发生三维空间中的螺旋屈曲时。1998 年，Qui 等[34]通过建立恒定井眼曲率下管柱屈曲的三维数学模型，采用能量法研究恒定井眼曲率下钻杆和连续油管的屈曲行为，通过建立总势能改变量与弯曲应变能、轴向力势能、径向力势能的平衡关系式，得到管柱在恒定井眼曲率下发生稳定正弦屈曲的最小轴向载荷和最大轴向载荷以及螺旋屈曲临界载荷分别为

$$\min(F_{\text{crs}}) = \frac{2EI}{r_c R}\left(1 + \sqrt{1 + \frac{r_c R^2 q \sin\alpha}{EI}}\right) \quad (1.10)$$

$$\max(F_{\text{crs}}) = \frac{7.04EI}{r_c R}\left(1 + \sqrt{1 + \frac{r_c R^2 q \sin\alpha}{3.52EI}}\right) \quad (1.11)$$

$$F_{\text{crh}} = \frac{8EI}{r_c R}\left(1 + \sqrt{1 + \frac{r_c R^2 q \sin\alpha}{2EI}}\right) \quad (1.12)$$

当井眼曲率 R 趋近于无穷大时，即弯曲井眼变为斜直井眼，则式（1.10）变为与式（1.3）相同，式（1.11）变为与式（1.7）相同。

1.1.2 管柱屈曲形态研究

在管柱屈曲形态研究方面，Lubinski 等[35]于 1962 年进一步研究带封隔器油管柱的螺旋屈曲问题，推导了不同边界条件下油管柱底部轴向力的计算公式，通过假设管柱屈曲三维形状为标准的螺旋形，得到了无重管柱螺旋屈曲的螺距与轴向力之间的关系为

$$F = 8\frac{\pi^2 EI}{p^2} \quad (1.13)$$

式中：F 为管柱所受轴向力，N；p 为管柱屈曲螺距，m。

1982 年，Mitchell[36]将钻柱考虑为细长梁，并通过静力学分析建立了不考虑摩擦和自重的钻柱受力平衡方程，推导出螺旋屈曲状态下管柱与井壁的接触力为

$$W_n = \frac{Fr_c^2}{4EI} \quad (1.14)$$

式中：W_n 为螺旋屈曲管柱与井筒之间的接触力，N。

1988 年，Mitchell[37]通过求解管柱屈曲微分方程，得到了变螺距螺旋线方程的广义解，发现靠近中和点处管柱并没有与井壁发生接触，因此采用 Lubinski 推导的螺距与轴向力关系式将产生较大误差。

1995 年，Miska 和 Cunha[38] 采用能量法对有重管柱的螺旋屈曲行为进行了研究，基于能量守恒定律和虚功原理，通过将总势能对螺距求导数，并假设环空间隙为定值，得到了与式（1.13）相同的结果。

1998 年，Gao 等[39] 通过平衡方程法研究了水平井中轴向载荷及扭矩作用下管柱的螺旋屈曲形态，指出有重管柱的螺旋屈曲形态不再是均匀螺旋线，提出管柱螺旋屈曲解的形式为

$$\theta = \frac{2\pi}{p}z + A\sin\left(\frac{2\pi}{p}z\right) \tag{1.15}$$

式中：θ 为管柱中心与 x 正方向的夹角，（°）；z 为管柱轴向坐标，m；A 为待定系数。

2002 年，Michell[40-41] 通过建立水平井管柱屈曲的微分方程，并利用 Jacobi 椭圆函数求解屈曲微分方程，得到了描述水平井管柱螺旋屈曲的两个解析解，分别为

$$\theta = 4\arccos\left[\boldsymbol{dn}\left(\sqrt{\frac{N_\mathrm{p}}{2\sqrt{51}}}\cdot\sqrt{\frac{F}{EI}}z + \phi\left|\frac{1}{2}+\frac{\sqrt{51}}{50N_\mathrm{p}}\right.\right)\right] \tag{1.16}$$

$$\theta = 4\arcsin\left[\boldsymbol{sn}\left(\sqrt{\frac{25N_\mathrm{p}+\sqrt{51}}{10\sqrt[4]{51}}}\cdot\sqrt{\frac{F}{EI}}z + \phi\left|\frac{50N_\mathrm{p}}{25N_\mathrm{p}+\sqrt{51}}\right.\right)+\pi\right] \tag{1.17}$$

式中：N_p 为无量纲轴向力；ϕ 为待定系数。

通过分析，Michell 认为第 1 个解为连续换向螺旋线，而第 2 个解为变螺距螺旋线，因此推荐采用第 2 个解来描述水平井中管柱螺旋屈曲行为。

2014 年，Tulsa 大学的 Hajianmaleki 和 Daily[42] 利用 ABAQUS 隐式有限元法研究了管柱屈曲问题，分别采用梁单元和连接单元模拟管柱和井筒，研究了管柱在直井、斜直井、弯曲井和水平井中的屈曲临界载荷及屈曲形态，模拟结果与理论结果十分接近，同时分析了管柱长度、浮力、地层刚度和接头对管柱屈曲形态的影响。

2018 年，Zhang 等[43] 基于隐式有限元法和慢动力法计算管柱的非线性屈曲问题，求解了不同边界条件下螺旋屈曲管柱各段的长度，结果表明，管柱顶部无拉力的情况下，存在三种屈曲形态——底部受压段、中部屈曲段和顶部受压段；管柱顶部有拉力的情况下，存在四种屈曲形态——底部受压段、中部屈曲段、顶部受压段和受拉段。

2018 年，练章华等[44] 采用 ANSYS 软件对超深井中油管柱的屈曲行为进行了分析，分析结果表明，中和点与封隔器之间的油管柱处于非均匀或不完整的正弦屈曲或螺旋屈曲，当底部轴向压缩载荷较大时，在管柱接触部分的顶部和底部分别发生正弦屈曲和螺旋屈曲自锁，这种自锁现象可能导致管柱处于永久性弯曲状态。

1.1.3 管柱屈曲影响因素研究

（1）扭矩的影响。

1995年，Miska和Cunha[38]使用能量法研究了扭矩对管柱屈曲行为的影响，并得到了纯扭矩作用下管柱螺旋屈曲的临界扭矩为

$$T_{crh} = \frac{4}{3} \sqrt[4]{\frac{6(EI)^3 q \sin\alpha}{r_c}} \quad (1.18)$$

式中：T_{crh}为管柱发生螺旋屈曲时的临界扭矩，N·m。

研究表明，在达到该扭矩前管柱通常就已经发生了屈服。扭矩的存在会降低管柱发生螺旋屈曲的临界轴向压力，管柱在轴向压力和扭矩共同作用下的螺旋屈曲临界载荷为

$$F_{crh} = \frac{4\pi^2 EI}{p^2} - \frac{2\pi T}{p} + \frac{q \sin\alpha}{2\pi^2 r_c} p^2 \quad (1.19)$$

1997年，Wu[45]的研究表明，随着扭矩的增加，管柱屈曲所需的轴向载荷逐渐降低；若管柱屈曲螺旋线的方向与施加扭矩的方向一致，则管柱屈曲的螺距逐渐降低，反之若管柱屈曲螺旋线的方向与施加扭矩的方向不一致，则管柱屈曲的螺距将增加。通过建立弯曲应变能改变量与轴向力做功、重力做功和扭矩做功之间的平衡关系式，得出在不同井段中轴向载荷和扭矩作用下管柱螺旋屈曲的平均轴向载荷为

$$\bar{F}_h = \begin{cases} \frac{3}{4}\sqrt[3]{(16\pi^2 EI - 4\pi T L_h)q^2} - \frac{\pi T}{L_h} & \text{直井} \\ \sqrt{\frac{[8EI - 2TL_h/\pi - qL_h^3 \cos\alpha/(2\pi)^2]q\sin\alpha}{r_c}} + \frac{3}{4}qL_h\cos\alpha - \frac{\pi T}{L_h} & \text{斜直井} \\ 8EI\left(\frac{\pi}{p}\right)^2 - \frac{3\pi T}{p} & \text{弯曲井} \\ \sqrt{\frac{(8EI - 2pT/\pi)q}{r_c}} - \frac{\pi T}{p} & \text{水平井} \end{cases} \quad (1.20)$$

式中：L_h为管柱屈曲长度，m。

扭矩不仅会影响管柱的屈曲形态，管柱屈曲后也会反过来产生附加扭矩。2004年，Michell[46]通过建立细长梁螺旋屈曲的大位移方程，研究了管柱螺旋屈曲产生的附加扭矩和剪切力。结果表明，通常情况下螺旋屈曲产生的附加剪切力在管柱轴向力的10%以内，因此附加剪切力可以忽略不计；但是螺旋屈曲产生的附加扭矩随着轴向压缩力的增大而增大，对于小直径管柱和大环空间隙的情况，螺旋屈曲产生的附加扭矩可能接近或

超过管柱的上扣扭矩，对于高温高压井中压差较高，管柱的底部轴向压缩力较大，螺旋屈曲产生附加扭矩十分重要。对于初始状态下仅承受轴向压缩力而产生螺旋屈曲的管柱，管柱两端无相对转动，螺旋屈曲产生的附加扭矩计算公式为

$$T_{\text{ind}} = -\frac{Fr_{\text{c}}^2}{2}\sqrt{\frac{F}{2EI}} \tag{1.21}$$

式中：T_{ind} 为管柱螺旋屈曲产生的附加扭矩，N·m。

2005 年，Zdvizhkov 等[47]开展了螺旋屈曲管柱附加扭矩的模拟试验研究，通过将管柱底端固定，管柱顶端施加轴向压缩载荷，采用 4 枚应变片以 45°方式沿管柱周向排列，以监测管柱发生螺旋屈曲后产生的附加扭矩。结果表明屈曲产生的附加扭矩随着轴向压力的增大而增大；通过与 Michell 提出的理论模型对比可知，理论模型的结果对于附加扭矩的预测更加保守，因此建议在实际应用中将管柱屈曲产生的附加扭矩考虑在管体屈服强度中。

（2）接头的影响。

石油管柱是由接头将多根管子连接而成，相邻接头之间的间距大约为 9m，而且接头外径大于管柱本体，接头的存在改变了管柱的整体刚度，因此接头对管柱屈曲行为有一定的影响。

2000 年，Mitchell[48]建立理论模型研究了直井中带接头管柱的螺旋屈曲行为。研究结果表明，当轴向压缩力较低时，带接头管柱的螺旋屈曲行为与不带接头管柱十分接近；然而，当轴向压缩力较高时，接头对接触力和弯曲应力的影响变得非常显著，建议在管柱稳定性判别时采用接头的环空间隙而非管体的环空间隙。

然而，Mitchell 提出的理论解是建立在所有接头均与井壁发生完全接触的假设上。2001 年，Duman 等[49]在 Tulsa 大学建立管柱屈曲实验装置，通过实验方法研究了水平井中接头对钻柱屈曲行为的影响。研究表明，屈曲后接头并不是总与井壁接触，随着轴向压缩力的增加，管柱接头处的接触力并不会显著增大；管柱接头的存在会使螺旋屈曲临界载荷增大 20%，但对正弦屈曲载荷的影响不大；管柱接头的存在会使轴向载荷传递效率提高 40%；并且随着管柱接头尺寸的增加，接头对螺旋屈曲临界载荷和轴向载荷传递效率的影响变得更加显著。

2004 年，Mitchell 和 Miska[50]通过理论模型和解析方法研究了考虑接头和扭矩条件下三维管柱的螺旋屈曲行为。分析表明，管柱的弯曲应力放大系数与管柱屈曲螺距和接头处的接触力有关；扭矩的存在会使屈曲管柱的弯曲应力增大达 17%。

2009 年，Weltin 等[51]在测深为 2020m 的试验井中开展了钻柱屈曲试验，采用高精度陀螺仪监测不同轴向载荷下钻柱的形态改变，并在管柱顶端和底端分别安放轴向力测试器以监测钻柱屈曲后的轴向载荷。试验结果表明，由于接头的存在，管柱的刚度分布

变得不均匀，在足够高的钻压下，钻柱可能因此而发生自锁。

2011年，Gao等[52]利用弹性梁理论推导了水平井中带接头管柱的屈曲微分方程，并提出计算管柱屈曲临界载荷的四阶Ronge-Kuta算法。研究表明，接头的存在可能升高或降低管柱屈曲临界载荷，两相邻接头之间的距离（L_c）以及接头与本体之间的半径差（Δr_c）对屈曲临界载荷有重要的影响：当两相邻接头之间的距离L_c较小时，管柱屈曲临界载荷随着半径差Δr_c的增大而增大；当L_c较接近第1临界值（管柱本体接触井壁）时，管柱屈曲临界载荷随着Δr_c的增大而迅速降低，并达到其最小值；当L_c较大于第1临界值时，随着L_c的增大，管柱屈曲临界载荷发生较大波动。

2016年，黄文君[53]认为管柱上的接头将使管柱与井壁不再始终处于连续接触状态，考虑接头后管柱与井壁存在四种接触状态，且管柱存在四种屈曲状态。根据接触状态和屈曲状态的组合关系，将管柱力学行为分成多个变形状态，并讨论其状态改变的临界条件，采用梁柱方法、屈曲微分方程以及能量法求解各种屈曲和接触状态下的管柱屈曲变形规律以及各个状态之间转换的临界载荷。

2017年，高海洋[54]开展了水平井眼管柱屈曲的模拟实验研究，研究了不同接头数量及接头尺寸对于管柱屈曲行为的影响。结果表明，在正弦屈曲阶段，接头的存在使管柱加载曲线下移，在螺旋屈曲阶段，加载曲线呈上移趋势；管柱的正弦屈曲临界值随着接头数量的增加而减小，螺旋屈曲临界值随着接头数量的增加而增加；而且随着接头尺寸的增加，管柱变得更加稳定，管柱的屈曲临界值会相应上升；当考虑接头的影响时，管柱由摩阻引起的轴向力传递损耗较低，轴向力的传递效率较高。

（3）摩擦力的影响。

管柱与井壁的摩擦力可以阻碍管柱偏离其初始状态，因此摩擦力对管柱屈曲起到一定的阻碍作用。1994年，McCann和Suryanarayana[31]通过实验研究了受圆筒约束的圆杆的屈曲、后屈曲和卸载行为，并着重分析了摩擦力对管柱屈曲行为的影响。实验发现，摩擦力能够有效地延缓管柱正弦屈曲和螺旋屈曲，并在管柱后屈曲行为中产生明显的滞后现象，因此考虑到摩擦力效应，目前采用的理论模型低估了管柱正弦屈曲和螺旋屈曲临界载荷；随着井斜角的增加，摩擦力产生的影响越来越明显，当井斜角小于15°时，摩擦力对管柱正弦屈曲的影响可以忽略不计，但当管柱已经发生螺旋屈曲后，摩擦力的影响十分显著。

2009年，Gao和Miska[55]利用虚功原理推导了摩擦作用下管柱屈曲的四阶非线性常微分方程。研究认为，当管柱与井壁之间的摩擦系数为0.1~0.3之间时，管柱正弦屈曲临界载荷将提高30%~70%。另外，Gao和Miska还采用试验方法研究了水平井中管柱屈曲行为，结果表明，当管柱加载端的载荷小于管柱屈曲临界载荷时，轴向摩擦力基本保持定值；当管柱发生屈曲时，管柱会沿井壁横向发生滑动，从而释放部分摩擦力，造成轴向摩擦力会突然降低；随着载荷的进一步增加，管柱与井壁的接触力增加，从而造成轴向摩擦力显著增加。

2010 年，Gao 和 Miska[56] 推导了管柱屈曲微分方程及其自然边界条件，研究了摩擦力和边界条件对管柱螺旋屈曲临界载荷的影响。理论研究结果表明，对于无量纲长度大于 5π 的长管柱，可以忽略边界条件的影响；在管柱屈曲起始时刻，横向摩擦力的影响起到主导作用，因此摩擦力的存在可以显著提高管柱螺旋屈曲临界载荷；然而，一旦管柱已经发生了屈曲变形，轴向速度的影响起到主导作用，而横向摩擦力对管柱后屈曲行为和轴向载荷传递的影响可以忽略不计。

2013 年，Su[57] 等研究了干摩擦作用下受圆筒约束的轴向受压圆杆的屈曲机理。相比于无摩擦的情况，摩擦力的存在会使管柱承受更高的压缩载荷而不发生屈曲变形，摩擦力通过在扰动空间内提供更宽广的稳定区域而提高管柱系统的稳定性，这一结果也得到了模拟仿真的证实；而且摩擦力对管柱屈曲形态有重要的影响，在高摩擦系数情况下，管柱会发生更高阶的屈曲变形。

2017 年，林伟等[58] 通过建立水平作业管柱的有限元模型，对影响水平井管柱屈曲临界载荷的摩擦因数和环空间隙等因素进行了分析。根据管柱结构数据建立管柱模型，并利用三次样条曲线处理测斜数据，建立考虑实际井眼轨迹的井筒模型。模拟仿真结果表明，管柱正弦屈曲和螺旋屈曲临界载荷都随摩擦系数的增加而增大，但管柱螺旋屈曲对摩擦系数更敏感。管柱正弦屈曲和螺旋屈曲临界载荷都随环空间隙的增大而减小，且螺旋屈曲临界载荷减小得更加剧烈。

综上所述，目前对于管柱屈曲行为的研究难以分析实际井筒中各种屈曲形态并存的复杂问题，而且难以综合考虑管内外流体压力、温度效应、井眼轨迹、井筒变径及流体密度变化等因素对管柱屈曲的影响，无法做到对复杂条件下管柱屈曲行为的准确描述。

1.2 油管流道冲蚀研究现状

20 世纪初管道的冲蚀现象被发现，美国莱昂斯[59] 曾经指出，冲蚀是久已存在的危害，也是导致管道等过流部件失效的主要诱因。国外的许多学者推导了很多经典的理论去预测管道的磨损量。针对塑性材料的冲蚀，相关理论包括变形磨损理论、锻压挤压理论和微切削理论；针对脆性材料的冲蚀，相关理论包括变形局部化磨损理论、绝热剪切理论和弹塑性压痕破裂理论等。

冲蚀研究最早开展于对高压管线的研究中，1991 年，API RP14E 标准[60] 推荐两相流体系的管道冲蚀腐蚀设计时气体流速应小于临界流速。同年 Han 等[61] 应用 CFD 仿真模拟冲蚀对比弯头和T型管的作用，并通过将仿真模拟结果与实验结果相结合的方式，达到对模拟结果正确性的预测，从而指导了工程实际的应用。2011年，Egusquiza等[62]也对砂粒冲蚀水轮机部件并使其失效的问题做了相关研究。Bakhtiary等[63]建立欧拉两相模型，通过该模型仿真模拟管道周围的漏斗状冲蚀作用，得到了合理的冲蚀模型。2013年，Chong等[64]同样研究了管径突变对冲蚀速度的影响，得出了冲蚀云图以及管道损失的重量，并得到最大冲蚀速率发生在流体前端管线的边缘处。2014年，Kannojiya等[65]运用CFD软件STAR-CCM+对气井生产过程中砂岩颗粒碰撞导致管线节流阀损坏进行了模拟研究，得出了冲蚀强弱与气体速度相关，并成功预测了节流阀的冲蚀破坏。同年，明鑫[66-68]使用数值模拟的方法对高产气井井口排砂管汇的冲蚀开展了相关研究，重点对T弯头与直管线的组合方式开展了不同排量的模拟计算，并给出了不同弯头排砂管汇放喷能力的预测方法。

近年来，由于井下出砂严重，油管柱的冲蚀也逐渐被重视，2012年，练章华等[69]对一口高压高产气井建立了油管的流体动力学模型和油管的冲蚀模型，分析了天然气在不同屈曲形态的流道内的流动规律，研究了砂粒对油管冲蚀速度与剪切力分布。2018年，余礼[70]基于冲蚀预测模型对水力喷砂射孔工况下滚筒卷绕段连续油管的冲蚀破坏进行了研究，并分析了相关影响因素包括材料类型、冲蚀速度、冲蚀角度、混砂度以及复合涂层材料等。2018年，李志强[71]使用数值模拟的方法计算了天然气流过油管屈曲段的流动规律，得出天然气在油管柱内的速度（横向、轴向）、密度分布等结果。2020年，Xia[72]设计了腐蚀环境中油管的冲蚀实验，并发现在油气生产过程中，随着O_2的加入，油管钢的冲蚀速率增大，最后采用SEM、EDS和XRD等手段研究了腐蚀层的宏观形貌、微观结构和成分。2020年，Medvedovski[73]使用实验的方法对稠油生产中油管的冲蚀现象进行了研究，选择硼化物涂层作为减缓内壁冲蚀的防控措施，并用实验的方法证明了该涂层的有效保护作用。2021年，Zhang[74]用数值模拟的方法研究了连续油管外壁（弯管和直管）的冲蚀规律、质量流量、砂粒大小、注入压力、注入压裂液体积和压裂液黏度。2021年，Xu[75]基于实验获得的管柱材料应力—应变曲线与内壁表面硬度数据，建立了螺旋屈曲油管流道冲蚀有限元力学模型，研究了砂砾尺寸、螺距、出砂量与产气量等因素对冲蚀程度的影响，最终认为出砂量与产气量对管柱冲蚀的影响最大。

通过上述文献可知，学者们通过实验与数值模拟方法对管柱的冲蚀进行了一系列研究，取得了大量成果。近年来，13Cr油管由于其优异的抗CO_2腐蚀性能被大量用于我国各个油田，针对13Cr油管的冲蚀，相关学者做了相关研究：2014年，张福祥[76]使用自行研制的喷射式冲蚀试验装置，研究了压裂排量对超级13Cr油管材料的冲刷磨损和腐蚀交互作用，并且发现当排量大于一定临界值后，冲蚀与腐蚀之间的相互作用会呈指数式的增大。同年，李臻等[77]利用DPM离散相模型的方法分析了超级13Cr的冲蚀规律，为研究 13Cr 管材表面受撞击后的抗腐蚀特性提供流体力学参数。2019 年，Wang[78] 设计了喷射装置对 13Cr 油管进行了不同冲击角度的冲蚀测试，评价了在压裂过程中冲蚀后管材的抗 CO_2 腐蚀性能，并发现在冲击角为 30° 时冲蚀速率最为严重。同年，Cheng[79] 通过气固和液固射流实验，获取了不同冲蚀程度的 13Cr 试样作为腐蚀测试基体，再用标准三电极测试了冲蚀后管材的腐蚀电位与电流密度，明确了 13Cr 管材的冲蚀与腐蚀之间的相互作用是非常明显的。2020 年，张楠[80] 使用喷射式冲蚀实验装置再现了压裂施工过程中冲蚀环境，研究了含砂量、喷射流速、流体角度、冲蚀速率等因素对超级 13Cr 油管的冲蚀影响，研究结果表明超级 13Cr 油管冲蚀速率随冲击角度先增大后减小，在 30° 时冲蚀速率最大，如图 1.2 所示。

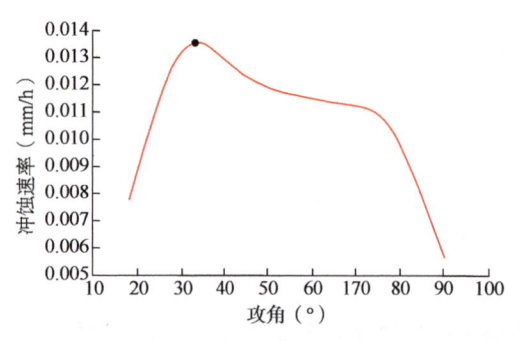

图 1.2　13Cr 管材冲蚀速度随攻角变化关系曲线[80]

通过调研可知，学者们对 13Cr 油管的冲蚀做了大量的研究，重点分析了压裂工况下排液排砂对管柱的冲蚀程度以及管材冲蚀与腐蚀之间的相互作用，得到了很多经典的规律。然而，随着产气过程中出砂量的增加，在生产工况下考虑正弦屈曲与螺旋屈曲变形的 13Cr 管柱的冲蚀规律有必要开展相关研究，同时，有必要提供不同出砂量与产量下的冲蚀速度预测图版用于指导现场的管柱出砂防控。

1.3　管道水锤效应及流固耦合理论研究现状

1.3.1　水锤效应基本理论研究

水锤（Water Hammer）效应，也称水击效应、压力波动或者水力瞬变，是管道中特殊的非恒定流动现象[81]。水锤效应通常是由于管道中流体恒定流动状态的突变造成的，而这些突变的起因一般包括：阀门突然关闭或开启、瞬时停泵或起泵等。当管道中流体（通常为液体，有时也可以是气体）的运动突然被强迫停止或改变其运动状态，将造成流体动量改变，诱发压力波并使其沿管道传播。水锤效应发生时伴有剧烈的瞬时压力波动，因此可能造成剧烈噪声、管道振动甚至管道系统及其原件的破坏[82]。

对水锤的研究最早可追溯到 19 世纪中叶，法国学者 Menabrea[83] 于 1858 年首次提出并研究了压力管道中的水力冲击问题，并指出水击计算必须考虑管道的弹性和水体的压缩性等论点。

1898 年，俄国学者 Joukowsky[84] 对供水管道系统的不稳定流动开展了大量实验研究，并发表论文《On the hydraulic hammer in water supply pipes》，推导出计算水锤压力的经典方程——Joukowsky 公式：

$$\begin{cases} \Delta p = \pm \rho a \Delta v \\ \Delta H = \pm \dfrac{a \Delta v}{g} \end{cases} \quad (1.22)$$

式中：Δp 为水击压力，Pa；ρ 为流体密度，kg/m³；a 为压力波传播速度（水击波速），m/s；Δv 为流体速度改变量，m/s；ΔH 为水头改变量，m；g 为重力加速度，m/s²；"+"号表示水击波向下游运动；"-"号表示水击波向上游运动。

Joukowsky 公式首次定量地解释了流体密度、压力波传播速度和流速变化对管道内水锤压力值的影响规律，可用于估算管线不长、约束刚度不大、流体黏性较小的管道中流体流速改变引起的最大水击压力或水头变化。

随后，意大利水力学家 Allievi[85-86] 建立了水锤效应的一般性理论，并认为动量方程中的对流项可忽略不计，Allievi 还引入两个重要的无量纲参数，目前已经被广泛应用于表征管道和阀门的行为特征。另外，Allievi 还利用图解法分析了阀门关闭瞬间阀门处的压力升高。后续研究者对 Allievi 提出的水锤控制方程做了进一步改进，最终形成了一维水锤的经典质量方程和动量方程[87]：

$$\begin{cases} \dfrac{a^2}{g}\dfrac{\partial v}{\partial x} + \dfrac{\partial H}{\partial t} = 0 \\ \dfrac{\partial v}{\partial t} + g\dfrac{\partial H}{\partial x} + \dfrac{4}{\rho D}\tau_w = 0 \end{cases} \quad (1.23)$$

式中：τ_w 为管壁处的剪切力，Pa；D 为管道直径，m；x 为沿管道轴向的空间坐标，m；t 为时间坐标，s。

式（1.23）在 20 世纪 60 年代建立，形成了一维水锤问题的基本方程，并且大量学者在后续研究中继续讨论、推导和阐述该方程。

在 20 世纪 60 年代，Allievi 方程的提出使得解析法成为水锤计算的重要方法。之后，Angus[88]、Rich[89-90]、Gray[91] 等学者相继提出了图解法、特征线法等水锤计算方法，随着水力学的不断发展和完善，当前压力管道水锤效应已经有了一套比较成熟的研究理论和计算方法。

1.3.2 流固耦合作用形式研究

随着水锤理论的发展，水锤效应中的流体结构相互作用越来越受到重视。张立翔、黄文虎等[92-93] 指出：在经典的 Joukowsky 理论中，管道被认为是绝对刚体的。然而，对于弱约束管道，在研究中需要考虑管壁的弹性变形，水击会诱发管道振动，这种振动反过来也会改变流体的运动状态，这种在输流管道中流体与管道相互耦合振动现象被称为管道与流体之间的流固耦合作用（Fluid Structure Interaction，简称FSI），并指出这种流固耦合作用诱发的振动会影响管道系统的正常运行。

根据流固耦合方向不同，流固耦合问题可划分为单向流固耦合和双向流固耦合。单向流固耦合一般用于分析流体作用后固体变形不大的情况，即流体边界形貌无较大改变，不影响流场分布；当固体结构变形较大时，会导致流体边界形貌发生改变，从而影响到流场分布，因此这种情况既需要考虑流体对固体变形的影响，又需要考虑固体变形对流场的影响，即采用双向流固耦合进行分析。

根据耦合作用方式不同，输流管道流固耦合可归纳为不同形式的耦合：摩擦耦合、泊松耦合、结合部耦合以及Bourdon耦合[94]。耦合机理见表1.1。

表1.1 流固耦合形式分类

耦合形式	耦合机理	耦合强弱	作用范围
摩擦耦合	管壁与黏性流体之间的相对运动产生摩擦力从而引起的相互作用	在流体黏性较大、输送距离较长时，摩擦耦合不可忽略	沿程耦合
泊松耦合	管壁径向膨胀与收缩引起流体压力与管道应力之间的相互作用[95]	对管道耦合特性作用十分明显，对管道的危害不可忽视	沿程耦合
结合部耦合	流体在管道结合部处的流动受扰，引起不连续部位流体压力不平衡而诱发的耦合作用[96-97]	对管路系统刚度的依赖性很大，刚度越大则耦合越弱	局部耦合
Bourdon耦合	流体流过弯管时流动方向和流动状态被强制改变产生压力波动而诱发的耦合作用[98-99]	管道发生弯曲变形时，Bourdon耦合不可忽略	局部耦合

1.3.3 管道流致振动及流固耦合研究

1878年，Korteweg研究了弹性管中可压缩流体的波速问题，最终得到了标准水锤运算中的压力波速为[82]

$$c_f = \sqrt{\frac{K}{\rho_f}\left(1 + \psi\frac{DK}{eE}\right)^{-1}} \quad (1.24)$$

式中：c_f为流体压力波速，m/s；K为流体的体积弹性模量，Pa；ρ_f为流体密度，kg/m³；ψ为常数，通常为1；D为管道直径，m；e为管道壁厚，m；E为管道弹性模量，Pa。

对于完全刚性管中的可压缩流体，$E \gg K$，因此$c_f = \sqrt{K/\rho_f}$；对于弹性管中的不可压缩流体，$K \gg E$，因此$c_f = \sqrt{(eE)/(\rho_f D)}$。Korteweg指出，式（1.24）适用于长波长（相对于管径而言）的情况，对于短波长的情况不再适用。

1898年，Lamb的研究工作全面详细地考虑了充液管道的轴向—径向组合振动，并考虑了泊松耦合的影响[81]。Lamb区分了管道内部存在的三种形式振动：流体压力波动、流体压力波动引起的管壁轴向振动以及管道系统的径向振动。对于长波长情况，流体压力波和轴向应力波起主导作用，流体压力波速计算公式为式（1.24），而轴向应力波速计算公式为

$$c_t = \sqrt{E/\rho_t} \tag{1.25}$$

式中：c_t 为轴向应力波速，m/s；ρ_t 为管道密度，kg/m³。

Lamb 指出，只有当波长较短时，才需要考虑管道的径向振动。后续大量学者在 Lamb 理论的基础上开展研究工作，主要采用傅里叶分析或积分变换等方法研究充液管道中波传播问题。

1956年，Skalak[100]在 Lamb 研究基础上，在轴对称模型中引入抗弯刚度和转动惯性的影响，认识到弹性输流管路系统内同时存在着压力波和应力波及二者之间的相互作用，通过引入泊松耦合效应并考虑管路的动态影响，建立了管路轴向流固耦合振动4方程模型。Skalak 的研究可视为充液直管流固耦合振动的研究基础。

在此之后，Walker and Phillips[101]基于 Skalak 建立的充液直管流固耦合轴向振动模型，针对薄壁弹性管中黏性可压缩流体，考虑了管道系统的径向惯性及流体流动的连续性，推导了充液直管流固耦合振动的6方程模型。但是由于4方程模型和6方程模型主要针对的是由直管或弯管组成的简单管路结构系统的纵向振动和横向振动，因此只适合求解一维问题。如果需要研究二维管路系统振动问题则需要考虑管路系统轴向以及面内弯曲运动，建立流固耦合8方程模型。随后，Valentin 等[102]于1979年在4方程模型的基础上，忽略管道的径向惯性，并增加了四个 Timoshenko 梁方程，推导了输流管道流固耦合振动响应的8方程模型。当需要研究三维复杂管路系统时则应建立流固耦合14方程模型。1987年，Wiggert 等[103]将原有的4方程模型进行了改进，利用管道的横向、轴向、扭转和旋转振动四种运动方式的组合来描述管道结构的振动，建立了管道流固耦合振动的14方程模型，包括管道轴向运动4方程、两个相互垂直平面内的横向运动4方程以及扭转运动2方程。

1993年，Tijsseling[104]在其博士论文中对输液管道的流固耦合振动特性及瞬态动力学行为开展了研究，通过对三维流体动力学和结构线弹性方程进行积分处理，得到了考虑摩擦耦合、泊松耦合以及结合部耦合的一维基本方程，并利用特征线法对得到的14个双曲型偏微分方程进行求解，研究了输液管道在长波长、低频振动情况下的动力学行为特征。

相比于国外，国内有关输流管道振动问题的研究起步较晚，有关管道流固耦合振动的学术论文直到20世纪80年代后期才逐渐开始出现。

1985年，王本利等[105]利用有限元法分析了导管的固液耦合振动问题，利用 Hamilton 原理和虚功原理建立了导管单元的运动微分方程，并采用 Merovitch 方法将其转换为标准特征值问题。实例计算结果表明，流速的增加会导致管柱一阶固有频率下降，当管柱内流体流速达到临界值时，管柱的固有频率降为零，从而出现管柱失稳现象。

1998年，王世忠等[106]基于Hamilton原理推导了输液管道固液耦合振动方程，得到了反对称的固液耦合阻尼矩阵和对称的固液耦合刚度矩阵，并利用QR法计算了管道的固有频率。结果表明，管道的总刚度矩阵和固有频率随流体速度的增加而降低，当流体流速大于临界流速时，管道自由端位移响应迅速增长到无穷大，管道失去承载能力。

2006年，张艳萍等[107]采用结构有限元和计算流体力学方法，实现管道与流体的双向耦合，利用ANSYS软件研究了弯管在变流速下的瞬态响应，并得到管道位移、水动压力的时间历程曲线。

2016年，王泽深[108]建立了总长为75m的水锤试验管道装置，开展了稳态流固耦合振动试验及关闭水锤流固耦合振动试验研究。试验结果表明，在单相水稳态试验中，摩擦耦合和泊松耦合是影响管道振动的主要因素，随着流速增加，振动强度逐渐增大；关阀水锤试验中，流速和气量对压力波动影响较大，关阀水锤试验的压力波动随着流速增加而增大。

总之，目前压力管道水锤效应及流固耦合振动理论，通常适用于水平短管、管道受力情况较简单、管内流体为不可压缩液体，而针对极端条件下气井油管柱耦联振动的特殊性，现有理论和计算方法无法同时考虑管柱自重、管柱初始屈曲构型、管柱承受的复杂初始作用力、环空保护液和生产套管的约束以及气体的可压缩性等因素。

1.4 流体诱发油管柱振动研究现状

流体诱发振动会降低管柱的连接强度，加剧管柱疲劳破坏，造成管柱密封失效等安全事故，因此石油管柱的流致振动研究对油气田的安全高效生产具有重要意义。针对极端条件下气井油管柱耦联振动或动力学行为的公开文献或专著甚少。管柱振动的研究方法主要采用解析法、计算机模拟法（主要是有限元法）和试验法。

1998年，蔡亚西等[109]基于动力学中的固液耦合振动，分别开展了流体非恒定流动导致的完井管柱和连续油管的轴向振动研究。1999年，梁政等[110]根据达朗贝尔原理，建立了测试管柱固液耦合振动微分方程，并利用三角级数法得到了管柱振动频率，结果表明：测试管柱轴向压缩载荷越大，振动频率越高。2005年，黄桢[111]基于流体力学基本理论和流体振荡力学方法，研究了天然气诱发油管柱振动机理，计算了油管内径变化、油管弯曲、节流阀开关处流速变化以及天然气产量和压力变化等因素对油管内天然气流速和压力的影响，并根据模态分析理论，建立了油管柱在各种工况下的振动方程，运用数值方法求解油管柱生产过程中的振动特性。2006年，邓元洲[112]基于黄桢的研究，分析了天然气在油管柱内流动过程中产生旋涡的区域，并计算了天然气流经截面变化处、油管弯头、弯曲管柱和针形阀时的流场分布及激振力模型，结果表明：气井产量越大，激振力越大，油管柱振动越剧烈。2009 年，Wang 等[113]研究了细长管内部轴向稳定流动或在静止流体中拖拽产生的振动问题，为细长管振动特征初步揭示了其动力学行为。2010 年，黄桢[114]研究了油管柱内天然气流动引起的油管柱轴向振动，应用流体激振理论和现代振动理论建立了油管柱振动分析模型和动力响应分析模型，利用 Wilson-θ 法对模型进行求解，在油管柱井下振动特征分析的基础上提出了减缓油管柱振动的技术思路。2011 年，王宇[115]基于 Tijsseling 建立的管道流固耦合轴向振动 4 方程模型，考虑高压气井完井管柱的受力特性，建立完井管柱流固耦合振动的数学模型，并利用特征线法对振动模型进行求解，分析了高压气井在关井、开井和正常生产时油管柱振动响应。2012 年，杨行[116]针对开关井瞬态流诱发生产管柱振动，建立了流固耦合轴向振动 4 方程模型，结果表明：考虑连接耦合和泊松耦合时，瞬变流诱发的流体压力波将与管柱应力波相互影响，导致流体压力剧烈波动，生产管柱处于不稳定应力状态并沿轴向做往复运动。2015 年，樊洪海等[117]基于哈密顿原理，建立了包含生产管柱轴向力、管内流体流速和管内外流体压力等因素的生产管柱横向固有振动频率模型，运用伽辽金方法求解了不同条件下的油管固有振动频率。结果表明：管柱重力是生产管柱振动分析中不可忽略的因素；生产管柱的振动频率随着产量、井底压力以及轴向压力的增大而降低。

在计算机模拟方面，2007 年，喻萌[118]运用 ANSYS 软件进行了输流管道在不同约束条件下的流固耦合动力学模拟和模态分析，并研究了管道在阀门开启和关闭过程中的动力响应，结果表明，在流体输送瞬变过程中，流体的压力、速度、管壁的变形位移和应力等波动较大，但随着瞬变流动逐渐稳定，管道的这些参数迅速收敛并趋于稳定。2011 年，张丽萍[119]应用 Fluent 软件模拟稳态天然气流经管柱变径和弯曲段产生的波动压力来说明高速流体诱发生产管柱的强迫振动机理。2012 年，TNO 公司的 Ligterink 等[120]利用计算流体动力学软件模拟了天然气流过海底节流阀诱导产生振动的问题，分析了流速、节流阀结构和海底集输管线变形等因素影响下的振动频率和最大振动循环交变应力，研究成果对海底集输管线的优化设计具有重要指导作用。2008 年，乐彬[121]利用 Fluent 软件求解天然气流场，认为油管柱螺纹区域的旋涡和湍流是诱发水平井油管柱振动的原因之一，并建立水平井全井段油管柱的有限元力学模型，运用子空间迭代法和 Lanczos 法求解油管柱振动特性。2010 年，宋周成[122]建立了高产气井油管柱振动的有限元模型，利用 APDL 编写了高产气井无屈曲管柱和已屈曲管柱的振动动力学有限元分析程序，详细研究了全井段油管柱的轴向应力变化、屈曲损伤和中和点变化，首次发现封隔器管柱内有多个"中和点"及"中和段"的现象。2017 年，窦益华等[123-124]利用 ANSYS Workbench 软件研究了流体激励作用下输流弯管的力学特性，证明管道的最大变形出现在弯曲段，考虑双向流固耦合时管道的应力与变形结果大于单向流固耦合作用。2018

年，黄宇曦[125]利用 ANSYS Workbench 软件对压裂管柱流固耦合振动进行了有限元分析，并将模型在流场分析的结果与管柱进行耦合分析，对比了有无流固耦合作用对管柱固有频率和模态振型的影响，结果表明：考虑流固耦合时压裂管柱的各阶固有频率降低，管柱的固有频率随着轴向拉力的增加而增大，管柱的固有频率随管柱内部压力的增加而降低。2018 年，盛泽东[126]采用弹性力学理论及有限元方法，考虑管柱的边界条件及初始载荷，建立了全井油管振动模型，开展了管柱模态分析、谐响应分析及瞬态动力学分析。

除了解析法和计算机模拟法外，试验法也是研究油管柱振动的重要手段，但考虑到油管柱结构及井下情况的复杂性和独特性，流体诱发管柱振动实验和对管柱振动的控制很难开展，目前国内外针对井下油管柱耦联振动试验的公开文献较少，而很多学者开展了钻柱振动试验[127–133]。

总之，现有研究大都只考虑单一振动形式、单一振动影响因素，未同时考虑油管柱轴向、横向和扭转三种振动形式，且未同时考虑井下温度、压力的影响以及流体与管柱之间的耦合作用，没有形成关于极端条件下气井油管柱耦联振动的完整理论，缺少针对流体诱发油管柱耦联振动的试验方法和试验手段，缺少一套井下管柱振动的测试工具和测试方法，流体诱发油管柱振动没有试验数据和井下实测数据的验证。

值得注意的是，当管柱在受到激励载荷而振动时，也会引发疲劳寿命问题[134]，在石油领域，多见钻柱钻铤的疲劳断裂、储运管道的振动疲劳以及连续油管的疲劳研究，2016 年，Lin 基于多轴疲劳寿命预测理论对 API 钻铤螺纹的疲劳寿命预测提出新方法[135]。2017 年，Juan A 等采用实验和 CFD 软件模拟的方法对充满流体的管道的振动特性进行了研究，认为流体速度对管道的振动及流固之间的摩擦效应有较大的影响[136]。2017 年，Wainstein J 与 Perez J 等对振动对连续油管造成的疲劳断裂问题展开了相应的研究，并首次提出预裂纹系数的方法对连续油管裂纹的扩展规律进行了相应的研究[137]。然而对于油管柱的疲劳问题，尤其是多轴疲劳的研究很少。由于油管柱属于细长杆结构，因此国内外对油管柱振动引发的疲劳问题的研究方法大多只考虑纵向载荷的交变，即单轴疲劳。但油管柱在实际的颤振工况中承受着压、拉、弯、扭各种方向的循环载荷，载荷分布多呈现多轴应力状态，而且油管接头螺纹处几何形状复杂，即使只承受单轴循环载荷，容易疲劳的位置实际承受的载荷依旧为多轴分布。单轴疲劳和多轴疲劳之间的差别主要体现在循环附加强化的差异上[138]，在等效应变幅相同的情况下，多轴载荷状态下材料的循环附加强化程度明显高于单轴载荷状态，这在宏观的应力—应变响应上表现为等效应变幅下多轴载荷状态下的等效应力幅值更高，而循环应力值的增大可加快疲劳微裂纹的扩展速率，因此对油管柱而言，多轴疲劳的研究更加接近实际的工况。

油管多轴疲劳是材料在多向应力或应变作用下的疲劳破坏现象，在多轴循环加载条件下，有两个或三个应力（或应变）分量独立地随时间发生周期性变化[139]。在近几十年众多学者的研究中，工程中多轴疲劳寿命预测模型有三类——能量法、等效应变法、临界面法。

（1）能量法的疲劳破坏准则。

Morrow 首先提出了塑性功累积的概念，构件在每一次的循环载荷中吸收了外界的能量，假设在构件的内部发生了不可逆转的损伤，当塑性功的累积超过一定的临界载荷后，构件便会萌生裂纹[140]。外部载荷按比例加载情况下，Ellyin 的总应变能方法有较好的拟合性[141]，以总应变能密度 ΔW 作为损伤参量，见式（1.26）：

$$\Delta W = \Delta W_e + \Delta W_p = A N_f^d \tag{1.26}$$

式中：ΔW_e 为弹性应变能，N；ΔW_p 为塑性应变能，N；A、d 为材料参数。

之后 Garud 基于实验的方法，将塑性功理论推广到多轴疲劳理论中[142]，解决了非比例加载的工况，得出塑性功与疲劳寿命的关系，见式（1.27）：

$$F(W_p) = N_f \tag{1.27}$$

式中：$F(\Delta W_p)$ 为 ΔW_p 为的单调递减函数，该公式是在大量的实验基础上拟合曲线得到。近年来，Berto F，Walat，Branco 等将临界面方法与能量法结合推导出一系列的疲劳寿命预测模型，见参考文献[142-145]。

能量法不涉及材料的几何尺寸、性能参数等，只以能量作为疲劳寿命定义参数，应用方便，计算简单。但本书研究的油管接头螺纹处在高温高压的工况中，同时油管中的高产气体不断地和油管内壁交流，在这样的实际工况中，油管接头螺纹内部的能量在短时间内发生着复杂的理化转化，油管柱的内能、动能的转化关系要通过大量的简化才能得出，而这样会与真实情况出现很大偏差，因此不建议能量法应用于高温高压高产井油管螺纹的疲劳预测。

（2）基于等效应变法的疲劳破坏准则。

在实际工况中，油管外螺纹承受的外载作用力是非常复杂的。但在稳态生产时，根据现场测试和仿真模拟结果可知，油管接头螺纹上引起的各个方向的循环作用力幅值和振动周期可以近似的认为恒定。因此，油管接头螺纹在稳态生产时，可以假设作用在油管螺纹上的拉压弯扭循环载荷为一个比例加载载荷，螺纹上应力张量各分量成比例地增大。油管螺纹的多轴比例加载作用下的循环应力应变关系式，见式（1.28）[139]：

$$\frac{\Delta \varepsilon_{eq}}{2} = \frac{\Delta \sigma_{eq}}{2E} + \sqrt[n']{\frac{\Delta \sigma_{eq}}{2K'}} \tag{1.28}$$

式中：E 为弹性模量，MPa；$\Delta \sigma_{eq}$ 为 Von-Mises 等效应力幅，MPa；$\Delta \varepsilon_{eq}$ 为 Von-Mises

等效应变幅；n' 为油管螺纹材料循环应变硬化指数；K' 为油管螺纹材料循环强度系数。

其表达式见式（1.29）至式（1.31）：

$$\Delta \varepsilon_{eq} = \sqrt{0.67(\Delta \varepsilon_{ij} \Delta \varepsilon_{ij})} \tag{1.29}$$

$$\Delta \sigma_{eq} = \sqrt{0.67(\Delta S_{ij} \Delta S_{ij})} \tag{1.30}$$

$$\Delta S_{ij} = \Delta \sigma_{ij} - \frac{\Delta \sigma_{kk} \delta_{ij}}{3} \tag{1.31}$$

式中：$\Delta \varepsilon_{ij}$ 为差应变范围（应变幅）；ΔS_{ij} 为差应力范围（应力幅），MPa；$\Delta \sigma_{ij}$ 为应力张量的变化量（即应力分量的差异），MPa；$\Delta \sigma_{kk}$ 为应力张量的迹（即主应力之和）的变化，MPa；δ_{ij} 为 Kronecker delta 符号，当 $i=j$ 时为 1，否则为 0。

表达式见式（1.32）至式（1.34）：

$$b = -\frac{1}{6} \lg \left(\frac{2\sigma'_f}{\sigma_b} \right) \tag{1.32}$$

$$\sigma'_f = 1.19 \sigma_b \left(\frac{\sigma_f}{\sigma_b} \right)^{0.893} \tag{1.33}$$

$$\varepsilon'_f = \frac{0.63 \varepsilon_f}{\sqrt[3]{1-81.8 \left(\frac{\sigma_b}{E} \right) \left(\frac{\sigma_f}{\sigma_b} \right)^{0.179}}} \tag{1.34}$$

式中：σ_b 为油管螺纹材料屈服强度，MPa；σ_f 为油管螺纹材料真断裂强度，MPa；b 为油管螺纹材料疲劳强度指数；σ'_f 为油管螺纹材料疲劳强度系数；ε'_f 为油管螺纹材料疲劳延性系数；ε_f 为油管螺纹材料真断裂延性。

表达式见式（1.35）至式（1.36）：

$$\sigma_f = \sigma_b + 344.75 \tag{1.35}$$

$$\varepsilon_f = \ln \left(\frac{1}{1-\phi} \right) \tag{1.36}$$

式中：ϕ 为断面收缩率。

油管接头螺纹快速断裂失效现象属于低周疲劳破坏。等效应变法最初是用于研究单轴低周疲劳的 Manson–Coffin 公式，该公式在双对数坐标系下是线性关系。后来，Kanazawa 等学者将其发展用于多轴疲劳，并经过 Zamrik 等的修正，对于多轴拉压低周疲劳的公式见式（1.37）[146]：

$$\frac{\Delta \varepsilon_e}{2} = \frac{\sigma'_f}{E}(2N_f)^b + \varepsilon'_f(2N_f)^c \tag{1.37}$$

多轴疲劳寿命预测方法主要基于三个准则：最大主应变准则、Tresca 最大切应变准则、von-Mises 等效应力—应变准则。其中，von-Mises 等效应力—应变认为在多轴载荷作用下，构件的疲劳寿命主要由 von-Mises 等效应力—应变控制。针对油管接头螺纹同时承受着拉压弯扭多个方向的载荷作用，von-Mises 等效应力—应变准则更切合实际工况。因此式中等效应变计算公式见式（1.38）：

$$\varepsilon_e = \frac{1}{\sqrt{2}(1+\bar{\nu})}\left[(\varepsilon_1-\varepsilon_2)^2 + (\varepsilon_2-\varepsilon_3)^2 + (\varepsilon_3-\varepsilon_1)^2\right]^{0.5} \tag{1.38}$$

式中：$\bar{\nu}$ 为泊松比；ε_1、ε_2、ε_3 分别为最大主应变、中间主应变和最小主应变。

（3）基于临界平面法的多轴疲劳寿命预测方法。

1973 年 Brown 和 Miller 等[147]学者在收集并系统分析了工程上大量多轴疲劳失效的案例后，提取并统计其中的数据，基于疲劳裂纹形核、萌生、扩展以及瞬间断裂机理，将最大切应变平面上的循环剪应变和法向正应变两个应变参数引入多轴疲劳的研究，此方法为临界平面法，针对油管螺纹结构受力分布，使用多轴疲劳寿命的临界面法找出临界损伤平面，然后将其平面上的法向应力（应变）构造多轴疲劳损伤参量，建立疲劳寿命预测方程。Lohr 将构件表面 45°位向角平面定义为临界平面，在此平面上定义等效应变见式（1.39）[147]：

$$C = \gamma^* + k\varepsilon^* \tag{1.39}$$

式中：γ^*、ε^* 为 45°位向角平面上的剪应变和正应变；k 为材料常数；C 为等效应变。

借鉴 Lohr 薄壁件拉扭复合比例加载多轴疲劳寿命预测方法[147]，油管接头螺纹临界平面法表达式见式（1.40）：

$$\Delta\gamma^*/2 + 0.2\Delta(\varepsilon_1+\varepsilon_3) = 1.6\varepsilon'_f(2N_f)^c + 1.44\sigma'_f(2N_f)^b/E \tag{1.40}$$

式中：$\Delta\gamma^* = \Delta(\varepsilon_1-\varepsilon_3)$，$\varepsilon_n^* = \dfrac{\Delta(\varepsilon_1+\varepsilon_3)}{2}$。

1.5 油管柱应力腐蚀开裂研究现状

马氏体钢是常见的不锈钢种类，可以通过热处理方式达到性能的改造，不锈钢的型号按成分可分为 Cr 系（400 系列）、Cr-Ni 系（300 系列）、Cr-Mn-Ni（200 系列）及析出硬化系（600 系列）[148]，13Cr 牌号是其中之一。由于其优良的力学及耐蚀性能，逐渐被应用于油气能源开发的石油管材料[149-150]。现有油套管管材包含普通13Cr、超级13Cr、15Cr以及17Cr等[151]。

当前，13Cr管材之所以推广至国内各个油田，主要是由于其稳定的力学性能[152-154]与优良的抗CO_2腐蚀性能[155-156]，其优良的性能被多位学者证明：2016年，Xing等[157]通过对南海西部东方气田井下环境腐蚀实验的模拟，选择了适合该气田的井下防腐材料，结果发现13Cr马氏体不锈钢在液相和气相均未发生点蚀，均匀腐蚀速率小于0.0013mm/a。2017年，宋令玺等[158]通过各种检测方法提出了优化热轧工艺的建议，可进一步提高13Cr的抗CO_2腐蚀性能。同年，朱林等[159]研发应用了L80-13Cr特殊螺纹加厚油管，结果表明：L80-13Cr特殊螺纹加厚油管的加厚端尺寸和显微组织均满足设计要求。2021年，王赟[160]通过自制实验平台研究了超级13Cr管材在高含CO_2海上油田的耐腐蚀性研究，并研发了新型绿色有机缓蚀剂进一步提高超级13Cr抗腐蚀性能。同年，Zhu等[161]通过自行研制的原位电化学试验装置，研究了13Cr不锈钢在高压CO_2/O_2环境中应力与裂隙联合作用下的腐蚀行为，结果表明：13Cr不锈钢呈自钝化状态；在应力的作用下，加快了钢在缝隙内的阳极溶解过程。Zhao等[162]研究了超13Cr不锈钢（S13CrSS）的微观结构和材料成分对钝化膜形成动力学和点蚀行为的影响，并与2Cr13不锈钢（2Cr13SS）的钝化膜形成动力学和点蚀行为进行了比较，结果表明，在S13CrSS表面形成的钝化膜很快达到稳定状态。何松等[163-165]模拟井底的超高温超临界CO_2实验环境，结合扫描电子显微镜（SEM）、能谱（EDS）及X射线衍射仪（XRD）对S13Cr腐蚀产物特性进行分析研究。近年来，很多学者也提出进一步将13Cr型管材的力学性能或腐蚀性能再次提升的方法，包括优化热处理工艺[166-167]、涂层[168]、微量元素控制[169]、缓蚀剂[170]等。然而，13Cr油管在服役过程中的断裂事故，近年来也被各位学者报告并做了失效机理分析。2010年，Mu等[171]通过电化学的方法发现13Cr110管材在高温地层水的环境中出现腐蚀现象，结果表明：13Cr不锈钢在地层水中处于被动状态，随着温度的升高，无源电流密度增大，无源电位区域减小。2011年，Zhu等[172]等基于多种分析检测技术，分析了超13Cr-110管件腐蚀失效的主要原因，结果表明，接头内壁的损伤形式是CO_2腐蚀、酸腐蚀、冲蚀腐蚀、裂隙腐蚀等综合作用的结果，同时裂隙腐蚀的协同作用也导致了接头内壁的腐蚀，硫酸盐还原菌（SRB）腐蚀导致油管外壁和接头发生腐蚀。2014年，尹成先等[173]通过电化学方法发现随着压应力水平的提高，13Cr油管的自腐蚀电位负向移动，腐蚀速率变大。2015年，Lei等[174]通过自制的"管状物品全尺寸腐蚀试验系统"对6m的超级13Cr管（带耦合）进行了腐蚀试验，研究了其在废酸中的腐蚀性能，并发现在120℃下，是拉伸力（实际屈服强度78.6%）、内压（70MPa）和废酸共同作用导致了油管的应力腐蚀开裂（SCC）。2018年，Liu等[175-176]通过对现场某一口超高温超高压井内的断裂油管进行失效分析，通过断口特征与腐蚀产物成分分析，认为失效管柱是在低应力状态下发生了应力腐蚀开裂。2020年，吕祥鸿等[177]通过对某失效高压气井超级13Cr油管的开裂原因、腐蚀形貌、腐蚀产物进行了分析，结果表明：当pH值超过一定程度后超级13Cr油管会发生应力腐蚀开裂，裂纹大多起源于油管外壁局部腐蚀坑处，其扩展方式由最初的穿晶解理开裂转变为沿晶开裂。2021年，宋洋等[178]报道了现场一根 $\phi 88.9mm \times 6.45mm$ L80-13Cr油管穿孔，分析后同样得出管柱应力腐蚀开裂是管壁刺穿的诱因。

通过调研总结可知，随着井筒服役条件逐渐苛刻，13Cr管材的应力腐蚀开裂问题是当前比较突出的问题，引起应力腐蚀开裂的诱因很多，除了高温高压腐蚀介质环境，还包括初始的缺陷、服役过程中造成的结构缺陷。在环境中的应力腐蚀开裂过程为：点蚀形核—缺陷演化—裂纹扩展—结构瞬断四个过程[179-181]，如图1.3所示。针对以上问题，有必要对极端条件下气井油管柱环境力学行为及损伤评价进行研究。

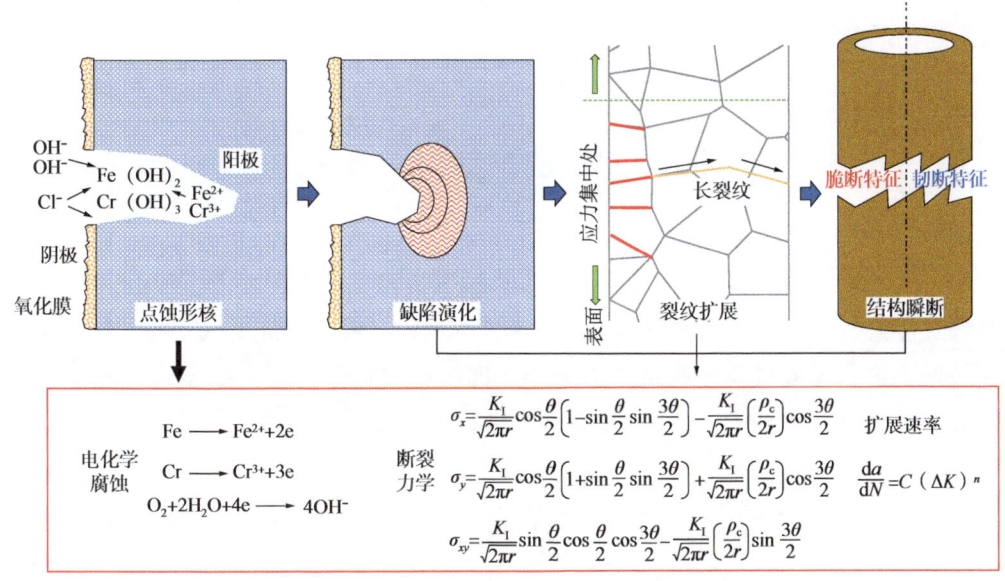

图1.3　13Cr管材应力腐蚀开裂过程示意图

2 油管柱失效统计分析及失效机理

极端条件下气井油管柱失效的影响因素和失效机理分析,需要收集国内外极端条件下气井完整性统计资料和油管柱失效数据,分析油管柱失效发生的形式、井龄和井深等,并从不同角度统计分析典型油管柱失效的规律,同时,对断口进行 SEM 与 EDS 分析,明确断口的断裂特征与腐蚀产物。

2.1 油管柱失效统计分析

为了分析极端条件下气井油管柱失效问题,收集了大量国内外极端条件下气井井筒完整性统计资料和油管柱失效数据,并在塔里木油田对极端条件下气井油管柱工作情况及失效案例进行了大量现场调研。2008 年,挪威石油安全署(Petroleum Safety Authority Norway)[182]对海上 12 个平台上的 406 口井进行了井筒完整性统计,这些井中含部分极端条件下气井。结果表明,18% 的井存在井筒完整性问题,其中 7% 的井由于完整性问题而关井,9% 的井带病生产,可见井筒完整性问题已经成为影响油气田开发和油气井安全生产的重要因素之一。在井筒完整性问题中,油管柱失效所占的比例最高,达到 38%,如图 2.1 所示。油管柱失效的主要形式包括油管泄漏、油管断裂等。

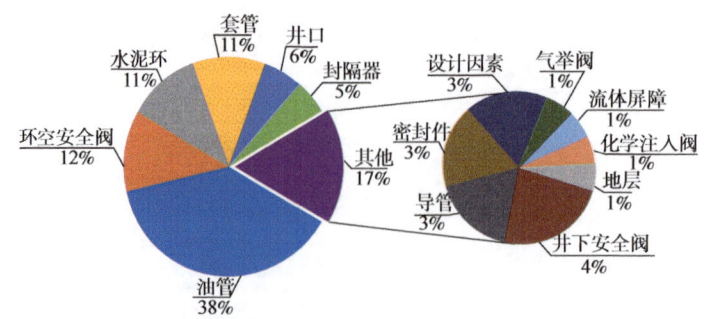

图 2.1 挪威石油安全署井筒完整性统计数据[182]

2 油管柱失效统计分析及失效机理

从失效时间上看,井筒完整性失效问题大多发生在井龄 20 年以内,而油管柱失效问题在井龄 5~9 年内发生最多,如图 2.2 所示。由图 2.2 可知,油管柱失效容易发生在气井生产的早期,其失效机理目前还不明确,说明油管柱早期频繁失效问题需要引起广泛的关注和研究[183]。

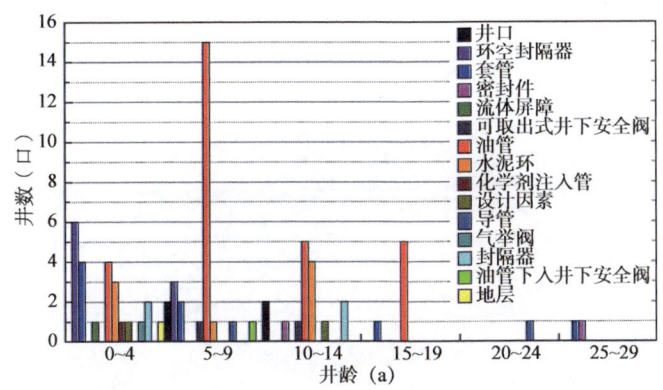

图 2.2 失效井井龄统计[183]

图 2.3 为井龄 20 年以内油管柱失效井数及其占比。由图 2.3 中可知,在井龄 20 年以内,油管失效发生的比例最高,说明油管柱失效在生产早期发生的概率较高。在井龄 5~9 年内,油管柱失效井数最多,达到 15 口井,而在井龄 15~19 年内油管柱失效井占总失效井的比例最高,达到 83.3%。

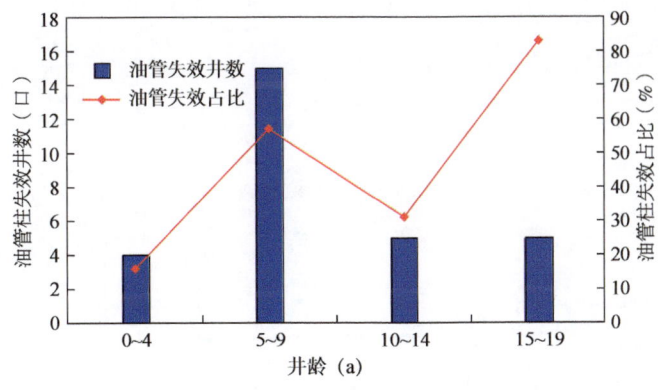

图 2.3 油管柱失效井数及其占比[183]

在塔里木油田的极端条件下气井中,油管柱失效问题更加突出。塔里木油田地层压力高(100~140MPa)、地层温度高(150~190℃)、储层埋藏深(6000~8100m),多数井为典型的"三超"气井,同时产层流体含二氧化碳(0.3%~1.5%)、汞,产层水矿化度较高(Cl^- 约 130000mg/L)。按国际广泛认可的高温高压分级,上述地区已进入超高温超高压级(Ultra HPHT)。这些气田除井况恶劣外,由于自然产能低、建井成本巨大,普遍需进行大排量的酸压或加砂压裂改造增产措施，气井作业工况同样十分恶劣。

目前多口塔里木油田极端条件下气井均发生过油管断裂，另一些井环空带压值高达 50~90MPa，油压基本等同套压，判断为油套窜通。据统计，目前发生井筒完整性问题总井数为 20 口，占已投产井（46 口）比例为 43%，而油管柱渗漏占完整性问题的比例高达 46%，如图 2.4 所示。

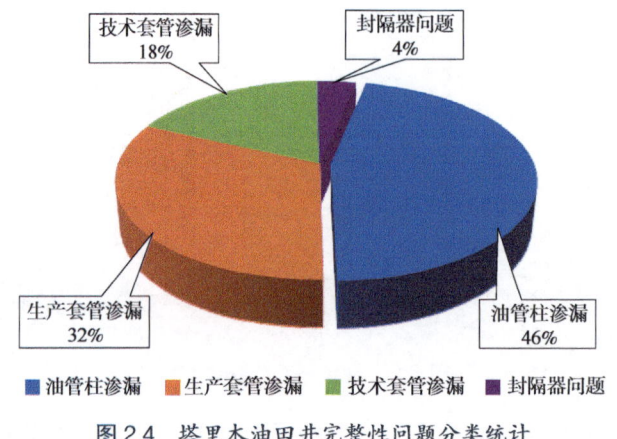

图 2.4　塔里木油田井完整性问题分类统计

从已修的 10 口井看，7 口井断裂位置在管柱的中下部。对于超深井，管柱中下部可能发生屈曲而产生较大的弯曲应力，同时油管接头附近存在应力集中，在气体流动诱发的冲击载荷作用下，管柱处于更加复杂的应力状态。但现有基于弹性理论的力学校核方法无法考虑局部屈服失效，动态载荷对管柱完整性的影响不明（图 2.5）。

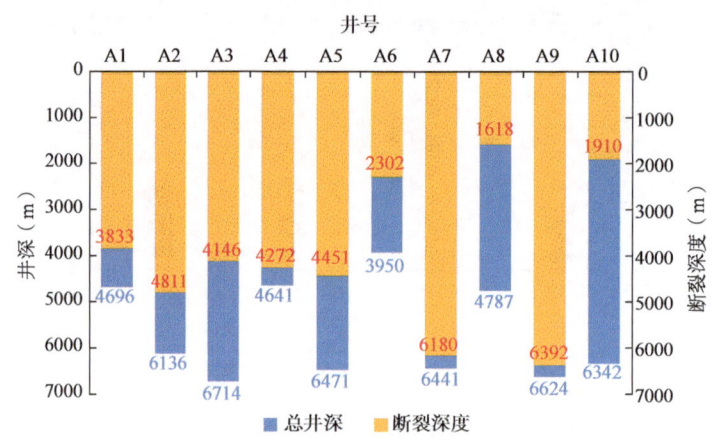

图 2.5　塔里木油田已修井油管柱断裂深度

而在新疆地区的另一个高温高压区块 S1 中，使用超级 13Cr 油管的气井也发生多起失效事故，共计 8 口井出现油管柱失效，失效形式均为应力腐蚀开裂。从失效位置来看，失效点均在中和点以上，说明管柱是在承受拉伸作用力时发生的失效，如图 2.6 所示。

2 油管柱失效统计分析及失效机理

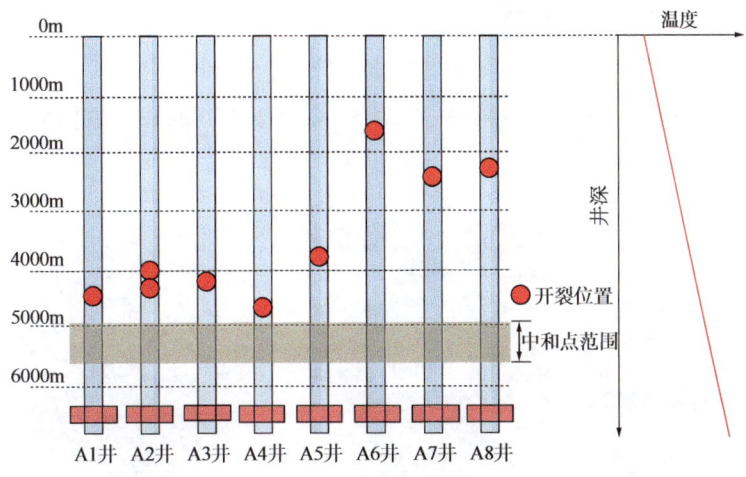

图2.6 S1区块8口失效井油管柱失效位置[184]

而这8口井失效案例中,7口井的失效是源于环空起裂,仅有1口井为源于内壁起裂。另一方面,这8口井中有6口井是管体开裂,有2口井是接箍开裂,如图2.7所示。

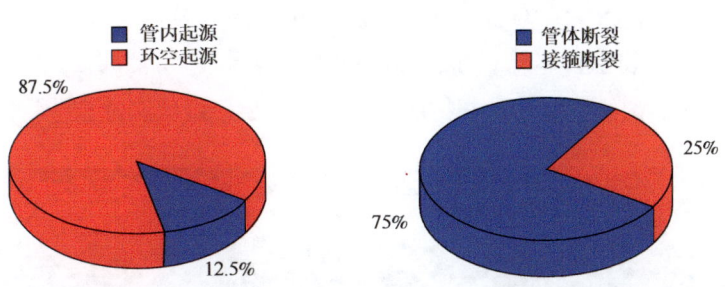

图2.7 西部某油田S1区块井完整性问题分类统计

通过统计资料和现场数据可以看出,油管柱失效已经成为影响极端条件下气井井筒完整性和气井安全生产的重要因素,而且油管柱失效大多发生在气井生产早期,油管柱失效机理不明。因此,需要开展油管柱失效案例分析,找出油管柱失效的主要影响因素和失效机理。

2.2 油管柱失效案例分析

2.2.1 管柱外壁起源应力腐蚀开裂案例

图2.8为某超高温超高压井中横向断裂的油管柱,该井完钻井深7045.00m,开井投产前静压98.62MPa,用二级8mm油嘴开度35%生产,井底温度164.2℃,井口油压达到

96.24MPa，油套环空压力 40.35MPa。该井产天然气中 CO_2 含量 0.813%，不含 H_2S；产出水中 Cl^- 含量 5790mg/L。该井采用一体化管柱结构，封隔器永久坐封。该井修井作业中发现自油管挂下起第 483 根 88.90mm×6.45mm 13Cr 110 油管，沿横向完全断裂，断裂位置位于井深 4811m 处，环空环境为甲酸盐体系的环空液。

 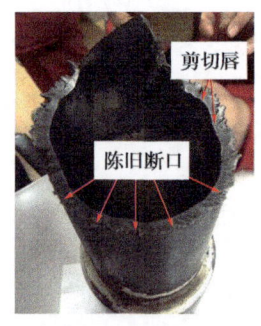 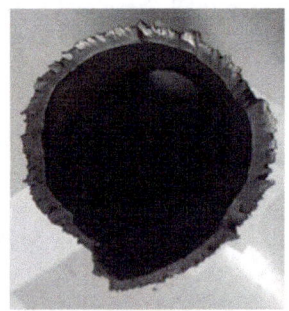

图 2.8　88.90mm×6.45mm 13Cr 110 断裂油管

图 2.9 显示 400 倍显微镜下外壁存在大量微小/密集点蚀坑、高温氧化皮、腐蚀产物膜，为基材应力腐蚀开裂。符合不锈钢氢应力开裂 HSC 特征。裂缝中腐蚀产物膜富含氧、磷、钠、钾。起裂于管体外表面腐蚀产物层，多源，穿晶为主，分叉多，为典型的应力腐蚀开裂裂纹。裂纹打开后，在扩展区尖端还可见轻微的腐蚀疲劳特征。

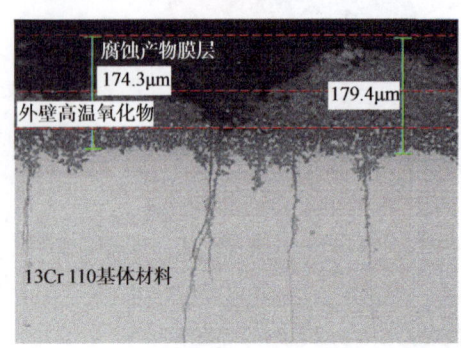 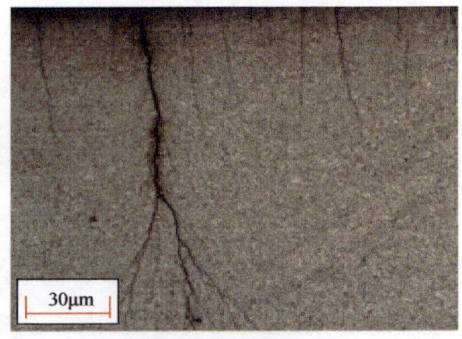

(a) SEM

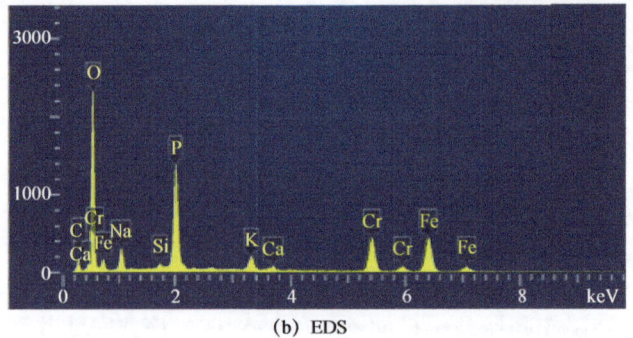

(b) EDS

图 2.9　断裂油管外壁应力腐蚀开裂裂纹处 SEM 与 EDS 分析图

2.2.2 管柱内壁起源应力腐蚀开裂案例

内壁起源应力腐蚀开裂失效管柱是来源于另一口异常高压井,该井以裸眼完井方式完钻。完钻井深5452.00m,原始地层压力系数为2.26,为异常高压气井。投产后油压即存在波动现象,并且在生产过程中多次在井口发现砂样。调开度之后,油压波动现象消失,在开度不变的情况下,后相继出现油压下降加快,波动现象;最终某日油压异常下降关井。该井天然气中二氧化碳质量分数平均1.04%,最高不超过5%,不含H_2S。起出油管发现第397根油管断裂,油管型号ϕ88.9mm×6.45mm13Cr110,断裂位置位于3833m,断裂形式为管体纵裂,油管内部有大量沉积砂。将图2.10中油管内壁表面的氧化皮打磨掉后,可见裂纹扩展形迹,显示两端裂纹扩展形迹可见裂纹均起源于内壁,呈树枝状向外壁延伸。

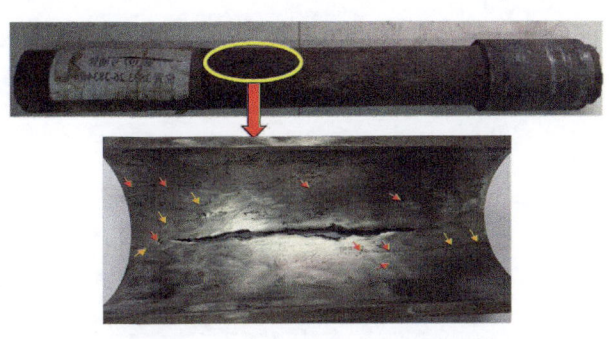

图2.10 纵向开裂油管宏观样貌

宏观上,陈旧断口与瞬断区断口表面形貌有所不同,陈旧断口色泽暗沉,表面相对光滑,通过SEM扫描电镜图可清楚地看到断口表面有许多腐蚀产物与来自环境的污染物,断口表面也呈现准解理特征,说明在陈旧断口的裂纹源于应力腐蚀开裂,断口呈现脆性特征,然而当裂纹没有到达陈旧断口边缘时,裂纹的深度并没有达到使得油管瞬断的临界状态。而当裂纹逐渐扩展到陈旧断口边缘时,油管柱突破了临界状态,发生了瞬间断裂,瞬断区断口表面色泽相对光亮,且有明显的剪切唇特征,通过SEM扫描电镜图可清楚地看到大小不均的韧窝,说明瞬断区是韧性断裂的特征。通过测量陈旧断口的形貌可知,陈旧断口总体近似呈现长条状,如图2.11所示。

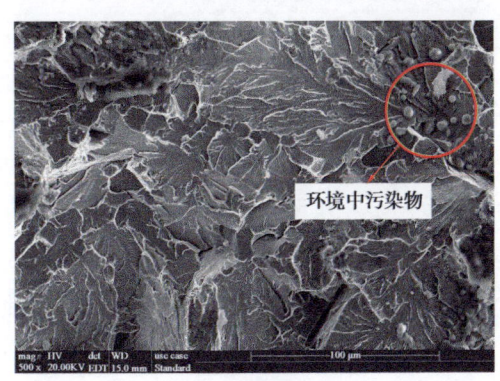 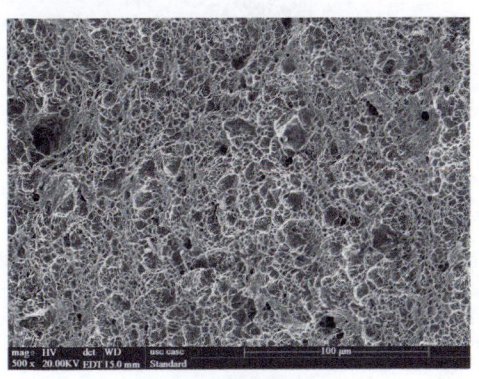

(a) 脆断特征　　　　　　　　　　　(b) 韧性断裂特征

图2.11 断裂油管外壁应力腐蚀开裂裂纹处SEM分析图

2.2.3 接箍应力腐蚀开裂案例

失效油管为 $2^7/_8$ in BX1 斜坡油管,材质 13Cr110、壁厚 5.51mm,接箍失效方式为纵向开裂,如图 2.12 所示。修复油管,未查到生产厂家。由图 2.12(a)中白色椭圆框中明显可见蚀坑存在,初步判定裂纹始于外壁蚀坑,图 2.12(b)明显可见接箍外壁发生严重腐蚀,部分腐蚀物脱落,引起管壁减薄,图 2.12(c)为含纵向裂纹的管体外壁,可以发现在接箍的外壁有很多点蚀坑,这些点蚀坑的存在会导致油管表面存在缺陷,在点蚀坑处发生应力集中,同时在周期载荷的作用下极易萌生微裂纹,因此初步判定裂纹源于管体外壁,同时,断口齐整,初步判定为应力腐蚀开裂。

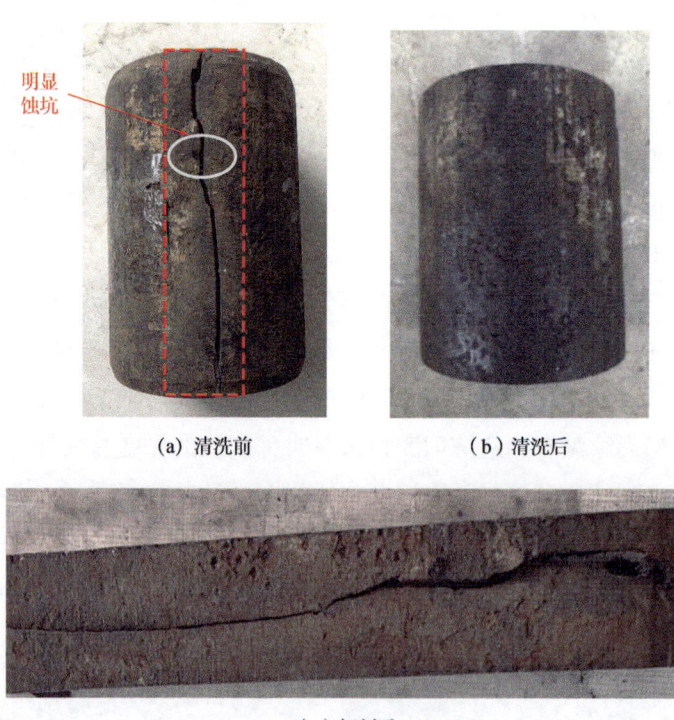

(a)清洗前　　　　(b)清洗后

(c)切割后

图 2.12　纵向开裂油管接箍形貌

截取图 2.12 中的断口表面作为微观分析试块,分析结果如图 2.13 至图 2.15 所示。从图中明显可见断面上堆积有较厚腐蚀物,腐蚀物疏松。从图 2.13 中可见外壁边缘有蚀坑,蚀坑处裂纹呈发散状沿径向面扩展至螺纹根部,螺纹根部处断面形貌如图 2.13 所示。图 2.13(b)为断口上的局部放大图,在蚀坑处及断面上可见明显腐蚀物,对腐蚀物进行扫描电镜能谱观察分析如图 2.14 所示,由断口表面上以及腐蚀坑底端生成的腐蚀物的 EDS 电镜能谱分析结果可知腐蚀物中 O 含量较高,Si 含量也较高,系环境介质中所含物质。

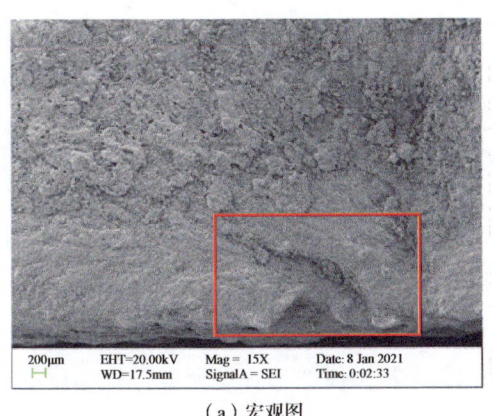
(a) 宏观图

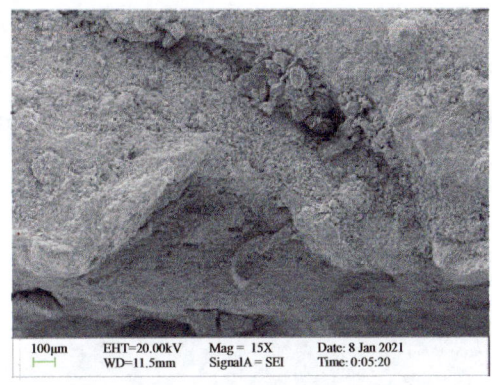
(b) 局部图

图 2.13　清洗前断口 SEM 图

利用去膜液清洗覆盖于断口面的较厚腐蚀物，再利用扫描电镜观察清洗后的断口形貌，结果如图 2.15 所示。从图 2.15 中可见裂纹起源处有明显台阶，对图 2.15（a）中台阶 1 处进行放大观察，如图 2.15（b）所示，可知管体源于外壁断裂，断裂方向由外到内，断裂特征为穿晶断裂，台阶面上有明显的平行裂纹，腐蚀出较深沟壑。

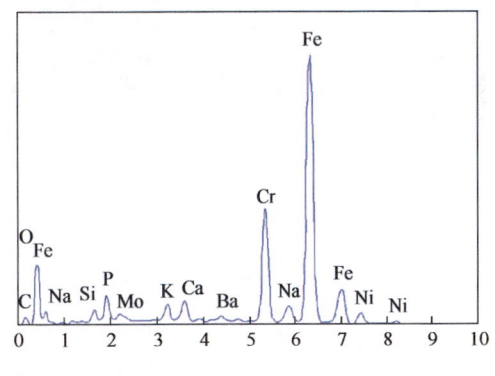

图 2.14　断口面腐蚀物 EDS 分析图

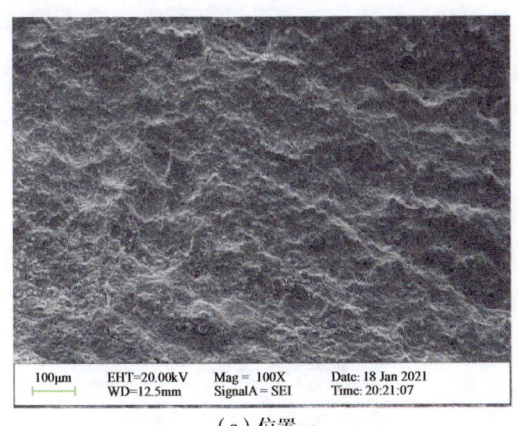
(a) 位置一

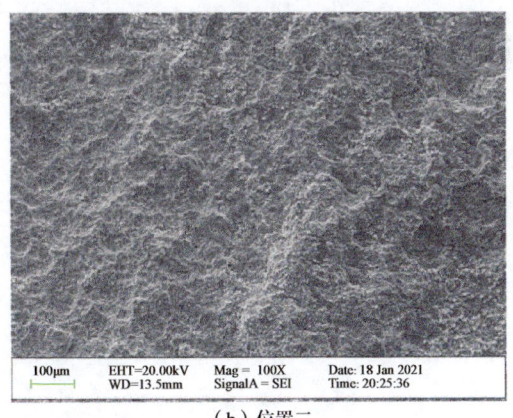
(b) 位置二

图 2.15　清洗后断口 SEM 图

2.2.4　管柱屈曲变形案例

在极端条件下气井中，油管柱可认为是井口与封隔器约束的细长杆结构。在管柱服役过程中，由于自重、活塞效应、鼓胀效应、温度效应以及摩阻效应等的综合作用下会在某一井深处产生中和点,在中和点以上的管柱承受拉伸状态的轴向力,而在中和点以下至封隔器段,油管柱承受压缩状态的轴向力。当轴向力超过一定临界值后,管柱会发生屈曲变形,随着轴向力的不断加大,管柱会由正弦屈曲过渡到螺旋屈曲,甚至产生井下自锁,屈曲严重时甚至造成油管柱从接头处脱扣,如图2.16所示。图2.16展示了从井下取出的螺旋屈曲变形油管柱。屈曲变形会造成管柱内产生弯曲应力,同时油管与套管的局部接触会造成额外的接触力。

另外,当管柱屈曲后,管柱内的流道发生了变化,流体携带的砂砾与管壁形成一定角度的攻角从而加速冲蚀速度。在冲蚀的作用下,管壁会随服役年数减薄,剩余强度也随之下降。因此针对管柱屈曲变形后自身的力学问题,以及屈曲引起一系列"并发症"有必要开展损伤程度的定量化研究。

图2.16 井下取出的螺旋屈曲油管柱

2.2.5 其他失效形式案例

高速流动的砂砾会造成内壁的冲蚀,刺穿油管的内外表面宏观形貌。油管外径为89.6mm,壁厚6.8mm,刺口距油管外螺纹端部约133mm,刺口沿油管周向长约53mm,约占油管整个圆周的1/5。刺穿方向为横向,刺口表面光滑,刺口边缘被冲刷,边缘为3~4mm,内呈现金属光泽,局部区域为紫铜色。刺口周围存在严重局部腐蚀,个别腐蚀坑之间已经产生裂纹,刺口边缘的腐蚀坑底也有裂纹存在,如图2.17(a)所示。另外,油管柱横线压扁失效如图2.17(b)所示,在挤扁前管柱内出现了砂堵,导致砂堵段以上油管的内压下降,从挤扁的形貌上判断可能由于内壁的冲蚀或腐蚀等因素,造成了管内壁的结构性缺失,在均匀的环空外挤压力下被挤扁。

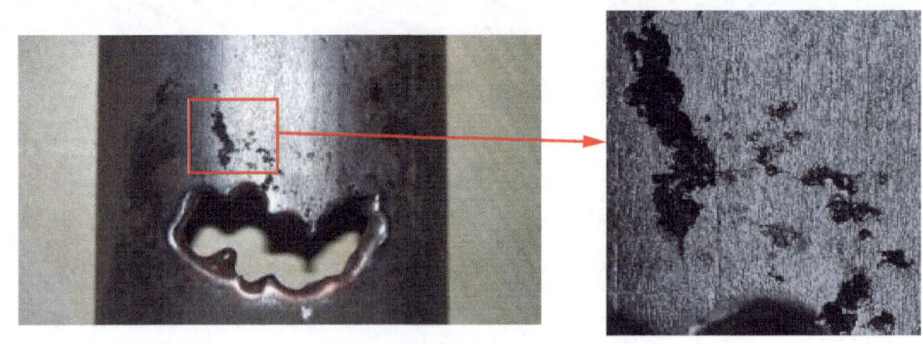

(a)刺穿油管的内外表面宏观形貌

图2.17 油管柱其他失效形式

(b) 油管柱横线压扁失效宏观形貌

图 2.17　油管柱其他失效形式（续）

2.3　油管柱失效机理

通过分析油管柱失效统计资料，总结极端条件下气井油管柱的失效形式主要有外壁磨损、油管内、外壁起源应力腐蚀开裂、接箍应力腐蚀开裂、塑性屈曲、油管冲蚀、横向挤毁等。综合现场调研和油管柱失效案例统计分析，极端条件下气井中油管柱失效的主要原因可以总结为以下几点：

（1）高压气井以高产量生产时，由于井筒内温度压力变化、阀门操作、管径变化、气嘴节流等因素使油管柱内的高速流体处于不稳定流动状态，流体压力发生瞬时变化，从而诱发管柱与管内流体一起耦联振动。

（2）油管材料本身无法适应极端条件下气井的复杂工况环境。

（3）主观上忽视了振动对油管的损伤，大多数油管柱失效均发生在高强度改造、生产参数调整或开关井操作期间或随后的几天内，动载荷对油管柱失效具有重要影响。

（4）油管柱失效大多发生在中和点附近位置，该处在动力学条件下承受拉压交变载荷，更容易发生疲劳失效。

（5）油管柱屈曲后与井壁接触，在气体冲击载荷作用下，屈曲管柱与生产套管内壁发生摩擦碰撞，导致油管与生产套管磨损从而发生泄漏。

（6）油管柱在交变应力和腐蚀介质的共同作用下可能发生腐蚀疲劳断裂。

（7）在高温高压腐蚀环境中，在油管柱承受拉伸效应段容易发生点蚀坑，一旦点蚀坑形成，腐蚀离子就容易在该处聚集，造成晶粒或晶间的弱化，该处就容易成为应力腐蚀开裂的起源位置。

（8）腐蚀坑、冲蚀划痕以及上扣压痕等结构性缺失处的应力集中是管柱的薄弱点，同时螺纹接头位置由于复杂的结构形状也是管柱服役的薄弱点。

（9）油管柱在交变应力的作用下可能发生疲劳断裂，而腐蚀介质会进一步弱化裂纹尖端的结构强度，从而加快这种断裂。

（10）所研究的油管柱失效案例是包括力学、腐蚀机理以及材料性能的多因素综合影响下的结果。

综上所述，极端条件下气井内大部分油管失效的影响因素最终都可归咎于高速气体瞬变流动诱发的油管柱振动。鉴于此，本书将重点介绍气体诱发油管柱振动、油管柱动力学行为、油管柱环境力学行为以及损伤评价研究成果。

3 油管柱屈曲及冲蚀损伤

在极端条件气井中带有封隔器的油管柱会承受较高的轴向力,因此靠近底部的油管柱会发生屈曲变形,从而造成油气流道的改变。同时,出砂会对屈曲后的油管柱内壁造成冲蚀,因此,有必要对极端条件气井中变形的油管柱冲蚀进行系统的评估。本书建立全井段油管柱屈曲有限元模型,研究油管柱屈曲的几何非线性和接触非线性问题,分析油管底部轴向压力、油管接头和井筒变径等不同因素对油管柱屈曲的影响;并将屈曲后的流道导入多物理场耦合计算软件 COMSOL-Multiphysics 进行冲蚀模拟计算,得到了螺旋屈曲管柱的冲蚀规律和可能失效区域,形成了一套完整的屈曲管柱冲蚀速度量化评估方法。该方法可以根据现场单井的实际工况进行冲蚀速度评估,给出对应产量下的出砂量临界值,根据实际工况有效地防控管柱的冲蚀速度,为预防高产气井管柱的冲蚀损伤提供了理论依据。

3.1 油管柱屈曲理论

气井生产时采出热流体,由于活塞效应、温度效应以及封隔器的约束作用等会导致油管柱在封隔器处承受压缩力作用。当底部轴向压缩力超过油管屈曲临界载荷时,随着轴向压缩力的增加,油管柱将依次发生正弦屈曲和螺旋屈曲。油管柱屈曲是两端固定的管柱在轴向压缩力作用下发生二维平面内(正弦屈曲)或三维空间中(螺旋屈曲)弯曲变形的现象。

油管柱屈曲会导致以下严重后果:
(1)许多管端特殊扣在受轴向压缩力发生屈曲时,会丧失密封性;
(2)处于轴向压缩屈曲状态的管体或接头与生产套管接触,在高速瞬变气流的作用下产生滑动,导致管柱磨损,并对油管或套管产生缝隙腐蚀,严重时腐蚀穿孔;
(3)屈曲可能导致油管柱承受较大的弯曲应力或产生永久变形。

图 3.1 为典型的油管柱屈曲形态示意图[185]。油管柱受到井口和封隔器的端部约束作用，同时受到井壁的横向约束作用。油管底部（即封隔器处）承受最大轴向压缩载荷，受底部固支端部边界条件的影响，端部边界附近总有一段不能与井壁接触，成为空间悬浮段。在管柱底部，当管柱开始与井壁发生接触，即进入螺旋屈曲段，此时管柱与井壁发生连续接触，接触力较大。而正弦屈曲井段，管柱与井壁发生点接触。随着井深减小，管柱虽仍然承受压缩载荷，但压缩载荷已经不足以使其发生屈曲，此段位于中和点与正弦屈曲起始点之间，称为下部直线段。而在中和点以上，管柱承受轴向拉力，保持其直线稳定状态，称为上部受拉段。

可见实际管柱屈曲是各种屈曲形态并存的复杂问题，本章将从管柱屈曲微分方程和临界载荷理论出发，主要采用有限元法求解管柱非线性屈曲问题。

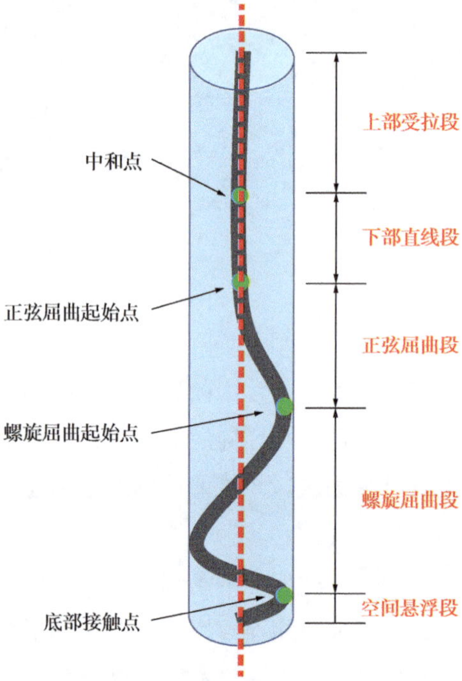

图 3.1 油管柱屈曲形态

3.1.1 油管柱屈曲微分方程

油管柱受到斜直井眼的约束，管柱两端施加轴向压缩载荷 F 和扭矩 M_T，同时还受到管柱有效重量 q 和井壁接触力 N 的作用。管柱屈曲前处于直线状态，并紧贴下井壁。建立如图 3.2 所示的坐标系 $Oxyz$，其中 z 轴沿井眼轴线方向，Oxy 位于井眼横截面内。

当管柱两端承受压缩载荷，并且压缩载荷达到一定值以后，管柱将会由直线状态变为屈曲状态，假设管柱屈曲后仍然与井壁保持连续接触，在井眼横截面内管柱与井壁的几何关系如图 3.3 所示。

管柱屈曲后，其轴线上的点始终会落在半径为 r_c 的圆柱面上。假设管柱轴线上任意一点 C 的矢径为 $r(s)$，则 C 点的矢径可表示为

$$\boldsymbol{r} = x\boldsymbol{i} + y\boldsymbol{j} + z\boldsymbol{k} \tag{3.1}$$

其中，C 点的三维坐标可表示为

$$\begin{cases} x = r_c \cos\theta \\ y = r_c \sin\theta \\ z = z(\theta) \end{cases} \tag{3.2}$$

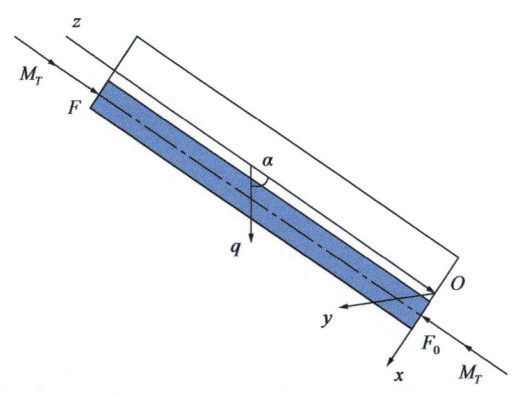
图3.2 管柱与井眼沿纵向的几何关系图

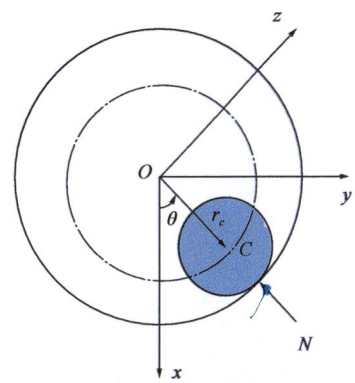
图3.3 管柱与井眼沿横向的几何关系

假设弹性管柱具有不可伸长性,可得

$$\frac{dz}{ds}=\sqrt{1-\left[\left(\frac{dx}{ds}\right)^2+\left(\frac{dy}{ds}\right)^2\right]}=\sqrt{1-r_c^2\left(\frac{d\theta}{ds}\right)^2} \quad (3.3)$$

由于实际井眼间隙较小,可满足:

$$r_c^2\left(\frac{d\theta}{ds}\right)^2 \ll 1 \quad (3.4)$$

因此,$dz/ds \approx 1$,在后续分析中将 dz 和 ds 视为相等。

管柱所受外力矢量可表示为

$$\boldsymbol{h}=(q\sin\alpha - N\cos\theta)\boldsymbol{i} - N\sin\theta\boldsymbol{j} - q\cos\alpha\boldsymbol{k} \quad (3.5)$$

式中:α 为井斜角,(°);N 为管柱与井壁的接触力,N;$\boldsymbol{i}$、$\boldsymbol{j}$、$\boldsymbol{k}$ 分别为 $Oxyz$ 坐标系中 x、y、z 方向的方向向量。

基于以上管柱受力分析,可得管柱的受力平衡微分方程为[186]

$$\begin{cases} \dfrac{dF_x}{dz} = N\cos\theta - q\sin\alpha \\[4pt] \dfrac{dF_y}{dz} = N\sin\theta \\[4pt] \dfrac{dF_z}{dz} = q\cos\alpha \\[4pt] \dfrac{dM_x}{dz} = F_y - F_z\dfrac{dy}{dz} = F_y - F_z r_c\dfrac{d\sin\theta}{dz} \\[4pt] \dfrac{dM_y}{dz} = -F_x + F_z\dfrac{dx}{dz} = -F_x + F_z r_c\dfrac{d\cos\theta}{dz} \\[4pt] \dfrac{dM_z}{dz} = F_z\dfrac{dy}{dz} - F_y\dfrac{dx}{dz} \end{cases} \quad (3.6)$$

管柱所受力矩在坐标系 $Oxyz$ 中的投影如下：

$$\begin{cases} M_x = -EI\dfrac{\mathrm{d}^2 y}{\mathrm{d}z^2} + GJ\dfrac{\mathrm{d}\gamma}{\mathrm{d}z}\dfrac{\mathrm{d}x}{\mathrm{d}z} \\ M_y = EI\dfrac{\mathrm{d}^2 x}{\mathrm{d}z^2} + GJ\dfrac{\mathrm{d}\gamma}{\mathrm{d}z}\dfrac{\mathrm{d}y}{\mathrm{d}z} \\ M_z = EI\left(\dfrac{\mathrm{d}x}{\mathrm{d}z}\dfrac{\mathrm{d}^2 y}{\mathrm{d}z^2} - \dfrac{\mathrm{d}^2 x}{\mathrm{d}z^2}\dfrac{\mathrm{d}y}{\mathrm{d}z}\right) + GJ\dfrac{\mathrm{d}\gamma}{\mathrm{d}z} \end{cases} \quad (3.7)$$

式中：E 为管柱材料弹性模量，Pa；I 为管柱横截面对中性轴的惯性矩，m^4；G 为管柱材料的剪切弹性模量，Pa；J 为横截面的极惯性矩，m^4；γ 为扭转角，(°)。

在建立受井眼约束油管柱的屈曲微分方程时，可以利用高德利等推导的底部钻具组合的变形控制方程[187]，其中的复函数 ψ、H 表达式如下：

$$\psi = r_c e^{i\theta} = r_c(\cos\theta + i\sin\theta) \quad (3.8)$$

$$H = (q^*\sin\alpha - N^*\cos\theta) - N^* i\sin\theta \quad (3.9)$$

式中：$i=\sqrt{-1}$，$q^*=q/EI$，$N^*=N/EI$。

于是管柱的变形控制方程可表达为

$$r_c \dfrac{\mathrm{d}^4 e^{i\theta}}{\mathrm{d}z^4} - iM_T^* \dfrac{\mathrm{d}^3 e^{i\theta}}{\mathrm{d}z^3} + \dfrac{\mathrm{d}}{\mathrm{d}z}\left(F^* \dfrac{\mathrm{d}e^{i\theta}}{\mathrm{d}z}\right) = H \quad (3.10)$$

式中：$F^* = F/EI = F_0^* - q^* z\cos\alpha$，$F_0^* = F_0/EI$。

关于 $e^{i\theta}$ 的各阶导数为

$$\begin{cases} \dfrac{\mathrm{d}e^{i\theta}}{\mathrm{d}z} = ie^{i\theta}\dfrac{\mathrm{d}\theta}{\mathrm{d}z} \\ \dfrac{\mathrm{d}^2 e^{i\theta}}{\mathrm{d}z^2} = ie^{i\theta}\left[i\left(\dfrac{\mathrm{d}\theta}{\mathrm{d}z}\right)^2 + \dfrac{\mathrm{d}^2\theta}{\mathrm{d}z^2}\right] \\ \dfrac{\mathrm{d}^3 e^{i\theta}}{\mathrm{d}z^3} = ie^{i\theta}\left[-\left(\dfrac{\mathrm{d}\theta}{\mathrm{d}z}\right)^3 + 3i\dfrac{\mathrm{d}\theta}{\mathrm{d}z}\dfrac{\mathrm{d}^2\theta}{\mathrm{d}z^2} + \dfrac{\mathrm{d}^3\theta}{\mathrm{d}z^3}\right] \\ \dfrac{\mathrm{d}^4 e^{i\theta}}{\mathrm{d}z^4} = ie^{i\theta}\left[-i\left(\dfrac{\mathrm{d}\theta}{\mathrm{d}z}\right)^4 - 6i\left(\dfrac{\mathrm{d}\theta}{\mathrm{d}z}\right)^2\dfrac{\mathrm{d}^2\theta}{\mathrm{d}z^2} + 3i\left(\dfrac{\mathrm{d}^2\theta}{\mathrm{d}z^2}\right)^2 + 4i\dfrac{\mathrm{d}\theta}{\mathrm{d}z}\dfrac{\mathrm{d}^3\theta}{\mathrm{d}z^3} + \dfrac{\mathrm{d}^4\theta}{\mathrm{d}z^4}\right] \end{cases} \quad (3.11)$$

整理后，得到管柱屈曲微分控制方程为

$$ir_c\left[\frac{\mathrm{d}^4\theta}{\mathrm{d}z^4}-6\left(\frac{\mathrm{d}\theta}{\mathrm{d}z}\right)^2\frac{\mathrm{d}^2\theta}{\mathrm{d}z^2}+3\frac{M_T}{EI}\frac{\mathrm{d}\theta}{\mathrm{d}z}\frac{\mathrm{d}^2\theta}{\mathrm{d}z^2}+\frac{\mathrm{d}}{\mathrm{d}z}\left(\frac{F}{EI}\frac{\mathrm{d}\theta}{\mathrm{d}z}\right)\right]+$$

$$r_c\left[\left(\frac{\mathrm{d}\theta}{\mathrm{d}z}\right)^4-4\frac{\mathrm{d}^3\theta}{\mathrm{d}z^3}\frac{\mathrm{d}\theta}{\mathrm{d}z}-3\left(\frac{\mathrm{d}^2\theta}{\mathrm{d}z^2}\right)^2\right]-\frac{M_T}{EI}r_c\left[\left(\frac{\mathrm{d}\theta}{\mathrm{d}z}\right)^3-\frac{\mathrm{d}^3\theta}{\mathrm{d}z^3}\right]-\frac{F}{EI}r_c\left(\frac{\mathrm{d}\theta}{\mathrm{d}z}\right)^2 \quad (3.12)$$

$$=He^{-i\theta}=\frac{q}{EI}\sin\alpha\cos\theta-\frac{N}{EI}-i\frac{q}{EI}\sin\alpha\sin\theta$$

将式（3.12）中等号两边存在的实部与虚部化简分析，得到管柱屈曲微分方程和接触力表达式分别为式（3.13）和式（3.14）：

$$\frac{\mathrm{d}^4\theta}{\mathrm{d}z^4}-6\left(\frac{\mathrm{d}\theta}{\mathrm{d}z}\right)^2\frac{\mathrm{d}^2\theta}{\mathrm{d}z^2}+3\frac{M_T}{EI}\frac{\mathrm{d}\theta}{\mathrm{d}z}\frac{\mathrm{d}^2\theta}{\mathrm{d}z^2}+\frac{\mathrm{d}}{\mathrm{d}z}\left(\frac{F}{EI}\frac{\mathrm{d}\theta}{\mathrm{d}z}\right)+\frac{q\sin\alpha}{EIr_c}\sin\theta=0 \quad (3.13)$$

$$N=EIr_c\left[4\frac{\mathrm{d}^3\theta}{\mathrm{d}z^3}\frac{\mathrm{d}\theta}{\mathrm{d}z}+3\left(\frac{\mathrm{d}^2\theta}{\mathrm{d}z^2}\right)^2-\left(\frac{\mathrm{d}\theta}{\mathrm{d}z}\right)^4\right]$$
$$+M_Tr_c\left[\left(\frac{\mathrm{d}\theta}{\mathrm{d}z}\right)^3-\frac{\mathrm{d}^3\theta}{\mathrm{d}z^3}\right]+Fr_c\left(\frac{\mathrm{d}\theta}{\mathrm{d}z}\right)^2+q\sin\alpha\cos\theta \quad (3.14)$$

3.1.2 油管柱屈曲临界载荷

以图 3.4 来表示管柱在轴向压缩载荷作用下的三种状态。当 $F<F_{cr}$ 时，管柱处于稳定平衡状态，此时若引入一个小的扰动力（$p\neq 0$），然后卸载，管柱将返回到它的初始位置。当 $F>F_{cr}$ 时，管柱处于不稳定状态，任何扰动力都将引起管柱屈曲。当 $F=F_{cr}$ 时，管柱处于中性平衡状态，因此把这个力 F_{cr} 定义为管柱屈曲的临界载荷。

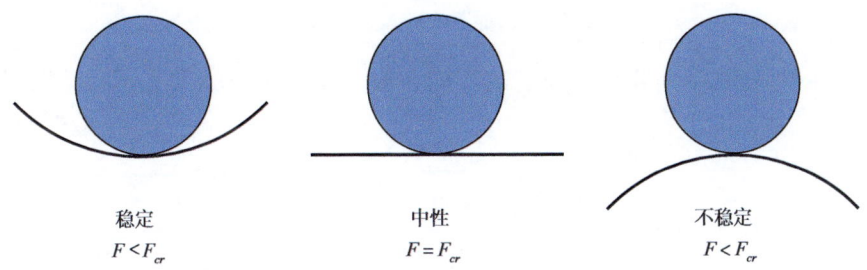

稳定 　　　　　中性 　　　　　不稳定
$F<F_{cr}$ 　　　　$F=F_{cr}$ 　　　　$F<F_{cr}$

图 3.4 油管柱稳定、不稳定及中性平衡状态示意图

自从 1950 年 Lubinski[21] 首次研究垂直井中管柱的正弦屈曲问题以来，已有大量学者研究过油管柱、套管柱、抽油杆以及钻柱等井下管柱的屈曲问题。理论和试验研究表明，油管柱在井筒中发生屈曲变形有几种可能性，按照轴向压缩力的大小可分为：无屈曲的直线平衡状态、正弦屈曲状态以及螺旋屈曲状态，如图 3.5 所示。在这些屈曲状态之间

存在临界压缩载荷以判断和界定管柱的屈曲状态。当作用于管柱的轴向压缩力较小时，管柱将保持直线平衡状态；当轴向压缩力超过正弦屈曲临界值，管柱的直线平衡状态不再稳定，管柱发生平面正弦屈曲，并与井眼内壁发生点接触；当轴向压缩力超过螺旋屈曲临界值，管柱的横向变形加剧，管柱发生三维空间内的螺旋屈曲，并与井眼内壁保持连续接触；若轴向压缩力继续增加，当管柱一端增加的轴向力不能传递到另一端时，则管柱发生了"锁死"。

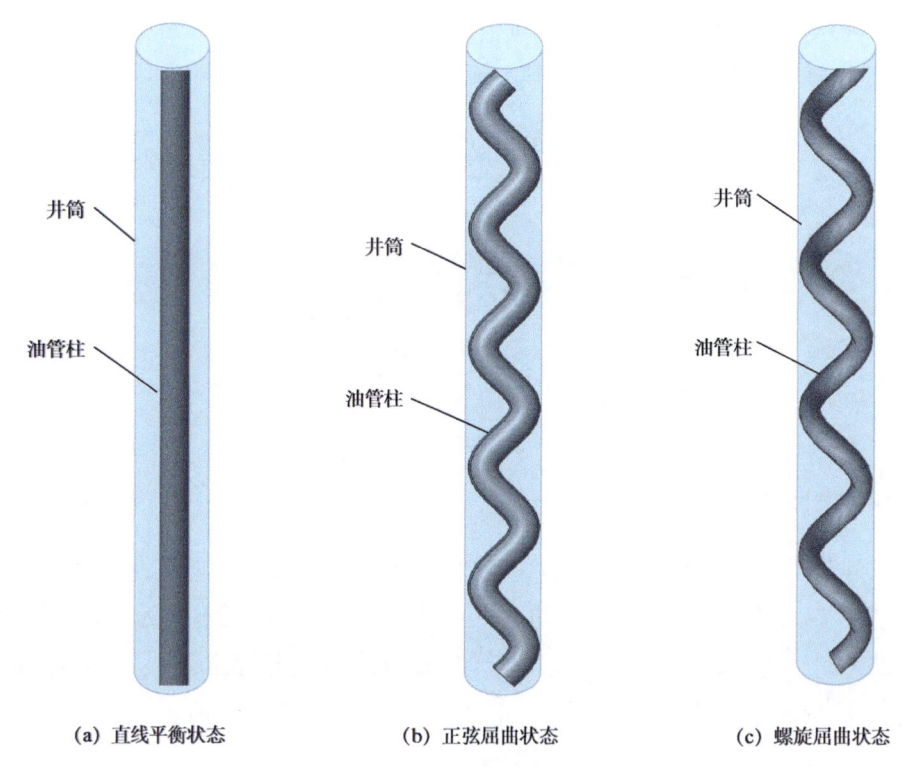

(a) 直线平衡状态　　(b) 正弦屈曲状态　　(c) 螺旋屈曲状态

图 3.5　油管柱在井筒内屈曲状态

垂直井眼中管柱屈曲临界载荷表达式的一般形式为 $F_{crs}=A\cdot\sqrt[3]{EIq^2}$，其中系数 A 的取值见表 3.1。

表 3.1　垂直井眼中管柱屈曲临界载荷系数 A 的典型结果比较

作者	正弦屈曲	螺旋屈曲
Lubinski，1950[21]	1.94	—
Wu，1992[27]	2.55	5.55
高德利，2006[185]	—	5.62

由表 3.1 可知，垂直井眼中管柱屈曲临界载荷与管柱材料的弹性模量 E、截面惯性矩 I 和管柱的线重 q 有关。

斜直井眼中管柱屈曲临界载荷表达式的一般形式为 $F_{crh} = B \cdot \sqrt{EIq\sin\alpha/r}$，其中系数 B 的取值见表 3.2。

表 3.2 斜直井眼中管柱屈曲临界载荷系数 B 的典型结果比较

作者	正弦屈曲	过渡段	螺旋屈曲
Dawson，1984[23]		2	
Wu，1992[27]	2	3.657	—
Miska，1996[25]	2~3.75	3.75~4	5.657
Mitchell，1997[28]	2~2.828	2.828~4	5.657
高德利，2006[185]	2~2.75	—	2.75

由表 3.2 可知，斜直井眼中管柱屈曲临界载荷与管柱材料的弹性模量 E、截面惯性矩 I、管柱的线重 q、井斜角 α 和环空间隙 r 有关。

根据表 3.2 中 Miska 提出的管柱正弦屈曲与螺旋屈曲临界载荷系数取值，计算得到了管柱屈曲临界载荷与井眼直径和井斜角的关系曲线，如图 3.6 所示。图 3.6（a）和图 3.6（b）分别表示管柱正弦屈曲和螺旋屈曲临界载荷随井眼直径和井斜角的变化规律。由图 3.6 可知，随着井眼直径的增大，管柱屈曲临界载荷逐渐降低，即管柱在大直径井眼内更容易发生屈曲，且当井眼直径为管柱外径的 1.2 倍以内时，井眼直径对管柱屈曲临界载荷的影响很大，随着井眼直径进一步增大，管柱屈曲临界载荷的变化不大；随着井斜角的增大，相同井眼直径下管柱屈曲临界载荷逐渐增大，说明重力对管柱屈曲起到一定促进作用，随着井斜角的增大，重力在井眼轴线方向上的分量逐渐减小，管柱屈曲所需的压缩载荷逐渐增大。对比图 3.6（a）和图 3.6（b）可知，根据 Wu 提出的管柱屈曲临界载荷计算公式，管柱螺旋屈曲临界载荷约为正弦屈曲临界载荷的 2.83 倍。

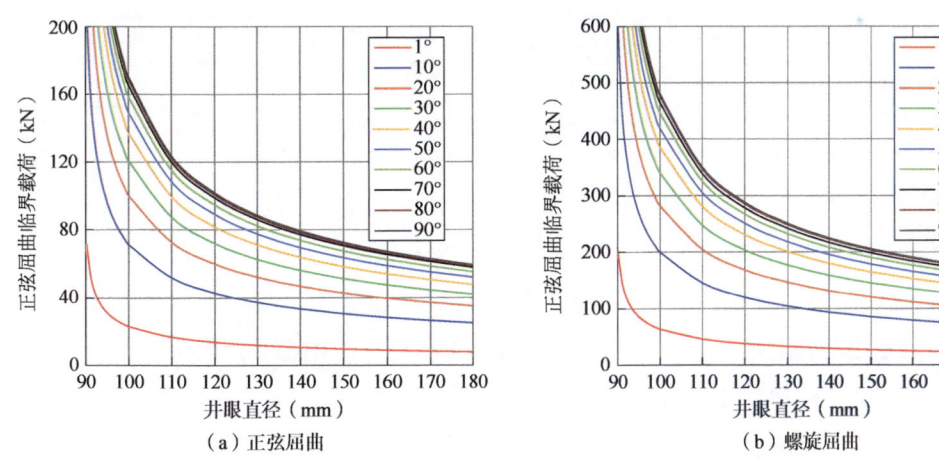

图 3.6 油管柱屈曲临界载荷与井眼直径和井斜角的关系曲线

以上管柱屈曲临界载荷的取值是针对无限长管柱而言的，而且忽略了管柱与井筒之间的摩擦力和管柱接头的影响。然而在实际工程中，管柱是有限长的，而且管柱与井筒接触后会产生摩擦力以阻碍其相对运动，管柱接头的影响也需要进一步研究，理论分析无法准确描述管柱的屈曲行为，因此本书将考虑井下管柱的实际受力情况，开展全井段油管柱屈曲有限元模拟研究。

3.2 全井段油管柱屈曲有限元模拟

3.2.1 有限元模型及边界条件

以某极端条件下气井 K9 井为例，其油管柱长度为7592m，封隔器下入深度为7290m，封隔器坐封于 ϕ196.85mm 生产套管内，气井产量为 $120×10^4 m^3/d$，井口油压为90MPa，井口温度为135℃，环空保护液密度为1.3g/cm³。K9井的油管柱结构见表3.3，下部 ϕ88.9mm 油管与 ϕ196.85mm 生产套管之间的环空间隙为41.275mm。

表3.3 K9井油管柱结构

外径（mm）	壁厚（mm）	下深（m）	钢级材质和螺纹	线重（kg/m）	抗内压强度（MPa）	抗外挤强度（MPa）
114.3	12.7	1300	S13Cr110 Bear	32.144	147.5	149.8
114.3	9.65	2300	S13Cr110 Bear	24.921	112.1	117.3
114.3	8.56	2810	S13Cr110 TSH563	22.471	99.4	98.9
88.9	9.52	3616	S13Cr110 TSH563	18.900	142.2	145.1
88.9	7.34	4320	S13Cr110 TSH563	15.179	109.6	114.9
88.9	6.45	7290	S13Cr110 TSH563	13.691	96.3	93.3
封隔器		7290	718 VAM TOP	—	—	—
73.02	5.51	7592	P110 FOX	9.673	127.4	131.6

受井眼约束的油管柱，在轴向压缩载荷的作用下，将失去直线稳定状态，发生屈曲变形，属于几何非线性问题；由于井壁的横向限制，屈曲后管柱将与井壁发生连续或不连续接触，属于接触非线性问题。因此，油管柱屈曲属于几何和接触双重非线性问题，模型求解和收敛十分困难。为了方便建模和提高分析效率，本书采用以下假设：

（1）油管处于弹塑性变形状态；

（2）井筒为等截面直圆柱，井壁为刚性，与油管柱接触时井壁不产生变形；

（3）发生屈曲变形前，油管柱为直线状态，且与井眼同轴；

(4)不考虑油管接头的影响。

根据表3.3中油管柱结构尺寸,建立的封隔器以上油管柱屈曲的力学模型如图3.7所示。图3.7中A点为封隔器,B点为井口,AB段为井口与封隔器之间的油管柱,油管柱的横向变形受到生产套管的约束。油管柱屈曲有限元力学模型的边界条件为:油管柱在A点和B点受到全约束,油管柱所受力包括:B点处的井口拉力F_H、油管柱重力G、A点处的底部轴向压缩力F_B、温度引起的热应力、油管内部与外部的流体压力等。

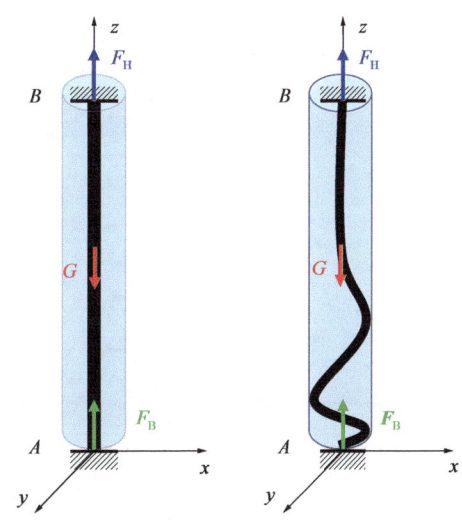

(a)管柱发生屈曲之前　　(b)管柱发生屈曲之后

图3.7　油管柱屈曲有限元模型

为了得到有限元边界条件中管柱所受载荷的具体数值,根据K9井的管柱结构、生产参数等基础数据,计算得到该井以$120 \times 10^4 m^3/d$的产量生产时井筒温度、压力、流体特性和管柱受力结果分别如图3.8至图3.13所示。

根据图3.8至图3.13,分析如下:

(1)管柱内压随井深增加而逐渐增加,拟合曲线趋势呈线性变化关系。计算所得井口压力为90.5MPa,井底压力为119.2MPa,井筒内平均压力为104.1MPa。封隔器以上管柱外压随井深增加而线性增加,井口处管柱外压为0,封隔器处管柱外压为92.9MPa,井底处管柱内压与外压相等。

(2)油管柱温度随井深增加而逐渐增加,拟合曲线趋势呈二次函数关系。计算所得井口温度为139.3℃,与实际井口温度135℃相比较,计算误差3.19%,井筒内平均温度为163.5℃。

(3)井筒内气体密度随井深增加而逐渐增加,拟合曲线呈二次函数变化关系。气体密度变化范围为279.9~344.6kg/m³,其平均密度为305.5kg/m³,远大于常温常压下气体的密度。

(4)井筒内气体流速与管柱横截面积有关,流速变化范围为3.50~7.39m/s,平均流速为5.08m/s。井筒内的流速较高,容易诱发油管柱失稳及轴向耦合振动,严重影响油管柱的结构完整性。

(5)油管柱在井口处受最大轴向拉伸载荷,为1066.5kN,在封隔器处受最大轴向压缩载荷,为-374.4kN,中和点位置井深为4501m。

(6)油管柱安全系数与管柱横截面积有关,安全系数变化范围为1.539~2.592,安全系数最小值为1.539,发生在井深为1300m处。

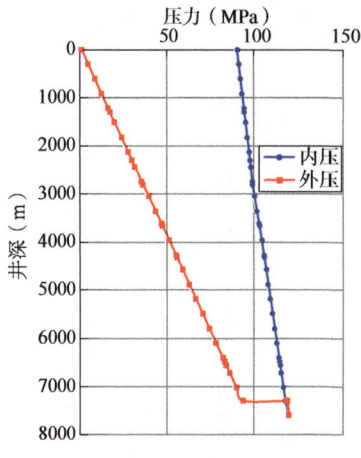
图 3.8 油管柱压力沿井深分布

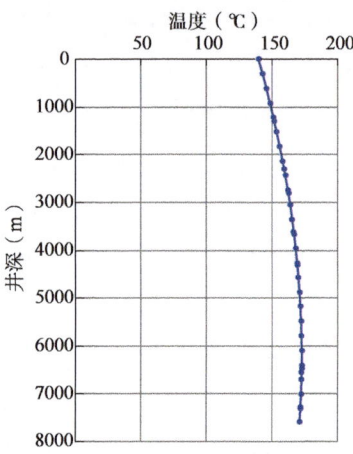
图 3.9 油管柱温度沿井深分布

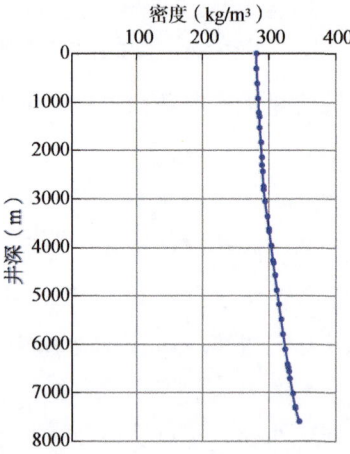
图 3.10 天然气密度沿井深分布

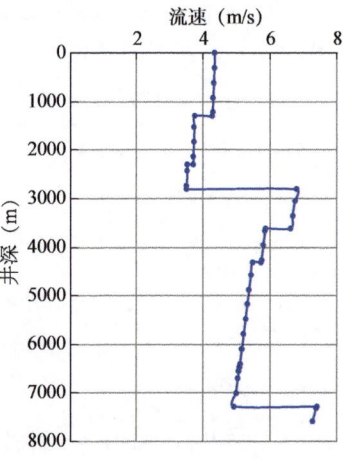
图 3.11 天然气流速沿井深分布

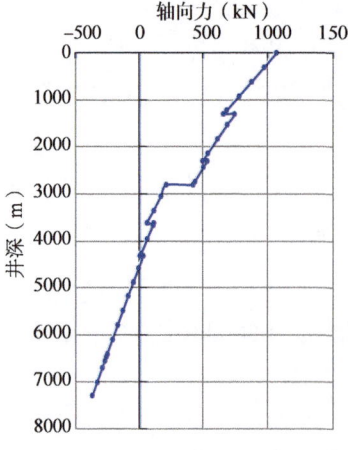
图 3.12 油管柱轴向力沿井深分布

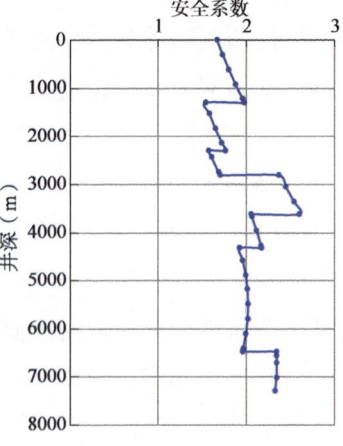
图 3.13 油管柱安全系数沿井深分布

油管材料属性见表 3.4，油管材料为 S13Cr110 材料，其密度为 7855kg/m³，弹性模型为 2.1×10^5MPa，泊松比为 0.3，屈服强度为 758MPa，热膨胀系数为 1.2×10^{-5}/℃，油管与井壁的摩擦系数设为 0.25。

表 3.4　油管材料属性

油管材料	弹性模量（MPa）	泊松比	热膨胀系数（℃⁻¹）	密度（kg/m³）	油管与井壁摩擦系数
S13Cr110	2.1×10^5	0.3	1.2×10^{-5}	7855	0.25

建立有限元模型时，油管柱单元选用 PIPE288 单元，该单元能够模拟油管柱内部与外部流体对油管柱的作用。在模拟油管柱与套管内壁接触状态时，选用的目标单元是 TARGE170 单元，接触单元是 CONTA176 单元，即油管柱为接触单元 CONTA176，生产套管为目标单元 TARGE170。CONTA176 单元和 TARGE170 单元可以模拟三种不同的接触情形（图 3.14）[115]：（1）内部接触，一根梁或管在另一根梁或管的内部滑动；（2）外部平行接触，两根大致平行梁的叠置接触；（3）外部交叉接触：两根相互交叉梁的叠置接触。本书模拟的是油管柱在生产套管内部的非线性屈曲力学行为，油管柱与套管的接触属于第一种接触情形，即内部接触，同时考虑库伦摩擦。

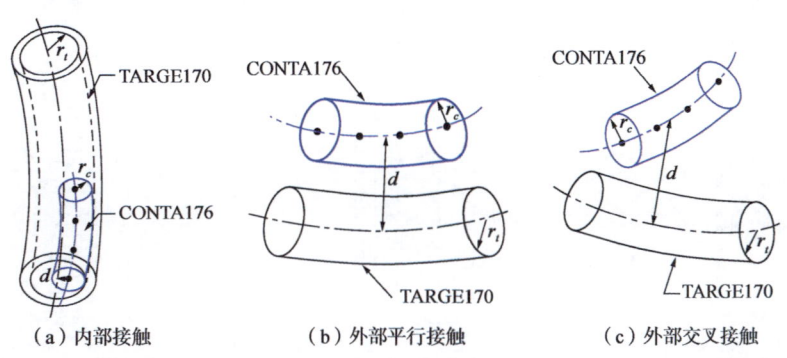

（a）内部接触　　（b）外部平行接触　　（c）外部交叉接触

图 3.14　CONTA176 单元和 TARGE170 单元模拟的三维梁—梁接触关系

3.2.2　油管柱屈曲行为特性

根据建立的全井段油管柱屈曲有限元模型及边界条件，利用 ANSYS 软件开展了油管柱屈曲有限元模拟及屈曲行为特性分析。在有限元模拟过程中，将油管柱底部轴向压缩载荷从 0 逐渐增加到 190kN。随着油管底部轴向压缩载荷的增大，管柱的横向位移逐渐增加，管柱屈曲状态逐渐加剧，油管由直线状态逐渐变为正弦屈曲，甚至螺旋屈曲状态，如图 3.15 所示。

当油管柱底部轴向压缩载荷为 92kN 时，油管柱刚开始发生了很小的屈曲变形，其横向位移很小，且变形主要发生在 X 方向上。当油管柱的底部轴向压缩载荷增加到

125kN 时，在 X 方向上油管柱的横向位移明显增加，油管柱发生了正弦屈曲，但未与井壁发生接触。当油管柱底部轴向压缩载荷为 144kN 时，在 X 方向上油管柱的横向位移继续增加且与井壁发生接触。油管柱与井壁在 X 方向发生接触后，继续增加底部轴向压缩载荷到 158kN 时，油管柱在 Y 轴方向上的横向位移明显增加，油管柱发生了非均匀的正弦和螺旋屈曲。当底部轴向压缩载荷为 183kN 时，油管柱在 Y 轴方向上的横向位移进一步增加，油管柱发生螺旋屈曲，油管柱与井壁的接触范围也增加。当底部轴向压缩载荷增加到 190kN 时，油管柱已经与井筒内壁发生了全方位的接触，油管柱的底部油管段发生了完整的螺旋屈曲。

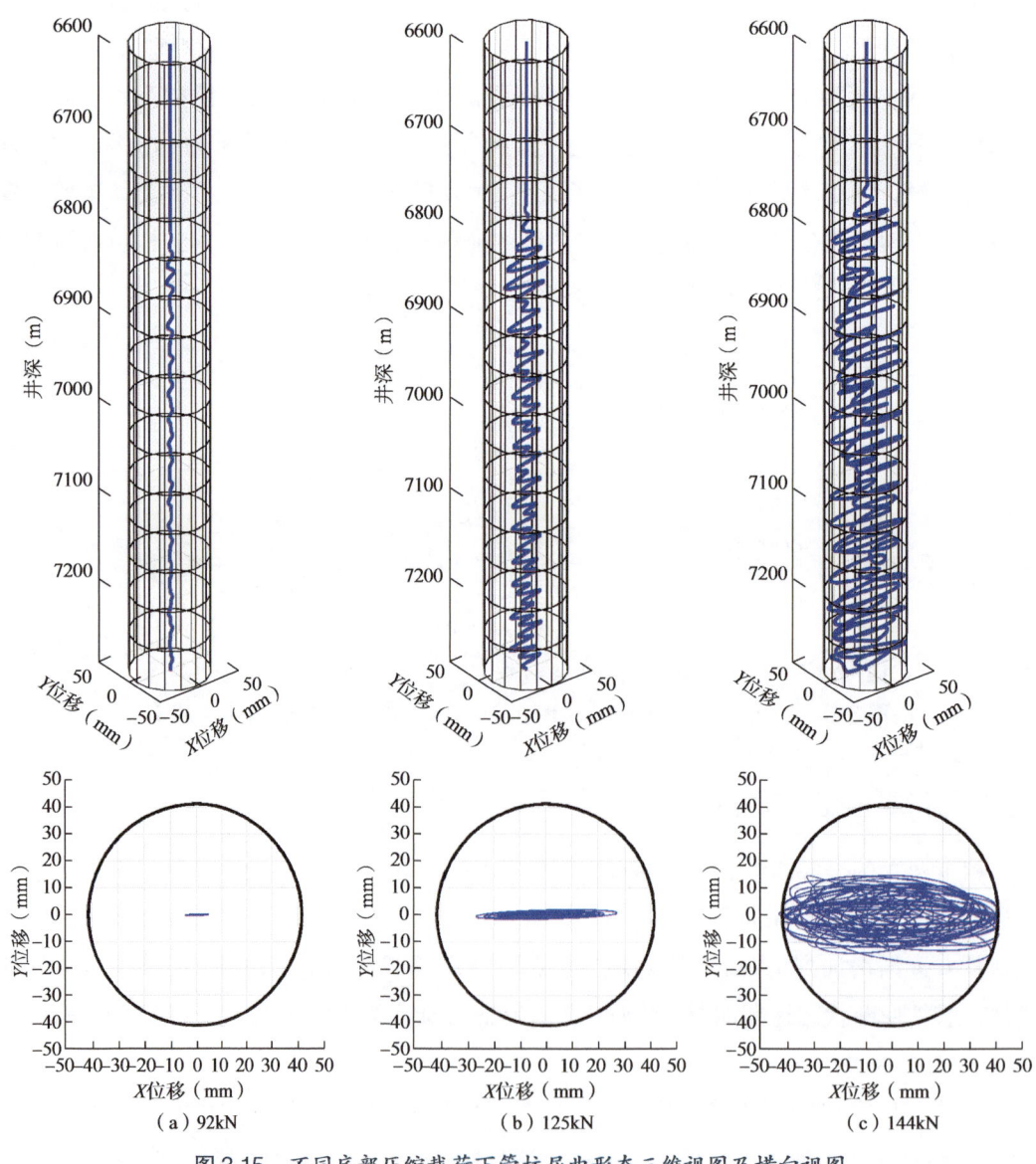

图 3.15　不同底部压缩载荷下管柱屈曲形态三维视图及横向视图

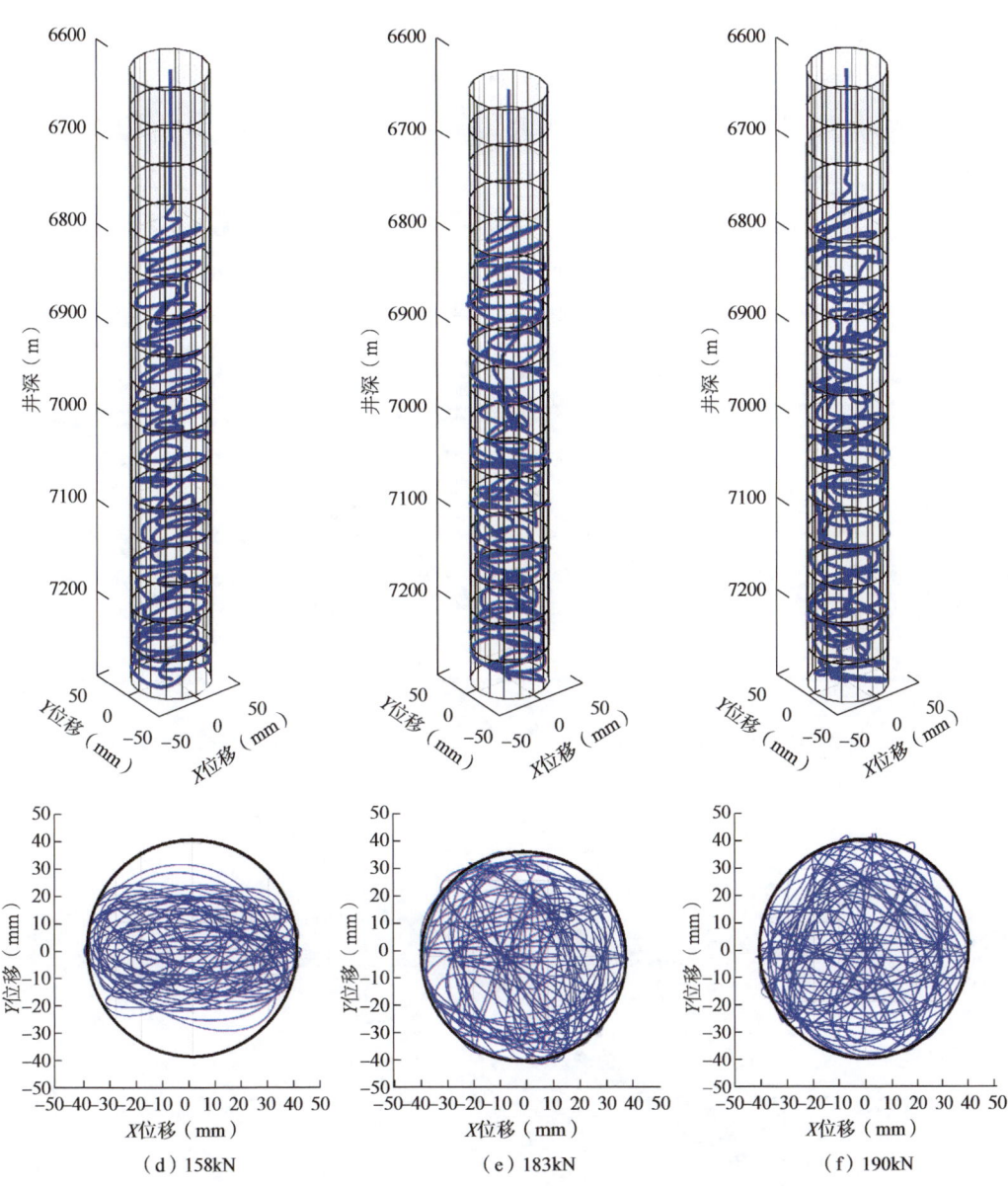

图3.15 不同底部压缩载荷下管柱屈曲形态三维视图及横向视图(续)

由图3.15可知,随着底部压缩载荷的增加,管柱屈曲的高度增加,管柱横向位移增加,屈曲状态加剧,同一井筒内可能发生多种复杂屈曲形态并存的现象。而且管柱发生不等距屈曲,即管柱屈曲的螺距并不是固定的,由于沿管柱轴向力发生变化,越靠近中和点管柱屈曲的螺距越大。

图3.16为不同底部轴向压缩载荷下管柱屈曲三维形态图。油管柱底部承受最大轴向压缩载荷,因此管柱底部屈曲变形最严重,随着井深的减小,管柱所受的轴向压缩载荷逐渐降低,管柱的屈曲变形也逐渐改善,屈曲螺距逐渐增大,直到油管柱承受拉力而处于直

线状态。当底部轴向载荷为125kN时,油管柱发生了正弦屈曲,管柱虽发生了屈曲变形但未接触井壁,且随着井深的减小,屈曲变形逐渐减小,屈曲螺距逐渐增大。当底部轴向载荷为144kN时,底部油管柱已经发生了螺旋屈曲,最大横向位移接近环空间隙41.275mm,说明管柱已经接触井壁,而屈曲段上部为正弦屈曲,沿井深方向油管柱屈曲段存在明显的螺旋屈曲、过渡阶段和正弦屈曲三种不同屈曲状态。当底部轴向载荷为190kN时,底部油管柱发生了更加严重的螺旋屈曲,屈曲状态加剧,且接触井壁,而屈曲段上部为正弦屈曲;相比于前两种情况,此时管柱的正弦屈曲段长度减少,而螺旋屈曲段长度增加。

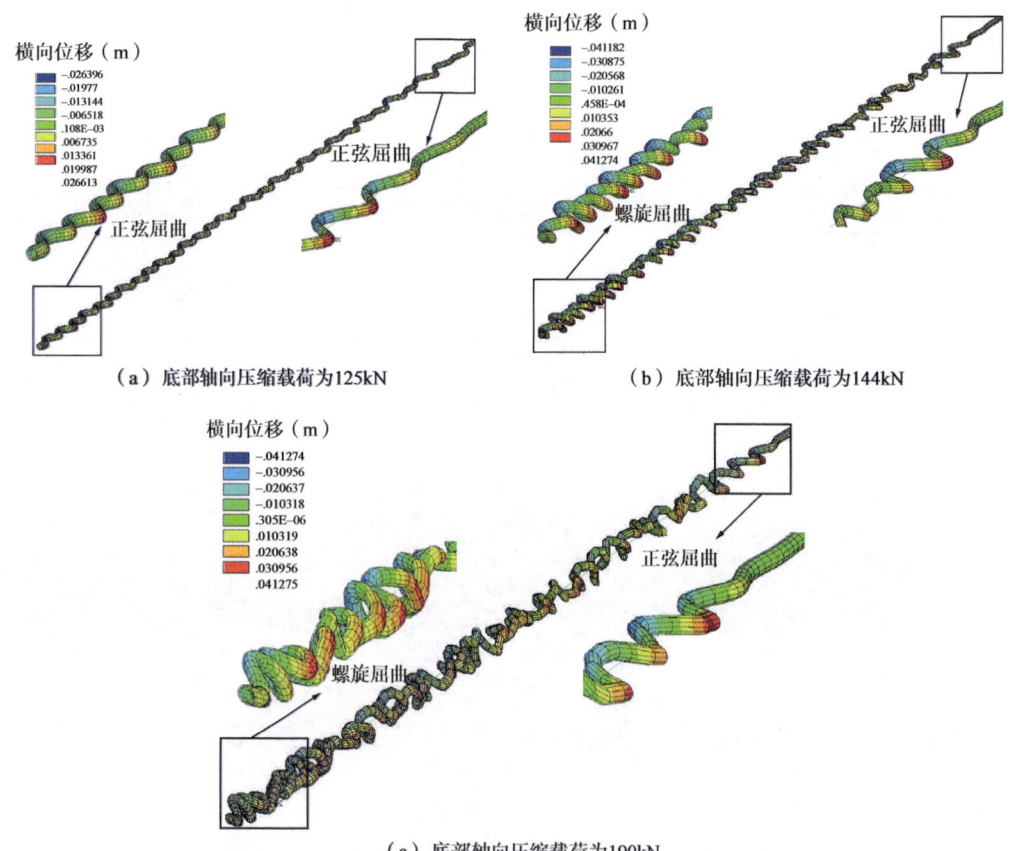

(a) 底部轴向压缩载荷为125kN

(b) 底部轴向压缩载荷为144kN

(c) 底部轴向压缩载荷为190kN

图3.16 不同底部轴向压缩载荷下管柱屈曲三维形态图(横向放大100倍)

图3.17为不同底部轴向压缩载荷下管柱屈曲横向变形图。由图3.17可知,发生屈曲的管柱与井壁并非一直保持连续接触,底部轴向压缩载荷对管柱屈曲形态及接触状态都有较大影响,随着底部轴向压缩载荷的增加,管柱形态由直线状态[图3.17(a)]逐渐变为正弦屈曲[图3.17(b)和图3.17(c)]和螺旋屈曲状态[图3.17(d)、图3.17(e)和图3.17(f)],管柱与井壁之间的接触关系由无接触[图3.17(a)和图3.17(b)]逐渐变为点接触[图3.17(c)]、多点接触[图3.17(d)和图3.17(e)]和连续接触[图3.17(f)]。

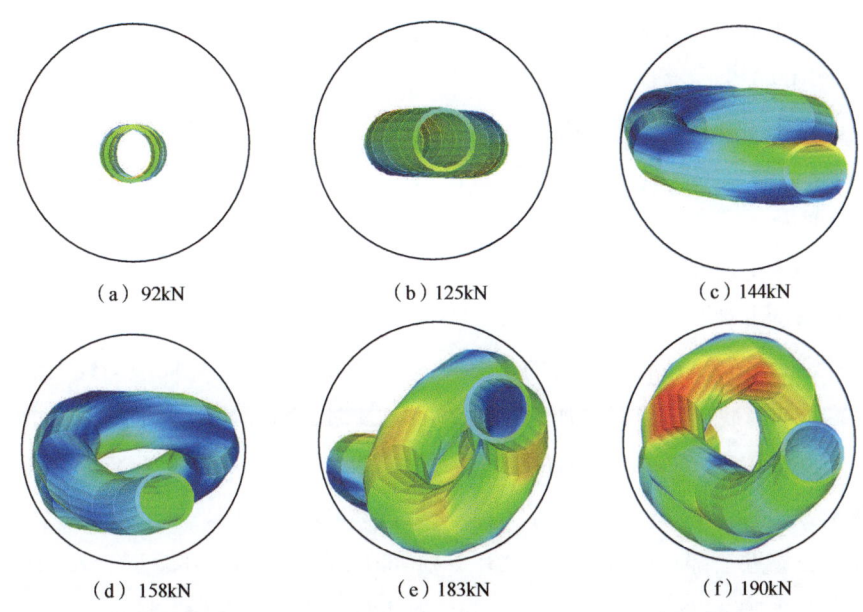

图 3.17 不同底部压缩载荷下管柱屈曲横向变形图

底部压缩载荷对管柱横向变形和屈曲状态的影响如图 3.18 所示。A 点为管柱开始发生正弦屈曲的点，B 点为管柱由正弦屈曲过渡到螺旋屈曲的点。A 点之前管柱保持直线稳定状态，并未发生屈曲，横向变形量很小；在 A、B 两点之间，管柱发生二维平面内的正弦屈曲，并随着轴向压缩载荷的增加，管柱横向变形逐渐增加，直到管柱与井壁发生接触；在 B 点之后管柱由二维平面内的正弦屈曲状态过渡为三维空间内的螺旋屈曲状态，此后随着轴向压缩载荷的增加，管柱与井壁的接触点逐渐增多、接触力逐渐增大，但由于井壁的限制作用，管柱的横向变形变化不大。

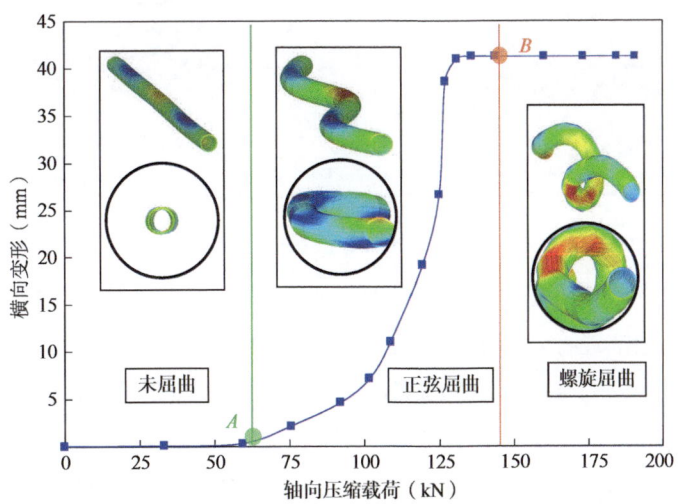

图 3.18 底部压缩载荷对管柱横向变形和屈曲状态的影响

图 3.19 为不同底部压缩载荷下的管柱的弯矩分布。弯矩仅存在于管柱发生屈曲变形的井段，弯矩的大小能够反映管柱屈曲变形的程度，管柱未发生屈曲的井段其弯矩保持为零。当底部压缩载荷由 92kN 增加到 190kN 时，油管的最大弯矩由 0.14kN·m 逐渐增大至 6.52kN·m。总体而言，分布在油管柱上弯矩的最大值及平均值均随着底部压缩载荷的增大而增大。

图 3.20 为不同底部压缩载荷下的管柱的弯曲应力分布。弯曲应力同样仅存在于管柱发生屈曲变形的井段，当底部压缩载荷为 92kN 时，油管的弯曲应力均在 10MPa 以内。当底部压缩载荷为 125kN 时，油管的弯曲应力在 20MPa 以内，弯曲应力较大的位置发生在屈曲段的上部与底部。当底部压缩载荷为 144kN 时，弯曲应力有了较大的增长，油管的弯曲应力在 200MPa 左右，弯曲应力较大的位置分布在屈曲段的下部。当底部压缩载荷为 158kN 时，油管的弯曲应力略有增大，均在 200MPa 以内，弯曲应力较大的位置分布在屈曲段的靠近上部、中部以及下部。当底部压缩载荷为 190kN 时，弯曲应力增大，最大的已经超过 200MPa，弯曲应力较大的位置出现在管柱屈曲段的底部。

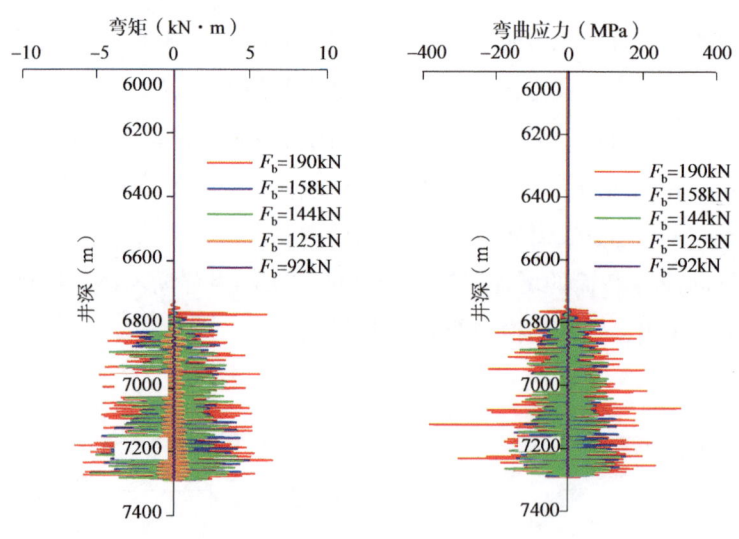

图 3.19 管柱弯矩沿井深分布　　图 3.20 管柱弯曲应力沿井深分布

图 3.21 和图 3.22 分别为不同底部压缩载荷下的管柱与井壁接触压力和摩擦力分布。管柱发生屈曲横向变形并与井壁发生接触从而产生接触压力，当管柱与井壁有相对运动趋势时，在二者接触位置将会产生摩擦力以阻碍其相对运动。随着油管底部轴向压缩载荷的增大，油管与井壁的接触压力的大小逐渐增大，接触点也逐渐增多，导致油管与井壁的摩擦力也逐渐增大。

图 3.23 为不同底部压缩载荷下的管柱的轴向应力分布。油管的轴向应力在管柱变径处发生突变，且轴向应力在屈曲井段发生较大波动，这是由于管柱屈曲后可能与井壁发

生间断或连续接触,从而影响轴向力的传递。随着油管底部轴向压缩载荷的增大,油管的轴向应力逐渐增大,轴向应力在屈曲井段的波动幅度也逐渐增大。

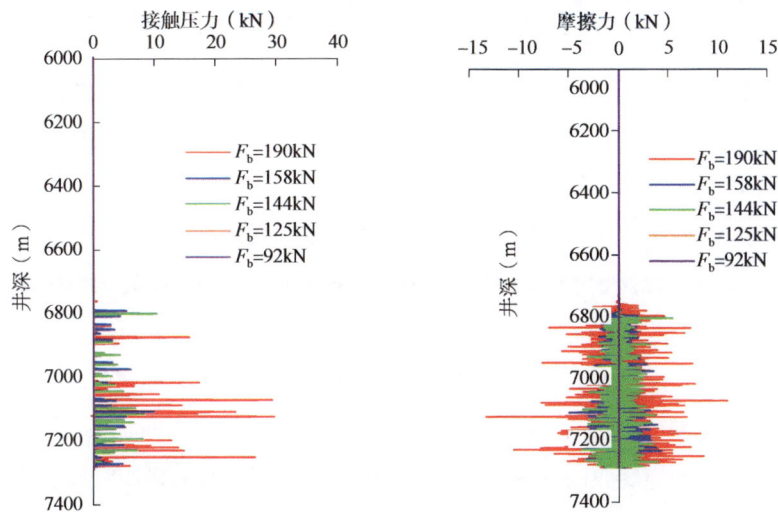

图 3.21 管柱与井壁接触压力沿井深分布　　图 3.22 管柱与井壁摩擦力沿井深分布

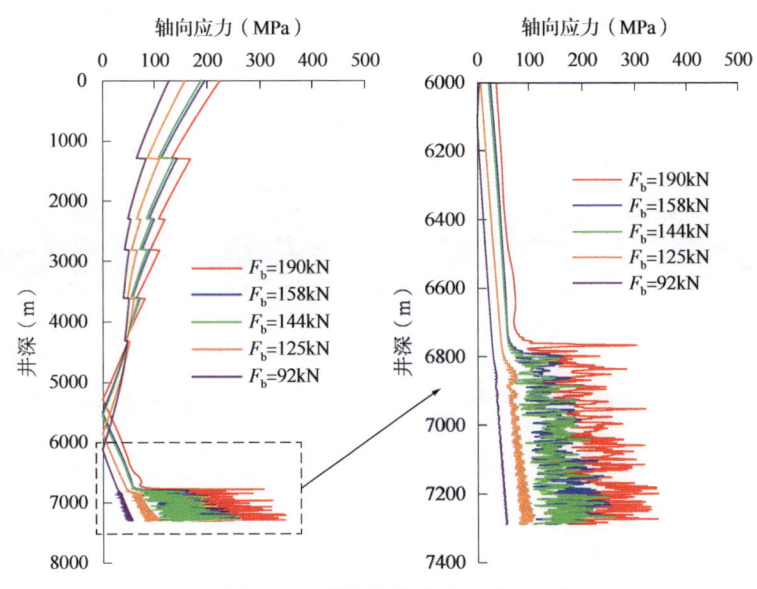

图 3.23 管柱轴向应力沿井深分布

3.2.3 接头对油管柱屈曲的影响

油管柱屈曲问题中,理论分析难以考虑的另一个方面是管柱接头的影响。由于接头在油管柱中离散分布,而且接头的直径大于油管本体,因此考虑接头后,管柱在井筒内的屈曲状态、管柱与井筒的接触关系和屈曲后管柱的应力分布都变得更加复杂。

高德利[185]在回顾前人有关管柱屈曲的研究成果时，总结接头的作用是：接头能够延缓管柱屈曲、降低管柱与井筒的接触载荷，并提高油管柱的轴向力传递效率。但目前还没有数学方法来描述和计算带接头油管柱的屈曲行为，因此本节将开展带接头的油管柱屈曲有限元模拟，研究接头对油管柱屈曲行为的影响。

建立的带接头油管柱有限元模型如图3.24所示，图3.24中油管本体外径为88.9mm，油管接头外径为114.3mm。对油管接头和靠近接头的油管本体采用更加精细的网格划分，以便于研究接头附近的应力和变形情况。

图3.25为不考虑接头和考虑接头时管柱屈曲横向位移的对比图。不考虑接头时管柱发生螺旋屈曲，X方向最大位移为41.275mm，Y方向最大位移为41.275mm，即管柱在X方向和Y方向均与井壁发生接触；而考虑接头时管柱发生正弦屈曲，X方向最大位移为41.275mm，Y方向最大位移为2.197mm，即管柱在X方向与井壁发生接触，Y方向未与井壁发生接触。说明在相同底部轴向压缩力作用下，考虑接头时管柱屈曲状态得到了一定程度的改善，管柱由三维空间螺旋屈曲变为二维平面正弦屈曲，接头具有延缓管柱屈曲的效果。

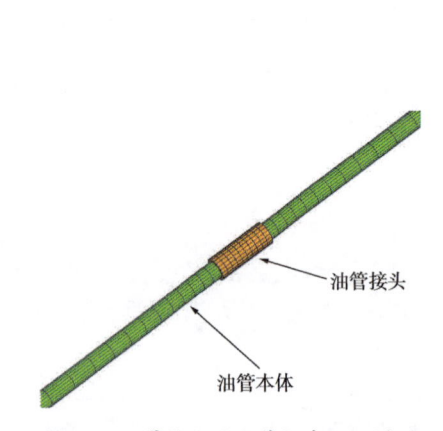

图3.24 带接头的油管柱有限元模型

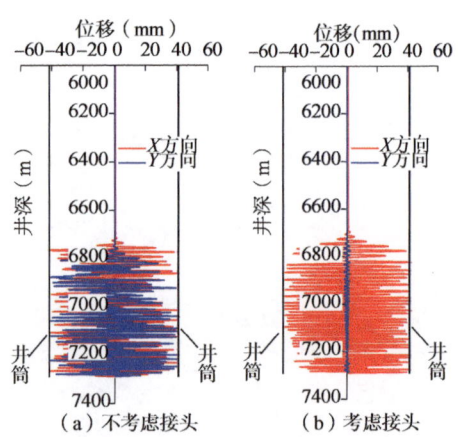

图3.25 管柱屈曲横向位移对比

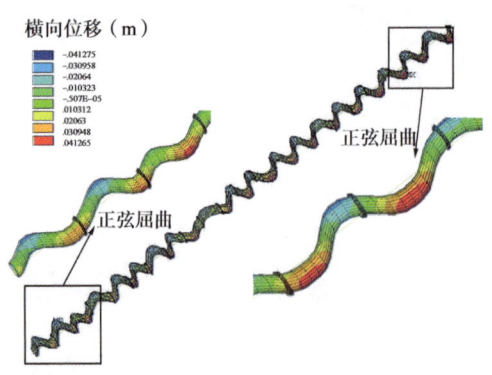

图3.26 底部轴向载荷为190kN时管柱屈曲形态图（横向放大100倍）

当底部轴向载荷为190kN时，考虑接头的管柱屈曲形态如图3.26所示。考虑接头时底部管柱发生正弦屈曲，两相邻油管接头之间的管柱本体发生较大屈曲变形，并在X方向接触井壁，而油管接头的横向位移较小，可认为接头未发生屈曲。当管柱在轴向载荷作用下发生屈曲时，由于接头的影响，接头的径向位移将小于没有接头时的径向位移，然而两个接头之间的管柱本体会在轴向载荷作用下进一步向外弯曲，因此其径向位移会在接头处位移基础上进一步增大。随着轴向载荷的增加，两个接头之间管柱本体会不断进一步向外弯曲，当油管所承受的载荷增加到临界值时，其中点开始与井壁接触，载荷继续增加，接触部位从中点向两端延伸，最后整个油管本体都与井壁接触。

不同底部轴向压缩载荷下油管的 Mises 应力如图 3.27 所示。轴向压缩载荷较小时，油管保持直线状态，未发生屈曲变形；随着轴向压缩载荷的增大，油管逐渐发生正弦屈曲，并与井壁发生接触，变形发生在二维平面内；进一步增大轴向压缩载荷，油管开始在三维空间内发生螺旋屈曲，管柱的力学行为变得更加复杂。由以上分析可知，随着轴向压缩载荷的增加，油管屈曲不断加剧，由于接头直径比油管本体更大，刚度更大的接头将起到一定的居中作用，油管将以接头为支撑点逐渐发生横向变形，接头基本不发生屈曲；进一步增加轴向压缩载荷，屈曲油管的能量不断积累，屈曲螺距减小，在弯曲油管的内侧发生应力集中现象，两相邻油管接头之间的管柱本体发生较大屈曲变形，且应力集中发生在该处，接头附近的应力集中可能导致接头螺纹发生塑性变形而产生裂纹。屈曲油管柱的 Mises 应力未超过其屈服强度，即油管柱发生了弹性变形。

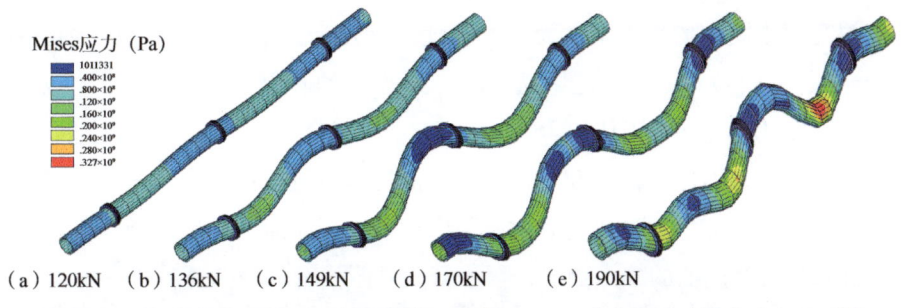

图 3.27 不同轴向压缩载荷下底部带接头油管的 Mises 应力云图（横向放大 40 倍）

综合以上分析可知，接头具有延缓管柱屈曲的效果，但接头的存在会使管柱接头附近的局部弯矩和应力比无接头情形更高，由于接头直径比管柱本体更大，导致接头附近存在截面改变，且接头的刚度比本体更大，在弯曲应力的作用下接头变形较小而本体变形较大，从而在接头附近产生应力集中现象，导致更加严重的管柱强度失效或者磨损问题，生产过程中交变载荷的作用下该位置发生裂纹起裂和扩展，最终造成接头附近油管断裂，因此在管柱设计过程中要考虑接头对管柱力学行为的影响。

3.2.4 井筒变径对管柱屈曲的影响

由前面的理论分析可知，井筒直径对管柱屈曲临界载荷和屈曲行为的影响较大。在极端条件下气井中，当油层套管回接一部分尾管时，底部井筒存在一个"喇叭口"，即底部井筒直径小而上部井筒直径大，油管柱外部存在井筒变径。在这种情况下，管柱屈曲会经历两个阶段：底部小井眼内屈曲和上部大井眼内的屈曲，此时管柱的屈曲形态和应力分布都会与井筒不变径的情况大为不同。

本节研究的井筒尺寸见表 3.5，其中 0~7000m 井筒为 ϕ196.85mm×12.7mm 套管，其内径为 171.45mm；7000m 以下井筒为 ϕ139.7mm×12.09mm 套管，其内径为 115.52mm，底部井筒直径变小。ϕ88.9mm 油管与 ϕ196.85mm 套管之间的环空间隙为 41.275mm，而 ϕ88.9mm 油管与 ϕ139.7mm 套管之间的环空间隙仅为 13.31mm。

表 3.5　井筒直径及环空间隙

套管外径（mm）	壁厚（mm）	内径（mm）	下入深度（m）	环空间隙（mm）（与 ϕ88.9mm 油管）
196.85	12.7	171.45	0~7110	41.275
139.7	12.09	115.52	7000~7720	13.31

根据表 3.3 中油管柱结构尺寸、表 3.5 中的井筒结构和图 3.7 中建立的油管柱屈曲的力学模型，建立了井筒变径的管柱屈曲力学模型，如图 3.28 所示。图中 A 点为封隔器，B 点为井口，C 点为井筒变径处，AC 段油管柱处于底部小直径井筒内，BC 段油管柱处于上部大直径井筒内，整个管柱的横向变形受到上部大井眼和底部小井眼的共同影响。油管柱有限元力学模型的边界条件为：油管柱在 A 点和 B 点受到全约束，油管柱所受力包括：B 点处的井口拉力 F_H、油管柱重力 G、A 点处的底部轴向压缩力 F_B、温度引起的热应力、油管内部与外部的流体压力等。

图 3.29 为底部压缩载荷为 190kN 时管柱屈曲横向位移图。在 190kN 底部压缩载荷作用下，油管柱在底部小井眼和上部大井眼内均发生了屈曲，且均接触井壁。可以看出，在底部小井眼内管柱屈曲的螺距更小，而上部大井眼内管柱横向位移更大。

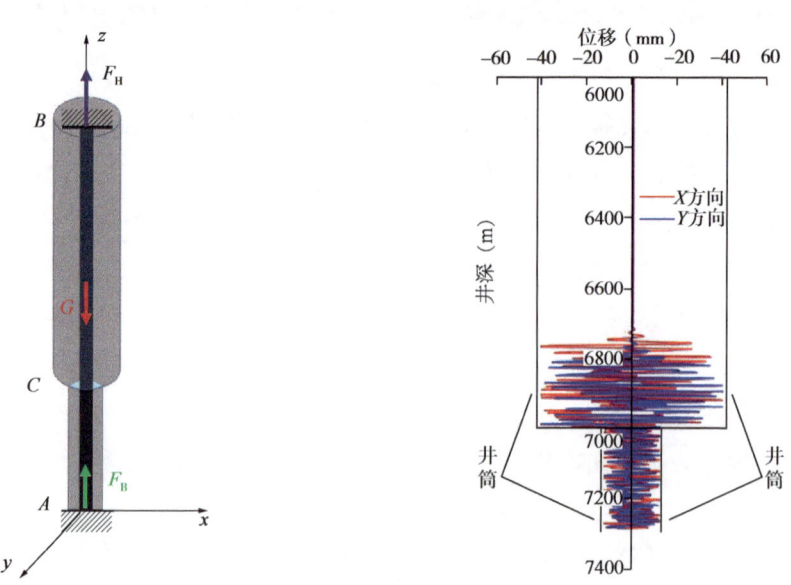

图 3.28　井筒变径的油管柱屈曲有限元模型　　图 3.29　底部压缩载荷为 190kN 时管柱屈曲横向位移

3 油管柱屈曲及冲蚀损伤

在不同底部压缩载荷下管柱的屈曲形态也与井筒不变径的情况有所不同,如图3.30所示。横向视图中内部小圆代表底部小井眼的井壁,外部大圆代表上部大井眼的井壁。由图3.30可知,管柱发生不等距屈曲,即管柱屈曲的螺距并不是固定的,由于沿管柱轴向力发生变化,越靠近中和点管柱屈曲的螺距越大,底部小井眼内管柱屈曲的螺距更小。由于底部管柱比上部管柱承受更大的压缩载荷,随着底部压缩载荷的增加,底部小井眼内管柱先偏离直线稳定状态,而进入正弦屈曲状态和螺旋屈曲状态,底部压缩载荷的进一步增加会导致上部大井眼内的油管柱的轴向载荷逐渐超过临界屈曲载荷,进而发生屈曲而接触上部大井眼的井壁。

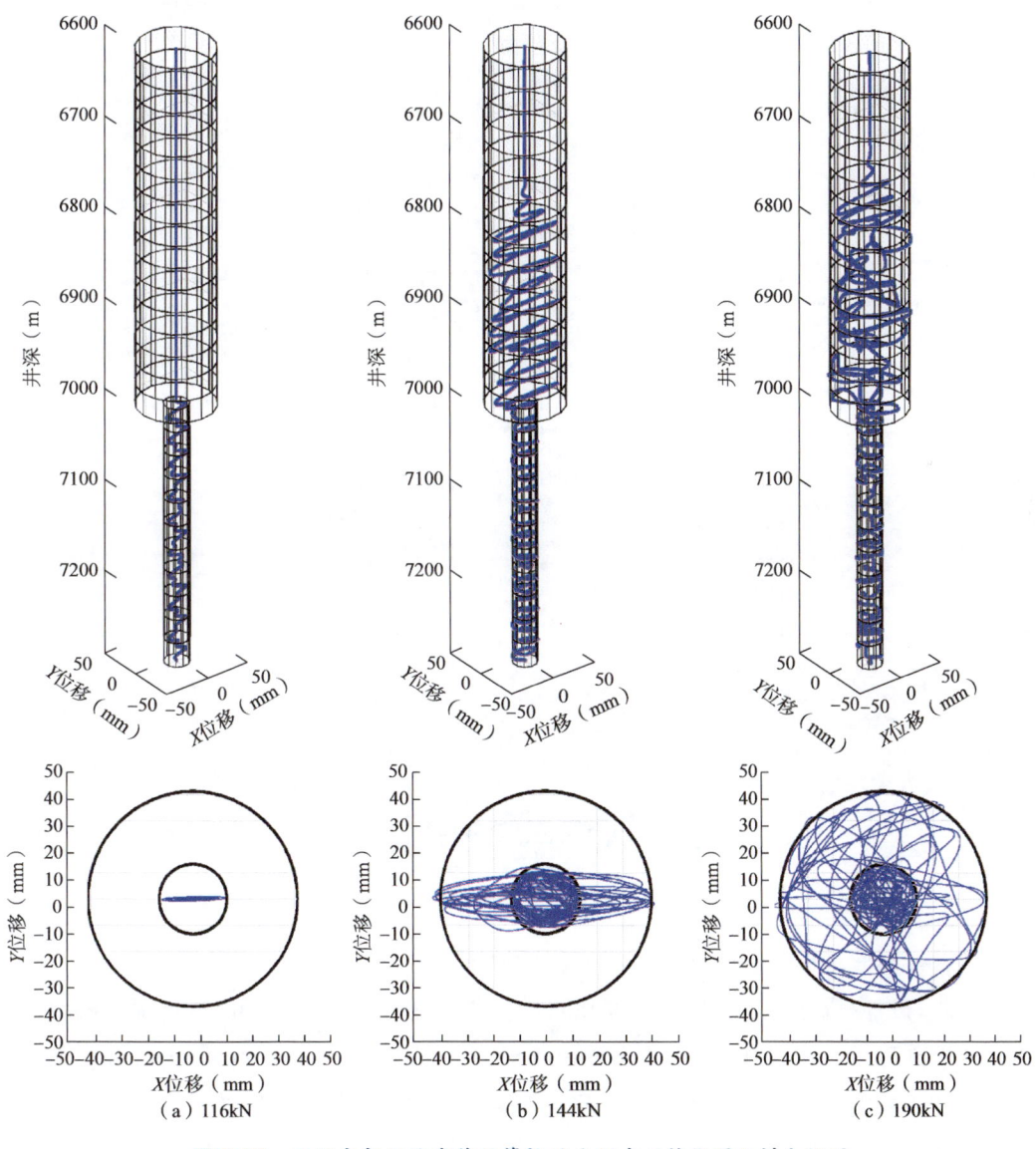

图 3.30 不同底部压缩载荷下管柱屈曲形态三维视图及横向视图

在图3.30中，当油管柱底部轴向压缩载荷为116kN时，底部油管柱刚开始发生了正弦屈曲变形，在X方向上接触底部小井眼的井壁，而上部大井眼内的管柱未发生屈曲。当油管柱的底部轴向压缩载荷增加到144kN时，底部油管柱的横向位移进一步增加，在小井眼内已经发生螺旋屈曲，且接触井壁，而上部油管柱在大井眼内开始发生正弦屈曲。油管柱与上部大井眼接触后，继续增加底部轴向压缩载荷到190kN时，油管柱在Y轴方向上的横向位移明显增加，油管柱发生了非均匀的正弦和螺旋屈曲，油管柱与井壁的接触范围也增加。

图3.31为不同底部压缩载荷下的管柱的轴向应力分布。油管的轴向应力不仅在管柱变径处发生突变，还在井筒变径处发生突变，且轴向应力在屈曲井段发生较大波动，这是由于管柱屈曲后可能与井壁发生间断或连续接触，从而影响轴向力的传递。由于井筒变径，管柱屈曲性能发生显著变化，管柱在井筒变径处存在应力集中和"波动"现象，有可能造成接箍附近管柱损坏。随着油管底部轴向压缩载荷的增大，油管的轴向应力逐渐增大，轴向应力在屈曲井段和变径井段的波动幅度也逐渐增大。

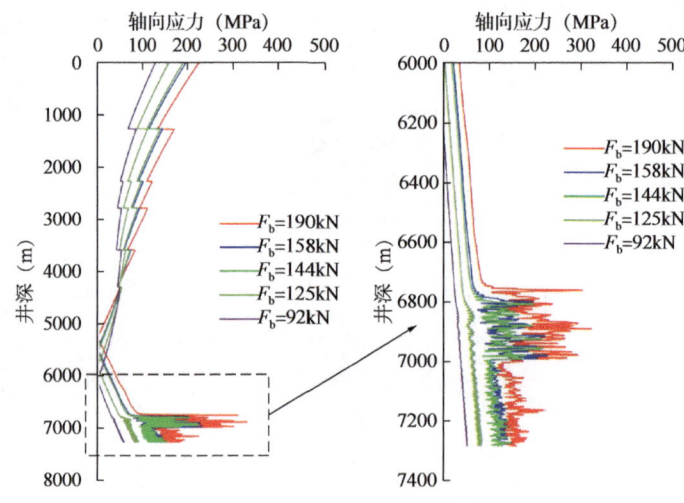

图3.31 管柱轴向应力沿井深分布

3.3 屈曲管柱冲蚀分析

当管柱屈曲之后，管内高速运移的流体通道随之发生变化，相对于直管内的流动流体，屈曲管道内流体的压力场与速度场可能发生变化，甚至产生局部的紊流。同时，当流体携带砂砾后，管内壁与高速运移砂砾会形成碰撞攻角，造成管内壁的冲蚀。天然气携带砂砾运移的过程是典型的流—固耦合问题，而油管内的冲蚀问题是三场互耦合的问题，包括天然气、砂砾群以及管壁。

3.3.1 天然气流体动力学控制方程

关于天然气的动力学问题，目前有很多方法描述。根据欧拉方法，高产气井油管柱内流动的天然气流场的物理量都是空间和时间的函数[188]。在某时刻 t，油管柱内某一点的天然气微元段的平均流速 v_g、压力 p_g、密度 ρ_g 可以看作空间与时间的函数（x, y, z, t），描述的坐标为笛卡尔坐标，z 方向为沿井深方向：研究天然气的物质导数 $\varphi(x, y, z, t)$ 对时间的变化率，则为

$$\frac{D\varphi}{Dt} = \frac{\partial\varphi}{\partial t} + \frac{\partial\varphi}{\partial x}\frac{\partial x}{\partial t} + \frac{\partial\varphi}{\partial y}\frac{\partial y}{\partial t} + \frac{\partial\varphi}{\partial z}\frac{\partial z}{\partial t} = \frac{\partial\varphi}{\partial t} + u\frac{\partial\varphi}{\partial x} + v\frac{\partial\varphi}{\partial y} + w\frac{\partial\varphi}{\partial z} \quad (3.15)$$

式中：u、v、w 为速度矢量 v_g 沿 x、y、z 轴的三个速度分量。

3.3.1.1 连续方程

在油管柱内天然气流场中，任何位置任何时间都会有天然气质量的新生和消失，即对于天然气流场中的任一微元体积，在任意时刻 t，单位面积里流入和流出的天然气的质量差应该等于该微元体积内的天然气密度变化所引起的气体质量变化，也就是天然气在油管柱内流动必须遵守质量守恒定律。质量守恒定律在气体动力学中的数学表达式，称为连续方程[75]。

取天然气流场中的一个微元六面体，边长分别为 dx、dy、dz。在时刻 t，单位时间里这个六面体的天然气质量变化由两个部分组成，即天然气的流入和流出的质量之差和天然气密度变化引起质量变化。

天然气在时刻 t，单位时间里在垂直于 x 轴的两个平行的平面上流入和流出的天然气质量之差可由式（3.16）表示[188]：

$$\left[\rho_g u + \frac{\partial(\rho_g u)}{\partial x}dx\right]dydz - \rho_g u dydz = \frac{\partial(\rho_g u)}{\partial x}dxdydz \quad (3.16)$$

在单位时间里，由于天然气的流入和流出所引起的微元六面体的气体质量变化。由于天然气在油管柱内受到高压作用且流速较高，认为在油管柱内流动的天然气是可压缩气体，应该考虑天然气密度变化引起的微元六面体中天然气质量变化。于是，根据质量守恒定律，天然气在油管柱内的连续方程为[188]

$$\frac{\partial\rho_g}{\partial t} + \frac{\partial(\rho_g u)}{\partial x} + \frac{\partial(\rho_g v)}{\partial y} + \frac{\partial(\rho_g w)}{\partial z} = 0 \quad (3.17)$$

3.3.1.2 运动方程

根据 Newton 第二定律，天然气流场中任一微元体积 ΔV 中的气体质量同加速度的乘

积等于该微元体积上所受的体力和面力的总和，也即天然气流场的动量守恒定律[189]。按照这一定律，可以导出 x、y、z 轴方向上的动量守恒方程见式（3.18）至式（3.20）[189]：

$$\frac{\partial}{\partial t}(\rho_g u) + div(\rho_g u \bar{V}) = -\frac{\partial p_g}{\partial x} + \frac{\partial \tau_{xx}}{\partial x} + \frac{\partial \tau_{yx}}{\partial y} + \frac{\partial \tau_{zx}}{\partial z} + F_x \quad (3.18)$$

$$\frac{\partial}{\partial t}(\rho_g u) + div(\rho_g u \bar{V}) = -\frac{\partial p_g}{\partial x} + \frac{\partial \tau_{xy}}{\partial x} + \frac{\partial \tau_{yy}}{\partial y} + \frac{\partial \tau_{zy}}{\partial z} + F_y \quad (3.19)$$

$$\frac{\partial}{\partial t}(\rho_g u) + div(\rho_g u \bar{V}) = -\frac{\partial p_g}{\partial x} + \frac{\partial \tau_{xz}}{\partial x} + \frac{\partial \tau_{yz}}{\partial y} + \frac{\partial \tau_{zz}}{\partial z} + F_z \quad (3.20)$$

式中：p_g 为天然气微元体上的压力；τ_{xx}、τ_{xy}、τ_{xz}、τ_{yx}、τ_{yy}、τ_{yz}、τ_{zx}、τ_{zy}、τ_{zz} 分别为因分子黏性作用而产生的作用在微元体表面上的黏性应力的分量；F_x、F_y、F_z 为微元体上的体力，若体力只有重力，且 z 轴竖直向上，则 $F_x=0$，$F_y=0$，$F_z=-\rho_g g$。

式（3.21）是对任何类型的流体均成立的动量守恒方程，对于牛顿流体，黏性应力与流体的变形率成比例，可以表示为[189]

$$\begin{cases} \tau_{xx} = 2\mu \dfrac{\partial u}{\partial x} + \lambda div(\bar{V}) \\ \tau_{yy} = 2\mu \dfrac{\partial v}{\partial y} + \lambda div(\bar{V}) \\ \tau_{zz} = 2\mu \dfrac{\partial w}{\partial z} + \lambda div(\bar{V}) \\ \tau_{xy} = \tau_{yx} = \mu(\dfrac{\partial u}{\partial y} + \dfrac{\partial v}{\partial x}) \\ \tau_{xz} = \tau_{zx} = \mu(\dfrac{\partial u}{\partial z} + \dfrac{\partial w}{\partial x}) \\ \tau_{yz} = \tau_{zy} = \mu(\dfrac{\partial v}{\partial z} + \dfrac{\partial w}{\partial y}) \end{cases} \quad (3.21)$$

式中：μ 为黏性系数；λ 为第二黏性系数，一般可取 $\lambda = -2/3$。

将式（3.21）代入式（3.18）至式（3.20），可将动量守恒方程转化为式（3.22）所示的形式：

$$\begin{cases} \dfrac{\partial}{\partial t}(\rho_g u) + div(\rho_g u \bar{V}) = -\dfrac{\partial p_g}{\partial x} + div(\mu \, grad\, u) + S_u \\ \dfrac{\partial}{\partial t}(\rho_g v) + div(\rho_g v \bar{V}) = -\dfrac{\partial p_g}{\partial y} + div(\mu \, grad\, v) + S_v \\ \dfrac{\partial}{\partial t}(\rho_g w) + div(\rho_g w \bar{V}) = -\dfrac{\partial p_g}{\partial x} + div(\mu \, grad\, w) + S_w \end{cases} \quad (3.22)$$

式中：S_u、S_v、S_w 为动量守恒方程的广义源项，即 $S_u=F_x+S_x$，$S_v=F_y+S_y$，$S_w=F_z+S_z$。而其中 S_x、S_y、S_z 的表达式见式（3.23），式（3.23）是动量守恒方程，也称作 Navier–Stokes 方程[68]，即 N–S 方程。

$$\begin{cases} S_x = \dfrac{\partial}{\partial x}\left(\mu\dfrac{\partial u}{\partial x}\right)+\dfrac{\partial}{\partial y}\left(\mu\dfrac{\partial v}{\partial x}\right)+\dfrac{\partial}{\partial z}\left(\mu\dfrac{\partial w}{\partial x}\right)+\dfrac{\partial}{\partial x}(\lambda divu) \\ S_y = \dfrac{\partial}{\partial x}\left(\mu\dfrac{\partial u}{\partial y}\right)+\dfrac{\partial}{\partial y}\left(\mu\dfrac{\partial v}{\partial y}\right)+\dfrac{\partial}{\partial z}\left(\mu\dfrac{\partial w}{\partial y}\right)+\dfrac{\partial}{\partial y}(\lambda divu) \\ S_z = \dfrac{\partial}{\partial x}\left(\mu\dfrac{\partial u}{\partial z}\right)+\dfrac{\partial}{\partial y}\left(\mu\dfrac{\partial v}{\partial z}\right)+\dfrac{\partial}{\partial z}\left(\mu\dfrac{\partial w}{\partial z}\right)+\dfrac{\partial}{\partial z}(\lambda divu) \end{cases} \quad (3.23)$$

3.3.1.3 能量方程

天然气在油管柱内流动也存在天然气与油管壁、环空流体的热交换。天然气在流动的过程中，除了热传导引起的能量变化还有天然气的动能、内能的能量变化和由于外界面力和体力等载荷做功产生能量变化。然而，整个天然气在油管柱内的包含有热交换流动系统必须满足能量守恒定律，即天然气流场中任意微元体的能量增加量等于进入该微元体的净热流量加上体力和面力对微元体所做的功，也就是天然气流动系统满足热力学第一定律[190]。

天然气流体的能量 En 通常是内能 En_i、动能 En_k 和势能 En_p 三项之和，则天然气流动系统的能量守恒方程为[190]

$$\frac{\partial(\rho_g T)}{\partial t}+div(\rho_g \bar{V}T)=div\left(\frac{\kappa}{c_p}gradT\right)+S_T \quad (3.24)$$

式（3.24）可写成展开形式[190]：

$$\begin{aligned}&\frac{\partial(\rho_g T)}{\partial t}+\frac{\partial(\rho_g uT)}{\partial x}+\frac{\partial(\rho_g vT)}{\partial y}+\frac{\partial(\rho_g wT)}{\partial z}=\\ &\frac{\partial}{\partial x}\left(\kappa\frac{\partial T}{\partial x}\right)+\frac{\partial}{\partial y}\left(\kappa\frac{\partial T}{\partial y}\right)+\frac{\partial}{\partial z}\left(\kappa\frac{\partial T}{\partial z}\right)+S_T\end{aligned} \quad (3.25)$$

式中：c_p 为天然气比热容；T 为温度；κ 为天然气热传导系数；S_T 为天然气的内热源及由于黏性作用产生的机械能转换为热能的部分，即黏性耗散项。

3.3.1.4 传输方程

传输方程指把对天然气流动系统整体来说的某物理量 $\varphi(x,t)$（如质量、动量和能量）对时间的变化率写成两项，即对时间的当地变化率和因天然气运动引起的系统位移所产生的迁移变化率。流动系统整体的某物理量对时间的变化率也称为该物理量的物质导数[190]。

为了便于对各控制方程进行分析，并用同一程序对各控制方程进行求解，现建立各基本控制方程的通用形式。比较三个基本的控制方程可以看出，尽管这些方程中因变量各不相同，但它们均反映了单位时间单位体积内物理量的守恒性质。如果用 φ 表示通用变量，则上述各控制方程都可以表示成以下通用形式[190]：

$$\frac{\partial}{\partial t}(\rho_g \varphi) + div(\rho_g \varphi \overline{V}) = div(\varGamma\, grad\varphi) + S \quad （3.26）$$

其展开形式为[190]

$$\frac{\partial}{\partial t}(\rho_g \varphi) + \frac{\partial(\rho_g u\varphi)}{\partial x} + \frac{\partial(\rho_g \varphi v)}{\partial y} + \frac{\partial(\rho_g \varphi w)}{\partial z} = \\ \frac{\partial}{\partial x}\left(\varGamma\frac{\partial \varphi}{\partial x}\right) + \frac{\partial}{\partial y}\left(\varGamma\frac{\partial \varphi}{\partial y}\right) + \frac{\partial}{\partial z}\left(\varGamma\frac{\partial \varphi}{\partial z}\right) + S \quad （3.27）$$

式中：φ 为通用变量，可以代表 u、v、w、T 等求解变量；$\varGamma$ 为广义扩散系数；S 为广义源项。式（3.27）中各项依次为瞬态项、对流项、扩散项和源项。对于特定的方程，φ、$\varGamma$、S 具有特定的形式。

3.3.2 天然气高速流动湍流模式

3.3.2.1 湍流流动的基本特征

虽然湍流流动是一种普遍存在的流动现象，但是湍流的定义比较困难[191]。湍流流动最明显的特征就是随机性很强。其随机性的表现为，无论怎样严格地重现边界条件，流动都不可能在所有的细节上重复产生。湍流场中各种物理量都是随时间和空间变化的随机量，但它们在一定程度上都符合统计规律，流动的平均量，如平均速度等是稳定的。因而空间点上任一瞬间的物理量 f 可用其平均值 $\overline{f}$ 与脉动值 f' 来表示，即[190]

$$f = \overline{f} + f' \quad （3.28）$$

随机性是定义湍流的一个必要因素，但光是随机性显然是不够的，有一些随机的流体运动并不包括在湍流之内，如水波等，因为在这样的流动中混合很差。混合也是一个湍流的基本特征，另外一个基本特征是有旋性。湍流场是许多不同尺度的漩涡相互掺混的流体运动场，单个流体微团的运动类似于分子运动具有完全不规则的瞬间变化的运动特征。因此，湍流的基本特征就是随机性、混合性和有旋性。

研究湍流运动时广泛使用式（3.28）的平均值法，平均值法可分为时间平均法、空间平均法和综合平均法[192-193]。目前工程流场计算中最常使用的是时间平均法，则空间上任一瞬时物理量的时间平均值可记为式（3.29）：

$$\overline{f} = \frac{1}{\Delta t}\int_{t}^{t+\Delta t} f\mathrm{d}t \quad （3.29）$$

引入时均法后可将非定常的湍流流动作为定常流动处理。

3.3.2.2 计算流体动力学湍流模型

湍流出现在速度波动的地方,这种波动使得流体介质之间相互交换动量、能量和浓度变化,而且引起了数量的波动[193]。由于这种波动是小尺度且是高频率的,所以在实际工程计算中直接模拟的话对计算机的要求会很高。实际上瞬时控制方程可能在时间上、空间上是均匀的,或者可以人为的改变尺度,这样修改后的方程耗费较少的计算成本。但是,修改后的方程可能包含有现在所不知的变量,湍流模型需要用已知变量来确定这些变量。

文献[194—195]已经论证了RNG k–ε 模型是一个比较成熟湍流模型,适合描述管柱内天然气的流动,因此,本书将选择RNG k–ε 模型来分析天然气在油管柱内的流动。

3.3.2.3 RNG k–ε 模型

RNG k–ε 模型是从N-S方程中推导出来的,使用了一种叫"renormalization group"的数学方法[190]。

(1) RNG k–ε 模型的传输方程:

$$\frac{\partial}{\partial t}(\rho k)+\frac{\partial(\rho u_i k)}{\partial x_i}=\frac{\partial}{\partial x_j}\left(\alpha_k \mu_{\text{eff}}\frac{\partial k}{\partial x_j}\right)+G_k+G_b-\rho\varepsilon-Y_m+S_k \quad (3.30)$$

$$\frac{\partial}{\partial t}(\rho\varepsilon)+\frac{\partial(\rho u_i \varepsilon)}{\partial x_i}=\frac{\partial}{\partial x_j}\left(\alpha_\varepsilon \mu_{\text{eff}}\frac{\partial \varepsilon}{\partial x_j}\right)+C_{1\varepsilon}\frac{\varepsilon}{k}(G_k+C_{3\varepsilon}G_b)-C_{2\varepsilon}\rho\frac{\varepsilon^2}{k}-R_\varepsilon+S_\varepsilon \quad (3.31)$$

式中:G_k 为由层流速度梯度而产生的湍流动能;G_b 为由浮力而产生的湍流动能;Y_m 为在可压缩湍流中过渡的扩散产生的波动;α_k 和 α_ε 为 k 方程和 ε 方程中湍流有效 Prandtl 数的倒数;S_k 和 S_ε 为用户定义的源项;$C_{1\varepsilon}$、$C_{2\varepsilon}$、$C_{3\varepsilon}$ 为常量,在RNG k–ε 模型中分析、推导得到 $C_{1\varepsilon}$=1.42,$C_{2\varepsilon}$=1.68。

(2) 有效黏度模型。

在RNG中由以下湍流黏度方程消除尺度过程:

$$\text{d}\left(\frac{\rho^2 k}{\sqrt{\varepsilon\mu}}\right)=1.72\frac{\hat{v}}{\sqrt{\hat{v}^3-1+C_v}}\text{d}\hat{v} \quad (3.32)$$

式中:$\hat{v}=\mu_{\text{eff}}/\mu$,$C_v\approx 100$。

式(3.32)是一个完整的方程,从中可以得到湍流变量怎样影响雷诺数,使得模型对低雷诺数和近壁流有更好的表现[128]。

在高雷诺数限制下得出:

$$\mu_t=\rho C_\mu \frac{k^2}{\varepsilon} \quad (3.33)$$

式中:通过RNG理论推导得 C_μ=0.0845,可以发现这个数值和标准 k–ε 模型中的经验估计值0.09很接近。

(3) RNG 模型的漩涡修正。

通常，湍流在层流中受到漩涡影响，CFD 中通过修改湍流黏度来修正这些影响。修正形式如下[128]：

$$\mu_t = \mu_{t0} f\left(\alpha_s, \Omega, \frac{k}{\varepsilon}\right) \tag{3.34}$$

这里 μ_{t0} 是式中没有漩涡修正的湍流黏度值。Ω 是在 CFD 中考虑漩涡而估计的一个特征漩涡数，α_s 是一个常量，取决于流体流动形式是主要漩涡还是适度漩涡形式。在选择 RNG 模型时，这些修正主要在轴对称、漩涡流和三维流动等模型中。对于适度的漩涡流动，α_s=0.07，对于强漩涡流动，可以选择更大的值。

(4) 计算有效 Prandtl 数的倒数。

在 RNG 理论中，Prandtl 数的倒数，α_k 和 α_ε，由以下公式计算得到[190]：

$$\left|\frac{\alpha-1.3929}{\alpha_0-1.3929}\right|^{0.6321} \left|\frac{\alpha+2.3929}{\alpha_0+2.3929}\right|^{0.3679} = \frac{\mu_{mol}}{\mu_{eff}} \tag{3.35}$$

当 α_0=1 时，在高雷诺数情况下，α_k 和 $\alpha_\varepsilon \approx 1.393$。

(5) ε 方程中的 R_ε 项。

RNG 和标准 $k-\varepsilon$ 模型的区别主要在 ε 方程的附加项：

$$R_\varepsilon = \frac{C_\mu \rho \eta^3 (1-\eta/\eta_0)}{1+\beta\eta^3} \frac{\varepsilon^2}{k} \tag{3.36}$$

式中：$\eta = Sk/\varepsilon$，η_0=4.38，β=0.012。

这一项的影响在 RNG 的 ε 方程中可以通过重新排列方程展开为

$$\frac{\partial}{\partial t}(\rho\varepsilon) + \frac{\partial(\rho u_i \varepsilon)}{\partial x_i} = \frac{\partial}{\partial x_j}\left(\alpha_\varepsilon \mu_{eff} \frac{\partial \varepsilon}{\partial x_j}\right) + C_{1\varepsilon}\frac{\varepsilon}{k}(G_k + C_{3\varepsilon}G_b) - C_{2\varepsilon}^* \rho \frac{\varepsilon^2}{k} \tag{3.37}$$

这里 $C_{2\varepsilon}^*$ 由下式给出：

$$C_{2\varepsilon}^* = \frac{C_\mu \rho \eta^3 (1-\eta/\eta_0)}{1+\beta\eta^3} + C_{2\varepsilon} \tag{3.38}$$

当 $\eta < \eta_0$，R 项为正，$C_{2\varepsilon}^*$ 要大于 $C_{2\varepsilon}$。按照对数，$\eta \approx 3.0$，给定 $C_{2\varepsilon}^* \approx 2.0$，这和标准 $k-\varepsilon$ 模型中的 $C_{2\varepsilon}$（1.92）十分接近。因此，对于中低速的应变流，RNG 模型算出的结果要大于标准 $k-\varepsilon$ 模型。

当 $\eta > \eta_0$，R 项为负，$C_{2\varepsilon}^*$ 要小于 $C_{2\varepsilon}$。和标准 $k-\varepsilon$ 模型相比较，ε 变大而 k 变小，最终影响到黏性。因此，在高速应变流中，RNG 模型产生的湍流黏度要低于标准 $k-\varepsilon$ 模型。

因而，RNG 模型相比于标准 k-ε 模型对瞬变流和流线弯曲的影响能做出更好的反应，这也可以解释为什么 RNG 模型在某类流动中有很好的表现。

（6）k-ε 模型中湍流的产生。

在 G_k 项中，表现了湍流动能的产生，从湍流动能 k 的传输方程可以得[190]

$$G_k = -\rho \overline{u_i' u_j'} \frac{\partial u_j}{\partial x_i} \tag{3.39}$$

在 Boussinesq 假设中，G_k 的计算式为

$$G_k = \mu_t S^2 \tag{3.40}$$

式中：S 为系数，$S = \sqrt{2S_{ij}S_{ij}}$。

（7）k-ε 模型中浮力对湍流的影响。

在模拟中考虑了重力和温度的情况下，通常在 CFD 软件中 k-ε 模型的 k 方程和 ε 方程都要考虑浮力的影响。其中，浮力的影响由下式给出[190]：

$$G_b = \beta g_i \frac{\mu_t}{Pr_t} \frac{\partial T}{\partial x_i} \tag{3.41}$$

式中：Pr_t 为湍流能量普朗特数；g_i 为重力在 i 方向上的分量，m/s^2。

在 RNG 模型中，$Pr_t = 1/\alpha$。β 为热膨胀系数，定义为

$$\beta = -\frac{1}{\rho}\left(\frac{\partial \rho}{\partial T}\right)_p \tag{3.42}$$

从 k 传输方程可以看出，湍流动能在不稳定层中趋向增长（$G_b > 0$），在稳定层中浮力倾向于抑制湍流（$G_b < 0$）。在 CFD 软件中，当考虑了重力和温度的影响后，浮力的影响总会存在。然而，浮力对 k 方程的影响相对来讲比较清楚，而对 α 方程的影响就不是十分清楚了。因此，默认情况下，浮力对 ε 方程的影响被忽略了，然而也可以在软件的黏性模型面板中选择式（3.41）中计算得到的 G_b 的值用在 ε 方程中。ε 方程受浮力影响的程度取决于常数 $C_{3\varepsilon}$，由下式计算得到：

$$C_{3\varepsilon} = \tan h \left|\frac{v}{u}\right| \tag{3.43}$$

式中：v 为流体平行于重力的速度分量，m/s；u 为垂直于重力的速度分量，m/s。

3.3.3 冲蚀磨损理论及计算模型

3.3.3.1 冲蚀计算理论

冲蚀是材料表面受到了冲击颗粒的碰撞损伤，通过前人的总结发现，影响冲蚀的因

素有很多。工程中有许多典型的冲蚀模型，如 OKA、Finne、DNV 和 E/CRC 等，由于模型中分别侧重考虑了不同的因素，所以它们在不同的领域中得到了应用。而对于靶材料而言，根据其材料特性分为塑性冲蚀与脆性冲蚀。对于塑性靶材料而言，微切削、变形磨损以及挤压—薄片剥落是主要冲蚀形式，该形式的冲蚀损伤表面呈现凹坑与划痕，如图 3.32（a）所示。而对于脆性材料而言，主要的失效形式是颗粒碰撞管壁材料时造成管壁轴向与径向上的裂纹，裂纹的深度与材料的性质及颗粒的动能有关，如图 3.32（b）所示。对于油管柱材料的冲蚀问题，管材韧性强，同时冲蚀的形式多为冲蚀划痕，因此采用塑性冲蚀模型进行研究。对于管汇管道的冲蚀本节罗列了一系列经典的冲蚀计算模型[121]。

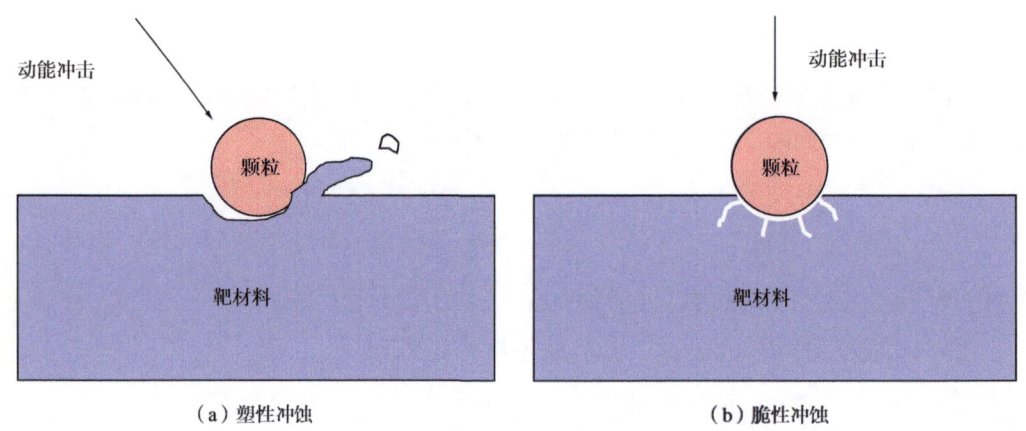

图 3.32 不同冲蚀理论

（1）OKA 冲蚀模型。

OKA 模型考虑了冲击角度与动能，同时也将冲蚀颗粒的形状与材质以及管壁的材质综合考虑，是考虑因素较多的综合性冲蚀模型。将每单位质量（单位为 mm^3/kg）的入射粒子所去除的表面材料体积定义为

$$E(\alpha) = g(\alpha) E_{90} \tag{3.44}$$

式中：$E(\alpha)$ 为腐蚀速率；E_{90} 为正入射时的腐蚀速率；$g(\alpha)$ 为角函数。

$$g(\alpha) = (\sin\alpha)^{n_1} \left[1 + Hv(1-\sin\alpha)\right]^{n_2} \tag{3.45}$$

$$E_{90} = (Hv)^{k_1} \left(\frac{v_s}{v_s'}\right)^{k_2} \left(\frac{Dr}{Dr'}\right)^{k_3} \tag{3.46}$$

$$n_1 = s_1(Hv)^{q_1} \quad n_2 = s_2(Hv)^{q_2} \quad k_2 = 2.3(Hv)^{0.038}$$

式中：v_s' 为砂砾参考速度，m/s；Dr 为参考直径，m；n_1、n_2 和 k_2 为无量纲参数；s_1、s_2、

q_1、q_2、k_1、k_3 为无量纲参数。

（2）Finnie 模型。

Finnie 模型遵循以下冲蚀规律：

$$V_{\text{Finnie}} = \frac{cMv_s^2}{4Hp\left(1+\frac{mr_s^2}{I}\right)}(\cos\alpha)^2 \quad \tan\alpha > \frac{P}{2} \tag{3.47}$$

$$V_{\text{Finnie}} = \frac{cMv_s^2}{4Hp\left(1+\frac{mr^2}{I}\right)} \frac{2}{PI}\left[\sin(2\alpha) - 2\frac{(\sin\alpha)^2}{PI}\right] \quad \tan\alpha \leqslant \frac{P}{2} \tag{3.48}$$

式中：c 为描述砂砾的无量纲系数；M 为侵蚀颗粒的总质量，kg；v_s 为入射粒子速度的大小，m/s；Hp 为材料的维氏硬度，Pa；m 为单个粒子的质量，kg；r_s 为平均粒子半径，m；I 为单个粒子围绕质心的转动惯量，kg·m²；α 为入射角，rad；PI 为无量纲参数，$PI=M_1$（$1+mr^2/I$），其中 M_1 为作用在粒子上的垂直力和水平力的比值。

在 Finnie 模型中，假设砂砾通过理想化的切削机制从表面去除质量，因此它不能预测任何颗粒在表面的正入射时的冲蚀磨损，推荐用于模拟颗粒在小入射角度下对延性材料的冲蚀。

（3）E/CRC 模型。

E/CRC 模型根据表面失去的质量与入射粒子质量的比值来计算侵蚀率：

$$E = CF_s(BH)^{-0.59}v^n F(\alpha) \tag{3.49}$$

$$F(\alpha) = 5.40\alpha - 10.11\alpha^2 + 10.93\alpha^3 - 6.33\alpha^4 + 1.42\alpha^5 \tag{3.50}$$

式中：C 为侵蚀模型系数；F_s 为颗粒形状系数；BH 为壁材布氏硬度（无量纲）；α 是入射角，rad。

（4）DNV 模型。

DNV 模型根据表面质量损失与入射颗粒质量的比值来计算侵蚀率：

$$E = Kv^{-n}F(\alpha) \tag{3.51}$$

$$\begin{aligned}F(\alpha) = &\ 9.370\alpha - 42.295\alpha^2 + 110.864\alpha^3 - 175.804\alpha^4 + 170.137\alpha^5 \\ &- 98.398\alpha^6 + 31.211\alpha^7 - 4.170\alpha^8\end{aligned} \tag{3.52}$$

式中：K 和 n 为依赖于表面材料的无量纲常数。

3.3.3.2 砂砾间相互碰撞理论模型

在模型中，考虑了砂砾直降的碰撞效应，当砂砾之间发生碰撞时，会产生法向作用

力和切向作用力，从而改变砂砾原来的运移轨迹，颗粒的碰撞运动方程可以表示为[122]

$$\frac{m_{a,b}\mathrm{d}^2u_1}{\mathrm{d}t^2}+\frac{c_1\mathrm{d}^2u_1}{\mathrm{d}t}+KE_1u_1=F_1 \qquad (3.53)$$

$$\frac{m_{a,b}\mathrm{d}^2u_2}{\mathrm{d}t^2}+\frac{c_2\mathrm{d}^2u_2}{\mathrm{d}t}+KE_2u_2=F_2 \qquad (3.54)$$

式中：F_1、F_2 分别为砂砾所受的法向和切向外力分量，N；u_1、u_2 分别为砂砾法向与切向相对位移，m；KE_1、KE_2 分别为切向和法向方向的弹性系数值；$m_{a,b}$ 为相撞砂砾的等效质量，kg；c_1、c_2 分别为切向与法向方向的阻尼系数值。

同时考虑流体对颗粒的作用力，其运动方程可以表示为

$$\frac{\mathrm{d}u_s}{\mathrm{d}t}=F_\mathrm{D}(u-u_s)+\frac{g_s(\rho_s-\rho)}{\rho_s}+F_x \qquad (3.55)$$

式中：u_s 为砂砾的移动速度，m/s；u 为流体运移速度，m/s；ρ 为流体的密度，kg/m³；F_D 为砂砾的体力，N；g 为重力在其相应方向的分量，m/s²；ρ_s 为砂砾的密度，kg/m³；F_x 为单位质量砂砾在 x 方向受的其他力，N。

工程中有许多典型的冲蚀模型，如 OKA、Finne、DNV 和 E/RC 等，由于模型中分析的对象不同，因此重点考虑的因素也有所不同，这些模型在不同的领域中得到了应用。通过比对现场工况计算结果后可知，OKA 模型的计算结果与试油采油过程中的现场实际冲蚀比较接近，因此本章采用了 OKA 冲蚀模型[75]。

3.4 管柱内壁冲蚀模型建立与计算

3.4.1 螺旋屈曲管柱冲蚀模型与边界条件

将螺距最短的螺旋屈曲段管柱截取分析，该处在井深 7100m 左右，螺距仅为 5.3m，该处流压为 105MPa，温度为 175℃。将螺距 5.3m 的三维螺旋屈曲管柱的流道提取并导入多物理场耦合分析软件 COMSOL-Multiphysics 中进行计算，计算过程中考虑了砂砾群—管壁面—天然气的三场耦合。鉴于螺旋屈曲流道的可扫略性，采用六面体单位进行划分，在保证单元质量 100% 合格的前提下尽量加密，整个模型中的流体动力学单元共 8652158 个，如图 3.34 所示。模型还考虑了以下几个方面：（1）冲蚀计算主要涉及管内壁表面强度与硬度，管壁的材料参数取自测定的拉伸测试结果与内壁硬度测试结果；（2）砂砾群的参数来自现场某气井出砂的实际情况，图 3.33 展示了某气井一天中不同直径砂砾

的占比，砂砾平均直径为 1.22mm，砂砾密度为 1200kg/m³，在 COMSOL–Multiphysics 软件中通过随机函数的控制实现了图 3.33 中不同直径砂砾的分布情况，另外，计算的案例中，管柱最严重出砂量为 750kg/d；(3) 根据天然气的实际组分构成拟合了其流体物性文件，在常温常压下，压缩因子为 0.998，密度为 0.66kg/m³，黏度为 0.0114mPa·s，在模型中天然气的参数随着所处管柱的温压条件按照 PVT 公式变化。

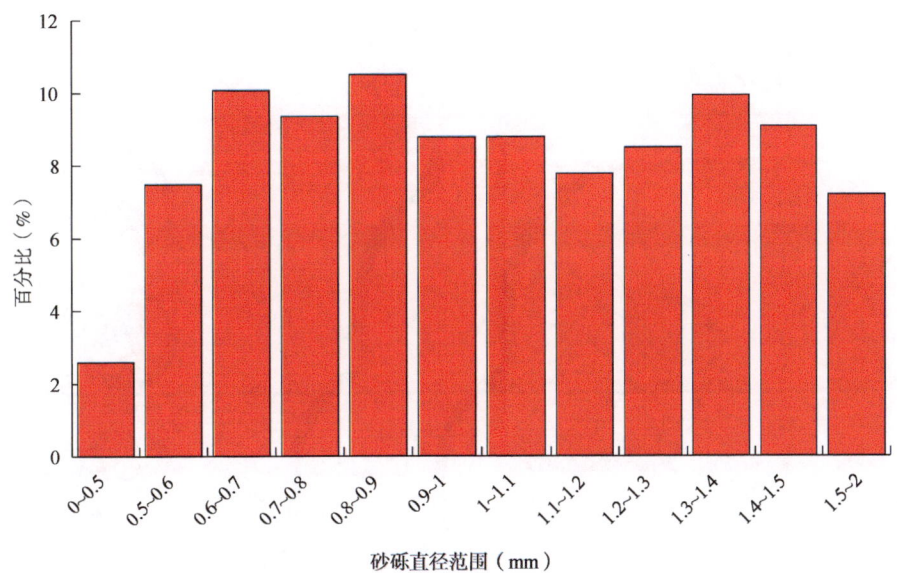

图 3.33 某气井一天中不同直径砂砾的占比

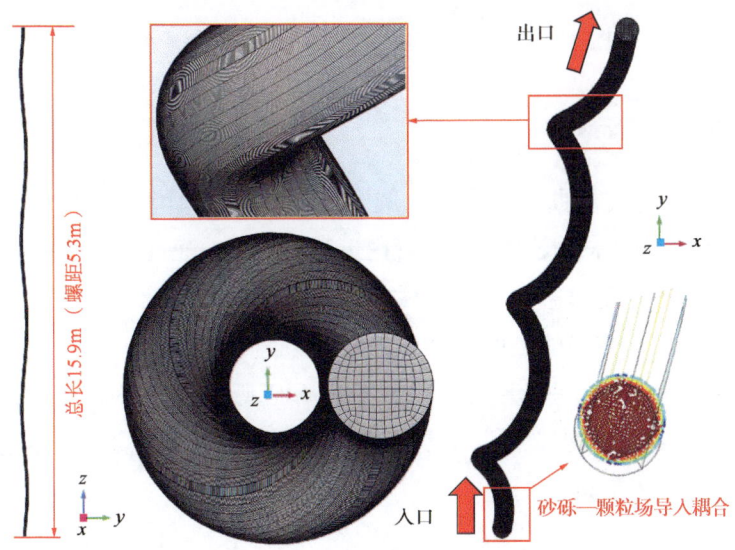

图 3.34 屈曲管柱 CFD 有限元网络模型

3.4.2 螺旋屈曲流道流场分析

在所述工况下的螺旋屈曲流道内天然气速度分布云图如图 3.35 所示，螺旋屈曲流道内，由于流体自身黏性使得靠近壁面处流体速度较低，仅为 5.19m/s，而靠近管中心处流速达到 6.44m/s。同时，在流场上定义了 e、f、g 三段区域以及 a、b、c、d 四处截面，在定义的截面上可以看出螺旋屈曲流道内由于流道变化复杂，不同的截面上最大流速分布不同。在所述的相对稳定的天然气流场下，砂砾自井底被携带运移至井口，经过屈曲段管柱时可能造成内壁的冲蚀。

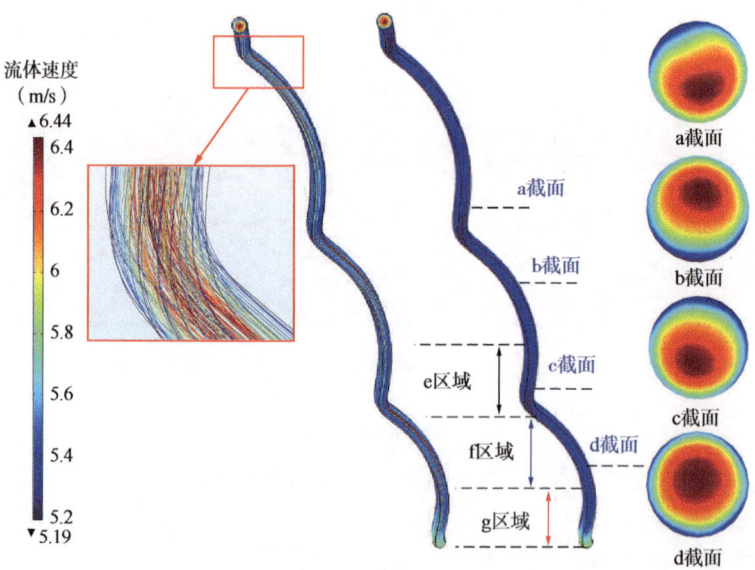

图 3.35　螺旋屈曲流道内天然气速度场分布云图

3.4.3 螺旋屈曲管柱冲蚀分析

图 3.36（a）为螺旋屈曲流道中 g 区域流体—砂砾在 0.02~0.5s 时间内的运动状态，初始时砂砾基本按照流体速度的趋势在管内运移，砂砾的速度呈现的特点是：越靠近管中心速度越大，当砂砾经过第一个弯曲段时，由于流道的变化和砂砾的本身的运动惯性，绝大部分砂砾与油管螺旋段的弧顶发生明显的多点碰撞。

图 3.36（b）为螺旋屈曲流道中 f 区域流体—砂砾在 0.5~0.8s 时间内运动状态，此时的砂砾经过第一段螺旋段后由于与壁面的碰撞以及砂砾之间的碰撞，此时砂砾运移轨迹分布已经相对复杂。

图 3.36（c）为螺旋屈曲流道中 e 区域流体—砂砾在 1.3~1.9s 时间内运动状态，此时的砂砾正在经过第二段螺旋段，在这段区域内砂砾群与管壁也发生了明显的多点碰撞。

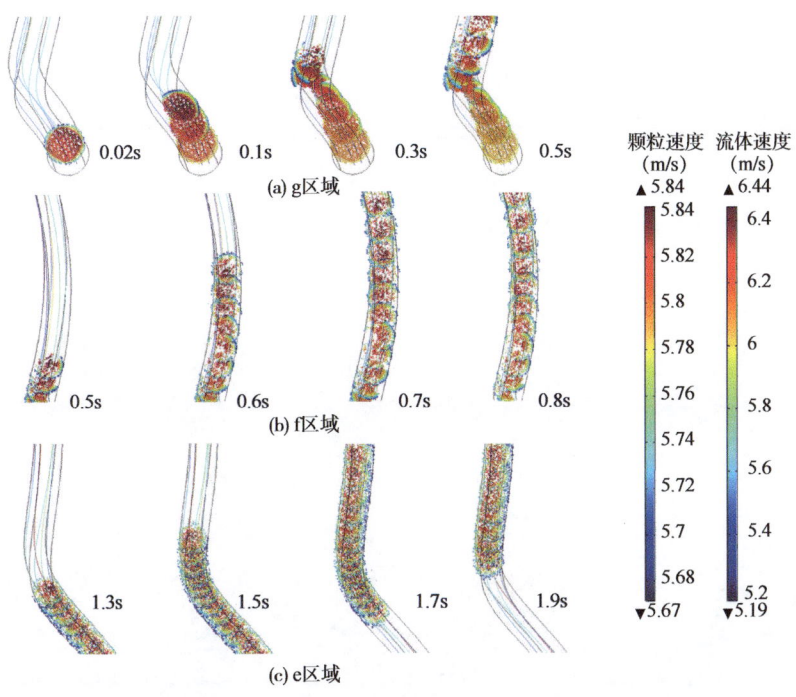

图3.36 螺旋屈曲流道e、f、g区域流体—砂砾不同时刻运动状态

图3.37为螺旋屈曲流道内管壁冲蚀速度分布云图,由图可知,在所研究的工况下,在螺旋屈曲流道的外围冲蚀最严重,最大冲蚀速度达到1.38×10^{-7}kg/($m^2 \cdot s$)。通过换算可知,在上述的冲蚀速度下,管内壁减薄速度为0.56mm/a。通过冲蚀严重区域的分析可知,在螺旋屈曲流道内,砂砾从地底向上运移,当运移到螺旋屈曲流道时,砂砾的入射方向与管壁形成一定的攻角,另外,由于螺旋屈曲流道的几何特点,在高速运移的天然气携带下,砂砾群容易发生离心运移的特点,导致外围的管壁与砂砾碰撞的点位频繁,最终导致螺旋屈曲段内壁的外围冲蚀严重。

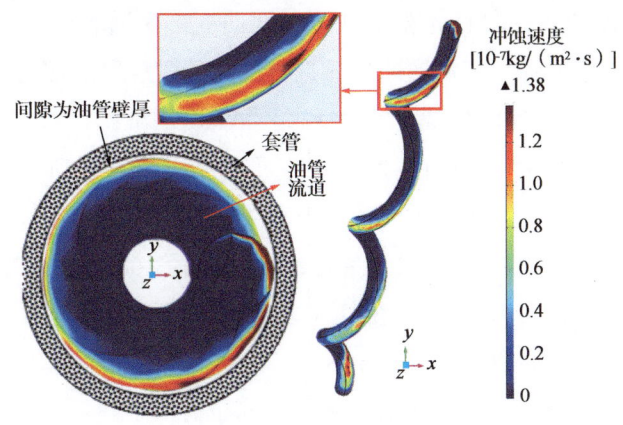

图3.37 螺旋屈曲流道内管壁冲蚀速度分布云图

最后，取出了不同时刻下砂砾运移动能与速度分布云图，如图 3.38 所示。由图可知，砂砾在屈曲管道内运移时，绝大部分砂砾呈现离心向上的运移趋势，而在靠近外围管壁的砂砾的动能与速度更大，动能最大达到 3.77×10^{-5}J，速度最大达到 5.84m/s。分析可知，在砂砾运移过程中，尺寸较大的砂砾由于自身较高惯性分布更加靠近外围的管壁，导致外围的管壁与砂砾碰撞的点位频繁，最终导致螺旋屈曲段内壁的外围冲蚀严重。

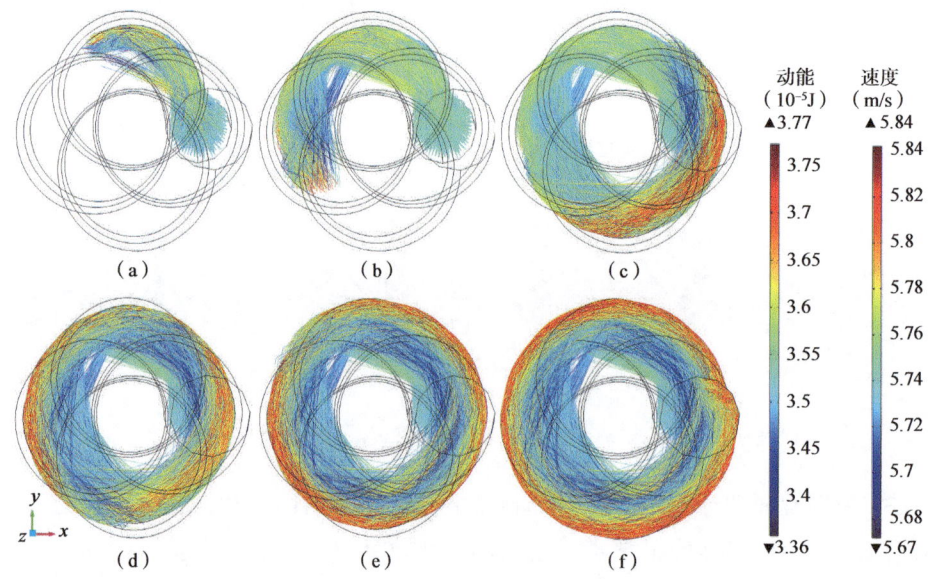

图 3.38 不同时刻下砂砾动能与速度分布云图

3.4.4 冲蚀影响因素敏感性分析

3.4.4.1 屈曲构型对冲蚀的影响

承受压缩载荷的管柱有两种变形形式——正弦屈曲与螺旋屈曲：随着底部轴向力的增加，靠近封隔器的管柱段首先会出现正弦屈曲变形，随着底部轴向力的进一步增加，管柱的变形形式会升级为螺旋屈曲；靠近封隔器的管柱段上部为正弦屈曲，下部为螺旋屈曲。因此，为了验证螺旋屈曲管柱段是冲蚀损伤敏感区域，本节按照 3.4.1 节中流道模型的方法建立了正弦屈曲流道与螺旋屈曲流道的流体动力学模型，对比出砂量（1000kg/d）、砂砾尺寸（1.2mm）、砂砾密度（1200kg/m³）、产气量（300×10^4m³/d）、螺距（5m）、管柱尺寸（内径 76mm）、套管尺寸（内径 168.3mm）等相同条件下的冲蚀速度，如图 3.39 所示。由图可知，在其他边界条件相同的前提下，螺旋屈曲管柱的冲蚀更加严重，正弦屈曲冲蚀速度为 5.56×10^{-8}kg/（m²·s），而螺旋屈曲冲蚀速度达到 2.86×10^{-7}kg/（m²·s）。另外，冲蚀敏感区域的分布也有所不同，正弦屈曲管柱的冲蚀敏感区域沿着管柱呈现线性分布，而螺旋屈曲管柱的冲蚀敏感区域呈现螺旋分布。

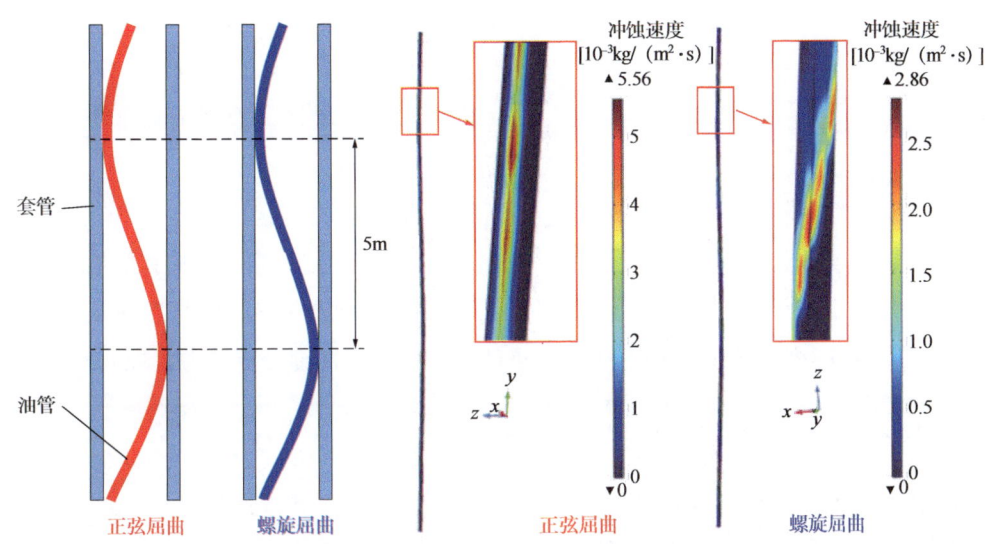

图3.39 同出砂量、产量、螺距、管柱尺寸、套管尺寸下正弦屈曲管柱与螺旋屈曲管柱的对比计算

随后，在平均砂砾尺寸（1.2mm）、砂砾密度（1200kg/m³）、产气量（300×10^4m³/d）、螺距（5m）、管柱尺寸（内径76mm）、套管尺寸（内径168.3mm）等相同条件下，分别开展了不同出砂量下（500kg/d、1000kg/d、1500kg/d、2000kg/d）正弦屈曲与螺旋屈曲管柱冲蚀壁厚减薄速度的对比，如图3.40所示。分析可知，螺旋屈曲流道的冲蚀比正弦屈曲更加严重。

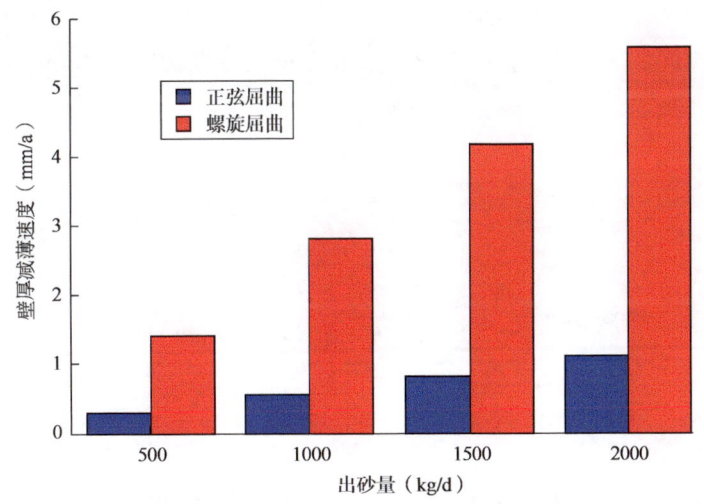

图3.40 不同出砂量下正弦屈曲与螺旋屈曲管柱冲蚀壁厚减薄速度的对比

3.4.4.2 螺旋屈曲螺距对冲蚀的影响

从几何上来说，螺距越短，从地底向上运移的砂砾与油管壁面之间的攻角越接近垂直，管壁吸收的冲击能量越高。为了验证螺距与冲蚀速度的影响，本节在第4.4.1节模

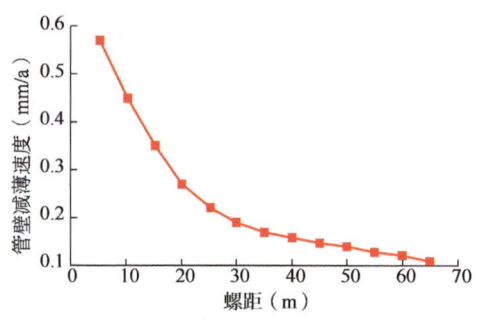

型的基础上，其他条件不变，仅改变螺距的大小，开展多组次模拟计算。通过13组模拟可知，随着螺距的增加，管壁减薄速度呈现非线性的下降，如图3.41所示。

通过第3.4.4.1节与第3.4.4.2节的模拟计算，验证了当管柱段同时出现了正弦屈曲与螺旋屈曲情况时，选择螺旋屈曲管柱段中螺距最小的管柱段进行冲蚀分析更为合理。

图3.41 管壁减薄速度随螺距变化关系曲线

3.4.5 不同产量与出砂量下管柱冲蚀分析

在保证其他条件不变的前提下对不同出砂量下的管柱进行冲蚀模拟，冲蚀速度与壁厚减薄速度随出砂量的变化关系曲线如图3.42所示，从曲线的趋势可知，随着出砂量增加，管柱的冲蚀速度与壁厚减薄速度呈现线性的增加，总体而言，随着出砂量的增加，冲蚀速度的增加是十分明显的。当出砂量从0增加至3000kg/d时，冲蚀速度增加至5.6×10^{-7}kg/($m^2 \cdot s$)，壁厚减薄速度增加至2.1mm/a。

在保证其他条件不变的前提下对不同天然气产量下冲蚀情况进行模拟，冲蚀速度与壁厚减薄速度随天然气产量的变化关系曲线如图3.43所示，从曲线的趋势可知，随着天然气产量增加，管柱的冲蚀速度与壁厚减薄速度呈现非线性的增加，总体而言，随着天然气产量的增加，冲蚀速度的增加同样十分明显。当天然气产量从0增加至$600 \times 10^4 m^3$/d时，冲蚀速度增加至5.7×10^{-7}kg/($m^2 \cdot s$)，壁厚减薄速度增加至2.2mm/a。

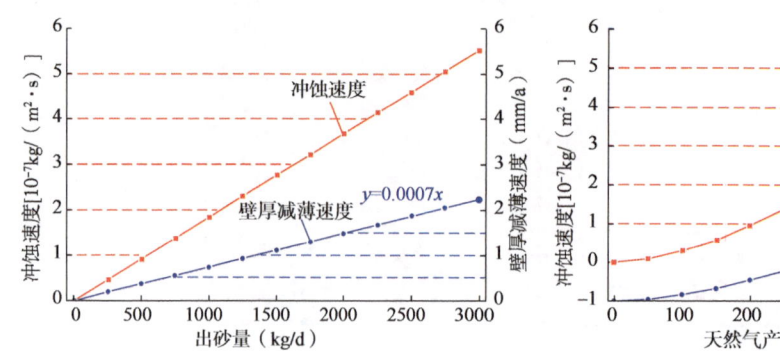

图3.42 冲蚀速度与壁厚减薄速度随出砂量的变化关系曲线

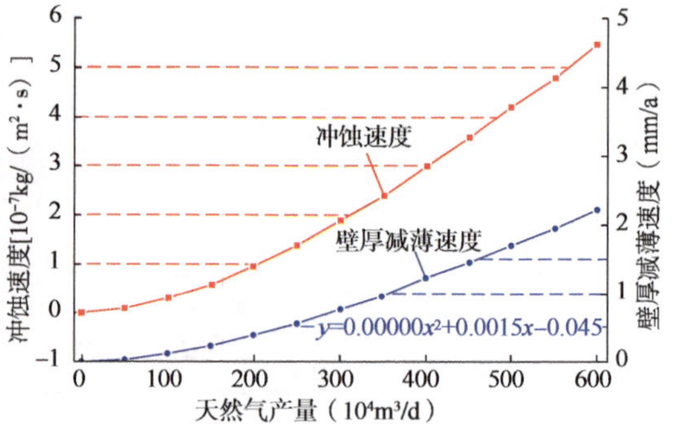

图3.43 冲蚀速度与壁厚减薄速度随天然气产量的变化关系曲线

另外，对砂砾密度与砂砾平均直径两因素进行了敏感性评价，管壁减薄速度随着砂砾密度与砂砾平均直径变化关系曲线如图3.44所示，曲线趋势均呈现两个阶段的变化趋势，初始时随着砂砾密度与砂砾平均直径的增加，管壁减薄速度迅速上升，随着砂砾密度与砂砾平均直径继续增加，管壁减薄速度迅速上升趋势变缓，管壁减薄速度最大稳定在 0.6mm/a 左右。总体而言，相对于天然气产量与出砂量，砂砾密度与砂砾平均直径对冲蚀速度的影响不大，因此对于现场工况而言，调控天然气产量与出砂量对管柱冲蚀速度的影响更加显著。

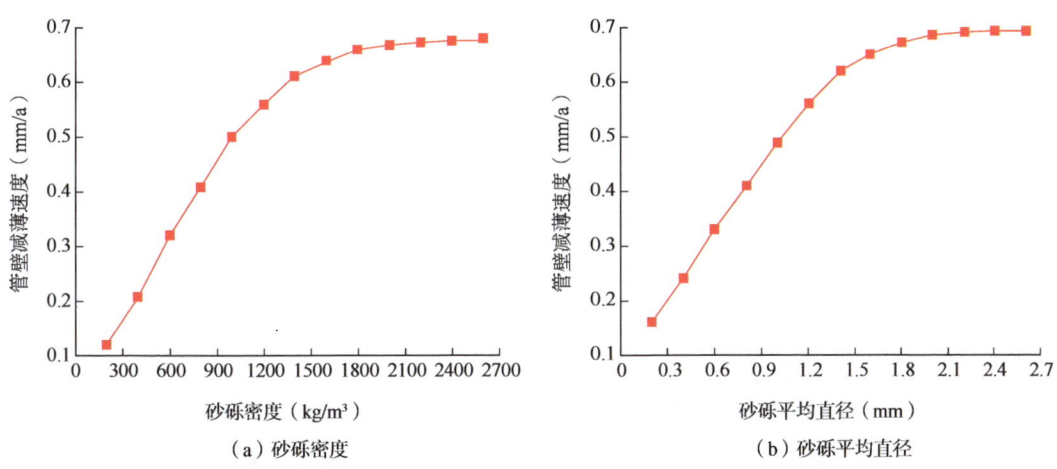

图 3.44　管壁减薄速度随着砂砾密度与砂砾平均直径变化关系曲线

基于上述的研究方法对不同出砂量与天然气产量下壁厚冲蚀速度进行大量模拟计算。基于 520 组模拟的结果，绘制了不同出砂量与天然气产量下管内壁冲蚀速度安全窗口，如图 3.45（a）所示。随着出砂量与天然气产量的增加，管壁的冲蚀速度明显上升。将图 3.45（a）中的数据进行换算后，可以绘制出图 3.45（b）中不同出砂量与天然气产量下管壁壁厚减薄速度安全窗口，当天然气产量与出砂量达到一定程度后，冲蚀壁厚下沉速度可超 3mm/a。获取的管壁壁厚减薄速度安全窗口旨在指导现场对屈曲管柱的冲蚀情况进行定量评估，并且可以根据实际工况有效防控管柱的冲蚀损伤。

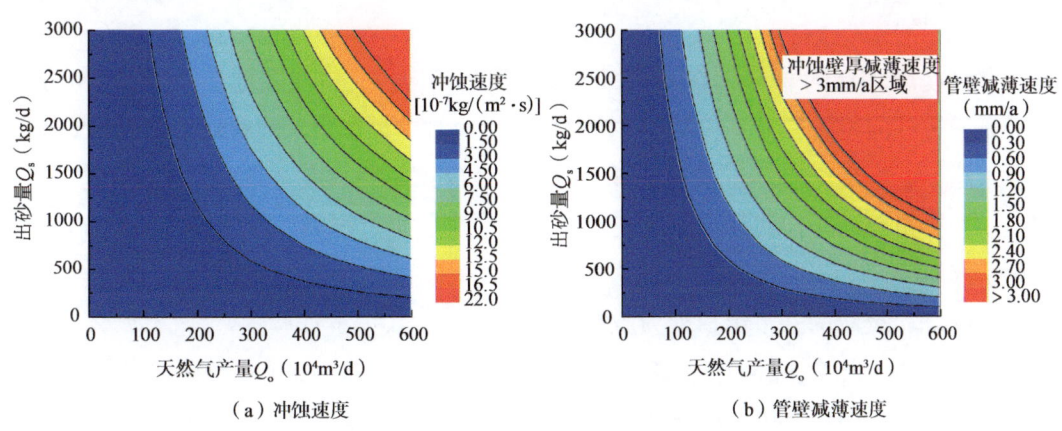

图 3.45　不同出砂量与天然气产量下冲蚀速度与壁厚减薄速度安全窗口

通过油管柱屈曲模拟与冲蚀计算，针对屈曲管柱冲蚀速度形成了一套系统的评估方法，其计算流程图如图 3.46 所示，该方法可以根据现场单井的实际工况进行冲蚀速度评估，给出对应产量下的出砂量临界值，根据实际工况有效地防控管柱的冲蚀损伤。

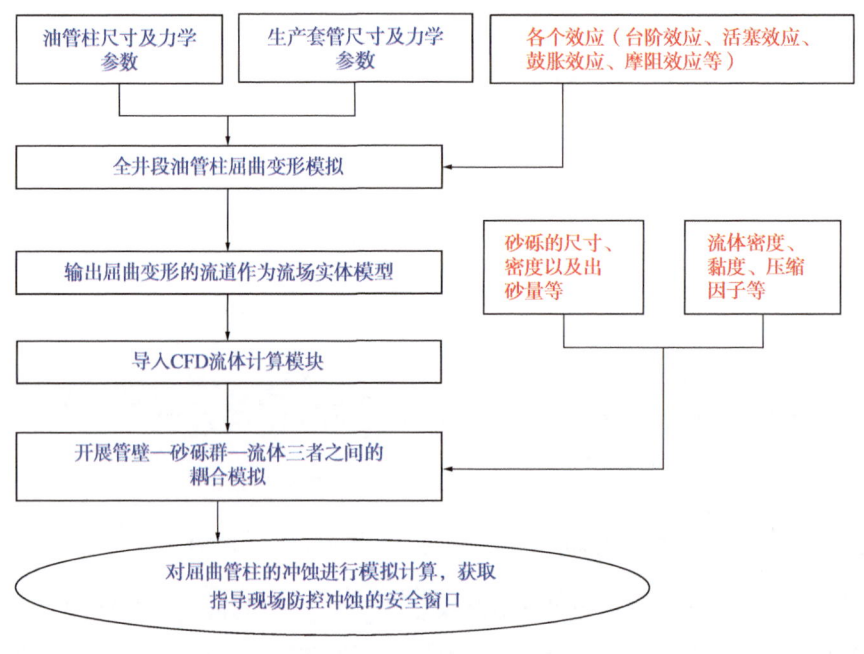

图 3.46　屈曲管柱冲蚀速度评估方法计算流程图

3.5　注入工况下冲蚀评价方法的现场应用

3.5.1　工程背景

继续使用 OKA 冲蚀模型在某油田现场开展现场应用，应用案例在某高温极端条件下井试油管柱的注入工况中开展。在该井的改造过程中，使用试油管柱将含砂砾的压裂液注入地层。然而，由于地层的高压条件，需要较高的注入排量才能满足地层压力条件。但是，当排量较高时，就有可能造成砂砾对油层套管进行冲蚀，导致套管的壁厚减薄，安全系数下降。

含砂砾压裂液的井下出口处为脱接喷砂器，其工作流程如图 3.47（a）所示，其喷砂作业分为以下几个步骤：(1) 投球至滑套处进行憋压；(2) 投球接触到滑套后继续打压，使得滑套下移至连接爪底部；(3) 继续打压，使得连接爪脱开中心管，将下部管柱落入口袋。而将压裂液注入时，井下脱接喷砂器为第二步时装配状态。该处油管柱、脱

3 油管柱屈曲及冲蚀损伤

接喷砂器以及套管柱的材料均为13Cr110，在冲蚀计算模型中进行材料赋予时，按照前节中获取的应力—应变曲线赋予，硬度也按照前节中管内壁的硬度赋予。流体为现场调配的压裂液，黏度在$170s^{-1}$的剪切速率下为$86mPa\cdot s$，密度为$1070kg/m^3$，砂砾直径在1.1mm左右，密度为$1500kg/m^3$，压裂液的砂比为30%，常用排量为$4.5m^3/min$。

图3.47（b）展示了在含砂压裂液注入时，油管底端出口处结构示意图，图3.47（b）中箭头为含砂压裂液的流动轨迹，含砂压裂液从出口处喷出时理论上会与出口位置的套管发生碰撞，由于套管的空间限制，含砂压裂液顺着环空向下流动。根据图3.47中的结构分析，在所述的工况下，出口处的套管内壁有可能发生严重的冲蚀。为此，根据井下的工具流道建立了井下喷砂器处压裂液流场网格模型。

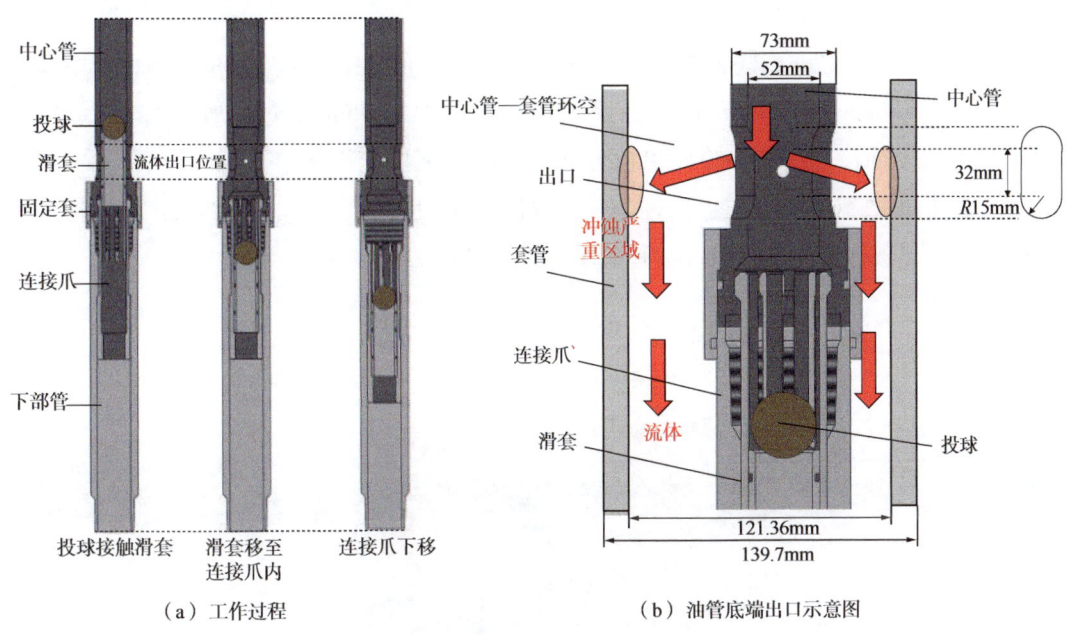

图3.47 含砂压裂液注入时油管底端出口处结构示意图

3.5.2 注入工况下井下冲蚀分析评价

图3.48为根据井下喷砂器流道建立的流体动力学网格模型，携砂流体流动，可分为三个步骤：（1）携砂流体首先从中心管入口处从上往下流动；（2）流体在喷砂出口处分开流动；（3）流体流动到喷砂器—套管间隙处向下流动，并流动出口。由于流场模型的几何非线性很强，因此使用四面体单元对流体动力学模型进行划分，为了防止单元尺寸不当而造成的结果偏差，本书对于单元的粗密程度进行了敏感性分析，对不同单元尺寸下的流场计算结果进行对比，最终取出优化后图3.48中描述的流场网格模型，共有网格2981876个，并在边角处进行了网格二次加密。

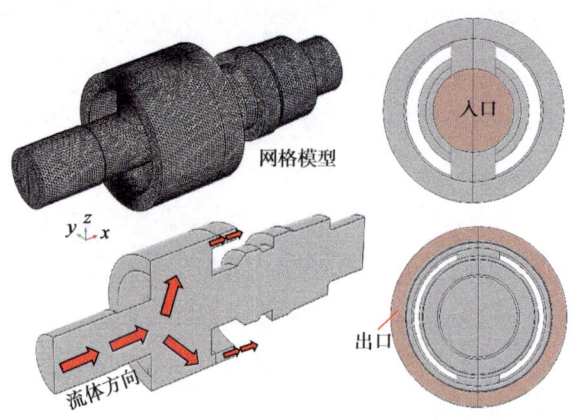

图3.48 井下喷砂器处携砂压裂液流场网格模型

图3.49为4.5m³/min的排量下井下喷砂器处携砂压裂液速度场分布云图,由图3.49可知,在4.5m³/min的压裂液排量下,入口处的流速为37.85m/s,但在所述流场内流体的速度是不均匀的,当流体在喷砂出口分叉时,由于流场变得狭窄,流体速度明显上升,尤其当流体通过喷砂出口到达套管内壁时,流体速度迅速增加到61m/s。流体速度场是冲蚀砂砾的运移载体,其带给砂砾运移的动能是冲蚀的关键参数。

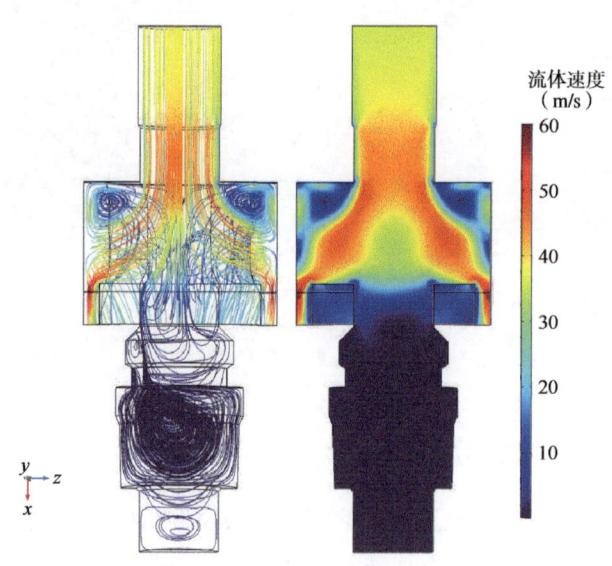

图3.49 井下喷砂器处携砂压裂液速度场分布云图

图3.50为冲蚀过程中井下喷砂器处砂砾与流体速度分布云图,由图3.50(a)可知,当砂砾一开始从入口进入时,由于压裂液自身的黏度导致靠近管中心的砂砾运移速度较大而靠近管壁的速度较小。由图3.50(b)可知,当砂砾运移至喷砂出口时,大部分的砂砾开始分道运移,而少部分的砂砾由于本身自上而下的运移惯性,向投球方向运移。由

图3.50（c）可知，分道运移的砂砾开始与套管内壁碰撞，切削角在45°左右，由图3.50（d）可知，随着大量砂砾的陆续涌入，大量的砂砾与套管内壁碰撞，碰撞砂砾的速度最大达到63m/s，分析可知，套管的内壁可能会有严重的冲蚀现象，导致其强度的下降。另一方面，虽然有少量的砂砾由于运移惯性，向投球方向运移，但由于携砂压裂液的高黏度，使得仅有少部分砂砾均会到达投球位置。

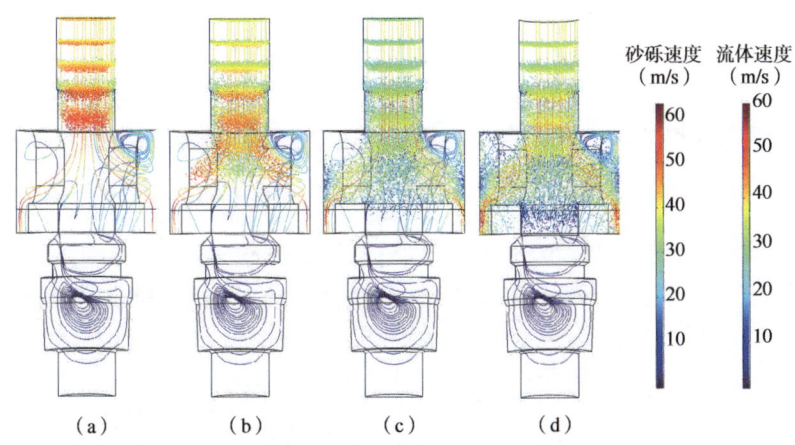

图3.50 冲蚀过程中井下喷砂器处砂砾与流体速度分布云图

图3.51为4.5m³/min排量，7%砂比下井下喷砂器处套管内壁冲蚀速度分布云图，由图3.51可知，在喷砂出口处的套管内壁发生了明显的冲蚀现象，冲蚀严重的位置与图3.49和图3.50的流场分析一致，在该处套管的冲蚀速度达到1.46×10^{-3}kg/（m²·s），通过换算可知，在冲砂2h下套管会减薄1.35mm。对于套管而言，壁厚的减薄会使得强度下降，另外带有冲蚀缺陷的管柱更容易发生应力集中，进而导致强度校核降低至安全系数以下，尤其是抗内压强度的下降会对后续压裂作业埋下套管失效的巨大风险。

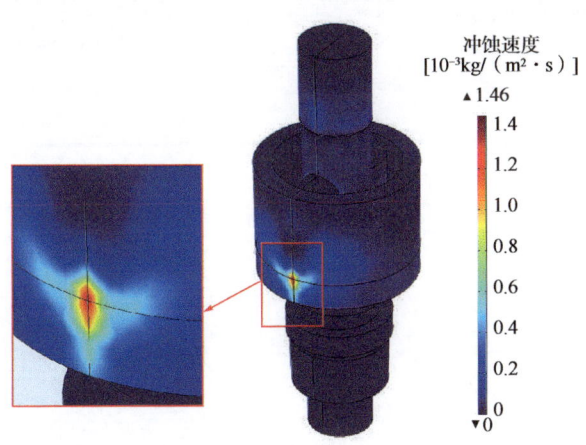

图3.51 井下喷砂器处套管内壁冲蚀速度分布云图

在图3.50所示的工况下,原始套管($\phi 139.7mm$至$\phi 9.17mm$)壁厚减薄了1.35mm,根据弹塑性理论与最小壁厚法则可以计算出安全系数为1时,冲蚀前后套管的三轴应力椭圆,如图3.52所示。由图3.52可知,冲蚀后的套管强度是明显下降的,其冲蚀后套管椭圆面积明显小于冲蚀前的,说明抗内压与抗外挤均有下降。值得注意的是,当冲蚀处套管的轴向力为0kN时,冲蚀后套管的抗内压下降至80MPa左右,接近井下压裂压力。考虑到应力集中等因素,套管冲蚀缺陷处必然成为薄弱环节,在后续的高内压工况下,伴随张性应力的冲蚀缺陷处极易萌生初始裂纹,进而成为破坏井筒完整性的巨大隐患。

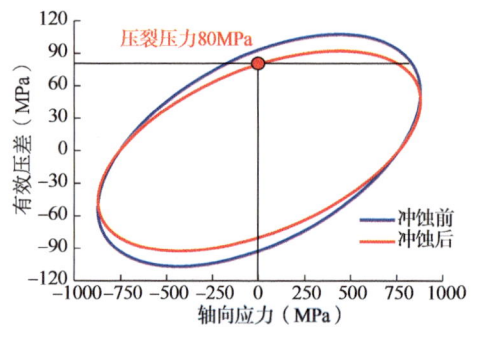

图3.52 冲蚀前后套管的三轴椭圆

由图3.51可知,在4.5m³/min排量与7%砂比下套管的冲蚀会降低其本身强度,实际上,随着排量与砂比的增加,套管的冲蚀速度会进一步加剧。图3.53(a)为套管减薄壁厚与抗内压、抗外挤强度随不同排量的变化关系曲线,由图3.53(a)可知,套管壁厚减薄随排量的增加呈现非线性的变化关系,从曲线的趋势来看,随着排量的增加套管冲蚀程度会愈发严重,相应地,随着排量的增加,套管抗内压、抗外挤强度也呈非线性下降。另一方面,图3.53(b)为套管减薄壁厚与抗内压、抗外挤强度随不同砂比的变化关系曲

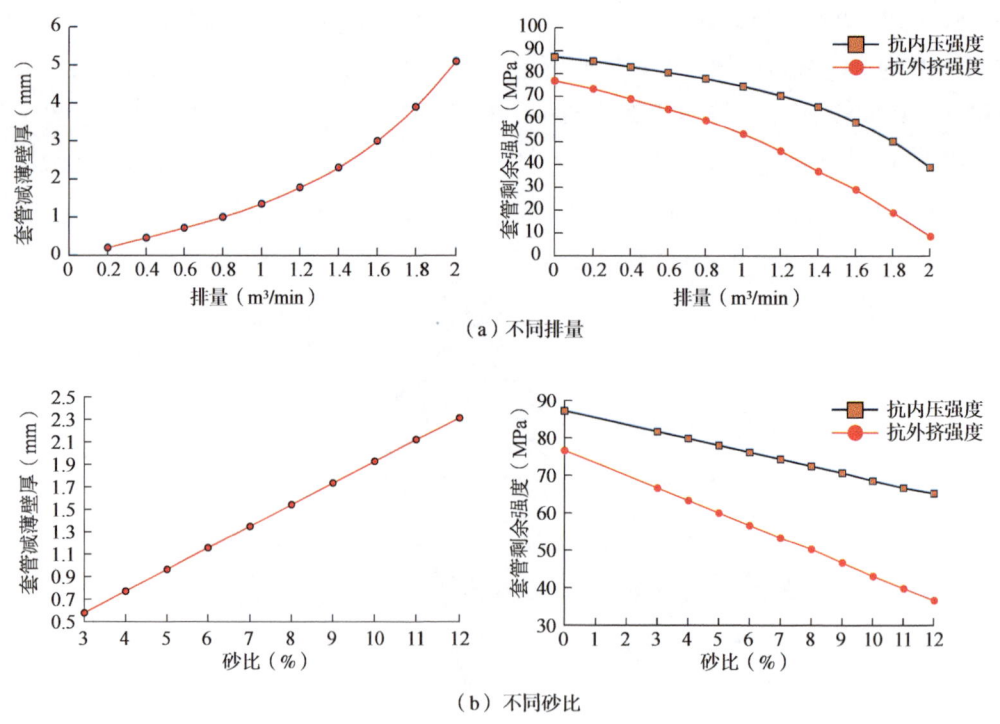

(a)不同排量

(b)不同砂比

图3.53 套管减薄壁厚与抗内压、抗外挤强度随不同排量与砂比的变化关系曲线

线,由图 3.53(b)可知,套管壁厚减薄随砂比的增加呈现线性的变化关系,同样地,随着排量的增加,套管抗内压、抗外挤强度也呈线性下降。从冲蚀引起的套管减薄壁厚来看,冲蚀引起的套管强度下降是不可忽视的问题。

3.5.3 指导现场的防控措施

通过第 3.5.2 节中的砂砾运移轨迹分析可知,正是砂砾与套管内壁产生了直接的碰撞导致了严重的冲蚀效应,为此,在脱接放喷器结构基础上配合生产工厂,在出口位置设计了壁厚 9mm 的护套,护套的外径为 107mm,长度为 519mm,旨在让砂砾从出口处喷出后直接冲击在护套的内壁上,减缓套管的冲蚀损伤。图 3.54 展示了有护套的井下喷砂器示意图与实物图。

当加入护套之后,含砂压裂液的流动轨迹发生了变化,图 3.55 展示了有护套的井下喷砂器流体流动轨迹示意图,含砂压裂液从出口出来后先向上运移,然后再从护套与套管的环空处落下。

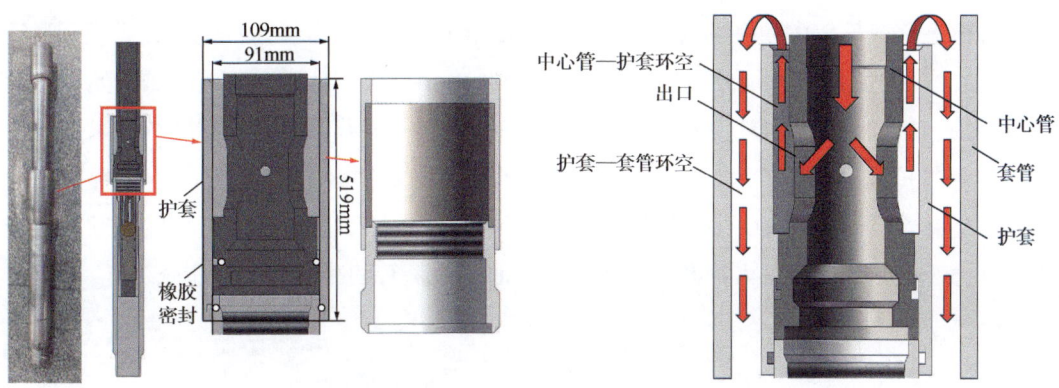

图 3.54 有护套的井下喷砂器与套管示意图与实物图   图 3.55 有护套的井下喷砂器流体流动轨迹示意图

图 3.56 为加护套后井下的工具流道建立的携砂压裂液流场网格模型,根据压裂液的流动过程,可分为三个步骤:(1)携砂流体首先从中心管入口处从上往下流动;(2)流体在喷砂出口处分开流动;(3)流体从护套与中心管的环空向上流动;(4)流体流动到护套—套管间隙处向下流动,并流动到出口。同样,由于流场模型的几何非线性很强,因此使用金字塔四面体单元对流场实体进行划分,在几何变形处进行二次加密,通过单元的粗密敏感性分析后,最终取出优化后的流场网格模型,如图 3.57 所示,模型中共有网格 3019878 个。

图 3.57 为 4.5m³/min 的排量下加护套后井下喷砂器处携砂压裂液速度场分布云图,由图 3.57 可知,在所述排量下,入口处的流速与无护套时一样,为 37.85m/s,在流场内流体的速度也是不均匀的,当流体在喷砂出口分叉时,流体速度明显地上升至 50m/s,但在中心管—护套间环空的流体速度有所下降,流速仅 5~10m/s,而当流体运移至护套—

套管环空时，流体速度再一次加快，达到 52m/s 以上。

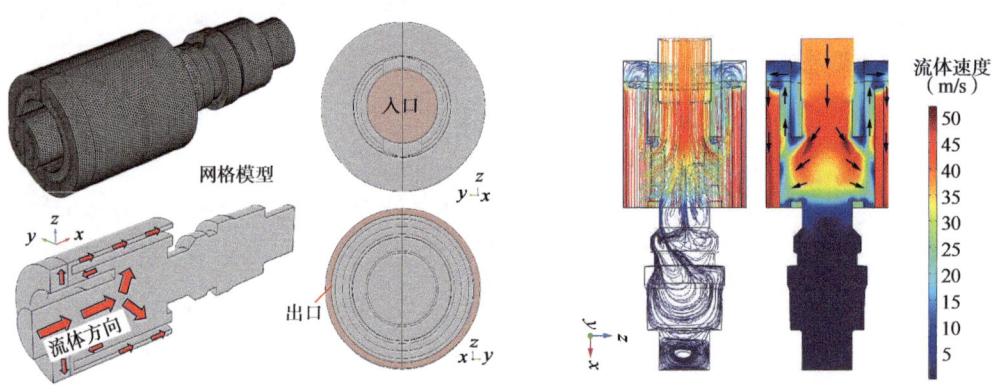

图 3.56　加护套后井下喷砂器处携砂压裂液流场网格模型

图 3.57　井下喷砂器处携砂压裂液速度场分布云图

图 3.58 为加护套后井下喷砂器处冲蚀过程中砂砾与流体速度分布云图，由图 3.58（a）可知，当砂砾一开始从入口进入时，与无护套流场的流体流动情况一致，靠近管中心的砂砾运移速度较大而靠近管壁的速度较小；由图 3.58（b）可知，当砂砾运移至喷砂出口时，大部分的砂砾开始分道运移；由图 3.58（c）可知，分道运移的砂砾开始与护套发生碰撞，切削角也在 45°左右；由图 3.58（d）可知，随着大量砂砾的陆续涌入，跟大量的砂砾与护套碰撞后流入护套—套管环空内，最后以 57m/s 的速度流出。从图 3.58 中砂砾的运移情况分析可知，加护套后，砂砾对护套产生了明显的碰撞，必然引发一定程度的冲蚀，但是当砂砾流入护套—套管环空处时，对套管的冲蚀情况有所减缓。

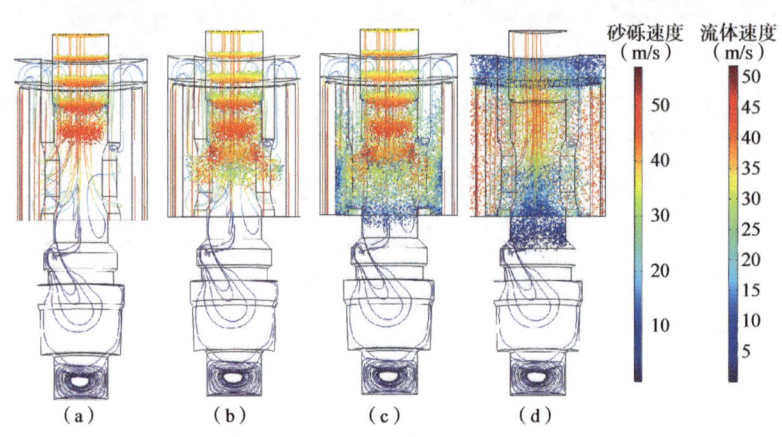

图 3.58　加护套后井下喷砂器处冲蚀过程中运移砂砾与流体速度分布云图

图 3.59 为 4.5m³/min 的排量下加护套后井下喷砂器处套管内壁冲蚀速度分布云图，由图 3.59 可知，在喷砂出口处的护套发生了明显冲蚀现象，冲蚀严重的位置位于护套的根部位置，这些位置与图 3.58 的流体速度场分析结果一致，在这些区域，护套的冲蚀速

度最高达到 5.26×10^{-3}kg/（$m^2\cdot s$），通过换算可知，在冲砂 2 小时下护套会减薄 4.85mm。然而，在加入护套后，套管内壁的冲蚀有了明显的改善，该处冲蚀速度下降至 2.6×10^{-6} kg/（$m^2\cdot s$），通过换算可知，在冲砂 2 小时后套管会减薄 0.0024mm，工程几乎可以忽视这样的冲蚀损伤程度。分析可知，当砂砾从出砂口呈约 45°切削角冲击护套时，护套的内壁作为一道屏障降低了高速砂砾的动能，而当砂砾流入护套—套管环空时，虽然流速较大，但砂砾运移方向与套管内壁几乎是平行的，因此所产生的套管内壁冲蚀较小。对比可知，加护套的措施改变了携砂流体的流道，对套管的冲蚀有了显著改善。

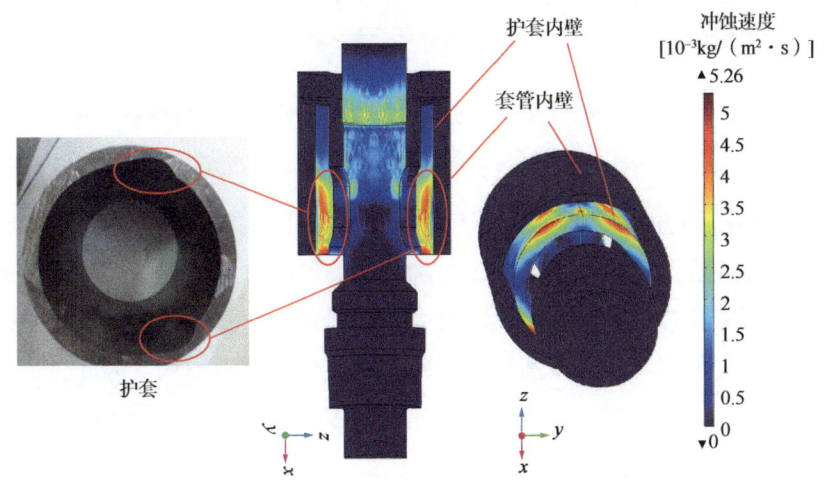

图 3.59 加护套后井下喷砂器处套管内壁冲蚀速度分布云图

为了验证本模型模拟结果的准确性，现场将这样的防护措施运用到 X-1 井的压裂注砂作业中，实际工况与本书研究工况一致，在 4.5m³/min 的排量、喷砂 2 小时后起出，发现护套的根部以上一定范围的内壁发生了严重的冲蚀现象，最严重的位置位于护套根部，该处壁厚减薄了 4.3mm，通过对冲蚀严重位置与冲蚀壁厚减薄量来看，实际工况下与数值模拟结果非常接近，进一步验证了模型的重要性。另一方面，可以通过计算不同的排量与砂比获取工程上护套壁厚减薄的预测安全窗口。

由图 3.59 可知，加入护套后的喷砂器可以有效地减缓套管冲蚀，为了定量地对比有无护套的套管冲蚀情况，本书使用同样的模拟方法，开展了保证其他条件不变（砂比 7%，砂径 0.8mm，密度 1800m³/kg，冲蚀时间 2h），仅改变排量因素的多组冲蚀对比模拟，获得了无护套与加护套后冲蚀引起的套管减薄壁厚随排量变化对比图，如图 3.60 所示。由图 3.60 可知，在不同排量下，加护套后冲蚀引起的套管减薄壁厚明显低于无护套保护的工况，在 2.5~7m³/min 的排量下，无护套保护下冲蚀导致的套管减薄壁厚达到 0.2~5.1mm 之间，这种程度的套管冲蚀损伤会明显影响套管全生命周期，而加护套后冲蚀导致的套管减薄壁厚仅为 0~0.009mm 之间，冲蚀程度比较轻微，工程上可忽视。

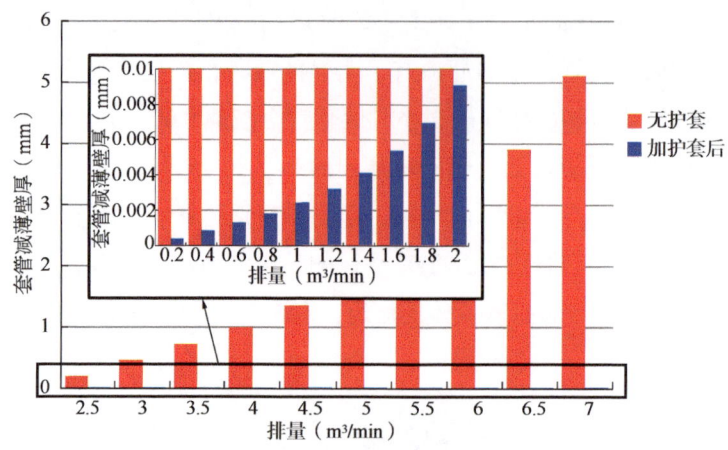

图 3.60 无护套与加护套后冲蚀引起的套管减薄壁厚随排量变化对比图

通过上面的研究可知护套可以有效地保护套管,然而,结合现场取出的冲蚀后的护套与数值模拟结果可知,护套的冲蚀十分严重,当注入排量或砂比超过一定临界值时,护套的壁厚有可能被全部冲蚀,当失去护套这一屏障之后,高速运移的砂砾必然再次直接冲蚀套管,造成套管损伤。因此,有必要开展在不同注入压裂液排量与砂比下冲蚀护套壁厚减薄的安全窗口,旨在预防护套的失效,指导压裂现场。因此,本书基于如图 3.59 所示的模型,通过改变注入排量与砂比两个因素开展了大量的模拟,从而获得了不同注入排量与砂比下冲蚀护套壁厚减薄的安全窗口,如图 3.61 所示。该安全窗口可以定量地指导现场通过控制排量与砂比的方法,去保证护套的有效保护,防止套管的冲蚀。由图 3.59 可知,本书研究的护套壁厚为 9mm,则在图 3.61 中的护套壁厚极限等值线以下的排量与砂比工况可认为是安全范围,而在该等值线以上的排量与砂比工况就存在套管冲蚀的风险。

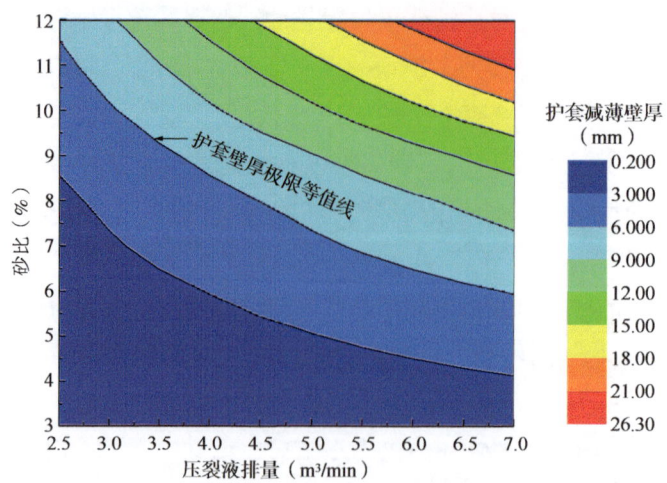

图 3.61 不同注入压裂液排量与砂比下冲蚀护套壁厚减薄的安全窗口

3.6 管柱内壁冲蚀缺陷敏感性分析

通过对全井段管柱的屈曲分析后,螺旋屈曲段的复杂变形导致该段的冲蚀情况相对正弦屈曲更严重,结合现场起出的失效油管可知,在管柱内壁存在明显的冲蚀划痕,现场统计失效管柱的冲蚀划痕的深度范围为0.2~0.8mm,那么这种划痕缺陷必然导致管柱强度的下降与应力集中,因此本节对本章工况下带有不同深度冲蚀划痕的管柱应力进行定量分析。

首先建立带有不同深度冲蚀划痕的管柱模型,边界条件根据不同井深位置处的压力载荷与轴向力施加,本章工况下螺旋屈曲段管柱的边界条件如图3.62所示。屈曲段起始在井深6377.52m处,共长772.48m,在该段上取出螺旋屈曲段(井深6662~7100m)进行研究,在螺旋屈曲段的不同井深上定义 A、B、C、D 四个点,同时该段上的内压范围为136.2~139.8MPa,外压范围为92.0~96.3MPa,轴向力范围为 –258.2~–202.1kN。

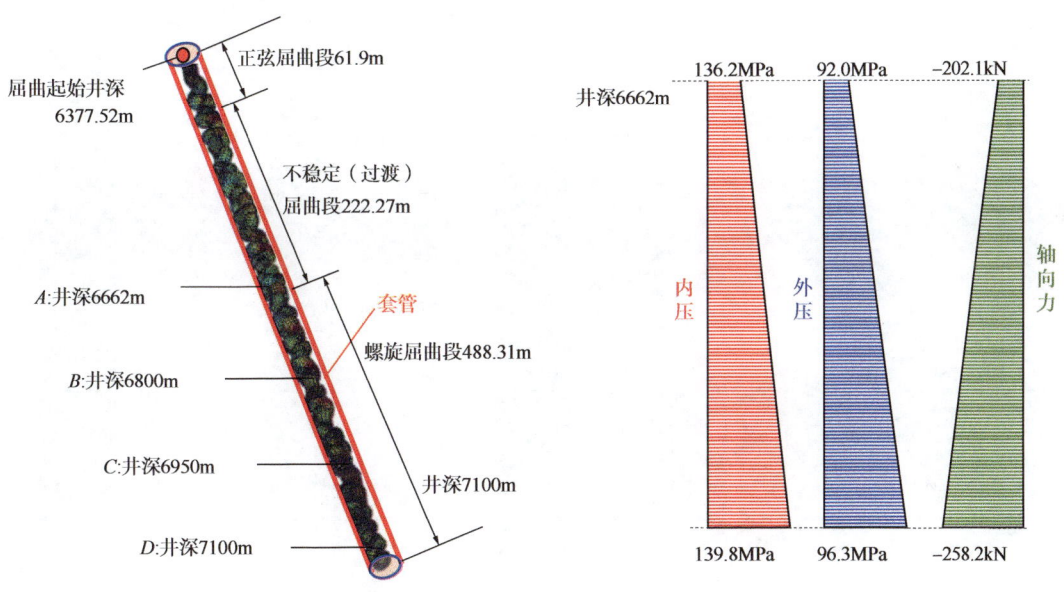

图3.62 螺旋屈曲段管柱的边界条件

不同深度的冲蚀划痕模型如图3.63所示,管体模型长度为600mm,尺寸为 ϕ88.9mm+6.45mm,冲蚀划痕长度为100mm,取直径1mm的砂砾在管体模型上进行不同深度的布尔削减,分别建立了深度0.2~1.5mm的14组模型。

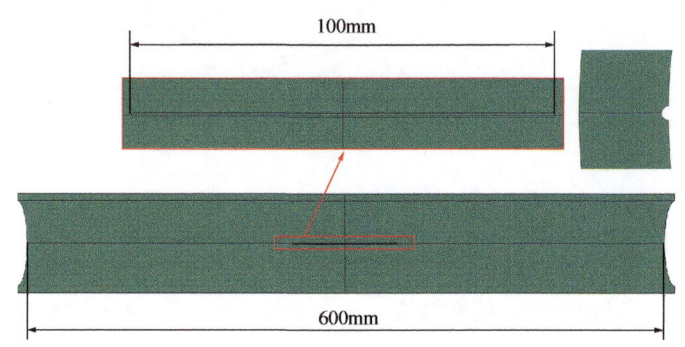

图 3.63　不同深度的冲蚀划痕的管体模型

图 3.64 为不同井深处 0.2mm 深度冲蚀划痕的管体应力云图,从图 3.64 可知,虽然随着井深的增加管柱力学环境越苛刻,但是对于管柱而言,虽然管内压随着井深增加,但是起抵消作用的环空外压力也随之增加,这就导致屈曲段管柱的受力情况复杂。A、B、C、D 四处井深位置的冲蚀划痕处发生了应力集中,最大应力分别为 396.31MPa、397.03MPa、397.01MPa、397.61MPa,在无划痕区域内壁的应力基本在 300MPa 左右,可见带有冲蚀划痕的管柱应力并不是随井深增加而增加。

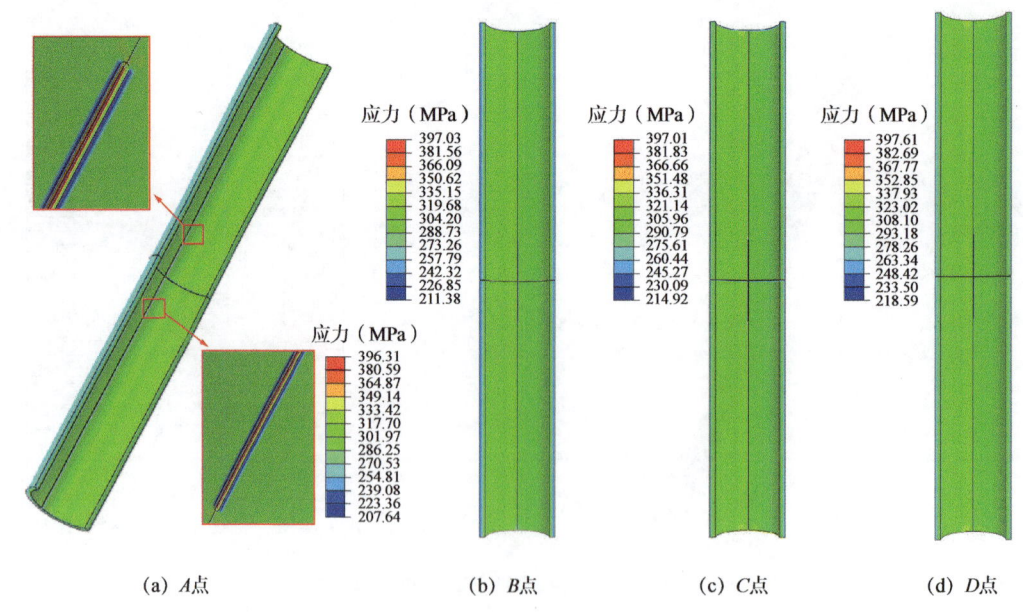

(a) A点　　(b) B点　　(c) C点　　(d) D点

图 3.64　不同井深处 0.2mm 深度冲蚀划痕的管体应力云图

图 3.65 为不同井深处 0.8mm 深度冲蚀划痕的应力云图,从图 3.65 可知,虽然随着井深的增加管柱力学环境越苛刻,但是对于管柱而言,虽然管内压随着井深增加,但是起抵消作用的环空外压力也随之增加,这就导致屈曲段管柱的受力情况复杂。A、B、C、D 四处井深位置的冲蚀划痕处发生了应力集中,最大应力分别为 604.77MPa、602.85MPa、

600.51MPa、597.51MPa，在无划痕区域内壁的应力基本在 300MPa 左右，可见在螺旋屈曲段上不同井深处带有冲蚀划痕的管柱应力水平基本一致。

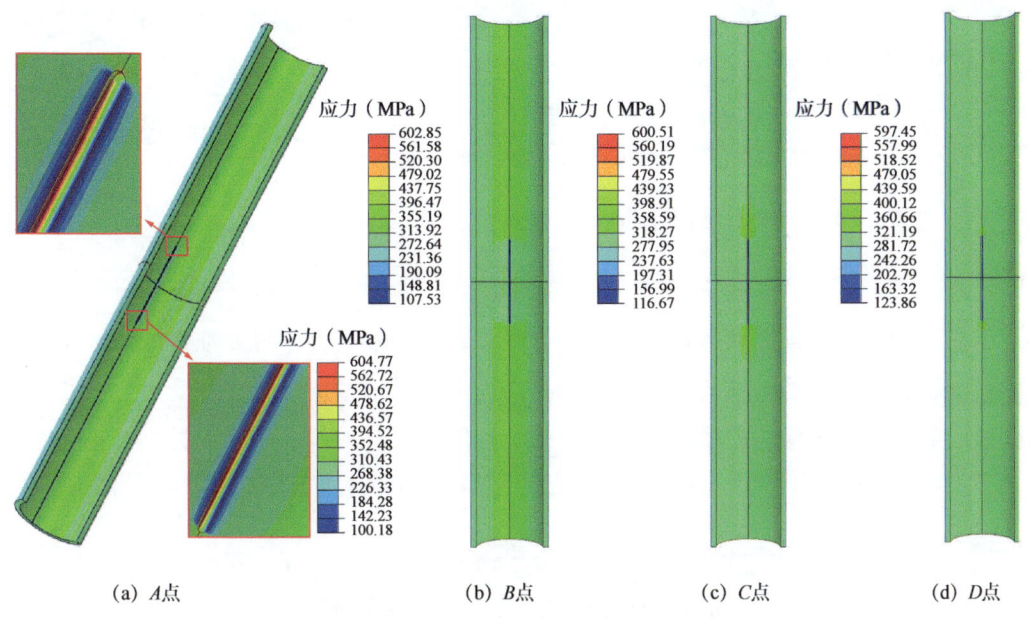

图 3.65　不同井深处 0.8mm 深度冲蚀划痕的管体应力云图

基于上述的模拟思路，通过大量的计算，绘制出了本章工况下不同井深与划痕深度下的管体最大应力分布图，如图 3.66 所示。从图 3.66 可知随井深变化的力学环境对冲蚀划痕的最大应力影响不大，而随着冲蚀划痕深度的增加，最高应力明显增加，对比管材拉伸试验测得的屈服强度可知，在本章的工况下，当冲蚀划痕的深度超过 1.43mm 后，划痕处的最大应力将达到屈服强度。

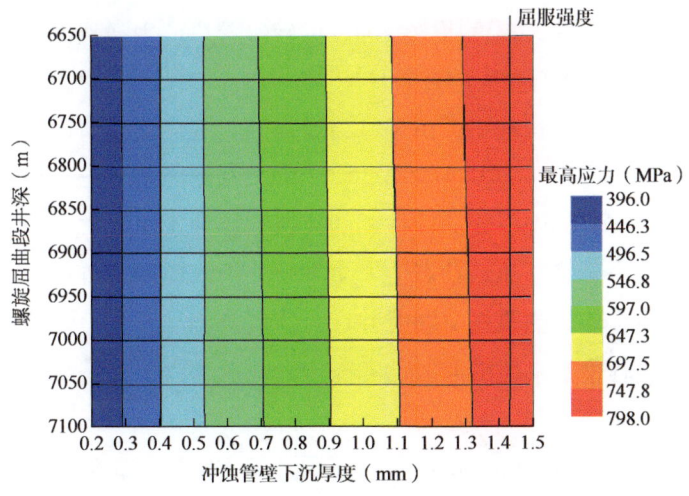

图 3.66　不同井深与划痕深度下的管体最大应力分布图

4 油管柱流固耦联振动

本章根据流体流动和固体运动的控制方程，建立极端条件下气井油管柱耦联振动的数学模型，分别推导油管柱的轴向振动和横向振动数学模型，结合管柱受力特征和初边值条件，利用特征线法对模型进行数值求解，揭示油管柱的耦联振动特性，并基于阻尼振动及瞬态动力学分析方法，研究阻尼作用下管柱振动的衰减规律。

4.1 水锤现象及其基本模型

水锤现象是指管柱内部流体运动状态发生急剧变化而引起管内出现较大压力波动，进而造成管柱振动的现象[196-197]。水锤实际上是管柱内部的一种流体压力瞬变现象，压力波从边界处产生，进而沿管路传播、反射、叠加乃至消失，这个过程就是水锤或水击。在此过程中，流体的压缩性是运动状态改变的根本原因，而流体由于惯性要维持原来的运动状态，进而在管内的流体中产生了压力的脉动。水锤产生的瞬时压力可达管道中正常工作压力的几十倍，这种大幅度压力波动，可导致管道产生强烈振动或噪声，并可能破坏阀门接头，对管道系统有很大的破坏作用[198]。

在极端条件下气井生产过程中，由于井口压力高、气体流速快，如果突然关闭、开启阀门或者气井产量、井口压力发生瞬间变化，由于井筒内温度压力瞬时变化、阀门操作、管径变化、气嘴节流等因素使油管柱内的高速流体处于非定常流动状态，在天然气惯性的作用下，管柱内天然气流动状态会发生突变，由水锤理论可知，天然气压力将急剧波动，并冲击管柱，使得油管柱中同时并存高速气体流动、压力波动和管柱振动等多种运动形式。在此过程中常常伴随着振动和噪声，在振动剧烈时甚至会导致井下管柱断裂、螺纹失效等事故[199-200]。

对流体诱发管道振动的研究最初从轴向振动开始，比较经典的模型是水锤2方程模型，其形式如下[201]：

$$\frac{\partial v}{\partial t} + \frac{1}{\rho_f}\frac{\partial p}{\partial z} = 0 \quad (4.1)$$

$$\frac{\partial v}{\partial z} + \frac{1}{\rho_f c_f^2}\frac{\partial p}{\partial t} = 0 \quad (4.2)$$

式中：v 为流体运动速度，m/s；t 为时间，s；ρ_f 为流体密度，kg/m³；p 为流体压力，Pa；z 为管道轴向长度，m；c_f 为流体压力波速，m/s。

经典水锤理论考虑了管壁弹性对流体压力波动的影响，但未考虑管道的动力学效应对流体运动状态的影响，也未考虑流体运动状态改变对管道的作用及管道布置的空间形态的影响[202]。

通常情况下，分析管道内流体的作用时，由于经典的水锤方程形式简单，便于应用者求解，经典水锤理论被广泛应用。但是经典的水锤方程不太符合大多数管道约束状态，而且忽略了流体与管道之间的耦合效应。因此，在分析实际问题时，需要在经典水击理论的基础上考虑流体与管道之间的耦合作用，即建立管柱流固耦联振动模型。

4.2 油管柱流固耦联振动模型

4.2.1 油管柱轴向振动模型

在极端条件下气井中，流体与管柱之间的耦合作用会改变水锤波的频谱特征，因此在描述管柱轴向振动时需要考虑另外 2 个管柱结构方程，即 4 方程模型。

直井油管柱轴向振动模型的坐标系如图 4.1 所示，其中 z 轴方向与管道轴线方向相同，并沿井口指向井底，假设油管柱满足下列假设：

（1）油管为均质、弹性和各向同性的圆管；

（2）忽略油管径向变形引起的流体径向运动及流体绕管轴的旋转运动；

（3）管道与流体之间的摩擦耦合可以忽略；

（4）油管柱内的天然气为单相气体；

（5）流体压力和流速在管道同一截面为恒值；

（6）流体和管柱运动速度远小于其中的波速，因此可以忽略控制方程中的对流项。

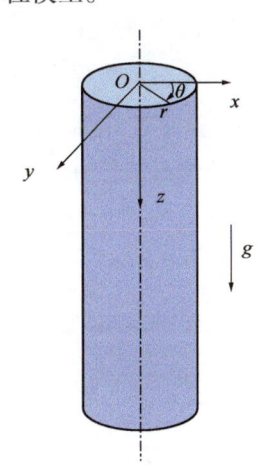

图 4.1 油管柱轴向振动模型坐标系

为便于理解，规定本书中所使用的直角坐标系中 x，y，z 的分布均符合右手定则，并且在局部坐标系中，x—z 平面为重力所在平面，z 轴方向与管道轴线方向相同；本节所使用的参量，除特别说明外，均采用国际标准单位。

4.2.1.1 流体控制方程

由于井下管柱的圆柱体几何特征，并根据连续流及 Navier-Stokes 运动方程，采用圆柱坐标系来描述流体运动，其中轴向坐标 z，径向坐标 r，时间坐标 t。

流体连续性方程：

$$\frac{\partial \rho_f}{\partial t} + v_z \frac{\partial \rho_f}{\partial z} + v_r \frac{\partial \rho_f}{\partial r} + \rho_f \frac{\partial v_z}{\partial z} + \frac{\rho_f}{r} \frac{\partial}{\partial r}(rv_r) = 0 \tag{4.3}$$

流体轴向运动方程：

$$\rho_f \frac{\partial v_z}{\partial t} + \rho_f v_z \frac{\partial v_z}{\partial z} + \rho_f v_r \frac{\partial v_z}{\partial r} + \frac{\partial p}{\partial z} = \\ F_z + \left(\kappa + \frac{1}{3}\mu\right)\frac{\partial}{\partial z}\left[\frac{\partial v_z}{\partial z} + \frac{1}{r}\frac{\partial (rv_r)}{\partial r}\right] + \mu\left[\frac{1}{r}\frac{\partial}{\partial r}\left(r\frac{\partial v_z}{\partial r}\right) + \frac{\partial^2 v_z}{\partial z^2}\right] \tag{4.4}$$

流体径向运动方程：

$$\rho_f \frac{\partial v_r}{\partial t} + \rho_f v_z \frac{\partial v_r}{\partial z} + \rho_f v_r \frac{\partial v_r}{\partial r} + \frac{\partial p}{\partial r} = \\ F_r + \left(\kappa + \frac{1}{3}\mu\right)\frac{\partial}{\partial r}\left[\frac{\partial v_z}{\partial z} + \frac{1}{r}\frac{\partial (rv_r)}{\partial r}\right] + \mu\left[\frac{1}{r}\frac{\partial}{\partial r}\left(r\frac{\partial v_r}{\partial r}\right) - \frac{v_r}{r^2} + \frac{\partial^2 v_r}{\partial z^2}\right] \tag{4.5}$$

式中：v_z 和 v_r 分别为流体轴向运动速度和径向运动速度，m/s；ρ_f 为流体密度，kg/m³；F_z 和 F_r 分别为流体重力产生的轴向体力和径向体力，N（对于直井，$F_z=\rho_f g$，$F_r=0$）；κ 为流体的体积黏性系数；μ 为流体动力黏性系数；p 为流体压力，Pa；z 为管柱轴向长度，m；r 为管柱径向厚度，m；t 为时间，s；v_z、v_r、ρ_f 和 p 为流体参数，即为坐标 z、r 和 t 的函数。

由于分析对象为气井，引入天然气的状态方程，忽略流体控制方程式（4.3）至式（4.5）中的对流项，同时忽略流体径向流动的影响，将流体运动方程简化为

流体连续性方程：

$$\frac{1}{p}\frac{\partial p}{\partial t} + \frac{\partial v}{\partial z} + \frac{2}{R}v_r\Big|_{r=R} = 0 \tag{4.6}$$

流体轴向运动方程：

$$\rho_f \frac{\partial v}{\partial t} + \frac{\partial p}{\partial z} = \rho_f g + \frac{2}{R}\mu\frac{\partial v_z}{\partial r}\Big|_{r=R} = \rho_f g - \frac{2}{R}\tau_0 \tag{4.7}$$

式中：τ_0 为管壁处流体的切应力，Pa；v 和 p 分别为流体断面平均流速和流体断面平均压力，Pa。τ_0、v 和 p 表达式分别为

$$\tau_0 = -\mu \frac{\partial v_z}{\partial r}\Big|_{r=R} \tag{4.8}$$

$$v = \frac{1}{\pi R^2} \int_0^R 2\pi R \cdot v_z \mathrm{d}r \tag{4.9}$$

$$p = \frac{1}{\pi R^2} \int_0^R 2\pi R \cdot p \mathrm{d}r \tag{4.10}$$

4.2.1.2 管柱控制方程

由于理想状态下直井油管柱为轴对称结构，继续采用柱坐标系下的轴向、径向运动方程来描述管柱的运动，管柱受力示意图如图4.2和图4.3所示。

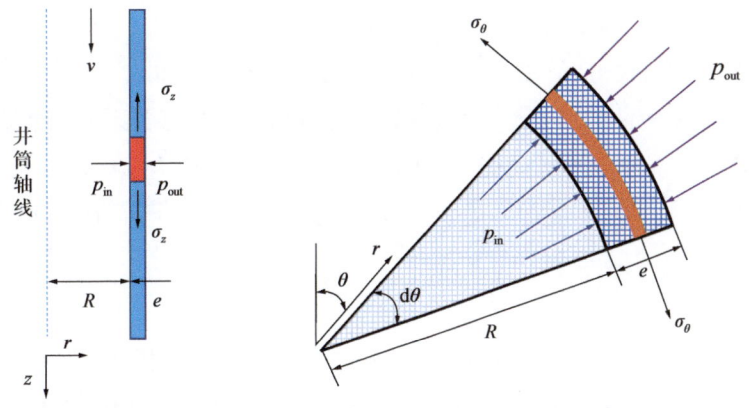

图4.2 作用在管壁上的应力　　图4.3 作用在管壁单元上的法向应力

根据管柱轴向和径向上的应力平衡关系，忽略管柱的弯曲刚度、旋转惯性和剪切变形，得到管柱运动方程如下。

管柱轴向运动方程：

$$\rho_p \frac{\partial \dot{u}_z}{\partial t} + \rho_p \dot{u}_z \frac{\partial \dot{u}_z}{\partial z} + \rho_p \dot{u}_r \frac{\partial \dot{u}_z}{\partial r} = \frac{\partial \sigma_z}{\partial z} + \frac{1}{r}\frac{\partial (r\tau_{zr})}{\partial r} + \rho_p g \tag{4.11}$$

管柱径向运动方程：

$$\rho_p \frac{\partial \dot{u}_r}{\partial t} + \rho_p \dot{u}_z \frac{\partial \dot{u}_r}{\partial z} + \rho_p \dot{u}_r \frac{\partial \dot{u}_r}{\partial r} = \frac{1}{r}\frac{\partial (r\sigma_r)}{\partial r} + \frac{\partial \tau_{rz}}{\partial z} - \frac{\sigma_\theta}{r} \tag{4.12}$$

式中：u_z 和 u_r 分别为管柱轴向运动位移和径向运动位移，m；$\dot{u}_z$ 和 $\dot{u}_r$ 分别为管柱轴向运动速度和径向运动速度，m/s；ρ_p 为管柱密度 kg/m³；σ_z、σ_r 和 σ_θ 分别为管柱轴向应力、径向应力和环向应力，Pa；τ_{zr} 和 τ_{rz} 为管柱的剪切应力，Pa。

忽略脉动速度产生的迁移力，即式（4.11）和式（4.12）中方程左侧第2项、第3项。将式（4.11）和式（4.12）等号两边同时乘以 $2\pi r$，并对 r 从 R 到 $R+e$（e 为管柱壁厚）积分，等号两边再同时除以 $\pi e(2R+e)$，得到如下方程。

管柱轴向运动方程。

$$\rho_p \frac{\partial \bar{u}_z}{\partial t} = \frac{\partial \bar{\sigma}_z}{\partial z} + \frac{R+e}{\left(R+\frac{1}{2}e\right)e}\tau_{zr}\bigg|_{r=R+e} - \frac{R}{\left(R+\frac{1}{2}e\right)e}\tau_{zr}\bigg|_{r=R} + \rho_p g \quad (4.13)$$

管柱径向运动方程。

$$\rho_p \frac{\partial \bar{u}_r}{\partial t} = \frac{R+e}{\left(R+\frac{1}{2}e\right)e}\sigma_r\bigg|_{r=R+e} - \frac{R}{\left(R+\frac{1}{2}e\right)e}\sigma_r\bigg|_{r=R} - \frac{1}{R+\frac{1}{2}e}\bar{\sigma}_\theta \quad (4.14)$$

式中：$\bar{u}_z$ 和 $\bar{u}_r$ 分别为管柱截面平均轴向运动速度和管柱截面平均径向运动速度，m/s；$\bar{\sigma}_z$ 和 $\bar{\sigma}_\theta$ 分别为管柱截面平均轴向应力和管柱截面平均环向应力，Pa。

式（4.13）为管柱轴向运动速度与轴向应力的关系式，而式（4.14）为管柱径向运动速度与环向应力的关系式，因此，另外还需要管柱应力—位移关系方程来完善此模型。根据广义胡克定律，对于三维各向同性的固体，正应变与正应力呈线性关系，在此基础上，通过管柱的应力—应变关系式以及应变—位移关系式建立管柱的应力—位移关系方程为

$$\sigma_z = E\frac{\partial u_z}{\partial z} + \nu(\sigma_r + \sigma_\theta) \quad (4.15)$$

将式（4.15）方程等号两边对时间 t 取偏微分，并且方程两边同时乘以 $2\pi r$，对 r 从 R 到 $R+e$ 积分，等号两边再同时除以 $\pi e(2R+e)$，可得到管柱轴向应力—速度关系式：

$$\frac{\partial \bar{\sigma}_z}{\partial t} = E\frac{\partial \bar{u}_z}{\partial z} + \nu\frac{\partial \bar{\sigma}_r}{\partial t} + \nu\frac{\partial \bar{\bar{\sigma}}_\theta}{\partial t} \quad (4.16)$$

其中，$\bar{\sigma}_r$ 和 $\bar{\bar{\sigma}}_\theta$ 的表达式分别为

$$\bar{\sigma}_r = \frac{1}{2\pi\left(R+\frac{1}{2}e\right)e}\int_R^{R+e} 2\pi r \cdot \sigma_r \mathrm{d}r \quad (4.17)$$

$$\bar{\bar{\sigma}}_\theta = \frac{1}{2\pi\left(R+\frac{1}{2}e\right)e}\int_R^{R+e} 2\pi r \cdot \sigma_\theta \mathrm{d}r \quad (4.18)$$

4.2.1.3 流固耦合条件

流体与固体运动方程之间的耦合需要通过接触界面 $r=R$ 处的边界条件来实现，耦合界面处的边界条件如下：

$$\begin{cases} \tau_{zr}|_{r=R} = -\tau_0 \\ \tau_{zr}|_{r=R+e} = 0 \end{cases} \quad (4.19)$$

$$\begin{cases} \sigma_r|_{r=R} = -p_{\text{in}} \\ \sigma_r|_{r=R+e} = -p_{\text{out}} \end{cases} \quad (4.20)$$

$$\begin{cases} \dot{u}_r|_{r=R} = v_r|_{r=R} \\ \dot{u}_r|_{r=R+e} = 0 \end{cases} \quad (4.21)$$

式中：p_{in} 和 p_{out} 分别为管柱承受的流体内压力和外压力，Pa。

其中，式（4.19）和式（4.20）为动力耦合边界条件，分别表示作用在管柱内外壁的剪切力和流体压力，式（4.21）为运动耦合边界条件，表示管柱运动速度与流体运动速度之间的关系。

4.2.1.4 流固耦合 4 方程模型

将流固耦合条件代入流体运动方程和管柱运动方程，并经过一系列的公式变换，最终得到油管柱流固耦合轴向振动的 4 方程模型。

流体轴向运动方程：

$$\frac{\partial v}{\partial t} + \frac{1}{\rho_{\text{f}}}\frac{\partial p}{\partial z} = g - \frac{\lambda_{\text{f}}(V-\dot{u}_z)|V-\dot{u}_z|}{4R} \quad (4.22)$$

流体连续性方程：

$$\frac{\partial v}{\partial z} + \left(\frac{1}{P} + \frac{2}{E}\frac{R}{e}\right)\frac{\partial p}{\partial t} - \frac{2\nu}{E}\frac{\partial \sigma_z}{\partial t} = 0 \quad (4.23)$$

管柱轴向运动方程：

$$\frac{\partial \dot{u}_z}{\partial t} - \frac{1}{\rho_{\text{p}}}\frac{\partial \sigma_z}{\partial z} = g + \frac{\lambda_{\text{f}}\rho_{\text{f}}(v-\dot{u}_z)|v-\dot{u}_z|}{8\rho_{\text{p}}e} - \frac{\lambda_{\text{w}}\rho_{\text{w}}\dot{u}_z|\dot{u}_z|}{8\rho_{\text{p}}e} \quad (4.24)$$

管柱轴向应力—速度关系方程：

$$\frac{\partial \dot{u}_z}{\partial z} - \frac{1}{E}\frac{\partial \sigma_z}{\partial t} + \frac{\nu}{E}\frac{R}{e}\frac{\partial p}{\partial t} = 0 \quad (4.25)$$

式中：λ_{f} 为天然气的摩阻系数；λ_{w} 为油套环空中充填的完井液的摩阻系数。

4.2.2 油管柱横向振动模型

假设油管柱的横向振动与轴向振动相互独立，流体对管柱横向振动的影响主要体现在其惯性上。本书采用直角坐标系推导管柱横向振动模型，其中 z 轴方向与管道轴线方向相同，并沿井口指向井底，如图 4.4 所示。本节所使用的参量，除特别说明外，均采用国际标准单位。

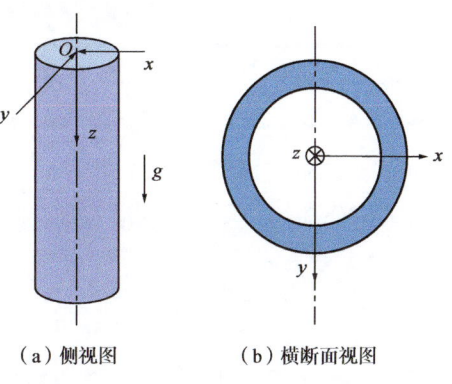

（a）侧视图　　（b）横断面视图

图 4.4　油管柱横向振动模型坐标系

4.2.2.1 管柱控制方程

在管柱横截面上，以下方程自动满足：

$$\iint x \mathrm{d}x\mathrm{d}y = \iint y \mathrm{d}x\mathrm{d}y = 0 \tag{4.26}$$

管柱变形较小，不考虑对流项，并且井下管柱为绝对竖直放置，轴向体积力 $F_z=\rho_\mathrm{p} g$、横向体积力 $F_y=0$。在 z—y 平面上，根据 Timoshenko 梁理论，采用 Cowper 方法[203] 可导出管柱轴向运动（z 方向）和横向运动（y 方向）的微分方程如下。

管柱轴向运动方程：

$$\rho_\mathrm{p}\frac{\partial \dot{u}_z}{\partial t} = \frac{\partial \tau_{zx}}{\partial x} + \frac{\partial \tau_{zy}}{\partial y} + \frac{\partial \sigma_z}{\partial z} + \rho_\mathrm{p} g \tag{4.27}$$

管柱横向运动方程：

$$\rho_\mathrm{p}\frac{\partial \dot{u}_y}{\partial t} = \frac{\partial \tau_{yx}}{\partial x} + \frac{\partial \sigma_y}{\partial y} + \frac{\partial \tau_{yz}}{\partial z} \tag{4.28}$$

式中：$\dot{u}_z$、$\dot{u}_y$ 和 $\dot{u}_x$ 分别为管柱轴向运动速度和横向运动速度，m/s；ρ_p 为管柱密度 kg/m³；σ_z 和 σ_y 分别为管柱轴向应力和横向应力，Pa；τ_{zx}、τ_{zy}、τ_{yx} 和 τ_{yz} 为管柱的剪切应力，Pa；t 为时间，s。

变量 $\dot{u}_z$、$\dot{u}_y$、τ_{zx}、τ_{zy}、τ_{yx}、τ_{yz} 均为坐标 z、y、x 和时间 t 的函数，管柱密度 ρ_p 为定值。为了将方程一维线性化处理，将式（4.27）左右两边同时乘以 y，再将得到的新公式与式（4.28）一起沿管柱横截面积分，得到如下方程。

管柱绕 x 轴转动方程：

$$\rho_\mathrm{p} I_\mathrm{p}\frac{\partial \bar{\dot{\theta}}_x}{\partial t} = \iint y\left(\frac{\partial \tau_{zx}}{\partial x} + \frac{\partial \tau_{zy}}{\partial y}\right) \mathrm{d}x\mathrm{d}y - \frac{\partial M_x}{\partial z} \tag{4.29}$$

管柱横向运动方程：

$$\rho_\mathrm{p} A_\mathrm{p}\frac{\partial \bar{\dot{u}}_y}{\partial t} = \iint \left(\frac{\partial \tau_{yx}}{\partial x} + \frac{\partial \sigma_y}{\partial y}\right) \mathrm{d}x\mathrm{d}y - \frac{\partial Q_y}{\partial z} \tag{4.30}$$

式中：$\bar{\dot{\theta}}_x$ 为管柱绕 x 轴的截面平均转动角速度 r/s；$\bar{\dot{u}}_y$ 为管柱 y 方向的截面平均运动速度 m/s；M_x 为 x 方向的弯矩，N·m；Q_y 为 y 方向的横向剪切力，N；A_p 为管柱的横截面积，m²；I_p 为管柱的截面惯性矩，m⁴。

采用分部积分及高斯散度定理，将式（4.29）和式（4.30）中的积分项化简得

$$\begin{aligned}\iint y\left(\frac{\partial \tau_{zx}}{\partial x} + \frac{\partial \tau_{zy}}{\partial y}\right)\mathrm{d}x\mathrm{d}y &= \iint \left[\frac{\partial (y\tau_{zx})}{\partial x} + \frac{\partial (y\tau_{zy})}{\partial y} - \tau_{zy}\right]\mathrm{d}x\mathrm{d}y \\ &= \oint y(\tau_{zx}n_x + \tau_{zy}n_y)\mathrm{d}s - \iint \tau_{yz}\mathrm{d}x\mathrm{d}y = \oint yT_z\mathrm{d}s + Q_y = Q_y\end{aligned} \tag{4.31}$$

$$\iint\left(\frac{\partial \tau_{yx}}{\partial x}+\frac{\partial \sigma_y}{\partial y}\right)\mathrm{d}x\mathrm{d}y = \oint(\tau_{yx}n_x+\sigma_y n_y)\mathrm{d}s = \oint T_y \mathrm{d}s = 0 \quad (4.32)$$

式中：n_x 和 n_y 为垂直于管柱壁面的单位向量分量；$\mathrm{d}s$ 为管柱壁面上的线单元；T_z 和 T_y 分别为 z 方向和 y 方向的表面牵引力，N（产生于恒定剪切力 τ_0、轴对称压力 p_{in} 及 p_{out} 的综合作用）。

式（4.29）为转动角速度与弯矩的关系式，而式（4.30）为管柱横向运动速度与横向剪切力的关系式，需要补充以下应力—位移关系式使整个模型更加完善。

轴向正应力—位移关系式：

$$E\frac{\partial u_z}{\partial z} = \sigma_z - \nu(\sigma_x+\sigma_y) \quad (4.33)$$

横向切应力—位移关系式：

$$\frac{\partial u_y}{\partial z}+\frac{\partial u_z}{\partial y} = \frac{\tau_{yz}}{G}$$
$$G = 0.5E/(1+\mu) \quad (4.34)$$

式中：ν 为管柱的泊松比；G 为管柱的剪切模量，Pa。

其中，管柱位移 u_y 和 u_z 可表示为其平均值与局部偏差之和：

$$u_y = \bar{u}_y + u_y^* \quad (4.35)$$

$$u_z = \bar{u}_z + y\bar{\theta}_x + u_z^* \quad (4.36)$$

将式（4.35）和式（4.36）代入式（4.33）和式（4.34），可得

$$E\frac{\partial \bar{u}_z}{\partial z}+yE\frac{\partial \bar{\theta}_x}{\partial z} = \sigma_z - \nu(\sigma_x+\sigma_y) - E\frac{\partial u_z^*}{\partial z} \quad (4.37)$$

$$\frac{\partial \bar{u}_y}{\partial z}+\bar{\theta}_x = \frac{\tau_{yz}}{G}-\frac{\partial u_y^*}{\partial z}-\frac{\partial u_z^*}{\partial y} \quad (4.38)$$

为了将方程一维线性化处理，将式（4.37）左右两边同时乘以 y，将式（4.38）左右两边同时除以 A_p，再将得到的新公式沿管柱横截面积分，可得到如下方程。

弯矩—转动位移关系式：

$$EI_p\frac{\partial \bar{\theta}_x}{\partial z} = -M_x - \nu\iint(\sigma_x+\sigma_y)\mathrm{d}x\mathrm{d}y \quad (4.39)$$

横向剪切力—位移关系式：

$$\frac{\partial \bar{u}_y}{\partial z}+\bar{\theta}_x = \frac{1}{A_pG}\iint\left(\tau_{yz}-G\frac{\partial u_z^*}{\partial y}\right)\mathrm{d}x\mathrm{d}y \quad (4.40)$$

分析发现，式（4.39）中的积分项可以忽略，这是因为横向正应力 σ_x 和 σ_y 相对于轴向应力 σ_z 太小。而式（4.40）中的积分项可表示为

$$\iint \left(\tau_{yz} - G \frac{\partial u_z^*}{\partial y} \right) dxdy = -\frac{Q_y}{\kappa^2} \tag{4.41}$$

式中：κ^2 为剪切系数。

对于厚壁圆筒，κ^2 可表示为

$$\kappa^2 = \frac{6(1+\mu)(1+m^2)^2}{(7+6\mu)(1+m^2)^2 + (20+12\mu)m^2} \tag{4.42}$$

其中，$m = 1 \Big/ \left(1 + \dfrac{e}{R}\right)$，对于薄壁圆筒，$m$ 可近似为 1。

4.2.2.2 流体控制方程

在研究管柱横向振动时，将管内流体视为随管柱一起运动的刚性气柱。因此，需要修改式（4.30）左侧的惯性项，将单位长度流体的质量附加到管柱上，即用 $\rho_p A_p + \rho_f A_f$ 代替 $\rho_p A_p$，其中 $A_f = \pi R^2$ 为横截面上的流域面积。

最终得到 z—y 平面内管柱横向振动的 4 方程模型：

$$\frac{\partial \bar{\theta}_x}{\partial t} + \frac{1}{\rho_p I_p} \frac{\partial M_x}{\partial z} = \frac{1}{\rho_p I_p} Q_y \tag{4.43}$$

$$\frac{\partial \bar{\theta}_x}{\partial z} + \frac{1}{EI_p} \frac{\partial M_x}{\partial t} = 0 \tag{4.44}$$

$$\frac{\partial \bar{u}_y}{\partial t} + \frac{1}{\rho_p A_p + \rho_f A_f} \frac{\partial Q_y}{\partial z} = 0 \tag{4.45}$$

$$\frac{\partial \bar{u}_y}{\partial z} + \frac{1}{\kappa^2 G A_p} \frac{\partial Q_y}{\partial t} = -\bar{\theta}_x \tag{4.46}$$

同理可得 z—x 平面内管柱横向振动的 4 方程模型：

$$\frac{\partial \bar{\theta}_y}{\partial t} + \frac{1}{\rho_p I_p} \frac{\partial M_y}{\partial z} = \frac{1}{\rho_p I_p} Q_x \tag{4.47}$$

$$\frac{\partial \bar{\theta}_y}{\partial z} + \frac{1}{EI_p} \frac{\partial M_y}{\partial t} = 0 \tag{4.48}$$

$$\frac{\partial \bar{u}_x}{\partial t} + \frac{1}{\rho_p A_p + \rho_f A_f} \frac{\partial Q_x}{\partial z} = 0 \tag{4.49}$$

$$\frac{\partial \bar{u}_x}{\partial z} + \frac{1}{\kappa^2 GA_p}\frac{\partial Q_x}{\partial t} = -\bar{\theta}_y \qquad (4.50)$$

4.3 油管柱流固耦联振动模型的数值解法

本节主要利用特征线法对油管柱流固耦联振动模型进行数值求解，并以管柱轴向振动模型为例，管柱横向振动模型的解法与此类似。本书第4.2节中建立的管柱轴向流固耦合振动4方程模型可表示为如下所示。

流体轴向运动方程：

$$\frac{\partial v}{\partial t} + \frac{1}{\rho_f}\frac{\partial p}{\partial z} = g - \frac{\lambda_f(V - \dot{u}_z)|V - \dot{u}_z|}{4R} \qquad (4.51)$$

流体连续性方程：

$$\frac{\partial v}{\partial z} + \left(\frac{1}{P} + \frac{2}{E}\frac{R}{e}\right)\frac{\partial p}{\partial t} - \frac{2\nu}{E}\frac{\partial \sigma_z}{\partial t} = 0 \qquad (4.52)$$

管柱轴向运动方程：

$$\frac{\partial \dot{u}_z}{\partial t} - \frac{1}{\rho_p}\frac{\partial \sigma_z}{\partial z} = g + \frac{\lambda_f \rho_f(v - \dot{u}_z)|v - \dot{u}_z|}{8\rho_p e} - \frac{\lambda_w \rho_w \dot{u}_z|\dot{u}_z|}{8\rho_p e} \qquad (4.53)$$

管柱轴向应力—速度关系方程：

$$\frac{\partial \dot{u}_z}{\partial z} - \frac{1}{E}\frac{\partial \sigma_z}{\partial t} + \frac{\nu}{E}\frac{R}{e}\frac{\partial p}{\partial t} = 0 \qquad (4.54)$$

4.3.1 特征线法基本原理

特征线法是以偏微分方程的特征理论为基础，求解双曲型偏微分方程的一种近似计算方法。特征线法的求解问题的基本步骤为：先将偏微分方程组沿特征线方向化为与原偏微分方程组相容的常微分方程组，然后将所求得的常微分方程组化为有限差分格式，最后根据有限差分方程和系统的边界条件进行编程运算[204-206]。

令 $c_f^2 = \left[\dfrac{\rho_f}{K} + (1-\mu^2)\dfrac{2\rho_f R}{Ee}\right]^{-1}$，$c_p^2 = \dfrac{E}{\rho_p}$，分别表示流体压力波速的平方和管柱轴向应力波速的平方。

将式（4.51）至式（4.54）写成矩阵的形式：

$$A\frac{\partial \boldsymbol{\varphi}}{\partial t} + B\frac{\partial \boldsymbol{\varphi}}{\partial z} = \boldsymbol{F} \qquad (4.55)$$

式中：A 和 B 为方程左侧的系数矩阵；φ 为方程未知量构成的列矩阵；F 为方程右侧项构成的列矩阵。它们表达式分别为

$$A = \begin{bmatrix} 1 & 0 & 0 & 0 \\ 0 & \left(\rho_f c_f^2\right)^{-1} & 0 & 0 \\ 0 & 0 & 1 & 0 \\ 0 & \nu R(Ee)^{-1} & 0 & -\left(\rho_p c_p^2\right)^{-1} \end{bmatrix} \quad (4.56)$$

$$B = \begin{bmatrix} 0 & \rho_f^{-1} & 0 & 0 \\ 1 & 0 & -2\nu & 0 \\ 0 & 0 & 0 & -\rho_p^{-1} \\ 0 & 0 & 1 & 0 \end{bmatrix} \quad (4.57)$$

$$\varphi = \begin{bmatrix} V \\ P \\ \dot{u}_z \\ \sigma_z \end{bmatrix} \quad (4.58)$$

$$F = \begin{bmatrix} g - \dfrac{\lambda_f (V - \dot{u}_z)|V - \dot{u}_z|}{4R} \\ 0 \\ g + \dfrac{\lambda_f \rho_f (V - \dot{u}_z)|V - \dot{u}_z|}{8\rho_p e} - \dfrac{\lambda_w \rho_w \dot{u}_z |\dot{u}_z|}{8\rho_p e} \\ 0 \end{bmatrix} \quad (4.59)$$

式（4.55）特征方程 $|B - \lambda A| = 0$ 具有 4 个不同的特征值，分别表示为

$$\lambda_{1,2} = \pm \tilde{c}_f = \pm \sqrt{\dfrac{1}{2}\left[\gamma^2 - \sqrt{\left(\gamma^4 - 4c_f^2 c_p^2\right)}\right]} \quad (4.60)$$

$$\lambda_{3,4} = \pm \tilde{c}_p = \pm \sqrt{\dfrac{1}{2}\left[\gamma^2 + \sqrt{\left(\gamma^4 - 4c_f^2 c_p^2\right)}\right]}$$

$$\gamma^2 = c_p^2 + \left(1 + 2\nu^2 \dfrac{R}{e} \dfrac{\rho_f}{\rho_p}\right) c_f^2 \quad (4.61)$$

式中：c_f 为流体压力波速；c_p 为管柱轴向应力波速；$\tilde{c}_f$ 为流固耦合修正后的流体压力波速；$\tilde{c}_p$ 为流固耦合修正后的管柱轴向应力波速；规定 λ_1、λ_3 为正，λ_2、λ_4 为负。

4.3.2 相容方程的推导

沿特征线方向可将偏微分方程组转化为

(1) 沿流体特征线 $\dfrac{\mathrm{d}z}{\mathrm{d}t} = \lambda_1 = \tilde{c}_\mathrm{f}$。

$$\begin{aligned}
&\frac{\mathrm{d}V}{\mathrm{d}t} + \left[\frac{\tilde{c}_\mathrm{f}}{\rho_\mathrm{f} c_\mathrm{f}^2} + 2v^2 \frac{R}{e\rho_\mathrm{p}} \frac{\tilde{c}_\mathrm{f}/c_\mathrm{p}^{\ 2}}{1-\left(\tilde{c}_\mathrm{f}/c_\mathrm{p}\right)^2}\right]\frac{\mathrm{d}P}{\mathrm{d}t} \\
&+ 2v \frac{\left(\tilde{c}_\mathrm{f}/c_\mathrm{p}\right)^2}{1-\left(\tilde{c}_\mathrm{f}/c_\mathrm{p}\right)^2}\frac{\mathrm{d}\dot{u}_z}{\mathrm{d}t} - \frac{2v}{\rho_\mathrm{p}\tilde{c}_\mathrm{f}} \frac{\left(\tilde{c}_\mathrm{f}/c_\mathrm{p}\right)^2}{1-\left(\tilde{c}_\mathrm{f}/c_\mathrm{p}\right)^2}\frac{\mathrm{d}\sigma_z}{\mathrm{d}t} \\
&= g - \frac{\lambda_\mathrm{f}\left(V-\dot{u}_z\right)\left|V-\dot{u}_z\right|}{4R} \\
&+ 2v \frac{\left(\tilde{c}_\mathrm{f}/c_\mathrm{p}\right)^2}{1-\left(\tilde{c}_\mathrm{f}/c_\mathrm{p}\right)^2}\left[\frac{\lambda_\mathrm{f}\rho_\mathrm{f}\left(V-\dot{u}_z\right)\left|V-\dot{u}_z\right|}{8\rho_\mathrm{p}e} + g - \frac{\lambda_\mathrm{w}\rho_\mathrm{w}\dot{u}_z\left|\dot{u}_z\right|}{8\rho_\mathrm{p}e}\right]
\end{aligned} \quad (4.62)$$

(2) 沿流体特征线 $\dfrac{\mathrm{d}z}{\mathrm{d}t} = \lambda_2 = -\tilde{c}_\mathrm{f}$。

$$\begin{aligned}
&\frac{\mathrm{d}V}{\mathrm{d}t} - \left[\frac{\tilde{c}_\mathrm{f}}{\rho_\mathrm{f} c_\mathrm{f}^2} + 2v^2 \frac{R}{e\rho_\mathrm{p}} \frac{\tilde{c}_\mathrm{f}/c_\mathrm{p}^{\ 2}}{1-\left(\tilde{c}_\mathrm{f}/c_\mathrm{p}\right)^2}\right]\frac{\mathrm{d}P}{\mathrm{d}t} \\
&+ 2v \frac{\left(\tilde{c}_\mathrm{f}/c_\mathrm{p}\right)^2}{1-\left(\tilde{c}_\mathrm{f}/c_\mathrm{p}\right)^2}\frac{\mathrm{d}\dot{u}_z}{\mathrm{d}t} + \frac{2v}{\rho_\mathrm{p}\tilde{c}_\mathrm{f}} \frac{\left(\tilde{c}_\mathrm{f}/c_\mathrm{p}\right)^2}{1-\left(\tilde{c}_\mathrm{f}/c_\mathrm{p}\right)^2}\frac{\mathrm{d}\sigma_z}{\mathrm{d}t} \\
&= g - \frac{\lambda_\mathrm{f}\left(V-\dot{u}_z\right)\left|V-\dot{u}_z\right|}{4R} \\
&+ 2v \frac{\left(\tilde{c}_\mathrm{f}/c_\mathrm{p}\right)^2}{1-\left(\tilde{c}_\mathrm{f}/c_\mathrm{p}\right)^2}\left[\frac{\lambda_\mathrm{f}\rho_\mathrm{f}\left(V-\dot{u}_z\right)\left|V-\dot{u}_z\right|}{8\rho_\mathrm{p}e} + g - \frac{\lambda_\mathrm{w}\rho_\mathrm{w}\dot{u}_z\left|\dot{u}_z\right|}{8\rho_\mathrm{p}e}\right]
\end{aligned} \quad (4.63)$$

(3) 沿管柱特征线 $\dfrac{\mathrm{d}z}{\mathrm{d}t} = \lambda_3 = \tilde{c}_\mathrm{p}$。

$$\begin{aligned}
&-v\frac{R\rho_\mathrm{f}}{e\rho_\mathrm{p}} \frac{\left(c_\mathrm{f}/c_\mathrm{p}\right)^2}{1-\left(c_\mathrm{f}/\tilde{c}_\mathrm{p}\right)^2}\frac{\mathrm{d}V}{\mathrm{d}t} - v\frac{R\tilde{c}_\mathrm{p}}{e\rho_\mathrm{p}c_\mathrm{p}^2} \frac{\left(c_\mathrm{f}/\tilde{c}_\mathrm{p}\right)^2}{1-\left(c_\mathrm{f}/\tilde{c}_\mathrm{p}\right)^2}\frac{\mathrm{d}P}{\mathrm{d}t} \\
&+ \left(\frac{\tilde{c}_\mathrm{p}}{c_\mathrm{p}}\right)^2 \frac{\mathrm{d}\dot{u}_z}{\mathrm{d}t} - \frac{\tilde{c}_\mathrm{p}}{\rho_\mathrm{p}c_\mathrm{p}^2}\frac{\mathrm{d}\sigma_z}{\mathrm{d}t} \\
&= -v\frac{R\rho_\mathrm{f}}{e\rho_\mathrm{p}} \frac{\left(c_\mathrm{f}/c_\mathrm{p}\right)^2}{1-\left(c_\mathrm{f}/\tilde{c}_\mathrm{p}\right)^2}\left[g - \frac{\lambda_\mathrm{f}\left(V-\dot{u}_z\right)\left|V-\dot{u}_z\right|}{4R}\right] \\
&+ \left(\frac{\tilde{c}_\mathrm{p}}{c_\mathrm{p}}\right)^2 \left[\frac{\lambda_\mathrm{f}\rho_\mathrm{f}\left(V-\dot{u}_z\right)\left|V-\dot{u}_z\right|}{8\rho_\mathrm{p}e} + g - \frac{\lambda_\mathrm{w}\rho_\mathrm{w}\dot{u}_z\left|\dot{u}_z\right|}{8\rho_\mathrm{p}e}\right]
\end{aligned} \quad (4.64)$$

(4) 沿管柱特征线 $\dfrac{\mathrm{d}z}{\mathrm{d}t} = \lambda_4 = -\tilde{c}_\mathrm{p}$。

$$\begin{aligned}
&-v\frac{R\rho_\text{f}}{e\rho_\text{p}}\frac{(c_\text{f}/c_\text{p})^2}{1-(c_\text{f}/\tilde{c}_\text{p})^2}\frac{\text{d}V}{\text{d}t}+v\frac{R\tilde{c}_\text{p}}{e\rho_\text{p}c_\text{p}^2}\frac{(c_\text{f}/\tilde{c}_\text{p})^2}{1-(c_\text{f}/\tilde{c}_\text{p})^2}\frac{\text{d}P}{\text{d}t}\\
&+\left(\frac{\tilde{c}_\text{p}}{c_\text{p}}\right)^2\frac{\text{d}\dot{u}_z}{\text{d}t}+\frac{\tilde{c}_\text{p}}{\rho_\text{p}c_\text{p}^2}\frac{\text{d}\sigma_z}{\text{d}t}\\
&=-v\frac{R\rho_\text{f}}{e\rho_\text{p}}\frac{(c_\text{f}/c_\text{p})^2}{1-(c_\text{f}/\tilde{c}_\text{p})^2}\left[g-\frac{\lambda_\text{f}(V-\dot{u}_z)|V-\dot{u}_z|}{4R}\right]\\
&+\left(\frac{\tilde{c}_\text{p}}{c_\text{p}}\right)^2\left[\frac{\lambda_\text{f}\rho_\text{f}(V-\dot{u}_z)|V-\dot{u}_z|}{8\rho_\text{p}e}+g-\frac{\lambda_\text{w}\rho_\text{w}\dot{u}_z|\dot{u}_z|}{8\rho_\text{p}e}\right]
\end{aligned} \quad (4.65)$$

以上四个方程只有在其对应的特征线上才能成立，称为"相容方程"。

方程式（4.62）至式（4.65）可简化为统一的形式：

$$\begin{cases}\alpha_\text{f}\left(\dfrac{\text{d}V}{\text{d}t}\right)\pm\beta_\text{f}\left(\dfrac{\text{d}P}{\text{d}t}\right)+\gamma_\text{f}\left(\dfrac{\text{d}\dot{u}_z}{\text{d}t}\right)\pm\delta_\text{f}\left(\dfrac{\text{d}\sigma_z}{\text{d}t}\right)=q_\text{f}\\ \dfrac{\text{d}z}{\text{d}t}=\lambda_i=\pm\tilde{c}_\text{f}\qquad(i=1,2)\end{cases} \quad (4.66)$$

$$\begin{cases}\alpha_\text{p}\left(\dfrac{\text{d}V}{\text{d}t}\right)\pm\beta_\text{p}\left(\dfrac{\text{d}P}{\text{d}t}\right)+\gamma_\text{p}\left(\dfrac{\text{d}\dot{u}_z}{\text{d}t}\right)\pm\delta_\text{p}\left(\dfrac{\text{d}\sigma_z}{\text{d}t}\right)=q_\text{p}\\ \dfrac{\text{d}z}{\text{d}t}=\lambda_j=\pm\tilde{c}_\text{p}\qquad(j=3,4)\end{cases} \quad (4.67)$$

式中：α_f、β_f、γ_f、δ_f 分别为将式（4.51）、式（4.52）转化成式（4.66）对应的系数；α_p、β_p、γ_p、δ_p 分别为将式（4.53）、式（4.54）转化成式（4.67）对应的系数；q_f 和 q_p 分别为式（4.51）和式（4.53）等号右端的摩阻项与重力项；$\text{d}z/\text{d}t=\lambda_i$ 和 $\text{d}z/\text{d}t=\lambda_j$ 是特征线方程，分别表示 z—t 平面上斜率为 λ_i（i=1，2）和 λ_j（j=3，4）的4条直线。

式（4.66）和式（4.67）中第一式只有分别满足第二式特征线方程时才成立，前者称为"相容方程"，后者是相容方程的两条特征线。

将相容方程用差分方程的形式表示，并沿各种的特征线积分，得到：

$$\alpha_\text{f}(V_P-V_{B_1})+\beta_\text{f}(P_P-P_{B_1})+\gamma_\text{f}[(\dot{u}_z)_P-(\dot{u}_z)_{B_1}]+\delta_\text{f}[(\sigma_z)_P-(\sigma_z)_{B_1}]=\int_{B_1}^{P}q_f\text{d}t \quad (4.68)$$

$$\alpha_\text{f}(V_P-V_{B_2})-\beta_\text{f}(P_P-P_{B_2})+\gamma_\text{f}[(\dot{u}_z)_P-(\dot{u}_z)_{B_2}]-\delta_\text{f}[(\sigma_z)_P-(\sigma_z)_{B_2}]=\int_{B_2}^{P}q_f\text{d}t \quad (4.69)$$

$$\alpha_\text{p}(V_P-V_{A_1})+\beta_\text{p}(P_P-P_{A_1})+\gamma_\text{p}[(\dot{u}_z)_P-(\dot{u}_z)_{A_1}]+\delta_\text{p}[(\sigma_z)_P-(\sigma_z)_{A_1}]=\int_{A_1}^{P}q_p\text{d}t \quad (4.70)$$

$$\alpha_\text{p}(V_P-V_{A_2})-\beta_\text{p}(P_P-P_{A_2})+\gamma_\text{p}[(\dot{u}_z)_P-(\dot{u}_z)_{A_2}]-\delta_\text{p}[(\sigma_z)_P-(\sigma_z)_{A_2}]=\int_{A_2}^{P}q_p\text{d}t \quad (4.71)$$

式（4.68）至式（4.71）建立了任意节点 P 与相邻节点 A_1、A_2、B_1、B_2 的参数值之间的联系，因此当已知 A_1、A_2、B_1、B_2 的参数值，就可以求出任意节点 P 的参数值。

4.3.3 特征线法计算网格

特征线法求解时，需要在求解域 z—t 平面内建立计算网格，网格的划分必须满足差分收敛必要条件，即 Courant 条件[207]：

$$c\frac{\Delta t}{\Delta z} \leqslant 1 \tag{4.72}$$

式中：c 为介质中的波速，m/s；Δt 为时间步长，s；Δz 为空间步长，m。

Courant 稳定性条件限制了特征线网格比的大小，即要求时间步长 Δt 远小于空间步长 Δz。因此，在时间节点之间插值引入的插值误差远小于在空间节点之间插值引入的插值误差。因此本书采用"应力波网格"计算管柱系统的响应计算。

图 4.5 为"应力波网格"（$\Delta z = \tilde{c}_\mathrm{p} \Delta t$），图 4.5 中网格节点包括初始点（$t=0$）、边界点（$z=0$ 或 $z=l$）和界内点。图 4.5 中 A_1、A_2 位于网格节点上，而非网格节点 B_1、B_2 位于两时间节点之间，其参数值需要采用插值方法求取。

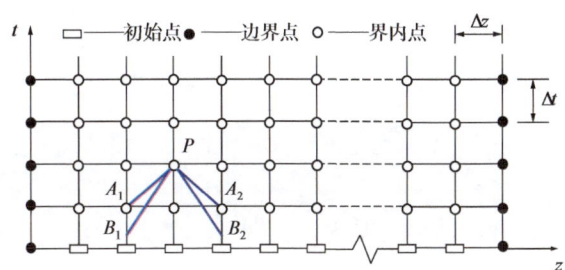

图 4.5 应力波网格及特征线

4.3.4 阀门时间函数

气井生产时主要依靠井口阀门来控制产量和压力，井口阀门可以看作按照时间函数 $\tau(t)$ 开关的调节装置，阀门孔口方程为

$$\frac{V-\dot{u}_z}{(V-\dot{u}_z)_0} = \tau(t)\sqrt{\frac{\Delta p}{\Delta p_0}} \tag{4.73}$$

式中：$V-\dot{u}_z$ 为流体相对管柱的流速，m/s；Δp 为流过阀门的压降，Pa；下标"0"代表阀门启闭前的初始状态。

当采用不同方式控制气井的产量和压力时，井口阀门的时间函数也有所不同，可利用阀门时间函数 $\tau(t)$ 来描述气井开井、关井时流体对管柱的激振现象。

气井起初正常生产，随后井口阀门按照函数 $\tau(t)$ 逐渐关闭：

$$\tau(t)=\begin{cases}(1-t/t_c)^{1.5} & t\leqslant t_c\\ 0 & t>t_c\end{cases} \quad (4.74)$$

若阀门瞬间关闭，

$$\tau(t)=\begin{cases}1 & t\leqslant t_c\\ 0 & t>t_c\end{cases} \quad (4.75)$$

气井起初关井，随后井口阀门按照函数 $\tau(t)$ 逐渐开启：

$$\tau(t)=\begin{cases}t/t_c & t\leqslant t_c\\ 1 & t>t_c\end{cases} \quad (4.76)$$

若阀门瞬间开启，

$$\tau(t)=\begin{cases}0 & t\leqslant t_c\\ 1 & t>t_c\end{cases} \quad (4.77)$$

4.3.5 计算边界条件

计算时管柱下端考虑为完全固定的封隔器，管柱下端无位移及转动。封隔器坐封后，井口初始上提力为封隔器以上管柱的悬重，后续气井生产时温度及压力变化、流体流动摩阻等效应会影响管柱轴向力的分布。

（1）上端边界条件。

管柱在井口处固定，管柱振动速度为零，即

$$\dot{u}_z(0,t)=0 \quad (4.78)$$

（2）下端边界条件。

管柱在封隔器处完全固定，下端点无位移及转动，即

$$\dot{u}_z(l,t)=0 \quad (4.79)$$

计算过程中井底维持常压，即

$$p(l,t)=\text{constant} \quad (4.80)$$

4.3.6 算例分析

以某极端条件下气井 K9 井为例，其油管柱长度为 7592m，油管柱上端固定于井口，下端固定于封隔器处，封隔器下入深度为 7290m，封隔器坐封于 ϕ196.85mm 生产套管内，环空保护液密度为 1.3g/cm^3，气层压力为 120MPa，气井产量为 $100\times10^4\text{m}^3$/d 时井口

油压为 90MPa，井口温度为 135℃。为方便计算，将油管柱简化为单一尺寸油管，并只研究封隔器至井口段油管的耦联振动，其长度 L=7290m，外径 D=88.9mm，壁厚 e=6.45mm，密度 ρ=7850kg/m³，弹性模量 E=210GPa，泊松比 ν=0.3。

计算关井过程中管柱的振动情况，井口阀门按照式（4.74）中的函数 $\tau(t)$ 逐渐关闭，关井时间 t_c 分别取 30s 和 60s，阀门时间函数 $\tau(t)$ 如图 4.6 所示。计算空间步长取 200m，时间步长取 0.0193s。

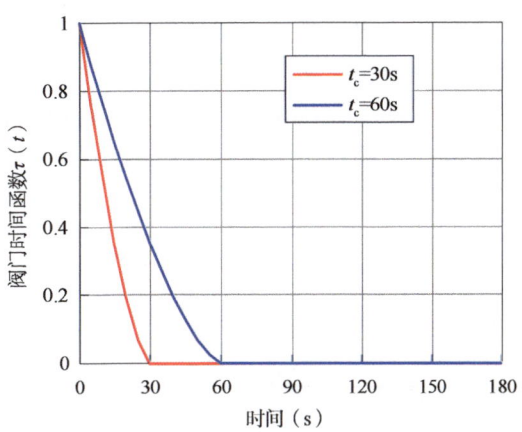

图 4.6　阀门时间函数 $\tau(t)$

图 4.7 为阀门按照 30s 完全关闭后诱发的管柱振动速度响应曲线。关井后管柱的轴向振动以波的形式沿管柱传播，管柱应力波速为 5152m/s，因此振动传播到井深 3000m、4501m 和 6000m 的时间分别为 0.58s、0.87s 和 1.16s。由于井底封隔器的约束作用，井底封隔器处管柱的轴向振动速度为 0。由图 4.7 中可以看出，中和点处的轴向振动速度最大，且距中和点相同距离时，中和点以下管柱的振动速度大于中和点以上管柱。

图 4.8 为不同关井时间下井口压力波动曲线。关井后流体流动状态突然发生改变，造成井口压力脉动，且关井时间越短，井口处压力脉动越剧烈，关井一段时间后井口压力逐渐恢复至关井静压。在图 4.8 中，t_c=30s 时井口最大脉动压力为 9.2MPa，而 t_c=60s 时井口最大脉动压力为 6.7MPa，关井 180s 后井口压力增加至静压力 108MPa。

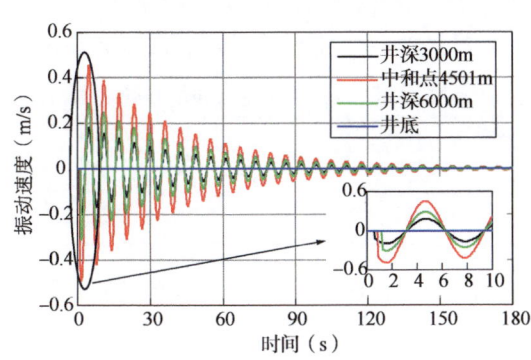

图 4.7　不同井深处管柱的轴向振动速度（t_c=30s）

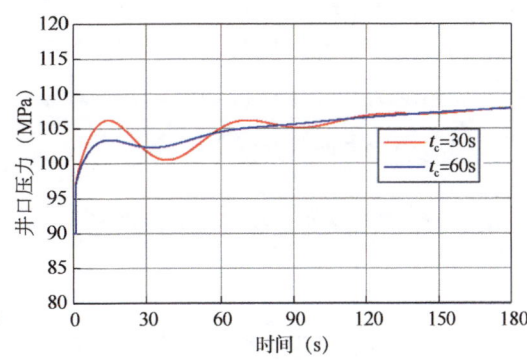

图 4.8　不同关井时间井口压力波动

图 4.9 为不同关井时间下中和点处管柱的轴向振动速度。关井后由于流体瞬变流动，造成管柱内压力脉动，从而诱发管柱产生轴向振动响应。关井时间越短，管柱内产生的流体压力波动越大，从而诱发更加严重的管柱振动。在图 4.9 中，t_c=30s 时管柱最大振动速度为 0.45m/s，而 t_c=60s 时管柱最大振动速度为 0.28m/s。因此，为了减轻阀门快速开

关引起的水击效应及其诱发的管柱动态应力，现场可以考虑优化阀门开关速度，或采用阶段性开关井方式。

图 4.10 为不同关井时间下中和点处管柱的轴向应力。由于中和点处管柱在初始情况下不受轴向力作用，即中和点处管柱轴向应力为零，随着管柱振动的进行，中和点处管柱轴向应力发生较大波动，且该处管柱承受拉压交变应力作用，频繁开关井会使该处管柱承受较大交变载荷，加速管柱的疲劳破坏。关井时间同样影响管柱轴向应力的变化，关井时间越短，管柱内轴向应力波动越剧烈，且应力波动衰减的速度越慢。

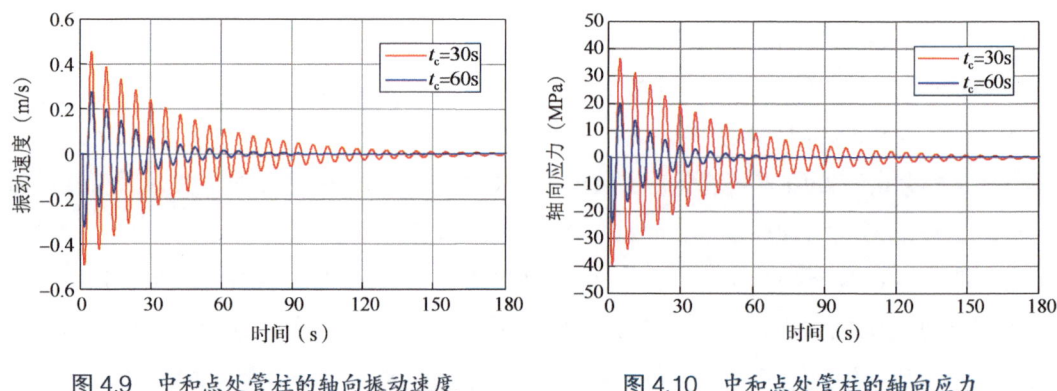

图 4.9 中和点处管柱的轴向振动速度　　　图 4.10 中和点处管柱的轴向应力

4.4 阻尼作用下油管柱受迫振动特性的瞬态动力学

油管柱在外部激振力作用下的受迫振动属于瞬态动力学问题，同时油管柱振动过程中受到阻尼力的作用而振动能量逐渐耗散，属于阻尼振动，本节将采用瞬态动力学方法研究阻尼作用下油管柱受迫振动特性。

4.4.1 瞬态动力学分析及阻尼效应

瞬态动力学分析是用于确定承受任意的随时间变化载荷的结构动力学响应的一种方法。瞬态动力学分析求解的基本运动方程为[208-209]：

$$M\ddot{u} + C\dot{u} + Ku = R(t) \tag{4.81}$$

式中：M 为质量矩阵；C 为阻尼矩阵；K 为刚度矩阵；$\ddot{u}$ 为节点加速度矩阵；$\dot{u}$ 为节点速度矩阵；u 为节点位移矩阵；$R(t)$ 为广义外力矩阵。

阻尼是反映结构体系振动过程中能量耗散特征的参数，任何现实的结构系统都具有振动阻尼。因此，阻尼是结构动力分析的基本参数，对结构动力分析结果的准确性有很大的影响。通常而言，阻尼力的方向总是与物体运动的方向相反，因此，材料的阻尼系数越大，意味着其减震效果或阻尼效果越好。

油管柱振动过程中的系统阻尼有如下几个方面：（1）油管材料内摩擦力（分子间的内摩擦力）；（2）油管与井壁接触部位的摩擦或库伦阻尼；（3）油管内天然气和油管外环空保护液产生的阻尼。

阻尼矩阵可以用于模态分析、谐响应分析和瞬态动力学分析，总阻尼矩阵为[210]

$$[C] = \alpha[M] + (\beta + \beta_c)[K] + \sum_{j=1}^{N_m}\left[\left(\beta_j^m + \frac{2}{\Omega}\beta_j^\xi\right)[K_j]\right] + \sum_{k=1}^{N_e}[C_k] + [C_\xi] \quad (4.82)$$

式中：$[C]$ 为结构阻尼矩阵；α 为常值质量矩阵阻尼系数；$[M]$ 为结构质量矩阵；β 为常值刚度矩阵阻尼系数；β_c 为变值刚度矩阵阻尼系数；$[K]$ 为结构刚度矩阵；N_m 为结构中材料数量；β_j^m 为材料 j 的刚度矩阵阻尼系数；β_j^ξ 为材料 j 的常值刚度矩阵阻尼系数；Ω 为周期性激振频率；$[K_j]$ 为材料 j 的刚度矩阵比例；N_e 为结构中单元数量；$[C_k]$ 为单元阻尼矩阵；$[C_\xi]$ 为频率相关阻尼矩阵。

油管柱在井内是相对静止的，只是在受到外力扰动后有小位移的振动，因此本书假设油管柱单元阻尼模型属于小阻尼系统，油管柱单元的阻尼矩阵采用瑞利阻尼，即假设阻尼矩阵可表示为质量矩阵和刚度矩阵的线性组合[211-213]：

$$[C] = \alpha[M] + \beta[K] \quad (4.83)$$

式（4.83）中系数 α 和 β 是与材料特性相关的常数，本文将研究不同阻尼系数下油管柱的受迫振动特性。

4.4.2 油管柱轴向受迫振动

根据 K9 井的油管柱结构尺寸，建立的封隔器以上油管柱轴向受迫振动的有限元力学模型如图 4.11 所示。图 4.11 中 A 点为封隔器，B 点为井口，AB 段为井口与封隔器之间的油管柱，油管柱总长度为 7290m，C 点井深为 2810m，C 点为 ϕ114.3mm 油管与 ϕ88.9mm 油管的结构变化处。油管柱有限元力学模型的边界条件：油管柱在 A 点和 B 点受到全约束，A 点处的井口拉力 F_H、油管柱重量 G、B 点处的底部轴向压缩力 F_B、C 点处沿 z 轴负方向的瞬时轴向加速度 a、温度引起的热应力、油管内部与外部的流体压力及管内外流体的阻尼力等。

利用 ANSYS 软件的瞬态动力学分析功能对管柱受迫振动进行分析。图 4.12 为不同阻尼系数下，2810m 井深处油管柱轴

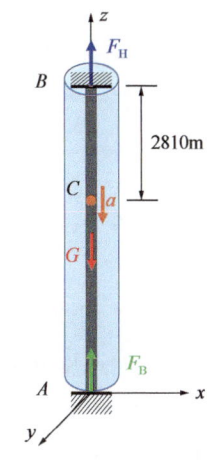

图 4.11 油管柱轴向受迫振动有限元模型

向振动位移随时间的变化关系。通过瞬态动力学有限元分析可知，在极端条件下气井流速变化产生的激振力 $R(t)$ 作用下，油管柱将会产生一定的振动响应。当阻尼系数 $α=0$ 时，管柱将处于无阻尼振动，其振动状态将一直持续下去，加速管柱疲劳损伤破坏。当阻尼系数 $α≠0$ 时，在极端条件下气体激振力作用下，管柱起始处于较大的振动，在阻尼力作用下逐渐衰减，最终趋于稳定的非振动状态。

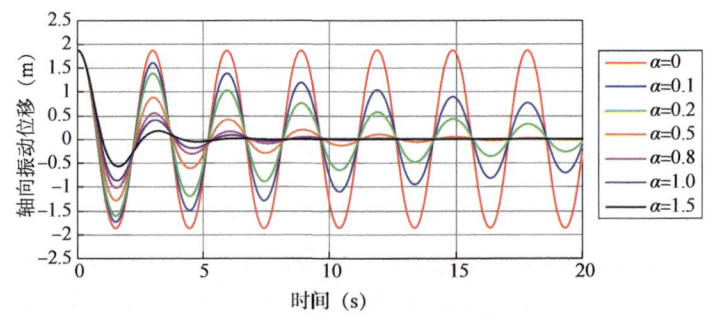

图 4.12　油管柱轴向振动位移随时间变化关系

图 4.13 为 $α=0.5$ 时油管柱轴向振动位移衰减曲线。由图 4.13 可知，阻尼的存在使得油管柱振动的振幅不断衰减，油管柱在振动的过程中为克服阻尼力而做功，当初始时刻外界赋予油管柱振动的能量全部消耗殆尽，油管柱就会停止振动。油管柱振幅按照递减指数曲线 $y=A_0e^{-αt/2}$ 逐渐衰减，初始时刻振幅为 $A_0=1.87$m，随后振幅逐渐衰减，$t_1=2.98$s 时刻，振幅 $A_1=0.88$m；$t_2=5.98$s 时刻，振幅 $A_2=0.42$m；$t_3=8.97$s 时刻，振幅 $A_3=0.20$m。

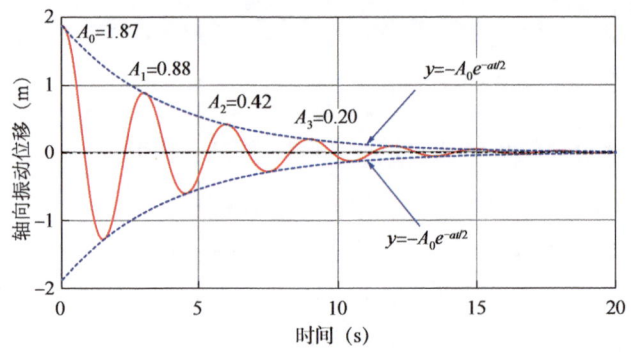

图 4.13　油管柱轴向振动位移衰减曲线（$α=0.5$）

图 4.14 和图 4.15 分别为不同阻尼系数下，2810m 井深处油管柱轴向振动速度和轴向振动加速度随时间的变化关系。与振动位移的变化规律类似，在阻尼振动情况下（$α≠0$），振动速度和加速度逐渐衰减，到最终趋于稳定的非振动状态，且随着阻尼系数的增加，阻碍油管振动的阻尼力增加，振动速度和加速度的衰减速度加快；在无阻尼振动情况下（$α=0$），管柱振动将会一直持续下去，直到管柱发生破坏或新的激振力出现。

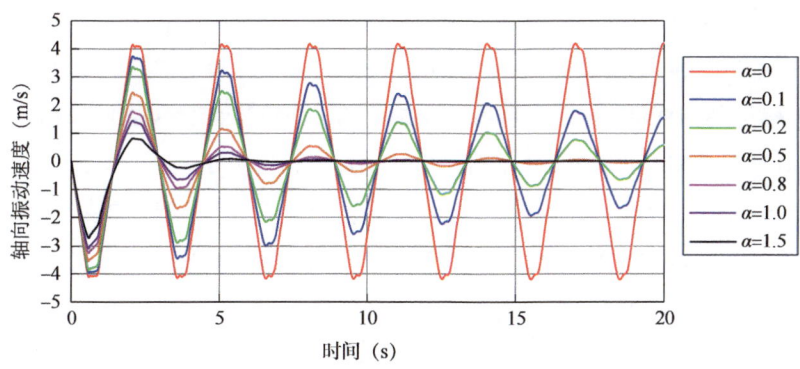

图 4.14 油管柱轴向振动速度随时间变化关系

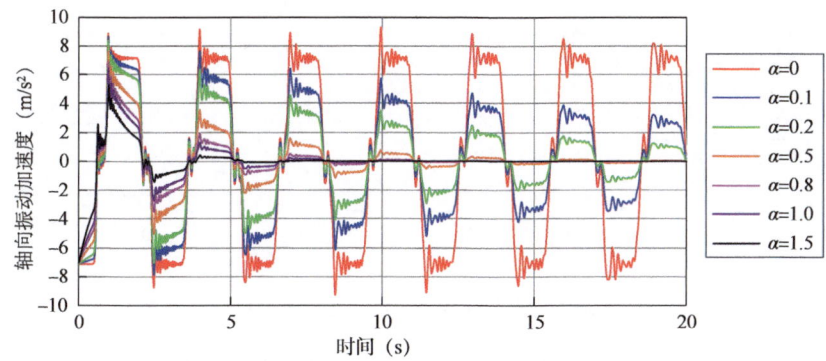

图 4.15 油管柱轴向振动加速度随时间变化关系

图 4.16 为不同阻尼系数下，封隔器处轴向力随时间变化关系。其中轴向拉力为正，轴向压力为负，起始时刻封隔器处底部轴向力为 -374.4kN，在无阻尼振动情况下（$\alpha=0$），封隔器处轴向力发生周期性变化；在阻尼振动情况下（$\alpha\neq0$），虽然起始时刻封隔器处底部轴向力较大，但随着阻尼系数的增加，底部轴向力的振幅逐渐降低，且衰减速度加快，直到管柱处于稳定的非振动状态。

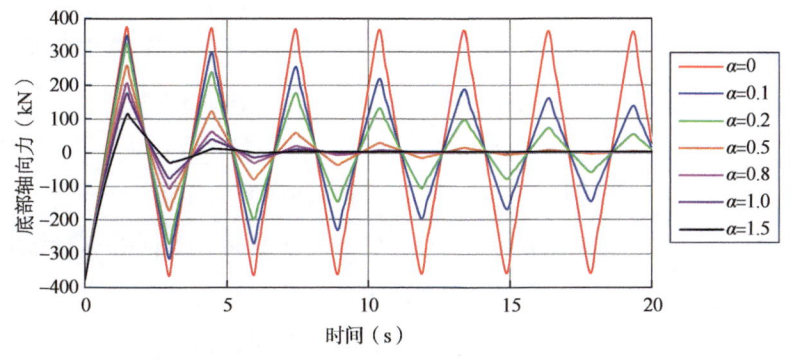

图 4.16 封隔器处轴向力随时间变化关系（拉正压负）

图 4.17 为不同阻尼系数下，井深 500m 处油管柱 Mises 应力振幅随时间的变化关系。500m 井深处油管柱静力学 Mises 应力为 626MPa，在无阻尼振动情况下（$\alpha=0$），管柱 Mises 应力振幅达到 200MPa，且一直持续下去，在一定时间内，必将造成管柱的疲劳破坏失效；在阻尼振动情况下（$\alpha \neq 0$），虽然起始时刻管柱的 Mises 应力振幅仍然很高，但随着阻尼系数的增加，管柱 Mises 应力振幅逐渐降低，且衰减速度加快，直到管柱处于稳定的非振动状态。阻尼系数 $\alpha=0.5$ 时，油管柱最大 Mises 应力振幅为 129MPa；阻尼系数 $\alpha=1.0$ 时，油管柱最大 Mises 应力振幅为 91MPa。

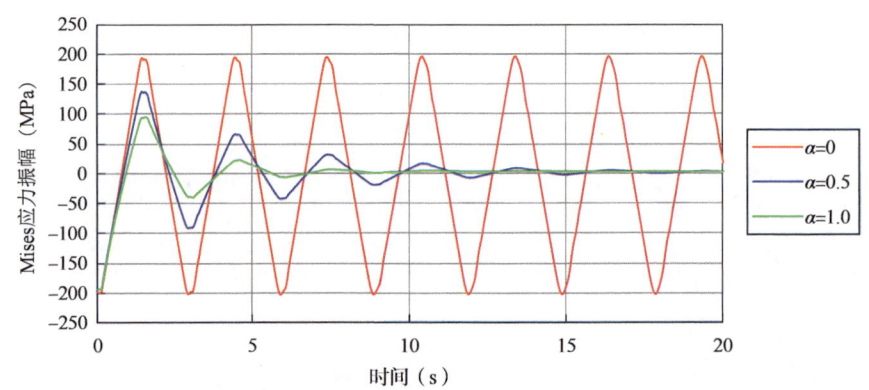

图 4.17 井深 500m 处油管柱 Mises 应力随时间变化关系

由分析可知，油管柱振动的阻尼主要包括油管材料内摩擦、与井壁接触部位的摩擦以及油管内天然气和油管外环空保护液产生的阻尼。其中，人为可控的因素只有环空保护液的阻尼效应，环空保护液对油管振动起着阻尼作用，即具有消振作用，如果环空保护液部分漏失，则阻尼作用将减小，加速油管疲劳破坏。因此，通过管柱受迫振动瞬态动力学有限元分析可知，要减小或吸收极端条件下气井油管柱的振动问题，保证管柱的安全运行，必须防止环空保护液的漏失。

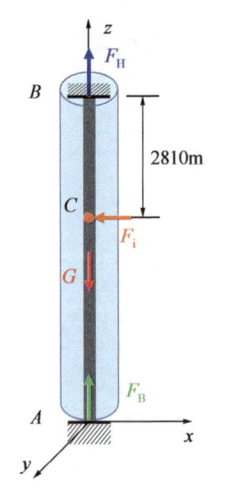

图 4.18 油管柱横向受迫振动有限元模型

4.4.3 油管柱横向受迫振动

类似于轴向振动，建立 K9 油管柱横向受迫振动的有限元力学模型如图 4.18 所示。图 4.18 中在油管柱结构变化 C 点（井深 2810m）处对油管施加沿 x 轴负方向的瞬时横向激振力 F_i，以研究油管柱横向受迫振动。

图 4.19 为阻尼系数 $\alpha=0$ 时，不同井深处油管柱横向振动位移随时间的变化关系。通过瞬态动力学有限元分析可知，施加横向激振力的井深即振源深度为 2810m，施加激振力后振动波逐渐沿管柱传播，经历 $\Delta t_1=1.78\text{s}$ 后，振动波

传递至井深2000m处的管柱，该处管柱的最大横向振动位移为4.73mm；经历Δt_2=3.86s后，振动波传递至井深1000m处的管柱，该处管柱的最大横向振动位移为0.91mm；经历Δt_3=5.45s后，振动波传递至井深500m处的管柱，其最大横向振动位移为0.61mm。在无阻尼振动情况下（α=0），在激振的起始时刻管柱的横向位移并不大，随着振动波的传播和反射以及管柱的惯性作用，管柱的横向位移逐渐增大，在这种情况下，管柱剧烈横向振动可能导致与接触碰撞，从而导致管柱断裂失效。

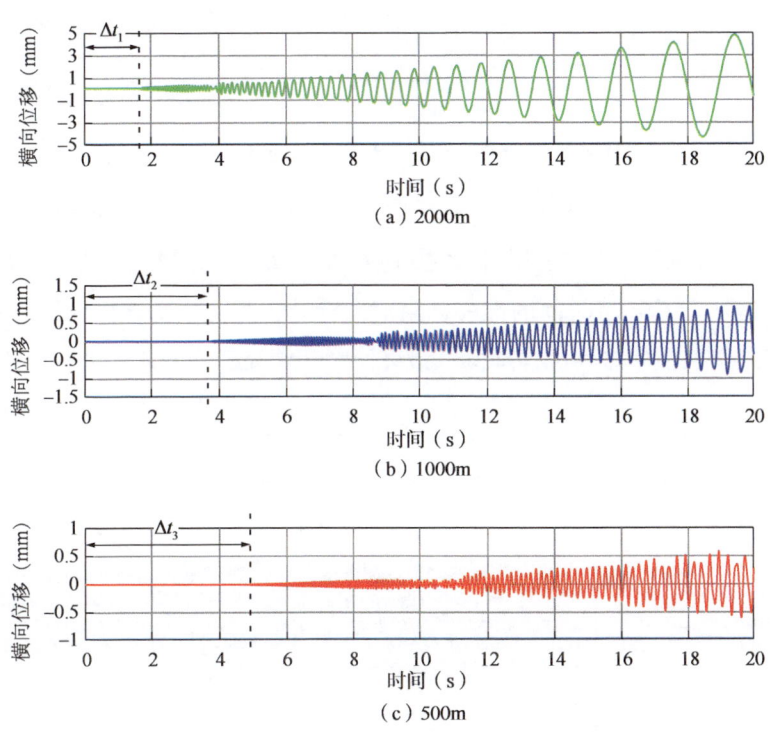

图4.19 不同井深处油管柱横向振动位移随时间变化关系

图4.20为阻尼系数α=0时，不同井深处油管柱横向振动频谱图。通过频谱分析可知，虽然靠近振源处管柱的横向振幅更大，但是远离振源处管柱的横向振动频率更高。图4.20中井深2000m处的管柱的横向振动频率为0.6Hz，井深1000m处的管柱的横向振动频率增加至2.5Hz，井深500m处的管柱的横向振动频率增加至3.8Hz。

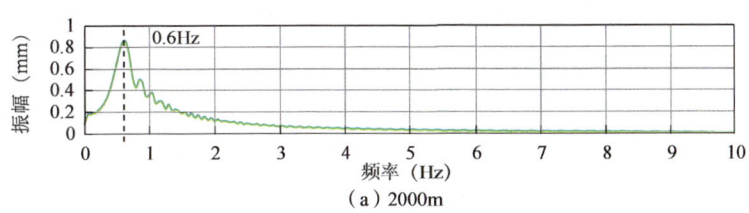

图4.20 不同井深处油管柱横向振动频率

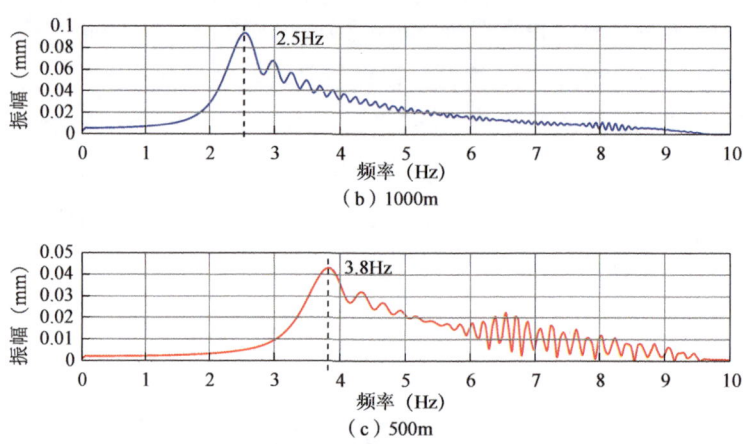

图 4.20 不同井深处油管柱横向振动频率（续）

图 4.21 和图 4.22 分别为阻尼系数 $\alpha=0$ 和 $\alpha=0.5$ 时，不同井深处油管柱横向振动位移随时间的变化关系。对比图 4.21 和图 4.22 可知，在阻尼振动情况下，管柱横向最大位移比无阻尼情况较小，且随着时间的推移，阻尼力会减弱管柱振动，振动的衰减呈现波动形式，从而导致管柱横向振动位移降低，最终使管柱恢复稳定的非振动状态。

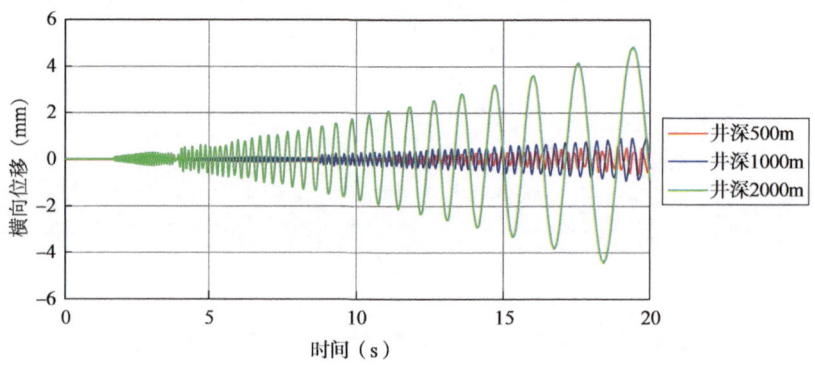

图 4.21 油管柱横向振幅随时间变化关系（$\alpha=0$）

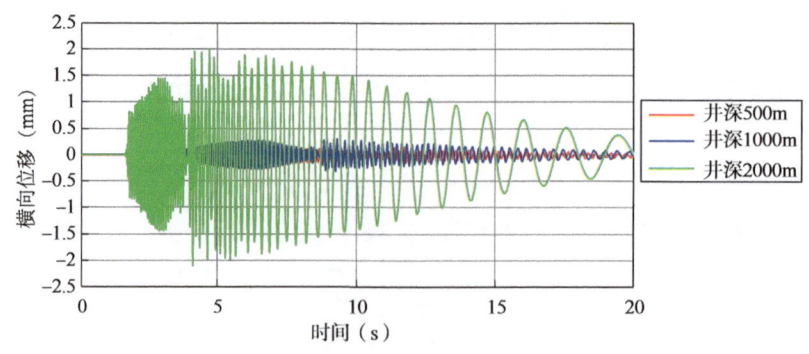

图 4.22 油管柱横向振幅随时间变化关系（$\alpha=0.5$）

5 气体诱发油管柱振动相似模拟试验

本章根据结构相似理论和流体动力学理论，建立油管柱振动相似系数，建立极端条件下气井油管柱耦联振动的相似模拟试验装置，开展不同工况下管柱振动模拟试验，并利用模型试验分析油管柱在不同管径、轴向力和生产气量下的振动规律，揭示极端条件下气井油管柱的振动特性。

5.1 油管柱振动相似系数建立

相似理论是研究自然界和工程界中相似现象、相似原理的学说[214]。相似理论的理论基础是相似三定理，相似三定理主要应用于指导模型试验，确定"模型"与"原型"之间的相似程度等[215]。

模型试验是指在相似基本理论的指导下，比照原型设计制造试验模型，并利用模型开展试验，用以观测物理现象和获取规律的研究方法[216–218]。气体诱发油管柱振动模拟试验是基于相似原理和模型试验的基本理论，建立管柱振动相似理论模型和气体流动状态相似理论模型，然后建立模拟试验装置并开展相似模拟试验，用以研究气体诱发油管柱振动的规律。

（1）管柱轴向振动相似理论模型。

管柱轴向振动微分方程为

$$\frac{\partial^2 u_i}{\partial t^2} = a_i^2 \frac{\partial^2 u_i}{\partial l^2} - C_i \frac{\partial u_i}{\partial t} \tag{5.1}$$

式中：u_i 为 t 时刻管柱上 x 截面处的轴向振动位移，m；a_i 为管柱中声波波速，$a_i = \sqrt{E_i/\rho_i}$。

其中，管柱轴向振动阻尼系数为

$$C_i = \frac{2\pi\mu\lambda}{A_i \rho_i \ln\dfrac{D_h}{2R_{oi}}} \tag{5.2}$$

式中：μ 为气体动力黏度，$N \cdot s/m^2$；λ 为管柱偏心阻力系数；A_i 为第 i 段管柱横截面积，m^2；ρ_i 为第 i 段管柱的密度，kg/m^3；D_h 为井眼直径，m；R_{oi} 为管柱外半径，m。

利用相似定理对管柱轴向振动方程式（5.1）做相似变换，并结合待定系数法，可得相似比例式：

$$\frac{c_u}{c_t^2} = \frac{c_a^2 c_u}{c_l^2} = \frac{c_c c_u}{c_t} \tag{5.3}$$

式中：c_u 为轴向位移比尺；c_t 为时间比尺；c_a 为管柱材料中声波波速比尺；c_l 为管柱长度比尺；c_c 为管柱轴向振动阻尼系数比尺。

将式（5.3）展开为两个独立式：

$$\begin{cases} \dfrac{c_a c_t}{c_l} = 1 \\ c_c c_t = 1 \end{cases} \tag{5.4}$$

管柱材料中声波波速比尺 c_a 为

$$c_a = \sqrt{c_E / c_\rho} \tag{5.5}$$

阻尼系数比尺 c_c 为

$$c_c = \frac{c_\lambda}{c_A c_\rho} \tag{5.6}$$

式中：c_λ 为管柱偏心阻力系数比尺；c_A 为管柱横截面积比尺。

可得

$$\frac{c_E c_t^2}{c_\rho c_l^2} = 1 \tag{5.7}$$

$$\frac{c_\lambda c_t}{c_A c_\rho} = 1 \tag{5.8}$$

将式（5.7）和式（5.8）结合，最终得到管柱轴向振动的相似理论模型式：

$$\frac{c_E c_\rho c_A^2}{c_\lambda^2 c_l^2} = 1 \tag{5.9}$$

管柱轴向振动的相似式从材料属性、几何结构、物理动力三方面反映了管柱轴向振动的相似特征：① $c_E c_\rho$ 反映了管柱自身的材料属性相似对管柱轴向振动的影响；②（c_A/c_l）^{2} 反映了管柱几何结构相似对管柱轴向振动的影响；③ c_λ^2 反映了管柱偏心阻力系数物理力学相似对管柱轴向振动的影响。

（2）管柱横向振动相似理论模型。

管柱横向振动的微分方程为

$$EI\frac{\partial^4 y}{\partial x^4} + \rho A\frac{\partial^2 y}{\partial t^2} - F\frac{\partial^2 y}{\partial x^2} = 0 \tag{5.10}$$

式中：E 为管柱弹性模量，Pa；I 为管柱横截面惯性矩，m^4；y 为管柱上的横向位移，m；ρ 为管柱密度，kg/m^3；A 为管柱横截面积，m^2；F 为管柱轴向静载荷，N。

同理，根据相似理论可得

$$c_E c_I \frac{c_y}{c_l^4} = c_\rho c_A \frac{c_y}{c_t^2} = c_F \frac{c_y}{c_x^2} \tag{5.11}$$

将式（5.11）展开为两个独立式：

$$\begin{cases} \dfrac{c_E c_I c_t^2}{c_l^4 c_\rho c_A} = 1 \\ \dfrac{c_F c_t^2}{c_l^2 c_\rho c_A} = 1 \end{cases} \tag{5.12}$$

由 $c_I = c_l^4$ 可得

$$\frac{c_E c_t^2}{c_\rho c_A} = 1 \tag{5.13}$$

最终得到管柱横向振动的相似理论模型式：

$$\frac{c_E c_l^2}{c_F} = 1 \tag{5.14}$$

管柱横向振动的相似式也从材料属性、几何结构、物理动力三方面反映了管柱横向振动的相似特征：①c_E 反映了管柱自身的材料属性相似对管柱横向振动的影响；②c_l^2 反映了管柱几何结构相似对管柱横向振动的影响；③c_F 反映了管柱轴向静载荷的物理力学相似对管柱横向振动的影响。

（3）气体流动状态相似理论模型。

气体动力学相似理论中最重要的参数是马赫数和雷诺数，而对于可压缩黏性流体一维管流，雷诺数为决定性相似准则[219]，因此原模型和实验模型的雷诺数必须相等才能保证气体流动状态相似。天然气由井底采出，经油管柱流动到井口的过程，可认为天然气在油管柱内以可压缩状态做单相流动。将模型参数用下标 m 表示，原型参数用下标 p 表示，为了确保模型与原型中气体流动具有相似的规律，保证模型的雷诺数与原型的雷诺数相同：

$$\frac{\rho_m v_m d_m}{\mu_m} = \frac{\rho_p v_p d_p}{\mu_p} \tag{5.15}$$

（4）相似系数及试验材料。

在设计油管柱振动模拟试验时，应使模型满足相似定理的要求以保证模拟试验能够反映实际油管柱的振动状态。然而，对于气体诱发油管柱振动这类比较复杂的问题，常常无法满足所有因素，因此需要对一些次要因素做必要的简化，使模拟试验能够正常进行，又不至于引起较大误差。具体设计模型时，通常先根据试验条件选定模型尺寸比例，确定尺寸比例后，再确定其他参数。

试验中需要模拟三种尺寸分别为73mm（$2^7/_8$in）、88.9mm（$3^1/_2$in）和114.3mm（$4^1/_2$in）的油管在井下的振动情况。综合考虑试验场地和试验设施的要求等，选取几何相似比为1∶8，模拟试验中油管长度为25m，油管外径分别为9mm、11mm和14mm，壁厚为1mm。

模拟油管材料：选用尼龙管作为模拟油管材料。

模拟井筒材料及尺寸：模拟井筒材料选用透明有机玻璃管，外径为22mm，内径为19mm，长度为25m。

为满足式（5.15）规定的雷诺数相等，由量纲分析可知，气井生产气量相似系数为：c_Q=1.474，得到实际生产气量与模拟试验气量的对应关系见表5.1。

表5.1 实际气量与模拟气量的对应关系

序号	实际气量（10^4m^3/d）	模拟气量（m^3/min）
1	10	0.36
2	20	0.72
3	50	1.8
4	100	3.6
5	200	7.2
6	250	9
7	300	10.8

5.2 模拟试验方案

5.2.1 试验原理及内容

由于许多力学问题很难用数学方法去解决，必须通过试验来研究。为此，可以引入相似理论建立试验模型开展相似试验。为了使模型试验所描述的物理现象能够真实地再现现场极端条件下气井生产作业,从模型试验中得到的定量数据能够准确代表现场高速气体诱发油管柱振动的现象,必须使模型和原型满足:几何相似、运动相似和动力相似。在此基础上,根据相似原理和现场实际工况,建立了试验模型和试验方案。根据相似理论进行极端条件下气井油管柱不同管径、轴向力、生产气量等工况下的振动模拟试验。模型与原型管柱的长度比例为1∶8,试验台架模拟管柱的长度为25m,选用尼龙作为模拟油管材料,透明有机玻璃管作为模拟井筒材料。实验台架可以通过储气罐和空气压缩机提供不同生产气量,并通过改变管柱轴向力使管柱处于不同屈曲状态,测量不同气量和屈曲状态下管柱的振幅、频率、振动位移、速度及加速度等参数,从而揭示极端条件下气井油管柱振动机理。

5.2.2 试验装置及其组成

油管柱振动模拟试验台架主要包含以下几大系统:底座系统、模拟管柱系统、模拟井筒系统、测试系统、气源及注气系统和数据采集软件等,如图5.1所示。

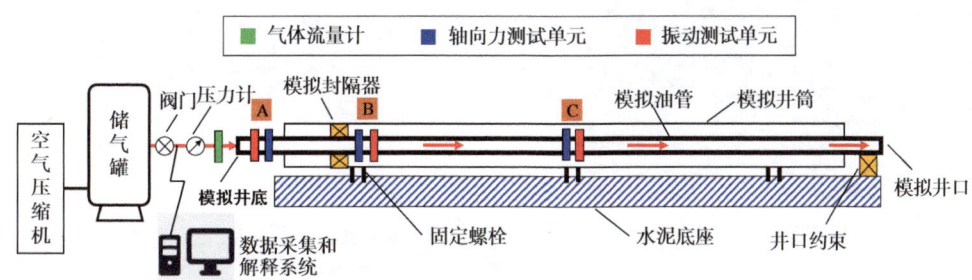

图5.1 试验装置示意图

(1)底座系统。

该部分的主要功能是为整个试验系统提供固定支撑,整个底座系统长度为25m,高度为20cm,采用水泥浇筑而成。

(2)模拟管柱系统。

模拟管柱系统采用外径分别为9mm、11mm和14mm的尼龙管,如图5.2所示。整个模拟管柱长度为25m,在井口处和模拟封隔器处对模拟管柱施加固定约束,约束其各方向的位移和转动。试验中需要通过改变管柱轴向力研究管柱在直线状态、正弦屈曲和螺旋屈曲状态下的振动特性。

(3)模拟井筒系统。

采用透明的有机玻璃管作为模拟井筒,以便实时

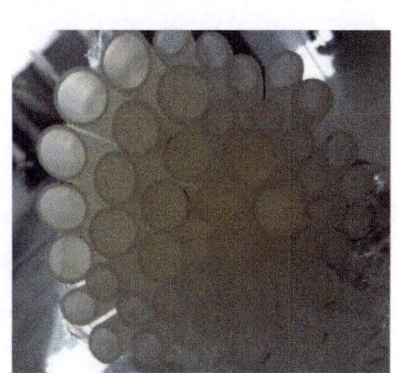

图5.2 三种不同尺寸的模拟管柱

观察模拟油管在井筒中变形及运动规律，模拟井筒的外径为22mm，内径为19mm，总长度为25m。模拟井筒外部安装防护筛网，以保证试验过程中人员和设备的安全，模拟井筒内部安放模拟管柱，如图5.3所示。利用"U"形管卡和膨胀螺钉将模拟井筒系统固定在水泥底座上，如图5.4所示。井筒之间留出一定空隙便于在管柱上安装各种测量短节和传感器。在必要时，可以借助高速摄像机对管柱更精细局部进行长时间的全过程摄像记录，提高整个试验的连续性和可分析性。

试验中9mm模拟管柱、11mm模拟管柱和14mm模拟管柱与22mm模拟井筒之间的间隙分别为5mm、4mm和2.5mm。

图5.3　模拟管柱与模拟井筒系统

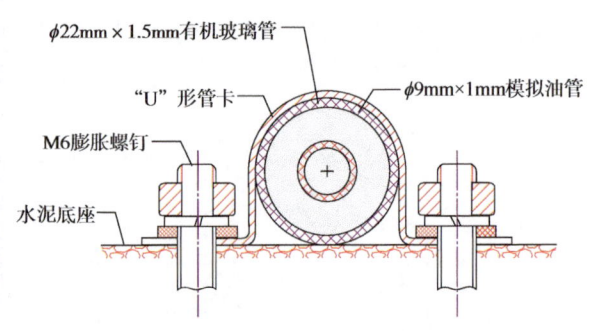

图5.4　模拟井筒系统安装示意图

（4）测试系统。

测试系统包括压力计、气体流量计、振动测试单元和轴向力测试单元等。气体压力计用于实时监测注入气体的压力，其量程为20MPa。气体流量计用于实时监测注入气体的流量。振动测试单元和轴向力测试单元安装在模拟井底处（A位置）、模拟封隔器以上（B位置）和管柱中部（C位置）。振动测试单元采用高性能9轴姿态模块进行测试，用于观察和记录管柱运动状态，并采用专业软件处理数据得到管柱的振幅、频率、振动位移、速度和加速度等数据，如图5.5所示。轴向力测试单元采用波纹管称重传感器，用于测试管柱轴向力和气体反作用力，并判断管柱的屈曲状态，如图5.6所示。振动测试传感器和轴向力测试传感器如图5.7所示。

（5）气源及注气系统。

采用储气罐作为试验气源（必要时可采用高压气泵），储气罐的容积为40L，初始

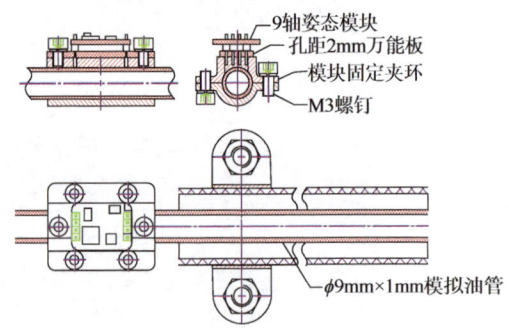

图5.5　振动测试单元安装示意图

压力为 12MPa。模拟试验中通过电磁阀控制气体流动，电磁阀可实现瞬时开启和关闭以模拟瞬时开井和关井工况，同时在储气罐出口处采用气体压力计和流量计实时监测气体压力和流量，并通过改变注入气压力和气量来模拟不同工况下管柱的振动情况。

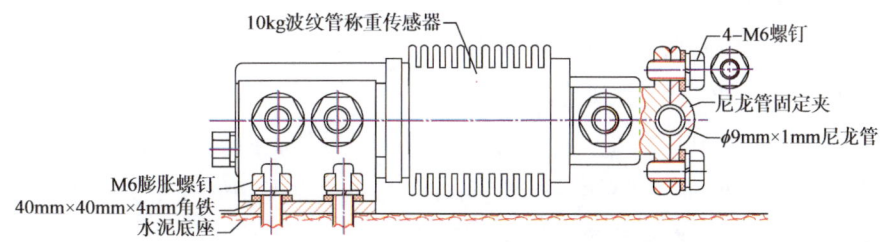

图 5.6　轴向力测试单元安装示意图

（a）振动测试传感器　　　（b）轴向力测试传感器

图 5.7　振动测试传感器和轴向力测试传感器

（6）数据采集软件。

试验过程中需要实时记录的数据主要包括气体压力、流量、不同时刻管柱的轴向力和管柱各个方向的振动加速度等。试验中由各传感器记录相应的数据，并实时传输给控制电脑，最后由专业软件生成试验数据记录表和相关曲线，如图 5.8 所示。

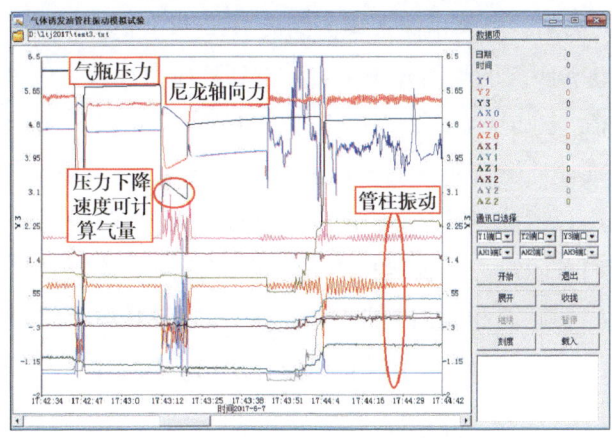

图 5.8　数据采集软件界面图

5.2.3 试验步骤

（1）检测试验台架各设备能否正常工作，对测试系统和注气系统进行调试。

（2）对管柱施加轴向力 F，固定封隔器，开启注入通道。

（3）瞬间开启电磁阀，模拟气井开井工况，通过振动测试单元记录模拟在阀门瞬间开启工况下管柱不同位置的振动参数。

（4）保持电磁阀开启状态，通过注入通道从模拟井底向模拟管柱中注入气量 q，模拟气井生产工况，通过振动测试单元记录在气量稳定工况下管柱不同位置的振动参数；每组气量测试 3~5 次，取平均值。

（5）瞬间关闭电磁阀，模拟气井关井工况，通过振动测试单元记录模拟在阀门瞬间关闭工况下管柱不同位置的振动参数。

（6）改变气量 q，重复步骤（3）至步骤（5），记录不同气量下管柱的振动参数。

（7）解除封隔器约束，改变管柱轴向力 F，使管柱处于不同屈曲状态后固定封隔器，重复步骤（3）至步骤（6），测得不同轴向力下管柱的振动参数。

（8）记录测得的数据，关闭储气罐阀门，关闭传感器电源，整理试验设备，收好数据线和物品，结束本次试验。

（9）试验完成后，将试验数据整理并记录，处理试验数据。

5.3 试验数据处理及分析

5.3.1 管柱振动瞬态动力学响应

试验中电磁阀开启后，气体由储气罐流向模拟管柱内部，并通过模拟管柱出口流出。由于气体不稳定流动和阀门的瞬间开关，会诱发管柱应力波动，应力波沿管柱传播使整个管柱处于振动状态。图 5.9 是试验过程中储气罐阀门开启和关闭瞬间气体压力变化曲线，阀门开启瞬间气体压力降低，直至气体压力趋于稳定，阀门关闭后气体压力逐渐恢复，但仍低于阀门开启前气体的压力值。气体压力降低阶段为阀门开启阶段，气体压力上升阶段为阀门关闭阶段，而阀门开启和关闭之间气体压力趋于稳定阶段为气量稳定阶段。通过阀门开启前和阀门关闭后气体压力的差值和阀门开启时间可以求得该阶段的模拟气量，再通过实际气量与模拟试验气量的对应关系就可以求得相对应的实际气量。

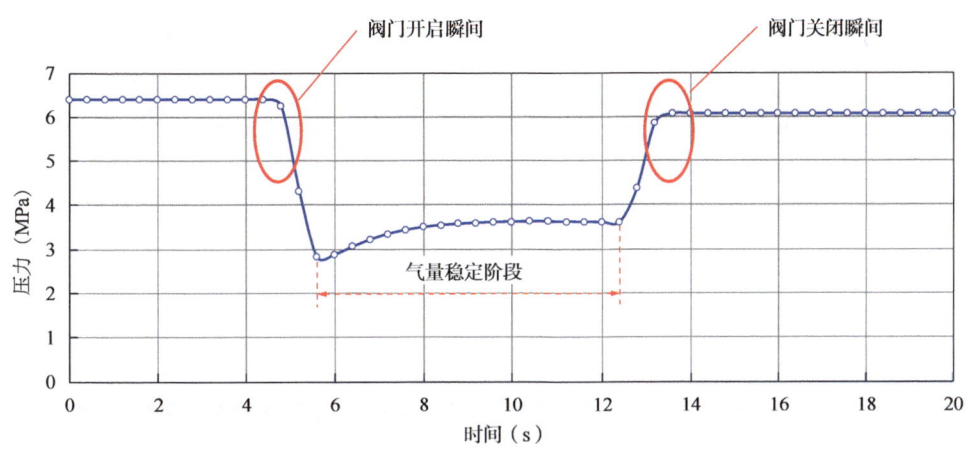

图5.9 储气罐阀门开启和关闭瞬间气体压力变化曲线

图5.10至图5.12分别是电磁阀开启和关闭瞬间模拟管柱不同位置的三个方向加速度变化曲线,其中,X方向代表管柱轴向,Y方向和Z方向代表管柱横向。电磁阀开启前振动传感器会监测到一定的初始振动加速度,这是由重力加速度造成的,其值与振动传感器安装的方向有关,数据处理时需要滤去初始振动加速度的影响。由图5.10可知,由于靠近井底处模拟管柱没有约束作用,靠近井底处模拟管柱在整个试验阶段均发生较严重的振动,而在电磁阀开启和关闭瞬间靠近井底处模拟管柱的振动比气量稳定阶段更弱。由图5.11和图5.12可知,在电磁阀开启和关闭瞬间,气体的瞬变流动会诱发封隔器以上模拟管柱产生一定的振动,其振动加速度明显小于靠近井底处模拟管柱,而在气量稳定时封隔器以上模拟管柱几乎未发生振动,而且可以发现,由于封隔器的约束作用,靠近封隔器处管柱的振动幅度降低,因此现场可以考虑增加扶正器等方式对管柱施加额外约束作用来降低管柱的振动。

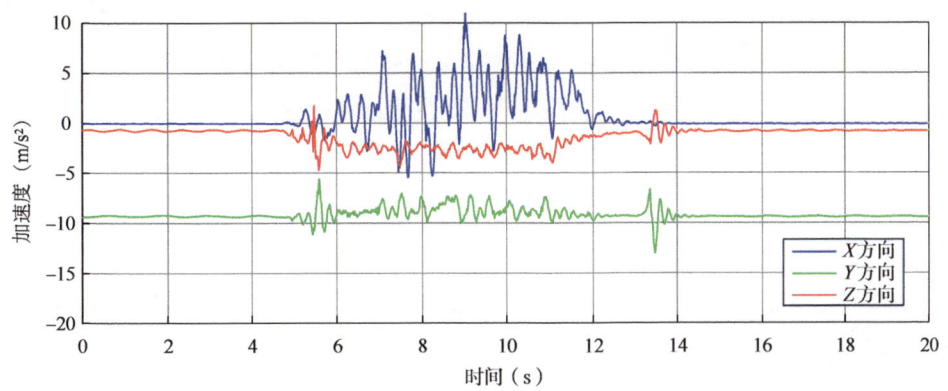

图5.10 储气罐阀门开启和关闭瞬间模拟井底处(A位置)的加速度变化曲线

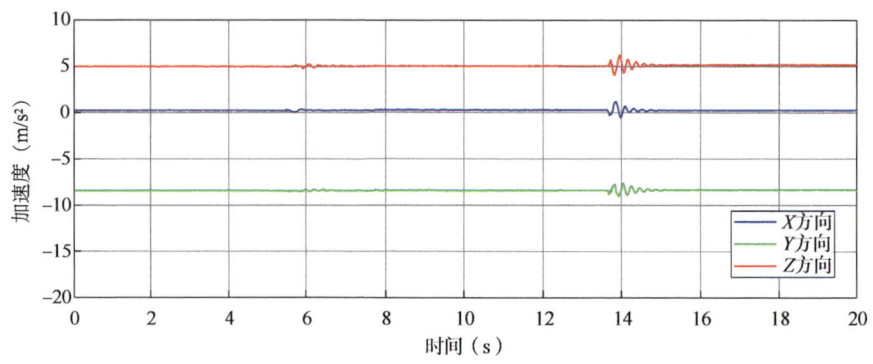

图 5.11 储气罐阀门开启和关闭瞬间封隔器以上管柱（B 位置）的加速度变化曲线

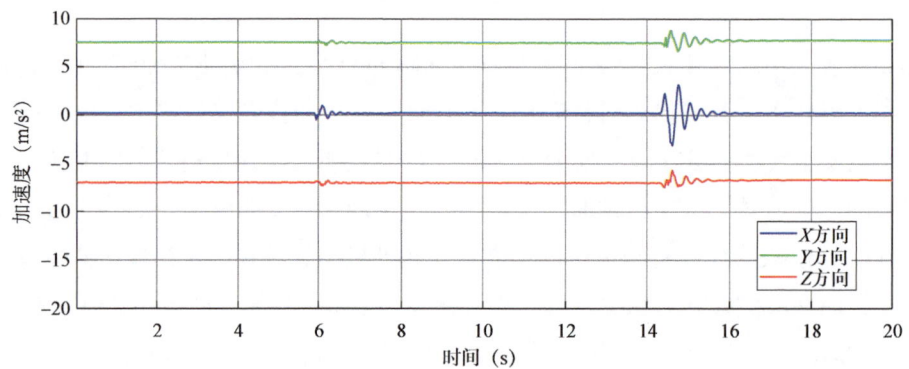

图 5.12 储气罐阀门开启和关闭瞬间模拟管柱中部（C 位置）的加速度变化曲线

对比图 5.10 至图 5.12 可知，当阀门开启后，模拟井底处管柱首先发生振动，随着气体的流动和压力波的传播，封隔器处和管柱中部依次发生振动；当阀门关闭后，在阻尼作用下，井底处管柱首先停止振动，随后封隔器处和管柱中部依次停止振动而保持稳定状态。而在实际工况下，气井井口阀门开启或关闭后井口处管柱会首先改变其运动状态，随后压力波沿管柱传播至井底处管柱。这种模拟试验与实际工况的区别是由于模拟试验中阀门安装在靠近井底处，而实际气井阀门安装在靠近井口处。

5.3.2 气量对管柱振动的影响

图 5.13 是试验气量分别为 2.05m³/min、3.06m³/min、3.6m³/min、6.55m³/min 和 11.22m³/min（换算为实际气量分别为 $57×10^4$m³/d、$85×10^4$m³/d、$100×10^4$m³/d、$182×10^4$m³/d 和 $312×10^4$m³/d）时模拟井底处（A 位置）的振动加速度曲线。由图 5.13 可知，随着气量的增加，管柱轴向和横向振动加速度均逐渐增加，说明气量的增加会导致管柱振动加剧。试验气量为 2.05m³/min、3.06m³/min、3.6m³/min、6.55m³/min 和 11.22m³/min 时，模拟井底处的轴向振动加速度最大值分别为 3.9m/s²、10.0m/s²、15.9m/s²、17.8m/s² 和 24.9m/s²。

5 气体诱发油管柱振动相似模拟试验

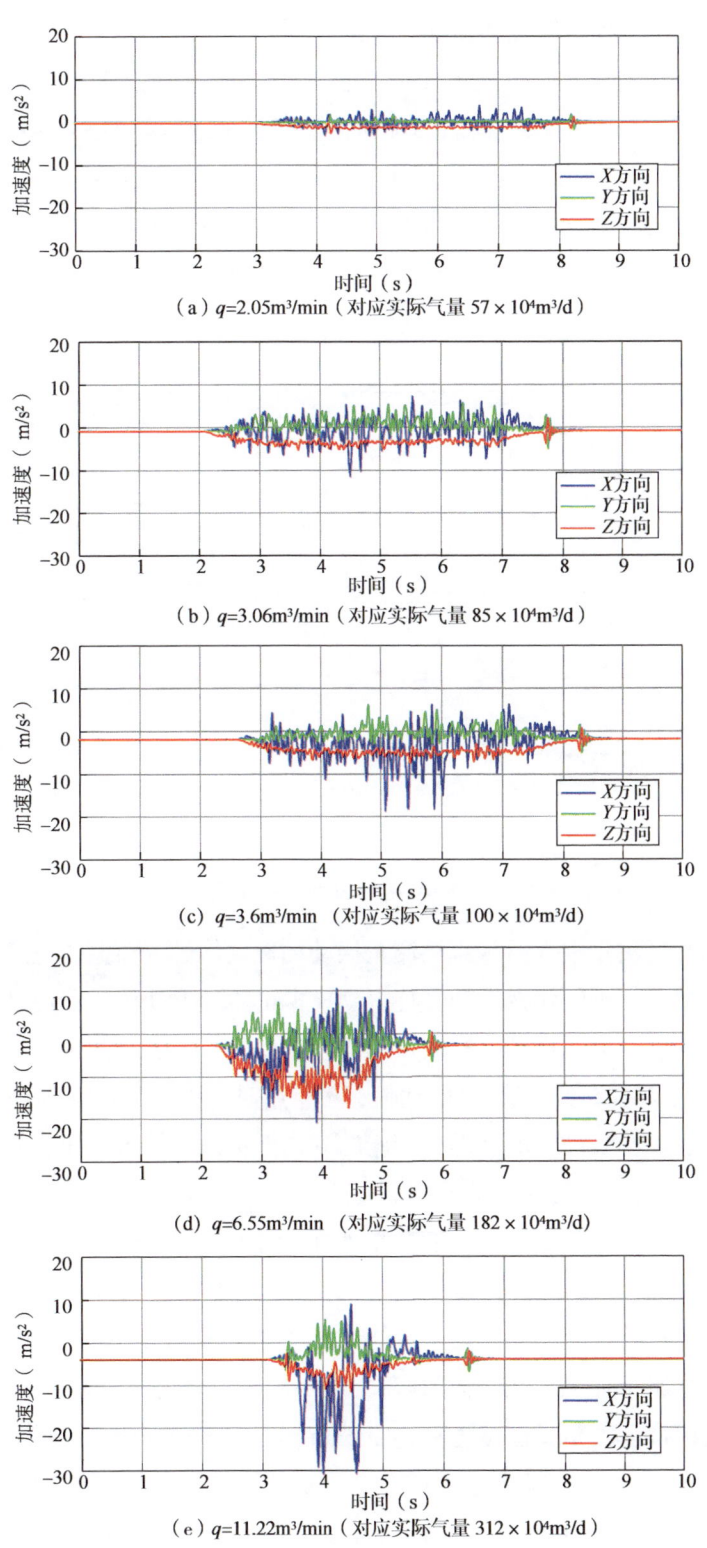

(a) q=2.05m³/min（对应实际气量 $57×10^4$m³/d）

(b) q=3.06m³/min（对应实际气量 $85×10^4$m³/d）

(c) q=3.6m³/min（对应实际气量 $100×10^4$m³/d）

(d) q=6.55m³/min（对应实际气量 $182×10^4$m³/d）

(e) q=11.22m³/min（对应实际气量 $312×10^4$m³/d）

图5.13 不同气量下模拟井底处（A位置）的振动加速度

不同气量时 11mm 模拟管柱的振动加速度分别如图 5.14 所示。通过不同气量下管柱振动加速度离散点可看出，随着注入气量的增加，管柱振动加速度均逐渐增加，说明气量的增加会导致管柱振动加剧，剧烈的轴向振动容易加速管柱的疲劳破坏和断裂失效，而横向振动会增加管柱的弯曲应力，加快油管接头处与套管之间碰撞接触和摩擦磨损。从整体上看，管柱的 X 方向振动加速度明显高于 Y 方向和 Z 方向的振动加速度，说明管柱的轴向振动比横向振动更加剧烈，这是因为气体沿轴向流动，产生的波动压力也是沿轴向，而横向振动的产生是泊松效应的结果。

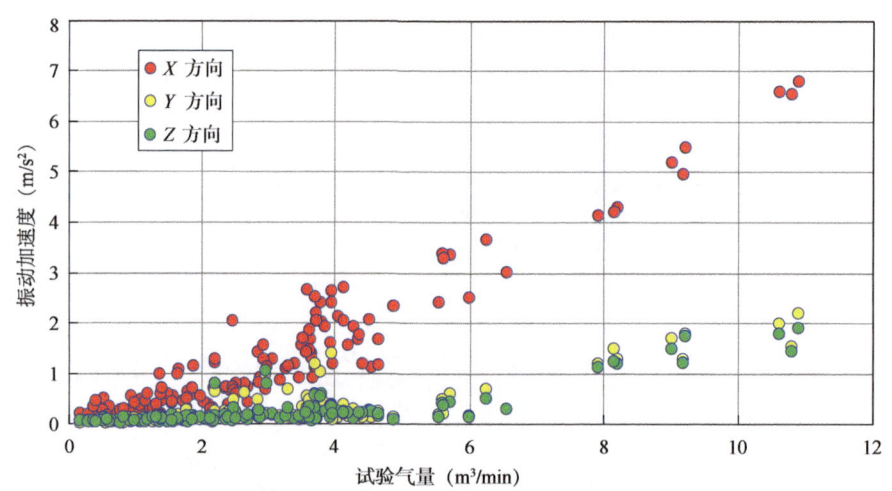

图 5.14　不同气量下模拟管柱中部（C 位置）振动加速度

由于在机械振动测量中，通常直接测量振动加速度信号，而振动速度和位移的测量通常较困难或较复杂。本气体诱发油管柱振动模拟试验中振动传感器记录的是管柱的三个方向的振动加速度，为了得到管柱的振动速度和位移，需要对测量到的加速度信号进行积分处理。首先需要滤去振动信号的初值，再采用时域积分中的梯形求积数值积分法，对加速度信号进行积分处理，即可得到相应的管柱振动速度，再对加速度信号进行二次积分处理，即可得到相应的管柱振动位移。

表 5.2 是经过加速度信号积分处理后得到的不同气量下管柱的横向振动位移。随着气量的增加，管柱的横向振动加速度逐渐增加，从而导致管柱振动引起的瞬时横向位移增加，表现为管柱在井筒内摆动，甚至可能碰撞井壁。在实际工况下，油管柱在振动和碰撞综合作用下将加速油管的弯曲疲劳破坏、接头磨损、螺纹松动等问题。

靠近井底处模拟管柱在试验气量为 1.8m³/min 时已经碰撞井壁，气量继续增加会导致碰撞更加严重，碰撞点增多且碰撞次数增加；在试验气量 3.6m³/min 以内时，封隔器以上模拟管柱虽未碰撞井壁，但随着气量的增加，其横向位移也逐渐增加，管柱在井筒内的摆动幅度增大，弯曲应力增大。

表5.2 不同气量下管柱横向振动位移

试验气量 (m^3/min)	实际气量 ($10^4 m^3/d$)	模拟井底处 （A位置）	模拟封隔器以上 （B位置）	模拟管柱中部 （C位置）
0.54	15			
1.08	30			
1.44	40			
1.8	50			
2.16	60			

续表

试验气量 (m^3/min)	实际气量 ($10^4 m^3$/d)	模拟井底处 (A 位置)	模拟封隔器以上 (B 位置)	模拟管柱中部 (C 位置)
2.52	70			
2.88	80			
3.24	90			
3.6	100			
7.2	200			

续表

试验气量 (m³/min)	实际气量 (10⁴m³/d)	模拟井底处 (A位置)	模拟封隔器以上 (B位置)	模拟管柱中部 (C位置)
9	250			
10.8	300			

5.3.3 阀门开关与气量稳定阶段管柱振动分析

由上面的分析可知,一次采气试验可以分为阀门开启阶段、气量稳定阶段和阀门关闭阶段。图 5.15 为试验中 14mm 模拟管柱不同采气阶段管柱的轴向振动加速度对比图。阀门突然开启或关闭,会导致管柱内的气体压力发生瞬时剧烈改变,根据水锤理论,其冲击载荷可达静态载荷的数倍,管柱会发生剧烈振动。而在气量稳定阶段,气体压力较稳定,但由于气体流动的非稳定性,管柱也会发生一定程度的振动。对比不同阶段管柱的振动加速度可知,阀门开启或关闭瞬间以及气量稳定阶段管柱的轴向振动加速度均随气量的增加而增加,相同气量下阀门突然开启或关闭瞬间管柱的轴向振动加速度可达气量稳定阶段的 5~15 倍。

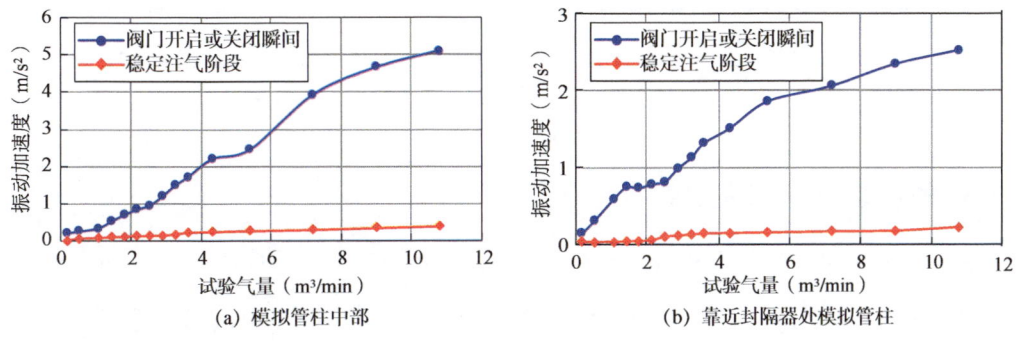

图 5.15 模拟管柱不同采气阶段管柱的轴向振动加速度对比

对封隔器以上模拟管柱不同阶段的轴向振动加速度做傅里叶变换求出管柱振动响应的频谱图,如图5.16所示。图5.16中的频谱图横坐标是频率(单位Hz),纵坐标是加速度振动幅值(单位m/s²),图5.16中最高尖点所对应的横坐标值就是管柱振动的频率。

由图5.16(a)、图5.16(c)和图5.16(e)可知,封隔器以上模拟管柱在阀门开启和关闭阶段的轴向振动加速度远大于气量稳定阶段的振动加速度,说明阀门的突然开启和关闭会引发剧烈的水锤效应,从而造成管柱剧烈振动,其造成的影响远大于稳定采气阶段管柱的振动。由图5.16(b)、图5.16(d)和图5.16(f)可知,封隔器以上模拟管柱在阀门开启和关闭阶段的振动频率也高于气量稳定阶段的振动频率。因此,为了减轻阀门快速开关引起的水击效应及其诱发的管柱动态应力,现场可以考虑优化阀门开关速度,或采用阶段性开关井方式。

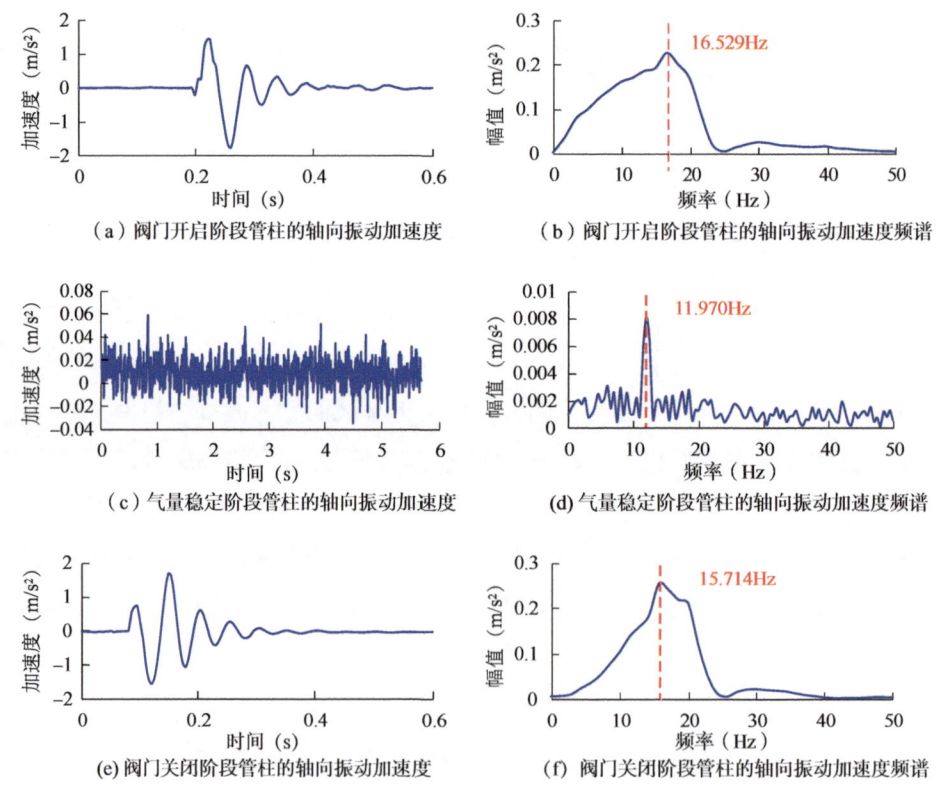

图 5.16 封隔器以上模拟管柱的轴向振动频谱分析

5.3.4 管径对管柱振动的影响

模拟试验中采用外径为9mm、11mm和14mm模拟管柱分别模拟实际73mm、88.9mm和114.3mm的油管柱。三种尺寸的模拟管柱在靠近封隔器处(B位置)的轴向振动加速度如图5.17所示。

对比外径为 9mm、11mm 和 14mm 模拟管柱在不同工况下的振动加速度可知，相同气量下 9mm 管柱的振动加速度最大，11mm 管柱的振动加速度次之，14mm 管柱的振动加速度最小，且随气量的增加，9mm 模拟管柱的振动加速度增加最快，说明管柱直径越小，管柱重量越轻，对振动的阻尼作用越弱，也越容易产生振动，因此在相同气量或压力波动下，小尺寸管柱会产生更加严重的振动。因此，增大管柱直径有利于降低管柱振动，现场可以考虑通过优化管柱尺寸来降低管柱振动。

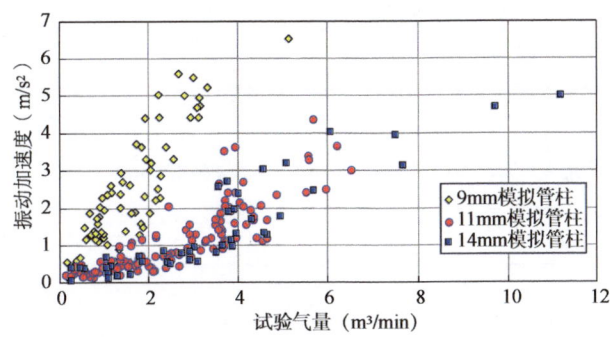

图 5.17 不同直径管柱靠近封隔器处（B 位置）的轴向振动加速度对比

5.3.5 屈曲状态对管柱振动的影响

在实际情况中，沿井深方向管柱所受的轴向力是不同的，从静力学上讲，通常井口处管柱受到最大拉力，封隔器处管柱受到最大压力，封隔器以上某处管柱既不受拉也不受压，此处即为管柱的"中和点"。因此，管柱的振动可能与轴向力有关。由于试验条件的限制，模拟试验中无法真实地模拟管柱的实际受力情况，只能改变整个管柱的轴向力，使得管柱处于不同屈曲状态。

为研究轴向力和屈曲状态对管柱振动的影响，在试验过程中气量不变的情况下改变模拟管柱的轴向力，如图 5.18 所示。在四次试验中，试验气量均为 1.44m³/min，而管柱的初始轴向力分别为 18N、10N、-20N 和 -22N。9mm 模拟管柱的临界屈曲载荷为 16.7N，因此当轴向力为 -20N 和 -22N 时，模拟管柱已经发生了正弦屈曲。

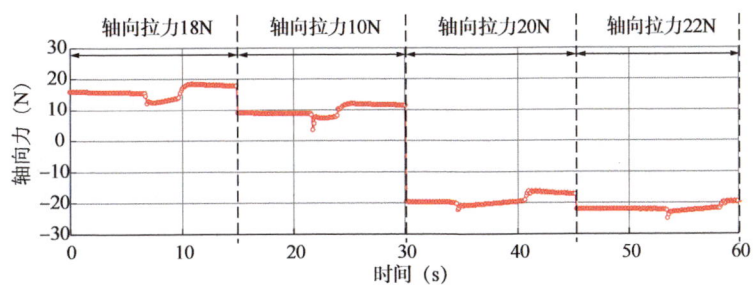

图 5.18 气量相同条件下改变管柱轴向力

改变管柱轴向力后，模拟管柱的三个方向振动加速度如图5.19至图5.21所示。由图5.19至图5.21可知，轴向力对管柱振动加速度的影响较为明显，在管柱受拉和受压情况下，其管柱振动加速度的改变有明显的规律。在管柱受拉的情况下，轴向拉力的增加会使管柱轴向振动加速度增加；在管柱受压发生正弦屈曲的情况下，管柱的轴向振动加速度会增加，但是横向振动加速度会降低，分析其原因可能是：管柱屈曲后流道发生改变，气体通过管柱时会产生更大的压力瞬变，因此造成更严重的轴向振动，但是由于管柱屈曲与井壁接触，管柱的横向振动受到井壁支撑限制，因此管柱横向振动减弱。

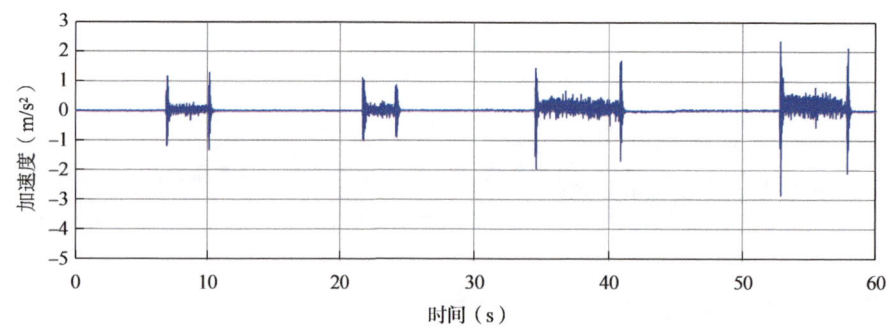

图5.19 不同轴向力下模拟管柱的 X 方向振动加速度

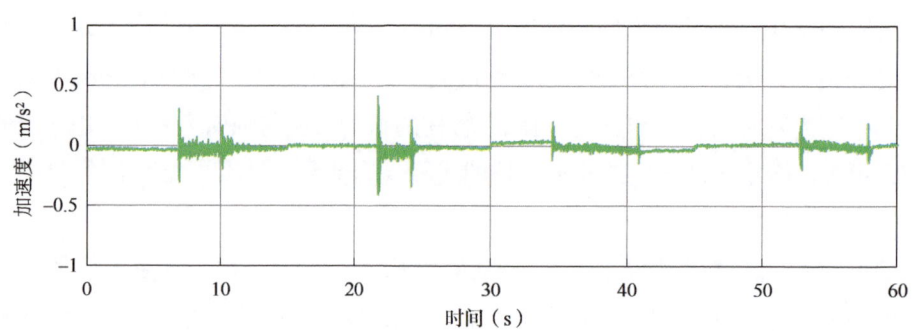

图5.20 不同轴向力下模拟管柱的 Y 方向振动加速度

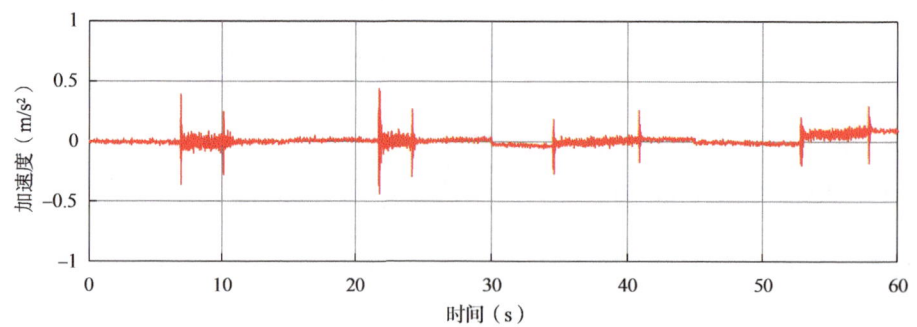

图5.21 不同轴向力下模拟管柱的 Z 方向振动加速度

6 油管柱振动测试工具设计及现场试验

本章设计并开发一套油管柱振动测试工具,并对测试工具进行室内耐温承压测试和振动频率及加速度标定测试,开展测试工具的现场试验,得到现场气井油管柱振动数据,并将测试值与理论计算值进行对比以验证理论模型的准确性和可靠性。

6.1 测试工具的结构及功能

由于目前国内外还未形成关于极端条件下气井井下油管柱振动测试的完整工艺技术,包括测试工具结构、测试方法及其配套技术等,通过调研国内外关于井下温度压力测试工艺及其工具,并结合室内模拟试验的结果,设计了一套油管柱振动测试工具。由前面的分析可知,气流作用下管柱振动严重的位置在屈曲段上部和封隔器以下自由段,而屈曲段容易造成工具失效等问题,因此设计的测试工具主要用来测量油管柱在封隔器以下自由段的振动情况。

管柱振动测试工具结构示意图如图 6.1 所示。振动测试器的上、下两端连接螺纹,均为标准螺纹、上端外螺纹、下端内螺纹,能通过变扣短节与现场下入工具相连。传感器工作室与电池安装部分为一体结构,电子元件部分在前端,电池在后部,通过电池室部分的金属壳体与金属外壳相连,且有双级密封防水;金属外壳为电源负极,旋转电池尾堵即可快速更换电池。

井下管柱振动测试工具的下入过程如图 6.2 所示。通过钢丝绳送入密封装置和温度压力计,当密封装置进入密封筒后,轻轻向下敲击直到密封装置到达缩颈端,然后向下震击剪断下入工具的销钉,旋转锁爪,继续向下震击旋转锁爪,锁爪张开,然后施加过载提拉,确保锁紧装置座放到位,向上震击剪断 D 型探针销钉,提拉钢丝绳提出下入工具,即可完成锁紧装置的坐放。

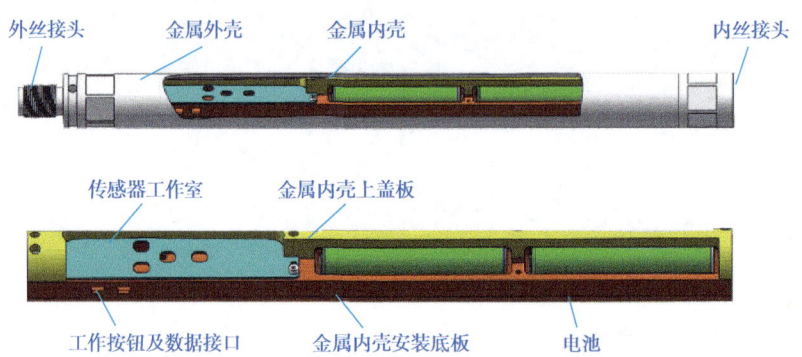

图 6.1 管柱振动测试工具结构图

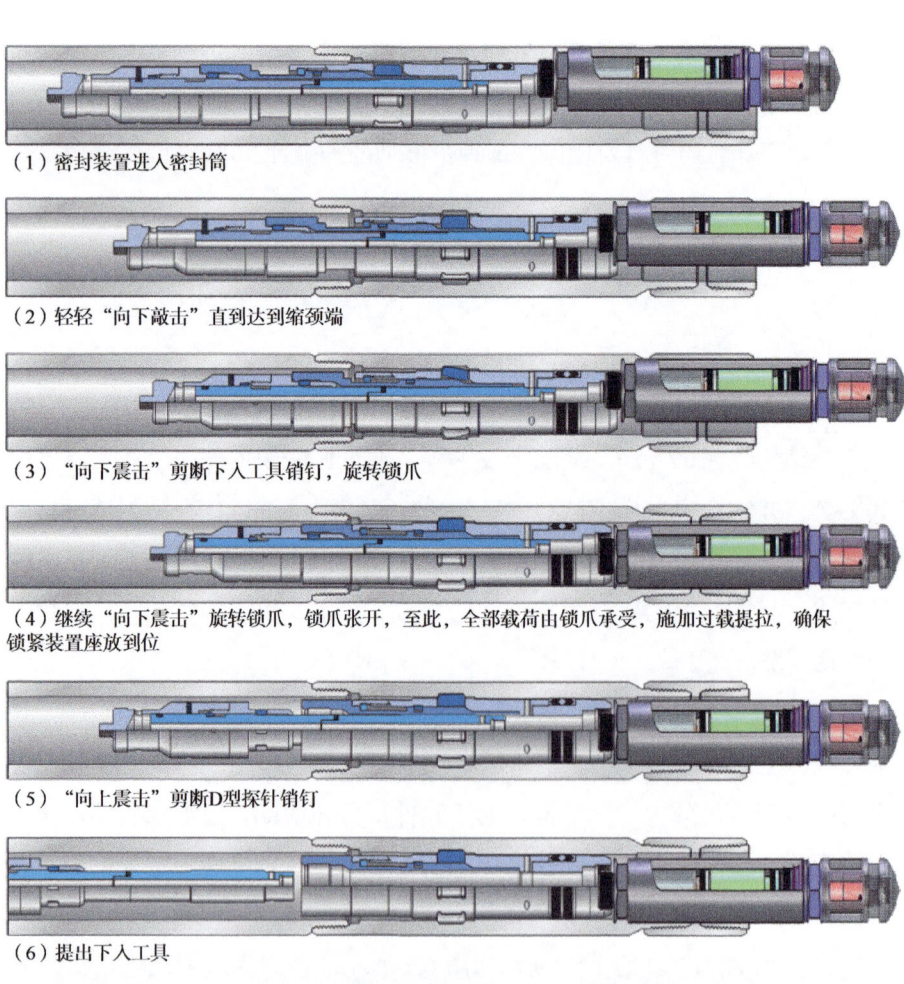

（1）密封装置进入密封筒

（2）轻轻"向下敲击"直到达到缩颈端

（3）"向下震击"剪断下入工具销钉，旋转锁爪

（4）继续"向下震击"旋转锁爪，锁爪张开，至此，全部载荷由锁爪承受，施加过载提拉，确保锁紧装置座放到位

（5）"向上震击"剪断D型探针销钉

（6）提出下入工具

（7）完成锁紧装置座放

图 6.2 管柱振动测试工具的下入过程

6 油管柱振动测试工具设计及现场试验

管柱振动测试工具结构设计图如图 6.3 所示。测试工具包括从上至下依次连接的上堵头、储能单元和测试单元。测试前通过钢丝绳作业将测试工具坐落在管柱上的 R 型坐落短节上，在气井生产过程中，气体瞬变流动会诱发管柱振动，测试工具在井下工作时，储能单元为整个工具供能，通过 3 轴加速度传感器实时测量管柱振动的轴向和径向加速度信号，并将其存储于存储卡中，测试工具具有良好的耐温承压性能，且能够在井下高温高压的环境中长时间连续平稳运行，取出测试工具后通过对振动信号处理得到井下管柱实际振动规律。

上堵头的上端为外螺纹，用于与下入工具相连接，以便下入管柱振动测试工具，上堵头的下端安装密封圈，以确保工具的密封性。

储能单元包括电池、导电棒、绝缘棒、负极电池弹簧片、正极电池弹簧片和电池壳体，电池壳体通过螺纹与上堵头相连接，

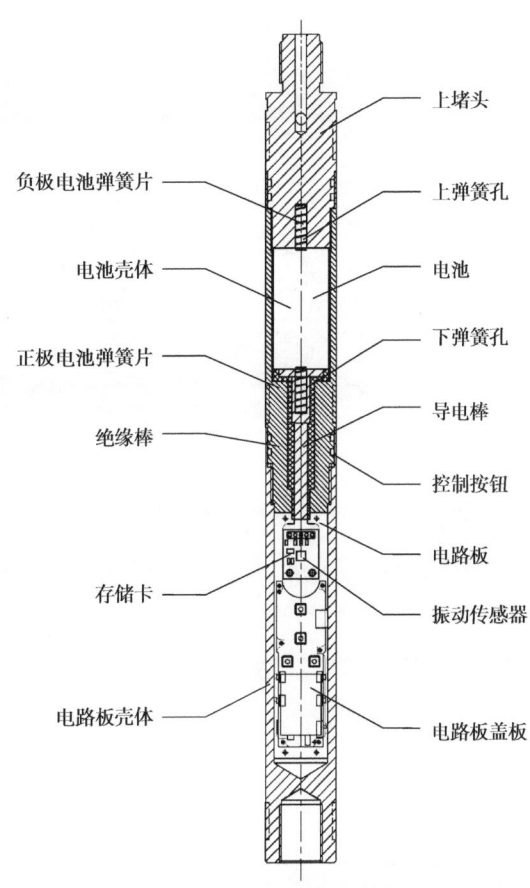

图 6.3 管柱振动测试工具结构设计图

便于更换电池，电池、导电棒和绝缘棒均安装于电池壳体内部，导电棒上端钻有弹簧孔，用以安装正极电池弹簧片，电池的正极与导电棒上端的正极弹簧片相连接，电池的负极与上堵头下端的负极弹簧片相连接，电池通过导电棒对电路板供电，绝缘棒为空心结构，绝缘棒安装在导电棒外部并与导电棒过盈配合，绝缘棒在通电、断电、安装或拆除工具及带电测量时，用来保持工作人员与设备足够绝缘和安全。

测试单元包括控制按钮、电路板、振动传感器、存储卡、电路板盖板、电路板基体和电路板壳体，电路板基体通过螺纹与电路板壳体相连接，便于安装和取出振动传感器和存储卡，振动传感器和存储卡集成安装在电路板上，电路板与导电棒连接，控制按钮安装在电路板壳体上，通过线路与电路板连接，控制整个测试工具的运行，电路板盖板固定覆盖于电路板上，对电路板起到保护作用。振动传感器为 3 轴加速度传感器，能实时测量管柱振动的 X 方向、Y 方向和 Z 方向振动加速度，测量量程为 $\pm 3g$。

根据工具结构设计及技术参数要求，加工完成了管柱振动测试工具，其各部分组件如图 6.4 所示。

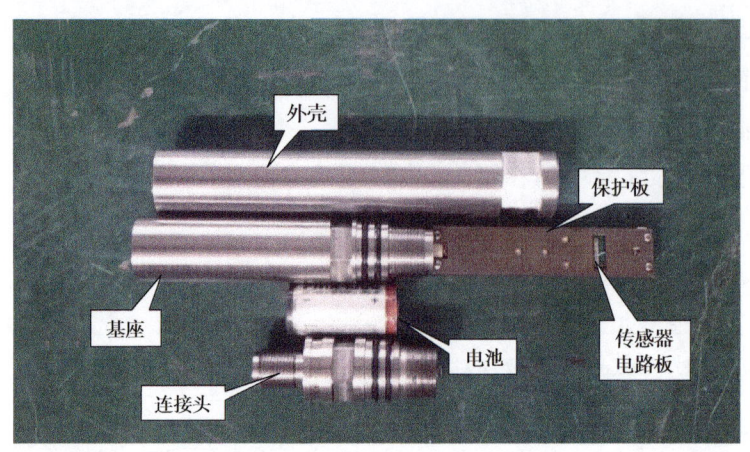

图 6.4 管柱振动测试工具各部分组件

测试工具各部分结构的具体技术参数见表 6.1。加速度传感器可监测水平和垂直方向管柱的振动加速度，传感器测试感应范围为 ±3g，供电电源为 3.3~5V，耐温 150℃；振动测量传感器设计为一键开启记录振动信号，MP3 数据格式存储，容量 8G，可存储 145h，采用四核芯片高速处理；锂电池为国外进口电池，耐温 150℃，可连续工作 7d；测试工具金属外壳的上端为外螺纹，下端为内螺纹，外径为 1.25in，总长度为 400mm，最大承压 60MPa。

表 6.1 测试工具各部分结构技术参数

序号	结构名称	技术参数
1	加速度传感器	3 个方向，即垂直、水平；感应范围：±3g；工作电压：3.3~5V；耐温 150℃
2	振动测量传感器	耐温 150℃；一键开启记录振动信号；MP3 数据格式存储；四核芯片高速处理；存储容量为 8G，可工作 145h
3	锂电池	直流电压 3.7V；可连续工作 7d
4	金属外壳	3/4in-16 牙 UNF 标准接头，上端外螺纹、下端内螺纹；外径 1.25in，总长约 400mm；2205 不锈钢材质，最大承压 60MPa

6.2 测试工具室内测试

6.2.1 耐温承压测试

为了验证本方案设计的井下管柱振动测试工具的有效性，利用多功能电磁吸合器振动台改造室内振动试验台，如图 6.5 所示。该试验台可提供不同强度、振幅、频率、加速度、振动时长等参数。

6 油管柱振动测试工具设计及现场试验

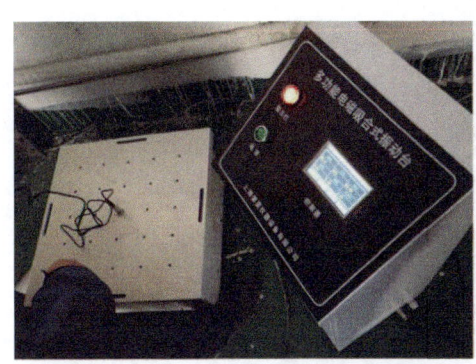
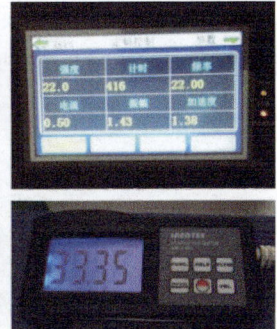

图 6.5 室内振动测试实验台改造

首先开展了测试工具的耐温承压测试,测试目的:验证工具的耐温承压能力,检测工具在高温高压下的工作性能和共振状态,保证测试工具能够在井下高温高压环境中平稳正常运行。

测试过程:将振动测试工具安装好,启动后放入容器内,再将整个容器固定在振动台上,安装好的耐温承压测试装置如图 6.6 所示。然后对容器加温到 150℃和加压到 60MPa,改变振动台的振动频率以模拟井下振动,持续工作 5 天。耐温承压测试结果表明:装置内部密封性良好,无泄漏现象,数据记录正常。

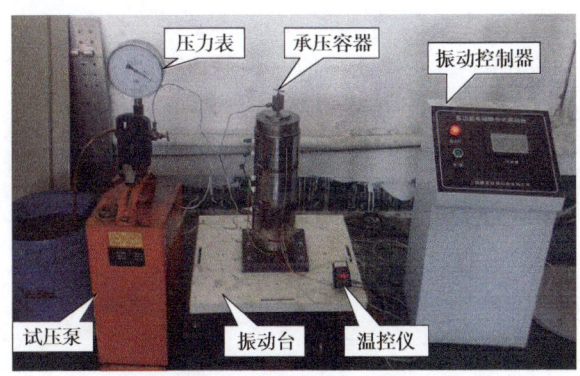

图 6.6 耐温承压测试装置图

6.2.2 振动频率标定测试

为了保证本方案设计和加工的管柱振动测试工具的准确性,开展了测试工具的振动频率标定测试,测试装置如图 6.7 所示,测试目的:对测试工具测量的振动频率标定,使其能够准确测量井下振动频率信号。

测试过程:

(1)将测试工具固定在振动台上(X轴和Y轴方向);

(2)在振动台的振动方向上固定测振仪;

（3）改变振动台的振动频率，记录不同频率下测试工具的信号值；

（4）导出测试工具内数据，整理数据，用测振仪频率与测试工具对应的测量频率（X轴和Y轴）拟合直线，得到标定系数。

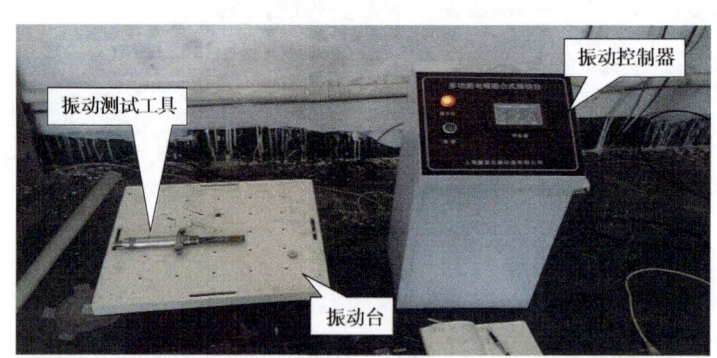

图6.7　频率及加速度测试装置图

将振动台的振动频率分别调至10Hz、15Hz、25Hz、30Hz和40Hz，分别开展测试工具X方向（横向）和Y方向（轴向）振动频率标定测试。

不同振动频率下X方向测试信号强度及频率如图6.8至图6.12所示。由图6.8至图6.12可知，在振动台输出不同频率振动信号下，测试工具监测到的振动信号均为近视的标准正弦信号，说明测试工具测试性能良好，且处理测试信号得到的振动频率均与输出频率十分接近，说明测试工具能够准确地监测振动频率。

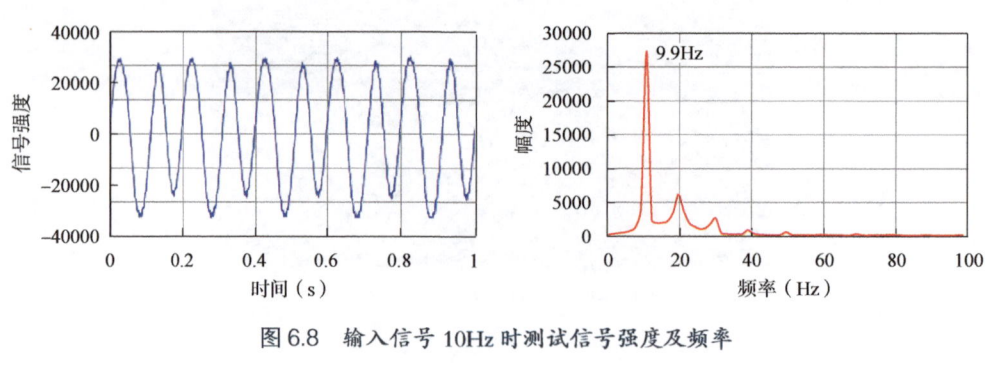

图6.8　输入信号10Hz时测试信号强度及频率

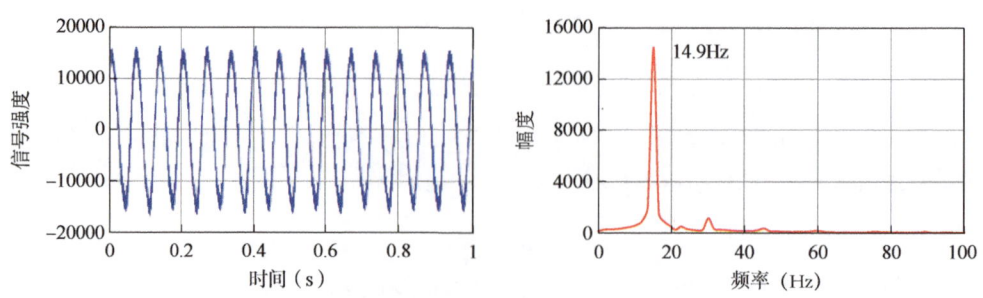

图6.9　输入信号15Hz时测试信号强度及频率

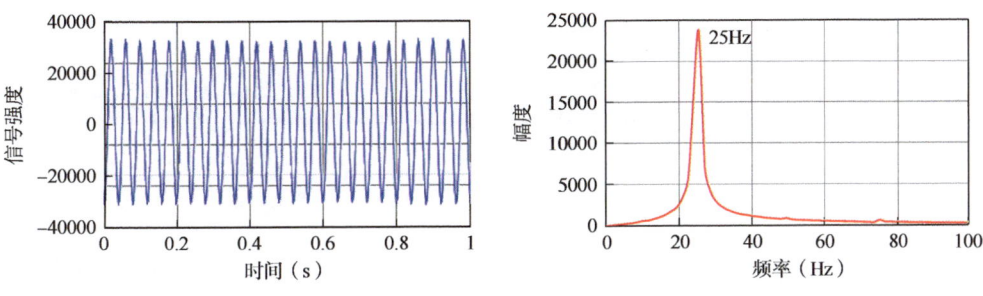

图 6.10　输入信号 25Hz 时测试信号强度及频率

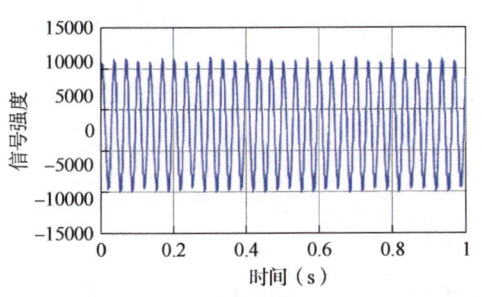
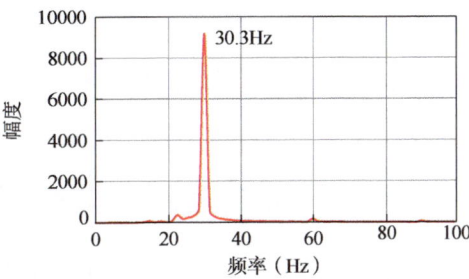

图 6.11　输入信号 30Hz 时测试信号强度及频率

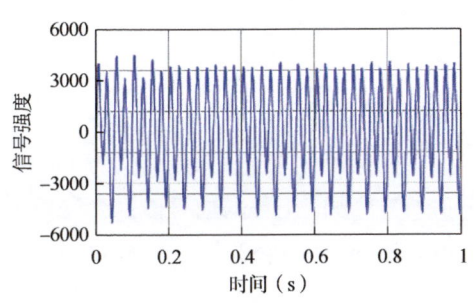
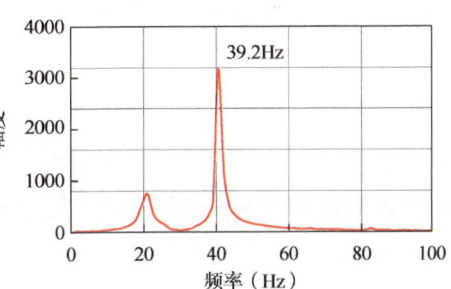

图 6.12　输入信号 40Hz 时测试信号强度及频率

同理，开展了 Y 方向振动频率标定测试，不同振动台输出频率下 X 方向和 Y 方向测量频率见表 6.2。将其作成散点图，并拟合得到测量频率与振动频率之间的线性关系，如图 6.13 所示。

表 6.2　不同振动台输出频率下 X 方向测量频率

振动台输入频率（Hz）	测振装置 X 方向测量频率（Hz）	测振装置 Y 方向测量频率（Hz）
10	9.9	9.9
15	14.9	14.9
25	25	24.9
30	30.3	30.1
40	39.2	39.2

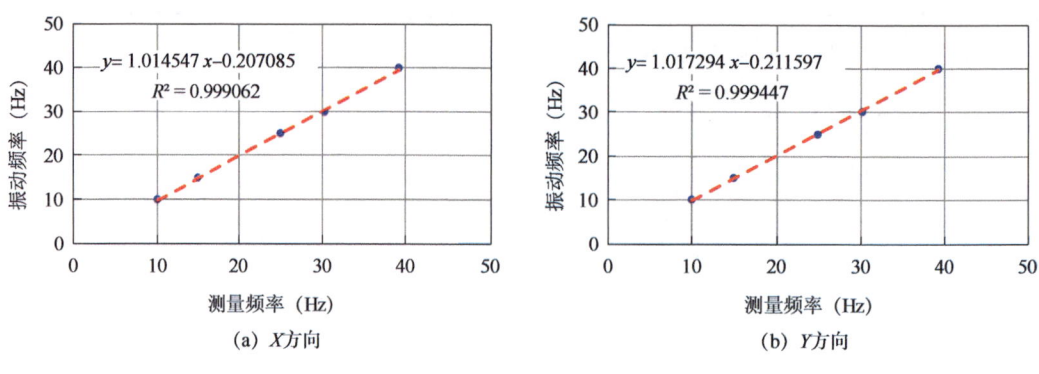

图 6.13 测试工具测量频率随输入频率变化关系

测试结果：测试工具的测量频率与振动台振动频率基本一致，说明测试工具能够准确测量振动的频率。

6.2.3 振动加速度标定测试

为了保证本方案设计和加工的井下管柱振动测试工具的准确性，开展了测试工具的振动加速度标定测试，测试装置如图 6.7 所示，测试目的：对测试工具测量的振动加速度进行标定，使其能够准确测量井下振动加速度信号。

测试过程：

（1）将测试工具固定在振动台上（X 轴和 Y 轴方向）；

（2）在振动台的振动方向上固定测振仪；

（3）改变振动台的振动加速度，记录不同加速度下测试工具的信号值；

（4）导出测振装置内数据，整理数据，用测振仪加速度与测试工具对应的测量信号值（X 轴和 Y 轴）拟合直线，得到标定系数。

在输入频率为 25Hz 下将振动台的振动加速度分别调至 12.1m/s²、6.1m/s²、4.0m/s² 和 2.2m/s²，开展测试工具 X 方向（横向）振动加速度标定测试；然后在输入频率为 15Hz 下将振动台的振动加速度分别调至 10.9m/s²、4.5m/s²、2.9m/s² 和 1.6m/s²，开展测试工具 Y 方向（轴向）振动加速度标定测试。

不同振动加速度下 X 方向和 Y 方向测试信号强度分别如图 6.14 和图 6.15 所示。由图 6.14 和图 6.15 可知，在振动台输出不同振动加速度信号下，测试工具监测到的振动信号均为近视的标准正弦信号，说明测试工具测试性能良好；在同一振动频率不同振动加速度下，测量信号波形相似，波峰和波谷相互对应，且随着振动加速度的降低，测量信号强度也逐渐降低，说明测试工具能够准确地监测振动加速度。

不同振动台输出振动加速度下 X 方向和 Y 方向测量信号强度如图 6.16 所示，将其线性拟合得到 X 方向和 Y 方向测量信号强度与振动加速度之间的线性关系。

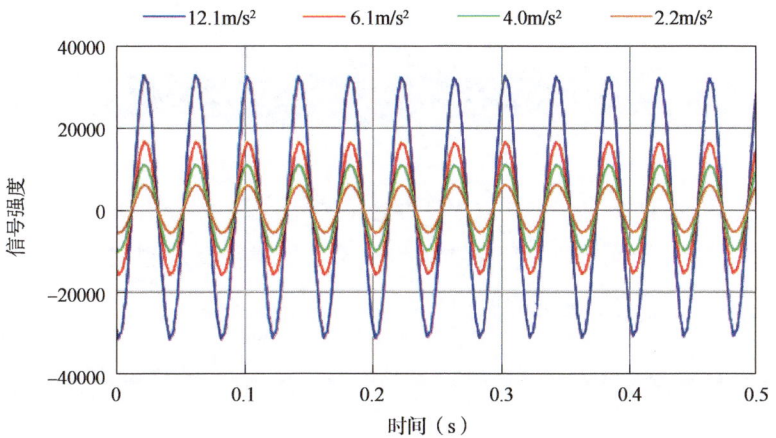

图6.14 不同振动加速度下 X 方向测试信号强度

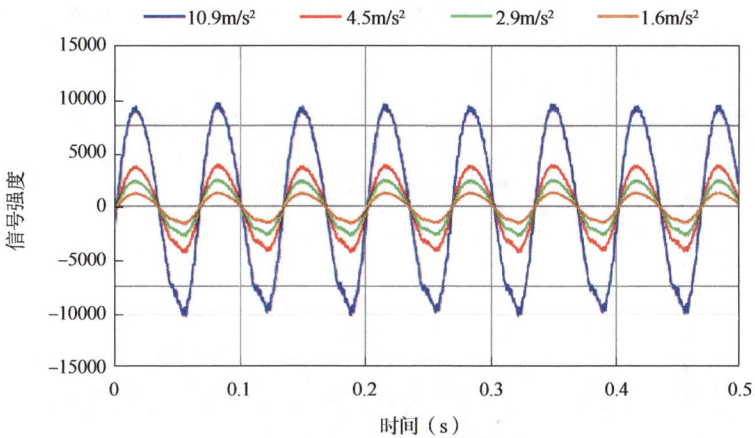

图6.15 不同振动加速度下 Y 方向测试信号强度

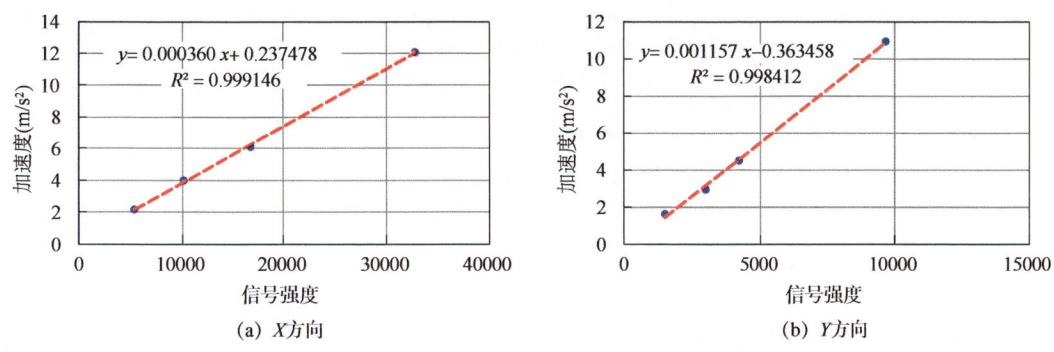

(a) X方向　　　　　　　　　　(b) Y方向

图6.16 测试工具测量信号强度随输入加速度变化关系

测试结果：测试工具的测量信号强度与振动台输出加速度呈线性关系，说明测试工具能够准确测量振动的加速度。

6.3 油管柱振动现场测试及分析

测试目的：了解油管柱在不同气量下的实际振动情况，分析不同气量对管柱安全的影响，为合理配置生产制度以及管柱结构优化设计提供依据。测试采用油管柱振动测试工具，测试油管柱在不同工况下的振动数据。

6.3.1 测试选井基本情况

S4 井于 2014 年 6 月 24 日完钻，并于 2014 年 8 月 29 日完井，完钻井深 4860.00m，油管柱长度为 4562.048m，油管柱外径为 114.3mm，油管壁厚为 6.88mm，R 型坐落短节位置 4549.518m，封隔器坐封于 4489.404m，井下安全阀位置 132.526m，完井管柱结构如图 6.17 所示。

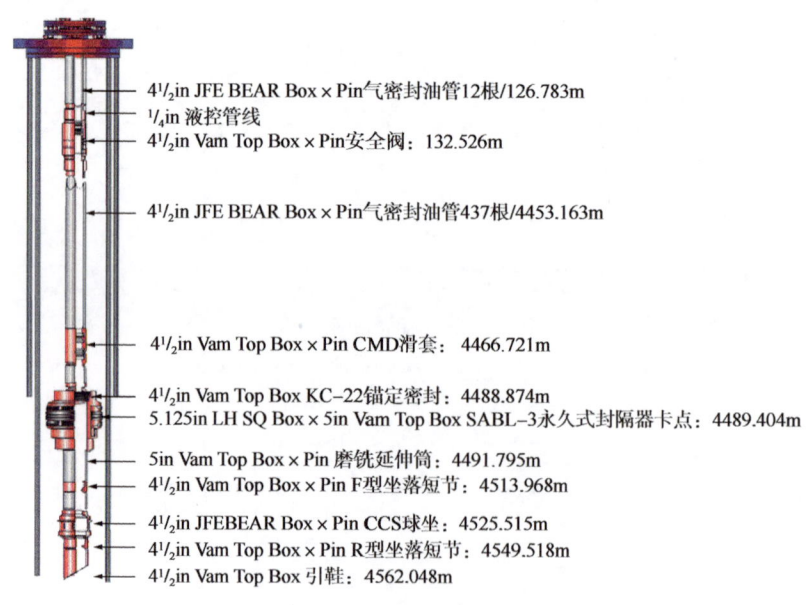

图 6.17 完井管柱结构示意图

6.3.2 测试施工流程

（1）测试节点及录取资料。

在关井状态下下入测试仪表串至 4549.518m（R 型坐落短节位置）处，进行不同生产制度的节点测试，为了保证测试过程的安全性，本次测试将采气量控制在较低范围内，生产制度节点控制参见表 6.3。

6 油管柱振动测试工具设计及现场试验

表6.3 测试节点及录取资料表

序号	测试节点	生产方式	设计气量(10⁴m³/d)	测试时间(h)	录取时间	实际采气量(10⁴m³/d)	节流阀开度(%)	井口压力(MPa)	井口温度(℃)	测点压力(MPa)	测点温度(℃)
1	施工前录取资料	关井	0	0	—	0	0	27.9	3.8	—	—
2	下入测试工具	关井	0	0	—	0	0	27.9	3.8	—	—
3	采气节点1	采气	5	8	8	5	17.5	21.1	29.4	44.8	132
4	采气节点2	采气	10	8	8	10	19.1	23.2	30.2	45.5	133
5	采气节点3	采气	15	8	8	15	20.6	26.2	33.1	46.1	134
6	采气节点4	采气	20	8	8	20	23.2	28.4	35.3	46.5	135
7	采气节点5	采气	15	8	8	15	20.5	26.1	33.2	45.6	134
8	采气节点6	采气	10	8	8	10	19.2	23.4	30.1	44.5	133
9	采气节点7	采气	5	8	8	5	17.6	21.2	29.6	43.8	132
10	平衡	关井	0	2	2	0	0	27.6	2.0	—	—
11	结束	关井	0	0	0	0	0	27.6	2.0	—	—

（2）施工作业流程。

现场施工设备就位与安装→安装井口防喷装置及连接入井工具→井口防喷装置试压→下入管柱振动测试仪表串至设计深度→调节气量进行油管柱振动测试→下入仪表管打捞工具→提出振动测试工具拆卸防喷井口→恢复现场→交井结束测试。

施工过程：

① 2018年12月11日8:00 4$\frac{1}{2}$in放喷井口、注油头和BOP工房试压（15MPa稳压4min，35MPa稳压31min，无刺漏），试压成功。18:00装车。

② 2018年12月12日9:00到达井场，9:30连接防喷井口发现堵塞器与振动测试工具螺纹不匹配，连夜加工变扣。

③ 2018年12月13日9:00再次到达井场，9:20连接防喷井口（图6.18），11:45连接通井规井口清水试压35MPa，稳压10min无刺漏，泄压。

④ 2018年12月13日12:30通井规入井，下至深度4555m。

⑤ 2018年12月13日16:00上提通井规，18:00通井工具出井，将通井规卸下，连接堵塞器与油管柱振动测试工具（图6.19和图6.20），18:30井口清水试压35MPa，稳压10min无刺漏，泄压。18:41仪器入井，22:00仪器下放至R型座落短节上，深度位置4549.518m。震击20min仪器脱开，22:20上提仪器。

⑥ 2018年12月14日00:30辅助下入工具出井。

⑦ 2018年12月16日6:00到达井场，6:30连接防喷井口，7:30井口清水试

压 35MPa，稳压 10min 无刺漏，泄压。7：40 打捞工具入井，10：30 下放至打捞深度 4549.518m，10：40 打捞成功，12：30 测试工具出井，拆防喷井口，恢复井场。14：00 离开井场。

图 6.18　安装井口防喷装置

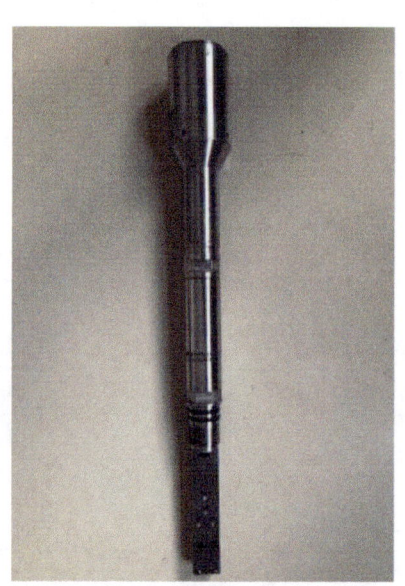

图 6.19　测试工具与变扣短节连接

图 6.20　安装测试工具

6.3.3　现场测试数据分析

图 6.21 为采气量为 $5 \times 10^4 \mathrm{m}^3/\mathrm{d}$ 时管柱振动加速度随时间的变化关系，由图 6.21 可知，管柱振动的轴向加速度大于其横向加速度，轴向振动最大加速度为 $0.18\mathrm{m/s}^2$，而横向振动最大加速度为 $0.049\mathrm{m/s}^2$，说明管柱轴向振动比横向振动更加严重。管柱振动加速度随时间变化无明显规律，说明在气体流动诱发的管柱振动具有一定的随机性。

6 油管柱振动测试工具设计及现场试验

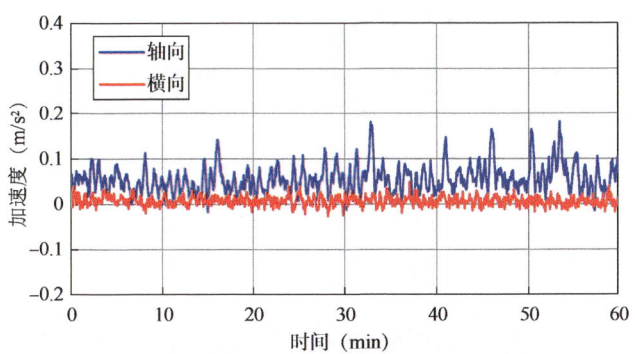

图 6.21 采气量为 $5\times10^4\text{m}^3/\text{d}$ 时管柱振动加速度

图 6.22 为采气量为 $10\times10^4\text{m}^3/\text{d}$ 时管柱振动加速度随时间的变化关系，由图 6.22 可知，管柱振动的轴向加速度大于其横向加速度，轴向振动最大加速度为 0.36m/s^2，而横向振动最大加速度为 0.10m/s^2。

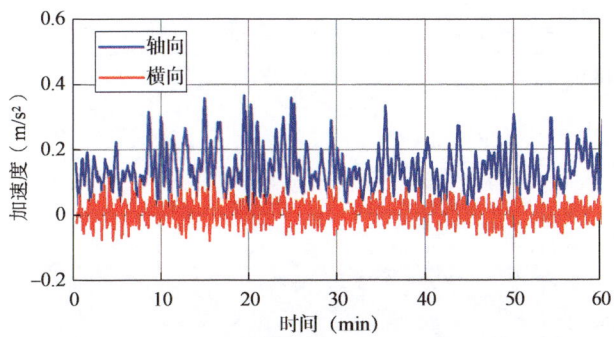

图 6.22 采气量为 $10\times10^4\text{m}^3/\text{d}$ 时管柱振动加速度

图 6.23 为采气量为 $15\times10^4\text{m}^3/\text{d}$ 时管柱振动加速度随时间的变化关系，由图 6.23 可知，管柱振动的轴向加速度大于其横向加速度，轴向振动最大加速度为 0.72m/s^2，而横向振动最大加速度为 0.28m/s^2。

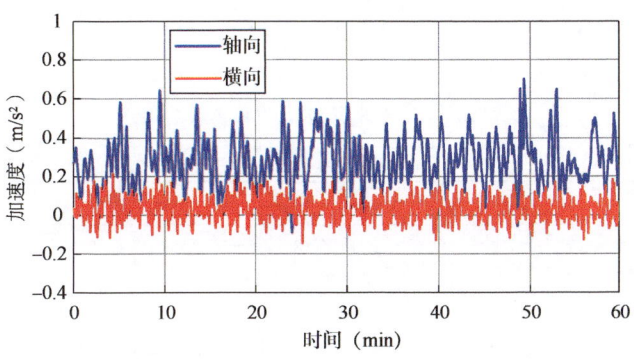

图 6.23 采气量为 $15\times10^4\text{m}^3/\text{d}$ 时管柱振动加速度

图 6.24 为采气量为 $20×10^4m^3/d$ 时管柱振动加速度随时间的变化关系,由图 6.24 可知,管柱振动的轴向加速度大于其横向加速度,轴向振动最大加速度为 $1.07m/s^2$,而横向振动最大加速度为 $0.50m/s^2$。

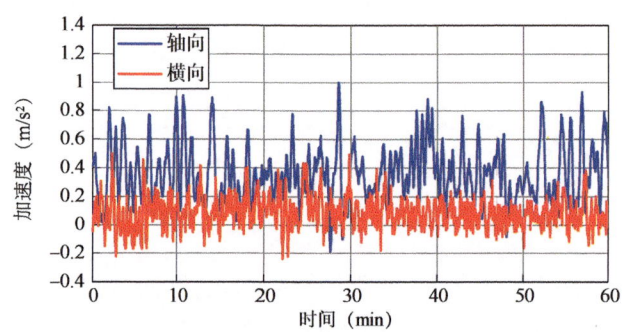

图 6.24 采气量为 $20×10^4m^3/d$ 时管柱振动加速度

图 6.25 为关井后管柱振动加速度随时间的变化关系,由图 6.25 可知,关井后管柱振动加速度值非常小,说明关井后管柱内部无气体流动,无法诱发管柱发生振动,油管柱的振动主要与气体的流动相关。

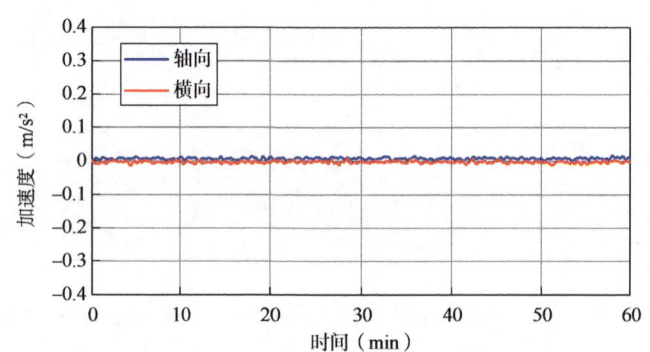

图 6.25 关井后管柱振动加速度

将图 6.21 至图 6.25 中不同采气量下管柱最大振动加速度取出,见表 6.4,并将其做成曲线图,如图 6.26 所示。

表 6.4 不同采气量下管柱振动加速度

采气量（$10^4m^3/d$）	轴向加速度（m/s^2）	横向加速度（m/s^2）
0	0	0
5	0.18	0.049
10	0.36	0.10
15	0.72	0.28
20	1.07	0.50

6 油管柱振动测试工具设计及现场试验

由表 6.4 和图 6.26 可知，随着气量的增加，管柱轴向和横向振动加速度均逐渐增加，说明气量的增加会导致管柱振动加剧，剧烈的轴向振动容易加速管柱的疲劳破坏和断裂失效，而横向振动会增加管柱的弯曲应力，加快油管接箍处与套管之间碰撞接触和摩擦磨损。从整体上看，管柱的轴向振动比横向振动更加剧烈，这是因为气体沿轴向流动，产生的波动压力也是沿轴向，而横向振动的产生是泊松效应的结果。

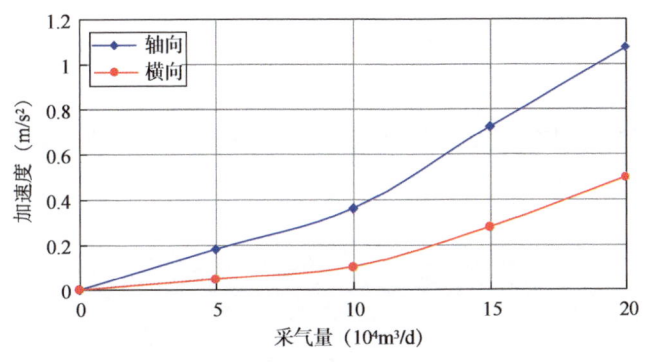

图 6.26 不同采气量下管柱振动加速度

前面分析的是稳定采气阶段管柱的振动情况，在实际生产过程中，还存在生产制度的调整和开关井等操作，图 6.27 和图 6.28 分别为阀门开启和关闭阶段管柱的轴向振动加速度随时间变化关系图。由图 6.27 和图 6.28 可知，管柱在阀门开启和关闭阶段的轴向振动加速度大于稳定采气阶段的振动加速度，说明阀门的突然开启和关闭会引发水击效应，从而造成管柱剧烈振动。对比管柱以不同气量开井或关井时轴向振动加速度可知，当气井阀门瞬间打开并以某一产量生产时，气井生产产量越大，气体流动诱发的压力波动越大，造成的油管柱与其初始状态的差别越大，即油管柱振动越剧烈；同理可知，当气井以某一产量稳定生产且阀门瞬间关闭时，气井初始生产产量越大，造成的油管柱振动越剧烈。因此，现场开关井或调节产量时，应当尽量缓慢调产或阶段性调产，避免阀门瞬间开关造成的强烈水击效应和管柱剧烈振动。

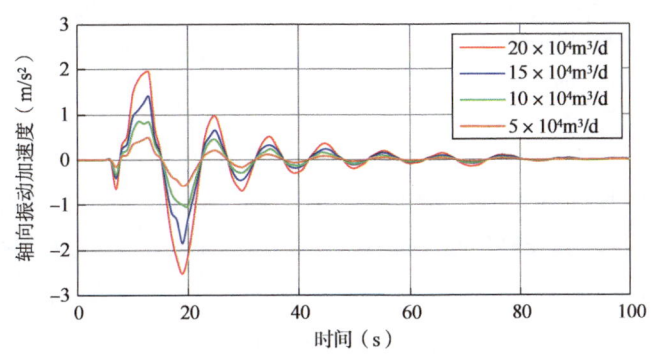

图 6.27 阀门开启阶段管柱的轴向振动加速度

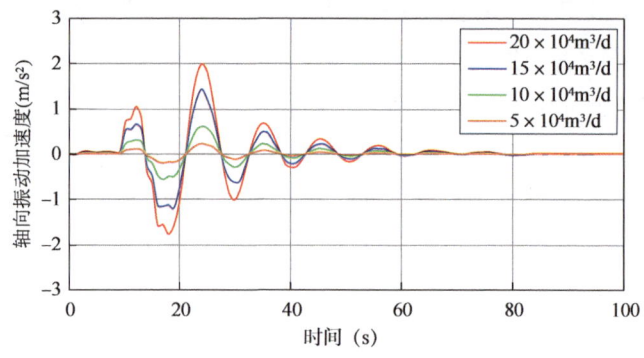

图 6.28 阀门关闭阶段管柱的轴向振动加速度

6.4 理论计算与测试数据对比

为了验证油管柱流固耦联振动模型的准确性及可靠性，利用本书第 4 章建立的油管柱流固耦联振动模型及其数值求解方法，基于 S4 井的管柱结构和初始条件、边界条件等，计算了 S4 井关井过程中的封隔器以下管柱的振动情况，并将理论计算值与现场测试数据进行对比，如图 6.29 所示。

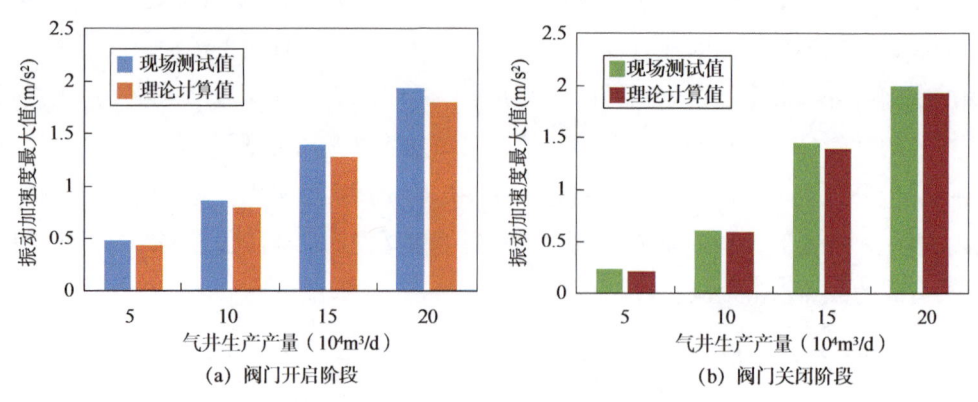

图 6.29 管柱振动加速度的理论值与测试值对比

图 6.29（a）和图 6.29（b）分别为阀门开启阶段和阀门关闭阶段管柱最大振动加速度的理论值与测试值对比。由图 6.29 可知，在不同产量下管柱振动加速度的理论计算值与测试值非常接近，理论计算值只是略小于测试值，这是由于理论计算中无法兼顾考虑管柱的壁面粗糙度等复杂因素，理论值与测试值之间的误差都在 10% 以内，表明本书建立的油管柱流固耦联振动模型及其计算结果是准确可靠的，该模型不仅可用于预测井下油管柱振动情况，还可为优化管柱结构和气井生产参数提供指导。

7 交变载荷作用下油管柱疲劳寿命预测

针对管柱交变载荷下的应力情况，结合损伤累积理论和管材 S—N 曲线，开展了螺纹接头、带卡瓦压痕管体、带冲蚀划痕管体以及带腐蚀坑群管体等含缺陷油管动力学损伤机理分析以及寿命预测。

7.1 油管柱疲劳寿命预测方法

7.1.1 疲劳累计损伤准则

材料在一定的应力幅值 S 作用下，发生疲劳失效前所经历的应力或应变循环次数，称为疲劳寿命，用 N 表示。疲劳寿命取决于材料的力学性能和施加的应力幅值，当材料的强度越低，外加的应力幅值越高，则试样的疲劳寿命就越短。应力幅值 S 和标准试样疲劳寿命 N 之间的关系曲线称为材料的 S—N 曲线[220]。

图 7.1 为典型的材料 S—N 曲线[221]，在 S—N 曲线上可以区分各种疲劳强度的关系。图 7.1 中 A、B、C、D、E 区分别为静强度区、低循环疲劳强度区、有限寿命疲劳强度区、疲劳持久区和变幅疲劳强度区。

疲劳累积损伤理论是材料疲劳分析的理论基础，也是估算变应力幅值下安全疲劳寿命的关键理论。大量学者根据材料损伤累积方式的不同假设，提出不同的疲劳累积损伤理论，具有代表性的疲劳累积损伤理论见表 7.1[222-223]。

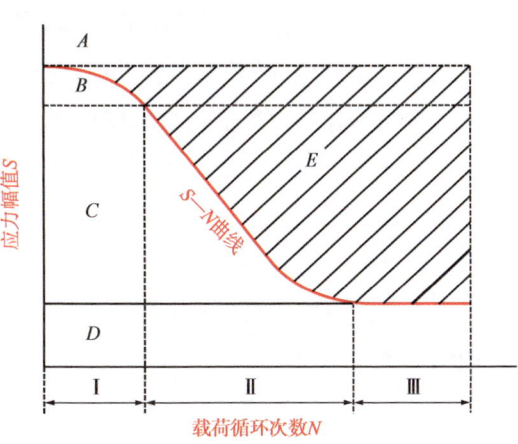

图 7.1 材料 S-N 曲线及各种疲劳强度关系
Ⅰ—低循环区　Ⅱ—有限寿命区　Ⅲ—无限寿命区

表 7.1 疲劳累积损伤理论分类

疲劳累积损伤理论	主要观点	代表理论
线性疲劳累积损伤理论	材料在各个应力幅值下的疲劳损伤是独立进行的，总损伤可以线性叠加	Miner 法则[224–225]
双线性疲劳累积损伤理论	材料在疲劳初期和后期分别按照两种不同的线性规律积累	Mason 双线性损伤累积叠加法则[226–227]
非线性疲劳累积损伤理论	各个载荷所造成的疲劳损伤与其以前的载荷历史有关	损伤曲线法和 Corten–Dolan 理论[228–230]
其他累积损伤理论	多为从试验、观测和分析数据归纳出来的经验或半经验公式	Levy 理论和 Kozin 理论

通过 Miner 损伤法则对油管柱的疲劳损伤进行累积，即假定每一个循环所造成的平均损伤为 $1/N$，这种损伤是可以积累的，n 次恒幅载荷所造成的损伤等于其循环比：

$$D = \frac{n}{N} \tag{7.1}$$

根据 Miner 线性疲劳损伤法则，当总的损伤 D 大于 1，就说明材料发生了失效。

变幅载荷所造成的损伤等于其循环比之和：

$$D = \sum_{i=1}^{l} \frac{n_i}{N_i} \tag{7.2}$$

式中：l 为变幅载荷的应力幅值级数；n_i 为第 i 阶载荷的循环次数；N_i 为第 i 阶载荷下的疲劳寿命。

7.1.2 疲劳寿命预测方法

极端条件下气井油管柱在高速气流作用下发生振动，并承受交变载荷的作用，油管柱内应力也会发生周期性变化，虽然应力值始终没有超过油管材料的强度极限，但是在持续交变载荷作用下可能造成材料在低应力幅值下的破坏。因此，需要以断裂力学理论为基础，预测油管柱在交变载荷下的疲劳寿命。

油管柱疲劳破坏的主要原因是油管柱在制造、运输、上扣、入井等过程中出现微小裂纹，以及生产过程中造成的腐蚀、冲蚀缺陷，在气流冲击振动过程中产生较大的交变应力，而造成裂纹、缺陷处出现应力集中现象，使裂纹扩展所致。

7.1.2.1 名义应力法

名义应力法一般用于高周疲劳计算，认为循环应力是造成疲劳的原因，构件的寿命为构件断裂或者产生临界裂纹之前达到的全部应力循环次数。该方法以应力和应力集中系数为参数，以材料或零部件的 S–N 曲线描述材料的疲劳特性，根据零部件的名义应力和应力集中系数，按 S—N 曲线用疲劳损伤累积理论进行疲劳寿命计算。

根据式（7.3）得出零件的 S—N 曲线，利用 Mises 或 Sines 等方法计算等效应力后，估算零件的疲劳寿命，Mises 法等效应力幅和等效平均应力计算见式（7.4）和式（7.5），Sines 法等效应力幅和等效平均应力计算见式（7.6）和式（7.7）。

$$S_\mathrm{a} = \frac{\beta \varepsilon C_\mathrm{L}}{k_\sigma} \sigma_\mathrm{a} \qquad (7.3)$$

式中：σ_a 为材料 S—N 曲线的应力，Pa；S_a 为相应零件 S—N 曲线的应力，Pa；k_σ 为疲劳缺口系数；ε 为尺寸系数；β 为表面状况系数；C_L 为载荷类型因子。

Mises 等效应力幅[231]：

$$\sigma_\mathrm{eqa} = \frac{1}{\sqrt{2}} \sqrt{(\sigma_{1\mathrm{a}} - \sigma_{2\mathrm{a}})^2 - (\sigma_{2\mathrm{a}} - \sigma_{3\mathrm{a}})^2 - (\sigma_{3\mathrm{a}} - \sigma_{1\mathrm{a}})^2} \qquad (7.4)$$

式中：$\sigma_{1\mathrm{a}}$、$\sigma_{2\mathrm{a}}$、$\sigma_{3\mathrm{a}}$ 为主应力幅值，Pa。

Mises 等效平均应力[231]：

$$\sigma_\mathrm{eqm} = \frac{1}{\sqrt{2}} \sqrt{(\sigma_{1\mathrm{m}} - \sigma_{2\mathrm{m}})^2 - (\sigma_{2\mathrm{m}} - \sigma_{3\mathrm{m}})^2 - (\sigma_{3\mathrm{m}} - \sigma_{1\mathrm{m}})^2} \qquad (7.5)$$

式中：$\sigma_{1\mathrm{m}}$、$\sigma_{2\mathrm{m}}$、$\sigma_{3\mathrm{m}}$ 为主应力平均值，Pa。

Sines 等效应力幅[232]：

$$\sigma_\mathrm{eqa} = \frac{1}{\sqrt{2}} \sqrt{(\sigma_{1\mathrm{a}} - \sigma_{2\mathrm{a}})^2 - (\sigma_{2\mathrm{a}} - \sigma_{3\mathrm{a}})^2 - (\sigma_{3\mathrm{a}} - \sigma_{1\mathrm{a}})^2} \qquad (7.6)$$

Sines 等效平均应力[232]：

$$\sigma_\mathrm{eqm} = \sigma_{1\mathrm{m}} + \sigma_{2\mathrm{m}} + \sigma_{3\mathrm{m}} \qquad (7.7)$$

7.1.2.2 局部应力应变法

局部应力应变法认为循环应变是造成疲劳的原因，结合材料的循环应力应变曲线，通过有限元分析或其他计算方法，将构件上的名义应力谱转换为危险部位的局部应力应变谱，然后根据危险部位的局部应力应变历程结合不同的疲劳损伤模型估算疲劳寿命。疲劳损伤模型主要通过等效应变法、能量法和临界面法确定[233]。

（1）等效应变法。

等效应变法基本上同强度理论的"等效"概念对应，主要有最大主应变准则、Mises 准则和最大剪应变准则，其疲劳寿命预测模型分别见式（7.8）、式（7.9）和式（7.10）[234—235]。等效应变法在预测比例疲劳寿命上比较一致，简单实用，易为工程接受，但是等效应变与寿命之间的关系缺乏明确的物理关系，用于非比例加载时与实际寿命相差较大。

①基于最大主应变幅的寿命估算法。

$$\varepsilon_{1\max} = \frac{\sigma_{\mathrm{f}}}{E}\left(2N_{\mathrm{f}}\right)^{b} + \varepsilon_{\mathrm{f}}\left(2N_{\mathrm{f}}\right)^{c} \tag{7.8}$$

式中：$\varepsilon_{1\max}$ 为最大主应变；σ_{f} 为疲劳强度系数；E 为材料的弹性模量，Pa；N_{f} 为疲劳寿命；ε_{f} 为疲劳延性系数；b 为疲劳强度指数；c 为疲劳延性指数。

②基于 Mises 屈服准则的寿命估算法。

$$\varepsilon_{\mathrm{eq}} = \frac{\sigma_{\mathrm{f}}}{E}\left(2N_{\mathrm{f}}\right)^{b} + \varepsilon_{\mathrm{f}}\left(2N_{\mathrm{f}}\right)^{c} \tag{7.9}$$

其中，等效应变为

$$\varepsilon_{\mathrm{eq}} = \frac{\sqrt{2}}{3}\sqrt{\left(\varepsilon_{1}-\varepsilon_{2}\right)^{2} - \left(\varepsilon_{2}-\varepsilon_{3}\right)^{2} - \left(\varepsilon_{3}-\varepsilon_{1}\right)^{2}} \tag{7.10}$$

③基于最大剪应变屈服理论的寿命估算法。

$$\gamma_{\max} = \left(1+\mu_{\mathrm{e}}\right)\frac{\sigma_{\mathrm{f}}}{E}\left(2N_{\mathrm{f}}\right)^{b} + \left(1+\mu_{\mathrm{p}}\right)\varepsilon_{\mathrm{f}}\left(2N_{\mathrm{f}}\right)^{c} \tag{7.11}$$

式中：$\gamma_{\max}$ 为最大剪应变；μ_{e} 为材料弹性泊松比；μ_{p} 为材料塑性泊松比。

（2）能量法。

能量法认为塑性功的累积是产生材料不可逆损伤继而导致疲劳破坏的主要原因，该方法将塑性功作为标量，不能反映多轴疲劳破坏的取向，计算时需要精确的本构方程，在塑性应变较小时难以进行寿命估算。

（3）临界面法。

临界面法认为材料失效发生在某一给定的损伤参数达到最大的平面，即疲劳损伤本质上是有方向的，疲劳损伤的累积、寿命预测都在该平面上进行[236]，临界面法是被业界广泛认同的多轴疲劳寿命预测模型，1973 年 Brown 和 Miller 等提出新的疲劳理论[237]，认为裂纹的产生发生在特定的平面。

使用多轴疲劳寿命的临界面法预测疲劳寿命时首先要找出临界损伤平面，然后将其平面上的剪切和法向应力（应变）进行各种组合来构造多轴疲劳损伤参量，建立疲劳寿命预测方程。

在多轴加载条件下，初期的裂纹沿着或基本沿着最大剪应变平面的方向形成，随后近似的沿该平面的法向应变方向扩展。通常把具有最大剪应变的平面定义为临界面，临界面上的最大剪应变和垂直于最大剪应变方向的正应变作为衡量疲劳的损伤参量。对于第一、第三主应变平行于表面，裂纹沿表面扩展的 A 型裂纹，Brown 和 Miller 提出的寿命估算模型为

$$\gamma_{\max} + k\varepsilon_n = A\frac{\sigma_f}{E}(2N_f)^b + B\varepsilon_f(2N_f)^c \qquad (7.12)$$
$$A = 1.3 + 0.7k \quad B = 1.5 + 0.5k$$

式中：$\gamma_{\max}$ 为临界面上的剪应变；ε_n 为临界面上的最大正应变；k 为材料常数。根据广义胡克定律和应力应变关系，多轴应力状态下 $\gamma_{\max} = \varepsilon_1 - \varepsilon_3$，$\varepsilon_n = (\varepsilon_1 + \varepsilon_3)/2$。

Lohr 等通过对薄壁件进行拉扭复合比例加载实验，认为法向最大剪应变 γ^* 发生在与自由表面交截成 45° 的平面上，该平面上的法向应变 ε_n^* 起的作用较小[238]。该法认为引起裂纹向试件内部扩展的应变要比促使裂纹沿表面扩展的应变更重要，在进行疲劳损伤计算时要区别对待，对弹性应变和塑性应变选取合适的泊松比，可得下式：

$$\frac{\Delta\gamma^*}{2} + 0.4\varepsilon_n^* = 1.44\frac{\sigma_f}{E}(2N_f)^b + 1.60\varepsilon_f(2N_f)^c \qquad (7.13)$$
$$\Delta\gamma^* = \Delta(\varepsilon_1 - \varepsilon_3) \quad \varepsilon_n^* = \Delta(\varepsilon_1 + \varepsilon_3)/2$$

Socie 研究了比例加载下拉扭复合加载的多轴疲劳实验，在实验中加入了平均应变，以便考虑疲劳应力对寿命的影响，经过实验得出如下的寿命估算式[239]：

$$\hat{\gamma}_p + 1.5\varepsilon_{np} + 1.5\frac{\hat{\sigma}_{no}}{E} = \gamma_f'(2N_f)^c \qquad (7.14)$$

式中：$\hat{\gamma}_p$ 为最大剪应变幅平面上的塑性应变幅；ε_{np} 为最大剪应变幅平面上的正应变幅；$\hat{\sigma}_{no}$ 为最大剪应变幅平面垂直的平均应力。

Socie 对 Lohr、Ellision 的疲劳寿命估算模型做了修正，所给出的修正公式中考虑了平均应力对寿命的影响，其疲劳寿命表达式如下：

$$\gamma_p^* + 0.4\varepsilon_{np}^* + \frac{\sigma_{no}^*}{E} = 1.6\varepsilon_f'(2N_f)^c \qquad (7.15)$$

式中：γ_p^* 为最大剪应力平面上的塑性剪应变幅；ε_{np}^* 为最大剪应力平面上的法向应变塑性幅值；σ_{no}^* 为最大剪应力平面上的法向平均应力。

1997 年尚德广等提出与加载路径无关的多轴疲劳损伤参量，认为临界损伤平面上的最大剪应变与法向应变是影响疲劳寿命的主要因素，利用 von Mises 准则建立等效损伤参量，结合 Manson–Coffin 方程，其疲劳寿命预测为[240]

$$\sqrt{\varepsilon_n^2 + \frac{1}{3}\gamma_{\max}^2} = \frac{\sigma_f'}{E}(2N_f)^b + \varepsilon_f'(2N_f)^c \qquad (7.16)$$

基于应力的疲劳寿命预测方法主要应用在循环应力较小的高周多轴疲劳寿命中，对于循环应力较大，甚至出现塑性应变的低周多轴疲劳时，疲劳损伤参量只能选择等效应变参量，可以选用基于应变的疲劳寿命预测方法，也可以选用基于临界面法的疲劳寿命预测方法。

7.1.2.3 基于断裂力学的含缺陷油管疲劳寿命研究

油管柱在加工、运输、上扣、入井等过程中产生的初始裂纹，在生产过程中造成的腐蚀、冲蚀缺陷，这些都对油管柱的疲劳寿命产生重大的影响，因此用断裂力学方法计算含缺陷油管柱的疲劳寿命更合理。

在交变载荷作用下，裂纹长度 a 随交变载荷循环数 N 的增加而加大，疲劳裂纹扩展速率 da/dN，即交变载荷每循环一次所对应的裂纹扩展量，在疲劳裂纹扩展过程中如随 N 不断变化，每一瞬时的 da/dN 即为 a–N 曲线在该点的斜率。

（1）Paris 公式。

$$da/dN = C(\Delta K)^n \quad (7.17)$$

式中：C 和 n 为常数，由试验确定。

（2）Walker 公式。

① $R \geqslant 0$。

$$da/dN = C\left[(1-R)^m K_{\max}\right]^n \quad (7.18)$$

式中：C、m 和 n 由试验确定，对大多数金属材料而言，m 的取值范围为 0.4~0.6。

② $R \leqslant 0$。

$$da/dN = C\left[(1-R)^{m_1-1} \Delta K\right]^n \quad (7.19)$$

式中：C 和 n 与 $R \geqslant 0$ 时相同，对大多数金属材料而言，m_1 的取值范围为 0.1~0.2。

（3）Forman 公式。

$$da/dN = C(\Delta K)^n / \left[K_c(1-R) - \Delta K\right] \quad (7.20)$$

（4）Hartman 公式。

$$da/dN = C(\Delta K - \Delta K_{th})^n \quad (7.21)$$

（5）Klesnil 公式。

$$da/dN = C(\Delta K^n - \Delta K_{th}^n) \quad (7.22)$$

（6）IAB 公式。

$$da/dN = C(\Delta K^n - \Delta K_{th}^n) / \left[K_c(1-R) - \Delta K\right] \quad (7.23)$$

Paris 公式由于形式简单，一直得到广泛的应用，它能够较好地描述裂纹扩展的第Ⅱ阶段。Walker 公式也主要用于描述裂纹扩展的第Ⅱ阶段，它是 Paris 公式的改型，增加了对应力比 R 的考虑。Forman 公式可以更好地描述裂纹扩展的第Ⅲ阶段。Hartman 公式和

Klesnil公式主要用于描述第Ⅰ阶段的裂纹扩展规律。IAB公式可以全面地描述裂纹扩展的三个阶段,但公式的复杂性就决定了它在工程应用中不多。

7.2 含缺陷油管柱动力学损伤机理分析及疲劳寿命预测

7.2.1 油管外壁卡瓦压痕

极端条件下气井油管柱在下入时上扣过程中通常需要采用气动卡瓦对下部油管柱进行固定,此时卡瓦牙会吃入油管外壁一定深度,从而造成油管外壁产生压痕。现场调研发现,随着井深的增加,卡瓦悬挂的油管柱重量增加,卡瓦牙吃入油管的深度增加,从而造成油管外壁上的压痕加深,如图7.2所示。

(a)油管下入2000m　　　　(b)油管下入7380m

图7.2　油管外壁卡瓦压痕

由于卡瓦压痕的位置接近油管接头,在生产过程中交变载荷作用下,此处会产生应力集中并导致裂纹萌生和扩展,最终导致油管失效。某气井油管刺穿失效如图7.3所示,油管刺穿发生在距该油管接箍端面40mm处,刺穿部位长度约为18mm,附近的油管外表面有非常严重的卡瓦牙咬伤的周向沟槽,损伤部位长度约为150mm。

图7.3　刺穿油管外表面宏观形貌

在 ANSYS 中建立油管外壁卡瓦压痕的有限元模型如图 7.4 和图 7.5 所示，图 7.5 中油管横截面上共有 15 条卡瓦压痕，其深度为 h，宽度为 l，每条压痕对应的圆心角 α 为 20°，油管上共有 40 组这样的压痕，每组纵向间隔为 7.5mm。由于卡瓦压痕附近是力学分析的重点，对卡瓦压痕附近进行精细化网格剖分，采用加密四面体网格；对远离卡瓦压痕区域的油管进行结构化网格扫描。

模型边界条件为：油管底部施加固定约束，油管顶部施加轴向拉力 F_a，油管外部施加外压 p_{out}，油管内部施加内压 p_{in}。

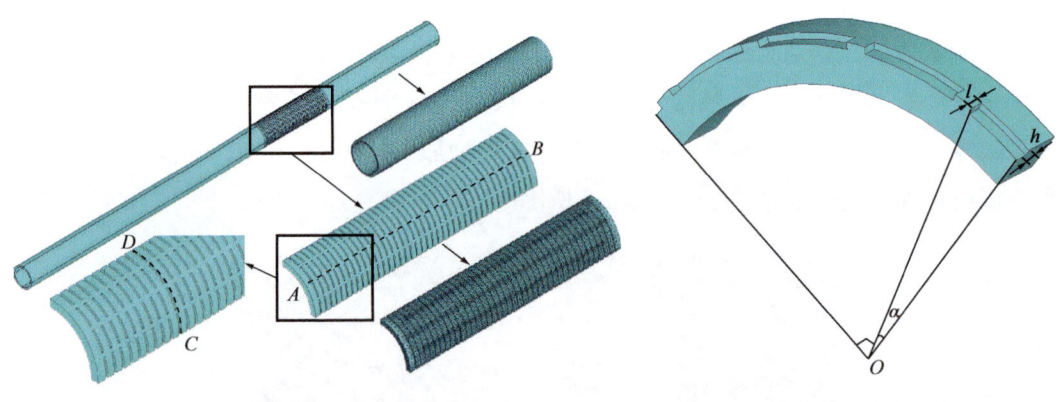

图 7.4　含卡瓦压痕的油管有限元模型　　　　图 7.5　油管外壁卡瓦压痕示意图

参照第 4.4 节计算结果，当阻尼系数 $\alpha=0.8$ 时，油管柱受迫振动的最大轴向力振幅为 200kN。因此，对油管顶部施加轴向拉力 F_a 为 200kN，油管外部施加外压 p_{out} 为 66MPa，油管内部施加内压 p_{in} 为 109MPa，研究不同压痕深度下油管 Mises 应力分布，如图 7.6 所示。由图 7.6 可知，在轴向载荷和内外压的作用下，最大 Mises 应力出现在油管内壁，而油管外壁的最大 Mises 应力出现在压痕附近，压痕附近油管的应力分布很不均匀；随着压痕深度的增加，压痕附近的应力也逐渐增加，应力分布越来越不均匀。

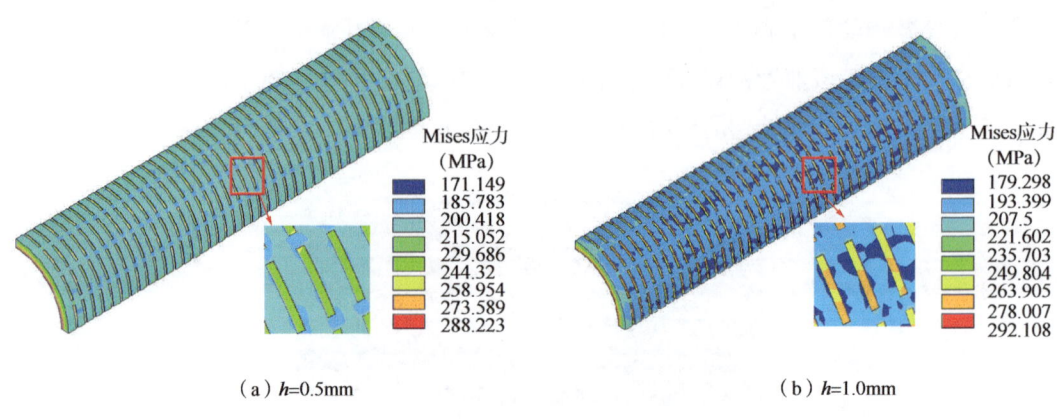

(a) $h=0.5$mm　　　　　　　　　　　　(b) $h=1.0$mm

图 7.6　不同压痕深度 h 下油管 Mises 应力分布云图

7 交变载荷作用下油管柱疲劳寿命预测

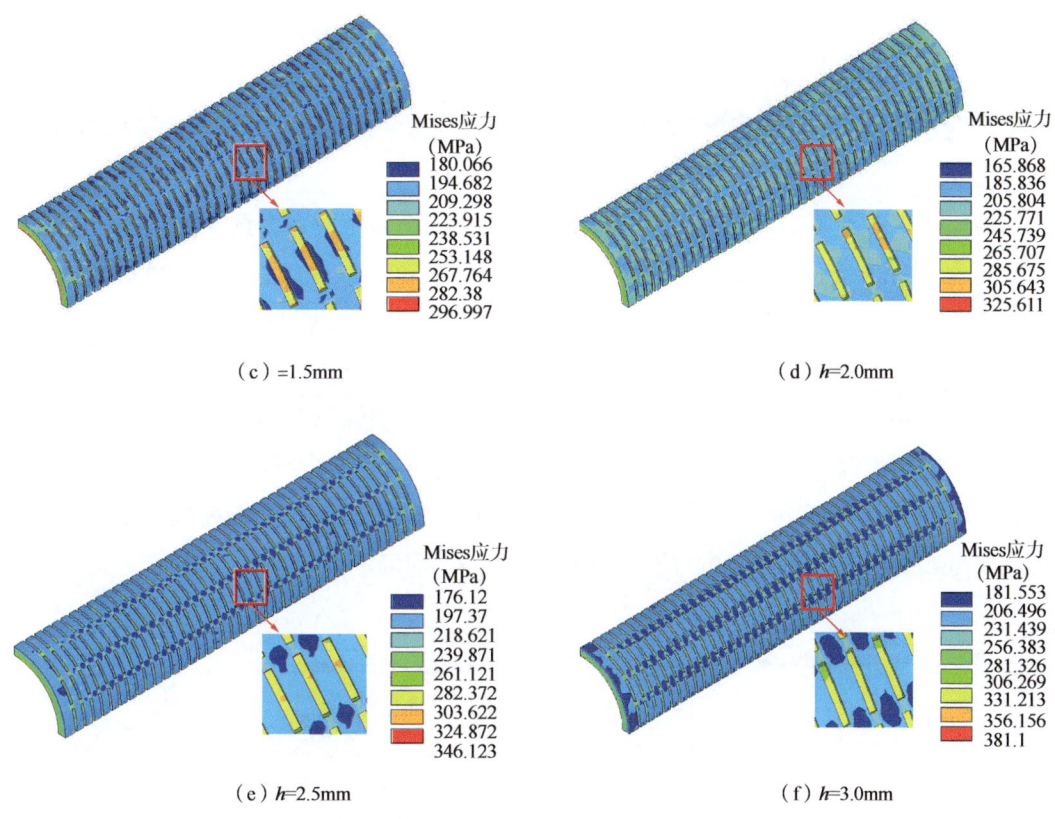

(c) h=1.5mm (d) h=2.0mm

(e) h=2.5mm (f) h=3.0mm

图 7.6 不同压痕深度 h 下油管 Mises 应力分布云图（续）

不同压痕深度下油管外壁沿圆周的 Mises 应力分布如图 7.7 所示。由图 7.7 可知，油管外壁的卡瓦压痕改变了管柱的应力分布状态，当油管外壁没有卡瓦压痕时，油管外壁的应力均匀分布，为 215.85MPa，随着压痕深度的增加，油管外壁应力分布越来越不均匀，而且压痕底部为 Mises 应力最大的区域，此处存在明显的应力集中，而压痕附近还存在一个应力低值区域，此处的应力比没有压痕时更低，且随着压痕深度的增加而继续降低。由以上分析可知，油管外壁卡瓦压痕对油管的应力分布影响很大，使油管发生应力集中和强度退化，在生产过程中交变载荷作用下可能发生疲劳断裂。

压痕附近的应力集中是影响油管强度和疲劳破坏的主要原因，本节主要分析油管沿相邻压痕之间的路径及压痕附近的应力集中系数 k 变化。应力集中系数表示为相同载荷作用下，压痕附近 Mises 应力与无压痕时油管的平均 Mises 应力之比：

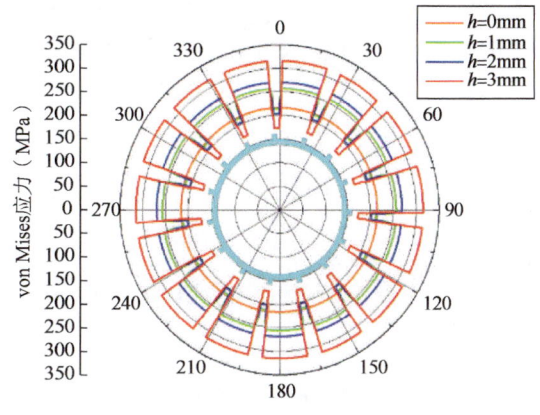

图 7.7 油管外壁 Mises 应力分布

$$k = \frac{\sigma_{max}}{\sigma_{avg}} \quad (7.24)$$

式中：σ_{max} 为卡瓦压痕附近油管的 Mises 应力，MPa；σ_{avg} 为无压痕时油管的平均 Mises 应力，MPa。

不同压痕深度下沿油管外壁沿 AB 路径的应力集中系数分布如图 7.8 所示。由图 7.8 可知，沿轴向路径上应力集中主要发生在相邻压痕之间，且伴随着压痕深度的增加，应力集中系数增大。当压痕深度为 1mm 时，沿轴向路径的应力集中系数均小于 1，说明压痕深度较小时油管外壁的 Mises 应力较无压痕时更小；当压痕深度为 2mm 时，压痕区域两端的应力集中系数大于 1，发生了一定的应力集中，其余区域的应力仍小于无压痕时的情况；当压痕深度为 3mm 时，相邻压痕之间区域的应力集中系数大于 1，压痕附近还存在一个应力低值区域，该区域的应力集中系数小于 1，说明压痕深度较大时沿轴向路径的 Mises 应力发生较大改变，应力分布变得更加不均匀。

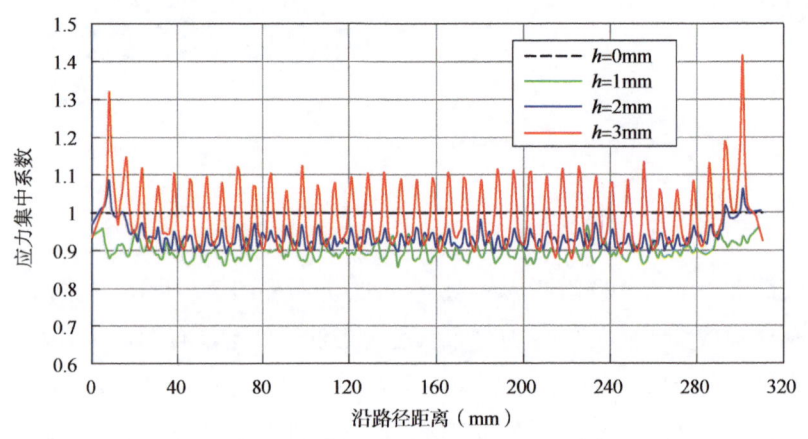

图 7.8　不同压痕深度下油管应力集中系数图

在以上静力学有限元分析的基础上，对模型施加交变载荷，利用 ANSYS Workbench 中的 Fatigue Tool 模块可以得到模型在不同载荷谱情况下的损伤情况和疲劳寿命云图。

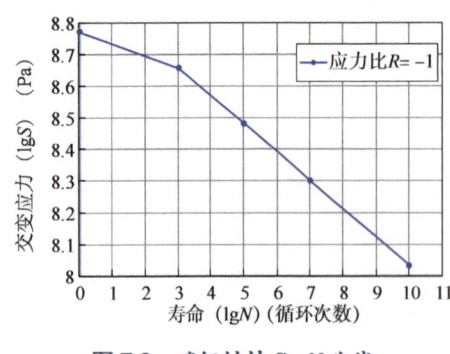

图 7.9　碳钢材料 S—N 曲线

应力—寿命曲线又称 S—N 曲线，结构在交变应力作用下，要经过一定次数的循环才会发生疲劳破坏，而且在同一循环特征下，交变应力越大，经历的循环次数越少。图 7.9 为碳钢材料的 S—N 曲线。

结构的疲劳寿命不仅与材料属性有关，还与施加的载荷及载荷历程有关，定义载荷幅值和载荷比分别为

$$F_A = \frac{1}{2}(F_{max} - F_{min}) \qquad (7.25)$$

$$R = \frac{F_{max}}{F_{min}} \qquad (7.26)$$

式中：F_A 为载荷幅值，N；R 为载荷比；F_{max} 为疲劳分析中施加的最大载荷值，N；F_{min} 为疲劳分析中施加的最小载荷值，N。

对模型施加对称循环载荷（载荷比 $R=-1$），得到压痕深度为 3mm 时不同载荷幅值油管疲劳寿命分布，如图 7.10 所示。由图 7.10 可知，油管出现疲劳的位置在卡瓦压痕底部和相邻压痕之间的区域；当载荷幅值为 200kN 时，其最小疲劳寿命（循环次数）为 42696；当载荷幅值增加到 300kN 时，其最小疲劳寿命（循环次数）为 154，此时油管的疲劳寿命非常低，已经不能满足极端条件下气井正常生产的要求。

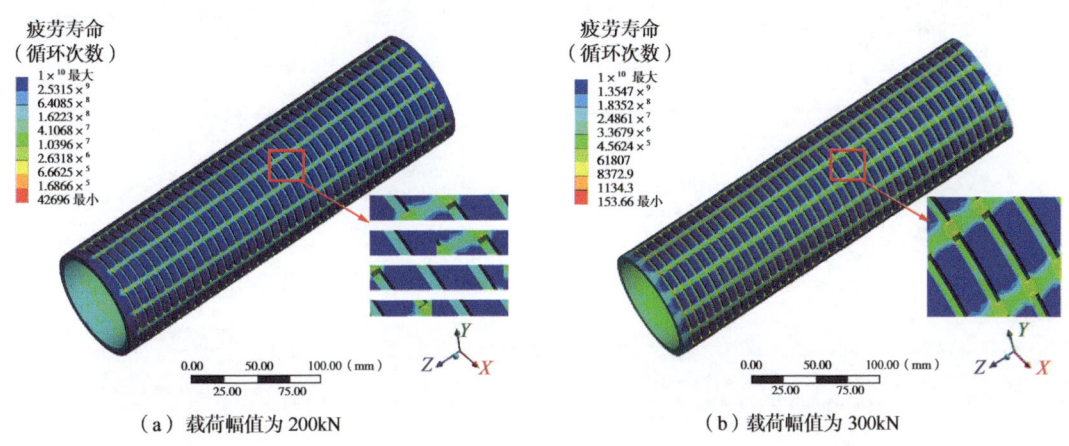

(a) 载荷幅值为 200kN　　　(b) 载荷幅值为 300kN

图 7.10　压痕深度为 3mm 时不同载荷幅值油管疲劳寿命分布云图

同时，得到了卡瓦压痕油管模型的疲劳敏感性曲线，如图 7.11 所示。图 7.11 描述了模型的疲劳寿命随载荷幅值的变化关系，载荷幅值从 100kN 增加到 150kN 过程中，油管的疲劳寿命（循环次数）由 1.03×10^8 降低到 1.08×10^6，在此范围内，载荷幅值的增加导致油管疲劳寿命迅速降低，即载荷幅值在 100~150kN 范围内，油管疲劳寿命对于载荷幅值的变化显得较为敏感。

7.2.2　油管内壁腐蚀

当地层产出的天然气含有 CO_2、H_2S 等腐蚀性气体时，会对油管内壁产生腐蚀，在油管内壁上形成一系列点蚀坑，在生产过程中

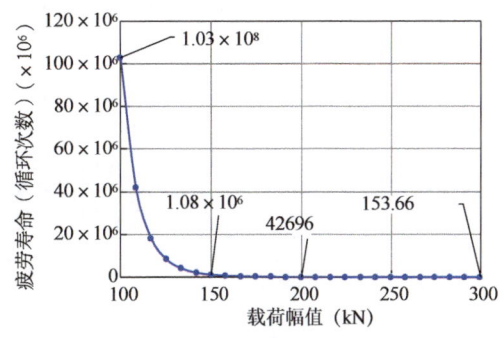

图 7.11　油管外壁卡瓦压痕疲劳敏感性曲线

交变载荷作用下，点蚀坑处会产生应力集中并导致裂纹萌生和扩展，最终导致油管开裂失效。根据腐蚀坑的几何形状和腐蚀坑的深度，当前的计算模型可分为三类，如图 7.12 所示，分别为：模型Ⅰ，腐蚀坑 r_1 半径大于腐蚀坑的深度；模型Ⅱ，腐蚀坑 r_1 半径等于腐蚀坑的深度；模型Ⅲ，腐蚀坑 r_1 半径小于腐蚀坑的深度，图 7.12 中的阴影区域是腐蚀区域。当结构的内壁存在腐蚀坑后，根据不同的腐蚀坑几何尺寸与形貌特征，可由不同的力学模型来描述[241-243]。

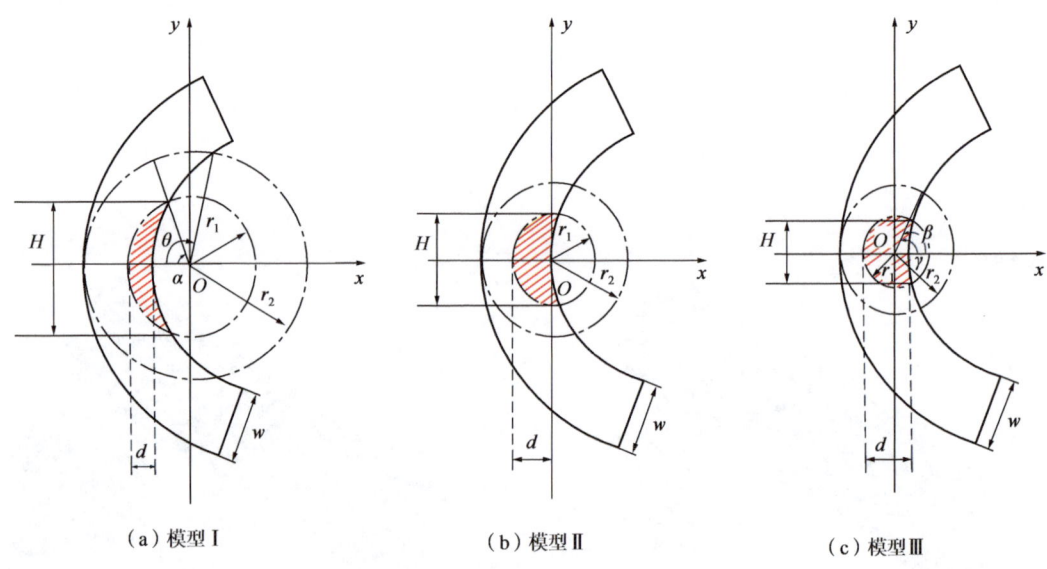

图 7.12 不同腐蚀坑计算模型

在图 7.12 中，腐蚀坑的宽度 H 可以表示为

$$H = 2\sqrt{r_1^2 - (r_1^2 - d)} \tag{7.27}$$

式中：r_1 为腐蚀坑的半径，mm；d 为腐蚀坑的深度，mm。

油管柱外壁到腐蚀坑中心的距离 r_2 可以表示为

$$r_2 = W + r_1 - d \tag{7.28}$$

式中：W 为油管壁厚，mm。

在图 7.12（a）中，有一系列的几何角，这些角度可以表示为

$$\begin{cases} \alpha = \arccos\left(\dfrac{r_1 - d}{r_1}\right) \\ \theta = \arccos\left(\dfrac{r_1 - d}{r_2}\right) \end{cases} \tag{7.29}$$

在图 7.12（c）中，有一系列的几何角，这些角度可以表示为

$$\begin{cases} \beta = \arccos\left(\dfrac{d-r_1}{r_1}\right) \\ \gamma = \arccos\left(\dfrac{d-r_1}{r_2}\right) \end{cases} \quad (7.30)$$

许多学者对带有腐蚀坑圆筒的力学问题进行了研究。Timoshenko[244]给出了有腐蚀坑的圆柱体最危险截面轴向应力计算公式。Sun[245-246]从弹塑性力学的角度研究了缺陷壳体的应力集中规律。Lin[247]结合 Timoshenko 和孙凯的研究结果，修正了模型Ⅰ、模型Ⅱ和模型Ⅲ下有腐蚀坑圆柱的力学平衡系数，最后给出了应力集中系数的计算公式，其中模型Ⅰ可表示为

$$a_{C1} = a \cdot C = a \cdot \dfrac{r_2^2 \theta - (r_1 - d) \cdot \sqrt{r_2^2 - (r_1 - d)^2}}{r_2^2 \theta - r_1^2 \alpha - (r_1 - d)^2 (\tan\theta - \tan\alpha) + A} \quad (7.31)$$

$$A = \dfrac{r_1^3 (4B - 5B\mu + 3r_1^2 C)}{7 - 5\mu} \quad (7.32)$$

$$B = \dfrac{\sin\theta - \sin\alpha}{r_1 - d} + \dfrac{\alpha}{r_1} - \dfrac{\theta}{r_2} \quad (7.33)$$

$$C = \dfrac{\sin^3\alpha + 3\sin\theta - 3\sin\alpha - \sin^3\theta}{3(r_1 - d)^3} + \dfrac{\alpha}{r_1^3} - \dfrac{\theta}{r_2^3} \quad (7.34)$$

模型Ⅱ的应力集中系数可以表示为

$$a_{C2} = \dfrac{a}{1 - D \cdot \dfrac{r_1^3}{W^3} - E \cdot \dfrac{r_1^5}{W^5}} \quad (7.35)$$

$$D = 2.5 - \dfrac{(5 - 4\mu^2)a}{(1 + \mu)(6 - 4\mu)} \quad (7.36)$$

$$E = -1.5 + \dfrac{(5 - 4\mu^2) \cdot a}{(1 + \mu)(6 - 4\mu)} \quad (7.37)$$

模型Ⅲ的应力集中系数可以表示为

$$a_{C3} = \dfrac{\left[r_2^2 \cdot \pi - r_2^2 \cdot \gamma + (d - r_1^2) \cdot \sqrt{r_2^2 - (d - r_1)^2}\right] \cdot a}{(r_2^2 - r_1^2) \cdot (\pi - \gamma) - r_1^2 (\gamma - \beta) + (d - r_1)^2 (\mathrm{tg}\gamma - \mathrm{tg}\beta) + F} \quad (7.38)$$

$$F = \dfrac{r_1^2 (4G - 5G\mu + 3r_1^3 I)}{7 - 5\mu} \quad (7.39)$$

$$G = \pi - \beta - \frac{r_1(\sin\gamma - \sin\beta)}{d - r_1} - \frac{r_1(\pi - \gamma)}{r_3} + \frac{3(\gamma - \beta)}{4 - 5\mu} \quad (7.40)$$

$$I = \frac{\sin^3\gamma + 3\sin\beta - 3\sin\gamma - \sin^3\beta}{3(d - r_1)^3} + \frac{\pi - \gamma}{r_1^3} - \frac{\pi - \beta}{r_2^3} \quad (7.41)$$

根据式（7.31）至式（7.41），可以计算出不同壁厚油管应力集中系数随腐蚀坑深度变化关系曲线，如图7.13所示。由图7.13（a）可知，对于壁厚6.45mm的油管而言，随着腐蚀坑深度的增加，应力集中系数的变化分为三个阶段，当腐蚀坑深度为0~1mm时，应力集中系数从1增加至2左右，当腐蚀坑深度为1~5mm时，应力集中系数有所上升，但上升的趋势很平缓，当腐蚀坑深度超过5mm后，应力集中系数从2.2迅速地增加至6.7。其他壁厚油管的应力集中系数呈现同样规律，如图7.13（b）至图7.13（d）所示。图7.14为腐蚀坑深度6mm时不同壁厚油管的应力集中系数柱状图，由图7.14可知，随着油管壁厚的增加，应力集中系数迅速减小。另一方面，在同一壁厚下，随着腐蚀坑开度H的增加，应力集中系数有所增加，但增加的幅度较小。

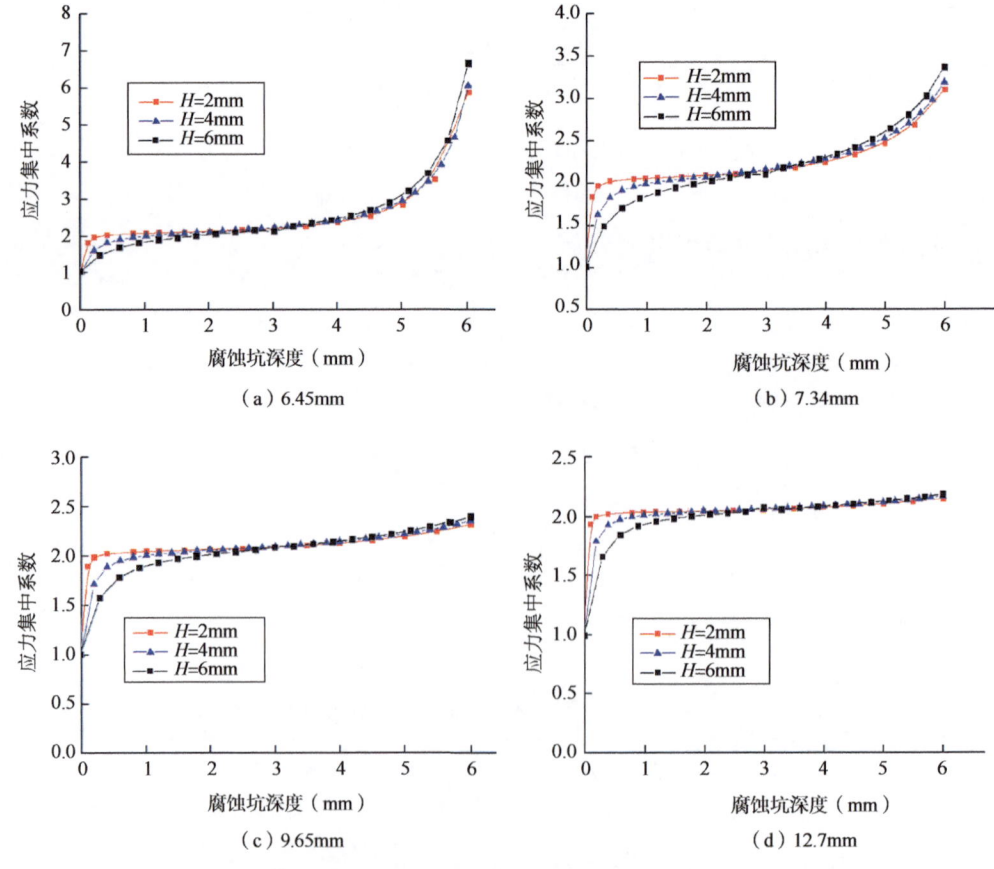

图7.13　不同壁厚油管应力集中系数随腐蚀坑深度变化关系曲线

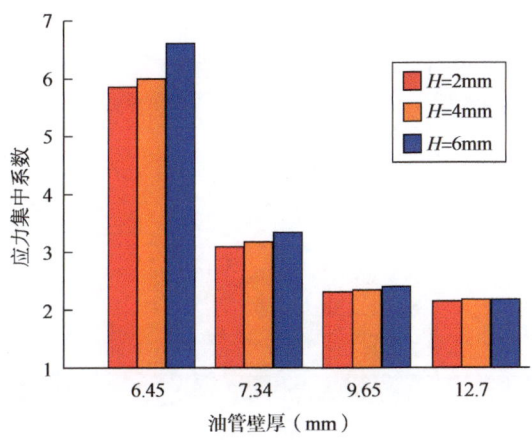

图 7.14 腐蚀坑深度 6mm 时不同壁厚油管的应力集中系数柱状图

为了验证带有腐蚀坑油管的应力集中系数解析解的准确性，本书建立了带有内壁腐蚀坑的油管模型，如图 7.15 所示，旨在计算不同深度腐蚀坑下油管的应力集中系数解析解与有限元的误差。模型中，在内壁预设 9 个不同半径的腐蚀坑（0.1~0.9mm），腐蚀坑对应的编号如图 7.15 所示。为了还原实际工况中腐蚀坑从小到大的扩展，设立了九个分析步，并使用生死单元控制每一步计算对应半径的腐蚀坑。比如，在内压 92MPa，背压 52MPa，轴向力 300kN 的载荷下，第一步计算编号 1 腐蚀坑的应力，当进入第二分析步初始时，编号 1 腐蚀坑被生死单元移除，接着计算编号 2 腐蚀坑的应力状态，依次计算至编号 9 的腐蚀坑。

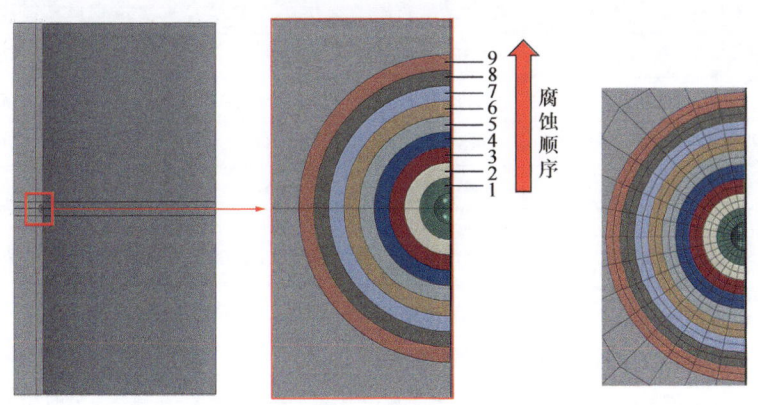

图 7.15 不同深度腐蚀坑计算模型（0.1~0.9mm）

图 7.16 为带有不同深度腐蚀坑的油管应力分布云图，在本书讨论的工况下，带有腐蚀坑的油管发生了应力集中，集中位置在腐蚀坑的最深处。应力随着腐蚀坑深度的增加而增加，当腐蚀坑深度由 0.1mm 增加至 0.8mm 后，最大应力仅从 401MPa 增加至 412MPa，可见应力增加的幅度并不明显。表 7.2 为带有不同深度腐蚀坑的油管解析解与

有限元结果应力集中系数误差对比，解析解与有限元结果的误差均小于1.86%，由此验证了带有腐蚀坑油管的应力集中系数解析解准确性。

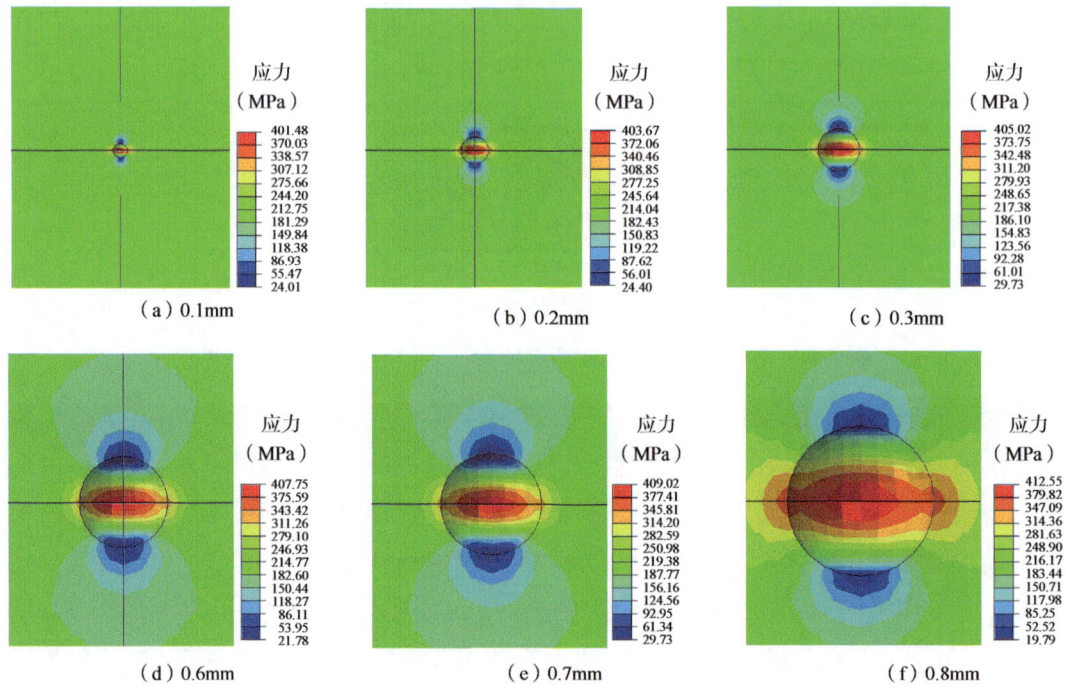

图7.16 带有不同深度腐蚀坑的油管应力分布云图

表7.2 不同深度腐蚀坑的油管解析解与有限元结果应力集中系数误差对比

腐蚀坑深度（mm）		0.1	0.2	0.3	0.4	0.5	0.6	0.7	0.8	0.9
应力集中系数	解析解	2.0455	2.0455	2.0455	2.0455	2.0456	2.0458	2.0460	2.0462	2.0464
	有限元	2.0074	2.0183	2.0251	2.0301	2.0344	2.0387	2.0451	2.0627	2.0821
误差（%）		1.86	1.33	1.00	0.75	0.55	0.34	0.04	0.81	1.7

当油管出现腐蚀坑时，现场校核时通常使用最小壁厚法来校核油管，但如果考虑腐蚀坑的应力集中，油管的安全系数可能会进一步降低。图7.17为1mm深度腐蚀坑的不同壁厚油管三轴应力椭圆，图7.17（a）为外径88.9mm，壁厚6.45mm油管的三轴应力椭圆，黑色线为无损油管的三轴椭圆，当考虑1mm深度的腐蚀坑后，根据最小壁厚法计算，油管的三轴椭圆有所下降，但下降程度较低，且仅有抗内压与抗外挤强度下降，如图7.17（a）中蓝线。而考虑到应力集中系数后，三轴应力椭圆明显下降，管柱的抗拉、抗压缩、抗内压以及抗外挤强度都有下降，如图7.17（a）中红线所示。图7.17（b）为外径88.9mm，壁厚9.65mm油管的三轴应力椭圆，无损油管、最小壁厚法以及考虑应力集中系数的三轴强度，其强度的变化规律与壁厚6.45mm油管一致。

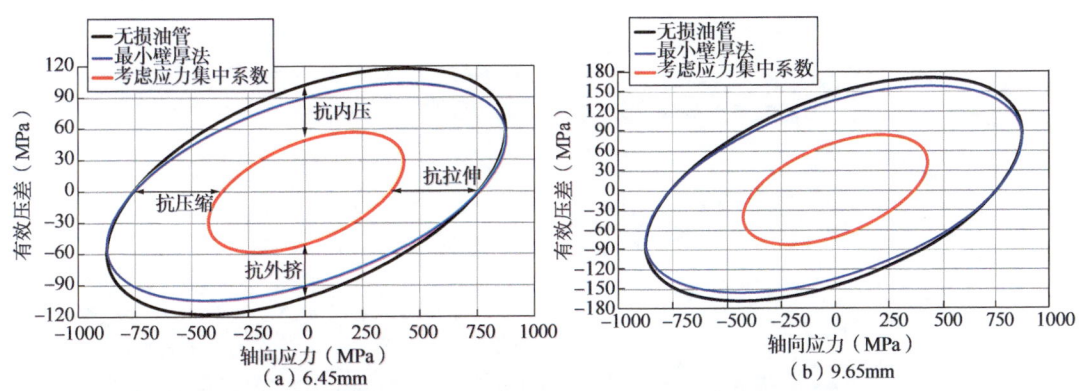

图 7.17 1mm 深度腐蚀坑的不同壁厚油管三轴应力椭圆

为了模拟带有腐蚀坑油管的疲劳寿命情况，根据现场带有腐蚀坑群油管的几何形貌，建立了带有腐蚀坑群的油管有限元网格模型，模型还原了现场腐蚀坑群的分布位置与腐蚀坑尺寸，如图 7.18 所示。为保证网格质量，将每个腐蚀从中心横纵剖分，同时将腐蚀坑群附近的网格进行二次加密。分析步骤分为两步，第一步为轴向拉伸载荷 400kN，第二步为轴向压缩载荷 400kN。

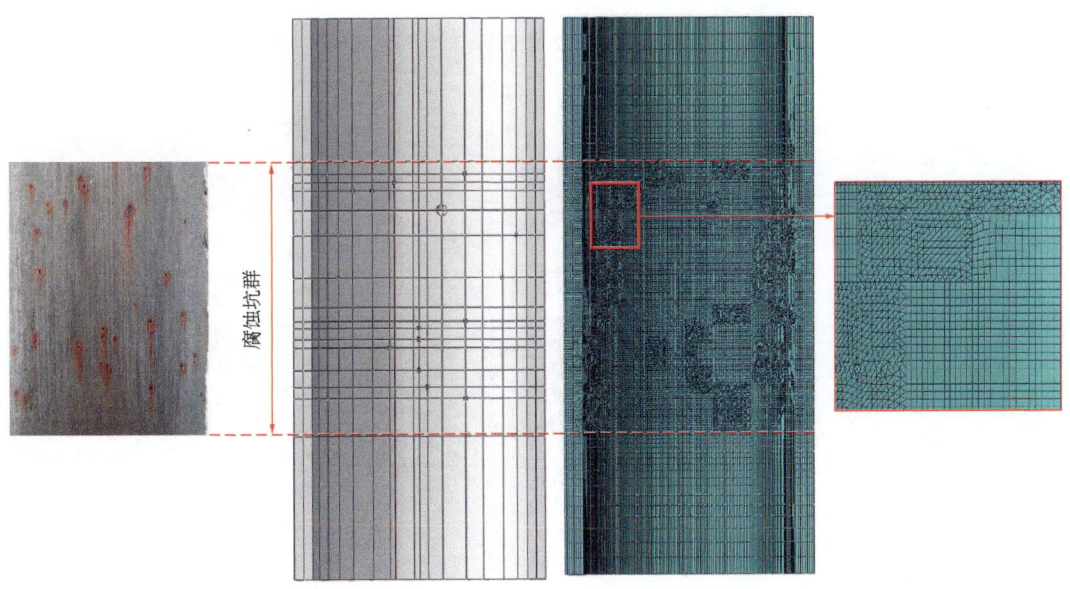

图 7.18 带有腐蚀坑群的油管有限元网格模型

图 7.19 为带有腐蚀坑群油管的 Mises 应力分布云图。由图 7.19 可知，每个腐蚀坑底部均发生了不同程度的应力集中现象，在拉伸工况下某一腐蚀坑底部的最高应力达到 502.99MPa，压缩工况下最高应力达到 502.57MPa。对比可知，在两种工况下虽然应力大小相等，但应力方向不同，在这样交变的应力下，腐蚀坑处必然是疲劳失效的薄弱点。

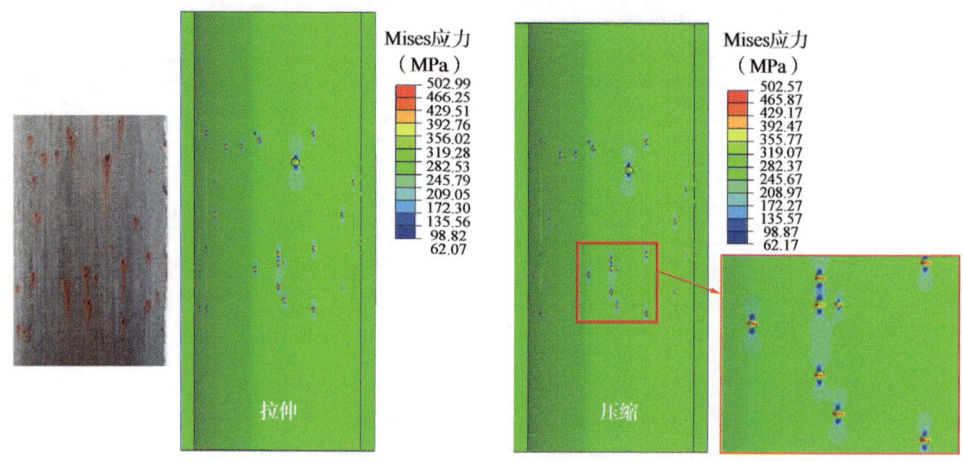

图 7.19 带有腐蚀坑群油管的 Mises 应力分布云图

对轴向力幅 –300~300kN 周期载荷工况下的带有腐蚀坑的油管疲劳寿命进行分析,其循环疲劳寿命云图如图 7.20 所示,在所述的工况下,腐蚀坑附近内壁的疲劳寿命(循环次数)较高,接近 10^7;而腐蚀坑底部的疲劳寿命(循环次数)最低,仅为 $10^{4.15}$(约 14125);而远离腐蚀坑的管体疲劳寿命为 $10^{6.05}$(约 1122018)。

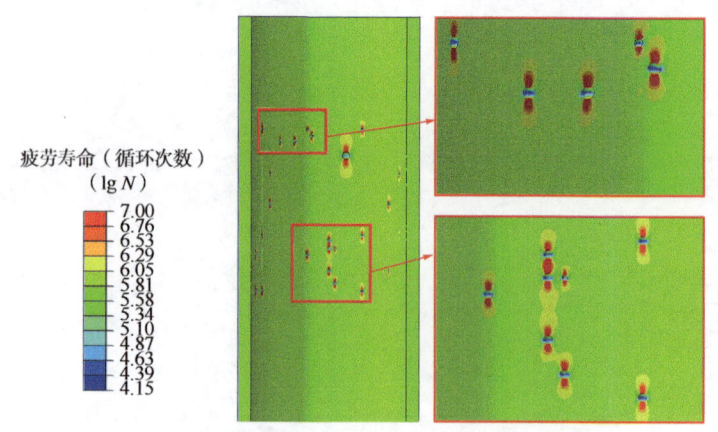

图 7.20 带有腐蚀坑群的油管疲劳寿命分布云图

7.2.3 油管外壁腐蚀

当环空保护液被未顶替完全的钻井液污染时,会对油管外壁产生腐蚀,在油管外壁上形成一系列点蚀坑,在生产过程中交变载荷作用下,点蚀坑处会产生应力集中并导致裂纹萌生和扩展,最终导致油管断裂失效。某气井油管外壁点蚀断裂失效如图 7.21 所示,油管管体外壁螺纹消失带周向存在许多大小不一的腐蚀坑,且一些腐蚀坑已经连成片状,部分腐蚀坑已萌发裂纹,并沿腐蚀坑底扩展延伸。

7 交变载荷作用下油管柱疲劳寿命预测

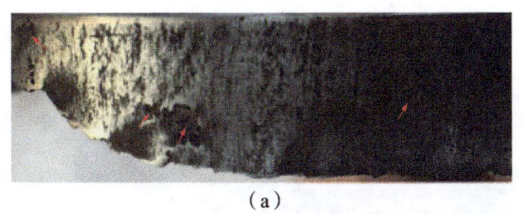
(a)

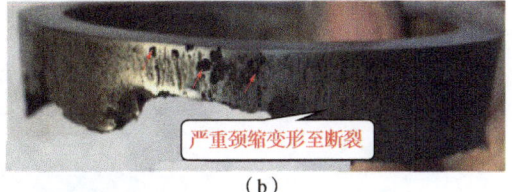
严重颈缩变形至断裂
(b)

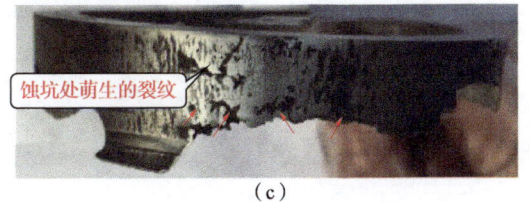
蚀坑处萌生的裂纹
(c)

图 7.21 油管外壁点蚀断裂宏观形貌

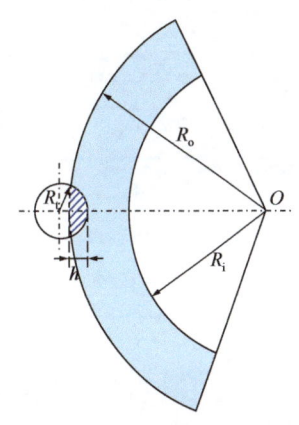

类似于内壁腐蚀，将油管外壁腐蚀坑简化为规则的浅球形来模拟。油管外壁腐蚀坑的力学模型如图 7.22 所示，图 7.22 中油管外径为 R_o，油管内径为 R_i，图 7.22 中阴影部分为外壁腐蚀坑，腐蚀坑深度为 h，腐蚀球半径为 R_t。

建立油管外壁腐蚀坑的有限元模型如图 7.23 所示，对腐蚀坑及腐蚀坑附近的油管使用四面体精细化网格剖分，远离腐蚀坑的油管使用结构化网格扫描。模型边界条件为：油管底部施加固定约束，油管顶部施加轴向拉力 F_a，油管外部施加外压 p_{out}，油管内部施加内压 p_{in}。

图 7.22 油管外壁浅球形腐蚀坑示意图

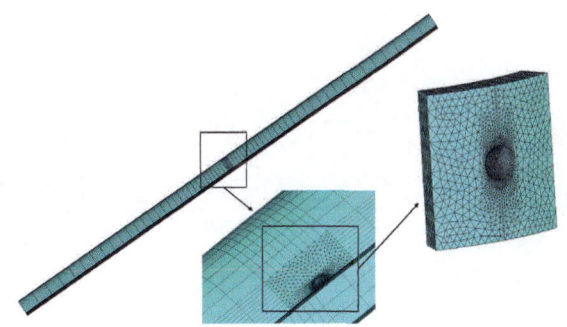

图 7.23 油管外壁腐蚀坑有限元模型

对油管顶部施加轴向拉力 F_a 为 200kN，油管外部施加外压 p_{out} 为 66MPa，油管内部施加内压 p_{in} 为 109MPa，研究不同外壁腐蚀坑深度下油管 Mises 应力分布，如图 7.24 所示。由图 7.24 可知，在轴向载荷和内外压的作用下，最大 Mises 应力发生在油管外壁腐蚀坑处，腐蚀坑内产生了较大的应力集中，腐蚀坑内及附近区域应力分布很不均匀，并且在距离腐蚀坑一定的范围，油管上的应力相差不大，即腐蚀坑应力集中只发生在腐蚀坑周围较小的范围内。

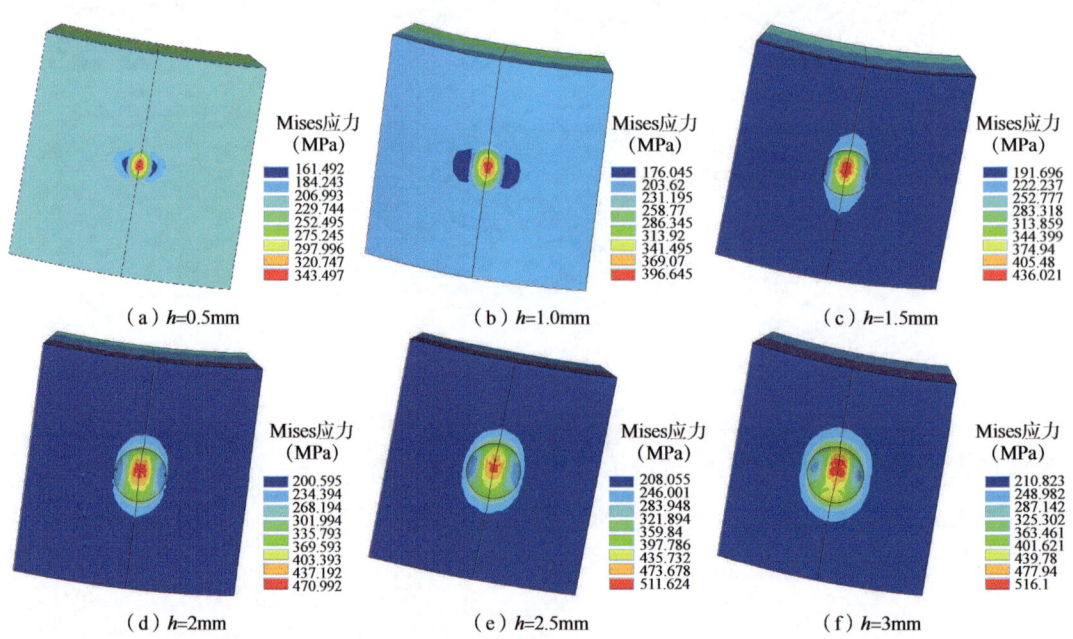

图 7.24　不同外壁腐蚀坑深度 h 下油管 Mises 应力分布云图（R_t=4mm）

图 7.25（a）和图 7.25（b）分别为不同腐蚀坑深度下油管外壁 Mises 应力分布三维曲面图。由图 7.25 可知，最大 Mises 应力发生在油管外壁腐蚀坑处，腐蚀坑内产生了较大的应力集中。

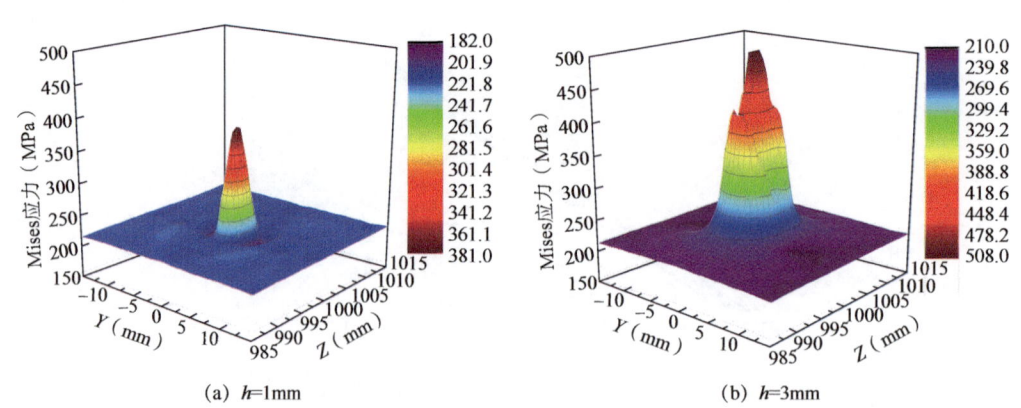

图 7.25　不同腐蚀坑深度下油管外壁 Mises 应力分布三维曲面图（R_t=4mm）

图 7.26 为不同腐蚀坑深度下油管外壁腐蚀坑附加应力集中系数分布图。由图 7.26 可知，腐蚀坑中心发生最大的应力集中，且随着腐蚀坑深度的增加，应力集中系数逐渐增大，说明应力集中程度逐渐增加。

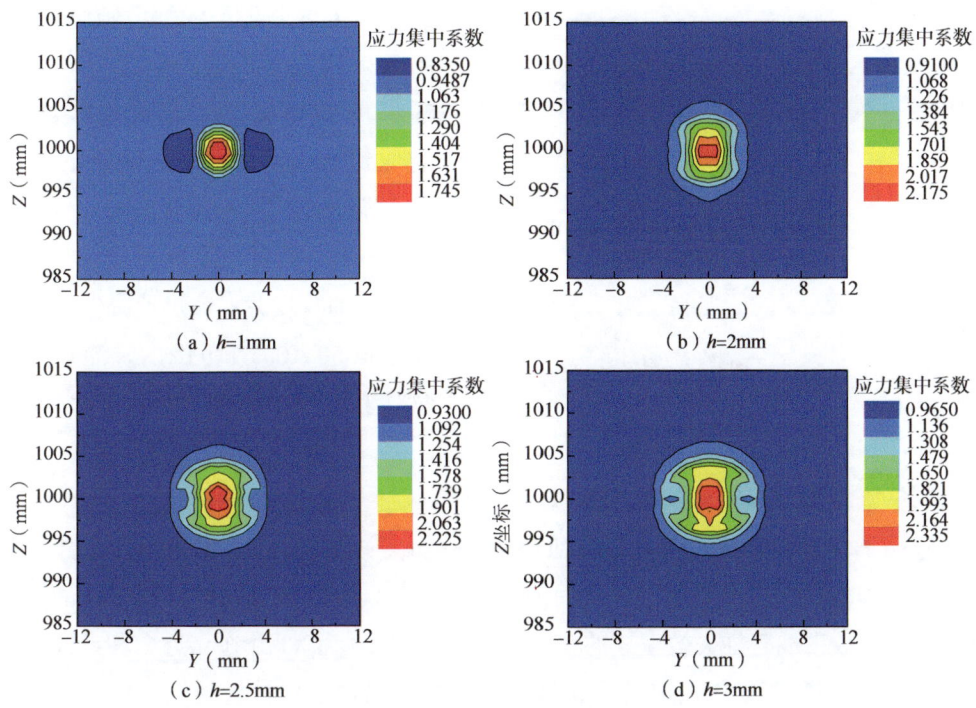

图 7.26 不同腐蚀坑深度下油管外壁腐蚀坑附加应力集中系数分布

对模型施加对称循环载荷（载荷比 $R=-1$），得到外壁腐蚀坑深度为 3mm 时不同载荷幅值油管疲劳寿命分布，如图 7.27 所示。由图 7.27 可知，油管出现疲劳的位置在腐蚀坑底部区域；当载荷幅值为 100kN 时，其最小疲劳寿命（循环次数）为 1.275×10^6；当载荷幅值增加到 200kN 时，其最小疲劳寿命（循环次数）为 225，此时油管的疲劳寿命非常低，已经不能满足极端条件下气井正常生产的要求。

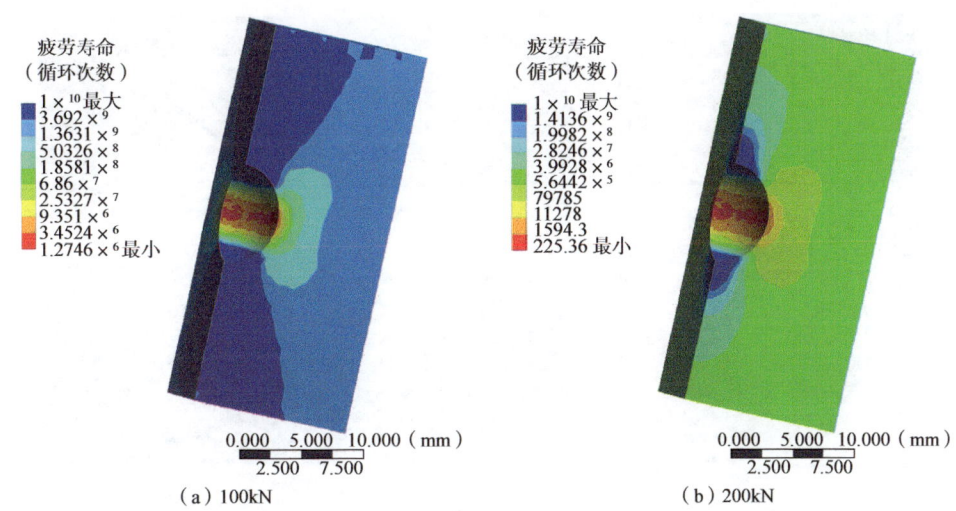

图 7.27 外壁腐蚀坑深度为 3mm 时不同载荷幅值油管疲劳寿命分布云图

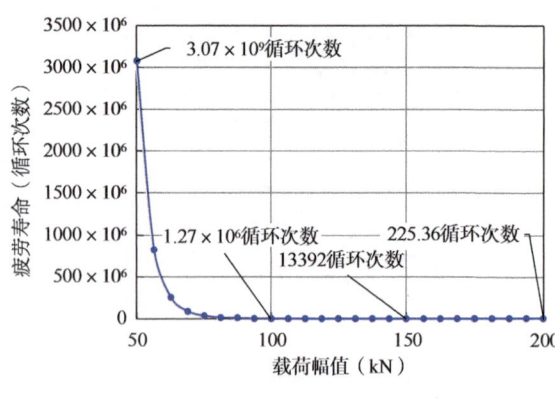

图 7.28 油管外壁腐蚀疲劳敏感性曲线

图 7.28 为模型的疲劳敏感性曲线，图 7.28 描述了模型的疲劳寿命随载荷幅值的变化关系，载荷幅值从 50kN 增加到 100kN 过程中，油管的疲劳寿命（循环次数）由 3.07×10^9 降低到 1.27×10^6，在此范围内，载荷幅值的增加导致油管疲劳寿命迅速降低，即载荷幅值在 50~100kN 范围内，油管疲劳寿命对于载荷幅值的变化显得较为敏感。

7.2.4 螺纹连接位置

在极端条件下，管柱的受力与腐蚀介质是十分复杂的[248-250]，作为几何尺寸复杂的螺纹接头更加容易产生应力集中，从而发生失效。从国际各大油田统计得知，油管接头螺纹处失效事故占油管柱失效事故的 80%[251-253]。图 7.29 为 X1 井在靠近中和点处的开裂油管接头螺纹，通过 SEM 扫描发现在外螺纹的根部出现了树枝状裂纹（见区域 1 与区域 2 处），裂纹最深深度达到 3932μm，裂纹形貌初步呈现应力腐蚀开裂的特征。将断口掰开后发现在裂纹初始位置有明显的疲劳条带，裂纹扩展的方向从外壁向内扩展。通过断口分析可知，根部处本身由于结构非线性很强，易造成应力集中，同时在循环动力载荷及腐蚀介质综合作用下，形成了初始裂纹，在后续循环动力载荷下，裂纹进一步扩展，因此在断口上形成了明显的疲劳条带，每一条疲劳条带的生成代表每次循环载荷下裂纹的每一步扩展。当裂纹的尺寸超过材料的临界状态后，螺纹结构瞬间断裂。

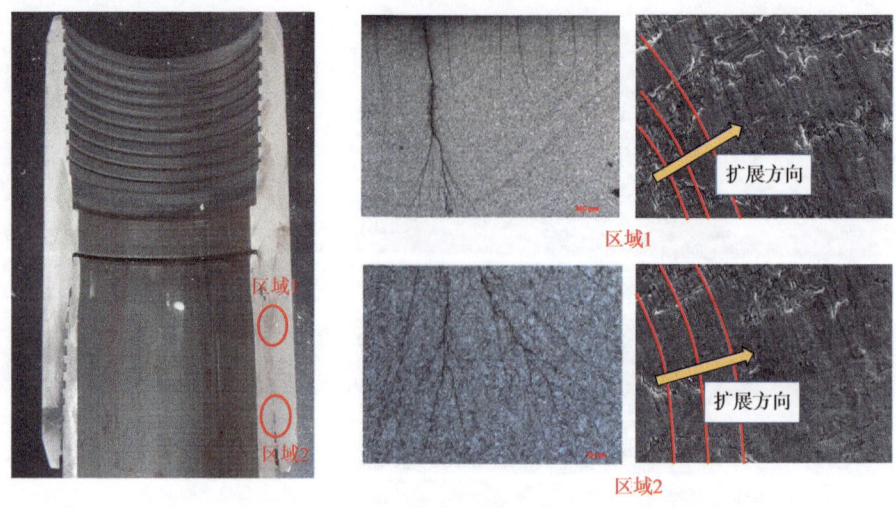

图 7.29 失效油管的外螺纹裂纹剖面及 SEM 扫描图

7 交变载荷作用下油管柱疲劳寿命预测

利用三维制图软件根据某油田使用的 BX1 型气密封螺纹尺寸建立了外径 $3\frac{1}{2}$in × 6.45mm 油管接头螺纹,并进行有限元计算。螺纹尺寸为:承载牙侧角 −5°,导向牙侧角 25°,螺纹锥度 1∶16,油管外螺纹与接头内螺纹接触的位置进行网格二次加密,如图 7.30 所示。模型中,首先在螺纹上施加上扣扭矩 5694N·m,随后施加相应位置的内压 109.70MPa、外压 39MPa,上扣扭矩数值来自现场油管上扣扭矩作业规定,见表 7.3,随后再施加周期性轴向力载荷,从而得到油管接头螺纹在采气期间多轴载荷作用下的应力应变结果。

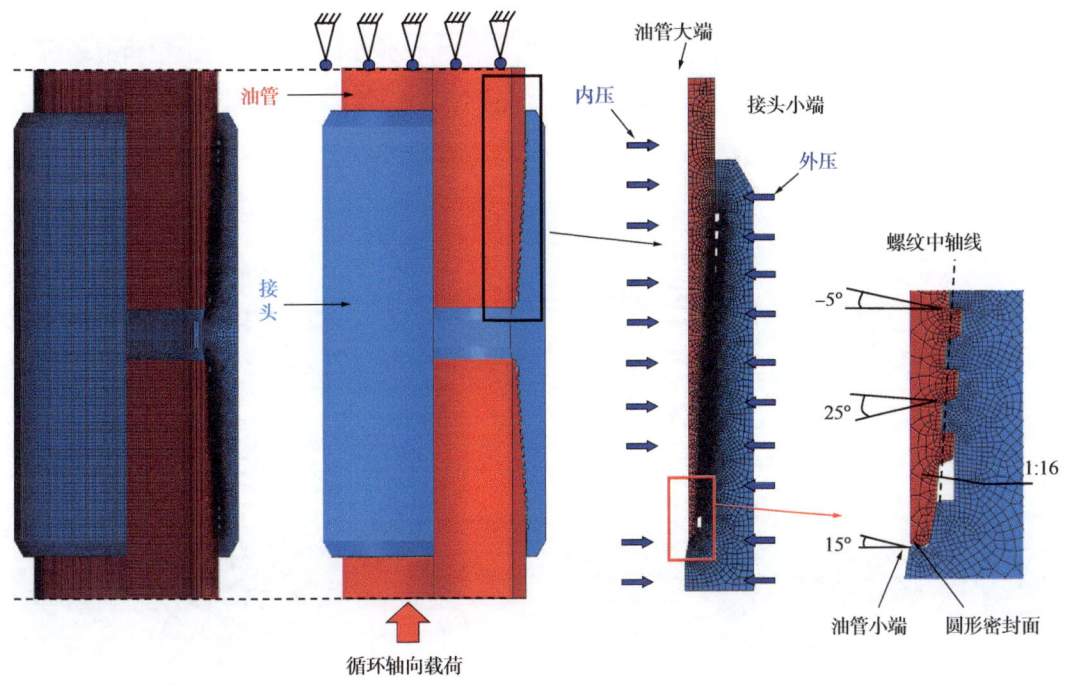

图 7.30 BX1 螺纹有限元力学模型与二次加密网格模型

表 7.3 某油田常用 BX1 螺纹上扣扭矩

尺寸 (in)	壁厚 (mm)	节箍外径 (mm)	内径 (mm)	抗拉 (kN)	抗内压 (MPa)	抗外挤 (MPa)	紧扣扭矩(N·m)		
							最小	最佳	最大
$3\frac{1}{2}$	9.52	107.95	69.86	1802	142.2	145.1	8383	9314	10246
	7.34		74.22	1428	109.6	114.8	6426	7145	7864
	6.45		76	1268	96.3	93.2	5125	5694	6264

通过全井段油管柱的耦联振动力学分析可知,在外界瞬态激励载荷下油管柱的内部应力呈现周期变化的规律。虽然对于管柱而言其安全系数符合要求,但是对于结构非线性强的螺纹而言,其应力集中可能致使快速疲劳失效。本节对轴向力 −100~100kN、

−200~200kN、−300~300kN 三种周期工况下的螺纹疲劳寿命进行分析。通过模拟可知，−100~100kN 与 −200~200kN 的周期轴向力工况下，螺纹内部的应力在管材名义屈服强度之内，而 −300~300kN 工况下管材超过了其实验测得的名义屈服强度（758MPa），如图 7.31 所示。根据建立的螺纹有限元力学模型，计算周期内 $3\frac{1}{2}$in × 6.45mm BX1 接头螺纹循环的应力应变。图 7.31 为 −300~300kN 周期轴向力内最大载荷作用下油管接头螺纹的 Mises 应力剖面图，在本书讨论的工况下，油管接头螺纹的应力分布不均匀，外螺纹应力较大，而接头应力较小。接头最大的应力值达到 705MPa，最大应力的位置在接头螺纹现场端第 2 扣与第 3 扣的扣根处。同时，在油管外螺纹工厂端第 1 扣扣根处应力较大，达到 753.89~822.14MPa，可见周期的应力应变作用下，油管外螺纹工厂端第 1 扣扣根处应力幅最大，该处极易萌生初始疲劳裂纹，在恶劣的工况中，裂纹会进一步扩展，造成油管接头螺纹的瞬间断裂。

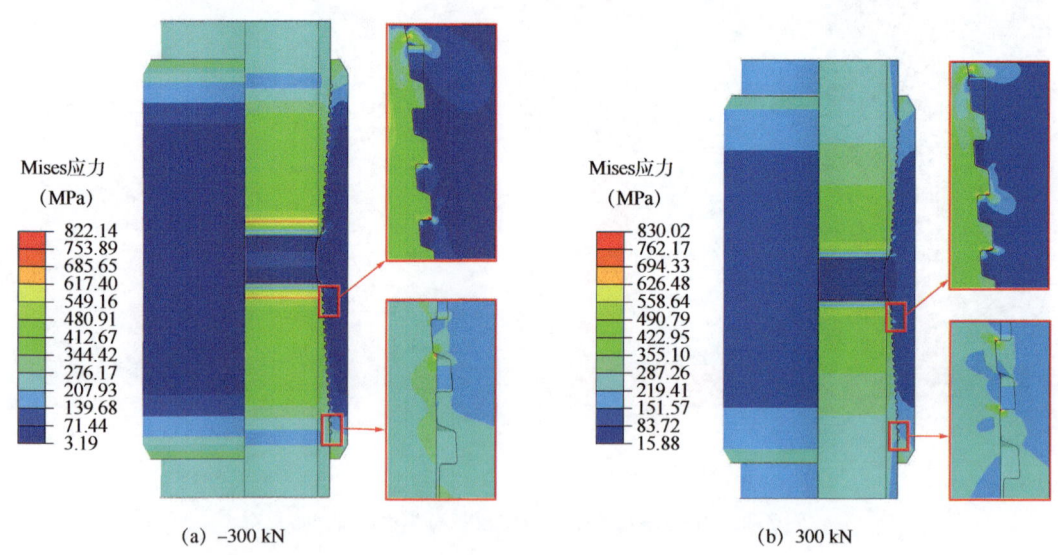

(a) −300 kN　　　　　　　　　　　(b) 300 kN

图 7.31　周期内最大载荷作用下油管接头螺纹的 Mises 应力云图

图 7.32 为 −300~300kN 轴向力下定义路径 A—B 上的 Mises、径向、环向以及轴向应力图。由图 7.32 可知，螺纹牙齿上各向应力的分布十分复杂，在拉伸压缩的循环工况下，部分螺纹牙齿仅承受拉伸状态的应力，部分螺纹牙齿仅承受压缩状态的应力，而有些螺纹牙齿承受了拉伸与压缩交变的应力变化。除此之外，各向主应力的峰值与谷值都对应在每个螺纹牙齿的齿根处。通过分析可知，在交变的载荷下，会在某些螺纹牙齿齿根位置萌生初始裂纹，尤其在甲酸盐体系环空液中，腐蚀效应会加剧疲劳断裂。

7 交变载荷作用下油管柱疲劳寿命预测

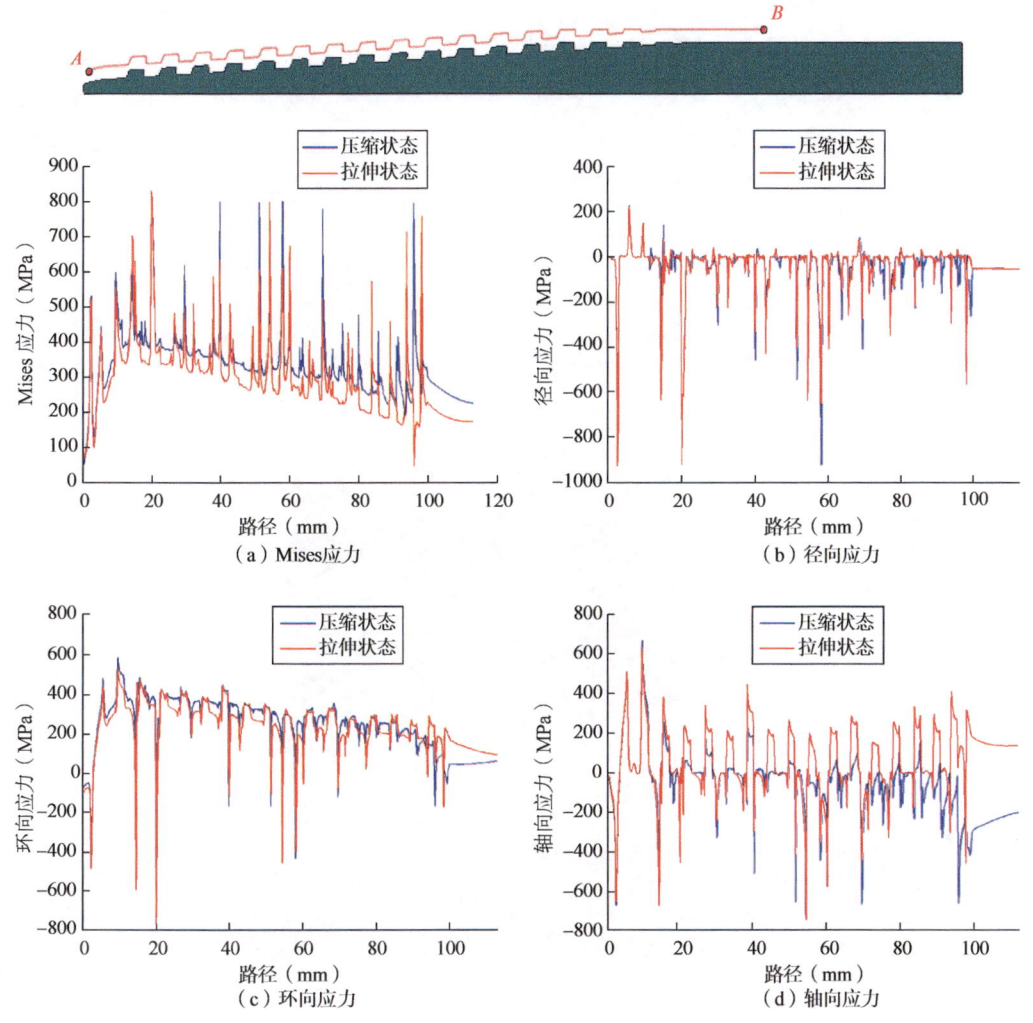

图 7.32 定义路径 A—B 油管接头螺纹的 Mises、径向、环向以及轴向应力剖面图

基于上述 BX1 接头螺纹的应力变化，结合累积损伤理论与 S—N 曲线，对轴向力 –100~100kN、–200~200kN、–300~300kN 三种周期载荷工况下的接头螺纹的疲劳寿命进行分析，其循环疲劳寿命云图如图 7.33 所示。在所述的三种工况下，接头的疲劳寿命（循环次数）较高，接近 10^7。而螺纹的疲劳寿命较低，尤其在一些扣的扣根处。当轴向力幅为 –100~100kN 时，油管外螺纹现场端第 3 扣扣根处与工厂端第 3 扣扣根处的疲劳寿命（循环次数）较低，仅为 $10^{3.72}$（约 5248）；当轴向力为 –200~200kN 时，油管螺纹现场端第 2、3 扣扣根处与工厂端第 2、3、4 扣扣根处的疲劳寿命（循环次数）较低，仅为 $10^{3.35}$（约 2238）；当轴向力为 –300~300kN 时，油管螺纹现场端第 2、3 扣扣根处与工厂端第 2、3、4 扣扣根处的疲劳寿命（循环次数）较低，仅为 $10^{3.12}$（约 1318），这些疲劳寿命较低的位置更易萌生初始裂纹。

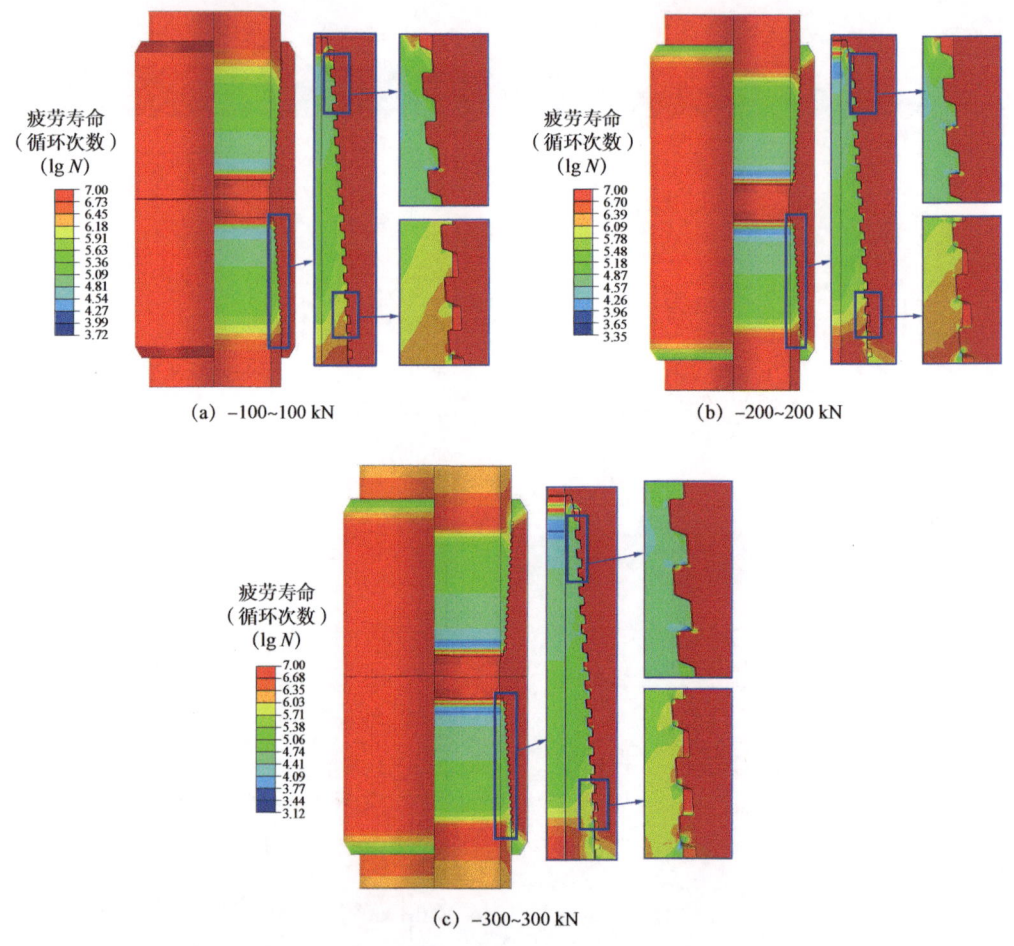

图7.33 周期内最大载荷作用下油管接头螺纹的循环疲劳寿命云图

7.2.5 带冲蚀划痕管体疲劳寿命预测

管柱内高速气流携带的砂砾会造成内壁的冲蚀划痕，本节对带不同深度的冲蚀划痕的管体进行疲劳寿命预测。图7.34分别为轴向力-300~300kN工况下，带深度0.2mm与0.8mm划痕的管体的内壁应力分布图，可见不同深度的划痕所造成的应力集中程度不同。在划痕的最深处应力最高，在压缩状态下（-300kN轴向力），带两种深度划痕的管体的最大应力分别为397MPa与600MPa左右，在拉伸状态下（300kN轴向力）分别为350MPa与560MPa左右。

图7.35为带0.2mm与0.8mm冲蚀划痕管体在-300~300kN周期轴向力下的疲劳寿命分布云图。图7.35（a）为带0.2mm冲蚀划痕管体的疲劳寿命分布云图，由于应力集中，在冲蚀划痕最深处疲劳寿命（循环次数）最短，为$10^{5.22}$，而在靠近划痕的内壁处循环寿命（循环次数）超过10^7，管体其余部分均在10^6以上；图7.35（b）为带0.8mm冲蚀划

痕管体的疲劳寿命（循环次数）分布云图，由于应力集中，在冲蚀划痕最深处疲劳寿命（循环次数）最短，为 $10^{4.03}$，而在靠近划痕的内壁处循环寿命（循环次数）也超过 10^7，管体其余部分也均在 10^6 以上。

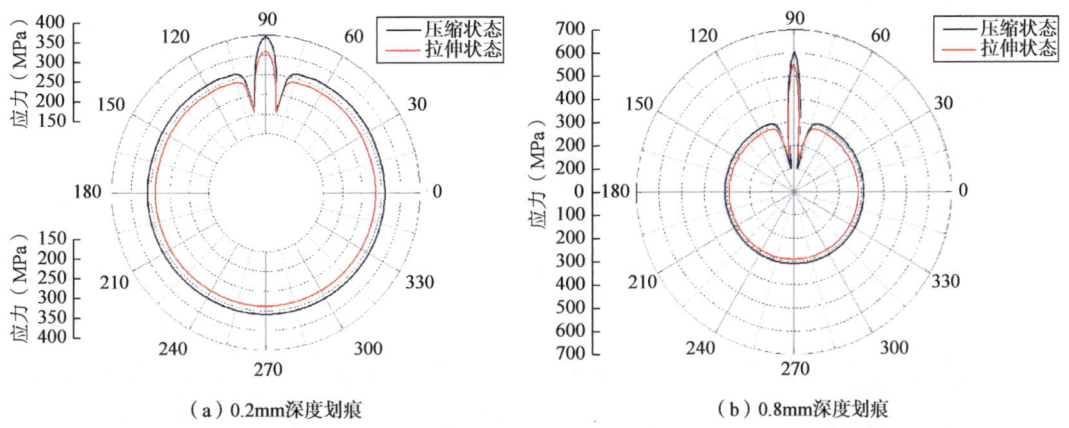

(a) 0.2mm 深度划痕   (b) 0.8mm 深度划痕

图 7.34 轴向力 -300~300kN 工况下带深度 0.2mm 与 0.8mm 划痕的管体的内壁应力分布图

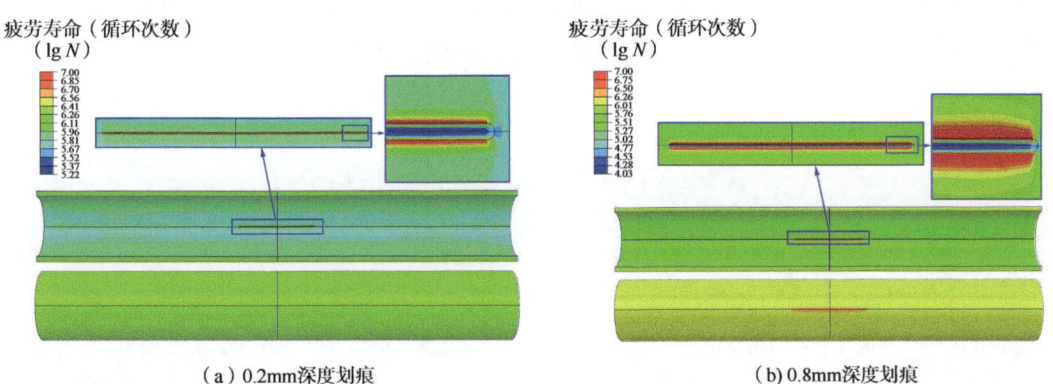

(a) 0.2mm 深度划痕   (b) 0.8mm 深度划痕

图 7.35 带 0.2mm 与 0.8mm 冲蚀划痕管体在 -300~300kN 周期轴向力下的疲劳寿命分布云图

8 油管柱机械力学及环境敏感断裂韧度试验评价

本章首先介绍 13Cr110 油管材料的化学成分分析、金相分析、冲击测试、硬度测试、拉伸测试以及甲酸盐环空液环境中的疲劳测试等室内评价试验，获取油管的宏观力学性能，为后续复杂力学环境中油管的数值模拟分析提供材料参数。然后，对腐蚀前后的管材进行了断裂韧度对比测试，无恒载荷断裂韧度测试包括不同温度与试样厚度的三点弯测试，而恒载荷断裂韧度测试包括不同温度与应力水平的圆棒缺口试验，双悬臂梁 DCB 试验以及 WOL 试验。不同方式的断裂韧度试验结果均不相同，但在一定的温度、压力以及应力腐蚀环境中，管材的断裂韧度均有一定程度的下降。

8.1 管材机械力学性能测试

马氏体钢是常见的不锈钢种类，可以通过热处理方式达到性能的改造，不锈钢的型号按成分可分为 Cr 系（400 系列）、Cr-Ni 系（300 系列）、Cr-Mn-Ni 系（200 系列）及析出硬化系（600 系列），13Cr 牌号是其中之一。由于其优良的力学及耐蚀性能逐渐被应用于油气能源开发的石油管材料。本书应用的管材为 13Cr110，具有强度高、硬度高、耐磨损的特征，同时，材料中的 Cr 元素会在基体表面形成一层致密的氧化膜，因此 13Cr 管材具有良好的抗 CO_2 腐蚀的性能。对其成分、金相、拉伸力学性能、系列温度下冲击性能、硬度进行测试，明确研究管材的基础机械力学性能；获取的测试结果也可为有限元模型提供材料属性。

8.1.1 成分测试

参照国家标准 GB/T 20123—2006《钢铁 总碳硫含量的测定 高频感应炉燃烧后红外吸收法（常规方法）》，在新管体上切割成分测试试样，并使用 HCS-140 高频红外线碳硫分析仪进行化学成分测试。测试结果见表 8.1，其化学成分包括 Fe、C、Si、Mn、P、S、

Ni、Cr、Mo、Cu、V、Ti、Al、Nb 共 14 种元素。化学元素实验结果符合标准 API SPEC 5CT—2018 的规定。

表 8.1　13Cr110 油管材料化学成分

成分	C	Si	Mn	P	S	Ni	Cr	Cu	Mo
质量分数（%）	0.025	0.259	0.43	0.015	0.001	5.28	12.98	0.06	2.15
成分	V	Ti	Al	Nb	Fe				
质量分效（%）	0.011	0.014	0.031	0.02	剩余				

8.1.2　金相试验

参照国家标准 GB/T 13298—2015《金属显微组织检验方法》，在新管体上切割金相测试试样，试样尺寸为 10mm×10mm×6.45mm，使用不同目数的砂纸逐次打磨直至 2000 目，再用金刚石粉抛光后使用 Axio Scope A1 研究级正置式金相显微镜（Carl Zeiss, Oberkochen, Germany）进行金相测试。其夹杂物与金相图如图 8.1 所示，管材的夹杂物为环状氧化物，尺寸为 D1 细系（0.5 级），金相组织显示微观组织为保持马氏体位向的索氏体和少量粒状的铁素体，晶粒度为 8~9 级。

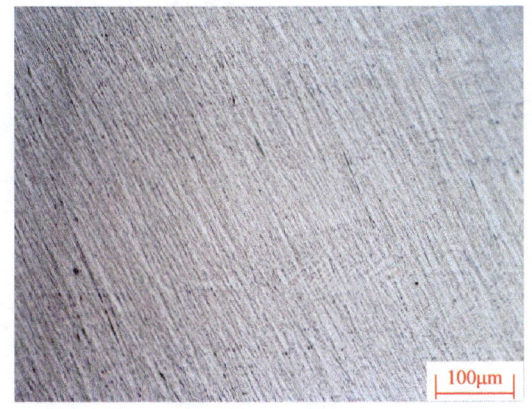
(a) 夹杂物

(b) 金相组织

图 8.1　13Cr110 油管材料金相组织

在新管体上切割金相测试试样，试样尺寸为 5mm×5mm×2mm，使用不同目数的砂纸逐次打磨直至 2000 目，再用金刚石粉抛光后使用场发射扫描电镜（ZEISS Gemini SEM 500, Germany）上观察并进行 EBSD 测试。其相图与 IPF 图如图 8.2 所示，在相图中，红色区域为体心立方结构晶粒，而绿色为面心结构的渗碳体 Fe_3C，可见在研究管材中，晶体内与晶界间存在少量的渗碳体 Fe_3C，这些渗碳体 Fe_3C 可能是管材在制造的冷却过程中析出的。

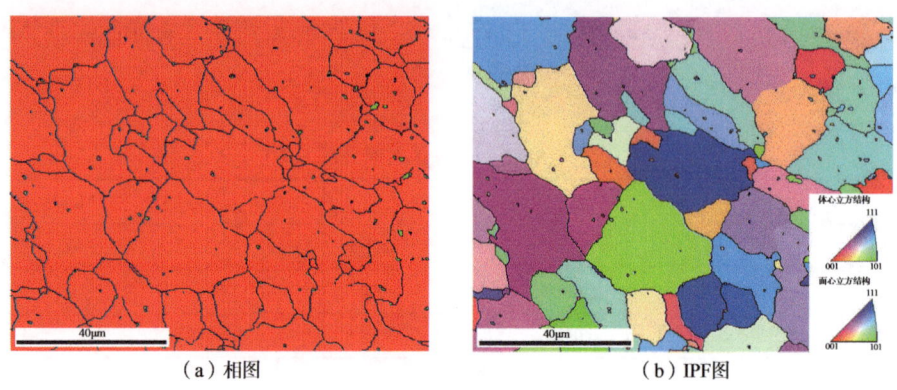

图 8.2 13Cr110 油管材料相图（a）和 IPF 图（b）

图 8.3 为 13Cr110 油管材料晶粒尺寸与晶界取向的分布图。研究的管材晶粒的平均尺寸为 19.38μm。同时，从相图分布可知，研究的 13Cr 管材的晶粒分布、晶粒尺寸以及生长取向都分布均匀。

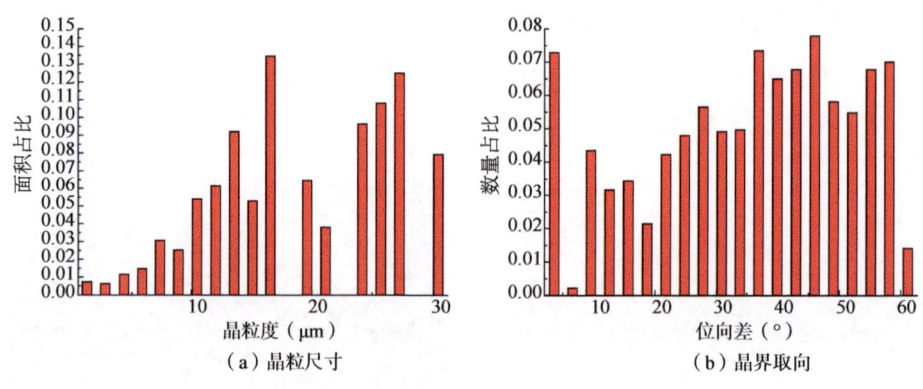

图 8.3 13Cr110 油管材料晶粒尺寸与晶界取向

8.1.3 拉伸试验

拉伸力学性能测试是参考标准 GB/T 228.1—2021《金属材料 拉伸试验 第 1 部分：室温试验方法》进行测试的。拉伸试样从 114.3mm×12.7mm13 Cr110 油管上制取平板状试样，参照图 8.4（a）位置轴向切割平板拉伸试样，制取试样 3 件，取样的尺寸如图 8.4（b）所示。使用 MTS-810 拉伸仪（MTS System Corp，Eden Prairie，MN，USA）进行拉伸力学测试，如图 8.5 所示。测试温度为（25±1）℃，测试环境为空气。

图 8.6 为 3 组次的 13Cr110 管材平板试样拉伸的应力应变曲线，根据曲线中的数据，可以明确 13Cr110 管材的拉伸力学性能参数，见表 8.2。根据表 8.2 的平板拉伸测试结果可见，13Cr110 材料的屈服强度平均值达到 831.79MPa，平均抗拉强度分别达 922.46MPa，平均屈强比达到 0.90，平均断裂延伸率为 19.16%。管材的屈服强度、抗拉强度以及断裂

油管柱机械力学及环境敏感断裂韧度试验评价

延伸率均符合标准 ISO 13680（屈服强度为 758~965MPa、抗拉强度不小于 793MPa、断裂延伸率不小于 12.5%）的要求。

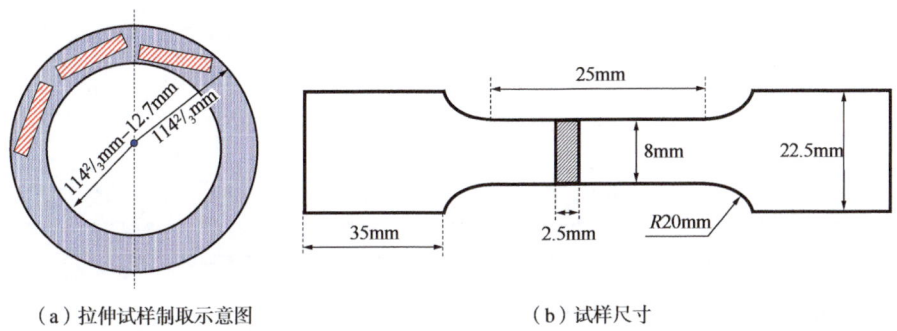

(a) 拉伸试样制取示意图　　　(b) 试样尺寸

图 8.4　拉伸试样的制取与尺寸

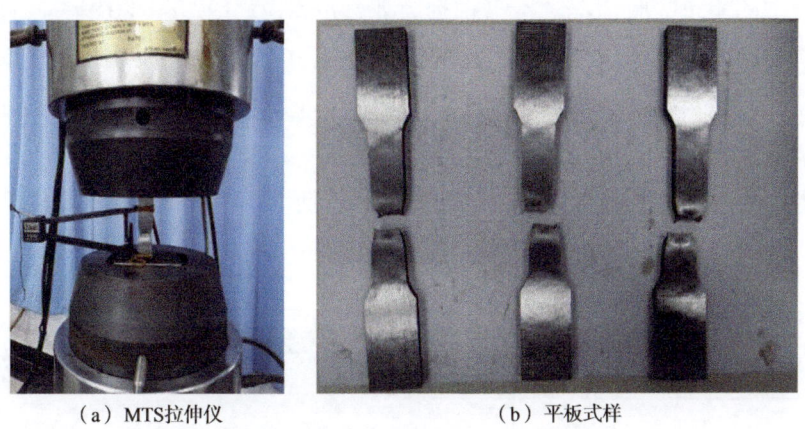

(a) MTS 拉伸仪　　　(b) 平板式样

图 8.5　拉伸试验过程

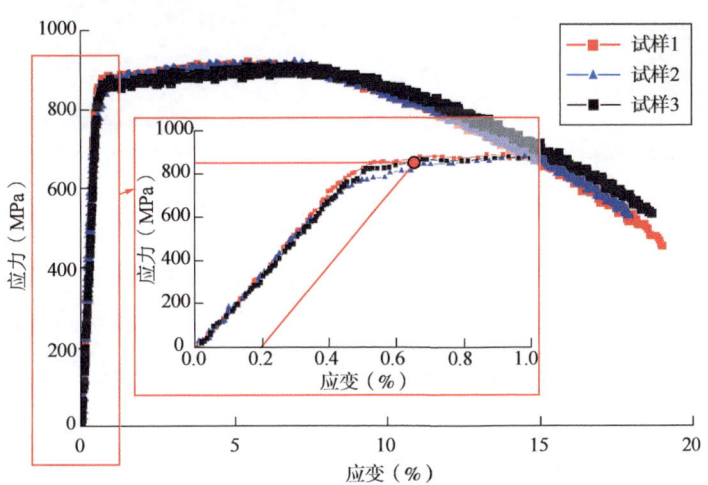

图 8.6　13Cr110 油管材的平板试样拉伸的应力应变曲线

表 8.2　13Cr110 管材拉伸力学性能测试结果

编号	屈服强度 Rp$_{0.2}$（MPa）		抗拉强度（MPa）		屈强比		断裂延伸率 δ（%）	
	实测	均值	实测	均值	实测	均值	实测	均值
1	842.72		928.33		0.91		19.12	
2	817.82	831.79	921.65	922.46	0.89	0.90	19.01	19.16
3	834.83		917.4		0.91		19.34	

8.1.4　系列温度下冲击韧性试验

夏比冲击试验可以评价油管材料的缺口敏感性和韧性，并获取冲击试样在被摆锤冲断的过程中的能量吸收情况。本书根据行业标准 GB/T 19748—2019《金属材料 夏比 V 型缺口摆锤冲击试验 仪器化试验方法》对 13Cr110 管材进行冲击实验，试样的加工按照 55mm×10mm×5mm，其详细的尺寸如图 8.7（a）所示。试验前，将试样用无水乙醇浸泡清洗，再用烘箱烘干。实验环境为常温、−20℃以及 −40℃，通过三种环境下的对比，得到管材的韧脆转变温度，图 8.7（b）展示了 −20℃和 −40℃的冷却槽中的冲击试样。

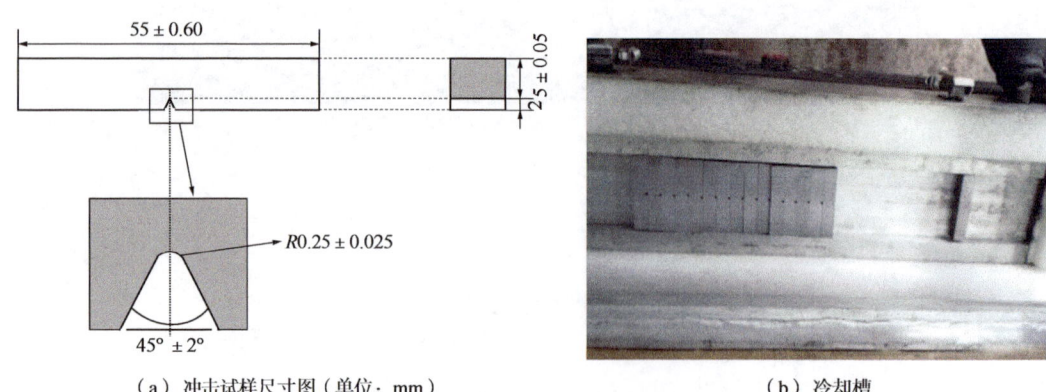

（a）冲击试样尺寸图（单位：mm）　　　　　　（b）冷却槽

图 8.7　冲击试验的试样尺寸与冷却槽

通过实验可获取不同温度下试样的冲击载荷和冲击能量随冲击挠度的变化关系，13Cr 管材在不同温度下冲击韧性试验结果见表 8.3，管材在常温下的总冲击功达到 104.32J，裂纹萌生功达到 29.91J，裂纹扩展功达到 74.41J。在 −20℃下，试样的总冲击功下降至 97.34J，裂纹萌生功下降至 27.97J，裂纹扩展功下降至 69.36J。在 −40℃下，试样的总冲击功下降至 81.00J，裂纹萌生功下降至 22.24J，裂纹扩展功下降至 58.76J。对比可知，随着温度的降低，管材冲击韧性有一定程度降低。当温度为 −40℃时，总冲击功降低程度较为明显。标准 SY/T 6719—2008《含缺陷钻杆适用性评价方法》中给出了根据冲击功与屈服强度计算材料断裂韧度的计算公式，见式（8.1），根据式（8.1）可计算出不同温度下管材的断裂韧度，见表8.3。

表8.3 两种管材不同温度下冲击韧性数据统计

温度（℃）	编号	最大冲击载荷（kN）	裂纹萌生功（J）	裂纹扩展功（J）	总冲击功（J）	断裂韧度（MPa·m$^{1/2}$）
常温	1	13.15	29.56	77.47	107.03	229.14
	2	12.56	29.85	71.72	101.57	222.71
	3	12.18	30.31	74.05	104.36	226.02
	均值	12.63	29.91	74.41	104.32	225.97
−20	1	12.05	28.12	70.77	98.89	219.49
	2	11.85	27.85	68.70	96.55	216.63
	3	11.91	27.95	68.62	96.57	216.66
	均值	11.94	27.97	69.36	97.34	217.60
−40	1	9.86	21.67	59.05	80.72	196.24
	2	10.05	22.37	59.78	82.15	198.17
	3	9.43	22.68	57.47	80.15	195.47
	均值	9.78	22.24	58.76	81.00	196.62

$$K_{\text{mat}} = \sigma_y \left[0.64 \left(A_{\text{KV}} / \sigma_y - 0.01 \right) \right]^{0.5} \quad (8.1)$$

式中：K_{mat} 为材料断裂韧度，MPa·m$^{1/2}$；σ_y 为材料屈服强度，MPa；A_{KV} 为材料夏比冲击吸收功，J。

将不同温度下冲击后的试样断口进行 SEM 扫描，如图8.8所示。根据图8.8（a）与图8.8（b）可见，在常温下冲击试样的断口上呈现明显的侧向滑移型韧窝，体现出韧性撕裂的特征，管材表现出良好的韧性特征。根据图8.8（c）与图8.8（d）可见，在试样的断口上出现了明显的韧窝，说明在该温度下，管材依旧具有良好的韧性。在 −40℃下，管材出现了脆化趋势，断口上部分区域可见河流花样与准解理特征，表现出一定程度的脆化特征，这是由于低温下晶粒或晶粒间的分子活性下降造成的。同时，也说明该管材的韧脆转变温度大致在 −40℃左右。

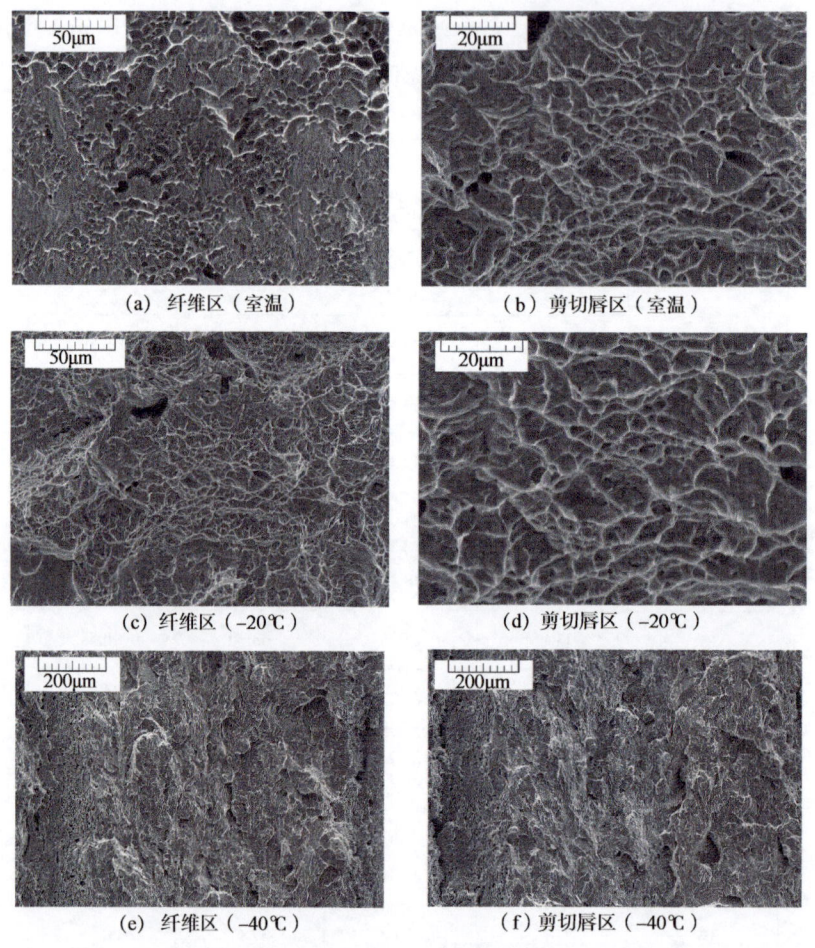

图 8.8 不同温度下冲击后的试样的断口 SEM 扫描图

8.1.5 硬度测试

测试材料表面硬度的方法一般使用显微维氏硬度法、布氏硬度法以及洛氏硬度法。本书在研究管体上切割一个高 10mm 的圆环,将上下径向面磨平抛光,保证表面粗糙度小于 1.6μm。参照国家标准 GB/T 231.1—2018《金属材料 布氏硬度试验 第 1 部分:试验方法》,在室温下,利用显微维氏硬度法对 13Cr110 材料进行测试,本书将现场研究管材的油管进行横向切割,如图 8.9(a)所示,在径向上选取 A、B、C、D 四个区域,并在四个区域中分别再靠近内壁 1,壁中 2,靠近外壁 3 三处进行选点,硬度测试选取点示意图如图 8.9(b)所示。

通过正四棱锥体金刚石压头压入图 8.9(b)中所示的位置点后,将压痕区域上的平均压力作为维氏硬度值,通过 12 组测试后,13Cr 管材的硬度测试结果见表 8.4,可见选取点的维氏硬度范围为 312.62~314.06HV。

8 油管柱机械力学及环境敏感断裂韧度试验评价

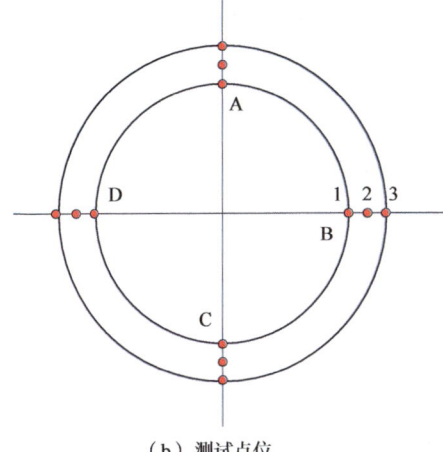

（a）切割试样　　　　　　　　　（b）测试点位

图 8.9　硬度测试选取点示意图

表 8.4　油管材料（13Cr110）硬度测试结果

材料	硬度（HV）			
	位置 A	位置 B	位置 C	位置 D
1	313.43	314.48	313.53	311.33
2	316.26	312.48	308.18	314.58
3	308.18	315.21	316.58	315.84
平均值	312.62	314.06	312.76	313.92

根据标准 GB/T 19830—2023《石油天然气工业　油气井套管或油管用钢管》的要求，平均洛氏硬度值应不小于含碳量 C%×52+21 的值，本次实验测得的 13Cr110 材料换算后平均洛氏硬度为 30.9HRC，符合标准的要求。此外，开展油管内壁表面的硬度测试。本节对 13Cr110 油管内壁的硬度进行选点测试，先使用去膜液将油管内壁进行清洁去锈处理，再用离子水清洗后烘干，测试选取点位置如图 8.10 所示。其内壁的硬度测试结果见表 8.5。

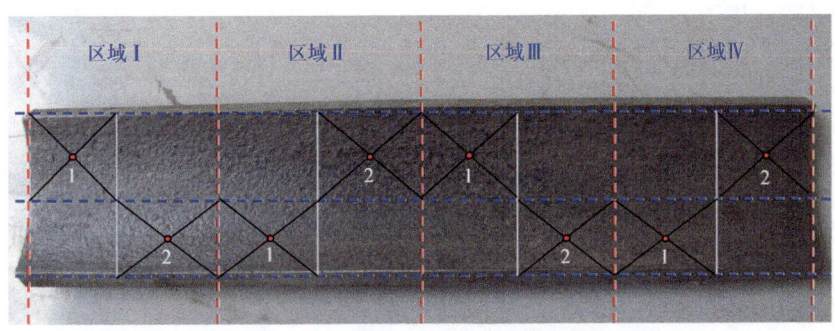

图 8.10　硬度测试选取点示意图

图 8.10 中选取点的维氏硬度测试结果见表 8.5，可知在管柱内壁的硬度较图 8.9（b）选取点位的硬度有所升高，内壁的平均维氏硬度为 319.5HV（洛氏硬度 33.6HRC）。

表 8.5　13Cr110 油管内壁硬度测试结果

区域	区域Ⅰ		区域Ⅱ		区域Ⅲ		区域Ⅳ	
选点	1	2	1	2	1	2	1	2
硬度（HV）	316.7	323.8	312.5	324.6	311.6	320.7	314.8	331.2
平均值（HV）	319.5（洛氏硬度 33.6HRC）							

8.2　管材疲劳性能测试

全井段管柱在开关井、调产以及流体相态瞬变的情况下会发生振动，一旦管柱的振动被引发，在螺纹、点蚀坑等应力容易集中处会承受着高变幅的应力波动，管柱材料面临着疲劳断裂问题。为了研究管柱的振动与疲劳寿命计算问题，本节对环空液环境中的 13Cr110 管材进行疲劳寿命试验。试验的目的旨在得出管材的 $S—N$ 曲线，该曲线主要用于管柱与薄弱位置的疲劳寿命分析计算。

8.2.1　疲劳试验方案

在空气中，管材的疲劳裂纹成核特点是：首先在基体表面形成循环滑移带，滑移带进而形成微孔，最后微孔变为高氧浓度区。空气中的氧与管材表面发生化学反应，生成氧化膜，但是在循环应力作用下，位错塞积在具有较高强度的氧化膜层下面而形成大量微孔，促使疲劳裂纹形成。气体分子吸附到金属表面是气体环境对管材的疲劳裂纹扩展速率产生影响的必要条件。这个过程可分为几个重要步骤：首先，发生分子的物理吸附，在某些情况下，随后可能发生化学吸附，然后，吸附的分子发生分解，形成原子吸附。图 8.11（a）表示氢的吸附行为。当表面存在其他元素时，可能改变吸附行为而引起表面活性元素浓度的变化。图 8.11（b）表示在硫覆盖的表面上氢的吸附行为，环境的主要作用是给裂纹尖端供应活性原子，随后，活性原子与裂纹尖端交互作用，使蜕化机制得以产生。在这一过程中，最重要的步骤是将活性原子输送到裂纹尖端附近的金属内，输送机制有两种：(1) 通过正常的扩散介质，扩散的特征长度为 $(Dt)^{1/2}$，其中 D 为扩散系数，t 为扩散时间。这种输送方式由于裂纹尖端存在浓密的位错网所形成的管式扩散而加快；(2) 位错卷入机制，夹杂物元素的原子被运动的位错卷入金属中。

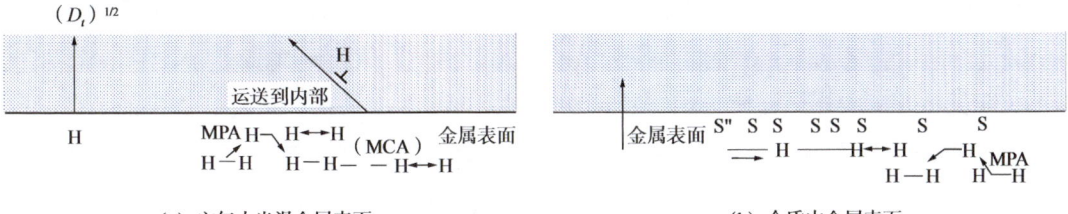

(a) 空气中光滑金属表面　　　　　(b) 介质中金属表面

图 8.11　不同环境下油管材料疲劳机理图

本书参考 GB/T 4337—2015《金属材料　疲劳试验　旋转弯曲方法》进行 13Cr 管材的旋转弯曲疲劳性能测试。疲劳试样加工尺寸以及实验装置示意图如图 8.12 所示。试样在加工切削过程中不断通入冷却液，避免表面过热引起的残余应力。试样的试验部分

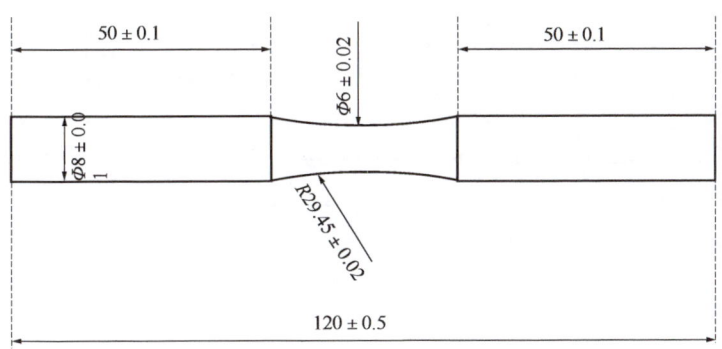

(a) 疲劳试样加工尺寸（单位：mm）

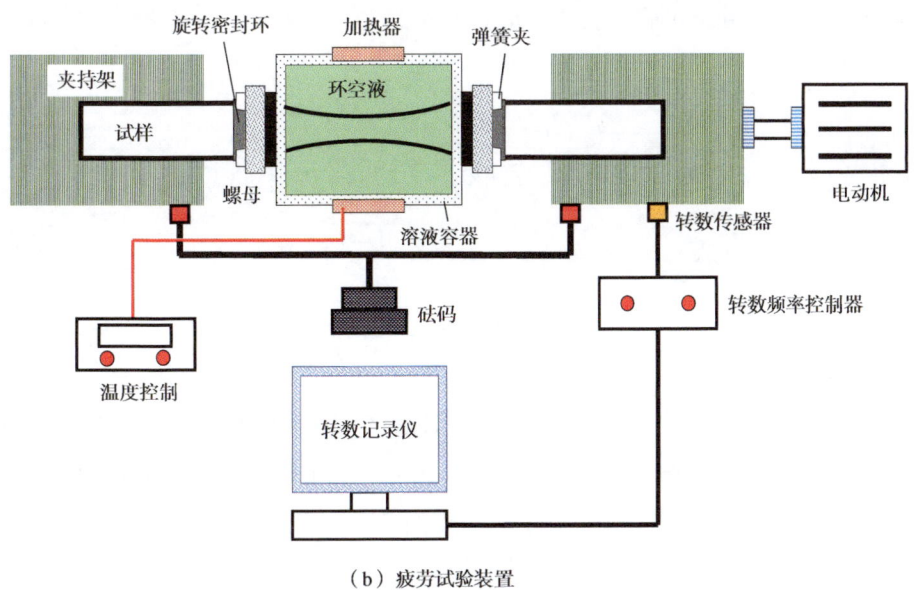

(b) 疲劳试验装置

图 8.12　疲劳试验试样与装置示意图

（腰鼓状部分）要用成型砂轮磨削加工，粗糙度一般控制在 0.08 左右，肉眼看上去应该呈镜面。最后，采用 PQ-6 型弯曲疲劳试验机进行测试，试验测试温度为 120℃ ±1℃。

管材在井下的环境介质为甲酸盐环空液，密度为 1.08g/cm³。因此，本书的疲劳试验与后续的断裂韧度测试实验的环境介质均为现场运回的环空液。环空液的 XRD 图谱如图 8.13 所示，使用 MDI Jade 5.0 软件（Materials Data Inc., Livermore, CA, USA）。分析后可知液体主要含有 $Na_2Ca_4(PO_4)_2SiO_4$、MgO、$CaCl_2$、CaO、$Mg(ClO_4)_2$、$KClO_3$、$Na_2S_2O_5$ 等化合物。分析可知，研究液体中主要含有 Ca、Mg、Na、K、S、Si、Cl、C、O 等元素。

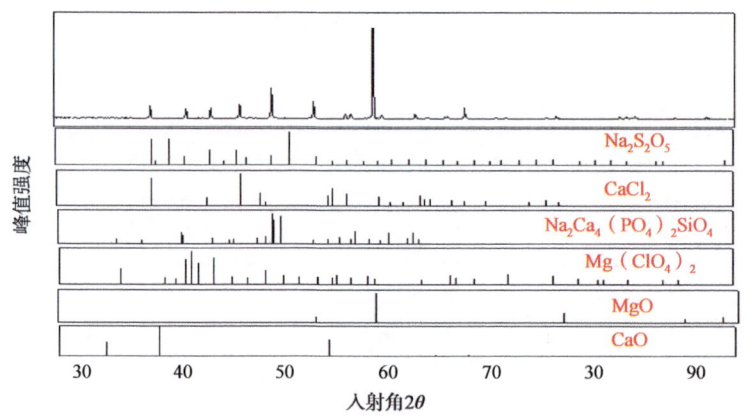

图 8.13 甲酸盐体系完井液 XRD 图谱

加载的弯曲应力与砝码加载的关系见式（8.2），当试样断裂或旋转弯曲疲劳寿命大于 10^7 时停止旋转，并记录循环次数数据。

$$F_g = \frac{9.8\pi d^3 \sigma_b}{1500} \quad (8.2)$$

采用式（8.3）计算油管材料的疲劳强度的平均值 S_{av} 和标准差 S_{rms}。

$$\begin{cases} S_{av}(N) = S_{av}(10^7) = \dfrac{1}{n}\sum_{i=1}^{n} S_i \\ S_{rms} = \sqrt{\dfrac{1}{n-1}\sum_{i=1}^{n}(S_i - S_{av})^2} \end{cases} \quad (8.3)$$

式中：S_{av} 为升降法所得疲劳强度的平均值，MPa；S_{rms} 为升降法所得疲劳强度的标准差，MPa；n 为有效试件的个数（n 大于 13）；S_i 为第 i 个有效试件所对应的应力水平，MPa。

对所得到的实验结果正态分布拟合，便可得到在任意可靠度 P 下的疲劳强度。如果所得实验结果符合正态分布规律，则可以得出材料任意可靠度下的疲劳强度，可由式（8.4）计算：

$$S_{-1,P} = S_{av} - Z_P S_{rms} \tag{8.4}$$

式中：$S_{-1,P}$ 为一定可靠度 P 下的疲劳强度，MPa；Z_P 为可靠度 P 下对应标准状态分布百分位所对应值。

采用分组试验法构建 7 个应力水平下（第 8.1.3 节中测得的抗拉强度 10%、20%、30%、40%、50%、60%、70%）的 S—N 曲线，记录每个应力水平下 N_1、N_2、N_3 共 3 个试件的疲劳寿命。定义一个参数 N_{50} 来描述各应力水平下的平均疲劳寿命，N_{50} 计算方法见式（8.5）：

$$\lg N_{50} = \frac{1}{n} \sum_{i=1}^{n} \lg N_i \tag{8.5}$$

式中：N_1 和 N_2 为两个试件的试验疲劳寿命，次；N_{50} 为各应力水平下的平均疲劳寿命，次。

8.2.2 疲劳试验结果

按照油管材料名义屈服强度（758MPa）的 10%~90% 范围，基于配对升降法开展管材的疲劳性能测试，疲劳应力水平分别为 737.97MPa、553.46MPa、368.98MPa、276.74MPa、184.49MPa、92.25MPa 共 6 级。图 8.14 为 13Cr110 材料在不同应力水平下的疲劳断裂情况（应力比为 –1）。根据图 8.14 分析可知，当应力水平为 368.98~737.97MPa 时，研究管材的疲劳断裂情况明显，而当应力水平下降至 82.25~276.74MPa 之间时，材料的疲劳断裂存在存活概率，而这个区间可认为是管材的疲劳极限区间。在这个区间中，管材疲劳极限的均值 S_{av} 达到 199.86MPa，方差 S_{rms} 为 63.39MPa。通过式（8.4）可以得到不同可靠度 P 下的疲劳强度，其见表 8.6。

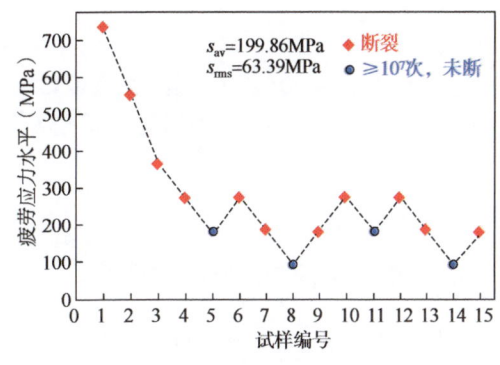

图 8.14　13Cr110 材料在不同应力水平下的疲劳断裂情况（应力比为 –1）

表 8.6　管材在不同可靠度下的疲劳强度

存活率（%）	Z_P	疲劳强度 S_{-1}（MPa）
50%	0	199.86
90%	1.285	118.41
99%	2.325	52.48

由于管柱疲劳寿命预测的需要，本节对 13Cr110 管材在甲酸盐环空液中的疲劳寿命进行了试验。试验的目的旨在得出管材的 $S—N$ 曲线。本节开展了 8 组应力水平下的管材疲劳寿命试验，应力水平分别为 737.97MPa、645.72MPa、553.46MPa、461.23MPa、368.98MPa、276.74MPa、184.49MPa、92.25MPa。测试数据见表 8.7，根据表 8.7 的数据可绘制 13Cr110 管材在甲酸盐完井液环境中的疲劳寿命 $S—N$ 曲线，如图 8.15 所示，可见随着应力水平的增加，管材疲劳寿命随之减小，通过拟合可知，其 $S—N$ 曲线模型为 $\lg N=7.91-0.0055S$。

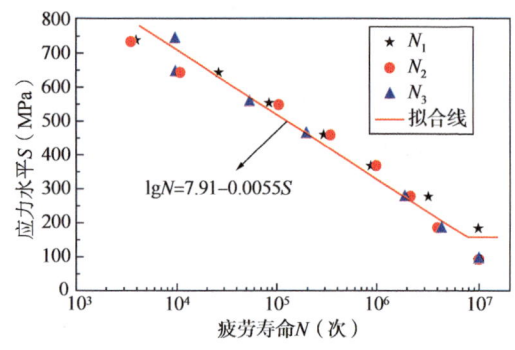

图 8.15 13Cr110 管材在甲酸盐完井液环境中的疲劳寿命 $S—N$ 曲线（应力比为 –1）

表 8.7 13Cr110 管材不同应力水平下疲劳寿命测试结果

应力水平 S（MPa）	92.25	184.49	276.74	368.98	461.23	553.48	645.72	737.97
疲劳寿命 N（次）	$>10^7$	$>10^7$	3271299	856738	289634	83435	26248	4034
	$>10^7$	3949584	2168685	1011597	346357	103486	10675	3459
	$>10^7$	4101965	1924768	994569	192726	53483	9851	9521
N_{50}	$>10^7$	5451480	2390186	951693	268393	77294	14028	5103

8.3 管材缺口敏感性分析

8.3.1 材料缺口拉伸敏感性理论

管柱在生产到使用的流程中均存在一定的缺陷从而导致应力集中，对于管体而言，在制管过程中就可能有原始缺口（微裂纹、气泡等），另外，当管体在井下受到损伤后也会产生环境缺口（腐蚀坑、冲蚀槽等），对于螺纹接头而言更是存在结构上的应力集中，因此本节基于管材拉伸应力—应变本构关系对 13Cr 管材的应力集中系数进行理论研究并用有限元方法进行验证。当前，学者研究的含缺口敏感性分析的试样尺寸是按照标准 NACE TM0177—2005 设计的，如图 8.16 所示，图 8.16 中试样属于"V"形缺口，角度为 ω，在其根部预制了半径为 r 的弧面。

8 油管柱机械力学及环境敏感断裂韧度试验评价

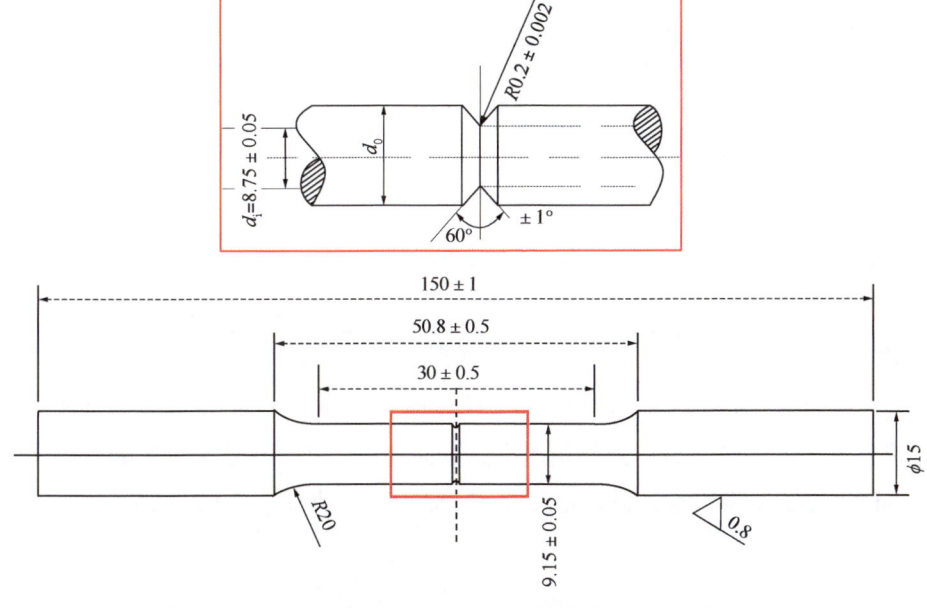

图8.16 含缺口敏感性试样尺寸图（单位：mm）

上述带缺口的圆棒拉伸试样的应力集中系数 a_t 可以按照标准 NACE TM0177—2005 中的公式进行计算，见式（8.6）：

$$a_t = 2\sqrt{\frac{t}{r}} + 1 \qquad (8.6)$$

式中：t 为缺口深度，mm；r 为缺口底部圆角半径，mm。

在此基础上，Thum 等学者提出了缺口敏感性指数 q 的概念，计算出的 q 的范围应在 1 和 a_t 之间，当缺口附近的实际峰值应力大于材料的名义应力 σ_n 时，即认为材料发生了应力集中，缺口敏感性指数 q 可表述为式（8.7），有效应力集中系数见（8.8）：

$$q = \frac{a_e \sigma_n - \sigma_n}{a_t \sigma_n - \sigma_n} = \frac{a_e - 1}{a_t - 1} \qquad (8.7)$$

$$a_e = 1 + q(a_t - 1) \qquad (8.8)$$

式中：q 为缺口敏感性指数；a_e 为有效应力集中系数。

上述理论是常见的应力集中系数计算方法，后来有学者在上述理论的基础上提出了三种应力集中系数理论。

（1）高应力状态下剪切能理论。

该理论认为当试样被拉伸时，在缺口附近发生应力集中，但是应力张量并不是完全一致的，而是存在一个三向主应力产生的综合效应，缺口处存在与轴向垂直的切向应力，该应力是影响应力集中程度的主要原因，因此基于 Mises 理论推导出了剪切能应力集中系数 a_τ 计算方法，见式（8.9）：

$$a_6 = a\sqrt{1 - \mu \cdot \frac{a_t - 1}{a_t} + \left(\mu \cdot \frac{a_t - 1}{a_t}\right)^2} \tag{8.9}$$

式中：μ 为材料泊松比。

（2）Neuber 与 Moore 理论。

之后 Neuber 与 Moore 等学者在考虑之前学者研究的基础上提出材料的基本晶粒尺寸是应力集中的关键影响因素，首先 Neuber 等学者通过实验的方法获取金属材料基本晶粒尺寸，当时将 0.48mm（即 0.019in）作为经验值，后来也有 Morkovin 等学者提出了新的基体结构单元尺寸经验值，但都相差不大。而 Moore 等学者基于大量的实物实验，在 Neuber 的研究基础上将基本晶粒单元尺寸 ρ' 更加细化，见式（8.10）：

$$\rho' = 0.2\left(1 - \frac{\sigma_y}{\sigma_u}\right)^3 \left(1 - \frac{0.05}{d}\right) \tag{8.10}$$

式中：σ_y 为管材的屈服强度，MPa；σ_u 为管材的抗拉强度，MPa；d 为切口根部的临界直径，mm。

Neuber 与 Moore 等学者提出了有效应力集中系数 a_e 计算方法，将试样的几何特征考虑在内，有效应力集中系数 a_e 计算方法见式（8.11）：

$$a_e = 1 + \frac{a_t - 1}{1 + \frac{\pi}{\pi - \omega}\sqrt{\frac{\rho'}{r}}} \tag{8.11}$$

缺口敏感性指数 q 可由式（8.12）计算得出：

$$q = \frac{a_e - 1}{a_t - 1} = \frac{1}{1 + \frac{\pi}{\pi - \omega}\sqrt{\frac{\rho'}{r}}} \tag{8.12}$$

8.3.2 有限元与各个理论对比

本书涉及的管材壁厚在 12.4mm 以下，从而导致无法切割试样，因此用有限元的方法进行验证。模型按照图 8.16 中尺寸图建立了无缺口、0.2mm 深度缺口、0.5mm 深度缺口、0.8mm 深度缺口四种类型的试样模型，材料属性赋予按照图 8.6 中应力—应变关系，且均在两端施加上 0.025mm 的拉伸位移，以此查看缺口处的应力大小。不同缺口深度的试样有限元云图如图 8.17 所示，可见随着缺口深度的增加，应力集中处的应力值

8 油管柱机械力学及环境敏感断裂韧度试验评价

随之增加，无缺口试样的中心应力达到117.24MPa，0.2mm深度缺口试样的缺口处应力达到307.25MPa，0.5mm深度缺口试样的缺口处应力达到441.13MPa，0.8mm深度缺口试样的缺口处应力达到554.88MPa。图8.18为试样中心截面外壁的应力分布，可以明显看出，随着缺口深度的增加，应力随之增加，四种尺寸的试样应力分别为117.24MPa、307.25MPa、441.13MPa、554.88MPa。

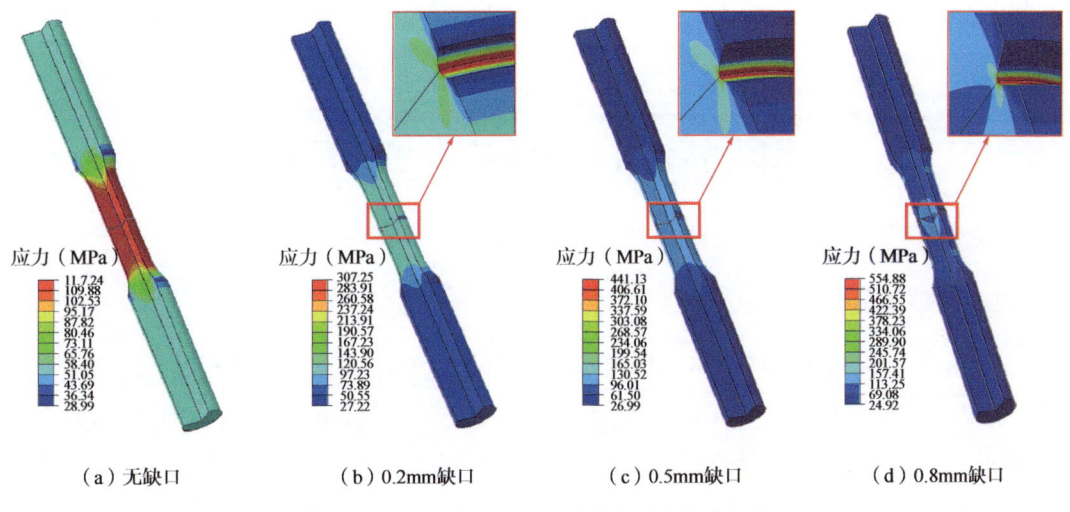

图8.17 不同缺口深度的试样有限元应力云图

将有限元计算的结果与式（8.6）至式（8.12）中解析解的结果进行对比，具体数据见表8.8，随着缺口深度的增加，所有的理论解析解计算结果与有限元结果更加接近，误差低于9.8%，大部分的误差均在3%以内，总结可知，有限元计算的结果相对于理论值略小，但相差不大，且随着缺口深度的增加，缺口敏感相关参数的误差均更加接近。

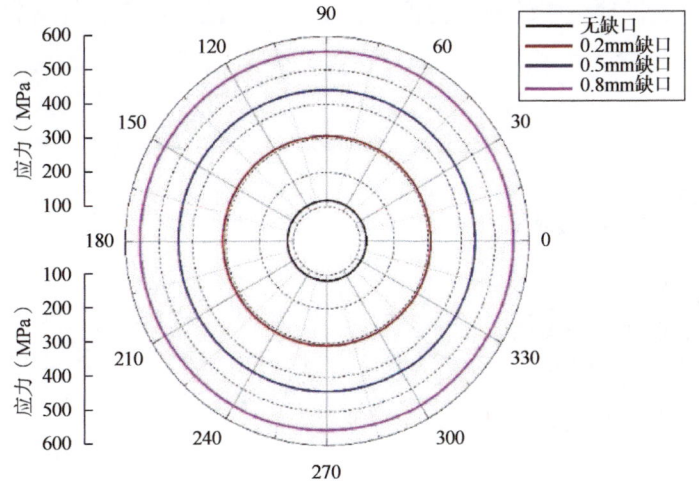

图8.18 不同深度缺口试样中心截面外壁应力分布

表8.8 缺口应力敏感性结果对比(经典理论与有限元)

缺口深度(mm)	理论应力集中系数 a_t			有效应力集中系数 a_e			剪切能法			Moore法			Neuber法		
	有限元	理论值	误差(%)	有限元	理论值	误差(%)	有限元	理论值	误差(%)	有限元	理论值	误差(%)	有限元	理论值	误差(%)
0.2	2.6	2.9	9.8	1.6	1.7	6.4	2.4	2.6	9.4	1.3	1.3	4.0	1.4	1.5	5.4
0.5	3.7	4.0	6.2	2.0	2.1	4.5	3.4	3.6	6.1	1.5	1.5	3.0	1.8	1.9	3.9
0.8	4.7	4.8	1.6	2.4	2.4	1.2	4.2	4.3	1.6	1.7	1.7	0.9	2.1	2.1	1.1

8.4 管材环境敏感断裂韧度测试

8.4.1 断裂韧度概述

13Cr110材料属于马氏体不锈钢,由于Cr元素的存在,在腐蚀性环境中,油套管表面可形成一层致密的钝化膜(Fe氧化物、Cr氧化物等),从而可以抵抗CO_2及其他介质的腐蚀。这种体心立方晶体结构在受到拉伸效应的作用力时容易在晶粒之间的应力集中处发生大应变,从而导致一定程度的滑移、蠕变甚至撕裂,形成初始裂纹。同时,在腐蚀环境下,裂纹尖端也会发生氧化、氢置换以及氢聚集等现象,表面晶粒间的初始损伤会继续沿晶或穿晶扩展,最终在基体上发展为宏观裂纹,管材的应力腐蚀机理图如图8.19所示。油管柱在高温高压环境下的宏观失效形式主要有两种,一种是失稳,另一种是裂纹扩展,对于13Cr油管材料而言,在一定的腐蚀介质中,屈服强度以下的低应力也可能导致裂纹扩展,初始裂纹断口呈现脆性特征,当裂纹扩展到一定程度后引发韧性撕裂。为了评估管材在服役环境中的断裂韧度,本节用实验的方法对管柱材料的断裂韧度 K_{IC} 进行评估。

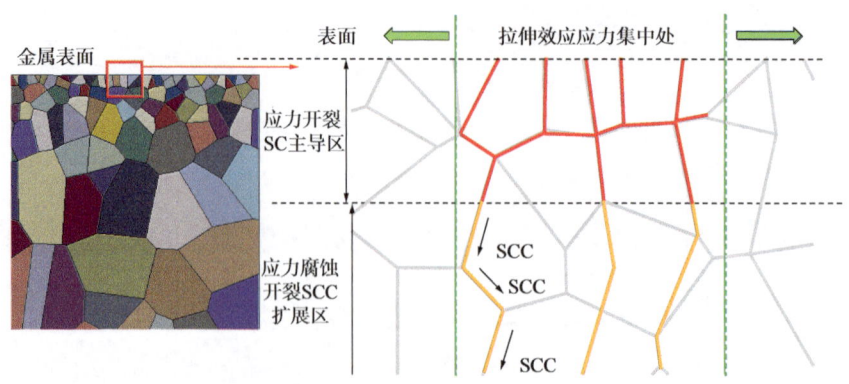

图8.19 13Cr管材应力腐蚀机理图

8.4.2 断裂韧度测试试验装备与腐蚀环境

管材的断裂韧度会根据现场工况变化，本节在高温高压釜中开展管材的断裂韧度试验，高温高压釜中管的腐蚀介质为甲酸盐环空保护液，实验装置为动态高温高压釜，设备的示意图如图 8.20 所示，试样与釜的内壁之间用聚四氟乙烯衬垫，保证绝缘以避免电偶腐蚀和缝隙腐蚀，甲酸盐环空液经除氧后加入高温高压釜，封闭釜盖，再次进行充分除氧操作后采用实验温度、压力进行试压，确保高温高压釜密封性可靠，即可开始实验。腐蚀环境为 60MPa 压力、CO_2 分压 0.5MPa，200℃温度、甲酸盐环空保护液，剩余的气相体积用 N_2 填充增压至目标压力，在加热套内升温至目标温度后稳定，最后检查密封与釜内温度压力稳定性后保持 7 天周期。断裂韧度测试的试样类型包括：三点弯、缺口圆棒、DCB 以及 WOL。

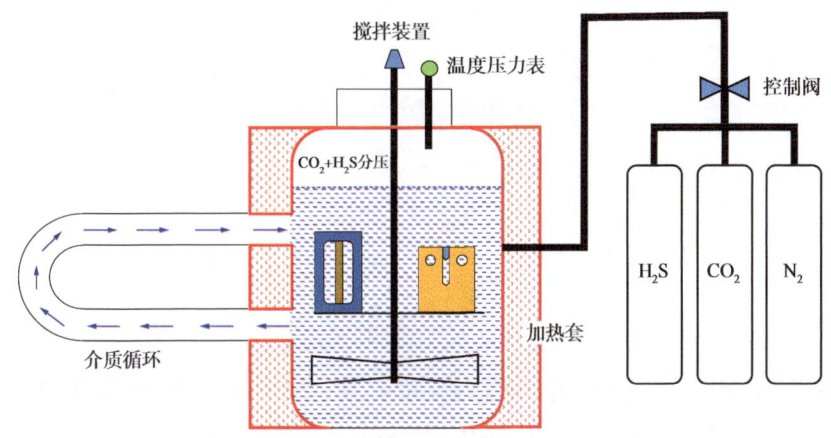

图 8.20 动态高温高压腐蚀装置示意图

8.4.3 无恒载荷下管材断裂韧度 K_{IC} 测试

通过三点弯试样对金属材料断裂韧度的测试是 GB/T、ISO、ASTM 等标准推荐的，在本书中对 13Cr110 材料分别加工 5mm、10mm 两种厚度（限于管材的厚度）的管材，每种材料的每一厚度使用三个平行样，同时试样尺寸符合相关标准：$S/W \geq 4.6$，$1.0=W/B=4.0$ 和 $0.45=a/W=0.7$，如图 8.21 所示。

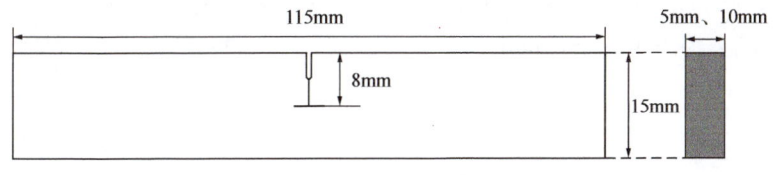

图 8.21 不同厚度的三点弯试样

图 8.22 为 5mm、10mm 两种厚度的三点弯试样在 MTS 压缩前后样貌,并获取载荷与 MTS 压头位移的变化关系。根据载荷—位移变化关系与式(8.13)和式(8.14)可以计算出不同厚度试样下材料的断裂韧度 K_{IC}。

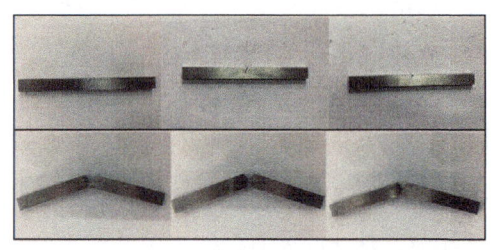
(a) 5mm

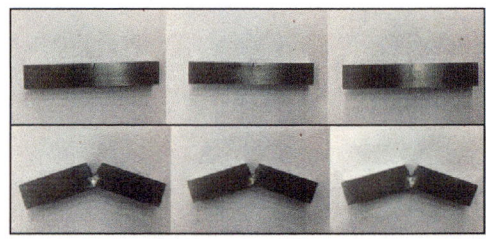
(b) 10mm

图 8.22　不同厚度的三点弯试样

三点弯曲试样 K_{IC} 的计算公式如下:

$$K_{IC}=\left[\left(\frac{S}{W}\right)\frac{F_Q}{(BB_NW)^{0.5}}\right]\left[g_1\left(\frac{a_0}{W}\right)\right]\times 10^{\frac{3}{2}} \quad (8.13)$$

$$f\left(\frac{a_0}{W}\right)=\frac{3\left(\frac{a_0}{W}\right)^{0.5}\left\{1.99-\left(\frac{a_0}{W}\right)\left(1-\frac{a_0}{W}\right)\left[2.15-\frac{3.93a_0}{W}+2.7\left(\frac{a_0}{W}\right)^2\right]\right\}}{2\left(1+\frac{2a_0}{W}\right)\left(1-\frac{a_0}{W}\right)^{1.5}} \quad (8.14)$$

式中:B 为试样厚度,mm;W 为试样宽度,mm;B_N 为对于无侧槽试样 $B_N=B$,mm;S 为跨距,mm;F_Q 为当 Δa 小于 0.2mm 钝化偏置线时出现非稳定裂纹扩展的力,kN;a_0 为初始裂纹长度,mm。

13Cr110 管材的三点弯断裂韧度测试结果见表 8.9,13Cr110 管材在 5mm、10mm 厚度下的断裂韧度 K_{IC} 分别为 56.33MPa·$m^{1/2}$、82.67MPa·$m^{1/2}$,腐蚀环境中管材在 5mm、10mm 厚度下的断裂韧度 K_{IC} 分别为 49.52MPa·$m^{1/2}$、73.37MPa·$m^{1/2}$。

根据断裂力学理论,已经推导出了裂纹尖端塑性区沿板厚方向的分布。并得出了相关的结论:试样表面处于平面应力状态,而试样中间部分处于平面应变状态,因此所对应的断裂韧度值是不同的。对于不满足标准中厚度要求的薄板,测试的断裂韧度应该由平面应力断裂韧度和平面应变断裂韧度两部分组成。为了解决上述问题,有学者在考虑厚度影响的基础上提出了一个理论解,见式(8.15):

$$K_C=\xi B^{\frac{1}{2}}e^{-\kappa B}+K_{IC}\left(1-e^{-\kappa B}\right) \quad (8.15)$$

式中:κ 与 ξ 为材料的常数。

基于试验测得的结果，使用最小二乘法处理数据。在本书中，13Cr110 损伤前后的断裂韧度随板厚的拟合变化关系如图 8.23 所示，当板厚超过 38mm 后两种管材的断裂韧度不再变化，根据标准中的要求，在 38mm 的板厚下，通过三点弯实验测得未损伤的 13Cr110 管材的断裂韧度为 81.39MPa·m$^{1/2}$，损伤后的管材下降至 69.75MPa·m$^{1/2}$。

表 8.9 三点弯断裂韧度测试结果

环境	跨距 S (mm)	宽度 W (mm)	厚度 B (mm)	初始裂纹尺寸 a_0 (mm)	形状因子 f (a_0/W)	临界点载荷 F_Q (kN)	K_{IC} (MPa·m$^{1/2}$) 实测	均值
常温常压	100	10.09	5.01	5	2.625	1.12	57.90	56.33
	100	10.15	4.96	5	2.601	1.08	55.39	
	100	10.21	4.98	5	2.578	1.11	55.69	
	100	20.06	10.01	10	2.650	8.89	82.83	82.67
	100	20.12	9.98	10	2.637	8.72	80.75	
	100	20.11	9.78	10	2.640	8.92	84.42	
腐蚀环境	100	10.21	4.96	5	2.577	0.95	47.86	49.52
	100	10.12	4.93	5	2.613	0.96	49.98	
	100	10.18	5.02	5	2.589	1.01	50.72	
	100	20.18	10.05	10	2.625	8.22	74.90	73.37
	100	20.01	9.98	10	2.660	7.82	73.65	
	100	20.12	9.97	10	2.637	7.85	72.76	

研究表明，如果理论曲线式与试验数据相对误差偏大，可以通过调节 $e^{-\kappa B}$ 项中关于 B 的幂次 m，达到进一步提高理论曲线精度的目的。材料常数 κ、ξ、K_{IC} 可用实验数据拟合得到。根据此理论公式可以用少量的实验数据得到不同材料厚度的断裂韧性。

通过图 8.23 中拟合的管材断裂韧度随板厚变化关系，基于平面应变断裂韧度与平面应力断裂韧度的线性组合，拟合出腐蚀前后管材的 K_{IC} 解析公式，13Cr110 损伤前后分别见式（8.16）和式（8.17）。

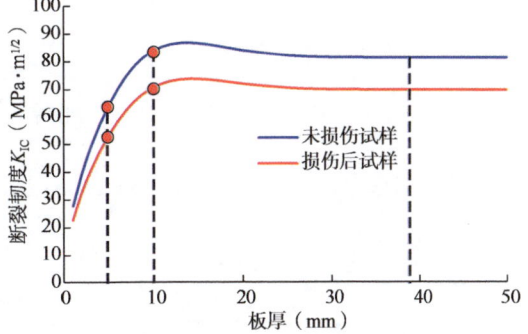

图 8.23 损伤前后 13Cr110 油管的断裂韧度随板厚的拟合变化关系

13Cr110 腐蚀前断裂韧度随试样厚度变化关系：

$$K_{IC} = 26.97 B^{0.5} e^{-0.0068 B^2} + 76.67 \left(1 - e^{-0.007 B^2}\right) \tag{8.16}$$

13Cr110 腐蚀后断裂韧度随试样厚度变化关系：

$$K_{IC} = 22.50 B^{0.5} e^{-0.0066 B^2} + 69.75 \left(1 - e^{-0.0066 B^2}\right) \quad (8.17)$$

8.4.4 恒载荷管材断裂韧度 K_{IC} 测试

（1）缺口圆棒拉伸断裂韧度 K_{IC} 测试试验方案。

环境敏感断裂韧度的获取需要应力腐蚀实验的开展，在第 8.4.2 节介绍的腐蚀环境中，将带有恒载应力的不同类型试样放入高温高压釜中保持 7 天后取出，再进行拉伸测试，从而求解出环境损伤后的管材的断裂韧度变化。

试样满足要求：①试样平行段直径与缺口部位直径比值为 $1.00 \leqslant D/d \leqslant 1.25$；②试样平行段直径 $D \geqslant (K_{IC}/\sigma_{ys})^2$。

恒载荷试样的尺寸满足平行段直径为 6.30mm，缺口部位直径 4.35mm，试样的尺寸如图 8.24（a）所示，实物装置图如图 8.24（b）所示。温压载荷条件为：①常温常压无应力；② 60MPa 压力以及 200℃，227.4MPa（30%σ_s）恒应力；③ 454.8MPa（60%σ_s）恒应力；④ 606.4 MPa（80%σ_s）恒应力。这些恒载可以通过 MTS180 拉伸仪的监控系统进行精确控制。

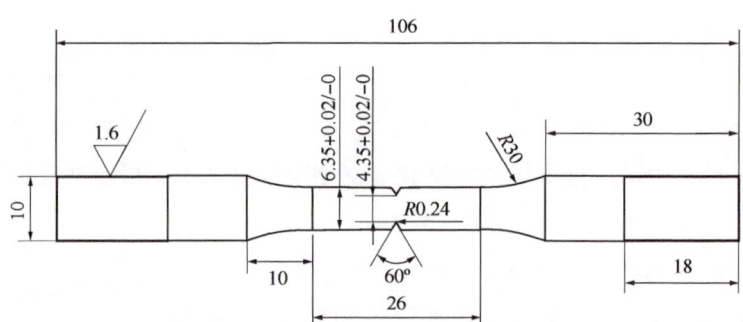

（a）圆棒缺口试样尺寸图（单位：mm）

 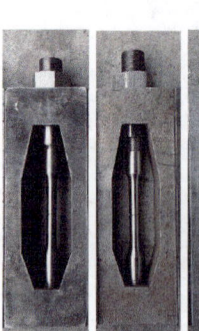 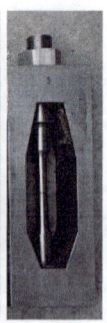 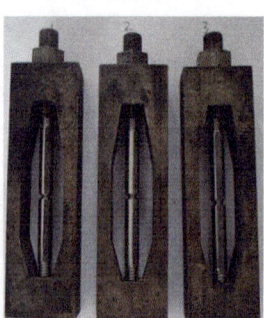 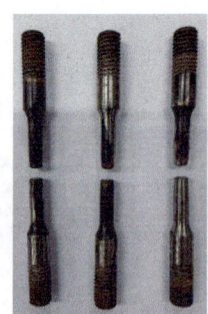

（b）试样与恒载装置图

图 8.24 试样的加工尺寸与恒载装置实物图

（2）DCB 与 WOL 试样断裂韧度 K_{IC} 测试试验方案。

双悬臂梁 DCB 试样与预制裂纹的 WOL 试样来自标准 NACE 0177—2005 中推荐的应力腐蚀开裂测试方法，本节对 13Cr 管材腐蚀前后断裂韧度进行测试，测试的试样从 114.3mm×12.7mm 的油管上切割试样若干，加工尺寸如图 8.25 所示。

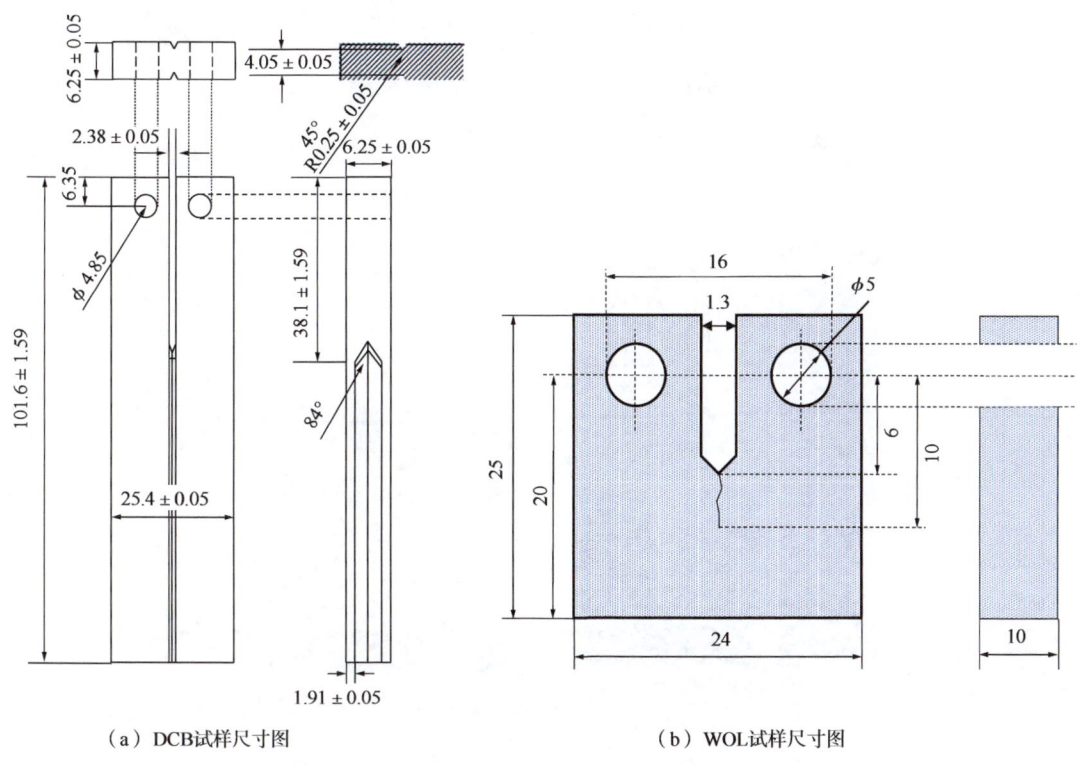

(a) DCB 试样尺寸图　　　　　　　　　　(b) WOL 试样尺寸图

图 8.25　应力腐蚀试样加工尺寸图（单位：mm）

标准中推荐了 DCB 与 WOL 试样的应力腐蚀开裂评价的楔子厚度，但是对于 13Cr110 管材而言，标准推荐的楔子厚度是一个笼统的范围，因此本书根据所选的加工试样尺寸建立了三维有限元力学模型，如图 8.26（a）所示，旨在得到楔子塞入处两点的位移 L 与试样裂纹尖端的应力关系，从而指导楔子厚度的加工，有限元应力分布云图如图 8.26（b）所示。DCB 与 WOL 试样的有限元计算结果见表 8.10，从表 8.10 可知，227.4MPa（30%σ_s）、454.8MPa（60%σ_s）、606.4MPa（80%σ_s）三组恒载荷的应力水平对应的楔子厚度相差较小，因此，为了避免楔子厚度不精准而导致试验结果的误差，DCB 与 WOL 试样只做常温常压无应力、高温高压腐蚀环境中 227.4MPa（30%σ_s）恒应力、606.4MPa（80%σ_s）恒应力。

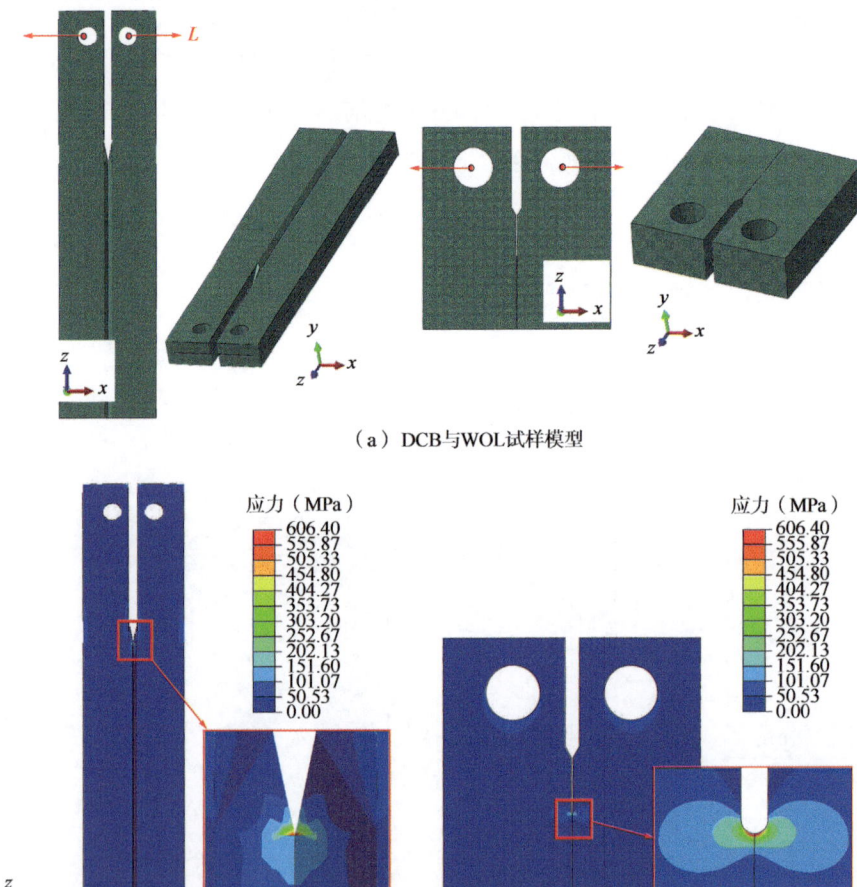

(a) DCB与WOL试样模型

(b) DCB与WOL计算结果云图

图 8.26　DCB 与 WOL 应力腐蚀试样模型与计算结果

部分管材 DCB 与 WOL 试样腐蚀前后的样貌如图 8.27 所示，每种管材每种工况下均采用三个平行试样，最后在 MTS 拉伸仪上进行拉伸获取其载荷—位移曲线，以此进行断裂韧度计算。

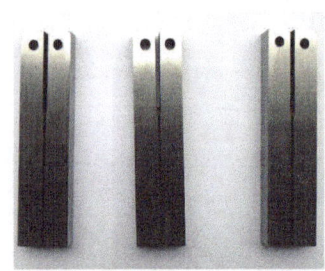 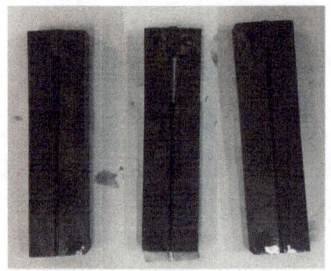 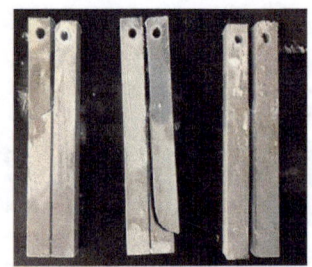

(a) 腐蚀前管材DCB试样　　　(b) 腐蚀后管材DCB试样　　　(c) 液氮急冷劈开

图 8.27　管材 DCB 与 WOL 试样腐蚀前后的样貌

（d）管材WOL试样（腐蚀前）

（e）管材WOL试样（腐蚀后）

图 8.27 管材 DCB 与 WOL 试样腐蚀前后的样貌（续）

表 8.10 DCB 与 WOL 试样恒载荷加载有限元计算结果

DCB 试样		WOL 试样	
楔子厚度（mm）	恒载荷（MPa）	楔子厚度（mm）	恒载荷（MPa）
2.39	227.4（30%σ_s）	1.34	227.4（30%σ_s）
2.41	454.8（60%σ_s）	1.37	454.8（60%σ_s）
2.42	606.4（80%σ_s）	1.40	606.4（80%σ_s）

（3）缺口圆棒拉伸断裂韧度 K_{IC} 测试结果。

对腐蚀前与腐蚀后的带圆棒缺口试样在 MTS180 拉伸仪上进行拉伸测试，根据推荐的圆棒缺口试样断裂韧度计算公式［式（8.18）和式（8.19）］，计算出材料的断裂韧度，见表 8.11。腐蚀前 13Cr110 管材的 K_{IC} 为 60.45MPa·m$^{1/2}$，在三组恒载荷下 K_{IC} 值分别为 53.97MPa·m$^{1/2}$、45.65MPa·m$^{1/2}$、37.60MPa·m$^{1/2}$，三者分别下降了 6.6%、17.3%、44.4%。

$$K_{IC} = F\left(\frac{a}{b}\right)\sigma_Q\sqrt{\pi(b-a)} \quad (8.18)$$

$$F\left(\frac{a}{b}\right) = \frac{1}{2}\sqrt{\frac{a}{b}}\left(1 + \frac{a}{2b} + \frac{3a^2}{8b^2} - 0.363\frac{a^3}{b^3} + 0.731\frac{a^4}{b^4}\right) \quad (8.19)$$

式中：$\sigma_Q = \sigma b^2/a^2$；$a=d/2$；$b=D/2$；$\sigma_Q = P_f/\pi b^2$；$P_f$ 为载荷—位移曲线出现非稳定裂纹扩展的力，N。

表 8.11 圆棒缺口试样恒载荷断裂韧性计算结果

恒载荷（MPa）	压力（MPa）	温度（℃）	断裂载荷（kN）	形状因子	断裂韧性（MPa·m$^{1/2}$）	平均值（MPa·m$^{1/2}$）
—	常压	常温	24.46	0.65	59.66	60.45
			25.08	0.65	61.17	
			24.82	0.65	60.54	
227.4（30%σ_s）	60	200	22.75	0.65	55.46	53.97
			21.69	0.65	52.90	
			21.95	0.65	53.54	

续表

恒载荷 （MPa）	压力 （MPa）	温度 （℃）	断裂载荷 （kN）	形状因子	断裂韧性 （MPa·m^(1/2)）	平均值 （MPa·m^(1/2)）
454.8 （60%σ_s）	60	200	19.86	0.65	48.44	45.65
			17.77	0.65	43.18	
			18.52	0.65	45.01	
606.4 （80%σ_s）	60	200	14.58	0.65	35.43	37.60
			16.37	0.65	39.78	
			釜中断裂	0.65	—	

（4）双臂梁 DCB 断裂韧度 K_{IC} 测试结果。

对腐蚀前后的双悬臂梁 DCB 试样在 MTS180 拉伸仪上进行拉伸测试，根据推荐的双悬臂梁 DCB 试样断裂韧度计算公式 [式（8.20）] 计算出材料的断裂韧度，见表 8.12。腐蚀前 13Cr110 管材的 K_{IC} 为 98.88MPa·m$^{1/2}$，在两组恒载荷下 K_{IC} 值分别为 79.15MPa·m$^{1/2}$、60.41MPa·m$^{1/2}$，分别下降了 19.9%、38.9%。

$$K_{IC} = \frac{F_Q a_0 \left(2\sqrt{3} + 2.38 h/a_0\right)\left(B/B_n\right)^{1/\sqrt{3}}}{Bh^{3/2}} \quad (8.20)$$

式中：F_Q 为在加载面上测量的平衡楔入载荷，N；a_0 为裂纹长度，mm；h 为每个悬臂高度，mm；B 为试样厚度，mm；B_n 为梁腹厚度，mm。

表 8.12 DCB 断裂韧度测试结果

恒载荷 （MPa）	压力 （MPa）	温度 （℃）	临界点载荷 （kN）	断裂韧性 （MPa·m^(1/2)）	平均值 （MPa·m^(1/2)）
—	常压	常温	5.03	99.82	98.88
			4.97	98.49	
			4.96	98.32	
227.4 （30%σ_s）	60	200	3.84	76.10	79.15
			4.04	80.05	
			4.10	81.29	
606.4 （80%σ_s）	60	200	3.04	60.21	60.41
			2.96	58.78	
			3.14	62.23	

（5）WOL 试样断裂韧度 K_{IC} 测试结果。

对腐蚀前后的 WOL 试样在 MTS180 拉伸仪上进行测试，根据推荐的含裂纹的 WOL 试

8 油管柱机械力学及环境敏感断裂韧度试验评价

样断裂韧度计算公式[见式（8.21）和式（8.22）]最终计算出材料的断裂韧度，见表8.13。13Cr110管材无损的 K_{IC} 为109.67MPa·m$^{1/2}$，在两组恒载荷下 K_{IC} 分别为90.84MPa·m$^{1/2}$，77.68MPa·m$^{1/2}$，分别下降了17.1%、29.1%。

$$K_{IC} = \left[\frac{F_Q}{(BB_N W)^{0.5}}\right]\left[g_2\left(\frac{a_0}{W}\right)\right] \times 10^{\frac{3}{2}} \quad (8.21)$$

$$f\left(\frac{a_0}{W}\right) = \frac{\left(2+\frac{a_0}{W}\right)\left[0.886 + 4.64\left(\frac{a_0}{W}\right) - 13.32\left(\frac{a_0}{W}\right)^2 + 14.72\left(\frac{a_0}{W}\right)^3 - 5.6\left(\frac{a_0}{W}\right)^4\right]}{\left(1-\frac{a_0}{W}\right)^{1.5}} \quad (8.22)$$

式中：W 为试样宽度，mm；B 为试样厚度，mm；B_N 为带侧槽试样两侧槽之间的试样净宽度，mm（对于无侧槽试样 $B_N=B$）；F_Q 为当 Δa 小于0.2mm钝化偏置线时出现非稳定裂纹扩展的力，kN；a_0 为初始裂纹长度，mm。

表8.13 WOL断裂韧度测试结果

恒载荷 （MPa）	压力 （MPa）	温度 （℃）	临界点载荷 F_Q（kN）	形状因子	断裂韧性 （MPa·m$^{1/2}$）	平均值 （MPa·m$^{1/2}$）
—	常压	常温	16.54	9.66	112.97	109.67
			15.62	9.66	106.68	
			16.01	9.66	109.35	
227.4 （30%σ_s）	60	200	12.54	9.66	85.65	90.84
			13.51	9.66	92.27	
			13.85	9.66	94.60	
606.4 （80%σ_s）	60	200	11.02	9.66	75.27	77.68
			10.98	9.66	74.99	
			12.12	9.66	82.78	

图8.28为紧凑试样拉伸后断口的SEM扫描图，图8.28（a）为腐蚀前试样的断口，断口呈现了纤维状韧性撕裂区，同时没有明显的剪切唇与二次裂纹，图8.28（b）为应力腐蚀状态下的断口，断口呈现了明显的准解理特征与聚集的腐蚀物，表明了管材在应力腐蚀环境下萌生了一定深度的裂纹。同时，图8.28（c）和图8.28（d）为图8.28（b）断口上的EDS能谱分析，可见在本节的应力腐蚀环境中，管材在应力集中处萌生了一定程度的裂纹，同时，腐蚀产物主要为 $FeCO_3$ 与 Fe 的氧化物。

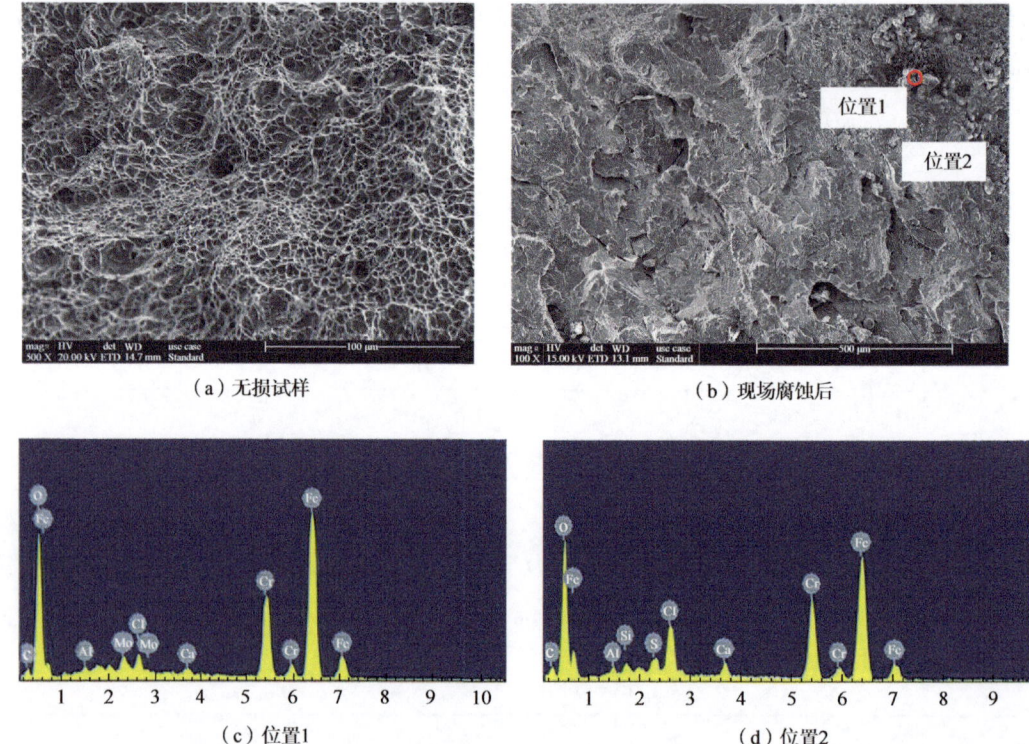

图 8.28 腐蚀前后 13Cr 管材 WOL 试样断口样貌与 EDS 能谱分析

通过三点弯、DCB 以及 WOL 试样的断裂韧度测试可知，对于 13Cr110 管材，测得的断裂韧度 K_{IC} 差异较大。总体而言，WOL 实验测得的断裂韧度值偏大，圆棒缺口试验测得断裂韧度偏小，这是由于 WOL 试样的厚度较大，而且 WOL 试样是标准的平面应变结构，可以典型地反映出材料的力学性能。但是如果要反映管材实际断裂韧度，还需要结合现场实际的油管断裂情况去评估断裂试验的结果相吻合。

9 管柱环境敏感开裂研究及临界裂纹预测方法

针对13Cr110油管的应力腐蚀问题,建立了甲酸盐环空液环境中带有腐蚀坑油管的弹塑性力学—电化学耦合有限元模型,预设的腐蚀坑与环空液充分接触,使得在弹塑性力学计算时腐蚀坑位置的应力集中,从而观察在应力集中位置的交换电流密度场的异变。接着,基于凝聚单元的方法,结合压头试验获取的凝聚单元牵引力随分离位移变化关系,对实际的管柱螺旋开裂案例进行了反演模拟,寻找了裂纹的初始位置。最后,通过在裂纹前沿植入适应裂纹尖端实现积分的奇异单元,保证近似两个圆环积分路径有节点数据分布,围绕裂纹前缘的两个奇异单元环执行守恒积分评估的方法,对实际的油管开裂案例进行了环境敏感断裂韧度 K_{ISCC} 求解。

9.1 油管柱应力腐蚀中腐蚀电位差异定量化模拟

9.1.1 带有腐蚀坑管体应力集中仿真模拟

通过应力腐蚀试验结果可知,管材的强度与韧度在极端环境下有一定程度的下降,尤其当管材出现腐蚀坑、冲蚀划痕等缺陷时,不仅表面的氧化膜会破坏,而且会导致局部的应力集中。在腐蚀介质中,这些高应力区域处的腐蚀速度会加剧。现有的应力腐蚀评价试验是将试样保持一定程度的拉伸状态应力后放置在高温高压腐蚀环境中进行,当管材表面出现缺陷时,缺陷位置的应力是复杂的三轴应力状态,只有通过具体问题做具体的试验评价。本节,基于材料弹塑性力学和含腐蚀离子溶液的电流场耦合的方法,建立了甲酸盐环空液环境中带有腐蚀坑油管的弹塑性力学—电化学耦合计算的有限元模型,旨在定量评价腐蚀环境中管材缺陷临界深度以及特定环境下腐蚀速率,为现场防控带有缺陷管柱的应力腐蚀开裂提供理论依据。

9.1.2 模型涉及的应力腐蚀机理

在高温高压的腐蚀介质中,应力水平对13Cr110管材的腐蚀速度的影响十分明显[174],尤其当管柱壁面上存在腐蚀坑、上扣压痕以及磨损槽等缺陷时,这些地方相对于基体应力水平更高,换言之,基体表面的初始裂更容易形核,氢致裂纹尖端扩展的概率增加。同时,电化学反应(阳极:铁元素溶解;阴极:析氢)可能也会进而加剧,其机理图如图9.1(a)所示。通过现场调研可知,油管柱所处的环境为甲酸盐环空液,这种环空液在高温的井筒环境下极易分解出氢、氧等元素。图9.1(b)展示了腐蚀后13Cr110油管柱腐蚀坑的局部放大图。

为了获取电化学模拟的相关参数,在CS310M电化学工作站上进行13Cr110管材极化曲线测试,测试电路为经典的三电极体系,使用饱和甘汞电极(SCE)作为参比电极,使用铂片Pt作为辅助电极,腐蚀介质为甲酸盐环空保护液,试验温度为(60 ± 1℃)。以1mV/s的扫描速度扫描 $-0.5V$(vs. OCP)至1V(vs. OCP)的电位,激励电压为5mV,频率恒定为1000Hz。另外,在13Cr油管上制取横截面积为1cm^2、长3cm的圆棒,仅将一端圆面暴露,以此作为工作电极。

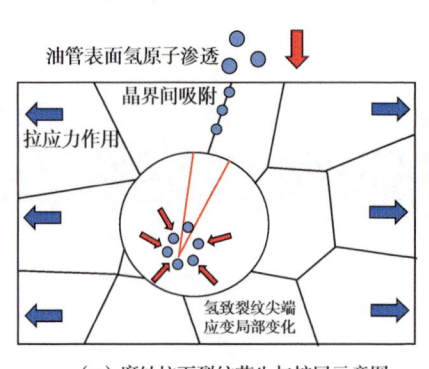

(a)腐蚀坑下裂纹萌生与扩展示意图

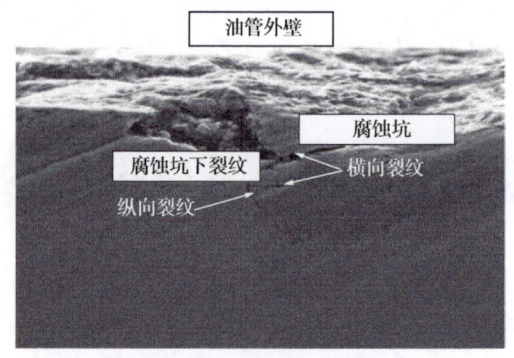

(b)现场含表面腐蚀坑的油管柱

图9.1 高温甲酸盐环空液中13Cr 110油管裂纹发展机理图

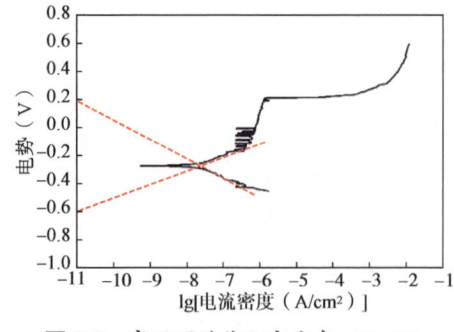

图9.2 高温甲酸盐环空液中13Cr110管材的极化曲线

图9.2为甲酸盐环空液中13Cr110管材的极化曲线,分析可知,随着扫描电位的移动,13Cr110管材出现了钝化现象,13Cr110管材的腐蚀电位为 $-0.245V$,对应的腐蚀电流密度为 $2.11 \times 10^{-6} A/cm^2$。经过软件将数据处理后,得到阳极Tafel斜率 A_a 为0.131V,阴极Tafel斜率 A_c 为 $-0.211V$。

为了定量地研究带缺陷的油管柱腐蚀速率,

本书借助有限元理论，建立了弹塑性力学与电流场的双向耦合模型，定量地模拟缺陷位置的腐蚀电极电位和阴阳极的电流密度随应力变化的关系。耦合模型涉及的理论包括：

（1）材料的弹塑性本构。

当油管受到载荷时材料自身会发生应变，尤其在缺陷位置容易发生应力集中，假设油管基材的材料各向同性，则材料本身的应力分布遵循硬化函数σ_H，其控制方程见式（9.1）[254]：

$$\sigma_H = \sigma_{True}\left(\varepsilon_p + \frac{\sigma_{von}}{E}\right) - \sigma_y \quad (9.1)$$

式中：σ_{True}是实验应力—应变曲线函数；ε_p是塑性变形；σ_{von}是 von Mises 应力，MPa；E是弹性模量，MPa；σ_y是高强度合金钢的屈服强度。

（2）电化学理论。

当腐蚀环境中，管体的电化学反应会被引发。在本节研究的模型中，阳极反应为铁溶解反应，反应式为 Fe−2e=Fe^{2+}，其腐蚀坑处的阳极的电流密度符合 Tafel 准则，见式（9.2）[255–256]：

$$i_a = i_{0,a} 10^{\frac{\eta_a}{A_a}} \quad (9.2)$$

式中：$i_{0,a}$为交换电流密度（模型中设置为 2.31×10^{-8}A/cm^2）；η_a为管材的过电位，V。

阳极反应的过电位η_a可以用下式计算：

$$\eta_a = \phi_s - \phi_l - E_{eq,a} \quad (9.3)$$

式中：ϕ_s为管材的电势，V；ϕ_l为溶液的电势，V；$E_{eq0,a}$为阳极反应的标准平衡电位，V。

ϕ_l在模型中定义为阳极反应的标准平衡电位$E_{eq0,a}$与阴极反应的标准平衡电位$E_{eq0,c}$的平均值，阳极反应的平衡电位$E_{eq,a}$可以由能斯特方程计算，见式（9.4）[257]：

$$E_{eq,a} = E_{eq0,a} - \frac{\Delta p_m V_m}{zF} - \ln\left(\frac{v\alpha}{N_0}\varepsilon_p + 1\right)\frac{RT}{zF} \quad (9.4)$$

式中：$E_{eq0,a}$为阳极反应的标准平衡电位，V（模型中设置为 −0.659V）；Δp_m为引起弹性变形的超压，Pa（模型中设置为 2.687×10^8Pa）；V_m为钢的摩尔体积，m^3/mol（模型中设置为 7.13×10^6m^3/mol）；z为钢的电荷数（模型中设置为 2）；F为法拉第常数，C/mol（模型中设置为 96485C/mol）；T为绝对温度，K（模型中设置为 298.15K）；R为理想气体常数，m^3·Pa/（mol·K）[模型中设置为 8.314472m^3·Pa/（mol·K）]；v为方向相关因子（模型中设置为 0.45）；α为扩散系数，m^{-2}（模型中设置为 1.67×10^{15}m^{-2}）；N_0为初始位错密度，m^{-2}（模型中设置为 1×10^{12}m^{-2}）。

阴极 Tafel 表达式用于模拟析氢反应，反应式为 2H$^+$+2e=H$_2$，腐蚀坑处的阴极电流密度见式（9.5）：

$$i_c = i_{0,c} 10^{\frac{\eta_c}{A_c}} \quad (9.5)$$

其中 $i_{0,c}$ 是交换电流密度，阴极反应的过电位 n_1，V，由下式计算：

$$n_1 = \phi_s - \phi_1 - E_{eq0,c} \tag{9.6}$$

其中，$E_{eq0,c}$ 是阴极反应的标准平衡电位（文中设置为 –0.198V）。

阴极反应的电流密度由下式控制：

$$i_{0,c} = i_{0,c,ref} 10^{\frac{\sigma_e V_m}{6F(-A_c)}} \tag{9.7}$$

式中：$i_{0,c,ref}$ 为没有外部应力/应变的情况下阴极反应的参考交换电流密度，A/cm^2（模型中设置为 $5.10 \times 10^{-7} A/cm^2$）。

9.1.3 不均匀分布的腐蚀电位定量数值模拟

图 9.3 为甲酸盐环空液中带有腐蚀坑油管的弹塑性力学—电化学耦合有限元模型，考虑耦合计算复杂性，采用二维的轴对称模型，模型总长度为 2m，油管柱外径为 88.9mm，壁厚为 9.52mm，油管柱处于内径为 168.1mm 的套管内，因此环空间隙为 39.6mm，在中心位置，使用布尔运算在油管外壁上剪裁出一个长 12mm，深 4mm 的腐蚀坑，腐蚀坑与环空液充分接触。另外将管柱一端施加轴向约束，另一端施加轴向拉伸载荷，作为力学边界条件，从而观察在应力集中位置的交换电流密度场的异变。初始时，模型中阳极 Fe 溶解的 Tafel 斜率设置为 0.131V，阴极析氢的 Tafel 斜率为 –0.211V，13Cr 基体溶解的交换电流密度为 $2.31 \times 10^{-8} A/cm^2$，析氢的交换电流密度为 $5.10 \times 10^{-7} A/cm^2$，无应力作用下 Fe 溶解相对于 SCE 的平衡电位为 –0.659V，无应力作用下析氢相对于 SCE 的平衡电位为 –0.198V，这些电化学的参数可根据包含材料极化曲线的参考文献或者根据自己需求做电化学实验即可获取。同时，油管基材按照第 3 章的 13Cr110 材料的拉伸应力—应变本构关系进行赋值。最后，为了后续的清楚表述，在腐蚀坑表面定义了 A–B 路径。

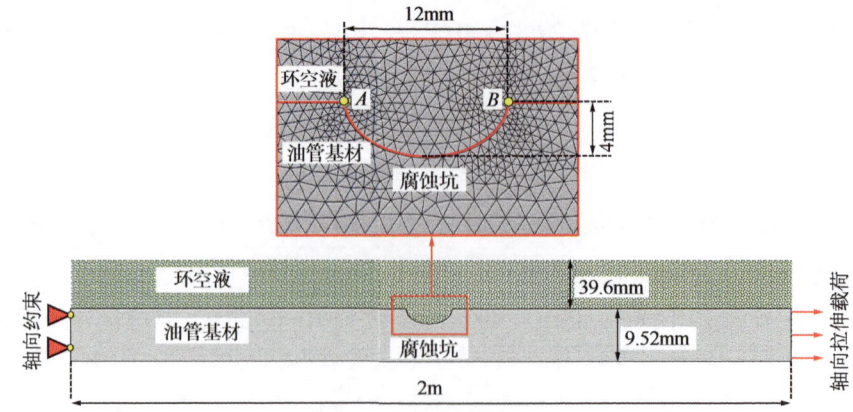

图 9.3　甲酸盐环空液环境中带有腐蚀坑油管的弹塑性力学—电化学耦合有限元模型

图 9.4 为不同拉伸载荷下油管腐蚀坑处应力分布云图，由图 9.4 可知，在不同的拉伸载荷下，油管壁的腐蚀坑处发生了应力集中现象，最高应力位于腐蚀坑最深处。随着拉伸载荷的增加，腐蚀坑底部的应力也随之增加，当拉伸载荷达到 900kN 时，腐蚀坑底部的应力超过其屈服强度（830MPa，来自第 8.1.3 节测试结果），当拉伸载荷达到 965kN 时，腐蚀坑底部的应力超过其屈服强度达到了 835MPa。

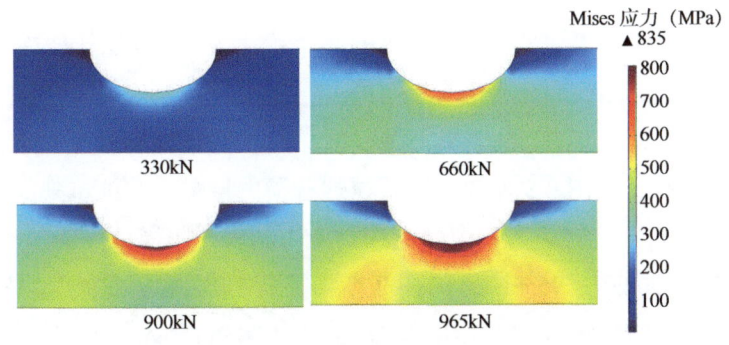

图 9.4 不同拉伸载荷下油管腐蚀坑处应力分布云图

图 9.5 为拉伸载荷 330kN、660kN、900kN、965kN 下腐蚀坑处 Mises 应力随 A—B 路径变化关系曲线，由图 9.5 可知，随着拉伸载荷的增加，腐蚀坑处的最大应力随之增加，在拉伸载荷 330kN、660kN、900kN、965kN 下腐蚀坑中心位置最大应力分别达到 302MPa、610MPa、792MPa、812MPa，而腐蚀坑两侧的应力水平均较小。

图 9.6 为拉伸载荷 330kN、660kN、900kN、965kN 下腐蚀坑处电极电位（vs.相邻参比电极）随 A–B 路径变化关系曲线，由图 9.6 可知，随着拉伸载荷的增加，腐蚀坑处的腐蚀电位随之变化，当拉伸载荷为 330kN、660kN 时，腐蚀坑处的电极电位分布比较均匀，而当拉伸载荷增加至 900kN、965kN 时，腐蚀坑处的电极电位变得不均匀，在腐蚀坑底部的电极电位发生骤降，最低电极电位分别达到 −0.408V、−0.412V，分析可知，当腐蚀坑底部的应力水平进入塑性阶段后，塑性区域的电极电位会发生骤降。

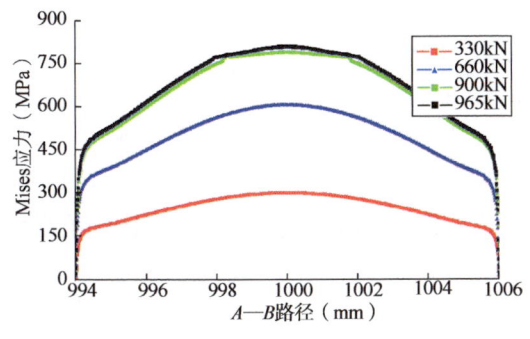

图 9.5 不同拉伸载荷下腐蚀坑处 Mises 应力随 A—B 路径变化关系曲线

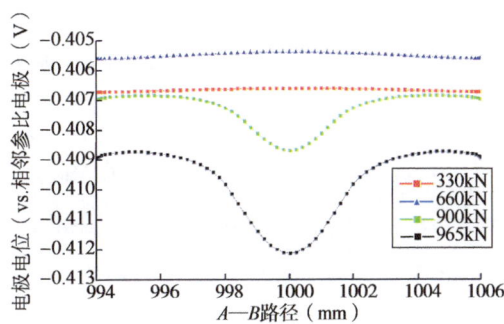

图 9.6 不同拉伸载荷下腐蚀坑处电极电位（vs.相邻参比电极）随 A—B 路径变化关系曲线

图9.7为拉伸载荷330kN、660kN、900kN、965kN下腐蚀坑处阳极电流密度随A—B路径变化关系曲线，由图9.7可知，随着拉伸载荷的增加，腐蚀坑处的Fe溶解反应电流密度随之变化，当拉伸载荷为330kN、660kN时，腐蚀坑处的阳极反应的电流分布比较均匀，而当拉伸载荷增加至900kN、965kN时，腐蚀坑处的阳极反应的电流变得不均匀，在腐蚀坑底部的阳极反应电流密度显著增加，最高电流密度分别达到5.4μA/cm², 6.3μA/cm²，分析可知，当轴向载荷超过一定临界值致使腐蚀坑处的应力处于塑性阶段时，在应力集中的腐蚀坑最深处会引发显著的Fe溶解反应，且局部应力水平越大，电流分布的差异越大。

图9.8为拉伸载荷330kN、660kN、900kN、965kN下腐蚀坑处阴极电流密度随A—B路径变化关系曲线，由图9.8可知，随着拉伸载荷的增加，腐蚀坑处的析氢反应电流密度随之变化。在腐蚀坑的应力集中处的局部应力越大，阴极反应的电流密度越明显，在330kN、660kN、900kN、965kN的拉伸载荷下，析氢反应电流密度的极小值分别达到$-0.0378μA/cm^2$、$-0.039μA/cm^2$、$-0.042μA/cm^2$、$-0.0436μA/cm^2$。分析可知，在应力集中的腐蚀坑最深处会引发显著的析氢反应，且局部应力水平越大，阴极反应电流分布的差异越大。

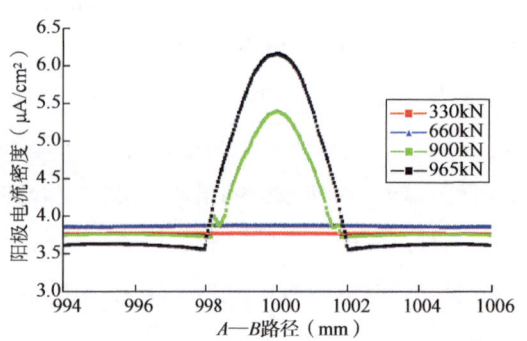

图9.7 不同拉伸载荷下腐蚀坑处阳极电流密度随A—B路径变化关系曲线

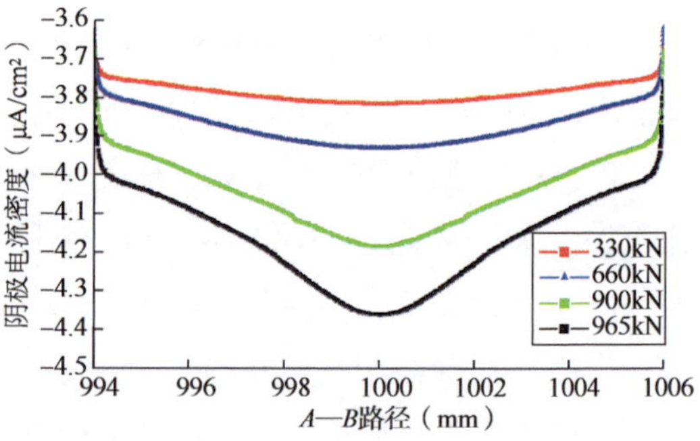

图9.8 不同拉伸载荷下腐蚀坑处阴极电流密度随A—B路径变化关系曲线

9.1.4 电化学—弹塑性力学耦合数值模拟方法讨论

本小节论述的方法是基于电化学实验获取的材料腐蚀相关参数（交换电流密度、标准平衡电位、开路电位等）以及不同应力下的腐蚀电流密度形成的函数关系在有限元软件中的自编程体现。可进一步增加温度、pH值、其他阴极电位甚至晶粒度等影响因素的实验数据，以此形成更加多元的函数关系，获取更加精细的应力腐蚀研究结果。

9.2 基于强度弱化的油管柱材料开裂演化

9.2.1 凝聚单元开裂临界阈值获取

高温高压的井筒内，管柱的安全主要来自力学与腐蚀两个方面的考验。油管柱的受力形态并不是理想的绷直的状态，在靠近封隔器底部的管段发生了严重的屈曲变形，同时该段油管与井筒接触挤压，这就导致管柱处于的力学环境比较复杂；腐蚀方面，井下的腐蚀环境也对管柱安全性提出挑战，化学腐蚀可以从微观上影响材料细观结构，从而造成管材宏观力学性能变化。从管材的断裂韧度试验可知，13Cr110管材在应力腐蚀环境下断裂韧度 K_{IC} 均有一定下降，若对管柱强度做出准确评估，力学与腐蚀两个因素都需要考虑在内，因此本章提出一套系统地评估管柱开裂的反演方法。将凝聚单元管体结构，再施加事故井深处的边界载荷，反演开裂过程，寻找初始裂纹位置，并评估强度弱化后管材是否能满足极端服役环境下的安全性。

凝聚单元遵守牵引—分离准则，该方法近年来广泛应用在水力压裂缝网扩展及反演缝网群的研究中[258-260]，该方法定义了黏聚层的两个界面之间的本构行为，其中名义牵引力分量 t，包括了三个分量 t_n、t_s 和 t_t，与分离位移和初始厚度 T_o 相关的名义应变可以定义为

$$\begin{cases} \varepsilon_n = \dfrac{\delta_n}{T_o} \\ \varepsilon_s = \dfrac{\delta_s}{T_o} \\ \varepsilon_t = \dfrac{\delta_t}{T_o} \end{cases} \quad (9.8)$$

式中：δ_n、δ_s 和 δ_t 为法向和两个切向分离位移，m；ε_n、ε_s 和 ε_t 为与法向和两个切向分离位移对应的应变分量。

当名义应力比超过1后，材料的弹性性质可能因为损伤的出现而发生刚度退化现象，此时二次名义应力遵循 B-K 准则，该准则可以表示为

$$\left\{\dfrac{\langle t_n \rangle}{t_n^0}\right\}^2 + \left\{\dfrac{\langle t_s \rangle}{t_s^0}\right\}^2 + \left\{\dfrac{\langle t_t \rangle}{t_t^0}\right\}^2 = 1 \quad (9.9)$$

式中：t_n^0、t_s^0、t_t^0 为在相应纯模式下的强度；符号 $\langle\ \rangle$ 表示纯压缩下应力状态。对于双线性软化的牵引—分离准则来说，损伤变量 Da 可以表示为[261]

$$Da = \frac{\delta_{mf}(\delta - \delta_{m0})}{\delta(\delta_{mf} - \delta_{m0})} \qquad (9.10)$$

式中：Da 为岩石综合损伤变量，是一个标量。

当损伤发生后，损伤变量会随着载荷的增加单调地从 0 增加到 1。黏聚区域的应力分量按照牵引—分离准则会降低：

$$\begin{cases} t_n = (1-Da)\overline{t_n} \\ t_s = (1-Da)\overline{t_s} \\ t_t = (1-Da)\overline{t_t} \end{cases} \qquad (9.11)$$

图 9.9 展示了双线性的牵引—分离准则示意图，在超过最大牵引力之前，牵引力随着分离位移增加而线性增加；当超过最大牵引力或最大分离位移时，牵引力逐渐降低为 0，相应的损伤变量逐渐增加到 1。图 9.9 的牵引—分离损伤准则中，$A—B$ 段代表了管材的弹性，而 $B—C$ 段表明了材料的韧性，$B—C$ 段越短表明材料韧性越差，脆性越好。当 $A—B$ 段的距离减小为 0 时，梯形损伤模型变成经典的双线性损伤模型。图 9.9 中的 δ_{m0} 为最大弹性位移，对应的牵引力为最大损伤强度。δ_{mf} 为完全损伤位移。基于蒙特–卡洛随机赋值方法，构建非均质有限元模型，进行数值模拟分析。

其中，最大抗张强度和黏度能的关系表达式可以写为

$$T_{max} = K_n \times \delta_{m0} \qquad (9.12)$$

$$G_C = \frac{T_{max} \times \delta_{mf}}{2} \qquad (9.13)$$

式中：T_{max} 为最大抗拉牵引强度，Pa；K_n 为初始黏聚层刚度，Pa/m；δ_{m0} 为初始损伤时的分离位移，m；G_C 为黏聚能，J/m；δ_{mf} 为完全损伤时的分离位移，m。

本章研究的案例是某超深气井 X3 井，储层压力为 146MPa，温度为 173℃，其管柱结构为 88.9mm×9.52mm-3500m+88.9mm×6.49mm-6915m。该井稳产（平均产量 $300×10^4m^3/d$）一定阶段后，管柱在靠近封隔器附近（井深 6125m）发生了断裂，该井深处内压为 129MPa，外压为 60MPa，轴向力为 −202kN，断裂的管柱如图 9.10（a）所示，从裂纹走向分析，管柱上的裂纹在扩展时，主要受到扭矩的牵引作用，导致裂纹的形状呈近似 45°螺旋分布。从裂纹的形貌上分析，断口的收缩率不明显，呈

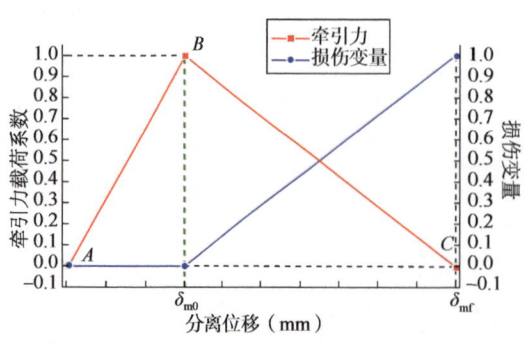

图 9.9 双线性的牵引—分离准则示意图

现了明显的脆性开裂特征，说明在井下腐蚀环境中材料本身有一定程度的脆化。为了匹配损伤前后材料的强度，本书开展了压断试验的方法去匹配凝聚单元分离能量阈值。首先参照文献[153]中岩石凝聚能量获取的方法，开展了无损材料与损伤后材料的压头试验，试样为 10mm×5mm×55mm 的冲击试样，损伤后的材料试样取材于失效管体，无损试样取材于新管。然后将两种试样在 MTS180 拉伸仪上进行压缩，如图 9.10（a）所示，从而获取两种材料的压头载荷随位移变化关系曲线。

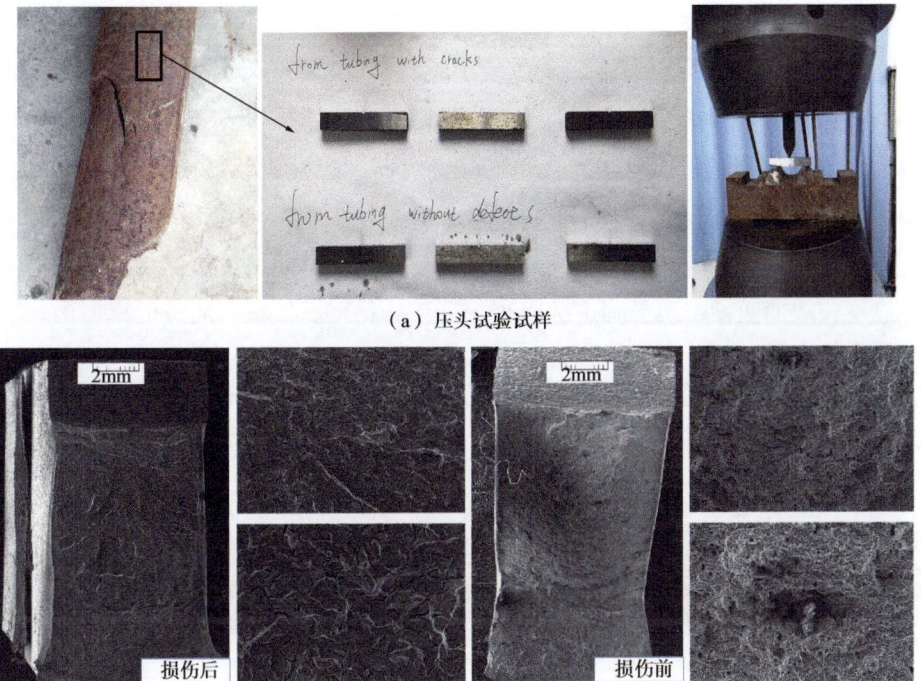

(a) 压头试验试样

(b) 断口 SEM

图 9.10 损伤前后材料试样及断口 SEM 图

图 9.10（b）展示了损伤前后管材的断口 SEM 图，损伤后试样的断口相对平整，且有明显的准解理特征，无明显韧窝，体现了一定程度的脆性特征。而无损试样的断口宏观上不平整，有明显的韧窝，体现了明显的韧性断裂特征。

图 9.11 为嵌入凝聚单元的压头试样有限元力学模型，模型的尺寸与压头试样尺寸一致，模型基体的应力应变曲线参照第 8.13 节中拉伸试验结果赋予，同时建立一个球形刚体压头，模拟 MTS 拉伸仪的压头，将试样压断。在"V"形槽底部处预制一面 0 厚度的凝聚单元，如图 9.11 所示。模型的关键是根据损伤前后管材的强度去匹配凝聚单元的牵引力强度。本书通过大量的调试过程获取了实际的凝聚单元强度，如图 9.12 所示。从图 9.12 中可知，损伤后材料的强度与韧性都有所下降，对于凝聚单元而言意味着牵引力临界值的下降，凝聚单元的损伤变量更容易到达峰值，导致裂纹的扩展。

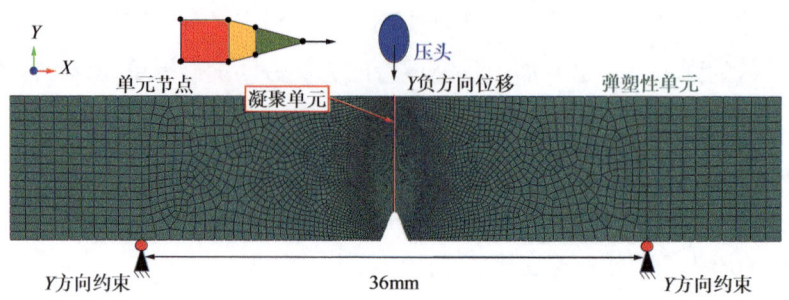

图9.11 考虑凝聚单元的压头试样有限元力学模型

图9.13展示了损伤后材料在压入过程中应力变化云图,当压头开始压入时,"V"形槽底部的应力进入塑性范围,裂纹从"V"形槽底部开始扩展。当压头压入一定程度时,凝聚单元进入损伤破坏阶段。当压头进一步压入时,凝聚单元损伤变量到达峰值。通过图9.13所叙述的压入过程,记录每次模拟过程中压头载荷随位移的变化关系,通过大量的模拟试算后,保留与损伤前后两种管材压头试验结果匹配的两组数据,如图9.12所示。将最终获取的两种牵引力强度的凝聚单元作为材料属性赋予后续的模型中。

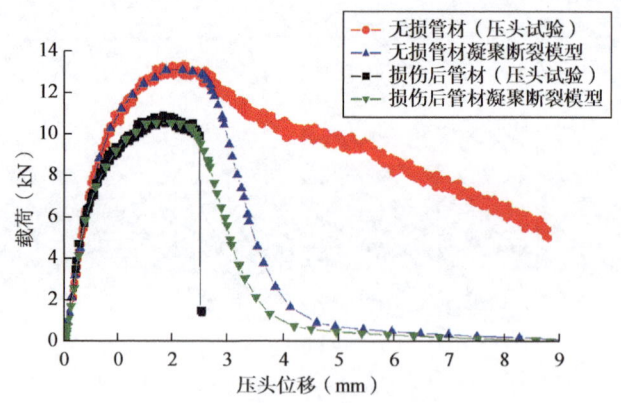

图9.12 损伤前后管材的压头载荷随压头位移变化关系曲线

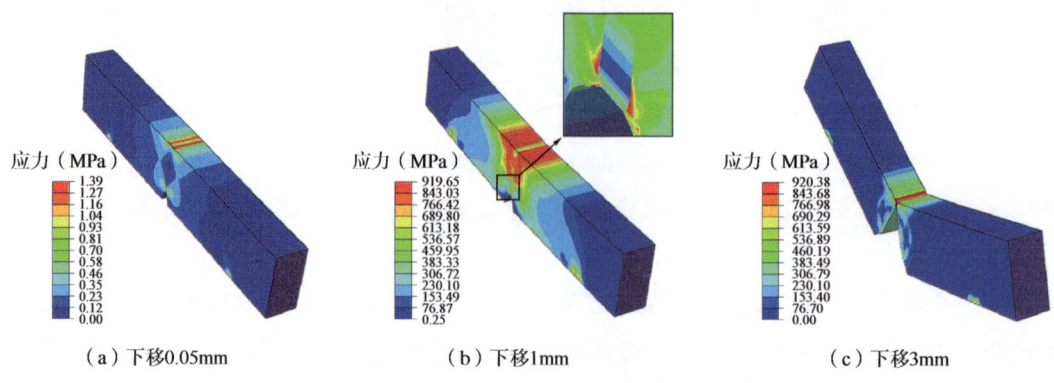

(a) 下移0.05mm　　(b) 下移1mm　　(c) 下移3mm

图9.13 带有凝聚单元损伤后材料试样在压入过程中应力变化云图

9.2.2 管柱边界载荷获取

本小节主要获取开裂管柱的边界条件，包括内压、外压、轴向力以及扭矩。通过管柱屈曲模拟方法，建立 X1 井全井段管柱的屈曲分析有限元力学模型，并计算分析。图 9.14 展示了 X1 井管柱屈曲变形有限元云图，油管柱发生了明显的屈曲变形，屈曲段的变形形式包括了正弦屈曲、不稳定屈曲以及螺旋屈曲。图 9.15（a）屈曲管柱的横向位移随井深变化分布，可见屈曲的油管柱与套管发生了接触，油管—套管接触力随井深变化关系如图 9.15（b）所示。另外，从模型中可以获取扭矩随井深变化关系，油管柱在 0~3300m 段扭矩几乎为 0，而当井深超过 3300m 后，管柱扭矩逐渐增加，失效位置处扭矩达到 200N·m。

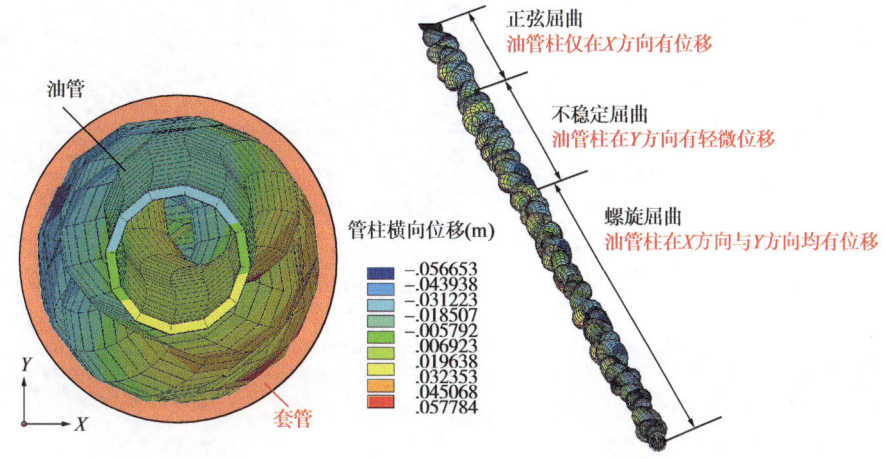

图 9.14 在所述工况下管柱屈曲变形有限元云图

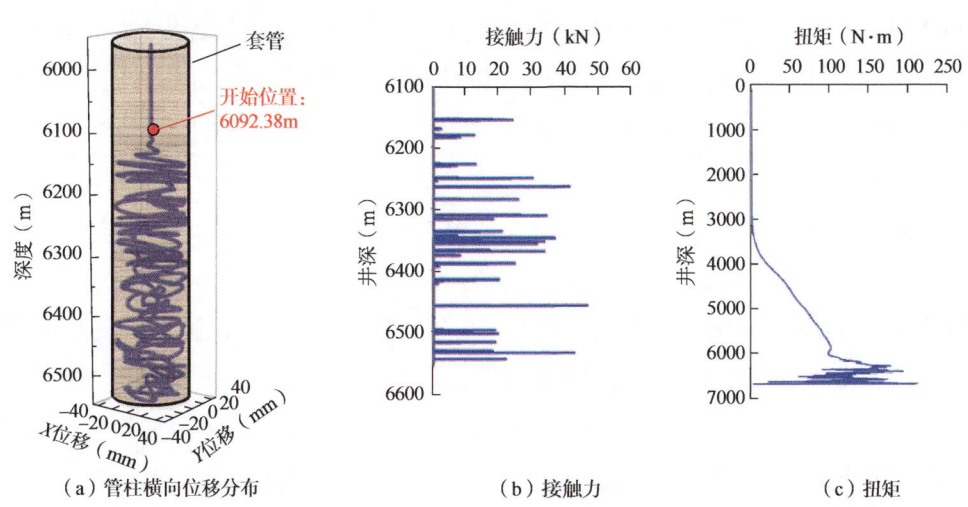

图 9.15 在所述工况下管柱屈曲变形后接触力与扭矩随井深变化关系

9.2.3 管柱开裂演化模拟

根据断裂油管的尺寸与裂纹形貌，建立了嵌入凝聚单元的油管有限元力学模型，旨在反演油管的开裂过程，如图 9.16 所示。模型长度为 600mm，载荷包括内压 129MPa，外压 60MPa，轴向力 −202kN 以及扭矩 200N·m。将靠近封隔器一端约束，另一端施加扭矩。在管壁裂纹处根据实际的裂纹形貌赋予厚度为 0 的凝聚单元，凝聚单元的牵引力随分离位移关系由第 9.2.1 节中获取的牵引力关系曲线进行材料属性赋予。

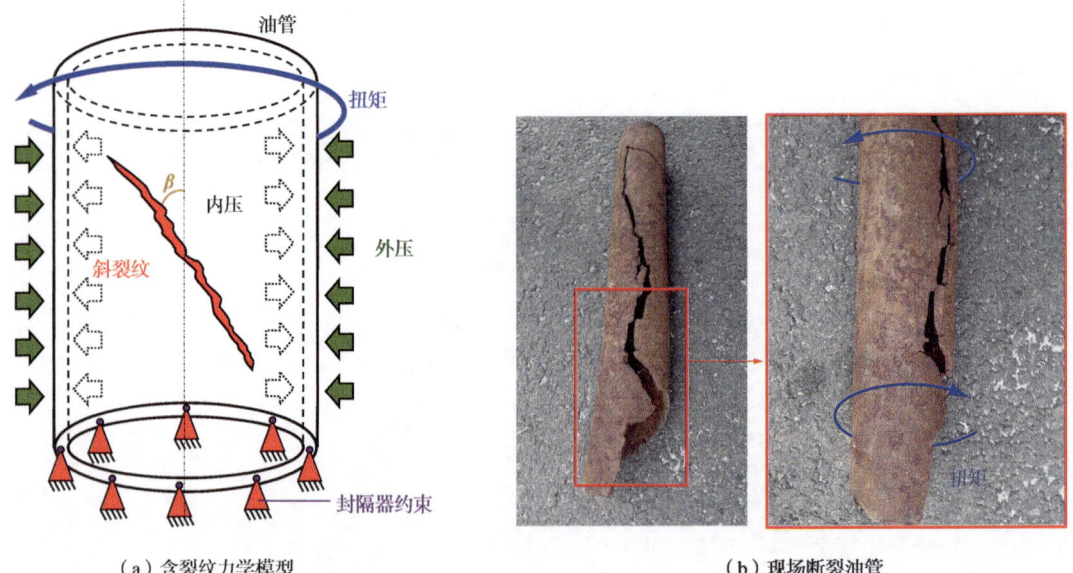

(a) 含裂纹力学模型　　　　　　　　　　(b) 现场断裂油管

图 9.16　根据现场断裂油管建立的含裂纹力学模型

图 9.17（a）展示了断裂过程中油管柱的应力变化云图，在计算过程中，载荷（包括内压 129MPa，外压 60MPa，轴向力 −202kN 以及扭矩 200kN·m）是随着计算步长线性施加的。当载荷开始施加时，首先在三处位置发生了应力集中，如图 9.17（b）所示，这三处位置的应力状态十分复杂，等效应力包含了轴向应力、径向应力、环向应力以及剪切力。随着载荷的施加，裂纹从位置 1 处向位置 2 扩展。随着载荷的继续施加，裂纹从位置 2 向位置 3 扩展，当载荷完全施加后，管柱完全开裂。分析可知，在井下复杂工况下，管柱承受着多种苛刻载荷，同时，在长期服役过程中，由于苛性脆化、氢脆等原因，管柱材料的显微组织发生变化，晶间强度减弱，最终在苛刻载荷与强度弱化的双重因素下导致了管柱的开裂。通过上述介绍的模拟方法，可以根据实际的断口形貌反演开裂过程，获取初始断裂位置；其次，通过压入试验与凝聚单元强度相互匹配的方法，可以评估强度弱化后管柱的可靠性。

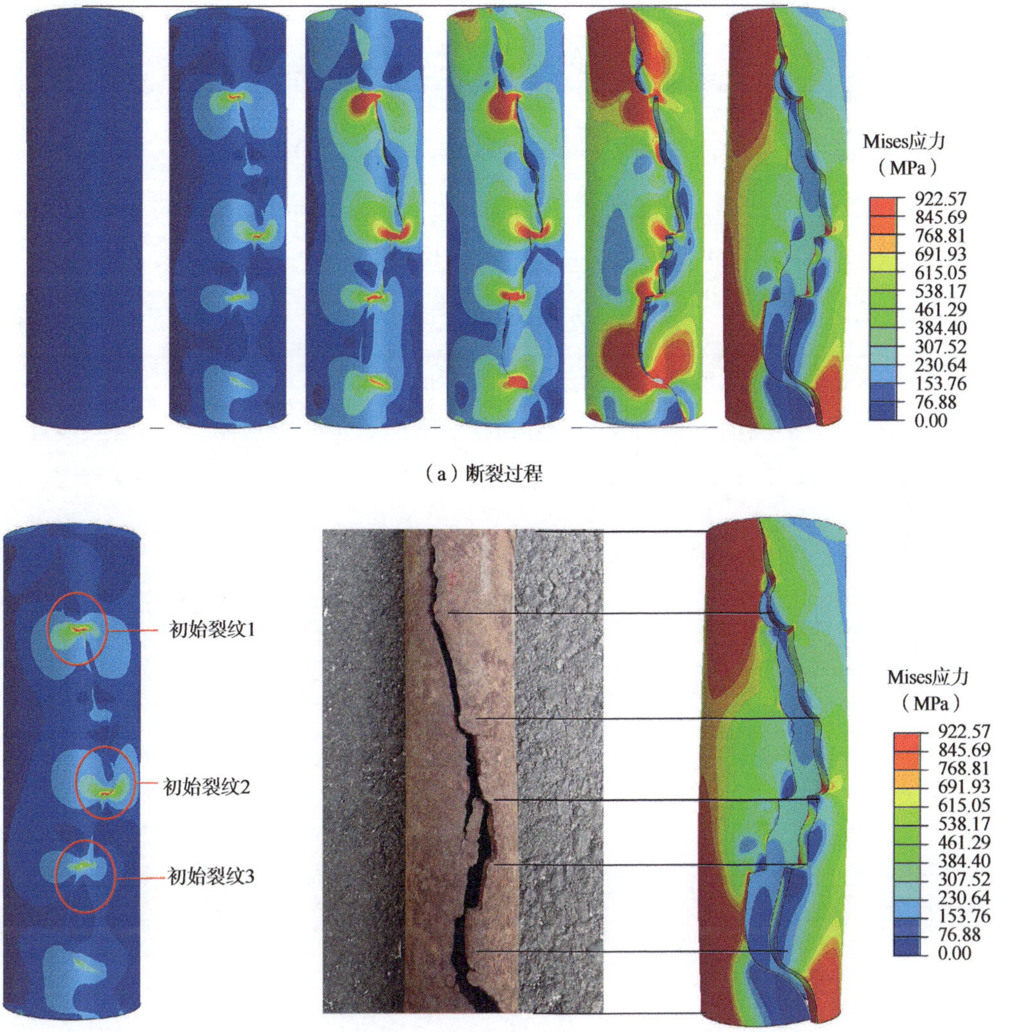

9 管柱环境敏感开裂研究及临界裂纹预测方法

(a)断裂过程

(b)初始裂纹位置

图 9.17 油管柱断裂过程中应力变化云图及裂纹初始位置

9.3 已存裂纹或缺陷管柱裂纹扩展预测及 K_{ISCC} 精确计算

9.3.1 非均匀载荷和不规则裂纹形态下应力强度因子计算模块二次开发

应力强度因子不仅可以描述裂纹尖端区域的应力场与应变场,而且可以决定弹性能释放率 G。弹性能释放率 G 是施加载荷不做功时,由于裂纹在其平行方向上扩展而释放出来的弹性能速率[262]。如果应力仅由固定的运动约束引起的,则 K 与 G 的关系有

$$G = \frac{1-v^2}{E}\left(K_{\mathrm{I}}^2 + K_{\mathrm{II}}^2\right) + \frac{1}{E}K_{\mathrm{III}}^2 \tag{9.14}$$

在弹性断裂力学中，裂纹尖端的应力场具有奇异性，即使施加很小的载荷，裂纹尖端的应力会趋向无穷大。而在弹塑性断裂力学中，裂纹尖端附近会产生塑性区。材料的韧性越好，塑性区就会越大。基于弹塑性断裂力学，Hutchinso、Rice 和 Rosengren 对幂指数硬化定律的材料取得了近似解，应力可以由下式计算[262]：

$$\sigma_{ij} \propto r^{-N/(1+N)} G_{ij} \tag{9.15}$$

随后，Rice 提出使用 J 积分去求解裂纹尖端的应力强度因子，J 积分的积分路径为从裂纹下表面到上表面的一个回线，积分路径示意图如图 9.18 所示，J 积分具体计算公式见（9.16）[263]：

$$J = \int_{\Gamma}\left[W(\varepsilon)n_1 - n\cdot\sigma\cdot\partial u/\partial x_1\right]\mathrm{d}\tau \tag{9.16}$$

式中：W 为应变能密度，Pa；n 为指向回线的向外单位法线；n_1 为法线在 x_1 方向上的分量。如图 9.18 所示。

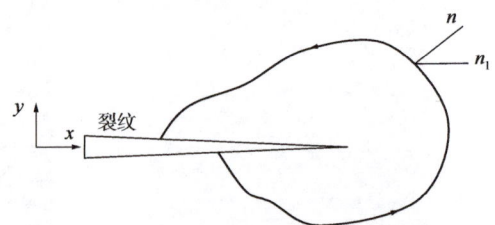

图 9.18 J 积分裂纹尖端积分路径

对于弹性材料，该积分与路径无关，而对于弹塑性材料，应变能可以通过式（9.17）计算获取。

此时 J 积分的路径的选择会影响计算结果，然而，学者们通过大量计算后发现[264]，不同的 J 积分路径下的计算结果相差不大。如果积分线都在塑性区范围内，就可以用临界值 J_C 作为裂纹扩展的判断准则[264]。但是，应变场的钝化使得上述弹塑性方法有局限性。学者们通过大量计算后发现[264]，如果回线与尖端相距不接近时，J 积分计算结果可靠。当回线的尺寸小于 4~5 倍钝化范围时，J 积分结果不可靠。

$$W(\varepsilon) = \int_0^{\varepsilon}\sigma_{ij}\mathrm{d}\varepsilon_{ij} \tag{9.17}$$

稳态裂纹是断裂力学问题的研究前提，但是，弹塑性裂纹的开裂与最后断裂失稳并不重合。现在，还没有普遍被接受的准则描述不稳定的增长，这是因为很难得到准确数值解，而且对于复杂的非比例加载过程的塑性模型数量有限[265]。断裂力学问题主要是计算合理的应力强度因子 K、弹性能释放率 G 积分、J 积分，这些参数可用一系列方法计算，如采用 MARC 虚裂纹扩展法[266]。虚裂纹扩展法也称 Parks 法或刚度导数法，该法认为由于裂纹长度改变而引起了势能变化，相应的计算公式见式（9.18）[261]：

$$\frac{dU}{da} = G = -\frac{1}{2}u^t \frac{\partial K}{\partial a} u \quad (9.18)$$

式中：∂a 为小虚裂纹扩展；u 为有限元分析中计算的位移矢量；K 为分析中的刚度矩阵。

Lorenzi 将上述计算线弹性的虚裂纹扩展法推广到弹塑性材料中，并考虑了热应变，这一改进扩展了虚裂纹扩展法的应用范围，使得该法可以计算热应变、初应变的非线性材料结构的应力强度因子 K 积分与 J 积分[267]。当前，对于应力强度因子的计算方法主要有以下 3 类。

（1）位移和应力法。

位移法是计算 K 的最常用方法，它仅需对有限元结果进行人工后处理。线弹性应力强度因子 K 由材料力学性能与裂纹平面的位移决定，见式（9.19）：

$$K_{r \to 0} = u_y \times \frac{E}{4(1-v^2)} \sqrt{\frac{2\pi}{r}} \quad (9.19)$$

式中：u_y 为垂直于裂纹表面的节点位移，m；r 为离开裂纹尖端的距离，m。

因为方程的精度限于非常接近裂纹尖端区域，在外插图里，离裂纹尖端近的点加权值应大一些。应力强度因子 K 由应力载荷与裂纹尺寸决定：

$$K_{r \to 0} = \sigma_y \sqrt{2\pi r} \quad (9.20)$$

式中：σ_y 为垂直于裂纹平面的应力，MPa。

（2）能量法。

能量法是基于应变能释放率 G 和应力强度因子 K：

$$G = K^2 / E' = \pm dU / da \quad (9.21)$$

式中：E' 为平面应力，Pa；U 为结构中的势能，J。

应变能释放率可以通过两个相同结构但裂纹长度略有变化的势能变化 ΔU 得到。在许多 CAE 有限元程序中，内在势能可以输出到标准输出文件中。此时，只需计算裂纹长度相差 Δa 的两次分析结果之差[267]。对于外部加载节点 U 可以由裂纹长度计算得出：

$$U = \sum_1^n \frac{1}{2} F_n u_n \quad (9.22)$$

式中：F_n 为节点力，N；u_n 为加载方向上的位移，m；n 为外部加载节点数目。

(3) J 积分与 M 积分。

J 积分与 M 积分也称之为交互积分,对于 J 积分而言,Rice 首先将二维体的 J 积分定义为

$$J = \int_\Gamma \left(W \mathrm{d}x_2 - T_i \frac{\partial u_i}{\partial x_1} \right) \mathrm{d}s \tag{9.23}$$

式中:W 为应变能密度,Pa;T_i 为表面拉力矢量;u_i 方向位移,m;S 沿回线 r 弧长的单元。

对于二维体的 J 积分列式可以写为

$$J = 2\int_y \left[W - \left(\sigma_{11} \frac{\partial u}{\partial x} + \sigma_{12} \frac{\partial v}{\partial x} \right) \right] \mathrm{d}y - 2\int_x \left(\sigma_{22} \frac{\partial v}{\partial x} + \sigma_{12} \frac{\partial u}{\partial x} \right) \mathrm{d}x \tag{9.24}$$

$$W = \frac{G}{1-v} \left[\varepsilon_{11}^2 + 4v\varepsilon_{11}\varepsilon_{22} + 2(1-v)\varepsilon_{12}^2 + \varepsilon_{22}^2 \right] \tag{9.25}$$

然而,要计算三维裂纹的应力强度因子,必须保证裂纹前端有适应裂纹尖端形貌的奇异单元的植入,旨在保证近似两个圆环积分路径有节点数据分布,从而使得裂纹尖端每个节点所在平面上积分的顺利完成。两种积分方式都以应力场为积分基础,见式(9.26)与式(9.27),分析可知,J 积分适用于 Ⅰ 型裂纹的计算,而 M 积分可计算 Ⅱ 型、Ⅲ 型裂纹的问题[268]。

$$J = \int \left(\sigma_{ij} \frac{\partial u}{\partial x_1} - W\delta_{1j} \right) \frac{\partial q}{\partial x_j} \mathrm{d}s \tag{9.26}$$

$$M = \int \left[\sigma_{ij}^{(1)} \frac{\partial u^{(2)}}{\partial x_1} + \sigma_{ij}^{(2)} \frac{\partial u^{(1)}}{\partial x_1} - W^{(1,2)}\delta_{1j} \right] \frac{\partial q}{\partial x_j} \mathrm{d}s \tag{9.27}$$

9.3.2 管材环境敏感断裂实例

(1) 油管横向断裂实例计算。

图 9.19(a)展示了某超高温超高压井中横向断裂的油管柱,该井是我国西部某油田的一口开发井,完钻井深 7045.00m,开井前静压 98.62MPa,用二级 8mm 油嘴开度 35% 生产,油压 96.24MPa,日产气 $74.6 \times 10^4 \mathrm{m}^3$,A 环空压力 40.35MPa,井底温度 164.2℃,属于典型的超深高温高压气井。该井产天然气中 CO_2 质量分数为 0.813%,不含 H_2S;产出水中 Cl^- 含量为 5790mg/L。该井采用一体化管柱结构,封隔器永久坐封。

9 管柱环境敏感开裂研究及临界裂纹预测方法

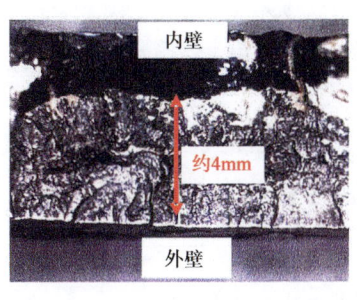
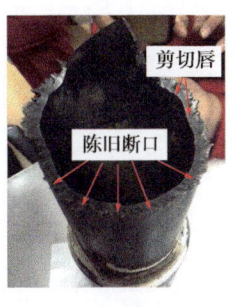
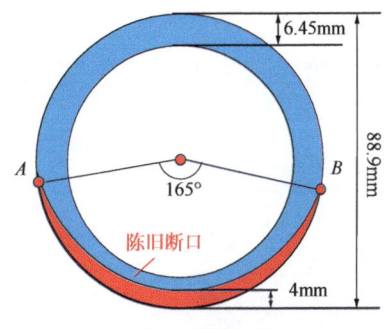

（a）88.90mm×6.45mm 13Cr110断裂油管

（b）月牙状陈旧断口模型

图9.19　88.90mm×6.45mm 13Cr110断裂油管及月牙状陈旧断口模型

该井修井作业中发现自油管挂下起第483根88.90mm×6.45mm 13Cr110油管，沿横向完全断裂，如图9.19（a）所示，断裂位置位于井深4811m处。通过横向断口表面的光泽与形貌可以清楚地识别陈旧断口区域与瞬间撕裂区域，陈旧断口色泽暗沉，表面相对光滑，通过SEM扫描电镜图可清楚地看到多条放射花样在靠近外壁位置，通过分析可知，裂纹源于外壁，当裂纹逐渐扩展到陈旧断口边缘时，油管柱突破了临界状态，发生了瞬间断裂，瞬断区断口表面色泽相对光亮，且有明显的剪切唇特征。通过测量陈旧断口的形貌可知，陈旧断口总体近似呈现月牙状，如图9.19（b）所示，陈旧断口沿着管壁径向的最深深度为3.5mm，角度为165°，轴向偏转约5°，在裂纹前端定义A—B路径，根据上述的裂纹形貌并基于J积分与M积分的方式，开展管体应力腐蚀环境中管体实际的断裂韧度K_{ISCC}的有限元计算。

首先建立了长度为200mm的88.90mm×6.45mm 13Cr110油管模型，材料属性根据第2.1.3节的应力—应变曲线赋予，在模型中心处嵌入如图9.19（b）所示的陈旧裂纹形状的seam层作为初始裂纹，模型中远离裂纹的结构使用结构化网格进行划分，而靠近裂纹的结构使用金字塔网格进行划分，这是由于要适应裂纹尖端实现积分的奇异单元，奇异单元的植入旨在保证近似两个圆环积分路径有节点数据，如图9.20所示。围绕裂纹前缘的两个奇异单元环执行守恒积分法则。划分单元时，裂纹区域附近的网格要足够密，并使用对称网格减少局部离散误差。通过断裂韧度的计算就可获取油管柱在实际工况下的环境敏感断裂韧度K_{ISCC}。K_I型应力强度因子由J积分方法控制，见式（9.26），K_{II}型和K_{III}型应力强度因子由M积分方法控制，见式（9.27）。模型的边界条件根据实际井深位置施加：轴向力为120kN，外压67MPa，内压120MPa。

图9.21展示了带有横向裂纹油管的应力分布云图，在研究工况下，远离裂纹的管柱本体上应力346MPa左右，完全满足强度校核要求。而在横向裂纹附近，应力场发生了显著变化：①裂纹尖端呈现典型的塑性应力应变场；②靠近裂纹区域的内壁应力小于管体应力，仅为29~188MPa；③靠近裂纹区域外壁的应力大于远离裂纹的管体应力，达到

346~425MPa。基于图9.21中裂纹尖端的应力场，K_I型、K_{II}型和K_{III}型应力强度因子可精确求出。

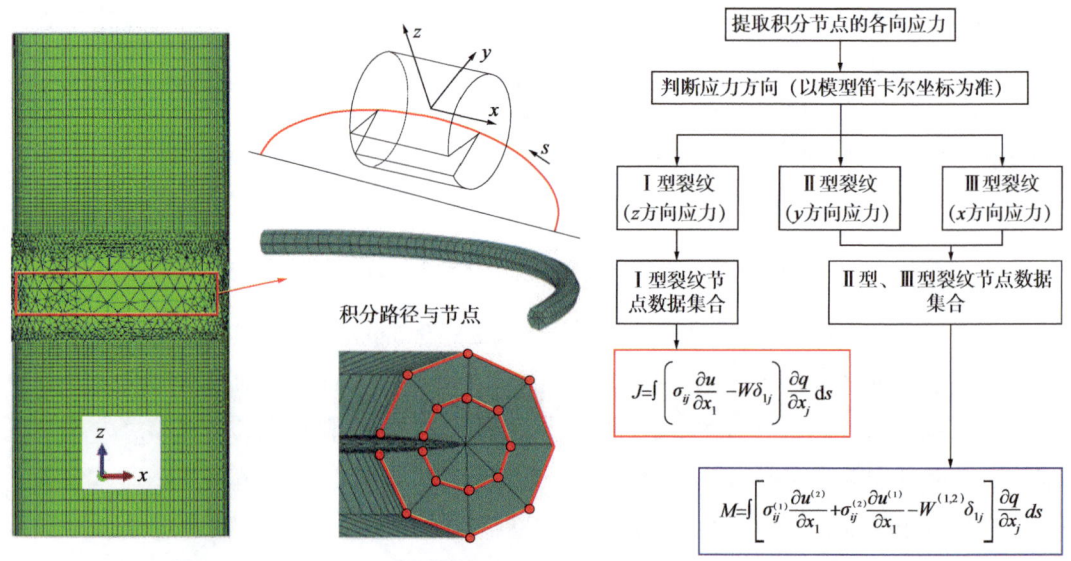

图9.20 嵌入seam层油管柱模型与裂纹尖端实现积分的奇异单元的植入

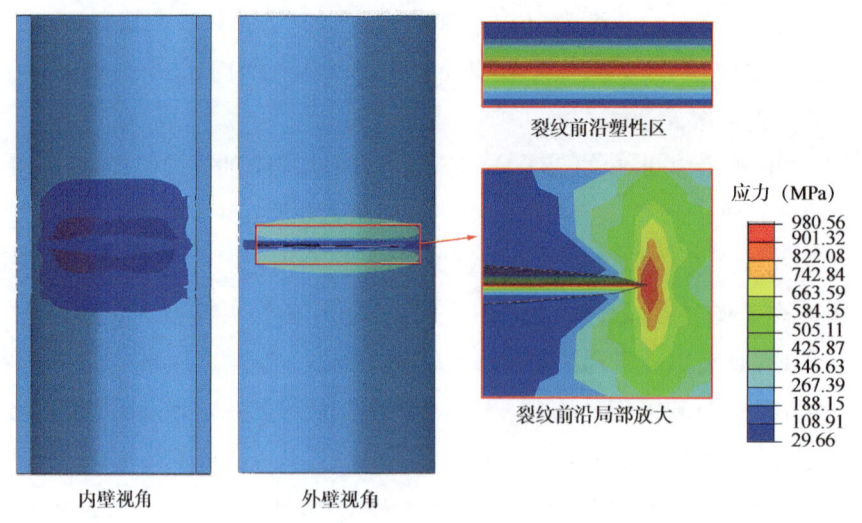

图9.21 带有横向裂纹油管柱的应力分布云图

图9.22为K_I型应力强度因子随$A—B$路径变化关系，在$A—B$路径上，靠近中间位置的K_I最大，达到40.05MPa·m$^{1/2}$，这是由于该处的裂纹深度最深，而越靠近路径两端（A点、B点）位置，K_I值越小，在A点、B点处，仅为20MPa·m$^{1/2}$左右。从图9.22也可分析知，瞬断的方向是从路径中间位置（K_I最大处）向内壁扩展，轴向力是主要的远场应力，但是内压大于外压的压差也是远场应力的载荷之一，然后裂纹迅速地沿环向两

边扩展，最终横向完全断裂。应力强度因子为40.05MPa·m$^{1/2}$，可认为是在实际的应力腐蚀环境中，油管材料横向的环境敏感断裂韧度K_{ISCC}。

图9.23为K_{II}应力强度因子和K_{III}应力强度因子随A—B路径变化关系。在A—B路径上，滑开型K_{II}和剪切型K_{III}应力强度因子的水平均不大，仅在-0.1~0.06MPa·m$^{1/2}$之间，这是由于轴向力与内外压力造成裂纹中一定程度环形与径向上的位置错开趋势，这种趋势就造成了K_{II}和K_{III}应力强度因子，但是对比应力强度因子K_I可知，张开型K_I裂纹是油管柱横向断裂的主要原因。

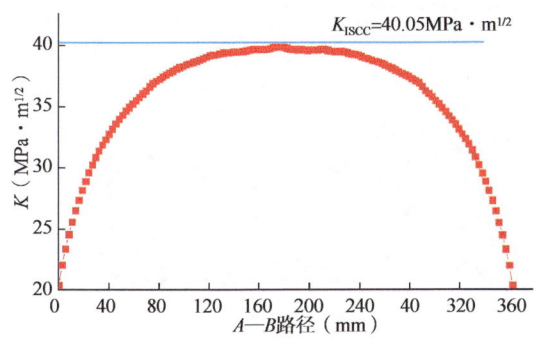

图9.22　K_I型应力强度因子随A—B路径变化关系　　图9.23　K_{II}型和K_{III}型应力强度因子随A—B路径变化关系

（2）油管纵向断裂实例计算。

纵向断裂管柱案例是来源于某异常高压井，该井以裸眼完井方式完钻。完钻井深为5452.00m，原始地层压力系数为2.26，为异常高压气井。投产油压后即存在波动现象，并在生产过程中多次在井口发现砂样。调开度之后，油压波动现象消失，在开度不变的情况下，后相继出现油压下降加快，波动现象；最终某日油压异常下降关井。该井天然气中二氧化碳质量分数平均1.04%，最高不超过5%。起出油管发现第397根油管断裂，油管型号φ88.9mm×6.45mm13Cr110，断裂位置位于3833m，断裂形式为管体纵裂，油管内部有大量沉积砂。将图9.24中油管内壁表面的氧化皮打磨掉后，可见裂纹扩展形迹，显示两端裂纹扩展形迹，可见裂纹起源于内壁，呈树枝状向外壁延伸。

图9.24　88.90mm×6.45mm 13Cr l10纵向开裂油管

宏观上，陈旧断口与瞬断区断口表面形貌有所不同，陈旧断口色泽暗沉，表面相对光滑，通过SEM扫描电镜图9.25（a）可清楚地看到断口表面有许多腐蚀产物与来自环境的污染物，断口表面也呈现准解理特征，说明在陈旧断口的裂纹源于应力腐蚀开裂，断口呈现脆性特征，当裂纹逐渐扩展到陈旧断口边缘时，油管柱突破了临界状态，发生了瞬间断裂，瞬断区断口表面色泽相对光亮，且有明显的剪切唇特征，通过 SEM 扫描电镜图可清楚地看到大小不均的韧窝，说明瞬断区是韧性断裂的特征，如图 9.25（b）所示。从断口形貌分析可知，通过测量陈旧断口的形貌可知，陈旧断口总体近似呈现长条状，如图 9.25（c）所示，陈旧断口沿着管壁径向的最深深度为 3.2mm，长度为 78mm，径向偏转几乎为 0°，在裂纹前端定义 A—B 路径，根据上述的裂纹形貌并基于 J 积分与 M 积分的方式，开展管体应力腐蚀环境中管体实际的断裂韧度 K_{ISCC} 的有限元计算。

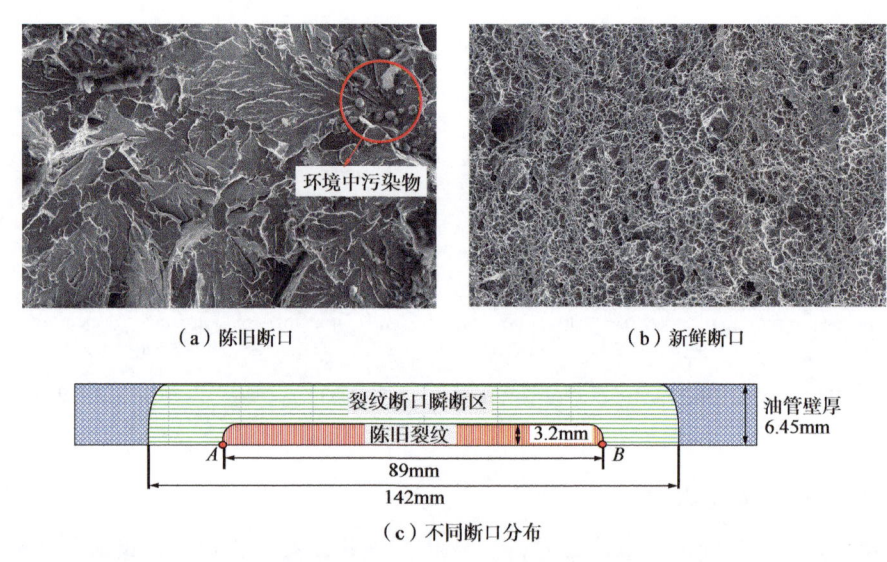

图 9.25 纵向裂纹 SEM 图及尺寸

首先建立了长度为 300mm 的 88.90mm×6.45mm 13Cr110 油管模型，材料属性根据第 8 章的应力—应变曲线赋予，在模型中心处嵌入如图 9.25（c）所示的陈旧裂纹形状的 seam 层作为初始裂纹。围绕裂纹前缘的两个奇异单元环执行守恒积分评估。在划分单元时，在裂纹区域的网格要足够密，并使用对称网格减少局部离散误差如图 9.26（b）所示。通过断裂韧度的计算就可获取油管柱在实际工况下的环境敏感断裂韧度 K_{ISCC}。裂纹形状为纵向延伸，裂纹沿着径向深度达到 3.2mm，如图 9.26（a）所示，其形状特征在模型中实现，另外模型中，K_I 型应力强度因子由 J 积分方法控制，见式（9.26），K_{II} 型和 K_{III} 型应力强度因子由 M 积分方法控制，见式（9.27）。模型的边界条件根据实际的井况施加：轴向力为 92kN，外压 37MPa，内压 92MPa。

图 9.27 展示了在所述工况下带有纵向裂纹油管柱的应力分布云图，在研究工况下，远离裂纹的管柱本体上应力为 357MPa 左右，完全满足强度校核要求。而在裂纹附近，应力场发生了显著变化：①裂纹尖端呈现典型的塑性应力应变场；②靠近裂纹区域内壁的应力小于远离裂纹的管柱本体应力，仅为 43~200MPa；③在油管内壁裂纹区域上，有

7处裂纹表面有异常点，猜想在内压、外压以及轴向力载荷下管柱的Ⅱ型、Ⅲ型应力强度因子有所增长。基于图9.27中裂纹尖端的应力场，$K_Ⅰ$型、$K_Ⅱ$型和$K_Ⅲ$型应力强度因子可精确求出。

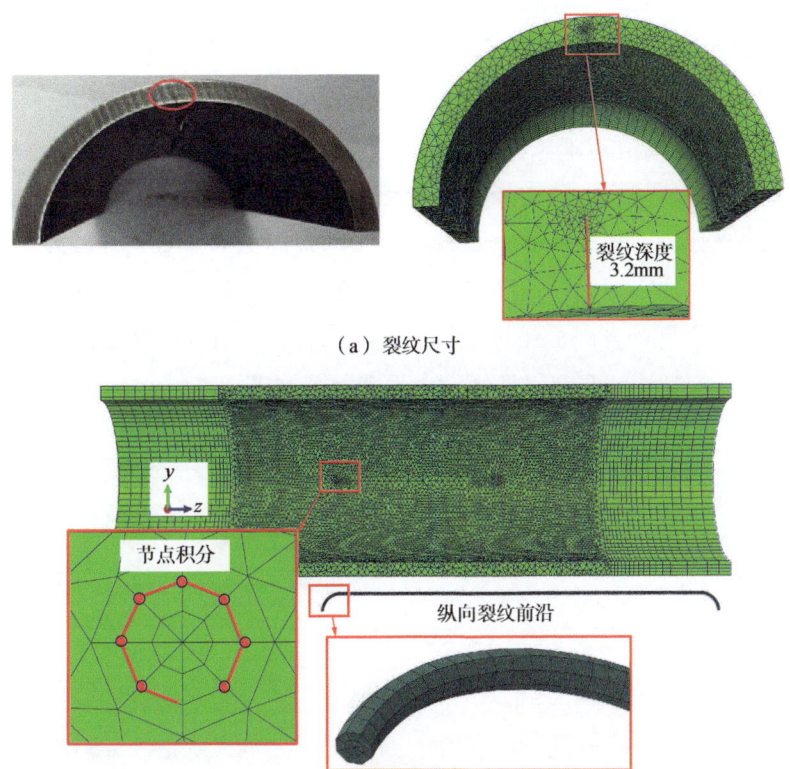

图9.26 嵌入seam层油管柱模型与裂纹尖端实现积分的奇异单元的植入

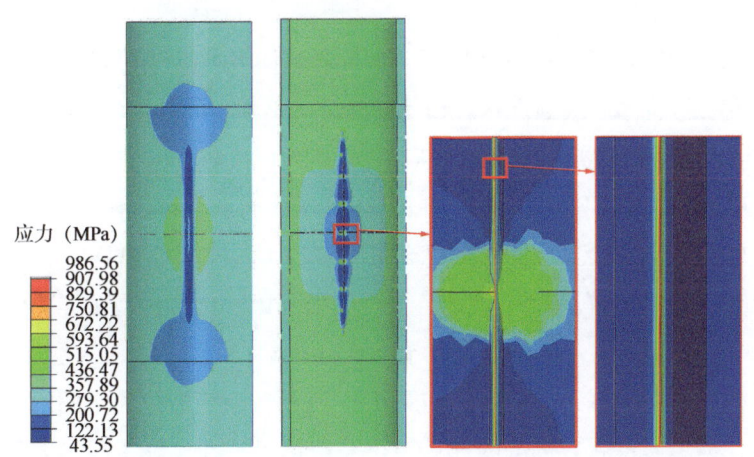

图9.27 所述工况下带有纵向裂纹油管柱的应力分布云图

图9.28为K_I型应力强度因子随$A—B$路径变化关系。在$A—B$路径上，路径中间处的应力强度因子K_I最大，达到52.12MPa·m$^{1/2}$，这是由于该处的裂纹深度最深，而在越靠近A点、B点时，应力强度因子K_I有所减小，在A点、B点处，仅为31MPa·m$^{1/2}$左右。从图9.28也可分析知，瞬断的方向是从K_I最大处向外壁扩展，环向应力是主要的远场应力，当纵向裂纹贯穿管壁后，贯穿裂纹再次沿轴向向两边扩展，最终纵向贯穿断裂。K_I型应力强度因子52.12MPa·m$^{1/2}$可认为是在实际的应力腐蚀环境中，油管材料纵向的环境敏感断裂韧度K_{ISCC}。

图9.29为K_{II}和K_{III}应力强度因子随$A—B$路径变化关系。在$A—B$路径上，滑开型K_{II}应力强度因子和剪切型K_{III}应力强度因子均不大，仅在$-1.5\sim 1.5$MPa·m$^{1/2}$之间，这是由于轴向力与内外压力造成裂纹中一定程度环形与径向上的位置错开趋势，这种趋势就造成了K_{II}和K_{III}应力强度因子，但是对比K_I可知，张开型K_I应力强度因子是油管柱纵向断裂的主要原因。另一方面，相对于横向裂纹而言，含有纵向裂纹的油管在内压、外压以及轴向力载荷下管柱的Ⅱ型、Ⅲ型应力强度因子有所增长。

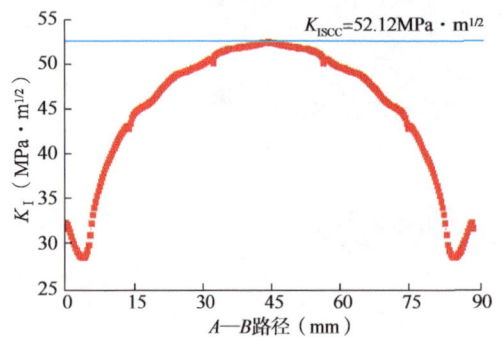

图9.28 K_I型应力强度因子随$A-B$路径变化关系

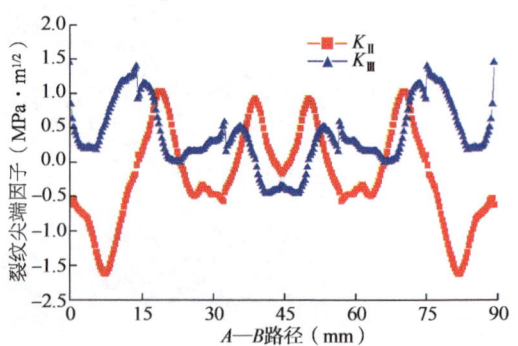

图9.29 K_{II}型和K_{III}型应力强度因子随$A-B$路径变化关系

（3）断裂力学试验扩展。

基于陈旧断口计算管材断裂韧度的方法可以同样延伸用于断裂韧度试验的测试计算。例如图9.30展示了第8.4.4节中表8.11中在应力腐蚀环境下断裂的带缺口圆棒试样，根据断口的颜色可以清楚地区分陈旧断口与瞬断区断口，分析断口可知，在606.4（80‰σ_s）的应力水平、60MPa以及200℃温度下，裂纹从缺口表面向试样中心扩展，陈旧断口近似圆环状，陈旧断口裂纹深度约为0.6mm。当扩展的裂纹深度超过0.6mm后，试样发生了迅速的断裂。

首先根据图9.30中试样的尺寸建立了含裂纹的圆棒缺口试样有限元力学模型，材料属性根据第8.1.3节的应力—应变曲线赋予，在圆棒缺口处嵌入seam层作为初始裂纹，裂纹尖端实现积分的奇异单元的植入，如图9.31所示。围绕裂纹前缘的两个奇异单元环执行守恒积分评估。通过断裂韧度的计算就可获取油管柱在实际工况下的环境敏感断裂韧度K_{ISCC}。模型的边界条件根据实际的井况施加轴向载荷606MPa。

9 管柱环境敏感开裂研究及临界裂纹预测方法

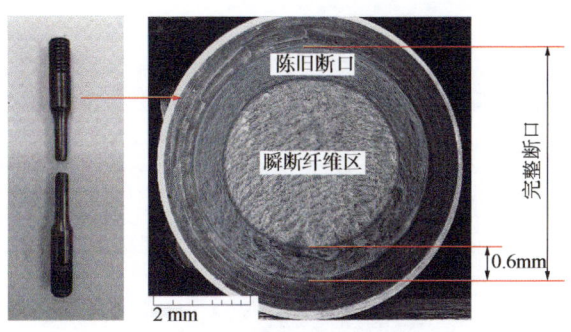

图9.30 圆棒缺口试样断口

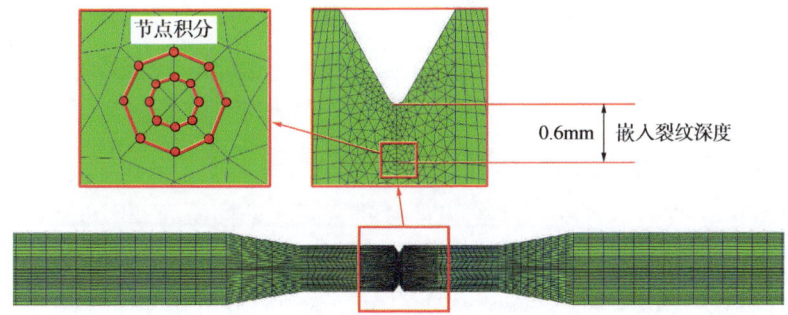

图9.31 圆棒缺口处嵌入圆环陈旧裂纹形状的seam层作为初始裂纹

图9.32展示了在所述工况下带有圆环裂纹圆棒的应力分布云图,在研究工况下,在裂纹附近,应力场发生了显著变化,裂纹尖端呈现典型的塑性应力应变场,应力达到968.45MPa。基于图9.32中裂纹尖端的应力场,K_{I}型、K_{II}型和K_{III}型应力强度因子可精确求出。如图9.33可知,K_{I}型裂纹依旧是主要的断裂特征,在606.4(80%σ_{s})的应力水平、60MPa以及200℃温度下材料横向环境敏感断裂韧度K_{ISCC}达到33MPa·m$^{1/2}$左右,稍微低于根据解析公式测得的断裂韧度37MPa·m$^{1/2}$。

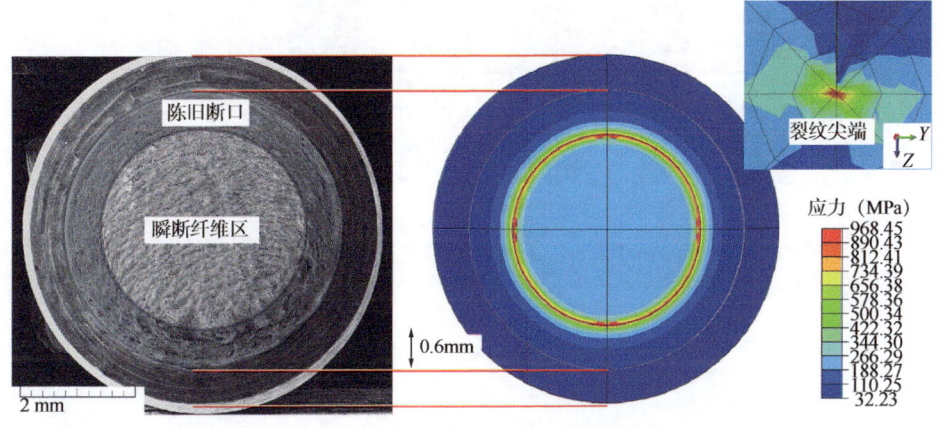

图9.32 所述工况下带有横向裂纹圆棒的应力分布云图

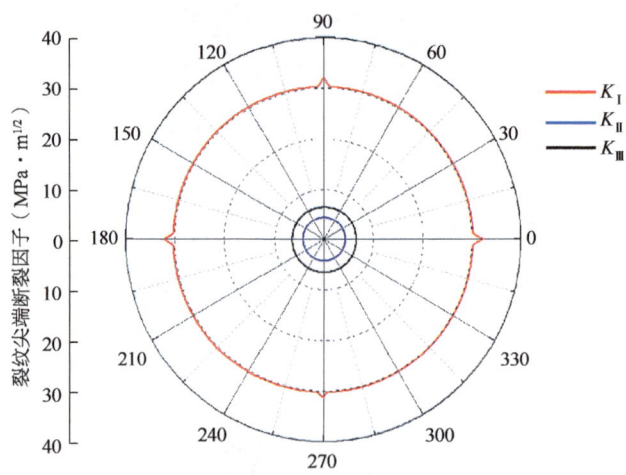

图 9.33 $K_Ⅰ$、$K_Ⅱ$ 和 $K_Ⅲ$ 应力强度因子随 A—B 路径变化关系

将试验测得的管材环境敏感断裂韧度与有限元计算的断裂韧度结果进行对比,绘制的柱状图如图 9.34 所示,有限元计算的管材断裂韧度平均值为 40MPa·m$^{1/2}$,圆棒缺口平均值为 49.4MPa·m$^{1/2}$,三点弯平均值为 75.5MPa·m$^{1/2}$,DCB 平均值为 79.5MPa·m$^{1/2}$,WOL 平均值为 92.7MPa·m$^{1/2}$,通过对比可知,对于 13Cr110 管材断裂韧度,DCB 与 WOL 试样的断裂韧度测试结果偏大,而三点弯试样并没有恒载荷的加持,因此推荐使用圆棒缺口试样对 13Cr110 管材进行断裂韧度测试。

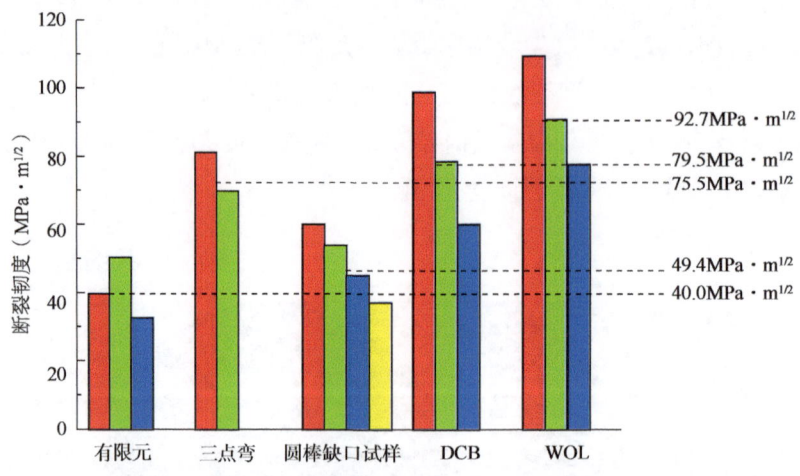

图 9.34 试验测得的管材断裂韧度与有限元计算的断裂韧度结果进行对比

参考文献

[1] Denney D. Deepwater Gulf of Mexico Development Challenges [J]. Journal of Petroleum Technology, 2015, 60（6）: 53-56.

[2] 牛新明, 张进双, 周号博. "三超"油气井井控技术难点及对策 [J]. 石油钻探技术, 2017, 45（4）: 1-7.

[3] Chipperfield S. T, Wong J. R, Warner. D. S, et al. Shear Dilation Diagnostics : A New Approach for Evaluating Tight Gas Stimulation Treatments[C]. SPE-106289-MS, 2007.

[4] Taleghani A. D, Gonzalez-Chavez M., Yu H, et al. Numerical simulation of hydraulic fracture propagation in naturally fractured formations using the cohesive zone model[J]. Journal of Petroleum Science and Engineering, 2018, 165 : 42-57.

[5] 牟易升. "三超"油气井油管柱工作力学行为研究 [D]. 成都: 西南石油大学, 2018.

[6] 冯耀荣, 韩礼红, 张福祥, 等. 油气井管柱完整性技术研究进展与展望 [J]. 天然气工业, 2014, 34（11）: 73-81.

[7] API Technical Report 17TR8 High-pressure high-temperature design guidelines[S].

[8] SY/T 5838—1993 油（气）田（藏）储量技术经济评价规定 [S].

[9] Denney D. Deepwater gulf of Mexico development challenges [J]. Journal of Petroleum Technology, 2015, 60（6）: 53-56.

[10] Vignes B., Aadnoy B.S. Well-integrity issues offshore norway[J]. SPE Production & Operations, 2008, 25（2）: 145-150.

[11] 景宏涛, 彭建云, 张宝, 等. 迪那2井完整性评价及风险分析 [J]. 石化技术, 2015, 30（1）: 15-16.

[12] 孙天礼, 胡常忠. 川东北地区高温高压高产气井开井方式优化 [J]. 石油地质与工程, 2007, 21（5）: 87-89.

[13] Vignes B, Aadnoy B. S. Well-integrity issues offshore norway[J]. SPE Production & Operations, 2008, 25（2）: 145-150.

[14] 练章华, 王天, 牟易升, 等. 复杂力学环境中完井管柱屈曲行为及其防控措施 [J]. 科学技术与工程, 2021, 21（5）: 1758-1763.

[15] 杨向同, 沈新普, 王克林, 等. 完井作业油管柱失效的力学机理——以塔里木盆地某高温高压井为例 [J]. 天然气工业, 2018, 38（7）: 86-92.

[16] Long Y, Wu G, Fu A Q, et al. Failure analysis of the 13Cr valve cage of tubing pump used

in an oilfield[J]. Engineering Failure Analysis, 2018, 93: 330–339.

[17] 杨向同, 吕拴录, 谢俊峰, 等. 克深 2-2-12 高压气井 S13Cr110 钢制油管开裂和泄漏原因分析 [J]. 理化检验（物理分册）, 2019, 55（11）: 786–790, 799.

[18] 常泽亮, 李丹平, 赵密锋, 等. 某气井超级 13Cr 完井管柱腐蚀及开裂原因分析 [J]. 焊管, 2018, 41（7）: 14–20.

[19] Zhang Z, Zheng Y, Li J, et al. Stress corrosion crack evaluation of super 13Cr tubing in high–temperature and high–pressure gas wells[J]. Engineering Failure Analysis, 2019, 95: 263–272.

[20] 李子丰. 油气井杆管柱力学研究进展与争论 [J]. 石油学报, 2016, 37（4）: 531–556.

[21] Lubinski A. A study of the buckling of rotary drilling strings[J]. Drilling & Production Practice, 1950: 178–214.

[22] Paslay P.R., Bogy D.B. The stability of a circular rod laterally constrained to be in contact with an inclined circular cylinder[J]. Journal of Applied Mechanics, 1964, 31（4）: 605–610.

[23] Dawson R., Paslay P.R. Drill pipe buckling in inclined holes[J]. Journal of Petroleum Technology, 1984, 36（10）: 1734–1738.

[24] Chen Y.C., Lin Y.H., Cheatham J.B. Tubing and casing buckling in horizontal wells[J]. SPE Journal of Petroleum Technology, 1990, 42（2）: 140–191.

[25] Miska S., Qiu W.Y., Volk L., et al. An improved analysis of axial force along coiled tubing in inclined/horizontal wellbores[C]. SPE 37056, 1996.

[26] Dellinger T.B., Gravley W., Walraven J.E. Preventing buckling in drill string[P]. US Patent No.4384483, 1983.

[27] Wu J. Buckling behavior of pipes in directional and horizontal wells[D]. Texas: Texas A&M University, 1992.

[28] Mitchell R.F. Effects of well deviation on helical buckling[J]. SPE Drilling & Completion, 1997, 12（1）: 63–69.

[29] Mitchell R.F. A buckling criterion for constant–curvature wellbores[J]. SPE Journal, 1999, 4（4）: 349–352.

[30] Schuh F.J. The critical buckling force and stresses for pipe in inclined curved boreholes[C]. SPE 21942, 1991.

[31] McCann R.C., Suryanarayana P.V.R. Experimental study of curvature and frictional effects on buckling[C]. Paper OTC 7568 Presented at the 26th Annual Offshore Technology Conference held in Houston, Texas, 2–5 May, 1994.

[32] Saliés JB. Experimental study and mathematical modeling of helical buckling of tubulars in inclined wellbores[D]. Oklahoma: University of Tulsa, 1994.

[33] Wu J. Juvkam-Wold H.C. Coiled tubing buckling implication in drilling and completing horizontal wells[J]. SPE Drilling & Completion, 1995, 10(1): 16-21.

[34] Qui W., Miska S., Volk L. Drill pipe/coiled tubing buckling analysis in a hole of constant curvature[C]. SPE 39795, 1998.

[35] Lubinski A., Althouse W.S., Logan J. L. Helical buckling of tubing sealed in packers[J]. Journal of Petroleum Technology, 1962, 14(6): 655-670.

[36] Mitchell R.F. Buckling behavior of well tubing: The packer effect[J]. Society of Petroleum Engineers Journal, 1982, 22(5): 616-624.

[37] Mitchell R.F. New concepts for helical buckling[J]. SPE Drilling Engineering, 1988, 3(3): 303-310.

[38] Miska S., Cunha J.C. An analysis of helical buckling of tubulars subjected to axial and torsional loading in inclined wellbores[C]. SPE 29460, 1995.

[39] Gao D.L., Liu F.W., Xu B.Y. An analysis of helical buckling of long tubulars in horizontal wells[C]. SPE 50931, 1998.

[40] Mitchell R.F. New buckling solutions for extended reach wells[C]. SPE 74566, 2002.

[41] Mitchell R.F. Exact analytic solutions for pipe buckling in vertical and horizontal wells[J]. SPE Journal, 2002, 7(4): 373-390.

[42] Hajianmaleki M., Daily J.S. Critical-buckling-load assessment of drillstrings in different wellbores by use of the explicit finite-element method[J]. SPE Drilling & Completion, 2014, 29(2): 256-264.

[43] Qiang Zhang, Bao Jiang, Wenjun Huang, et al. Effect of wellhead tension on buckling load of tubular strings in vertical wells[J]. Journal of Petroleum Science and Engineering, 2018, 164: 351-361.

[44] 练章华, 牟易升, 刘洋, 等. 高温高压超深气井油管柱屈曲行为研究[J]. 天然气工业, 2018, 38(1): 89-94.

[45] Wu J. Torsional load effect on drill-string buckling[C]. SPE 37477, 1997.

[46] Mitchell R.F. The twist and shear of helically buckled pipe[J]. SPE Drilling & Completion, 2004, 19(1): 20-28.

[47] Zdvizhkov A., Miska S., Mitchell R.F. Measurement and analysis of induced torsion in helically buckled tubing[C]. SPE 92274, 2005.

[48] Mitchell R.F. Helical buckling of pipe with connectors in vertical wells[J]. SPE Drilling &

Completion, 2000, 15 (3): 162–166.

[49] Duman O., Miska S., Kuru E. Effect of tool joints on contact force and axial force transfer in horizontal wellbores[C]. SPE 72278, 2001.

[50] Mitchell R.F., Miska S. Helical buckling of pipe with connectors and torque[C]. SPE 87205, 2004.

[51] Weltzin T., Aas B., Andresassen E., et al.Measuring drillpipe buckling using continuous gyro challenges existing theories[J]. SPE Drilling & Completion, 2009, 24 (4): 464–472.

[52] Gao G.H., Di Q.F., Miska S., et al. Stability analysis of pipe with connectors in horizontal wells[C]. SPE 146959, 2011.

[53] 黄文君. 旋转钻井机械延伸极限研究 [D]. 北京：中国石油大学（北京），2016.

[54] 高海洋. 受水平井眼约束管柱的屈曲行为模拟试验 [D]. 北京：中国石油大学（北京），2017.

[55] Gao G.H., Miska S. Effects of boundary conditions and friction on static buckling of pipe in a horizontal well[J]. SPE Journal, 2009, 14 (4): 782–796.

[56] Gao G.H., Miska S. Effects of friction on post-buckling behavior and axial load transfer in a horizontal well[J]. SPE Journal, 2010, 15 (4): 1110–1124.

[57] Su T.X., Wicks N., Pabon J., et al. Mechanism by which a frictionally confined rod loses stability under initial velocity and position perturbations[J]. International Journal of Solids and Structures, 2013, 50 (14–15): 2468–2476.

[58] 林伟，董宗正，张立民，等. 水平井修井管柱屈曲影响因素仿真研究 [J]. 机械强度，2017, 39 (5): 1245–1250.

[59] Lyons J. L. 阀门技术手册 [M]. 北京：机械工业出版社，1991.

[60] API RP 14E Recommended Practice for Design and Installation of Offshore Production Platform Piping Systems, 5th Edition[S].

[61] Han K. S, Chung M. K, Sung H. J. Application of Lumley's drag reduction model to two-phase gas-particle flow in a pipe[J]. Journal of Fluids Engineering, 1991, 113 (1): 130–136.

[62] Eduard E, Carme V, Aida E, et al. Failures due to ingested bodies in hydraulic turbines [J]. Engineering Failure Analysis. Engineering Failure Analysis, 2011, 18 (1): 464–473.

[63] Yeganeh B. A, Kazeminezhad M. H, Etemad. S. A, et al. Euler–Euler two-phase flow simulation of tunnel erosion beneath marine pipelines[J]. Applied Ocean Research, 2011, 33 (2): 137–146.

[64] Chong Y, Christopher S, Anthony S, et al. Experimental and computational modeling of solid particle erosion in pipe annular cavity[J]. Wear, 2013, 303 (1): 109–129.

[65] Kannojiya V, Deshwal M, Deshwal D. Numerical analysis of solid particle erosion in pipe elbow[J]. Engineering, 2014, 5（2）: 5021–5030.

[66] 明鑫. 高产气井排砂管汇极限放喷能力研究及其安全性评价[D]. 成都: 西南石油大学, 2014.

[67] 练章华, 陈新海, 林铁军, 等. 排砂管线弯接头的冲蚀机理研究[J]. 西南石油大学学报（自然科学版）, 2014, 36（1）: 150–156.

[68] 明鑫, 练章华, 林铁军, 等. 气体携岩对钻杆接头冲蚀规律研究[J]. 西南石油大学学报（自然科学版）, 2014, 36（3）: 173–178.

[69] 练章华, 魏臣兴, 宋周成, 等. 高压高产气井屈曲管柱冲蚀损伤机理研究[J]. 石油钻采工艺, 2012, 34（1）: 6–9.

[70] 余礼. 水力喷砂射孔时滚筒卷绕段连续油管的冲蚀研究[D]. 荆州: 长江大学, 2018.

[71] 李志强. 高产气井油管柱冲蚀机理研究[D]. 成都: 西南石油大学, 2018.

[72] Xia L, Li Y, Ma L, et al. Influence of O_2 on the erosion–corrosion performance of 3Cr steels in CO_2 containing environment[J]. Materials, 2020, 13（3）: 791.

[73] Eugene M, Maksim A. Erosion studies of the iron boride coatings for protection of tubing components in oil production, mineral processing and engineering applications[J]. Wear, 2020, 452: 203277.

[74] Zhang Y, Luo Q, Wang H, et al. Residual life study of coiled tubing for erosion wear[J]. Journal of Failure Analysis and Prevention, 2021, 21: 320–328.

[75] Xu J, Mou Y, Xue C, et al. The study on Erosion of Buckling Tubing String in HTHP ultra-deep wells considering fluid–solid coupling[J]. Energy Reports, 2021, 7（9）: 3011–3022.

[76] 张福祥, 巴旦, 刘洪涛, 等. 压裂过程超级13Cr油管冲刷腐蚀交互作用研究[J]. 石油机械, 2014, 42（8）: 89–93.

[77] 李臻, 程嘉瑞, 杨向同, 等. 超级13Cr钢冲蚀数值模拟与试验研究[J]. 石油机械, 2014, 42（11）: 166–169.

[78] Wang Z, Cui R, Ma W, et al. Experimental study on CO_2 corrosion of super 13Cr integrated tubing with erosion damage[J]. Journal of Failure Analysis and Prevention, 2019, 19（11）: 1826–1831.

[79] Cheng J, Li Z, Zhang N, et al. Experimental study on erosion–corrosion of TP140 casing steel and 13Cr tubing steel in gas–solid and liquid–solid jet flows containing 2 wt % NaCl[J]. Materials, 2019, 12（3）: 358.

[80] 张楠, 李东刚, 李俊亮, 等. 大型压裂施工中超级13Cr油管冲蚀规律研究[J]. 中外能源, 2020, 25（11）: 64–67.

[81] Tijsseling A.S. Fluid-structure interaction in liquid-filled pipe systems: A review[J]. Journal of Fluids and Structure, 1996, 10（2）: 109-146.

[82] Wiggert D.C., Tijsseling A.S. Fluid transients and fluid-structure interaction in flexible liquid-filled piping[J]. Applied Mechanics Reviews, 2001, 54（5）: 455-481.

[83] Ménabréa L.F. Note sur les effects de choc de l'eau dans les conduites（Note on the effects of water shocks in pipes）[J]. Comptes rendus（in French）, 1858, 47: 221-224.

[84] Joukowsky N Über den hydraulischen Stoss in Wasserleitungsrö hren（On the hydraulic hammer in water supply pipes）[J]. Mémoires de l'Acadé mie Impériale des Sciences de St.-Pétersbourg, 1900, 5（8-9）.

[85] Allievi L. Teoria generale del moto perturbato dell acquani tubi in pressione[J]. Ann. Soc. Ing. Arch. Ithaliana, 1903.

[86] Allievi L. Teoria del colpo d'ariete [J]. Atti Collegio Ing.Arch, 1913.

[87] Ghidaoui M.S., Zhao M., Mcinnis D.A., et al. A review of water hammer theory and practice[J]. Applied Mechanics Reviews, 2005, 58（1）: 49-76.

[88] Angus R. W. Simple graphical solutions for pressure rise in pipe and pump discharge lines[J]. Jour. Engineering Institute of Canada, 1935, 30（5）: 72-81.

[89] Rich. G. Waterhammer analysis by the laplace-mellin transformations[J]. Transactions of the ASME, 1945, 67（2）: 30-37.

[90] Rich G. A Hydraulic Transients[M]. New York, 1951: 50-57.

[91] Gray C. A. M. Analysis of water-hammer by characteristics[J]. Transactions of the ASME, 1954, 76（5）: 75-83.

[92] 张立翔, 黄文虎. 输流管道非线性流固耦合振动的数学建模[J]. 水动力学研究与进展, 2000, 15（1）: 116-128.

[93] 张立翔, 黄文虎, Tijsseling A.S. 输流管道流固耦合振动研究进展[J]. 水动力学研究与进展, 2000, 15（3）: 366-379.

[94] 张立翔, 杨柯. 流体结构互动理论及其应用[M]. 北京: 科学出版社, 2004.

[95] Zhang L., Tijsseling A.S., Vardy E.A. FSI analysis of liquid-filled pipes[J]. Journal of Sound and Vibration, 1999, 224（1）: 69-99.

[96] Li Q.S., Yang K., Zhang L.X., et al. Frequency domain analysis of fluid-structure interaction in liquid-filled pipe systems by transfer matrix method[J]. International Journal of Mechanical Sciences, 2002, 44（10）: 2067-2087.

[97] Ahmadi A., Keramat A. Investigation of fluid-structure interaction with various types of junction coupling[J]. Journal of Fluids & Structures, 2010, 26（7-8）: 1123-1141.

[98] Whatham J.F. Thin shell analysis of non-circular pipe bends[J]. Nuclear Engineering & Design, 1982, 67（2）: 287–296.

[99] Whatham J.F. Analysis of pipe bends with symmetrical noncircular cross sections[J]. Journal of Applied Mechanics, 1987, 54（3）: 604–610.

[100] Skalak R. An extension of the theory of water hammer[J]. Transactions of the ASME, 1956, 78（1）: 105–116.

[101] Walker J.S., Phillips J.W. Pulse propagation in fluid-filled tubes[J]. Journal of Pressure Vessel Technology, 1977, 77（1）: 31–35.

[102] Valentin R.A., Phillips J.W., Walker J.S. Reflection and transmission of fluid transients at an elbow[J]. In: Argonne National Lab., IL（USA）, 1979.

[103] Wiggert D.C., Hatfield F.J., Stuckenbruck S. Analysis of liquid and structural transients in piping by the method of characteristics[J]. Journal of Fluids Engineering, 1987, 109（2）: 161–165.

[104] Tijsseling A.S. Fluid-structure interaction in case of water hammer with cavitation[D]. Delft: Delft University of Technology, 1993.

[105] 王本利，王世忠，安为民，等．用有限元法分析导管固液耦合振动[J]．哈尔滨工业大学学报，1985，6（2）: 11–16.

[106] 王世忠，刘玉兰，黄文虎．输送流体管道的固—液耦合动力学研究[J]．应用数学和力学，1998，19（11）: 986–993.

[107] 张艳萍，徐治萍，刘土光，等．输液管道流固耦合的响应分析[J]．中国舰船研究，2006，1（3）: 66–69.

[108] 王泽深．输水管道流固耦合振动试验及数值模拟[D]．哈尔滨：哈尔滨工业大学，2016.

[109] 蔡亚西，李黔，黄桢．油管柱固液耦合振动分析[J]．天然气工业，1998，18（3）: 54–56.

[110] 梁政，邓雄，余孝林．高温高压深井测试管柱横向振动分析[J]．油气井测试，1999，8（4）: 5–10.

[111] 黄桢．油管柱振动机理研究与动力响应分析[D]．成都：西南石油学院，2005.

[112] 邓元洲．高产气井油管柱振动机理分析及疲劳寿命预测[D]．成都：西南石油学院，2006.

[113] Wang L., Ni Q. Vibration of slender structures subjected to axial flow or axially towed in quiescent fluid[J]. Advances in Acoustics & Vibration, 2009: 1–19.

[114] 黄桢．高含硫油气井油管柱的动力响应分析[J]．钻采工艺，2010，33（6）: 93–95, 157.

[115] 王宇. 高压气井流体诱发完井管柱振动研究 [D]. 北京：中国石油大学（北京），2011.

[116] 杨行. 高压气井高速流体诱发管柱振动特性分析 [D]. 北京：中国石油大学（北京），2012.

[117] 樊洪海，杨行，王宇，等. 高压气井生产管柱横向振动特性分析 [J]. 石油机械，2015，43（3）：88–91，95.

[118] 喻萌. 基于 ANSYS 的输流管道流固耦合特性分析 [J]. 中国船舶研究，2007，2（5）：54–57，67.

[119] 张丽萍. 气井内高速流体诱发生产管柱振动机理与规律研究 [D]. 北京：中国石油大学（北京），2011.

[120] Ligterink N., Groot R.D, Slot H. Flow induced vibration from chokes in subsea gas production systems[C]. SPE 160482，2012.

[121] 乐彬. 水平井高产气井油管柱振动动力学研究 [D]. 成都：西南石油大学，2008.

[122] 宋周成. 高产气井管柱动力学损伤机理研究 [D]. 成都：西南石油大学，2010.

[123] 窦益华，于凯强，杨向同，等. 输流弯管流固耦合振动有限元分析 [J]. 机械设计与制造工程，2017，46（2）：18–21.

[124] 张林，窦益华，于凯强，等. 流体激励下弯管流固耦合振动特性分析 [J]. 油气井测试，2017，26（3）：10–14，75.

[125] 黄宇曦. 压裂工况下管柱流固耦合振动特性分析 [D]. 西安：西安石油大学，2018.

[126] 盛泽东. 高产气井油管柱振动力学特性研究 [D]. 成都：西南石油大学，2018.

[127] 狄勤丰，王文昌，胡以宝，等. 钻柱动力学研究及应用进展 [J]. 天然气工业，2006，26（4）：57–59，155.

[128] 胡以宝，狄勤丰，邹海洋，等. 钻柱动力学研究及监控技术新进展 [J]. 石油钻探技术，2006，34（6）：7–10.

[129] 狄勤丰，平俊超，李宁，等. 钻柱振动信息测量技术研究进展 [J]. 力学与实践，2015，37（5）：565–579.

[130] Hu Y.B., Di Q.F., Zhu W.P., et al. Dynamic characteristics analysis of drillstring in the ultra–deep well with spatial curved beam finite element[J]. Journal of Petroleum Science & Engineering，2012，82–83：166–173.

[131] 吴少博，程学亮，李治森. 流体作用下钻柱运动状态试验研究 [J]. 石油矿场机械，2012，41（1）：37–42.

[132] 邵冬冬，管志川，温欣，等. 水平旋转钻柱横向振动特性试验 [J]. 中国石油大学学报（自然科学版），2013，37（4）：100–103.

[133] 张东霄，李波，邱琳琳，等. 基于相似原理的钻柱振动模拟试验研究 [J]. 矿山机械，2016，44（5）：8-12.

[134] 王英玉. 金属材料的多轴疲劳行为与寿命估算 [D]. 南京：南京航空航天大学，2005.

[135] Lin T, Zhang Q, Lian Z, et al. Multi-axial fatigue life prediction of drill collar thread in gas drilling[J]. Engineering Failure Analysis, 2016, 59: 151-160.

[136] Hidalgo J. A, Gama A. L, Moreira R. M. Natural vibration frequencies of horizontal tubes partially filled with liquid[J]. Journal of Sound & Vibration, 2017, 408: 31-42.

[137] Wainstein J, Perez J. E. The Spb method used to estimate crack extension for coiled tubings fracture toughness tests[J]. Engineering Failure Analysis, 2017, 178: 362-374.

[138] 赵丙峰，谢里阳，徐国梁，等. 多轴疲劳寿命预测方法 [J]. 失效分析与预防，2017，12（5）：323-330.

[139] 尚德广，王德俊. 多轴疲劳强度 [M]. 北京：科学出版社，2007.

[140] Macha, Sonsino. Energy criteria of multiaxial fatigue failure[J]. Fatigue & Fracture of Engineering Materials & Structures, 2010, 22（12）: 1053-1070.

[141] Ellyin F, Golos K. Multiaxial fatigue damage criterion[J]. Journal of Engineering Materials & Technology, 1988, 110（1）: 63.

[142] Garud Y. S. A new approach to the evaluation of fatigue under multiaxial loadings[J]. Journal of Engineering Materials & Technology Transactions of the Asme, 1981, 103（2）: 118-125.

[143] Berto F, Campagnolo A, Welo T. Local strain energy density to assess the multiaxial fatigue strength of titanium alloys[J]. Frattura Ed Integrità Strutturale, 2016, 10（37）: 69-79.

[144] Walat K, Kurek M, Ogonowski P, et al. The multiaxial random fatigue criteria based on strain and energy damage parameters on the critical plane for the low-cycle range[J]. International Journal of Fatigue, 2012, 37（4）: 100-111.

[145] Branco R, Costa J. D, Berto F, et al. Fatigue life assessment of notched round bars under multiaxial loading based on the total strain energy density approach[J]. Theoretical & Applied Fracture Mechanics, 2017, 65（5）: 11-27.

[146] Zamrik S. Y, Ray A, Koss D. A. Life prediction of advanced materials for gas turbine application[J]. Office of Scientific & Technical Information Technical Reports, 1995, 12（31）: 1-20.

[147] Lohr R. D, Ellison E. G. A simple theory for low cycle multi-axial fatigue [J]. Fatigue & Fracture of Engineering Materials & Structures, 2010, 3（1）: 1-17.

[148] 李昱坤，闫凯，田新新，等．油管和套管表面氧化皮问题探讨[J]．热加工工艺，2016，45（12）：28-30．

[149] 张超，苏杰，梁剑雄，等．超高强度不锈钢沉淀行为研究进展[J]．钢铁，2018，53（4）：48-61．

[150] 赵继朋．铈对1Cr13马氏体不锈钢抗高温氧化和耐蚀性能的影响[D]．镇江：江苏大学，2018．

[151] 李玲杰．缓蚀剂对超级13Cr不锈钢在含醋酸的CO_2饱和完井液中应力腐蚀开裂行为的影响[D]．武汉：华中科技大学，2013．

[152] 苏国锦，徐蔼彦，王海博，等．超级13Cr油管钢的显微组织与力学性能[J]．理化检验（物理分册），2021，57（2）：17-20．

[153] 杜姣婧，刘晓宇，付中元，等．热处理工艺参数对G13Cr4Mo4Ni4V钢晶粒度及性能的影响[J]．轴承，2021，4（4）：37-40．

[154] 南海，常瑞津，李静媛，等．氮元素对Cr13超级马氏体不锈钢组织及性能的影响[J]．钢铁研究学报，2020，32（12）：1148-1156．

[155] 蒋满军，秦立高，郑华安，等．13Cr材质气井管柱腐蚀原因分析[J]．涂层与防护，2020，41（6）：28-34．

[156] 张春霞，齐亚猛，张忠铧．超级13Cr在H_2S和CO_2共存环境下的腐蚀行为影响研究[J]．宝钢技术，2020，4（1）：7-12．

[157] Xing X, Xie R, Yan M, et al. Corrosion behaviour of 13Cr in supercritical CO_2 environment[J]. Surface Technology, 2016, 45（5）: 79-83.

[158] 宋令玺，杨旭，黄英，等．超级13Cr抗CO_2腐蚀油管热轧缺陷原因分析与控制[J]．钢管，2017，46（2）：44-47．

[159] 朱林，赵映辉，程向龙．L80-13Cr特殊螺纹加厚油管的研发[J]．钢管，2017，46（2）：57-61．

[160] 王赟．油田特殊工况因素对CO_2腐蚀及缓蚀剂有效性的影响机制[D]．北京：北京科技大学，2021．

[161] Zhu G, Li Y, Hou B, et al. Corrosion behavior of 13Cr stainless steel under stress and crevice in high pressure CO_2/O_2 environment[J]. Journal of Materials Science and Technology, 2021, 88: 79-89.

[162] Zhao Y, Liu W, Dong B, et al. Effects of microstructure and material composition on the formation kinetics of passive film and pitting behavior of super 13Cr stainless steel [J]. Metallurgical and Materials Transactions B, 2021, 52（5）: 1985-1998.

[163] 何松，王贝，冯桓榰，等．S13Cr在超高温超临界CO_2环境下的腐蚀行为及产物膜

特征[J]. 装备环境工程，2021，18（1）：8-14.

[164] 冯桓楷，李滨，邢希金，等. 南海某油田 CO_2 回注井防腐选材实验[J]. 装备环境工程，2021，18（1）：23-29.

[165] 何松，邢希金，刘书杰，等. 硫化氢环境下常用油井管材质腐蚀规律研究[J]. 表面技术，2018，47（12）：14-20.

[166] 朱晨，金莹，刘小英，等. 连续热处理过程中张力对超窄2Cr13带钢耐蚀性能的影响[J]. 轧钢，2020，37（1）：30-32.

[167] 王锦永，曹洪波，齐希伦，等. 淬火冷却速度对L80-13Cr厚壁钢管组织性能的影响[J]. 钢管，2020，49（1）：61-64.

[168] HernándezRengifo Erick, Rodríguez Sara Aida, Coronado John Jairo. Improving fatigue strength of hydromachinery 13Cr-4Ni CA6NM steel with nitriding and thermal spraying surface treatments[J]. Fatigue & Fracture of Engineering Materials & Structures，2020，44（4）：1059-1072.

[169] 毕明龙，刘金玲，曹娜娜，等. 渗氮温度对G13Cr4Mo4Ni4V钢渗氮层组织和性能的影响[J]. 轴承，2020，4（11）：29-33.

[170] Liu P, Zhu Y, Zhao L. New corrosion inhibitor for 13Cr stainless steel in 20% HCl solution[J]. Anti-Corrosion Methods and Materials，2020，67（6）：557-564.

[171] Mu L, Zhao W. Investigation on carbon dioxide corrosion behaviour of HP13Cr110 stainless steel in simulated stratum water[J]. Corrosion Science，2010，52（1）：82-89.

[172] Zhu S, Wei J, Cai R, et al. Corrosion failure analysis of high strength grade super 13Cr-110 tubing string[J]. Engineering Failure Analysis，2011，18（8）：2222-2231.

[173] 尹成先，王新虎，赵雪会，等. 压应力对HP13Cr钢电化学腐蚀性能的影响[J]. 材料保护，2014，47（9）：29-32.

[174] Lei X, Feng Y, Fu A, et al. Investigation of stress corrosion cracking behavior of super 13Cr tubing by full-scale tubular goods corrosion test system[J]. Engineering Failure Analysis，2015，50：62-70.

[175] Liu W, Shi T, Lu Q, et al. Failure analysis on fracture of S13Cr-110 tubing[J]. Engineering Failure Analysis，2020，90：215-230.

[176] Liu W, Shi T, Li S, et al. Failure analysis of a fracture tubing used in the formate annulus protection fluid[J]. Engineering Failure Analysis，2019，95：248-262.

[177] 吕祥鸿，张晔，谢俊锋，等. 高pH值完井液中超级13Cr油管的腐蚀失效及SCC机制[J]. 中国石油大学学报（自然科学版），2020，237（1）：146-153.

[178] 宋洋，赵国仙，郭梦龙，等. ϕ88.9mm×6.45mm L80-13Cr油管穿孔原因分析[J]. 焊

管，2021，44（4）：32-37.

[179] 毋玲. 环境腐蚀及其应力耦合的损伤力学方法与结构性能预测研究 [D]. 西安：西北工业大学，2006.

[180] Duquesnay D. L, Underhill P. R, Britt H. J. Fatigue crack growth from corrosion damage in 7075-T6511 aluminium alloy under aircraft loading[J]. International Journal of Fatigue，2003，25（5）：371-377.

[181] 黄小光，许金泉. 点蚀演化及腐蚀疲劳裂纹成核的能量原理 [J]. 固体力学学报. 2013，34（1）：12-17.

[182] Vignes B., Aadnoy B.S. Well-integrity issues offshore norway[C]. SPE 112535，2008.

[183] King G.E., King D.E. Environmental risk arising from well construction failure：Differences between barrier failure and well failure, and estimates of failure frequency across common well types, locations and well age[C]. SPE 166142，2013.

[184] 张强. 高压高产气井油管柱耦联振动机理及其动力学行为研究 [D]. 成都：西南石油大学，2019.

[185] 高德利. 油气井管柱力学与工程 [M]. 青岛：中国石油大学出版社，2006.

[186] 向幸运. 钻柱屈曲特性模拟及影响因素分析 [D]. 成都：西南石油大学，2016.

[187] Gao Deli, Huang Wenjun. A review of down-hole tubular string buckling in well engineering[J]. Petroleum Science，2015，12（3）：443-457.

[188] 李仕伦. 天然气工程 [M]. 2 版. 北京：石油工业出版社，2008.

[189] 管德. 非定常空气动力计算 [M]. 北京：北京航空航天大学出版社，1991.

[190] 吴望一. 流体力学 [M]. 北京：北京大学出版社，1981.

[191] 张兆顺，崔桂香，许春晓. 湍流理论与模拟 [M]. 北京：清华大学出版社，2005.

[192] Gao G, Yong Y. Partial-average-based equations of incompressible turbulent flow[J]. International Journal of Non-Linear Mechanics，2004，39（9）：1407-1419.

[193] 王福军. 计算流体动力学分析 [M]. 北京：清华大学出版社，2004.

[194] ANSYS Fluent Inc. FLUENT 6.3 Documentation[M]. ANSYS Fluent Inc.，2007.

[195] 黄玉盈，魏发远. 分析输液曲管振动和稳定性的有限元法 [J]. 振动工程学报，2000，13（2）：264-270.

[196] 蒲家宁. 管道水击分析与控制 [M]. 北京：机械工业出版社，1991.

[197] 刘起霞，杨小林. 工程流体力学 [M]. 武汉：华中科技大学出版社，2016.

[198] 梅春林，张存华，隋民，等. 输油管道的水击分析及保护 [J]. 现代化工，2016，20（11）：208-209.

[199] Wang Y, Fan H.H, Zhang L.P., et al. An analysis of axial tubing vibration in a high-

pressure gas well[J]. Petroleum Science and Technology, 2011, 29 (7): 708-714.

[200] 樊洪海, 王宇, 张丽萍, 等. 高压气井完井管柱的流固耦合振动模型及其应用 [J]. 石油学报, 2011, 32 (3): 547-550.

[201] Lamb H. On the velocity of sound in a tube, as affected by elasticity walls[J]. Memoirs and Proceedings of the Manchester literary and Philosophical Society, 1898, 42 (9): 1-16.

[202] 杨超. 非恒定流充液管系统耦合振动特性及振动抑制 [D]. 武汉: 华中科技大学, 2007.

[203] Cowper G.R. The shear coefficient in timoshenko's beam theory[J]. Journal of Applied Mechanics, 1966, 33 (2): 335-340.

[204] Wiggert D.C, Hatfield F.J, Stuckenbruck S. Analysis of liquid and structural transients in piping by the method of characteristics[J]. Journal of Fluids Engineering, 1987, 109 (2): 161-165.

[205] 张志勇, 沈荣瀛, 王强. 充液管系轴向振动响应计算研究 [J]. 噪声与振动控制, 1999 (5): 5-8.

[206] 孙玉东, 刘忠族, 刘建湖, 等. 水锤冲击时管路系统流固耦合响应的特征线分析方法研究 [J]. 船舶力学, 2005, 9 (4): 130-137.

[207] 陆金甫, 关治. 偏微分方程数值解法 [M]. 北京: 清华大学出版社, 2004.

[208] 李卫民, 刘淑芬. 弹性力学及有限元 [M]. 沈阳: 东北大学出版社, 2015.

[209] 商跃进. 有限元原理与 ANSYS 应用指南 [M]. 北京: 清华大学出版社, 2005.

[210] 谢龙汉, 刘新让, 刘文超. ANSYS 结构及动力学分析 [M]. 北京: 电子工业出版社, 2012.

[211] Cruz C., Miranda E. Evaluation of the rayleigh damping model for buildings[J]. Engineering Structures, 2017, 138: 324-336.

[212] Sun Q., Dias D. Significance of rayleigh damping in nonlinear numerical seismic analysis of tunnels[J]. Soil Dynamics and Earthquake Engineering, 2018, 115: 489-494.

[213] 胡成宝, 王云岗, 凌道盛. 瑞利阻尼物理本质及参数对动力响应的影响 [J]. 浙江大学学报 (工学版), 2017, 51 (7): 1284-1290.

[214] 徐挺. 相似理论与模型试验 [M]. 北京: 中国农业机械出版社, 1982.

[215] 胡冬奎, 王平. 相似理论及其在机械工程中的应用 [J]. 现代制造工程, 2009 (11): 9-12.

[216] 袁文忠. 相似理论与静力学模型试验 [M]. 成都: 西南交通大学出版社, 1998.

[217] 杨俊杰. 相似理论与结构模型试验 [M]. 武汉: 武汉工业大学出版社, 2005.

[218] 仵锋锋, 曹平, 万琳辉. 相似理论及其在模拟试验中的应用 [J]. 采矿技术, 2007, 7

（4）：64-65.

[219] 陈浮, 宋彦萍, 陈焕龙, 等. 气体动力学基础 [M]. 哈尔滨: 哈尔滨工业大学出版社, 2013.

[220] 姚卫星. 结构疲劳寿命分析 [M]. 北京: 国防工业出版社, 2002.

[221] 刘义伦. 工程构件疲劳寿命预测理论与方法 [M]. 长沙: 湖南科学技术出版社, 1997.

[222] 夏天翔, 姚卫星, 嵇应凤. 金属材料多轴疲劳累积损伤理论研究进展 [J]. 机械强度, 2014, 36 (4): 605-613.

[223] 王英玉, 姚卫星. 材料多轴疲劳破坏准则回顾 [J]. 机械强度, 2003, 25 (3): 246-250.

[224] Miner M.A. Cumulative damage in fatigue[J]. Journal of Applied Mechanics, 1945, 12 (3): 159-164.

[225] Buch A. Fatigue Strength Calculation[M]. Switzerland: Trans Tech Publications, 1988.

[226] Manson S.S, Halford G.R. Practical implementation of the double linear damage rule and damage curve approach for treating cumulative fatigue damage[J]. International Journal of Fracture, 1981, 17 (2): 169-192.

[227] Manson S.S, Halford G.R. Re-examination of cumulative fatigue damage analysis-an engineering perspective[J]. Engineering Fracture Mechanics, 1986, 25 (5/6): 539-571.

[228] Corten H.T., Dolan T.J. Cumulative fatigue damage[C]. In: Proceedings of the International Conference on Fatigue of Metals, Institution of Mechanical Engineers, ASME, London, 1956: 235-246.

[229] Zhu P., Huang H.Z., Liu Y., et al. A practical method for determining the corten-dolan exponent and its application to fatigue life prediction[J]. International Journal of Turbo & Jet Engines, 2012, 29 (2): 79-87.

[230] 徐灏. 疲劳强度设计 [M]. 北京: 机械工业出版社, 1981.

[231] 徐福卫. 材料力学 [M]. 南京: 东南大学出版社, 2017.

[232] Sines G. Behaviour of Metals under Complex Stresses[M]. New York: Mc Graw-Hill, 1959: 145-169.

[233] 郝琪, 蔡芳. 多轴疲劳寿命预测方法研究 [J]. 机械设计与制造, 2010, 12 (12): 127-129.

[234] 王建国, 王红缨, 王连庆, 等. GH4169 合金高温多轴低周疲劳寿命预测 [J]. 机械强度, 2008, 30 (2): 324-328.

[235] 刘灵灵, 聂辉. 多轴低周非比例加载下疲劳寿命预测方法综述 [J]. 华北科技学院学报, 2009, 6 (2): 60-63.

[236] 孙国芹, 尚德广, 邓静. 基于临界面法的多轴低周疲劳损伤参量 [J]. 北京工业大学

学报，2008，34（4）：337-340.

[237] Brown M.W，Miller K.J．A theory for fatigue failure under multiaxial stress-strain conditions[J]. Proceedings of the Institution of Mechanical Engineers，1973，187：745-755.

[238] Lohr R.D，Ellison E.G. A simple theory for low cycle multiaxial fatigue[J]. Fatigue & Fracture of Engineering Materials & Structures，1980，26（3）：1-17.

[239] Socie D. Multiaxial fatigue damage models[J]. Key Engineering Materials，1987，325（4）：747-750.

[240] 尚德广，王德俊，周志革．一种新的多轴疲劳损伤参量［J］. 东北大学学报，1997，18（2）：133-137.

[241] 李娜，荣海波，赵国仙．耐蚀油套管管材的国内外研究现状［J］. 材料科学与工程学报，2011（3）：471-477.

[242] 曾德智，林元华，施太和，等．磨损套管抗挤强度的新算法研究［J］. 天然气工业．2005，25（2）：78-80，106.

[243] 练章华，罗泽利，于浩，等．具有腐蚀坑缺陷的套管强度评估［J］. 西南石油大学学报（自然科学版）. 2018（2）：159-168.

[244] Mou Y，Lian Z，Zhang Q. Residual strength evaluation of first-stage absorber with weld considering corrosion and thermal stress[J]. Journal of Pressure Vessel Technology，2020，142（4）：41503.

[245] Sun K，Samuel R，Guo B. Effect of stress concentration factors due to corrosion on production tubing design[C]. SPE-90094-MS，2004.

[246] Sun K，Guo B，Ali G. Casing strength degradation due to corrosion-applications to casing pressure assessment[C]. SPE-88009-MS，2004.

[247] Lin T，Zhang Q，Lian Z，et al. Evaluation of casing integrity defects considering wear and corrosion—application to casing design[J]. Journal of Nature Gas Science and Engineering，2016，29：440-452.

[248] Adamson K，Birch G，Gao E，et al. High-pressure high-temperature well Construction[J]. Oilfield Review，1998：36-49.

[249] 朱君．有杆抽油系统井下工况诊断方法研究［D］. 大庆：大庆石油学院，2003.

[250] 练章华，牟易升，刘洋，等．高温高压超深气井油管柱屈曲行为研究［J］. 天然气工业，2018，38（1）：89-94.

[251] 李鹤林，张亚平，韩礼红．油井管发展动向及高性能油井管国产化（下）［J］. 钢管，2008，37（1）：1-6.

[252] 郑友志，佘朝毅，刘伟，等．井温、噪声组合找漏测井在龙岗气井中的应用[J]．测井技术，2010，34（1）：60–63．

[253] Teodoriu C, Falcone G. Comparing completion design in hydrocarbon and geothermal wells：the need to evaluate the integrity of casing connections subject to thermal stresses.[J]. Geothermics, 2009, 38（2）: 238–246.

[254] Xu L, Cheng Y. Development of a finite element model for simulation and prediction of mechanoelectrochemical effect of pipeline corrosion–science direct[J]. Corrosion Science, 2013, 73: 150–160.

[255] Xu L. Assessment of corrosion defects on high–strength steel pipelines[D]. Alberta: University of Calgary, 2013.

[256] Nordsveen M, Nesic S, Nyborg R, et al. A mechanistic model for carbon dioxide corrosion of mild steel in the presence of protective iron carbonate films–part 1: Theory and verification[J]. Corrosion, 2003, 59（5）: 443–455.

[257] Nesic S, Postlethwaite J, Olsen S. An electrochemical model for prediction of corrosion of mild steel in aqueous carbon dioxide solutions[J]. Corrosion, 1996, 52（4）: 280–294.

[258] Yu H, Taleghani A. D, Lian Z. On how pumping hesitations may improve complexity of hydraulic fractures, a simulation study[J]. Fuel, 2019, 249: 294–308.

[259] Rabbani E, Davarpanah A, Memariani M. An experimental study of acidizing operation performances on the wellbore productivity index enhancement[J]. Journal of Petroleum Exploration & Production Technology, 2018, 8（4）: 1243–1253.

[260] Davarpanah A, Shirmohammadi R, Mirshekari B, et al. Analysis of hydraulic fracturing techniques：Hybrid fuzzy approaches[J]. Arabian Journal of Geoences, 2019, 12（13）: 402.

[261] Davarpanah A, Mirshekari B, Behbahani T J, et al. Integrated production logging tools approach for convenient experimental individual layer permeability measurements in a multi–layered fractured reservoir[J]. Journal of Petroleum Exploration & Production Technology, 2018, 8: 743–751.

[262] Rice J. R. A path independent integral and the approximate analysis of strain concentration by notches and cracks[J]. Journal of Applied Mechanics, 1968, 35（2）: 379–386.

[263] Duan C. J., Zhang S. H. Prediction of fully plastic J–integral for weld centerline surface crack considering strength mismatch based on 3D finite element analyses and artificial neural network[J]. Journal of Naval Architecture and Ocean Engineering, 2020, 12: 354–366.

[264] Souza R. F, Ruggieri C. J–dominance and size requirements in strength–mismatched

fracture specimens with weld centerline cracks[J]. Journal of the Brazilian Society of Mechanical Sciences and Engineering, 2015, 37 (4): 1083–1096.

[265] Wang Y, Wang W, Zhang B, et al. A review on mixed mode fracture of metals[J]. Engineering Fracture Mechanics, 2020, 235: 107–126.

[266] Riemelmoser F. O., Pippan R. The J-integral at Dugdale cracks perpendicular to interfaces of materials with dissimilar yield stresses[J]. International Journal of Fracture, 2000, 103 (4): 397–418.

[267] Chang J, Xu J, Mutoh Y. A general mixed-mode brittle fracture criterion for cracked materials[J]. Engineering Fracture Mechanics, 2006, 73 (9): 1249–1263.

[268] Mou Y, Zhang Q, Yu H, et al. Study on prediction method of crack propagation in absorber weld by experiment[J]. Energy Reports, 2021, 7 (9): 1055–1067.

前　言

油井水泥是指应用于油气井建井工程中满足固井、修井、挤注等用途的硅酸盐水泥和非硅酸盐水泥。关于建筑、桥梁、大坝、核电等应用的水泥已有大量的著作对其论述，而油井水泥作为广泛应用于油气井的一种特种水泥，相关著作却较少。固井工程人员要设计出满足各种地质和工艺条件要求的油气井水泥浆，就必须对油井水泥、外加剂与外掺料、水泥浆体系设计原理、水泥浆与水泥石性能要求等方面有较好的了解，同时油井水泥生产企业、外加剂和外掺料服务商也应对油气井注水泥有一定了解，才能更好地提供和改进自己的产品以满足油气井注水泥的要求。

本书编者结合高等学校专业技术人才培养实际以及多年来的教学和科研工作实践，编写了此书。全书共分为七章。第一章主要介绍水泥与油井水泥的基本概念、油井水泥与固井工程的关系和油井水泥的发展史；第二章主要介绍油井水泥的生产和质量检测；第三章主要介绍油井水泥的水化与硬化；第四章主要结合固井工程的特点和要求，详细阐述油井水泥浆和油井水泥石的性能、要求、评价方法等；第五章主要介绍与油井水泥浆和水泥石性能密切相关的油井水泥外加剂和外掺料；第六章结合固井工程所面对的难点和挑战及其对油井水泥浆和油井水泥石的性能要求，介绍常用水泥浆体系及其相应的机理、设计方法、现场应用实例及一些最新的研究成果；第七章简要介绍油气井注水泥的基本工艺技术、设计方法、影响固井质量的因素及固井质量评价方法等。为便于读者掌握所学内容，每章附有课后习题。

作为一本材料专业基础教材，本书着重于基本概念、基本理论和基础知识的阐明，同时尽量吸取国内外研究的新成果和新应用，具有前沿性、实用性、科学性和可读性的特点。本书亦可满足石油类院校中无机非金属、石油工程、油田化学等专业以及其他相关专业的教学需要，并为从事油气井注水泥，油井水泥、油井水泥外加剂和外掺料生产与服务的相关技术人员、学者提供借鉴和参考。

参加本书编写和审定工作的有程小伟（第一章）、郭小阳（第二章）、张春梅（第三章和第四章）、梅开元（第五章和第七章）、刘开强（第六章）。辜涛、黄盛、张高寅、龚鹏、蔡靖轩、龙丹（嘉华特种水泥股份有限公司）、王升正、赵峰（嘉华特种水泥股份有限公司)、王佳（嘉华特种水泥股份有限公司）、高强、何瑀婷、孙夏兰、郑怡杰、张文阳、苏晓悦、官希、李锟、赵昆鹏、胡陈、谢婷、何鑫、何敏会、刘涛、王英、杨鹏、李尚东等研究人员参与了本书的资料收集和整理工作。

本书编写素材的收集也得到油气井水泥生产与应用单位及相关工作人员的大力支持，分别为：中石油西南油气田分公司（马勇、汪瑶、邓天安、郑友志），中国石油集团工程技术研究院有限公司（张华、张弛、夏修建），西部水泥尧柏特种水泥集团有限公司（李明泽、牛庆祥），在此一并感谢！

本书在编写过程中参考了有关文献资料，在此编者对参考文献的各位作者表示衷心感谢！

鉴于本书涉及面广，编者水平有限，书中难免出现不妥之处，敬请广大读者批评指正。

编者
2023 年 4 月

目 录

第一章 绪论 ··· 1
　第一节 水泥与油井水泥的基本概念 ··· 1
　第二节 油井水泥与固井工程的关系 ··· 2
　第三节 油井水泥的发展史 ·· 3
　课后习题 ··· 4
第二章 油井水泥的生产 ·· 5
　第一节 API 油井水泥标准 ·· 5
　第二节 油井水泥的生产工艺 ·· 8
　第三节 油井水泥熟料的组成 ·· 13
　第四节 油井水泥生料 ·· 24
　第五节 油井水泥熟料的煅烧 ·· 32
　第六节 油井水泥的质量检测 ·· 36
　课后习题 ··· 47
第三章 油井水泥的水化与硬化 ·· 48
　第一节 油井水泥熟料矿物的水化反应 ······································· 48
　第二节 油井水泥的水化 ·· 54
　第三节 油井水泥水化速率及影响因素 ······································· 57
　第四节 油井水泥的凝结与硬化 ·· 60
　第五节 油井水泥石的组成、结构与性能 ··································· 62
　课后习题 ··· 69
第四章 油井水泥浆与水泥石的性能 ·· 70
　第一节 概述 ··· 70
　第二节 油井水泥浆的性能 ·· 71
　第三节 油井水泥石的力学性能 ·· 82
　第四节 油井水泥石的渗透率和孔结构 ······································· 90
　第五节 水泥石体积收缩 ·· 92

第六节　水泥石抗腐蚀性 …………………………………………………………… 94
　　课后习题 …………………………………………………………………………… 97

第五章　油井水泥外加剂及外掺料 …………………………………………………… 99
　　第一节　油井水泥用减阻剂 ………………………………………………………… 99
　　第二节　降滤失剂 ………………………………………………………………… 103
　　第三节　促凝剂 …………………………………………………………………… 108
　　第四节　早强剂 …………………………………………………………………… 111
　　第五节　缓凝剂 …………………………………………………………………… 113
　　第六节　防气窜剂 ………………………………………………………………… 118
　　第七节　膨胀剂 …………………………………………………………………… 120
　　第八节　强度稳定剂 ……………………………………………………………… 121
　　第九节　消泡剂 …………………………………………………………………… 122
　　第十节　增韧剂 …………………………………………………………………… 123
　　第十一节　自修复剂 ……………………………………………………………… 125
　　第十二节　外掺料 ………………………………………………………………… 126
　　课后习题 …………………………………………………………………………… 131

第六章　常用油井水泥浆体系 ………………………………………………………… 133
　　第一节　抗高温水泥体系 ………………………………………………………… 133
　　第二节　稠油热采井水泥浆体系 ………………………………………………… 137
　　第三节　高密度水泥体系 ………………………………………………………… 149
　　第四节　防窜水泥体系 …………………………………………………………… 158
　　第五节　抗盐水泥体系 …………………………………………………………… 167
　　第六节　低密度水泥体系 ………………………………………………………… 170
　　第七节　MTC 体系 ………………………………………………………………… 176
　　课后习题 …………………………………………………………………………… 184

第七章　油气井注水泥及质量评价 …………………………………………………… 186
　　第一节　油气井注水泥工艺 ……………………………………………………… 186
　　第二节　注水泥基本设计 ………………………………………………………… 189
　　第三节　固井质量影响因素及评价方法 ………………………………………… 192
　　课后习题 …………………………………………………………………………… 196

参考文献 ………………………………………………………………………………… 197

第一章 绪论

第一节 水泥与油井水泥的基本概念

水泥同钢铁、塑料并列为人类社会三大基本材料，具有使用广、用量大等特点。因其具有较好的可塑性和适应性，水泥被广泛用于地面、海上、地下、深水、严寒、干热、腐蚀、辐射等环境条件下的人类工程活动中。在目前乃至未来相当长的时期内，水泥仍将是人类社会的主要建筑材料和工程材料。

广义而言，水泥泛指一切能够硬化的无机胶凝材料。而狭义的水泥则专指现代水泥，即加水后能拌合成塑性浆体，可适当胶结其他材料，并能在空气和水中硬化的粉状水硬性胶凝材料。

所谓胶凝材料，是指经过一系列的物理、化学作用，并能胶结其他材料，由浆体变成坚固的石状体，具有一定力学强度的物质。胶凝材料可分为有机和无机两大类：有机胶凝材料为有机生成，如沥青和各种树脂等。无机胶凝材料一般按其硬化条件分为非水硬性和水硬性两类。非水硬性胶凝材料只能在空气中硬化，而不能在水中硬化，故又称为气硬性胶凝材料，如石灰、石膏、镁质胶凝材料等。水硬性胶凝材料加水后，既能在空气中硬化，又能在水中硬化，这类材料通常统称为水泥，如硅酸盐水泥、铝酸盐水泥、硫铝酸盐水泥等。

经过两百多年的不断发展，目前水泥品种已经达百余种。按其矿物组成，水泥可分为硅酸盐水泥、铝酸盐水泥、硫铝酸盐水泥、铁铝酸盐水泥、氯氧镁水泥等，其中硅酸盐水泥是应用最广和研究得较多的一种水泥。按性能和用途划分，水泥可分为通用水泥、专用水泥和特种水泥三大类。通用水泥是指用于土木建筑工程等一般用途的水泥，如硅酸盐水泥、普通硅酸盐水泥、矿渣硅酸盐水泥、粉煤灰硅酸盐水泥等。专用水泥是指用于特定工业领域的水泥，如油井水泥、道路水泥、砌筑水泥等。特种水泥则是指某种性能较突出的一类水泥，如快硬水泥、膨胀水泥、耐高温水泥、抗硫酸盐硅酸盐水泥等。

油井水泥作为水泥家族中的一员，是指应用于各种钻井条件下进行固井、修井、挤注等用途的硅酸盐水泥、非硅酸盐水泥及掺有各种外掺料或外加剂的改性水泥。后两者有时被称为特种油井水泥，通常所指的油井水泥是指硅酸盐类水泥。

第二节　油井水泥与固井工程的关系

在一口井的钻井过程中，由于需要加固井壁，保证继续钻进，封隔油、气和水层而向井内下入套管，并向井眼和套管之间的环形空间注入油井水泥浆的施工作业称为固井。固井是油井建井过程中的重要环节，固井质量的好坏不仅关系到钻井的速度和成本，还将影响到油井以后能否顺利生产，影响到油井的寿命甚至油气藏的采收率。从整个石油工业来看，固井作业连接钻井、完井、开发三大重要生产环节，具有承前启后的重要作用。

固井对钻井的作用是为了封隔井下复杂情况，如塑性盐层、高压水层、大段泥页岩以及疏松破碎带等，防止井眼失稳，从而减少井下复杂事故；同时，为钻井液循环提供良好的井眼通道，保证后续钻井作业能顺利进行，以缩短建井周期，降低油气勘探开发成本。

固井对完井的作用是为完井作业提供良好的井眼基础。只有得到良好层间封隔的井眼，才能根据油田长期开发的需要选用适宜的完井方式，如多油层的分层测试、分层开采、分组开采等；同时，有利于完井作业的顺利进行。

固井对油气开发的作用是：(1) 为油气开采提供良好的油气流通道；(2) 防止油气资源由于环空窜流而散失，以提高采收率；(3) 防止油气藏本身的能量由于环空窜流而散失，以延长油井自喷生产时间，降低油气生产成本；(4) 防止井口套管外冒油、气、水影响油井正常生产，并降低由此而产生的额外生产费用；(5) 支撑、保护套管，防止套管在后续生产过程中因受力或受地层流体腐蚀而损坏，确保油井寿命，满足油田长期开发的需要；(6) 便于实施压裂、酸化、分层注水、分层开采等强化开采措施，以提高采收率。

由于固井具有承前启后的重要作用，因此，不仅要尽可能提高固井质量，还应尽可能提高固井作业的一次成功率。油井水泥作为油井固井工程中的主要材料之一，与固井作业的成功与否及固井质量的好坏密切相关。由于井下地质条件复杂，因此对油井水泥及由油井水泥所配制的水泥浆的性能都有严格的要求。为保证施工安全并提高固井质量，水泥浆以及最终所形成的水泥石在水泥浆密度、水泥浆稠化时间、水泥浆流变性、水泥浆滤失量、水泥浆稳定性、水泥石抗压强度和水泥石渗透率几个方面必须满足一定要求。美国石油协会（American Petroleum Institute，API）和我国标准化管理委员会分别制定了这些性能的测试方法和标准，具体内容将在第四章进行详细叙述。

为适应不同井深和井下使用环境的需要，有多种级别、类型的油井水泥可供选用。中华人民共和国国家标准 GB 10238—2005《油井水泥》将油井水泥分为 A、B、C、D、E、F、G 和 H 共八个级别，又将各级别的水泥分为普通型（O）、中抗硫酸盐型（MSR）和高抗硫酸盐型（HSR）三种类型，其中 G 级和 H 级油井水泥为基本油井水泥。新修订的国家标准 GB/T 10238—2015《油井水泥》参照最新修订的 API 10A《油井水泥材料和实验规范》则将油井水泥更新为六个级别和三种类型，删除了 E 级和 F 级油井水泥的分类。此外为了满足不同固井注水泥作业的特殊技术要求，一些石油服务公司还研制生产了具有特定组分和物化性能、用在特殊固井环境条件的油井水泥。这类油井水泥的特点是用量小、物化性能及质量要求高，因此生产难度大、成本高，未能在固井作业中得到广泛应用。目前，全世界的油气井固井作业仍以 API 硅酸盐油井水泥为最主要水泥品种。

油井水泥的生产工艺，与应用于建筑、水利、道路、海洋工程的硅酸盐水泥基本相同，但在某些环节上存在特殊要求。这是由于井下环境比地面条件恶劣得多，施工工艺自然存在很大差别，所以对油井水泥化学组成和物理性质方面的要求比普通水泥严格得多。此外，由于施工方法不同，对水泥浆密度、稠度、稠化时间和抗压强度等都具有更高的要求，其物理化学性能测试仪器和测试方法都存在差异，这些内容将在后续章节详细阐述。

第三节　油井水泥的发展史

1824年，英国人约瑟夫·阿斯普丁发明了一种将石灰石和黏土混合后加以煅烧来制造水泥的方法，并获得了专利权。这种水泥同英国附近波特兰小城盛产的石材颜色相近，故称为波特兰水泥。人类最早是利用间歇式土窑煅烧水泥熟料，1877年，回转窑烧制水泥熟料获得了专利权，继而出现了单筒冷却机、立式磨及单仓钢球磨等生产设备，从而有效地提高了水泥产量和质量。1905年，湿法回转窑出现；1928年，德国的立列波博士和波利休斯公司在对立窑、回转窑综合分析研究后，创造了带回转炉算子的回转窑，为了纪念发明者与创造公司，取名为"立波尔窑"。1950年，悬浮预热器窑的发明与应用使熟料热耗大幅度降低，与此同时，熟料冷却设备也有了很大的发展，其他的水泥制造设备也不断更新换代。20世纪60年代初，日本引进德国的悬浮预热器窑技术后，于1971年开发了水泥窑外分解技术，从而揭开了现代水泥工业的新篇章，在世界范围内很快出现了各具特点的预分解窑，形成了新型干法水泥生产技术。随着原料预均化、生料均化、高功能破碎与粉磨、环境保护技术和X射线荧光分析等在线监测技术的广泛应用，新型干法生产水泥熟料质量明显提高、能耗明显下降、生产规模不断扩大。新型干法水泥生产工艺正在逐步取代湿法、老式干法和立窑等生产工艺。

1903年，在美国加利福尼亚劳木斯油田首先使用水泥浆封堵油层上部的水层，这被认为是世界上最早的注水泥井。1910年，A. A. 贝金斯在加利福尼亚提出双塞注水泥法，近代注水泥技术由此诞生。1920年，E. P. 哈里伯顿采用双塞循环方法注水泥后，这个方法逐步得到了广泛的应用和发展。

我国油井水泥的研究和生产是从50年代初开始的，并且与我国油井水泥标准修订进程相一致，因此我国油井水泥标准的发展史就是我国油井水泥工业的发展史。1963年的油井水泥国家标准基本上是参照苏联标准并结合中国实际情况加以修改制定的，其主要物理性能、化学组成和实验方法与建筑用普通硅酸盐水泥相似，是静态的，模拟性和准确性差，对现场固井施工指导作用不强。水泥的分类方法是按水泥的使用温度划分，这个时期主要仿苏生产45℃、90℃、120℃、150℃水泥。按照苏联标准生产的油井水泥不能满足石油工业的需要，特别是一些深井、超深井以及海上油气井固井。

美国石油协会（API）的油井水泥规范采用的稠化时间、初始稠度、游离水含量和抗压强度等物理性能技术指标，以及在模拟不同井深的温度和压力条件下的注水泥动态试验方法，与固井施工的实际要求非常接近。所以，生产和使用符合API标准的水泥和采用API实验方法，对促进我国石油工业的技术进步、提高固井质量和社会经济效益具有重要意义。因此，原石油工业部于1980年向原国家建筑材料工业总局发出了"商请安排研制符合API标准油井水泥的函"。建筑材料科学研究院水泥所于1982年至1984年完成了九个级别油井水泥的试验工作，并进行了A级、G级和H级水泥的试制和批量生产任务。但是，由于没有及时、相应地制定出对应 API 油井水泥的技术标准，给生产厂家和用户造成了很大困难。

1984 年 12 月，国家建材局和石油工业部在广州联合召开了"试制、试用 API 标准油井水泥座谈会及标准审议会"，并确定了到 1990 年底完成过渡 API 油井水泥标准体系的预期目标。1988 年底，国家技术监督局正式发布了油井水泥国家标准 GB 10238—1988，并于 1989 年 10 月 1 日起实施。

"七五"期间（1986—1990），我国基本上实现了 API 油井水泥的转化，1992 年底我国使用的 API 油井水泥的数量已占使用水泥数量的 90.44%，1993 年底已实现全部转化，生产的 G 级水泥及 A 级水泥已获得 API 认可和画押商标。我国具有油井水泥生产能力和资质的水泥生产厂家已达十余家。

1997 年 6 月中旬在山东淄川召开的标准修订会议上，去掉了 J 级水泥，并对其他一些地方做了一定的修改。修订的油井水泥国家标准 GB 10238—1998 于 1998 年 10 月 20 日颁布，1999 年 4 月 1 日起实施。2005 年 8 月 30 日再次修订后的油井水泥国家标准 GB 10238—2005 正式发布，并于 2006 年 3 月 1 日起实施，本次修订主要对编写结构及术语定义进行了修改。为了适应油井水泥的生产应用现状，2015 年 9 月 11 日国家质量监督检验检疫总局发布了最新修订的油井水泥国家标准 GB/T 10238—2015，该标准删除了 E 级、F 级两个级别的油井水泥，并对部分实验测试参数进行了修改，该标准于 2016 年 8 月 1 日起实施。

自油井水泥生产应用以来，随着油气勘探开发不断向复杂地层深入，油井水泥往往会遇到超高温、高压、低压易漏、多压力体系等复杂井下环境，这些复杂环境对固井技术及水泥浆性能提出了极大的挑战。为满足油井水泥在复杂井下条件下的应用需求，数十年来，研究人员研制了应用于不同井下环境的油井水泥配套外加剂及外掺料，并以此形成了各种油井水泥浆体系，具体内容将在第五章、第六章进行详细叙述。

课后习题

1. 什么是固井？
2. 简述固井的目的。
3. 固井具有哪些特殊性？

第二章
油井水泥的生产

第一节　API 油井水泥标准

  油井水泥是固井工程不可缺少的胶凝材料，它直接关系到固井质量、油井寿命和油气采收率。其标准是组织工业生产、评定产品质量的基础，因此受到各产油国的普遍关注和重视。美国石油协会的油井水泥规范 API 10A 采用的稠化时间、初始稠度、游离水含量和抗压强度等物理性能技术指标，以及在模拟不同井深的温度和压力条件下的注水泥作业的动态试验方法，与固井施工的实际要求非常接近。所以，采用 API 标准既能正确地评价油井水泥的质量和水泥浆的性能，又能正确地指导注水泥作业，因此，API 油井水泥标准在世界上享有较高的威望，几乎得到所有西方国家的石油开发集团和钻井承包商的认可和采纳。目前承认和采纳 API 标准，同时又被 API 认可的国家有澳大利亚、丹麦、美国、西班牙、印度、英国、加拿大、法国、阿根廷、墨西哥、哥伦比亚、巴西、比利时、德国、爱尔兰、意大利、泰国、厄瓜多尔、日本、挪威、菲律宾、新加坡、阿曼、沙特阿拉伯、黎巴嫩、伊朗和希腊等。我国在 1991 年以前使用的标准基本上是沿用苏联，而后又参照 API 标准制定。API 油井水泥标准的现行版本是 ANSI/API 10A/ISO 10426—1：2009，我国油井水泥标准的现行版本为《油井水泥》（GB/T 10238—2015），为推荐性标准。

  由于注水泥作业的井下条件与建筑工程的地面环境完全不同，为了保证油井水泥的质量和固井施工安全，API 水泥标准还对不同级别水泥的化学成分及矿物组成进行了严格的规定，以适应不同的井深和井下条件。目前 API 标准将油井水泥分为 A、B、C、D、G 和 H 共六个级别。同一级别的油井水泥，根据 C_3A（$3CaO·Al_2O_3$）的含量分为：普通型（O），$w(C_3A)<15\%$；中抗硫酸盐型（MSR），$w(C_3A) \leqslant 8\%$，$w(SO_3) \leqslant 3\%$；高抗硫酸盐型（HSR），$w(C_3A) \leqslant 3\%$，$w(C_4AF)+2w(C_3A) \leqslant 24\%$。我国油井水泥标准制定之初将油井水泥分为 A、B、C、D、E、F、G、H 八个级别，但是自 GB 10238—1988 实施至今，尚未有生产 E 级和 F 级油井水泥的报道。其主要原因是采用 G 级基本油井水泥掺入不同的外加剂对水泥浆性能进行调整，便可满足不同的固井作业要求。国外主要产油国也是以 G、H 油井水泥为基础，利用外加剂技术制备具有综合性能的水泥浆，代替 E 级和 F 级油井水泥进行不同井况的固井施工。因此，我国现行标准 GB/T 10238—2015 参照 API 水泥标准删除了 E 级和 F 级油井水泥。

  各级油井水泥适用于不同的井况。A 级油井水泥只有普通型（O 型）一种，适合无特殊要求的浅层固井作业。在我国的大庆、吉林、辽宁油田用量较大，普遍按照0.46的水灰比配制水泥浆。

B级油井水泥具有中抗硫酸盐（MSR）和高抗硫酸盐（HSR）两种类型，一般适用于需抗硫酸盐的浅层固井作业。国内目前很少生产B级油井水泥，大多数情况下用G级油井水泥代替。

C级油井水泥又被称作早强油井水泥，具有普通型（O）、中抗硫酸盐（MSR）和高抗硫酸盐（HSR）三种类型，一般适用于需早强和抗硫酸盐的浅层固井作业。C级油井水泥作为磨得最细的油井水泥，具有低密度高强度的特性，在浅层油气井的封固方面和低密度水泥浆的配制方面都有较大的优势，只是我国固井在配方设计上倾向于使用G级油井水泥，故而限制了C级油井水泥的生产与使用。

D级油井水泥又被称为缓凝油井水泥，具有中抗硫酸盐（MSR）和高抗硫酸盐（HSR）两种类型，一般应用于中深井和深井的固井作业。D级油井水泥在我国华北油田、中原油田使用较多。由于D级油井水泥需要通过控制特定矿物组成的水泥熟料才能达到相应的指标要求，生产工艺复杂且难度大，因此生产成本较高。D级油井水泥可以通过G级或H级油井水泥加入缓凝剂和其他外加剂达到D级油井水泥的技术性能。而G级和H级油井水泥生产工艺相对简单，所以近些年来D级油井水泥被G级或H级油井水泥代替使用量也在逐渐下降。

G级和H级油井水泥被称为基本油井水泥，有中抗硫酸盐（MSR）和高抗硫酸盐（HSR）两种类型，可以与外加剂以及外掺料混合配制使用，适用于大多数情况下的固井作业，对应水泥浆体系多种多样。G级和H级油井水泥可以与低密度材料（粉煤灰、漂珠、膨润土、硅灰等）配制低密度水泥浆体系，用于低压、易漏地层的封固；与外加剂配成常规密度水泥浆体系，用于常规井的封固；也可与加重材料（重晶石、铁矿粉、锰矿粉等）配成高密度水泥浆体系，用于深井和高压气井的封固。其中G级油井水泥在我国用量最大，生产厂家最多，在我国的各大油田都有广泛的应用。另外，H级油井水泥比G级油井水泥生产时细度控制较粗、比表面积控制较低一些，水灰比为0.38，而G级油井水泥的水灰比为0.44。H级油井水泥更适合配制成高密度水泥浆体系用于高压气井的封固，在我国的塔里木油田使用较多。

API曾建议G级和H级两种基本水泥合成一种基本水泥并称为L级水泥，用水量为42%，介于G和H级水泥之间，物理性能和化学成分也与G级和H级相同。但这一建议未被采纳，原因是在世界不同地区，G级和H级水泥满足大部分用户要求，并有大量的水泥浆数据库。

不同级别和类型的油井水泥化学要求与物理性能要求不同，详细要求见表2-1和表2-2。

表2-1 API标准油井水泥的化学要求

项目		水泥级别					
		A	B	C	D	G	H
普通型（O）	氧化镁（MgO）（最大值），%	6.0	NA	6.0	NA	NA	NA
	三氧化硫（SO_3）（最大值），%	3.5[a]	NA	4.5	NA	NA	NA
	烧失量（最大值），%	3.0	NA	3.0	NA	NA	NA
	不溶物（最大值），%	0.75	NA	0.75	NA	NA	NA
	铝酸三钙 C_3A（最大值），%	NR	NA	15	NA	NA	NA

续表

项目		水泥级别					
		A	B	C	D	G	H
中抗型（MSR）	氧化镁（MgO）（最大值），%	NA	6.0	6.0	6.0	6.0	6.0
	三氧化硫（SO_3）（最大值），%	NA	3.0	3.5	3.0	3.0	3.0
	烧失量（最大值），%	NA	3.0	3.0	3.0	3.0	3.0
	不溶物（最大值），%	NA	0.75	0.75	0.75	0.75	0.75
	硅酸三钙（C_3S）最大量，%	NA	NR	NR	NR	58[b]	58[b]
		NA	NR	NR	NR	48[b]	48[b]
	铝酸三钙（C_3A）（最大值），%	NA	8	8	8	8	8
	以氧化钠（Na_2O）当量表示的总碱量（最大值），%	NA	NR	NR	NR	0.75[c]	0.75[c]
高抗型（HSR）	氧化镁（MgO）（最大值），%	NA	6.0	6.0	6.0	6.0	6.0
	三氧化硫（SO_3）（最大值），%	NA	3.0	3.5	3.0	3.0	3.0
	烧失量（最大值），%	NA	3.0	3.0	3.0	3.0	3.0
	不溶物（最大值），%	NA	0.75	0.75	0.75	0.75	0.75
	硅酸三钙（C_3S）最大量，%	NA	NR	NR	NR	65[b]	65[b]
		NA	NR	NR	NR	48[b]	48[b]
	铝酸三钙（C_3A）（最大值），%	NA	3[b]	3[b]	3[b]	3[b]	3[b]
	铁铝酸四钙（C_4AF）+2倍铝酸三钙（C_3A），%	NA	24[b]	24[b]	24[b]	24[b]	24[b]
	以氧化钠（Na_2O）当量表示的总碱量（最大值），%	NA	NR	NR	NR	0.75[c]	0.75[c]

注：NR 表示不要求，NA 表示不适用。
a 表示当 A 级水泥的铝酸三钙含量 $w(C_3A)$ 为8%或小于8%时，SO_3 最大含量为3%。
b 表示用计算假定化合物表示化学成分范围时，不一定就指氧化物真正或完全以该化合物形式存在。
c 总碱量以 Na_2O 当量表示。

表 2-1 中，当 $w(Al_2O_3)/w(Fe_2O_3) \leq 0.64$ 时，C_3A 含量为零。当 $w(Al_2O_3)/w(Fe_2O_3) > 0.64$ 时，化合物按下式计算：

$$w(C_3A) = 2.65 \times w(Al_2O_3) - 1.69 \times w(Fe_2O_3)$$

$$w(C_4AF) = 3.04 \times w(Fe_2O_3)$$

$$w(C_3S) = 4.07 \times w(CaO) - 7.60 \times w(SiO_2) - 6.72 \times w(Fe_2O_3) - 2.85 \times w(SiO_2)$$

当 $w(Al_2O_3)/w(Fe_2O_3) \leq 0.64$ 时，形成 Fe_2O_3—Al_2O_3—CaO 固溶体（表示为 C_4AF+2C_3A），化合物按下式计算：

$$w(C_3S) = 4.07 \times w(CaO) - 7.60 \times w(SiO_2) - 4.48 \times w(Fe_2O_3) - 2.86w(Fe_2O_3) - 2.85 \times w(SiO_2)$$

总碱量（以 Na_2O 当量表示）应按下式计算：

$$Na_2O \text{ 当量} = 0.658 \times w(K_2O) + w(Na_2O)$$

表 2-2 API 标准油井水泥的物理性能要求

水泥级别			A	B	C	D	G	H
水灰比，%			46	46	56	38	44	38
比表面积（浊度计测定），m²/kg			150	160	220	NR	NR	NR
比表面积（透气仪测定），m²/kg			280	280	400	NR	NR	NR
游离液（最大量），%			NR	NR	NR	NR	5.9	5.9
抗压强度试验养护时间（8h）	温度,℃	压力，MPa	最小抗压强度，MPa					
	38	常压	1.7	1.4	2.1	NR	2.1	2.1
	60	常压	NR	NR	NR	NR	10.3	10.3
	110	20.7	NR	NR	NR	3.4	NR	NR
	143	20.7	NR	NR	NR	NR	NR	NR
	160	20.7	NR	NR	NR	NR	NR	NR
抗压强度试验养护时间（24h）	温度,℃	压力，MPa	最小抗压强度，MPa					
	NA	常压	12.4	10.3	13.8	NR	NR	NR
	77	20.7	NR	NR	NR	6.9	NR	NR
	110	20.7	NR	NR	NR	13.8	NR	NR
	143	20.7	NR	NR	NR	NR	NR	NR
	160	20.7	NR	NR	NR	NR	NR	NR
温度压力下的稠化时间试验	稠化条件	15~30min 搅拌时间的稠度最大值，Bc[c]	稠化时间，min					
	45℃、26.7MPa	30	90[a]	90[a]	90[a]	90[a]	NR	NR
	52℃、35.6MPa	30	NR	NR	NR	NR	90[a]	90[a]
	52℃、35.6MPa	30	NR	NR	NR	NR	120[b]	120[b]
	62℃、51.6MPa	30	NR	NR	NR	100[b]	NR	NR
	97℃、92.3MPa	30	NR	NR	NR	NR	NR	NR
	120℃、111.3MPa	30	NR	NR	NR	NR	NR	NR

注：NR 表明不要求；a 表示最小值；b 表示最大值；c 表示水泥浆的稠度单位用高压稠化仪上测得的稠度单位 Bc（伯登）。

第二节 油井水泥的生产工艺

一、水泥的生产方法

水泥生产过程可简称为"两磨一烧"的工艺过程，即生料粉磨、熟料煅烧和水泥粉磨。其中生料粉磨是将石灰石、硅质原材料与少量铁质校正原料经破碎后按一定的比例配合磨细，并调配成质量均匀的生料。生料在水泥窑内煅烧至部分熔融，得到以硅酸钙为主要成分的水泥熟料，称为熟料的煅烧。对熟料添加适量石膏，有时还添加一部分混合材料或外加剂共同磨细成水泥，称为水泥粉磨。水泥粉磨工艺对生产油井水泥至关重要。即使有了合格的熟料，而没有合理的粉磨工艺与之匹配，同样生产不出质量好的水泥。

水泥的生产方式因生料制备方法不同，可分为湿法、干法和半干法三种。

1. 湿法

湿法生产是原料粉磨时加水制成含水分32%～38%的料浆，在旋窑内烧制水泥熟料。其优点是制备生料时扬尘少，易于调和均匀，有利于提高熟料质量。但由于湿法蒸发多余的水分要耗用大量的能量，所以其热耗比干法要高2000～3000kJ/（kg熟料）。基于节能的需要，湿法生产正逐步被新型干法窑所取代，或改用湿磨干烧新工艺。在我国，目前湿法生产工艺基本被淘汰。

2. 干法

干法生产的特点是生料采用干法粉磨，原料需经干燥设备烘干。配料调和比较困难，扬尘较多，但热耗较低。近代随着生产技术的发展，原料预均化、生料风动搅拌及收尘设备的完善与提高，干法生产已由原始的中空回转窑或带余热锅炉型回转窑发展为立筒预热、旋风预热以及现代先进的窑外分解窑。水泥熟料烧成热耗现已降至2926～3557kJ/（kg熟料），单机能力也有大幅度提高。先进的干法生产是当代水泥工业的发展方向，是水泥工业技术改造、节能挖潜的重要措施，有着广阔的发展前景。

3. 半干法

半干法生产是将干生料加水成球（水分12%～15%）后入窑煅烧。最典型的是20世纪30年代所广为推行的立波尔窑（采用炉算加热机预烧），其特点介于干法生产和湿法生产之间，主要优点是单机产量较高而热耗比湿法低。

4. 立窑生产

立窑也属于半干法生产，由于立窑适合中国国情且具有比回转窑特殊的优点，所以在我国获得了广泛的应用，至今在我国水泥工业中有着相当重要的地位。立窑生产的优点是：(1) 与回转窑相比基建投资少，占地面积小，金属耗量低，易于建设，有利于利用地方有限的财力、物力发展水泥生产。(2) 能利用就近的廉价劣质燃料，在交通不便的边远地区，就地生产，就地使用。(3) 热效率高，能源消耗低。因此对于年产规模在20万吨以下的地方水泥企业，立窑是一种比较经济实用的煅烧设备。

立窑的生产工艺可分为白生料工艺、半黑生料工艺（包括中料全黑生料）、全黑生料工艺等，在生产上用得最多的是半黑生料和全黑生料工艺。

白生料工艺是煅烧所用的煤不与生料共同粉磨，全部在成球前经配煤系统按一定的比例与生料配合，混合成球后入窑；半黑生料工艺（包括中料全黑生料）是将煅烧所用的煤，一部分与原料一起入磨，另一部分经配煤系统配入。先进的计算机控制煤料跟踪系统，使这种工艺更趋完善。在采用白生料或半黑生料工艺的基础上，根据立窑煅烧时边部与中部热损失的差异，发展了边部配热高、中部配热低的差热煅烧工艺，对降低熟料热耗、提高熟料质量有一定的作用。全黑生料工艺是将烧成用煤全部与原料一起入磨，使煤粉均匀地分布在生料中。在此基础上，为了减少全黑生料煅烧时一氧化碳的热损失，发展了包壳料球工艺，即在全黑生料球的表面再包一层白生料。

二、油井水泥生产工艺流程

油井水泥的生产工艺流程可分为原料混配、粉磨、熟料煅烧、冷却、熟料研磨五个单元。

原料混配：为保证入窑生料质量均匀且具有适当的化学组成，除应严格控制原料、燃料的化学成分，进行精确的配料外，通常出磨生料均在生料库内进行调配并搅拌均化。当干法生产的原料较复杂时，原料在入磨前，也可以在预均化堆场预先进行均化。

粉磨：干法生料粉磨采用开路或闭路系统用球磨机粉磨，或用烘干兼粉磨系统等各种方法。目前也有企业采用辊压磨生产生料的工艺方法。湿法生产时，则多采用球磨系统或棒球磨系统粉磨。

熟料煅烧：可以采用立窑和回转窑。立窑适用于规模较小的工厂，而大、中型厂则宜采用回转窑。回转窑分为干法窑、立波尔窑、湿法窑。湿法窑根据热交换器装置在窑内或窑外，又可分为湿法长窑、带料浆过滤预热器的回转窑、带料浆蒸发机与带料浆喷雾装置的短窑，其中以湿法长窑使用较为广泛；而料浆过滤机配以立波尔窑、悬浮预热器窑、窑外分解窑以及长回转窑，作为湿磨干烧的主要设备，是改造湿法回转窑工厂的重要途径。立波尔窑原装有回转炉篦子加热机，可以半干法生产，也可以半湿法生产。当前由于立波尔窑熟料热耗可以降低至 3350kJ/（kg 熟料）左右，因此新建立波尔窑工厂和改造湿法窑厂为湿磨干烧也是可取的。干法窑又分为干法长窑、带余热锅炉窑、带悬浮预热器窑和窑外分解窑。后两种特别是窑外分解窑在目前得到越来越广泛的应用。

冷却：冷却机冷却熟料后产生的高温气体，一部分作为二次风直接入窑帮助窑头煤粉燃烧；另一部分经三次风管输送到窑尾分解炉帮助煤粉燃烧；多余的气体供煤粉烘干或经排气收尘系统排出。

熟料研磨：通常在钢球磨机中进行，可以采用开路或闭路粉磨系统。粉磨硅酸盐水泥时，应加入少量石膏作调凝剂。视所生产的水泥品种和标号不同，可以掺入不同种类和数量的混合材料。

出磨水泥通常应在水泥库中储存，所以应按照 GB/T 10238—2015 进行必要的分析和检验，以保证出厂水泥质量合格。

目前世界上生产油井水泥主要采用回转窑进行。窑筒体呈卧置（略带斜度 1.5%~4%），并能做回转运动的称为回转窑（也称旋窑）。

自 20 世纪 70 年代预分解技术投入实际应用以来，以"预分解技术"为主要代表的新型干法水泥生产技术得到了广泛的推广应用。其生产流程见图 2-1。

油井水泥的产量随着各油田用量的增加而增加。据粗略统计，我国油井水泥的年用量在 80 万吨左右，而且以 G 级居多。油井水泥虽然分为 6 个级别，但在生产工艺上大体相同，主要的生产工艺是采用"干法旋窑"（见表 2-3），该方法能耗低、产量高，有利于油井水泥质量稳定，能够满足油井水泥高性能指标的要求。而且随着我国水泥工业的发展，"新型干法旋窑"的水泥生产工艺已经成为当今水泥生产的主流，油井水泥的生产也向"新型干法旋窑"、智能化工艺生产进行全面转化。如尧柏特种水泥集团有限公司采取 5000t/d 新型干法分解窑、智能化生产线成功生产油井水泥。

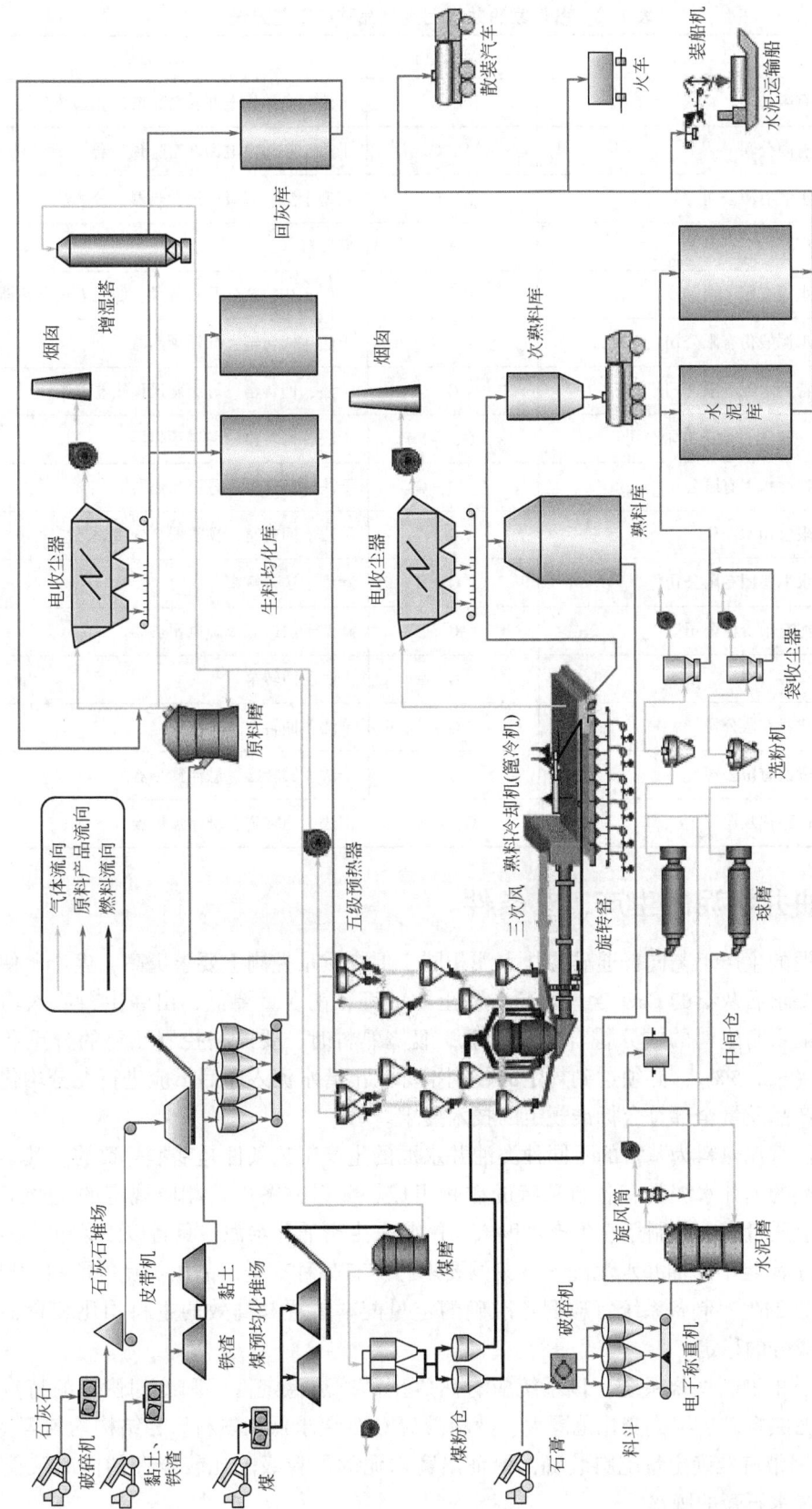

图 2-1 新型干法水泥生产流程

表 2-3　各厂家油井水泥生产品种和工艺方法

厂名	水泥级别	工艺方法
抚顺水泥股份有限公司	A，G	干法、余热发电回转窑、液态化预热分解炉
大连水泥集团有限公司	A，G	干法、余热发电回转窑、预热器
吉林亚泰松源水泥有限公司	A，G	新型干法、五级旋风预热器、分解炉
吉化集团水泥厂	A	回转窑
淄博中昌特种水泥有限公司	D，G	新型干法、窑外分解技术、四级立筒预热器
山东华银特种水泥股份有限公司	A，G	干法、回转窑、悬浮预热器
山东临朐胜潍特种水泥有限公司	G	干法、回转窑、五级旋风预热器
四川嘉华企业（集团）股份有限公司	A，D，G，H	干法、回转窑、悬浮预热器
四川夹江规矩特性水泥有限公司	A，D，G	干法、回转窑、悬浮预热器
葛洲坝股份有限公司水泥厂	G	干法、回转窑、预热器、分解炉
陕西尧柏特种水泥集团有限公司	A，G，H	新型干法分解窑
甘肃九连山水泥有限责任公司	G	新型干法、五级旋风预热器
宁夏大荣建材有限公司	G	干法、回转窑
宁夏瀛海集团建材有限公司	G	干法、回转窑
新疆天山水泥股份有限公司	G	干法、回转窑、悬浮预热器
新疆阿克苏青松建化水泥厂	G，H	干法、回转窑、悬浮预热器

三、油井水泥的生产工艺条件

油井水泥的生产工艺同普通硅酸盐水泥相同，但在质量控制上要求更高，生产所使用的原材料中，要求石灰石的 CaO 含量要高，黏土中的钾、钠含量要低，出磨生料应入均化库均化，以保证入窑生料的成分符合规定要求；煅烧熟料时，要严格控制熟料的升重和游离 CaO 的含量（≤1.5%），必须达到规定的控制指标；出磨水泥入库后，应进行充分均化，以保证出厂的产品质量全部符合标准规定的技术要求。

以硅酸盐水泥熟料为基材的不同种类油井水泥的生产工艺条件是基本一致的。其不同点在于不同种类的油井水泥具有各自独特的矿物组成、配料方案以及相应规定的生产工艺参数，而且要求质量高、控制严、生产难度大。因此，生产油井水泥应具备以下条件：

（1）为了满足不同油井水泥配料方案的要求，应有品种齐全、品质优良的原料和燃料。

（2）完善的生料制备系统，应配备准确的定量配料装置和高效的生料均化装置，以确保入窑生料成分的稳定。

（3）完善的熟料煅烧系统，该系统应有热效率高、热稳定性好和冷却快速的特点，以适应油井水泥熟料矿物组成变化范围大、熟料游离 CaO 要求低和熟料岩相结构均匀等特征。

（4）采用带有准确定量配料装置，保证出磨水泥的颗粒级配比较合理的同时又能减轻成品水泥中二水石膏的脱水。

（5）水泥入库后应进行充分的均化，以确保成品水泥化学成分和物理性能的均匀稳定。

第三节　油井水泥熟料的组成

油井水泥以硅酸盐水泥熟料为基本材料。不同种类的油井水泥，其矿物组成和配料方案不同。熟料是水泥的主要成分，水泥的质量基本上取决于熟料的质量。因此，在生产中控制熟料的化学成分，使熟料具有适宜的矿物组成和岩相结构，是控制水泥质量技术的关键。

一、熟料的化学组成

硅酸盐水泥熟料主要由氧化钙（CaO）、二氧化硅（SiO_2）、三氧化二铝（Al_2O_3）、三氧化二铁（Fe_2O_3）四种氧化物组成，约占95%。同时，熟料中含有约5%的其他氧化物，如氧化镁（MgO）、硫酐（SO_3）、二氧化钛（TiO_2）、五氧化二磷（P_2O_5）以及碱（K_2O 和 Na_2O）等。

硅酸盐水泥熟料中，主要氧化物含量的常见波动范围分别为：$w(CaO)$, 62%~67%；$w(SiO_2)$, 20%~24%；$w(Al_2O_3)$, 4%~7%；$w(Fe_2O_3)$, 2.5%~6.0%。

由于水泥品种、原料成分以及工艺过程的不同，主要氧化物的含量可能不在上述范围内。例如，白色硅酸盐水泥熟料中 Fe_2O_3 的含量小于0.5%，而 SiO_2 则高于24%，甚至可达27%。

为了满足油气井固井对水泥的特殊要求，抗硫酸盐油井水泥的化学组分与建筑水泥有一定差异，见表2-4。

表2-4　油井水泥与建筑水泥化学组分对比

化学组分	油井水泥	建筑水泥
$w(C_3S)$, %	≤64	≥50
$w(C_3A)$, %	中抗硫低于8%，高抗硫低于3%	5~8
$w(C_4AF)+w(C_3A)$, %	<24	没有特殊要求
$w(MgO)$, %	<6	≤6
$w(SO_3)$, %	<3	<2.5
烧失量, %	<3	<3
总碱量, %	<0.75	<0.75

1. 氧化钙

氧化钙（CaO）是水泥熟料中最主要的成分，含量最多，最高可达到65%。它与酸性氧化物 SiO_2、Al_2O_3、Fe_2O_3 反应主要生成 C_3S、C_2S、C_3A 和 C_4AF。通常，增加 CaO 含量能增加 C_3S 含量，从而提高水泥的强度。不同级别的油井水泥，其 CaO 含量不同，一般来说，用于浅井的油井水泥熟料中 CaO 含量高，用于深井的油井水泥熟料中 CaO 含量低。

2. 二氧化硅

二氧化硅（SiO_2）在水泥熟料中的含量仅次于 CaO，它与 CaO 在高温下能化合生成 C_3S 和 C_2S，这两种硅酸盐矿物对水泥强度影响很大。

当熟料中 CaO 含量一定时，SiO_2 含量越高，生成的 C_2S 的数量就越多，而 C_3S 量则相应减少。SiO_2 高时，就相应减少了 Al_2O_3 和 Fe_2O_3 的含量，则易熔矿物减少，不利于 C_3S 的形成，导致水泥熟料易烧性不好。反之，SiO_2 过少，料子过软，使回转窑烧成带液相量过多，则易引起结大块和结圈。

3. 氧化铝

氧化铝（Al_2O_3）在高温下与 CaO、Fe_2O_3 反应生成 C_3A 和 C_4AF 并熔融为液相，促使 C_3S 的生成。当水泥中 Al_2O_3 数量增多时，C_3A 含量增大，水泥抗硫酸盐腐蚀性能变差。油井水泥中，尤其是抗硫酸盐油井水泥中，要严格控制 C_3A 的含量。

4. 氧化铁

氧化铁（Fe_2O_3）能与 CaO 和 Al_2O_3 反应生成 C_4AF，属于易熔成分，并且液相黏度低（与 C_3A 相反），在煅烧时能降低熟料烧成温度、加速 C_3S 的形成，但若其含量过高，则易结成大块，损伤窑皮，因此煅烧困难。

5. 其他微量氧化物对水泥性能的影响

1）氧化镁（MgO）

氧化镁主要由石灰石原料带入。经高温煅烧后，MgO 形成立方晶体的方镁石，它的水化速度极慢，水化过程可长达几年之久。MgO 在硬化后的水泥石里由于体积膨胀而形成张应力，因此，过高的 MgO 含量会引起水泥石破坏。生产油井水泥时少量的 MgO 能降低出现液相的温度和黏度，有利于水泥熟料的烧成，油井水泥中 MgO 含量要控制为低于 6%。

2）硫酐（SO_3）

水泥熟料中 SO_3 含量一般在 0.1%~0.5% 之间波动，这仅是生料中 SO_3 含量的一半左右，其他一半的量一部分在废气中跑掉，一部分与 K_2O、Na_2O 生成硫酸盐收集到窑灰中。一般来说，在 MgO 含量正常的情况下，在烧成带，硫酐的存在对 C_3S 的生成有利。含有少量 SO_3 的熟料冷却时能防止 β-C_2S 的晶型转变。因此，在生产以 C_2S 为主的深井油井水泥时，可加入 1%~2% 的石膏作为 β-C_2S 的稳定剂。但是硫酐的挥发和再度与碱金属或碱土金属生成盐类，易使窑内结圈或者使悬浮预热器结垢，对熟料的生产不利。

3）碱（K_2O、Na_2O）

在水泥熟料中碱质含量以 Na_2O 当量表示，Na_2O 当量 = $0.658w(K_2O)+w(Na_2O)$。熟料中的碱质来源于黏土中的长石和云母，燃料煤也带入一些碱。适量的碱可促进 C_2S 水化，但碱含量高时，影响油井水泥的流变性能，会使水泥速凝，造成硬化不正常。

4）游离氧化物

游离氧化物主要指熟料里未经化合、形成矿物组分的 CaO 和 SiO_2，游离氧化钙、游离氧化硅的增高说明烧结不完全（欠烧）或者生料配比有问题。

（1）游离氧化钙。

生料配比不合适，比如 CaO 过多，或者铝、铁等易熔氧化物含量过低，或者回转窑热工操作不当，如烧成带温度低（欠烧）或喂料过多来不及反应等，都会导致 CaO 在烧

成带未被 C_2S 完全吸收的现象。这种经过高温煅烧而未被 C_2S 吸收的 CaO，称为游离氧化钙（f-CaO）。

这种经过高温燃烧的 f-CaO 成死烧状态，水化速度很慢，在水泥硬化后遇水生成的氢氧化钙固体体积增长很大，使硬化了的水泥石胀裂，这就是游离氧化钙导致水泥安定性不良的原因。因此，工厂在熟料生产中对 f-CaO 的含量控制很严，通常每两小时检测一次，控制 f-CaO 含量小于 1%。油井水泥生产中也对 f-CaO 的含量控制得很严，要求控制在 0.5% 以下。

上述 f-CaO 的形成和危害已被人们所重视，还有一种游离钙，它的形成是在熟料烧成以后，甚至是在磨成水泥后存放而形成。通常厂家提供的水泥化学成分检验单上的熟料 f-CaO 不包括这种后形成的游离钙，因此当水泥质量发生问题时，这种游离钙的影响往往被人忽视。其成因如下：

如果回转窑烧成还原气氛（即一、二次风量不够），则可使部分 Fe_2O_3 还原成 FeO。这种高温下的 FeO 可以挤进 C_3S 的晶格而使 C_3S 晶格畸变，熟料急冷后，这种畸变基本保存下来，在后来的水泥储存中，FeO 慢慢地占据 CaO 的位置，而将一个 CaO"挤出"晶格。这个被"挤出"的 CaO 就是一种后生成的 f-CaO，它具有 f-CaO 的死烧特性，从而危及水泥使用的安定性和流变性质。此外，FeO 会使烧成带液相过早出现而结大块或结圈，使窑内烧结环境恶化。所以保持回转窑内的氧化气氛是极其重要的。

（2）游离氧化硅。

水泥化学分析检验报告中的酸不溶物即游离氧化硅，是由于黏土中携带的结晶石英在煅烧炉中没有反应所致。有的研究资料表明油井水泥生产中控制熟料酸不溶物含量应小于 0.3%。

二、熟料的矿物组成

在水泥熟料中，CaO、SiO_2、Al_2O_3 和 Fe_2O_3 不是以单独的氧化物存在，而是经高温煅烧后，以两种或两种以上的氧化物反应生成的多种矿物集合体形式存在，其结晶细小，通常为 30~60μm。因此，水泥熟料是一种多矿物组成的结晶细小的人造岩石。

在硅酸盐水泥熟料中主要形成四种矿物：

硅酸三钙，$3CaO \cdot SiO_2$，可简写为 C_3S；

硅酸二钙，$2CaO \cdot SiO_2$，可简写为 C_2S；

铝酸三钙，$3CaO \cdot Al_2O_3$，可简写为 C_3A；

铁相固溶体，通常以 $4CaO \cdot Al_2O_3 \cdot Fe_2O_3$ 作为代表式，可简写为 C_4AF。

C_3S 和 C_2S 的含量共占 75% 左右，统称为硅酸盐矿物；C_3A 和 C_4AF 含量占 22% 左右。在煅烧过程中，后两种矿物与 MgO、碱等，在 1250~1280℃ 开始（前移），逐渐熔融成液相，促进了 C_3S 的顺利形成，故称为溶剂矿物。

另外，还有少量的游离氧化钙（f-CaO）、方镁石（结晶氧化镁）、含碱矿物以及玻璃体等。

1. 硅酸三钙

硅酸三钙主要由 C_2S 和 CaO 反应生成。它是硅酸盐水泥熟料的主要矿物，其含量通常为50%左右,有时甚至高达60%以上。纯C_3S只在1250~2065℃范围内稳定,在2065℃以上熔融为CaO与液相,在1250℃以下分解为C_2S和CaO。实际上C_3S的分解反应进行比较缓慢,致使纯C_3S在室温下可以呈介稳状态。随着温度的降低,C_3S在不同温度下的多晶转变如下:

$$R \xrightleftharpoons{1070℃} M_{\text{III}} \xrightleftharpoons{1060℃} M_{\text{II}} \xrightleftharpoons{990℃} M_{\text{I}} \xrightleftharpoons{980℃} T_{\text{III}} \xrightleftharpoons{920℃} T_{\text{II}} \xrightleftharpoons{620℃} T_{\text{I}}$$

由上可知,C_3S有分属于三个晶系的七种变型,即三方晶系的R型、单斜晶系的M_{I}、M_{II}、M_{III}型和三斜晶系的T_{I}、T_{II}、T_{III}型。

在硅酸盐水泥熟料中,C_3S不以纯净的形式存在,总与少量的其他氧化物,如MgO、Al_2O_3等形成固溶体,称为阿利特(Alite)或A矿。

电子探针分析表明,在阿利特中除含有MgO和Al_2O_3外,还含有少量的Fe_2O_3、K_2O、Na_2O、TiO_2、P_2O_5等,但其成分仍然接近于纯C_3S。

C_3S加水调和后,凝结时间正常。它水化速率较快,粒径为40~45μm的C_3S颗粒加水后28天,可以水化70%左右。所以C_3S强度发展比较快,早期强度较高,且强度增进率较大,28天强度可以达到它一年强度的70%~80%。就28天或一年的强度来说,在四种矿物中C_3S最高。

C_3S含少量其他氧化物形成固溶体阿利特,将影响它的反应能力和晶型。如加0.3%~0.5%BaO或P_2O_5,将增加水泥的强度;还发现含4%C_3A的阿利特与水的反应比纯C_3S快得多;阿利特中含1%Al_2O_3以及等当量的MgO,比纯C_3S早期强度高得多。其他元素呈固溶体存在时,也会改变C_3S的晶型;由于固溶体在晶格中产生的变位、应变和扭曲,一般会增加其反应能力。

另外,阿利特晶体尺寸和发育程度会影响其反应能力。当烧成温度高时,阿利特晶形完整、晶体尺寸适中、几何轴比大(晶体长度与宽度之比$L/B ≥ 2~3$),矿物分布均匀,界面清晰,熟料的强度较高。当使用矿化剂或用急剧升温等新的煅烧方法低温烧成时,虽然很多阿利特晶体比较细小,但发育完善、分布均匀,熟料强度也很高。综上所述,适当提高熟料中C_3S含量,且其岩相结构良好时,可以获得高质量的熟料。但C_3S水化热较高,抗水性较差,如要求水泥的水化热低、抗水性较好时,则熟料中C_3S含量要适当低一些。

熟料形成时,C_3S是四种矿物中最后生成的。通常在高温下,CaO和SiO_2首先反应生成C_2S,然后CaO和C_2S反应生成C_3S,其反应式如下:

$$2CaO + SiO_2 \longrightarrow 2CaO \cdot SiO_2 \tag{2-1}$$

$$2CaO \cdot SiO_2 + SiO_2 \longrightarrow 3CaO \cdot SiO_2 \tag{2-2}$$

如无液相存在,在$CaO \cdot SiO_2$二元系统中,以固相反应合成C_3S单矿物时,在1800℃下只要几分钟就能迅速形成;在1650℃下加热1h,C_3S基本形成,游离CaO为1%左右;1450℃下加热1h,则只有少量C_3S晶体生成,而大部分是C_2S和CaO。因此,C_3S单矿物在1450℃合成时,需要多次重复粉磨再煅烧,但如有足够的溶剂(液相)存在时,于1250~1450℃时,就可使C_2S在液相中吸收CaO,比较迅速地形成C_3S。因此,熟料中C_3S含量过高时,往往会给煅烧带来困难,并且会使熟料中游离CaO含量升高,进而导致水泥石强度降低,甚至影响水泥的安定性(图2-2)。

图 2-2 水泥熟料岩相照片

黑色棱柱状颗粒为C_3S

2. 硅酸二钙

C_2S 由 CaO 与 SiO_2 反应生成,在熟料中的含量一般为 20% 左右,是硅酸盐水泥熟料的主要矿物之一。纯 C_2S 在 1450℃ 以下,进行多晶转变。

由于水泥熟料中含少量的 Al_2O_3、Fe_2O_3、K_2O、Na_2O、TiO_2、P_2O_5 等,使 C_2S 也形成固溶体。根据 C_2S 固溶体中固溶的氧化物的种类与数量以及冷却开始的温度与速率,可以保留不同的高温变形。在烧成温度较高、冷却速度较快时,通常均可保留 β 型。这种固溶有少量氧化物的 C_2S 称为贝利特(Belite),简称 B 矿。

当 C_2S 中溶有少量 As_2O_5、V_2O_5、Cr_2O_3、BaO、SrO、P_2O_5 等氧化物时,可以提高 C_2S 的水硬活性。但采用不同氧化物时,强度发展有显著差别。

纯 C_2S 在加热或冷却时易发生多种晶型转变,C_2S 有四种晶型,即 α 型、α′ 型、β 型、γ 型。实际生产的熟料是以 β 型 C_2S 存在。在这四种晶型中 α 型和 α′ 型 C_2S 没有水硬性。在煅烧过程中,熟料中的 C_2S 是 β 型或 γ 型。纯 C_2S 在加热或冷却时发生的多种晶型转变如下:

$$C_2S \xrightleftharpoons[2100℃]{2130℃} \alpha\text{-}C_2S \xrightleftharpoons[1425℃]{1447℃} \alpha'\text{-}C_2S \begin{array}{c} \xrightarrow{780\sim830℃} \gamma\text{-}C_2S \\ \xrightarrow{670℃} \beta\text{-}C_2S \xleftarrow{525℃} \end{array}$$

由上可知,除了稳定剂的影响以外,在立窑中煅烧时,由于煅烧温度较低,液相不足,C_2S 含量过多,冷却较慢。有时,因通风不良,还原气氛严重,C_2S 在低于 500℃ 下,容易由密度 3.28g/cm³ 的 β 型转变为密度 2.97g/cm³ 的 γ 型,体积膨胀 10%,从而导致熟料粉化。但液相较多时,可使溶剂矿物形成玻璃体,将 β 型 C_2S 晶体包住,在迅速冷却的条件下,使其越过 β-γ 的转变温度而保留住 β 型。熟料的粉化产物,视转变的程度,主要为不同比例的 β 型和 γ 型的 C_2S 的混合物,甚至大部分转化为 γ 型,因而水泥强度较低(图 2-3)。

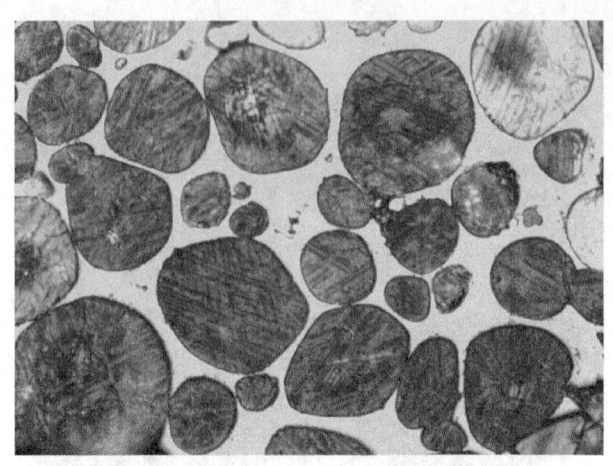

图 2-3 C₂S 岩相照片

黑白双晶条纹的圆形颗粒为 C_2S

贝利特水化较慢，至 28 天龄期仅水化 20%左右。凝结硬化缓慢，早期强度较低。但 28 天以后，强度仍能较快增长。1 年后，可以接近阿利特，如表 2-5 所示。

表 2-5 阿利特和贝利特的抗压强度　　　　　　　　　　　单位：MPa

矿物 \ 龄期	1天	3天	7天	28天	90天	180天	1年	2年
阿利特	10.01	19.33	41.12	49.07	49.07	67.02	71.15	78.02
贝利特	0	0.39	0.98	6.28	35.62	52.21	70.85	99.12

增加粉磨比表面积，可以明显增加贝利特的早期强度。低温煅烧的硫铝酸盐系列水泥中，贝利特的水化硬化速度大大加快，它不但提供水泥的后期强度，对早期强度也有促进作用。当 $CaCl_2$ 作溶剂时，所得贝利特比一般硅酸盐水泥熟料中的水化速度大两倍，强度高一倍。

贝利特水化热较小，抗水性较好，因此对大体积工程或对于侵蚀性大的工程用水泥，适当提高贝利特含量是有利的。

3. 中间相

填充在阿利特、贝利特之间的铝酸盐、铁酸盐、组成成分不定的玻璃体和含碱化合物等统称为中间相。游离 CaO、方镁石虽然有时会呈包裹体形式存在于阿利特、贝利特中，但通常分布在中间相里。中间相在熟料煅烧过程中，开始熔融成液相；冷却时，部分液相结晶，部分液相来不及结晶而凝结成玻璃体。

1) 铝酸钙

熟料中的铝酸钙主要是铝酸三钙（C_3A），有时还可能有七铝酸十二钙（$C_{12}A_7$）。纯 C_3A 属等轴晶系，C_3A 中也可固溶部分其他氧化物。

C_3A 水化迅速，放热多，凝结很快，如不加石膏等调凝剂，易使水泥急凝。C_3A 硬化也很快，它的强度在 3 天内就大部分发挥出来，故早期强度较高，但绝对值不高，水化后期强度几乎不再增长，甚至可能产生倒缩。C_3A 的干缩变形大，抗硫酸盐性能差。当制造抗硫酸盐水泥或大体积工程用水泥时，C_3A含量应控制在较低范围内。

2) 铁相固溶体

熟料中含铁相比较复杂，其化学组成为一系列连续固溶体，通常称为铁相固溶体。在一般硅酸盐水泥熟料中，其成分接近于铁铝酸四钙（C_4AF），所以常用C_4AF来代表熟料中的铁相固溶体。

C_4AF又称才利特（Celite）或C矿，属斜方晶系，常呈棱柱状和圆粒状晶体，密度为$3.77g/cm^3$。

C_4AF的水化速度在早期介于C_3A与C_3S之间，但随后的发展不如C_3S。它的早期强度类似于C_3A，但后期还能不断增长，类似于C_2S。才利特的抗冲击性能和抗硫酸盐性能较好，水化热较C_3A低。在制造抗硫酸盐水泥或大体积工程用水泥时，适当提高才利特的含量是有利的。

C_4AF和C_3A在煅烧过程中熔融成液相，可以促进C_3S的顺利形成，这是它们的一个重要作用。如果物料中溶剂矿物过少，易生烧，CaO不易被完全吸收，导致熟料中游离CaO增加，影响熟料质量，降低窑的产量，增加燃料消耗。如果溶剂矿物过多，在立窑内易结成大块的结炉瘤；在回转窑内易结大块，甚至结圈等。液相的黏度，随C_3A/C_4AF比值变化而变化。C_4AF多，液相黏度低，有利于液相中离子的扩散，促进C_3S的形成；但C_4AF过多，易使烧结范围变窄，不利于窑的操作。

3) 玻璃体

在硅酸盐水泥熟料煅烧过程中，熔融液相如能在平衡条件下冷却，则可全部结晶析出而不存在玻璃体。但在工厂中，熟料通常冷却较快，有部分液相来不及结晶就成为玻璃体。玻璃体的主要成分为Al_2O_3、Fe_2O_3、CaO，也有少量的MgO和碱（K_2O和Na_2O）等。

由于硅酸盐水泥熟料是多矿物集合体，熟料的强度主要决定于四个单矿物的强度，但并不是四种单矿物强度的简单加和。有的矿物相互之间有一定的促进作用。C_3A的强度较低，但与C_3S混合后，在C_3A含量为15%，C_3S含量为85%时，它的混合体的3天强度比C_3S还要高；但超过一定数量后，随C_3A的增加，混合体强度显著下降。C_4AF和C_3S混合时，当C_4AF含量为5%，C_3S含量为95%时，也有类似的规律性。C_3S和C_2S的混合体，其强度随C_2S量的增加而降低。直接合成的多矿物熟料也有类似的规律性。

4) 游离氧化钙和方镁石

游离CaO对水泥安定性的影响前面已经做了详细描述，这里重点讲解另外一种游离氧化物——方镁石。方镁石为游离状态的MgO晶体。熟料煅烧时，MgO中的一部分可和熟料矿物结合成固溶体而溶于液相中。因此，当熟料含有少量MgO时，能降低熟料液相的生成温度，增加液相数量，降低液相黏度，有利于熟料形成，还能改善熟料色泽。在硅酸盐水泥熟料（图2-4）中，MgO的固溶总量可达2%，多余的MgO即结晶出来呈游离状态的方镁石。由于游离MgO一般成堆状分布，形状不规则，并且其含量较少，一般无法在岩相照片中观察到其存在。

方镁石结晶大小随冷却速度不同而变化，快冷时结晶细小。方镁石的水化比游离CaO更为缓慢，要几个月甚至几年才明显水化。水化生成$Mg(OH)_2$时，体积膨胀148%，也会导致水泥安定性不良。方镁石膨胀的严重程度与其含量、晶体尺寸等都有关系。方镁石晶体直径小于1μm、含量为5%时，只引起轻微膨胀；方镁石晶体直径为5~7μm、含量为3%时，就会严重膨胀。为此，国家标准规定，熟料中MgO含量应小于5%。但如果水泥经压蒸、安定性实验合格，熟料中MgO的含量可允许达到6%，但应采取快速冷却、掺混合材料等措施，以缓和膨胀的影响。

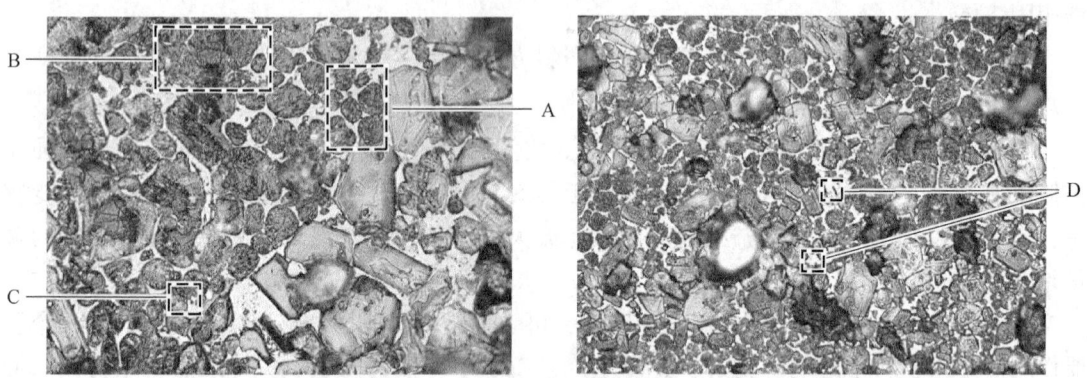

图2-4 水泥熟料岩相照片
A—A矿（C_3S）；B—B矿（C_2S）；C—铁相和铝相固溶体；D—孔洞

综上所述，从硅酸盐水泥熟料的化学组成来看，其CaO含量的低限大约为62%（以免熟料中C_2S过多）。过低的CaO含量，会降低水泥的胶凝性，增加C_2S由β型向γ型的转化，导致粉化。CaO含量的高限可达67%，此时要求几乎全部的酸性氧化物（SiO_2、Al_2O_3、Fe_2O_3）与石灰反应生成C_3A、C_4AF和C_3S（几乎没有C_2S），以避免反应不完全而增加游离CaO。

Al_2O_3和Fe_2O_3的含量太少时，由于要求较高的煅烧温度，因而增加煅烧能耗，不经济。Al_2O_3含量太高时，液相黏度太大，不利于熟料的形成；同时，此种熟料水化时，凝结非常迅速而难以控制。当C_3A含量大约高于15%时，有时加石膏也不足以控制规定的凝结时间。C_4AF不像C_3A那样引起急凝，故有时Fe_2O_3多一些是允许的。当然，Fe_2O_3过多，易使窑内结大块，甚至结圈，操作不易控制。生产硅酸盐水泥时，一般倾向于CaO含量稍高一些，使熟料中含有较多的C_3S。

因此，熟料的成分必须合适，应控制在硅酸盐水泥熟料的范围内。否则，在熟料的矿物组成中就可能出现其他矿物，如C_2AS、$C_{12}A_7$等。

三、熟料的率值

水泥熟料是一种多矿物集合体，而这些矿物又是由四种主要氧化物化合而成的。因此，在生产控制中，不仅要控制熟料中各氧化物的含量，还应控制各氧化物之间的比例即率值。率值可以比较方便地表示化学成分和矿物组成之间的关系，明确地表示对水泥熟料的性能和煅烧的影响。因此，在生产中，用率值作为生产控制的一种主要指标。我国水泥生产企业大多数采用石灰饱和系数（KH）、硅率（n或SM）和铝率（p或IM）三个率值进行生产控制。

1. 石灰饱和系数

石灰饱和系数（KH）一般简称为饱和比，是水泥生产控制中最重要的一个率值。它表示水泥熟料中的 CaO 总量减去饱和酸性氧化物（Al_2O_3、Fe_2O_3、SO_3）所需的 CaO 后，剩下的与 SiO_2 化合的 CaO 的含量与理论上 SiO_2 与 CaO 化合全部生成 C_3S 所需要的 CaO 含量的比值。简而言之，饱和比 KH 表示熟料中 SiO_2 被 CaO 饱和生成 C_3S 的程度。

多年水泥生产实践和研究结果表明：水泥生料在煅烧过程中，CaO 首先为酸性氧化物 Al_2O_3、Fe_2O_3、SO_3 所饱和而生成 C_3A、C_4AF 等熔剂矿物，剩下的再与 SiO_2 结合生成硅酸盐矿物。SiO_2 虽然也是酸性氧化物，它却有可能不被 CaO 所饱和而全部生成 C_3S，而是还生成部分 C_2S。生成的 C_3S 和 C_2S 的比例，与生产工艺条件包括煅烧条件紧密相连。饱和比的表达式如下：

$$KH=\frac{w(CaO)-w(f\text{-}CaO)-1.65w(Al_2O_3)-0.35w(Fe_2O_3)-0.7w(SO_3)}{2.8w(SiO_2)-w(f\text{-}SiO_2)} \quad (2\text{-}3)$$

从理论上讲，当 $KH=1.00$ 时，熟料矿物只有 C_3S、C_3A、C_4AF，而无 C_2S；当 $KH>1.00$ 时，无论生产工艺条件多完善，总有游离 CaO 存在；当 $KH=0.67$ 时，熟料矿物只有 C_3A、C_4AF、C_2S 而无 C_3S。因此，KH 应控制在 $0.67\sim1.00$ 之间，这样应无 f-CaO 存在。但在实际生产中，由于被煅烧物料的性质、煅烧温度、液相量、液相黏度等因素的限制，理论计算和实际情况并不完全一致。因此，KH 一般控制在 $0.87\sim0.96$ 之间。KH 过高，工艺条件难以满足需要，f-CaO 含量会明显增加，熟料质量反而下降；KH 过低，C_3S 过少，熟料质量也会很差。

当 f-CaO、f-SiO_2 和 SO_3 数值很小时，饱和比表示式可改为

$$KH=\frac{w(CaO)-1.65w(Al_2O_3)-0.35w(Fe_2O_3)}{2.8w(SiO_2)} \quad (2\text{-}4)$$

可简写为

$$KH=\frac{w(C)-1.65w(A)-0.35w(F)}{2.8w(S)} \quad (2\text{-}5)$$

当熟料中 Al_2O_3 含量较少，而 Fe_2O_3 含量较多，即 $w(Al_2O_3)/w(Fe_2O_3)<0.64$ 时，

$$KH=\frac{w(C)-1.10w(A)-0.7w(F)}{2.8w(S)} \quad (2\text{-}6)$$

一般而言，熟料 KH 高，C_3S 含量就多，C_2S 含量就少，烧成比较困难，但水泥强度高；而 KH 低，则 C_3S 含量少，而 C_2S 含量较多，虽说所需烧成温度较低，但水泥水化较慢，早期强度偏低。

2. 硅率和铝率

硅率，又称硅酸率，以 n 或 SM 表示。铝率，又称铁率或铝氧率，以 p 或 IM 表示。计算式分别如下：

$$SM=\frac{w(SiO_2)}{w(Al_2O_3)+w(Fe_2O_3)} \quad (2\text{-}7)$$

$$IM=\frac{w(Al_2O_3)}{w(Fe_2O_3)} \quad (2\text{-}8)$$

通常，硅酸盐水泥熟料的硅率在 $1.7\sim2.7$ 之间，铝率在 $0.7\sim1.7$ 之间。有的品种如白色硅酸盐水泥熟料的硅率可达 4.0 左右，而抗硫酸盐水泥或低热水泥的铝率可低至 0.7。

硅率表示熟料中 SiO_2 与 Al_2O_3、Fe_2O_3 之和的质量比，也表示了熟料中硅酸盐矿物与溶

剂矿物的比例。SM 值过高，表示硅酸盐矿物多，对水泥熟料的强度有利，但意味着熔剂矿物较少，液相量少，将给煅烧造成困难。SM 值过低，则对熟料强度不利，且熔剂矿物过多，易结大块、炉瘤、结圈等，也不利于煅烧。

当铝率大于 0.64 时，硅率和矿物组成之间关系的数学式为

$$SM = \frac{w(C_3S) + 1.325w(C_2S)}{1.434w(C_3A) + 2.046w(C_4AF)} \quad (2-9)$$

铝率表示熟料中 Al_2O_3 和 Fe_2O_3 的质量比，也表示熟料溶剂矿物中 C_3A 与 C_4AF 的比例。铝率和矿物组成之间关系的数学式为

$$IM = \frac{1.15w(C_3A)}{w(C_4AF)} + 0.64 \quad (2-10)$$

熟料中 IM 一般控制在 0.7~1.7 之间，多在 1.3±0.3 范围内。白色硅酸盐水泥熟料的 IM 可达 10，抗硫酸盐水泥熟料和低热硅酸盐水泥熟料的 IM 值则低至 0.7。白水泥的 IM 高，是为避免 Fe_2O_3 对白色硅酸盐水泥熟料色度的污染；后两种水泥熟料的 IM 低，是为了减少 C_3A 造成的耐硫酸盐能力低和水化热高。

选择 IM 的高低，也应视具体情况而定。在熔剂矿物 $w(C_3A) + w(C_4AF)$ 一定时，IM 高，意味着 C_3A 量多，C_4AF 量少，液相黏度增加，C_3S 形成较困难，且熟料的后期强度、抗干缩性、耐磨性等均受影响；相反，如果 IM 过低，则 C_3A 量少，C_4AF 量多，液相黏度降低，这对保护好旋窑的窑皮和立窑的底火不利。

熟料的石灰饱和系数、硅率、铝率三个率值是相互影响、相互制约的，不能片面强调某一率值而忽视其他两个率值，必须相互结合。如石灰饱和系数较高，则硅率和铝率就要相应低一些，以保证 C_3S 的顺利形成。

油井水泥与普通水泥在矿物组成和率值方面的差异见表 2-6。

表 2-6 不同水泥熟料的矿物组成及率值　　　　　　　　　　　单位：%

序号	熟料品种	KH	SM	IM	C_3S	C_2S	C_3A	C_4AF	C_2F
1	油井熟料	0.945	2.69	0.73	61.85	17.52	2.4	14.59	
2	道路熟料	0.905	2.10	0.79	54.29	21.57	2.34	17.63	少量
3	抗硫酸盐熟料	0.873	2.57	0.74	49.90	28.63	1.2	15.75	
4	中热熟料	0.847	2.63	0.68	47.19	32.08	0.60	16.29	
5	立窑普通熟料	0.945	2.14	1.21	57.62	15.08	6.33	13.19	
6	回转窑普通熟料	0.944	2.14	0.94	64.51	11.79	4.02	15.50	

四、熟料化学成分、矿物组成和各率值之间的关系

熟料的化学成分、矿物组成与率值是熟料组成的三种不同的表示方法，三者可以互相换算。要想使熟料容易烧成，又能得到较高的质量和性能，必须对三个率值或四个矿物组成或四个化学成分同时进行控制。

1. 由已知化学成分计算矿物组成

（均忽略 f-CaO、f-SiO_2，以 C、S、A、F 分别代表 CaO、SiO_2、Al_2O_3、Fe_2O_3）

1) 当 $P>0.64$

$w(C_3S) = 4.07w(C) - 7.60w(S) - 6.72w(A) - 1.43w(F) - 2.86w(SO_3)$

$w(C_2S) = 8.60w(S) + 5.07w(A) + 1.07w(F) + 2.15w(SO_3) - 3.07w(C) = 2.87w(S) - 0.754w(C_3S)$

$w(C_3A) = 2.65w(A) - 1.69w(F) = 2.65[w(A) - 0.64w(F)]$

$w(C_4AF) = 3.04w(F)$

$w(CaSO_4) = 1.70w(SO_3)$

2) 当 $P \leq 0.64$

$w(C_3S) = 4.07w(C) - 7.60w(S) - 4.47w(A) - 2.86w(F) - 2.86w(SO_3)$

$w(C_2S) = 8.60w(S) + 3.38w(A) + 2.15w(F) + 2.15w(SO_3) - 3.07w(C) = 2.87w(S) - 0.754w(C_3S)$

$w(C_2F) = 1.70[w(F) - 1.57w(A)]$

$w(C_4AF) = 4.77w(F)$

$w(CaSO_4) = 1.70w(SO_3)$

2. 由已知矿物组成计算化学成分

$w(SiO_2) = 0.2631w(C_3S) + 0.3488w(C_2S)$

$w(Al_2O_3) = 0.3773w(C_3A) + 0.2098w(C_4AF)$

$w(Fe_2O_3) = 0.3286w(C_4AF)$

$w(CaO) = 0.7369w(C_3S) + 0.6512w(C_2S) + 0.6227w(C_3A) + 0.4616w(C_4AF) + w(CaO) + 0.4119w(CaSO_4)$

$w(SO_3) = 0.5881w(CaSO_4)$

3. 由已知矿物组成计算率值

$$KH = \frac{w(C_3S) + 0.8838w(C_2S)}{w(C_3S) + 1.3256w(C_2S)} \tag{2-11}$$

$$SM = \frac{w(C_3S) + 1.3256w(C_2S)}{1.4341w(C_3A) + 2.0464w(C_4AF)} \tag{2-12}$$

$$IM = \frac{1.1501w(C_3A)}{w(C_4AF)} + 0.6383 \tag{2-13}$$

4. 由已知率值计算化学成分

$$w(Fe_2O_3) = \frac{w(SiO_2) + w(Al_2O_3) + w(Fe_2O_3) + w(CaO)}{(2.8KH+1)(IM+1)SM + 2.65IM + 1.35} \tag{2-14}$$

$$w(Al_2O_3) = IM \times w(Fe_2O_3) \tag{2-15}$$

$$w(SiO_2) = SM[w(Al_2O_3) + w(Fe_2O_3)] \tag{2-16}$$

$$w(CaO) = w(SiO_2) + w(Al_2O_3) + w(Fe_2O_3) + w(CaO) - [w(SiO_2) + w(Al_2O_3) + w(Fe_2O_3)] \tag{2-17}$$

5. 由已知化学成分及率值计算矿物组成

$$w(C_3S) = 3.80w(SiO_2)(3KH-2) \qquad (2-18)$$

$$w(C_2S) = 8.16w(SiO_2)(1-KH) \qquad (2-19)$$

(1) $P \geq 0.64$ 时，有

$$C_2A = 2.65[w(Al_2O_3) - 0.64w(Fe_2O_3)] = 2.65w(Fe_2O_3)(P-0.64) \qquad (2-20)$$

$$w(C_4AF) = 3.0w(Fe_2O_3) \qquad (2-21)$$

(2) $P < 0.64$ 时，有

$$w(C_4AF) = 4.77w(Al_2O_3) \qquad (2-22)$$

$$C_2F = 1.70[w(Fe_2O_3) - 1.57w(Al_2O_3)] = 1.70w(Fe_2O_3)(1-1.57P) \qquad (2-23)$$

需要说明的是：本章所述率值的意义及其与化学成分、矿物组成之间的关系，均适用于一般生产硅酸盐类水泥的配料方案，而对于使用 CaF_2 和复合矿化剂的配料方案，则需要进行变换。此问题目前尚在探讨中，无成熟的表达式，故不做介绍。

第四节　油井水泥生料

油井水泥的生产与普通水泥生产没有多大差别，只是由于固井工程对油井水泥的化学物理性质提出了较高的控制要求，反映在生产上对原材料的选择、水泥熟料的烧成工艺和水泥制备条件的控制比较严格，生产中的质量检验比较繁多。

一、原料

生产硅酸盐水泥的主要原料是石灰质原料（主要供给 CaO）和黏土质原料（主要供给 SiO_2、Al_2O_3 以及少量 Fe_2O_3）。有时还要根据原料、燃料品质和水泥品种，掺加（铁质、硅质或铝质）校正原料以补充某些成分（如 Fe_2O_3、SiO_2 或 Al_2O_3）的不足。生产硅酸盐水泥的原材料见表 2-7。

表 2-7　生产硅酸盐水泥的原材料一览表

类别		名称	备注
主要原料	石灰质原料	石灰石、白垩、贝壳、泥灰岩、电石渣等	生产水泥熟料用
	黏土质原料	黏土、黄土、页岩、千枚岩、河泥、粉煤灰等	
校正原料	铁质校正原料	硫铁矿渣、铁矿石、铜矿渣等	生产水泥熟料用
	硅质校正原料	河砂、砂岩、粉砂岩、硅藻土等	
	铝质校正原料	炉渣、煤矸石、铝矾土等	生产水泥熟料用
主要燃料	固体燃料	烟煤、无烟煤	中国最常用煤
	液体燃料	重油	
调凝剂		石膏、硬石膏、磷石膏、工业副产品石膏等	制成水泥的组分

1. 主要原料

1）石灰质原料

凡是以碳酸钙为主要成分的原料都属于石灰质原料。它可分为天然石灰质原料和人工石灰质原料两类。水泥生产中常用的是含有碳酸钙的天然矿石，常用的天然石灰质原料有石灰岩（石灰石）、泥灰岩、白垩、贝壳等。

用于生产油井水泥的石灰石要求氧化钙含量高些，一般要求大于50%，而MgO等杂质应该尽量少些。

2）黏土质原料

天然黏土质原料有黄土、黏土、页岩、泥岩等，其中黄土、黏土应用最多最广。黏土质原料的主要化学成分是SiO_2，其次是Al_2O_3、Fe_2O_3和CaO。在水泥生产中，黏土质原料主要是提供水泥熟料所需要的酸性氧化物（SiO_2、Al_2O_3和Fe_2O_3）。

黏土中碱含量过高既会给熟料的生产带来困难，又会影响熟料的质量。一般控制熟料中的碱含量小于1.3%，因此黏土质原料中的碱含量要控制在小于4.0%的范围内。油井水泥对含碱要求很严，以保证水泥熟料的烧结质量和成品水泥的凝结稳定。

油井水泥生产要求选用SiO_2含量高的黏土，Al_2O_3、Fe_2O_3含量适当，偏低为好。此外，对黏土质原料中的氯化钾、氯化钠、氯的含量控制严格。

2. 辅助原料

硅酸盐水泥生产中的辅助原料主要有校正原料（含硅质校正原料、铁质校正原料、铝质校正原料）、燃料、外加剂（石膏等）及混合材料。

1）校正原料

当石灰质原料和黏土质原料配合所得生料成分满足不了油井水泥熟料矿物组成要求时，必须根据所缺少的组分掺加相应的原料，这种以补充某些成分不足为主的原料称为校正原料。

（1）铁质校正原料，用以弥补生料中的Fe_2O_3的不足。水泥厂常用铁矿粉、高铁黏土、黄铁矿渣（黄铁矿生产硫酸时所得到的废渣）等作为铁质辅助材料。我国水泥厂多采取三组分配料，即以铁矿粉与石灰石、黏土配制生料，因此，铁质辅助原料是水泥生产厂家必有原料之一。

（2）硅质校正原料，补充生料中SiO_2的不足。常用的有砂岩、硅石、硅藻土以及硅渣（硫酸处理矾土制造硫酸铝时所得的不溶残渣）等。此种辅助材料一般厂家不用，但在生产API G级水泥时，若黏土的硅率偏低时，需添加硅质辅助原料，以提高生料中的硅含量，从而确保水泥中硅酸三钙含量满足规范要求。

（3）铝质校正原料，用以补充Al_2O_3的不足。最常用的铝质辅助原料是铝矾土、碳渣。油井水泥生产中期望产品有较好的抗硫酸盐侵蚀性能，将铝酸三钙的含量限制在较低的范围内，一般生料中不再添加铝质辅助原料。

2）燃料

绝大多数水泥厂以原煤作为生产燃料，少数厂家使用油或天然气。制备过程简单、燃烧时易于调节的燃料是生产水泥的理想燃料，但因石油、天然气比较昂贵，不少原来使用液体或气体燃料的厂家也纷纷改为以原煤为生产燃料,我国也大体如此。

回转窑使用烟煤,用于油井水泥生产的煤要求较高。正常煤质量要求为:灰分小于28%,干燥基挥发分为18%~30%,干燥基低位热值大于5000kcal/kg的优质煤。

3) 石膏

作为油井水泥的调凝剂,当水泥熟料单独粉磨与水混合,很快就会凝结,使施工无法进行,掺加适量石膏可使水泥的凝结时间正常。油井水泥生产过程中,应在熟料中加入适量的符合GB/T 5483—2008要求的石膏共同粉磨制成产品。除符合GB/T 5483—2008要求的石膏外,不得加入其他调凝剂。

4) 助磨剂

油井水泥生产过程中的外加剂的使用要求极为严格,A级至D级油井水泥生产过程中仅允许掺入符合GB/T 26748的助磨剂,G级、H级油井水泥的生产过程中则不允许掺入任何其他外加剂。油井水泥生产过程中掺入的助磨剂或用于降低六价铬含量的化学外加剂不得对油井水泥的预期性能产生影响。

二、熟料组成要求

选择熟料组成的原则是综合考虑水泥品种、原料与燃料的品质、生料制备、生料的易烧性与熟料煅烧工艺等因素,以达到保证质量、提高产量、降低消耗和设备长期安全运转的目的。

1. 水泥品种

生产普通硅酸盐水泥,在保证水泥强度等级以及正常凝结时间、良好的安定性条件下,其化学成分可在一定范围内波动。可以采用诸如低铁、高铁、低硅、高硅、高石灰饱和系数等多种配料方案进行生产。但应注意熟料三率值配合适当,不能过分强调某一率值。

若生产特殊用途的硅酸盐水泥,应根据其特殊技术要求,选择合适的矿物组成和率值。例如生产快硬硅酸盐水泥,需要较高的早期强度,应适当提高熟料中硅酸三钙与铝酸三钙的含量,因此,应适当提高 KH 和 IM;若提高铝酸三钙含量有困难,可再适当提高硅酸三钙含量。提高 KH,由于氧化钙的吸收数量随硅酸三钙含量升高而增加,且液相黏度随硅酸三钙含量升高而增大,熟料易烧性下降,为了易于烧成,可适当降低硅率以增加液相数量;提高 IM,由于石灰饱和系数较高,对易烧性虽不利,但液相黏度并未增大,熟料并不一定过分难烧,因此硅率不一定过分降低。而生产中热硅酸盐水泥和抗硫酸盐水泥应减少铝酸三钙和硅酸三钙,即降低 KH 和 IM。

2. 原料品质

原料的化学成分、易烧性和工艺性能往往对熟料组成的选择有很大影响。原料易烧性好,可适当提高 KH 或 SM,有利于提高熟料强度;易烧性差,KH 或 SM 就不可能太高,否则熟料中 $f\text{-}CaO$ 含量可能会太高,影响水泥的安定性。一般情况下,应尽量采用两种或三种原料的配料方案。除非这种配料不能保证正常生产时,才考虑更换某种原料或掺加另一种校正原料。此外,石灰石的燧石含量和黏土的粗砂含量较高时,因原料难磨,熟料难烧,其熟料的饱和系数也不能高。原料含碱太高,也宜降低 KH。原料 MgO 含量太高,由于液相量增大,液相黏度降低,对于预分解窑而言,应适当提高 SM 和 IM。

例如，G级油井水泥是一种特种硅酸盐水泥，其矿物组成仍然属于硅酸盐水泥系统。只不过油井水泥通常要求化学反应较慢，以便注水泥作业有足够的时间，以及对地下侵蚀水具有足够的抗侵蚀能力。

为了实现上述配料方案，实际生产中对原料提出了下列要求：

(1) 石灰石中，$w(CaO) \geqslant 52\%$，$w(MgO) \leqslant 2\%$；

(2) 黏土中，$w(SiO_2) \geqslant 65\%$，$w(Al_2O_3) \leqslant 16\%$，也可用其他硅铝质材料或工业废料（如页岩、炉渣或高炉熔渣等）代替，但其化学成分必须稳定并满足配料要求；

(3) 硅质校正原料中，$w(SiO_2) \geqslant 75\%$，$w(Al_2O_3) \leqslant 10\%$；

(4) 铁粉中，$w(Fe_2O_3) \geqslant 65\%$；

(5) 石膏中，$w(SO_3) \geqslant 40\%$，结晶水含量 $\geqslant 15\%$，不溶物含量 $\leqslant 7.0\%$。

3. 燃料品质

燃料品质既影响煅烧过程，又影响熟料质量。

气体与液体燃料着火快，燃烧时间短，在回转窑内热力较集中，易造成短焰急烧，熟料反应时间不足，但基本上无灰分掺入熟料。用煤作燃料时，煤的灰分将大部分或全部掺入熟料中。若燃料质量差，除了火焰温度低外，还会因煤灰的沉落不均匀，降低熟料质量。据统计，由于煤灰的掺入，将使熟料的石灰饱和系数降低 0.04~0.16、硅率降低 0.05~0.20、铝率提高 0.05~0.30。当煤灰掺入量增加时，熟料强度下降，可提高煤粉细度和改用性能较好的多通道燃烧器，或适当降低熟料 KH 值，以利生产正常进行。

煤的挥发物含量对熟料煅烧也有直接影响。挥发物过高（通常煤的热值偏低），将使回转窑中黑火头缩短，易造成热力分散，形成低温长带燃烧；反之，煤的挥发物过低（通常热值较高），易造成热力集中，短焰急烧。立窑使用挥发分高的煤时，由于烟煤燃烧速度快，使底火层较薄，物料在高温带反应时间不足而影响熟料质量。另外，由于不完全燃烧现象加剧，也增加了单位熟料的热耗。

4. 生料成分的均匀性

生料化学成分的均匀性，对熟料的煅烧和质量有重要影响，因而也影响配料方案的确定。

一般来说，生料均匀性好，KH 可高些。通常要求入窑生料 KH 的标准偏差应小于 0.02，SM 的标准偏差应小于 0.1。若生料成分波动大，对回转窑而言，其熟料 KH 应适当降低，但对立窑而言，由于低 KH 易引起立窑结大块，为了保证立窑正常煅烧，宜采用高 KH 低 SM 的方案。若生料粒度粗，化学反应难以进行完全，KH 也应适当降低。

5. 窑型与规格

物料在不同类型窑内的受热情况和煅烧过程不完全相同。因此，设计的熟料组成也应有所区别。

回转窑内，由于物料不断翻滚，与立窑、立波尔窑相比，物料受热和煤灰掺入都比较均匀，使烧成带物料反应过程较一致，因此 KH 可适当高些。

立波尔窑的热气流从上而下通过加热机的料层，煤灰大部分沉落在上层料面，物料受热和煤灰掺入都很不均匀，形成上层物料分解率高，KH 值低，而下层物料分解率低，KH 值高。因此应适当降低 KH。

立窑通风、煅烧都不均匀，因此不掺矿化剂的熟料 KH 值要适当低些。对于掺复合矿化剂的熟料，由于液相出现较早且黏度较低，烧成温度范围变宽，一般采用高 KH、低 SM 和高 IM 的配料方案。

预分解窑生料预热好、分解率高，另外，由于单位产量窑筒体散热损失少，以及耗热量最大的碳酸盐分解带已移到窑外，因此窑内气流温度高，为了利于挂窑皮，防止窑内结皮、堵塞以及结大块，目前趋于采用低液相量的配料方案。我国大型预分解窑大多采用高硅率、高铝率、中饱和比的配料方案。

综上所述，配料的基本原则可归纳为：烧出的熟料应具有较高的强度和良好的物理化学性能；配制的生料易于粉磨和烧成；生产过程中易于控制、管理，便于生产操作。

配料方案一经确定，生料制备、窑的煅烧就成为获得高质量熟料的关键，尤其是煅烧更为重要，风、料、煤要平衡好，否则就不能得到预想的熟料矿物组成。

三、生料组成计算

熟料组成确定后，便可根据所用原料，进行配料计算，以求出符合熟料组成要求的原料配合比。

1. 配料原理

配料计算的依据是物料平衡。任何化学反应的物料平衡是：反应物的量应等于生成物的量。随着温度的升高，生料煅烧成熟料经历着：生料干燥蒸发物理水、黏土矿物分解放出结晶水、有机物质的分解挥发、碳酸盐分解放出二氧化碳、液相出现使熟料烧成。因为有水分、二氧化碳以及某些物质逸出，所以，计算时必须采用统一的基准。

蒸发物理水以后，生料处于干燥状态。以状态质量所表示的计算单位，称为干燥基准。干燥基准用于计算干燥原料的配合比和干燥原料的化学成分。

如果不考虑生产损失，则干燥原料的质量应等于生料的质量，即

$$干石灰石+干黏土+干铁粉=干生料$$

去掉烧失量（结晶水、二氧化碳与挥发物质等）以后，生料处于灼烧状态。以灼烧状态质量所表示的计算单位，称为灼烧基准，灼烧基准用于计算灼烧原料的配合比和熟料的化学成分。

如果不考虑生产损失，在采用基本上无灰分掺入的气体或液体燃料时，则灼烧原料、灼烧生料与熟料三者质量应相等，即

$$灼烧原料=灼烧生料=熟料$$

如果不考虑生产损失，在采用有灰分掺入的燃料时，则灼烧生料与掺入熟料的煤灰之和应等于熟料的质量，即

$$灼烧生料+(掺入熟料的)煤灰灼烧生料=熟料$$

在实际生产中，由于总有生产损失，且飞灰的化学成分不可能等于生料成分，煤灰的掺入量也并不相同，因此，在生产中应以生熟料成分的差别进行统计分析，对配料方案进行校正。

熟料中的煤灰掺入量可按下式计算：

$$G_{\mathrm{A}} = \frac{qA^yS}{Q^y \times 100} = \frac{PA^yS}{100} \qquad (2\text{-}24)$$

式中　G_{A}——熟料中煤灰掺入量，%；

　　　q——单位熟料热耗，kJ/kg；

　　　Q^y——煤的应用基低热值，kJ/kg；

　　　A^y——煤的应用基灰分含量，%；

　　　S——煤灰沉落率，%；

　　　P——煤耗，kJ/kg 熟料。

煤灰沉落率因窑型而异。在有电收尘器的情况下，煤灰沉落率均能达到百分之百。如果没有电收尘器装置，煤灰沉落率则在 70%~100% 之间。

生料配料计算方法繁多，有代数法、图解法、尝试误差法（包括递减试凑法）、矿物组成法、最小二乘法等。随着科学技术的发展，电子计算机的应用已逐渐普及到各个领域。有的计算方法由于计算复杂和不够精确，从而被逐渐淘汰。下面主要介绍应用比较广泛的尝试误差法（包括递减试凑法）。也可用最小二乘法等编制程序，通过电子计算机求得与要求的 KH、SM、IM 三个率值偏离最小的结果，但本书不再赘述。

2. 尝试误差法

这种计算方法很多，但原理都相同。其中一种方法是：先按假定的原料配合比计算熟料组成，若计算结果不符合要求，则调整原料配合比，再进行重复计算，直至符合要求为止。

另一种方法是从熟料化学成分中依次递减假定配合比的原料成分，试凑至符合要求为止（又称递减试凑法）。现举例说明如下：

已知原料、燃料的有关分析数据如表 2-8 和表 2-9 所示，假设用窑外分解窑以三种原料配合进行生产，要求熟料的三个率值为：$KH = 0.89$、$SM = 2.1$、$IM = 1.3$。单位熟料热耗为 3350kJ/（kg 熟料），试计算原料的配合比。

表 2-8　原料与煤灰的化学成分　　　　　　　　　　　　　单位：%

名称	烧失量	SiO_2	Al_2O_3	Fe_2O_3	CaO	MgO	总和
石灰石	42.66	2.42	0.31	0.19	53.13	0.57	99.28
黏土	5.27	70.25	14.72	5.48	1.41	0.92	98.05
铁粉	—	34.42	11.53	48.27	3.53	0.09	97.84
煤灰	—	53.52	35.34	4.46	4.79	1.19	99.30

表 2-9　煤的工业分析

挥发物	固定碳	灰分	热值	水分
22.42%	49.02%	28.56%	20930kJ/kg	0.6%

表 2-8 中化学分析数据总和往往不等于 100%，这是由于某些物质没有分析测定，因而通常小于 100%；此时，可以加上其他一项补足为 100%。有时，分析总和大于 100%，除了没有分析测定的物质外，大都是由于该种原料、燃料，特别是一些工业废渣，含有一些低价氧化物，如 FeO，甚至金属 Fe 等，经灼烧后，被氧化为 Fe_2O_3 或其他高价氧化物增加了质量所致，这与熟料煅烧过程一致，因此，也可以不必换算。

例1 试以第一种方法计算原料的配合比。

解：(1) 确定熟料的组成。

根据题意，已知熟料率值为：$KH=0.89$、$SM=2.1$、$IM=1.3$。

(2) 计算煤灰掺入量。

据式(2-24)，有

$$G_A = \frac{qA^yS}{Q^y \times 100} = \frac{3350 \times 28.56 \times 100\%}{20930 \times 100} = 4.57\%$$

(3) 计算干燥原料配合比。

通常，石灰石配合比例为80%左右，黏土配合比例为15%左右；铁粉配合比例为5%左右；据此，设定干燥原料配合比为：石灰石81%、黏土15%、铁粉4%。以此计算生料化学成分，如表2-10所示。

表2-10　生料化学成分　　　　　　　　　　　　单位：%

名称	配合比	烧失量	SiO_2	Al_2O_3	Fe_2O_3	CaO
石灰石	81.0	34.55	1.96	0.25	0.15	43.03
黏土	15.0	0.79	10.54	2.21	0.82	0.21
铁粉	4.0	—	1.38	0.46	1.93	0.14
生料粉	100.0	35.34	13.88	2.92	2.90	43.38
灼烧生料		—	21.47	4.52	4.48	67.09

煤灰掺入量$G_A=4.57\%$，则灼烧生料配合比为（100-4.57）%=95.43%。按此计算熟料的化学成分，如表2-11所示。

表2-11　生料配合比　　　　　　　　　　　　单位：%

名称	配合比	SiO_2	Al_2O_3	Fe_2O_3	CaO
灼烧生料	95.43	20.48	4.31	4.28	64.02
煤灰	4.57	2.45	1.62	0.20	0.22
熟料	100.00	22.93	5.93	4.48	64.24

熟料的率值计算如下：

$$KH = \frac{C_c - 1.65A_c - 0.35F_c}{2.8S_c} = \frac{64.24 - 1.65 \times 5.93 - 0.35 \times 4.48}{2.8 \times 22.93} = 0.824$$

$$SM = \frac{S_c}{A_c + F_c} = \frac{22.93}{5.93 + 4.48} = 2.20$$

$$IM = \frac{A_c}{F_c} = \frac{5.93}{4.48} = 1.32$$

由上述计算结果可知KH过低，SM过高，IM较接近。为此，应增加石灰石配合比例，减少黏土配比，铁粉可略增加。根据经验统计，每增加1%石灰石（相应减增1%黏土），约增减$KH=0.05$。据此，调整原料配合比为：石灰石82.2%、黏土13.7%、铁粉13.7%。重新计算结果见表2-12。

表 2-12　生料化学成分及配合比　　　　　　　　　　单位：%

名称	配合比	烧失量	SiO_2	Al_2O_3	Fe_2O_3	CaO
石灰石	82.20	35.07	1.99	0.26	0.16	43.67
黏土	13.70	0.72	9.62	2.02	0.75	0.19
铁粉	4.10	—	1.41	0.47	1.98	0.15
生粉	100.0	35.79	13.02	2.75	2.89	44.01
灼烧生料		—	20.08	4.28	4.50	68.54
灼烧生料	95.43	—	19.35	4.08	4.29	65.41
煤灰	4.57		2.45	1.62	0.20	0.22
熟料	100.00	—	21.80	5.70	4.49	65.63

依表 2-12，有

$$KH=\frac{C_c-1.65A_c-0.35F_c}{2.8S_c}=\frac{65.63-1.65\times5.70-0.35\times4.49}{2.8\times21.80}=0.895$$

$$SM=\frac{S_c}{A_c+F_c}=\frac{21.80}{5.70+4.49}=2.14$$

$$IM=\frac{A_c}{F_c}=\frac{5.70}{4.49}=1.27$$

所得结果 KH、SM 与要求相比均略高，而铝率略为降低，但已十分接近要求值。如要再降低 KH 和 SM 值，则应减少石灰石与黏土，这样，就势必再增加铁粉，从而使铝率更低。因此，可按此配料进行生产。考虑到生产波动，熟料率值控制指标可定为：$KH=0.89\pm0.02$；$SM=2.1\pm0.1$；$IM=1.3\pm0.1$。按上述计算结果，干燥原料配合比为：石灰石 82.2%；黏土 13.7%；铁粉 4.1%。

（4）计算湿原料的配合比。

设原料操作水分为石灰石 1%、黏土 0.8%、铁粉 12%，则湿原料质量配合比为

$$湿石灰石=\frac{82.2}{100-1}\times100=83.03$$

$$湿黏土=\frac{13.7}{100-0.8}\times100=13.81$$

$$湿铁粉=\frac{4.1}{100-12}\times100=4.65$$

将上述质量比换算为百分比，有

$$湿石灰石=\frac{83.03}{83.03+13.81+4.65}\times100\%=81.80\%$$

$$湿黏土=\frac{13.81}{83.03+13.81+4.65}\times100\%=13.61\%$$

$$湿铁粉=\frac{4.65}{83.03+13.81+4.65}\times100\%=4.59\%$$

第五节　油井水泥熟料的煅烧

硅酸盐水泥主要由熟料组成，因此了解并研究熟料的煅烧过程是非常必要的。研究的方法通常有两种：一种是在实验室内进行，通过观察与测定物料在高温下的变化来研究熟料的形成机理；另一种是在试验窑与生产窑上进行，通过测定各种工艺、热工参数，分析物料成分或通过试验来研究窑内的水泥熟料的煅烧过程及其机理。

按一定比例配制好的生料入窑后煅烧成水泥熟料的过程中会发生一系列物理化学变化，这些变化虽因窑型不同而有所差异，但基本反应是相同的。不论立窑煅烧还是回转窑煅烧，窑内物料都要经历干燥、黏土矿物脱水、碳酸盐分解、固相反应和冷却等过程。

一、干燥与脱水

干燥即物料中自由水的蒸发，而脱水则是黏土矿物分解放出结晶化合水。生料的自由水量因生产方法与窑型的不同而不同，干法窑生料含水量一般不超过1.0%。为了改善加热机的通风，立窑、半干法立波尔窑生料需加水12%~15%成球；而半湿法的立波尔窑，需将料浆水分过滤降至18%~20%后制成料块入窑，也可以将过滤后的料块，再在烘干、粉碎装置中制成生料粉，在悬浮预热器窑或窑外分解窑的料浆水分应保证可泵性，通常含水量在30%~40%。

自由水蒸发热耗很大，每千克水蒸发潜热高达2257kJ（539kcal，在100℃下），因而含35%左右水分的料浆，每生产1kg熟料用于蒸发水分的热量高达2100kJ（500kcal），占湿法窑热耗的35%以上。因此，降低料浆水分或过滤成料块，可以降低熟料热耗，增加窑的产量。

黏土矿物的化合水有两种：一种以OH^-离子状态存在于晶体结构中，称为晶体配位水；另一种以水分子形式吸附在晶层结构间，称为层间水或层间吸附水。所有的黏土都含有配位水，多水高岭石、蒙脱土还含有层间水，伊利石的层间水因风化程度而异。

黏土脱水首先在粒子表面发生，接着向粒子中心扩展。对于高分散度的微粒，由于比表面积大，一旦脱水就会从粒子表面开始，立即扩散到整个微粒并迅速完成。对于接近1mm的较粗粒度的黏土，因粒径大，比表面积小，脱水从粒子表面向纵深的扩散速度较慢，因此内部脱水速度可以控制整个脱水过程。

多数黏土矿物在脱水过程中，均伴随着体积收缩，唯有伊利石、水云母在脱水过程中伴随着体积膨胀。当立波尔窑和立窑水泥厂采用以伊利石或水云母为主要矿物的黏土时，应将生料磨得很细，料球的水分与孔隙率应不宜过小，或者加入一些外加剂以提高成球质量。进入立波尔加热机干燥室的烟气温度不宜过高，立窑则不宜采用明火或浅暗火煅烧。

二、碳酸盐的分解

当温度升至大约600℃时，水泥生料中的碳酸盐开始分解，主要是石灰石中的$CaCO_3$与原料中夹杂的$MgCO_3$发生分解反应。其反应方程式如式（2-25）和式（2-26）所示：

$$MgCO_3 \longrightarrow MgO+CO_2（-1047~-1214J/g）（约600℃时） \qquad (2-25)$$

$$CaCO_3 \longrightarrow CaO+CO_2(-1645J/g)（约600℃时） \quad (2-26)$$

图2-5表示一颗正在分解的$CaCO_3$颗粒。颗粒表面a首先受热，达到分解温度后进行分解，排出CO_2。随着反应过程的进行，表层变为CaO，分解反应逐步向颗粒内部推进。颗粒内部（图中b处）的分解反应可分为下列五个过程：

(1) 气流向颗粒表面的传热过程；

(2) 热量Q_1由表面以传导方式向分解面传递的过程；

(3) 碳酸钙在一定温度下，吸收热量，进行分解并放出CO_2的化学过程；

(4) 分解所放出的CO_2，穿过CaO层向表面扩散的传质过程；

(5) 表面的CO_2向周围介质气流扩散的过程。

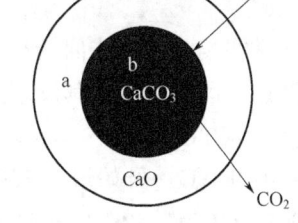

图2-5 正在分解的石灰石料粉颗粒

这五个过程，四个是物理传递过程，一个是化学反应过程。各过程的阻力不同，碳酸钙的分解速度受控于其中最慢的一个过程。

当碳酸钙颗粒尺寸小于30μm时，由于传热和传质过程的阻力都较小，因此，分解速度或者分解所需的时间，将决定于化学反应所需时间。当粒径大约为0.2cm时，传热、传质的物理过程与分解反应的化学过程具有同样重要的地位。当粒径等于1.0cm时，传热和传质过程占主导地位，而化学过程降为次要地位。

影响碳酸钙分解速度的因素有：

(1) 反应温度。随着反应温度的提高，分解速度加快。

(2) 周围介质中CO_2分压。通风良好、颗粒表面CO_2分压较低，有利于碳酸钙的分解。

(3) 生料细度和颗粒级配。生料细度细、颗粒均匀、粗粒少，分解速度快。

(4) 生料分散程度。生料悬浮分散差，相对减少了颗粒的传热表面，降低了碳酸盐的分解速度。

(5) 石灰石的种类和物理性质。结构致密、结晶粗大的石灰石，分解速度慢。而微晶或隐晶质石灰石分解温度低，速度快。

(6) 生料中黏土质组分的性质。黏土质组分的活性大，能很快与新生CaO反应，有助于碳酸钙的分解过程。

由于碳酸钙的分解反应属于可逆吸热反应，受系统温度和周围介质中CO_2的分压影响较大。为了使分解反应顺利进行，必须保持较高的反应温度，降低周围介质中CO_2分压，并供给足够的热量。反之，如果让反应在密闭的容器中于一定温度下进行时，随着碳酸钙的不断分解，周围介质中二氧化碳分压随之增加，分解速度将逐渐变慢，直到反应停止。

在回转窑内，虽然生料粉末的特征粒径通常只有30μm，比较小，但物料在窑内呈堆积状态，使气流和耐火材料对物料的传热面积非常小，传热系数也不高。而碳酸钙分解要吸收大量的热量，因此，回转窑内碳酸钙的分解速度主要取决于传热过程。

虽然立窑和立波尔热机的传热系数和传热面积较回转窑大得多，但由于料球颗粒较大，决定碳酸钙分解速度的仍然是传热和传质速度。在悬浮预热器和预分解炉内，由于生料悬浮于气流中（包括MFC流态化分解炉），基本上可以看作是单颗粒，其传热系数较大，特别是传热面积非常大。测定计算表面，传热系数比回转窑高2.5~10倍；而传热面积比回转窑大 1300~4000 倍，比立窑和立波尔窑加热机大 100~450 倍。因此，回转窑内碳酸钙的分解，在 800~1100℃下，通常需要 15min 以上，而在分解炉内（物料温度 850℃左右），只需几秒钟即可使碳酸钙分解率达 85%~95%。

三、固相反应

通常在实验室内或回转窑内，碳酸钙分解的同时，石灰石与黏土质组分间通过质点的相互扩散进行固相反应，其反应过程大致如下：

低于 800℃：$CaO \cdot Al_2O_3$、$CaO \cdot Fe_2O_3$（CF）与 $2CaO \cdot SiO_2$（C_2S）开始形成。

800~900℃：开始形成 $12CaO \cdot 7Al_2O_3$（$C_{12}A_7$）。

900~1100℃：$2CaO \cdot Al_2O_3 \cdot SiO_2$（$C_2AS$）形成后又分解。开始形成 $3CaO \cdot Al_2O_3$（C_3A）和 $4CaO \cdot Al_2O_3 \cdot Fe_2O_3$（$C_4AF$）。所有碳酸钙均分解，游离氧化钙含量达到最高值。

1100~1200℃：大量形成 C_3A 和 C_4AF，C_2S 含量达到最大值。水泥熟料矿物固相反应是放热反应。当用普通原料时，固相反应放热量为 420~500J/g。理论上放热量达 420J/g 时，就足以使物料温度升高 300℃以上。

上述过程说明了反应的理想过程，有些阶段常会交叉出现，而生料的不均匀性会增大这种交叉。

由于固体质点（原子、离子或分子）间具有很大的作用力，因此固相反应的反应活性很低，速度较慢。在多数情况下，固相反应总是发生在两种组分的界面上，为非均相反应。对于颗粒状物料，反应先是通过颗粒间的接触点或接触面进行，随后是反应物通过产物层进行扩散迁移。因此，固相反应一般包括相界面上的反应和物质迁移两个过程。温度较低时，固态物质化学活性较低，质点的扩散、迁移速度很慢，故固相反应通常需要在较高的温度下进行。由于反应发生在非均相系统，而伴随反应的进行，反应物和产物的物理化学性质将会变化，并导致固体内温度和反应物浓度及其物性的变化，从而对传热和传质以及化学过程产生重要影响。

影响固相反应速度的主要因素如下：

（1）生料细度。生料磨得越细，物料颗粒尺寸越小，比表面积越大，组分之间的接触面越大，同时表面质点的自由能也越大，使扩散和反应能力增强，因此反应速度加快。但粉磨越细，磨机产量越低，电耗增加。因而粉磨细度应视原料种类不同以及粉磨、煅烧设备性能的差别而有所不同，以便达到优质、高产、低消耗的综合经济效益。通常水泥生料应使在 0.2mm（900 孔/cm^2）以上的粗粒控制在 1.0%以下，此时，0.08mm 筛余可放宽到 10%~15%。或者将 0.2mm 以上筛余控制在 0.5%以下，0.08mm 筛余还可进一步放宽。

（2）生料颗粒粒度的均匀性。由于物料反应速度与物料颗粒尺寸的平方成反比，因此，即使有少量较大尺寸的颗粒，都可显著地延缓反应过程的完成。但在实际生产中，往往不可能控制均等的物料粒径，故生产上应使物料的颗粒分布控制在较窄的范围内，特别要控制 0.2mm 以上的粗粒。

（3）生料的混合。生料的均匀混合，可以增加各组分间接触，也有利于加速固相反应。

（4）矿化剂。加入矿化剂可以加速固相反应。它可以通过与反应物形成固溶体使晶格活化，反应能力加强；或是与反应物形成低共溶物，使物料在较低温度下出现液相，加速扩散和对固相的溶解作用；或是与反应物形成某种活性中间体而处于活化状态；或是通过矿化剂促使反应物断键，从而提高反应物的反应速度……等等。

四、烧成

通常，水泥生料在出现液相以前，硅酸三钙不会大量生成。到达最低共熔温度（一般硅酸盐水泥生料通常的煅烧温度约为1250℃）后，开始出现液相。液相主要由氧化铁、氧化铝、氧化钙组成，另外还会有氧化镁、碱等其他组分。在高温液相作用下，水泥熟料逐渐烧结，物料逐渐由疏松状转变为色泽灰黑、结构致密的熟料，并伴随着体积收缩。同时，硅酸二钙与游离氧化钙逐步溶解于液相中，Ca^{2+}扩散并与硅酸根离子、硅酸二钙反应，形成硅酸盐水泥的主要矿物硅酸三钙。其反应式如下：

$$C_2S+CaO \longrightarrow C_3S \tag{2-27}$$

随着温度的升高和时间的延长，液相量增加，液相黏度减小，氧化钙、硅酸二钙不断溶解、扩散，硅酸三钙晶核不断形成，并使小晶体逐渐发育长大，最终形成几十微米大小，发育良好的阿利特晶体，完成熟料的烧结过程。由此可知，熟料烧结形成阿利特的过程，与液相形成温度、液相量、液相性质以及氧化钙、硅酸二钙溶解于液相的溶解速度、离子扩散速度等因素密切相关。

一般水泥熟料在烧成阶段的液相量为20%~30%。液相量主要取决于窑内温度高低、生料组分的性质和含量。

液相量对烧结范围的影响比较显著，随着煅烧温度升高，生料中的液相量增加，其烧结范围就较宽。降低铁的含量，增加铝的含量，烧结范围变宽。烧结范围宽的生料，窑内温度波动时，不易发生生烧或结成大块的现象。通常硅酸盐水泥熟料的烧结温度范围约为150℃。

液相黏度对硅酸三钙的形成影响较大。黏度小，液相中质点如氧化钙的扩散速度增加，有利于硅酸三钙的形成。熟料在烧成过程中，液相黏度随温度与组成而变化。温度升高，黏度下降。铝氧率增加，黏度增加。增加熟料中Fe_2O_3的含量，黏度大大降低，相反若增加熟料中Al_2O_3和SiO_2的含量，则黏度增加。

液相的表面张力越小，越容易润湿水泥熟料颗粒或固相物质，有利于固相反应与固—液反应，促进熟料矿物的形成，特别是硅酸三钙的形成。

氧化钙溶解于水泥熟料的液相的速率，对于氧化钙与硅酸二钙反应而生成硅酸三钙的影响十分重要。若原料中石灰石的颗粒小，水泥熟料的煅烧温度高，则溶解速率快。

五、冷却

水泥熟料冷却的目的在于：回收熟料带走的热量，预热二次空气，提高窑的热效率；迅速冷却熟料以改善熟料质量与易磨性；降低熟料温度，便于熟料的运输、储存与粉磨。熟料的冷却从烧结温度开始，同时进行液相的凝固与相变两个过程。

同时，熟料冷却速度对矿物组成和水泥性能的影响很大，表现在以下几个方面：

(1) 硅酸三钙在1250℃以下不稳定，会分解为硅酸二钙和二次游离氧化钙，降低水硬性。熟料快速冷却会使高温型C_3S和C_2S很快越过分解温度段，在室温下被"凝固"，从而防止和减少C_3S的分解。慢冷时硅酸二钙在500℃下有可能从β型转化为γ型，体积增大产生膨胀应力使熟料粉化，而失去水硬活性。当熟料快冷时，一方面很快越过晶型转变温度，另一方面快冷时玻璃体增多，这些玻璃体将 β-C_2S 包围起来，阻止 β-C_2S 的转变。

（2）方镁石晶体大小对水泥的安定性影响很大，晶体越大，影响越严重。当方镁石晶体尺寸低于 5μm 时，不影响安定性。熟料慢冷时，方镁石尺寸可长大到 60μm。熟料快冷，可以使大部分氧化镁包裹在玻璃相中或是以微小晶体析出，这样可获得较好的安定性。

（3）冷却速度还将影响熟料的易磨性和水泥浆的凝结时间。急冷使熟料内部产生内应力，因此提高了熟料的易磨性。煅烧良好和急冷的熟料保持细小并发育完整的阿利特晶体，可以使水泥强度提高。急冷时，C_3A 来不及结晶，存在于玻璃体中，而能结晶的只有极少数。结晶的 C_3A 水化后使水泥浆快凝，而非结晶的 C_3A 水化后可以延长其凝结时间，使得水泥浆凝结时间便于控制。

（4）熟料急冷能增加水泥的抗硫酸盐性（抗硫酸钠和硫酸镁）。这与 C_3A 在硅酸盐水泥熟料中存在的形态有关。熟料急冷时 C_3A 主要呈玻璃体，因此抗硫酸盐溶液侵蚀的能力较强。

第六节　油井水泥的质量检测

一、干粉中有害元素的检测

GB 175—2007《通用硅酸盐水泥》将氯离子和碱含量列入水泥品质标准之中予以限制。为了全面了解掌握我国水泥中有害微量元素含量状况，中国建筑材料科学研究总院曾调查了我国 46 家企业的 59 个水泥样品中的镉、铬、铅、铜、锌、镍、砷和汞含量，为今后的监管提供参考。

1. 检测方法

在使用原子吸收分光光度计法和原子荧光光度计法分别测定水泥样品中的铜、锌、铅、镍、镉、铬、砷和汞的含量之前，首先以硝酸、盐酸、氢氟酸加高氯酸消解。

2. 检测结果

59 个水泥样品中有害微量元素含量的检测结果见表 2-13。

表 2-13　水泥中有害微量元素含量的检测结果　　　　单位：mg/kg

名称	镉	铬	铅	铜	锌	镍	砷	汞
平均值	6.5	68.9	161.0	56.8	1103.9	49.8	1.8	0.4
最大值	32.1	220.7	999.8	248.1	17371.2	145.8	4.4	3.5
最小值	0.3	18.0	36.5	12.0	303.9	9.9	0.0	0.0

表 2-14 为我国现行 GB/T 30760—2014《水泥窑协同处置固体废物技术规范》中的水泥熟料中重金属含量限值。

表 2-14　水泥熟料中重金属含量限值

重金属	镉（Cd）	铬（Cr）	铅（Pb）	铜（Cu）	锌（Zn）	镍（Ni）	砷（As）	锰（Mn）
限值，mg/kg	1.5	150	100	100	500	100	40	384

表 2-13 中水泥各元素含量的最小值均在表 2-14 水泥熟料中重金属含量限值内，而最大值均超出水泥熟料中重金属含量限值，调查样品中镉、铅、锌元素含量的平均值超过水泥熟料中重金属含量限值，应加强监管力度，将重金属含量超标的水泥的重金属元素含量控制在标准限值范围之内。

二、水泥化学成分分析

硅酸盐水泥熟料主要由氧化钙、氧化硅、氧化铝、氧化铁四种氧化物组成，约占 95%。同时，熟料中含有 5% 的其他氧化物，如氧化镁、氧化钛及碱等。

本节依据 GB/T 176—2017《水泥化学分析方法》对油井水泥主要成分进行分析。水泥化学分析方法分为基准法和代用法。在有争议时，以基准法为准。下面主要介绍利用基准法测定油井水泥的烧失量，并分析不溶物、三氧化硫、二氧化硅、三氧化二铁、三氧化二铝、氧化钙、氧化镁、二氧化钛和氧化钾及氧化钠的含量（空白试验不加入试样，按照相同的测定步骤进行试验并使用相同量的试剂，对得到的测定结果进行校正）。

1. 烧失量的测定——灼烧差减法

1）方法提要

试样在（950±25）℃ 的高温炉中灼烧，驱除二氧化碳和水分，同时将存在的易氧化的元素氧化。通常矿渣硅酸盐水泥应对由硫化物的氧化引起的烧失量的误差进行校正，而其他元素的氧化引起的误差一般可忽略不计。

2）分析步骤

称取约 1g 试样（m_1），精确至 0.0001g，放入已灼烧恒量的瓷坩埚中，盖上坩埚盖，并留有缝隙，放在高温炉内，从低温开始逐渐升高温度，在（950±25）℃ 下灼烧 15~20min，取出坩埚置于干燥器中，冷却至室温，称量。反复灼烧，直至恒量。或者在（950±25）℃ 下灼烧约 1h（有争议时，以反复灼烧直至恒量的结果为准），置于干燥器中冷却至室温后称量（m_2）。

3）结果的计算与表示

（1）烧失量的计算。

烧失量的质量分数 ω_{LOI} 按式（2-28）计算：

$$\omega_{LOI} = \frac{m_1 - m_2}{m_1} \times 100 \tag{2-28}$$

式中　ω_{LOI}——烧失量的质量分数，%；
　　　m_1——试料的质量，g；
　　　m_2——灼烧后试料的质量，g。

（2）矿渣硅酸盐水泥和掺入大量矿渣的其他水泥烧失量的校正。

称取两份试样，一份用来直接测定其中的三氧化硫含量；另一份则按测定烧失量的条件于（950±25）℃ 下灼烧 15~20min，然后测定灼烧后的试料中的三氧化硫含量。

根据灼烧前后三氧化硫含量的变化，矿渣硅酸盐水泥在灼烧过程中由于硫化物氧化引起烧失量的误差可按式(2-29)进行校正：

$$\omega'_{LOI} = \omega_{LOI} + 0.8 \times (\omega_{后} - \omega_{前}) \tag{2-29}$$

式中　ω'_{LOI}——校正后烧失量的质量分数，%；

ω_{LOI}——实际测定的烧失量的质量分数，%；

$\omega_{前}$——灼烧前试料中三氧化硫的质量分数，%；

$\omega_{后}$——灼烧后试料中三氧化硫的质量分数，%；

0.8——S^{2-}氧化为SO_4^{2-}时增加的氧与SO_3的摩尔质量比，即 $(4\times16)/80=0.8$。

2. 不溶物的测定——盐酸—氢氧化钠处理

1) 方法提要

试样先以盐酸溶液处理，尽量避免可溶性二氧化硅的析出，滤出的不溶渣再以氢氧化钠溶液处理，进一步溶解可能已沉淀的二氧化硅，以盐酸中和、过滤后，残渣经灼烧后称量。

2) 分析步骤

称取约1g试样（m_3），精确至0.0001g，置于150mL烧杯中，加入25mL水，搅拌使试样完全分散，在不断搅拌下加入5mL盐酸，用平头玻璃棒压碎块状物使其分解完全（必要时可将溶液稍稍加温几分钟）。用近沸的热水稀释至50mL，盖上表面皿，将烧杯置于蒸汽水浴中加热15min。用中速定量滤纸过滤，用热水充分洗涤10次以上。

将残渣和滤纸一并移入原烧杯中，加入100mL近沸的氢氧化钠溶液，盖上表面皿，置于蒸汽水浴中加热15min，加热期间搅拌滤纸及残渣2~3次。取下烧杯，加入1~2滴甲基红指示剂溶液，滴加盐酸至溶液呈红色，再过量8~10滴。用中速定量滤纸过滤，用热的硝酸铵溶液充分洗涤至少14次，每次等上次洗液漏完后再洗涤下次。

将残渣及滤纸一并移入已灼烧恒量的瓷坩埚中，灰化后在（950±25）℃的高温炉内灼烧30min。取出坩埚，置于干燥器中，冷却至室温，称量（m_4）。反复灼烧，直至恒量。

3) 结果的计算与表示

不溶物的质量分数ω_{IR}按式(2-30)计算：

$$\omega_{IR} = \frac{m_4 - m_{04}}{m_3} \times 100 \tag{2-30}$$

式中　ω_{IR}——不溶物的质量分数，%；

m_3——试料的质量，g；

m_4——灼烧后不溶物的质量，g；

m_{04}——空白试验灼烧后不溶物的质量，g；

空白试验：不加入试样，按照相同的测定步骤进行试验并使用相同量的试剂，对得到的测定结果进行校正。

3. 三氧化硫的测定——硫酸钡重量法（基准法）

1) 方法提要

用盐酸分解试样生成硫酸根离子，在煮沸下用氯化钡溶液沉淀，生成硫酸钡沉淀，经过滤灼烧后称量。测定结果以三氧化硫计。

2) 分析步骤

称取约0.5g试样（m_5），精确至0.0001g，置于200mL烧杯中，加入约40mL水，搅拌使试样完全分散，在搅拌下加入10mL盐酸，用平头玻璃棒压碎块状物，加热煮沸并保持微沸5~10min。用中速滤纸过滤，用热水洗涤10~12次，滤液及洗液收集于400mL烧杯中。加水稀释至约250mL，玻璃棒底部压一小片定量滤纸，盖上表面皿，加热煮沸，在微沸下从杯口缓慢逐滴加入10mL热的氯化钡溶液，继续微沸3min以上使沉淀良好地形成，然后在常温下静置12~24h或温热处静置至少4h（有争议时，以常温下静置12~24h的结果为准），此时溶液体积应保持在约200mL。用慢速定量滤纸过滤，用热水洗涤，直至检验无氯离子为止。

将沉淀及滤纸一并移入已灼烧恒量的瓷坩埚中，灰化完全后，放入800~950℃的高温炉内灼烧30min，取出坩埚，置于干燥器中冷却至室温，称量。反复灼烧，直至恒量。或者在800~950℃下灼烧约30min（有争议时，以反复灼烧直至恒量的结果为准），置于干燥器中冷却至室温后称量（m_6）。

3) 结果的计算与表示

试样中三氧化硫的质量分数 ω_{SO_3} 按式(2-31)计算：

$$\omega_{SO_3}=\frac{(m_6-m_{06})\times 0.343}{m_5}\times 100 \qquad (2-31)$$

式中 ω_{SO_3}——三氧化硫的质量分数，%；

m_5——试料的质量，g；

0.343——硫酸钡对三氧化硫的换算系数；

m_{06}——空白试验灼烧后沉淀的质量，g。

4. 二氧化硅的测定——氯化铵重量法（基准法）

1) 方法提要

试样以无水碳酸钠烧结，盐酸溶解，蒸发至糊状后加入固体氯化铵，蒸发至干使硅酸凝聚，经过滤灼烧后称量。用氢氟酸处理后，失去的质量即为胶凝性二氧化硅含量，加上滤液中比色回收的可溶性二氧化硅含量即为总二氧化硅含量。

2) 分析步骤

（1）胶凝性二氧化硅的测定。

称取约0.5g试样（m_7），精确至0.0001g，置于铂坩埚中，将盖斜置于坩埚上，在950~1000℃下灼烧5min，取出坩埚冷却。用玻璃棒仔细压碎块状物，加入0.30~0.32g已磨细的无水碳酸钠，用细玻璃棒仔细压碎块状物并搅拌均匀，将黏附在玻璃棒上的试料全部刷回坩埚内。再将坩埚置于950~1000℃下灼烧10min，取出坩埚冷却。

将烧结块移入瓷蒸发皿中，加入少量水润湿，用平头玻璃棒压碎块状物，盖上表面皿，从皿口慢慢加入5mL盐酸及2~3滴硝酸，待反应停止后取下表面皿，用平头玻璃棒压碎块状物使其分解完全，用热盐酸清洗坩埚数次，将洗液合并于蒸发皿中。将蒸发皿置于蒸汽水浴上，皿上放一玻璃三角架，再盖上表面皿。蒸发至糊状后，加入约1g氯化铵，充分搅匀，在蒸汽水浴上蒸发至干后继续蒸发10~15min。蒸发期间用平头玻璃棒仔细搅拌并压碎大颗粒。

取下蒸发皿，加入10~20mL热盐酸（3+97），搅拌使可溶性盐类溶解。立即用中速定量滤纸过滤，用胶头擦棒和滤纸片擦洗玻璃棒及蒸发皿，用热盐酸（3+97）洗涤沉淀3次，然后用热水洗涤沉淀10~12次。滤液及洗液收集于250mL容量瓶中。

在沉淀上加入3滴硫酸，将沉淀连同滤纸一并移入铂坩埚中，盖上坩埚盖，并留有缝隙，在电炉上灰化完全后，放入（1175±25）℃或950~1000℃的高温炉内灼烧1h［有争议时，以（1175±25）℃灼烧的结果为准］，取出坩埚置于干燥器中，冷却至室温，称量。反复灼烧，直至恒量（m_8）。

向坩埚中慢慢加入数滴水润湿沉淀，加入3滴硫酸（1+4）和10mL氢氟酸，放入通风橱内电炉电热板上缓慢加热，蒸发至干，升高温度继续加热至三氧化硫白烟完全驱尽。将坩埚放入950~1000℃的高温炉内灼烧30min以上，取出坩埚置于干燥器中，冷却至室温，称量。反复灼烧，直至恒量（m_9）。

(2) 经氢氟酸处理后的残渣的分解。

向按步骤（1）中经过氢氟酸处理后得到的残渣中加入0.5~1g焦硫酸钾，在喷灯上熔融，熔块用热水和数滴盐酸（1+1）溶解，溶液合并入分离二氧化硅后得到的滤液和洗液中。用水稀释至标线，摇匀。此溶液A供测定滤液中残留的可溶性二氧化硅、三氧化二铁、三氧化二铝、氧化钙、氧化镁、二氧化钛用。

(3) 可溶性二氧化硅的测定——硅钼蓝分光光度法。

从步骤（2）溶液A中吸取25mL溶液放入100mL容量瓶中，加水稀释至40mL依次加入5mL盐酸（1+10）、8mL乙醇、6mL钼酸铵溶液，摇匀。放置30min后，加酸（1+1）、5mL抗坏血酸溶液，用水稀释至标线，摇匀。常温下放置60min后，用分光光度计，10mm比色皿，以水作参比，于波长660nm处测定溶液的吸光度，在工作曲线上查出二氧化硅的含量（m_{10}）。

3) 结果的计算与表示

(1) 胶凝性二氧化硅质量分数的计算

胶凝性二氧化硅的质量分数 $\omega_{胶凝SiO_2}$，按式（2-32）计算：

$$\omega_{胶凝SiO_2} = \frac{(m_8 - m_{08}) - (m_9 - m_{09})}{m_7} \times 100 \qquad (2-32)$$

式中　$\omega_{胶凝SiO_2}$——胶凝性二氧化硅的质量分数，%；

m_7——试料的质量，g；

m_8——灼烧后未经氢氟酸处理的沉淀及坩埚的质量，g；

m_9——用氢氟酸处理并经灼烧后的残渣及坩埚的质量，g；

m_{08}——空白试验灼烧后未经氢氟酸处理的沉淀及坩埚的质量，g；

m_{09}——空白试验用氢氟酸处理并经灼烧后的残渣及坩埚的质量，g。

(2) 可溶性二氧化硅质量分数的计算。

可溶性二氧化硅的质量分数按式（2-33）计算：

$$\omega_{可溶SiO_2} = \frac{m_{10} \times 250}{m_7 \times 25 \times 1000} \times 100 = \frac{m_{10}}{m_7} \qquad (2-33)$$

式中 $\omega_{可溶SiO_2}$——可溶性二氧化硅的质量分数，%；

m_7——试料的质量，g；

m_{10}——测定的100mL溶液中二氧化硅的含量，mg。

（3）总二氧化硅质量分数的计算。

总二氧化硅的质量分数按式(2-34)计算：

$$\omega_{总SiO_2} = \omega_{胶凝SiO_2} + \omega_{可溶SiO_2} \tag{2-34}$$

式中 $\omega_{总SiO_2}$——总二氧化硅的质量分数，%；

$\omega_{胶凝SiO_2}$——胶凝性二氧化硅的质量分数，%；

$\omega_{可溶SiO_2}$——可溶性二氧化硅的质量分数，%。

5. 三氧化二铁的测定——EDTA直接滴定法（代用法）

1）方法提要

在pH值为1.8、温度为60～70℃的溶液中，以磺基水杨酸钠为指示剂，用EDTA标准滴定溶液滴定。

2）分析步骤

称取约0.5g试样（m_{11}），精确至0.0001g，置于银坩埚中，加入6～7g氢氧化钠，盖上坩埚盖（留有缝隙），放入高温炉中，从低温升起，在650～700℃的高温下熔融20min，期间取出摇动1次。取出冷却，将坩埚放入已盛有约100mL沸水的300mL烧杯中，盖上表面皿，在电炉上适当加热，待熔块完全浸出后，取出坩埚，用水冲洗坩埚和盖。在搅拌下一次时加入25～30mL盐酸，再加入1mL硝酸，用热盐酸（1+5）洗净坩埚和盖。将溶液加热煮沸，冷却至室温后，移入250mL容量瓶中，用水稀释至标线，摇匀。此溶液B供测定二氧化硅、三氧化二铁、三氧化二铝、氧化钙、氧化镁和二氧化钛用。

从溶液A或上述溶液B中吸取25mL溶液放入300mL烧杯中，加水稀释至约100mL，用氨水（1+1）和盐酸（1+1）调节溶液pH值为1.8（用精密pH试纸）。将溶液加热至70℃，加入10滴磺基水杨酸钠指示剂溶液，用EDTA标准滴定溶液缓慢地滴定至亮黄色（V_1，终点时溶液温度应不低于60℃，如终点前溶液温度降至近60℃时，应再加热至65～70℃）。保留此溶液供测定三氧化二铝用。

3）结果的计算与表示

三氧化二铁的质量分数 $\omega_{Fe_2O_3}$ 按式(2-35)计算：

$$\omega_{Fe_2O_3} = \frac{T_{Fe_2O_3} \times (V_1 - V_{01}) \times 10}{m_{12} \times 1000} \times 100 = \frac{T_{Fe_2O_3} \times (V_1 - V_{01})}{m_{12}} \tag{2-35}$$

式中 $\omega_{Fe_2O_3}$——三氧化二铁的质量分数，%；

$T_{Fe_2O_3}$——EDTA标准滴定溶液对三氧化二铁的滴定度，mg/mL；

V_1——滴定时消耗EDTA标准滴定溶液的体积，mL；

m_{12}——m_7 或 m_{11} 中试料的质量，g；

V_{01}——空白试验消耗EDTA标准滴定溶液的体积，mL；

10——全部试样溶液与所分取试样溶液的体积比。

6. 三氧化二铝的测定——EDTA 直接滴定法（代用法）

1) 方法提要

将滴定铁后的溶液的 pH 值调节至 3.0，在煮沸下以 EDTA—铜和 PAN 为指示剂，用 EDTA 标准滴定溶液滴定。

2) 分析步骤

将测完铁的溶液加水稀释至约 200mL，加入 1～2 滴溴酚蓝指示剂溶液，滴加氨水（1+1）至溶液出现蓝紫色，再滴加盐酸（1+1）至黄色。加入 15mL 的 pH 值为 3.0 的缓冲溶液，加热煮沸并保持微沸 1min，加入 10 滴 EDTA—铜溶液及 2～3 滴 PAN 指示剂溶液，用 EDTA 标准滴定溶液滴定至红色消失。继续煮沸，滴定，直至溶液经煮沸后红色不再出现，呈稳定的亮黄色为止（V_2）。

3) 结果的计算与表示

三氧化二铝的质量分数 $\omega_{Al_2O_3}$ 按式(2-36) 计算：

$$\omega_{Al_2O_3}=\frac{T_{Al_2O_3}\times(V_2-V_{02})\times 10}{m_{12}\times 1000}\times 100=\frac{T_{Al_2O_3}\times(V_2-V_{02})}{m_{12}} \quad (2\text{-}36)$$

式中 $\omega_{Al_2O_3}$——三氧化二铝的质量分数，%；

$T_{Al_2O_3}$——EDTA 标准滴定溶液对三氧化二铝的滴定度，mg/mL；

V_2——滴定对消耗 EDTA 标准滴定溶液的体积，mL；

m_{12}——m_7 或 m_{11} 中试料的质量，g；

V_{02}——空白试验消耗 EDTA 标准滴定溶液的体积，mL；

10——全部试样溶液与所分取试样溶液的体积比。

7. 氧化钙的测定——EDTA 滴定法（基准法）

1) 方法提要

在 pH 值大于 13 的强碱性溶液中，以三乙醇胺为掩蔽剂，用钙黄绿素—甲基百里酚蓝—酚酞混合指示剂（简称 CMP 混合指示剂），用 EDTA 标准滴定溶液滴定。

2) 分析步骤

从溶液 A 中吸取 25mL 溶液放入 300mL 烧杯中，加水稀释至约 200mL。加入 5mL 三乙醇胺溶液（1+2）及适量的 CMP 混合指示剂，在搅拌下加入氢氧化钾溶液至出现绿色荧光后再过量 5～8mL，此时溶液 pH 值为 13 以上，用 EDTA 标准滴定至荧光完全消失并呈现红色（V_3）。

3) 结果的计算与表示

氧化钙的质量分数 ω_{CaO} 按式(2-37) 计算：

$$\omega_{CaO}=\frac{T_{CaO}\times(V_3-V_{03})\times 10}{m_7\times 1000}\times 100=\frac{T_{CaO}\times(V_3-V_{03})}{m_7} \quad (2\text{-}37)$$

式中 ω_{CaO}——氧化钙的质量分数，%；

T_{CaO}——EDTA 标准滴定溶液对氧化钙的滴定度，mg/mL；

V_3——滴定时消耗 EDTA 标准滴定溶液的体积，mL；

m_7——试料的质量，g；

V_{03}——空白试验消耗 EDTA 标准滴定溶液的体积，mL；

10——全部试样溶液与所分取试样溶液的体积比。

8. 氧化镁的测定——原子吸收光谱法（基准法）

1）方法提要

以氢氟酸—高氯酸分解或氢氧化钠熔融分解试样的方法制备溶液，分取一定量的溶液，用锶盐消除硅、铝、钛等对镁的干扰，在空气—乙炔火焰中，于波长 285.2nm 处测定溶液的吸光度。

2）分析步骤

（1）氢氟酸—高氯酸分解试样。

称取约 0.1g 试样（m_{13}），精确至 0.0001g，置于铂坩埚（或铂皿）中，加入 0.5~1mL 水润湿，加入 5~7mL 氢氟酸和 0.5mL 高氯酸，放入通风橱内低温电热板上加热，近干时摇动铂坩埚以防溅失。待白色浓烟完全驱尽后，取下冷却。加入 20mL 盐酸（1+1），温热至溶液澄清，冷却后，移入 250mL 容量瓶中，加入 5mL 氯化锶溶液，用水稀释至标线，摇匀，此溶液 C 供原子吸收光谱法测定氧化镁、三氧化二铁、氧化钾和氧化钠用。

（2）氢氧化钠熔融-盐酸分解试样。

称取约 0.1g 试样（m_{14}），精确至 0.0001g，置于银坩埚中，加入 3~4g 氢氧化钠，盖上坩埚盖（留有缝隙），放入高温炉中，在 750℃ 的高温下熔融 10min，取出冷却。将坩埚放入已盛有约 100mL 沸水的 300mL 烧杯中，盖上表面皿，待熔块完全浸出后（必要时可适当加热），取出坩埚，用水冲洗坩埚和盖。在搅拌下一次时加入 35mL 盐酸（1+1），用热盐酸（1+9）洗净坩埚和盖。将溶液加热煮沸，冷却后，移入 250mL 容量瓶中，用水稀释至标线，摇匀。此溶液 D 供原子吸收光谱法测定氧化镁用。

（3）氧化镁的测定。

从溶液 C 或溶液 D 中吸取一定量的溶液放入容量瓶中（试样溶液的分取量及容量瓶的容积视氧化镁的含量而定），加入 12mL 盐酸（1+1）及 2mL 氯化锶溶液，使测定溶液中盐酸的体积分数为 6%，锶的浓度为 1mg/mL。用水稀释至标线，摇匀。用原子吸收光谱仪，在空气—乙炔火焰中，用镁空心阴极灯，于波长 285.2nm 处，测定溶液的吸光度，在工作曲线上查出氧化镁的浓度（C_1）。

3）结果的计算与表示

氧化镁的质量分数 ω_{MgO} 按式(2-38)计算：

$$\omega_{MgO} = \frac{C_1 \times 100 \times 50}{m_{15} \times 10^6} \times 100 = \frac{C_1 \times 0.5}{m_{15}} \tag{2-38}$$

式中 ω_{MgO}——氧化镁的质量分数，%；

C_1——扣除空白试验值后测定溶液中氧化镁的浓度，mg/mL；

m_{15}——m_{13} 或 m_{14} 中试料的质量，g；

100——测定溶液的体积，mL；

50——全部试样溶液与所分取试样溶液的体积比。

9. 二氧化钛的测定——二安替比林甲烷分光光度法

1) 方法提要

在酸性溶液中钛氧基离子（TiO^{2+}）与二安替比林甲烷生成黄色配合物，于波长420nm处测定溶液的吸光度。用抗坏血酸消除三价铁离子的干扰。

2) 分析步骤

从溶液A或溶液B中，吸取25.00mL溶液放入100mL容量瓶中，加入10mL盐酸（1+2）、10mL抗坏血酸溶液，放置5min，加入5mL乙醇、20mL二安替比林甲烷溶液。用水稀释至标线，摇匀。常温下放置40min后，用分光光度计，10mm比色皿，以水作参比，于波长420nm处测定溶液的吸光度，在工作曲线上查出二氧化钛的含量（m_{16}）。

3) 结果的计算与表示

二氧化钛的质量分数 ω_{TiO_2} 按式(2-39)计算：

$$\omega_{TiO_2} = \frac{m_{16} \times 10}{m_{12} \times 1000} \times 100 = \frac{m_{16}}{m_{12}} \tag{2-39}$$

式中 ω_{TiO_2}——二氧化钛的质量分数，%；

m_{12}——m_7 或 m_{11} 中试料的质量，g；

m_{16}——扣除空白试验值后100mL测定溶液中二氧化钛的含量，mg；

10——全部试样溶液与所分取试样溶液的体积比。

10. 氧化钾和氧化钠的测定——火焰光度法（基准法）

1) 方法提要

试样经氢氟酸—硫酸蒸发处理除去硅，用热水提取残渣，以氨水和碳酸铵分离铁、铝、钙、镁。滤液中的钾、钠用火焰光度计进行测定。

2) 分析步骤

称取约0.2g试样（m_{17}），精确至0.0001g，置于铂皿中，加入少量水润湿，加入5~7mL氢氟酸和15~20滴硫酸（1+1），放入通风橱内低温电热板上加热，近干时摇动铂皿，以防溅失，待氢氟酸驱尽后逐渐升高温度，继续将三氧化硫白烟驱尽，取下冷却。加入40~50mL热水，用胶头擦棒压碎残渣使其分散，加入1滴甲基红指示剂溶液，用氨水（1+1）中和至黄色，再加入10mL碳酸铵溶液，搅拌，然后放入通风橱内电热板上加热至沸并继续微沸20~30min。用快速滤纸过滤，以热水充分洗涤，用胶头擦棒擦洗铂皿，滤液及洗液收集于100mL容量瓶中，冷却至室温。用盐酸（1+1）中和至溶液呈微红色，用水稀释至标线，摇匀。在火焰光度计上，按仪器使用规程，进行测定。在工作曲线上分别查出氧化钾和氧化钠的含量（m_{18}）和（m_{19}）。

3) 结果的计算与表示

氧化钾和氧化钠的质量分数 ω_{K_2O} 和 ω_{Na_2O} 分别按式(2-40)和式(2-41)计算：

$$\omega_{K_2O} = \frac{m_{18}}{m_{17} \times 1000} \times 100 = \frac{m_{18} \times 0.1}{m_{17}} \tag{2-40}$$

$$\omega_{Na_2O} = \frac{m_{19}}{m_{17} \times 1000} \times 100 = \frac{m_{19} \times 0.1}{m_{17}} \tag{2-41}$$

式中　ω_{K_2O}——氧化钾的质量分数，%；

　　　ω_{Na_2O}——氧化钠的质量分数，%；

　　　m_{17}——试料的质量，g；

　　　m_{18}——扣除空白试验值后100mL测定溶液中氧化钾的含量，mg；

　　　m_{19}——扣除空白试验值后100mL测定溶液中氧化钠的含量，mg。

三、水泥干粉的粒度分布和比表面积

水泥的粉体状态一般表达为磨细程度（细度和比表面积）、颗粒分布和颗粒形貌。水泥产品必须磨制到一定细度状态时，才具有胶凝性。

1. 粒度分布

在水泥粉磨过程中得到的水泥颗粒不是均匀的单颗粒，而是包含不同粒径的颗粒群体。水泥颗粒的平均粒径是表现水泥颗粒体系的重要几何参数，但其所能提供的粒度特征信息则非常有限，因为两个平均粒径相同的粒群，完全可能具有不一样的粒度组成（颗粒级配）。颗粒分布对水泥的工作性能、力学性能和砂浆干缩性能都有一定影响。

（1）水泥激光粒度分析：粒度分布在水泥行业又叫颗粒级配，是指各种大小的颗粒占颗粒总数的比例，又称粒度的微分分布或频度分布。

（2）方法原理：一个有代表性的粉体试样，以适当浓度在液体或气体介质中良好分散（即颗粒之间相互分离，不团聚）后，通过激光束，光束将被试样颗粒散射或阻挡，产生变化了的光信号。该光信号的值与颗粒大小之间有对应关系，反映该关系的数据可事先存在与仪器配套的计算机中。该光信号被传感器接受后，转换成一组数字化的光电信号，再送入计算机，计算机可根据接收到的光信号，计算出被测试样的粒度分布。以液体为介质输送并分散试样，称为湿法进样；以气体为介质输送并分散试样，称为干法进样。

（3）实验仪器：激光粒度分析仪、0.50mm方孔筛、电热干燥箱。

（4）分散介质：无水乙醇—湿法采用无水乙醇为分散介质。无水乙醇中乙醇含量应符合色谱纯的要求，即含量大于99.5%；压缩空气—干法采用压缩空气为分散介质。压缩空气不应含水、油和微粒。压缩空气在接触水泥颗粒前宜通过一个带过滤网的干燥器。

（5）试验条件：室温在10~30℃之间。相对湿度不大于70%。室内空气中微粒含量较少，通风良好，无腐蚀性气体，避免阳光直射。

（6）水泥颗粒分布对其使用性能的影响：同一比表面积的同品种水泥，颗粒分布越窄，其堆积空隙率越大，标准稠度用水量越大，凝结时间越长，1天水化热越小，1天胶砂强度越低。当颗粒分布较宽时，1天胶砂强度随比表面积增大增幅较大；颗粒分布较窄时，比表面积增大，1天胶砂强度增幅不大。

同一比表面积的同品种水泥，颗粒分布越窄，Marsh曲线的饱和点越大，对应Marsh时间越长。水泥颗粒分布较宽时，随比表面积增大饱和点增大，对应的Marsh时间变化不大；水泥颗粒分布较窄时，随比表面积增大饱和点增大，对应的Marsh时间显著延长。

水泥颗粒分布对立窑水泥砂浆干缩率有显著影响，比表面积相同时，颗粒分布越窄，砂浆干缩率越大；随比表面积的增大，砂浆干缩率增大。颗粒分布与比表面积对回转窑水泥砂浆干缩率影响不大。立窑水泥砂浆干缩率比同品种的回转窑水泥砂浆大。

2. 比表面积

1) 定义与测定原理

水泥比表面积是指单位质量的水泥粉所具有的总表面积，单位以 m^2/kg 来表示。各级水泥比表面积控制指标见表2-15。

表2-15 各级水泥比表面积控制指标

水泥类型	A级	B级	C级	D级	H级	G级
比表面积控制指标，m^2/kg	360~380	340~370	440~460	270~290	270~300	310~335

水泥的比表面积主要根据一定量的空气通过具有一定空隙率和固定厚度的水泥层时，所受阻力不同而引起流速的变化来测定。在一定空隙率的水泥层中，孔隙的大小和数量是颗粒尺寸的函数，同时也决定了通过料层的气流速度。（本方法不适于测定多孔材料及超细粉状物料）

2) 使用的仪器和材料

使用的仪器和材料有Blaine透气仪、穿孔板、捣器、压力计、抽气装置、分析天平、计时秒表、烘干箱、压力计液体和基准材料。使用的仪器和材料必须符合国家标准 GB/T 10238—2015《油井水泥》的要求。

3) 注意事项

这个实验的难点是滤纸的制备，滤纸应是与圆筒内径相同、边缘光滑的圆片。穿孔板上滤纸片如果比圆筒内径小时，会有部分试样黏于圆筒内壁高出圆板上部；当滤纸直径大于圆筒内径时会引起滤纸片皱起使结果不准。建议购买检测部门制备好的滤纸。如果实验者自己制备时，制备的滤纸不应该有毛边，操作要格外小心。同时，每次测定需用新的滤纸。试验前要检查Blaine透气仪的密封性以防漏气，同时操作时要小心，以免碰坏玻璃管。标准样品要放置在干燥器内保存。

4) 结果评价

水泥比表面积应由两次透气试验结果的平均值确定。如果两次试验结果相差2%以上时，应重新试验。计算精确到 $10cm^2/g$，如测得值在 $10cm^2/g$ 以下则按四舍五入取值。

5) 影响油井水泥比表面积测定的主要因素

(1) 试样层内空隙分布的均匀程度对比表面积的测定有一定的影响，因此对试样的捣实必须有统一的操作方法，以确保测定准确。

(2) 试样密度是决定试样称量的一个因素，同时在比表面积的计算中也要采用，因此密度测定结果准确与否将直接影响试样层的空隙率和比表面积测定结果。

(3) 压力计管后面装有一平面镜，可减少由于操作人员读数的误差而引起的误差。在测试时保持刻度线液体的凹液面与平面镜中影子重合即可，提高试验的精度和重复性。

(4) 防止仪器各部分接头处漏气，保证仪器密封性。

(5) 压力计内液面应保持在规定的刻度线上，如有损失或蒸发应及时补充。

(6) 试验时穿孔板的上下面应与测定圆筒试样层体积时的方向一致。

(7) 圆筒内穿孔板上的滤纸应与圆筒内径一致，滤纸太大，会使滤纸起皱。滤纸太小，会引起部分水泥外溢，黏附到圆筒内壁上影响试验结果。如滤纸品种或质量有变动时，仪器常数和装料圆筒体积均应重新标定。

（8）用捣器捣实试样时，捣器上的支持环必须与圆筒上口边接触，以保证料层达到一定高度。

（9）在抽气时，应让液面慢慢上升，以免液体冲出压力计。勃氏仪上装有电动抽气泵，只需控制好通气阀门即可保证液面慢慢上升。

课后习题

1. 我国使用的油井水泥标准与 API 油井水泥的标准存在哪些差异？
2. 分别介绍 API 规定的各级油井水泥的化学性能要求。
3. 简述油井水泥生产的主要工艺过程。
4. 比较干法、湿法生产方式的优缺点。
5. 谈谈对窑外分解窑的认识。
6. 生产油井水泥必须要求满足哪些工艺条件？
7. 简述硅酸盐水泥熟料主要的氧化物及其含量。
8. 硅酸盐水泥熟料主要有哪些矿物组成？请写出它们的化学式及其简写，以及各自的水化特点。
9. 简述水泥熟料率值的定义以及率值、矿物组成、石灰饱和系数之间的换算关系。
10. 油井水泥在原料选择上有哪些要求？
11. 以 G 级水泥为例，详述水泥熟料的选择需要考虑的因素。
12. 油井水泥熟料的煅烧经历了哪些阶段？这些阶段各自有什么特点？
13. 固相反应的影响因素有哪些？
14. 在测定水泥样品中有害元素含量之前，为什么以硝酸、盐酸、氢氟酸加高氯酸进行消解？
15. 概括水泥熟料中主要氧化物的测试方法。
16. 查阅资料了解如何利用代用法测定水泥各组分含量。
17. 激光法测定水泥颗粒级配的方法原理是什么？水泥颗粒大小如何影响水泥性能？
18. 简述水泥干粉的比表面积的定义、测试原理以及影响比表面积测定的主要因素及注意事项。

第三章

油井水泥的水化与硬化

油井水泥用适量的水拌和后形成浆体，起初的浆体具有可塑性和流动性，是一种能够胶结的可塑性浆体。水泥与水接触后即发生物理化学反应，称为水泥的水化反应。随着水化反应的不断进行，浆体逐渐失去塑性并硬化为具有一定强度的固结体（石状体），这个过程称为水泥的凝结与硬化。

第一节 油井水泥熟料矿物的水化反应

一、硅酸盐矿物的水化反应

1. 硅酸盐矿物水化作用

在油井水泥中硅酸盐矿物含量通常在70%以上，包括硅酸三钙（$3CaO \cdot SiO_2$，简写为C_3S）和硅酸二钙（$2CaO \cdot SiO_2$，简写为C_2S）。其中C_3S一般为50%（质量分数）左右，C_2S一般为20%（质量分数）左右。通常条件下，这两种矿物的水化产物都是水化硅酸钙（$xCaO \cdot SiO_2 \cdot yH_2O$，简写为C-S-H）和氢氧化钙[$Ca(OH)_2$，简写为CH]：

$$3CaO \cdot SiO_2 + nH_2O \longrightarrow xCaO \cdot SiO \cdot yH_2O + (3-x)Ca(OH)_2 \tag{3-1}$$

$$2CaO \cdot SiO_2 + nH_2O \longrightarrow xCaO \cdot SiO \cdot yH_2O + (2-x)Ca(OH)_2 \tag{3-2}$$

简写为

$$C_3S + nH \longrightarrow C\text{-}S\text{-}H + (3-x)CH \tag{3-3}$$

$$C_2S + nH \longrightarrow C\text{-}S\text{-}H + (2-x)CH \tag{3-4}$$

水化硅酸钙$xCaO \cdot SiO_2 \cdot yH_2O$的化学组成式不是固定的，其C/S（$CaO/SiO_2$的摩尔比）和H/S（$H_2O/SiO_2$的摩尔比）会随水相中钙离子浓度、外加剂、温度及水化程度等发生变化，而且水化硅酸钙形态不固定，通常称之为"C-S-H"凝胶。这种凝胶大约占已充分水化水泥的70%，是硬化水泥的主要胶结成分。而氢氧化钙通常在硬化水泥中占15%~20%，结晶度很高，微观上呈六角形片状晶体结构。由于C_3S比C_2S水化速率快，而且熟料中C_3S含量高，形成大量C-S-H凝胶，所以C_3S对水泥浆体初凝及早期强度的形成起主要作用，而C_2S水化速度慢，对水泥石的后期强度（特别是28天后的强度）的增长起主要作用。

2. 硅酸盐矿物水化反应历程及机理

C_2S 水化机理大体上与 C_3S 相似,这里仅以 C_3S 的水化作用为例介绍硅酸盐矿物的水化过程及机理。

C_3S 的水化反应为放热过程,因此可以用微量热仪检测其放热速率来表征其水化反应速度。图 3-1 表示的是理想的 C_3S 水化放热曲线,其水化过程根据水化放热速率—水化时间曲线,主要可以划分为五个水化阶段:Ⅰ——诱导前期;Ⅱ——诱导期;Ⅲ——加速期;Ⅳ——减速期;Ⅴ——稳定期。图 3-2 是 C_3S 在水泥浆体系内水化反应示意图。

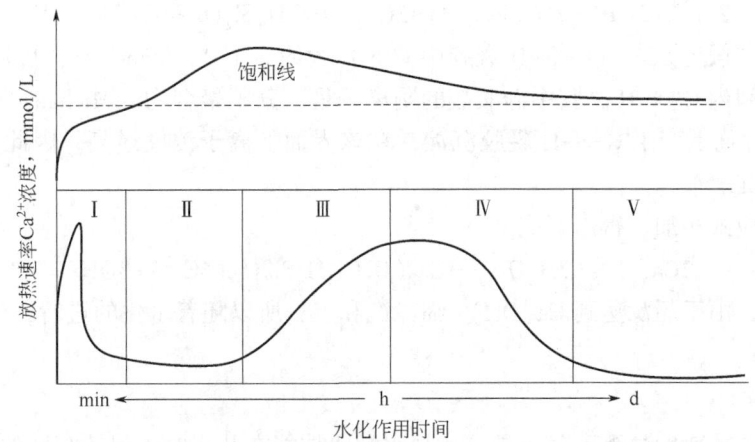

图 3-1 C_3S 理想水化放热速率—时间曲线和 Ca^{2+} 浓度变化曲线

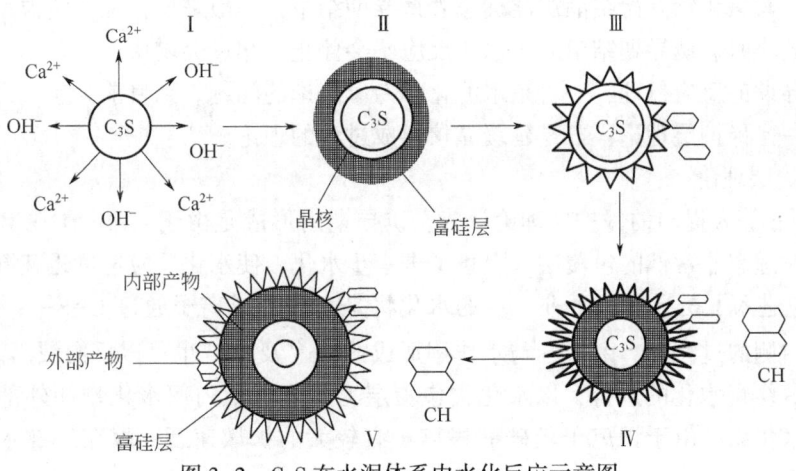

图 3-2 C_3S 在水泥体系内水化反应示意图

1) 诱导前期

水泥与水接触后立即发生反应,该阶段时间很短,在 15min 内结束。此过程会有大量的水化热产生,并在 C_3S 表面形成 C-S-H 凝胶水化层。

当 C_3S 与水接触后,与水发生初始水解,Ca^{2+} 和 OH^- 进入溶液,在 C_3S 表面形成一个缺钙的富硅层,该富硅层是无定形的,能吸水溶胀。接着 Ca^{2+} 依靠化学吸附到富硅层表面,形成双电层。在诱导前期,溶液中的 Ca^{2+} 浓度增加,但没有达到饱和点,随着进一步水化,

Ca^{2+} 的溶解度继续增加。几分钟内，pH 值上升超过 12，溶液具有强碱性。

对于 C_3S 水化机理，经过多年研究，目前广为接受的机理是溶解/沉淀理论。当 C_3S 与水接触后，首先在表面形成一层 C-S-H 凝胶的水化层，发生表面质子注入，从而导致晶体第一层中的 O^{2-} 和 SiO_4^{4-} 离子转变成 OH^- 和 $H_3SiO_4^-$ 离子。按照下面的公式，几乎在发生这种反应的瞬间，质子注入的表面又立即产生同样的溶解。

$$2Ca_3SiO_5 + 8H_2O \longrightarrow 6Ca^{2+} + 10OH^- + 2H_3SiO_4^- \tag{3-5}$$

上述反应产物在水中溶解并使溶液很快变成过饱和 C-S-H 凝胶溶液。随之在 C_3S 表面产生 C-S-H 凝胶沉淀（Barret 和 Bertamdrie，1986 及 Menetrier，1977）其反应为

$$2Ca^{2+} + 2OH^- + 2H_3SiO_4^- \longrightarrow 2Ca_2(OH)H_4Si_2O_7 + 4Ca^{2+} + 8OH^- \tag{3-6}$$

上述反应式假定原来的 C-S-H 凝胶中 C/S 比大约为 1.0（Menetrier，1977）。此外，在很短的水化时间内 C-S-H 凝胶中硅酸盐的阴离子是二分子聚合物（Michaeu 等，1983），在 C_3S 与溶液的界面上产生 C-S-H 凝胶沉淀，在该界面上离子浓度最高。因此，在 C_3S 表面形成一薄层沉淀。

将前两反应式相加，得出下式：

$$2Ca_3SiO_5 + 7H_2O \longrightarrow Ca_2(OH)_2H_4Si_2O_7 + 4Ca^{2+} + 8OH^- \tag{3-7}$$

在此阶段，由于还没达到 $Ca(OH)_2$ 临界饱和点，所以随着水化的进行，$Ca(OH)_2$ 的浓度不断增大。

2）诱导期

这一阶段放热速度显著下降，是硅酸盐水泥浆体能在几小时内保持塑性的原因。生成的 C-S-H 凝胶缓慢沉淀，Ca^{2+} 和 OH^- 浓度继续增大。当达到临界饱和度时，开始结晶析出氢氧化钙沉淀。氢氧化钙开始结晶沉淀标志着诱导期结束，一般来说，在一定温度条件下，诱导期会持续数小时。诱导期结束后，水化反应不会停止，相反会增快。

关于诱导期的反应机理，一直是水泥化学专家争论的问题。到目前为止，最经典最具有代表性的：一是保护层理论；二是延缓晶核形成过程的理论。

(1) 保护层理论。

H. N. Stein 等人提出的保护层理论认为，诱导期的形成是由于 C-S-H 在 C_3S 粒子表面沉淀，形成渗透率非常低的包覆层，阻止了进一步水化，使水化反应速度迅速降低。这表示 C_3S 水化反应进入了诱导期。而进一步的水化将是水分子或离子通过 C-S-H 层对内扩散。而在包覆层内侧的过渡区，由 C_3S 与水作用形成的 Ca^{2+} 及 OH^- 也可以反向浸出。

随着 C_3S 缓慢水化的进行，以水化物包覆层为界形成了内部水化物和外部水化物两种不同组成的水化物。由于钙离子较硅酸根离子有较大的扩散速度，故在外部水化物中存在 $Ca(OH)_2$ 晶体。

按照 Power（1961）、Double（1975）及 Thomas（1981）的观点，随着水化反应的进一步发展，C_3S 外的包覆层增大，过渡区与外部溶液的离子浓度差增大，在包覆层内外逐渐建立较大的渗透压。当渗透压达到足够大时，包覆层破坏，释放出大量的硅酸盐到溶液中去，并在 C_3S 周围形成厚层纤维状水化硅酸钙，诱导期结束。C_3S 水化反应速度随之增大。

DeJong（1967）提出另一种理论认为 C-S-H 凝胶层经过形态上的改变增加了渗透率，因而水较容易穿过凝胶层，加速了水化过程。

尽管有如此多的理论模型,但是保护层假说所提出的概念发展主要依赖间接证据。因此,还有许多研究者在以不同形式来改进保护层理论:有人认为保护层的形式为一种半渗透膜(即半渗透膜理论),Double认为,初始形成的水化产物在未水化粒子表面形成的是一种具有渗透能力的半渗透膜,该半渗透性包覆层的形成表明水化开始进入诱导期。由于溶液能够通过半渗透膜,因此,H_2O 分子和 OH^- 优先渗入膜内侧,使未水化的 C_3S 继续水化,并使膜内 Ca^{2+} 和硅酸根离子浓度继续增加。最后由于半渗透膜两侧浓度差引起的渗透压增加,导致半渗透膜破裂而使诱导期结束,水化重新开始加速。

(2) 延缓晶核形成过程理论。

延缓晶核形成过程理论认为:诱导期是由于 $Ca(OH)_2$ 或 C-S-H 或二者同时存在,使晶核形成过程延缓。而且一旦晶核开始形成,诱导期就宣告结束。

Skalny 和 Young(1980)及 Tadros 等(1976)认为:诱导期受溶液中 $Ca(OH)_2$ 晶核的形成与生长所控制。在此阶段 C_3S 缓慢溶解以生成富有 Ca^{2+} 及 OH^- 离子的溶液。为了克服溶液中硅酸盐离子对 $Ca(OH)_2$ 晶体形成的抑制作用,一直要到在溶液中建立起充分的过饱和度才能迅速形成稳定的 $Ca(OH)_2$ 晶核。当 $Ca(OH)_2$ 结晶成长时会从溶液中移去 Ca^{2+} 及 OH^- 离子,因而使 C_3S 水化加速,诱导期就此结束。也就是说,当溶液中 Ca^{2+} 离子浓度达到最高值时,便是诱导期结束和加速期开始。Fievers 和 Yerhegen(1976)不同意这一观点,并提出在 C_3S 表面首先迅速地产生化学吸附水的机理。水化产物在水化活跃处结晶,当结晶达到临界尺寸时就开始了加速的水化作用。

3) 加速期

在诱导期结束时,仅有少量 C_3S 发生了水化。加速期水化反应重新加快,反应速率随时间增长,出现第二个主要的放热峰,当到达峰顶时加速期即宣告结束,宏观上达到硬化开始,即"初凝"。

该阶段是水化最快的阶段。在加速水化阶段,从溶液中析出 $Ca(OH)_2$,并形成晶体。C-S-H 凝胶充满整个空间,交互生成的水化物内聚而形成网状结构,整个体系开始形成强度。

4) 减速期

反应速率随时间下降阶段,水化作用逐渐受扩散速率的控制。

随着水化产物在颗粒周围的形成,C_3S 的水化也受到阻碍。最初的产物,大部分生长在颗粒原始周界以外由水填充的空间,而后期的生长则在颗粒原始周界以内的区域进行,这两部分的 C-S-H,分别被称为"外部产物"和"内部产物"。随着内部产物的形成和发展,C_3S 的水化由减速期向稳定期转变。

5) 稳定期

反应速率很低,基本稳定的阶段,水化作用完全受扩散速率控制。

由于水泥水化反应产物层的渗透率逐步降低,水化速率继续下降,部分 Ca^{2+} 和 Si^{4+} 需要通过内部产物向外迁移,转入 $Ca(OH)_2$ 和外部产物 C-S-H,由于空间限制及离子浓度的变化,内部产物 C-S-H 在形貌和成分等方面与外部产物 C-S-H 有所差异,内部产物 C-S-H 的结构更为密实,随着水化反应的进行,水泥强度越来越大。

二、铝酸盐矿物的水化反应

1. 铝酸三钙的水化反应

油井水泥中的铝酸盐成分包括铝酸三钙（$3CaO \cdot Al_2O_3$，简写为 C_3A）和铁铝酸四钙（$4CaO \cdot Al_2O_3 \cdot Fe_2O_3$，简写为 C_4AF），由于 C_4AF 的水化作用与 C_3A 相似，但水化速度却略慢于 C_3A，所以可以用 C_3A 的水化反应来代表油井水泥中铝酸盐的水化特征。虽然 C_3A 含量较少，但水化活性却很强。因此，它对水泥浆的流动性和凝固水泥的早期强度有很大的影响。与 C_3S 一样，C_3A 水化反应的第一步也是在固体和水之间的界面上进行的。这种不可逆反应导致表面阴离子 AlO_2^- 和 O^{2-} 氢氧根化，形成 $[Al(OH)_4]^-$ 和 OH^- 阴离子，从而造成质子化表面的同时分解：

$$Ca_3Al_2O_6 + 6H_2O \longrightarrow 3Ca^{2+} + 2[Al(OH)_4]^- + 4OH^- \tag{3-8}$$

这种溶液很快变成铝酸钙水化物的过饱和溶液，形成沉淀：

$$6Ca^{2+} + 4[Al(OH)_4]^- + 8OH^- + 15H_2O \longrightarrow Ca_2[Al(OH)_5]_2 3H_2O + 2[Ca_2Al(OH)_7 6H_2O] \tag{3-9}$$

将反应式(3-8)和式(3-9)两边相加，得出用水泥化学符号表示的反应式：

$$2C_3A + 27H \longrightarrow C_2AH_8 + C_4AH_{19}（或 C_4AH_{13}） \tag{3-10}$$

反应式(3-10)中的铝酸钙水化物是不稳定的六角形晶体，这些晶体具有层状结构，由 $Ca_2Al(OH)^{6+}$ 片状物和层间 $Al(OH)^{4-}$ 或 OH^- 所组成，这种六方形水化物为亚稳态，它们最终转变成稳定的正方体晶体六水铝酸三钙（$3CaO \cdot Al_2O_3 \cdot 6H_2O$，简写为 C_3AH_6），如式(3-11)所示，在一定条件下，这一反应要持续几天。

$$C_2AH_8 + C_4AH_{19} \longrightarrow 2C_3AH_6 + 15H \tag{3-11}$$

与水化硅酸钙不同，水化铝酸钙不是不定形体，它的表面并不形成保护层，观察不到诱导阶段，很快就达到完全水化。如果不加以控制，将对水泥浆流变性产生严重影响。

C_3A 水化过程见图3-3。

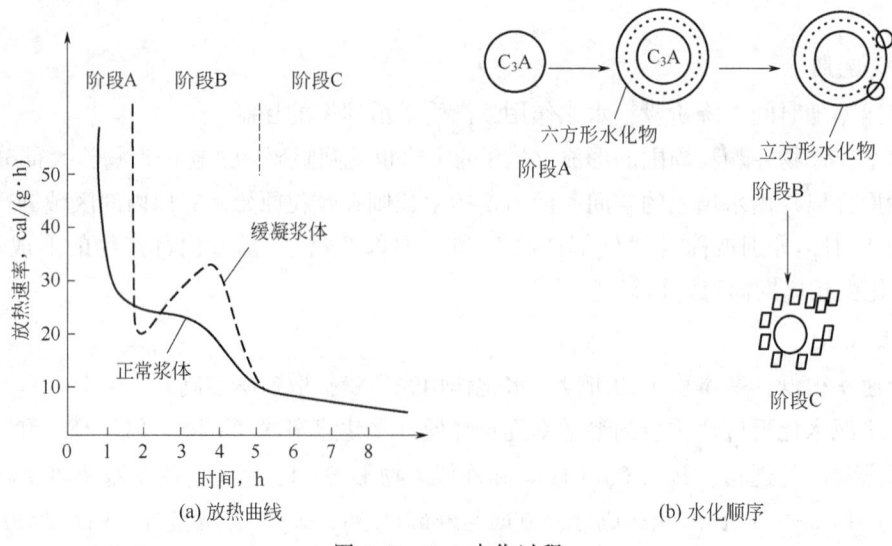

(a) 放热曲线　　　　　　　　　(b) 水化顺序

图3-3　C_3A 水化过程

2. 在石膏存在下 C_3A 的水化

在熟料中加入 3%~5% 石膏，正是为了控制铝酸钙水化，起到抑制闪凝和调节凝结时间的作用。石膏与水接触后，一部分发生溶解，在溶液中游离出 Ca^{2+} 和 SO_4^{2-}，它们立即与铝酸钙分解出的铝离子和氢氧根离子发生反应，依水化条件不同可生成单硫型水化硫铝酸钙（$3CaO \cdot Al_2O_3 \cdot CaSO_4 \cdot 12H_2O$，简写为 AFm）和三硫型水化硫铝酸钙（钙矾石）（$3CaO \cdot Al_2O_3 \cdot 3CaSO_4 \cdot 32H_2O$，简写为 AFt）。水化温度和 SO_4^{2-} 浓度均影响上述两种水化产物的生成。当水泥中石膏相对含量较高，水灰比（W/C）为 0.3~0.6 时，可以认为水化是在饱和石膏溶液中进行的。此时主要生成三硫型水化硫铝酸钙，从而促进水泥早期强度发展。当水泥中石膏消耗完毕后，C_3A 将与三硫型水化硫铝酸钙作用并转化为单硫型水化硫铝酸钙，后者再和 C_4AH_{13} 形成固溶体。

铝酸三钙与石膏水化反应表示如下：

$$6Ca^{2+} + 2[Al(OH_4)]^- + 3SO_4^{2-} + 4OH^- + 26H_2O \longrightarrow Ca[Al(OH_6)]_2(SO_4)_3 \cdot 26H_2O \tag{3-12}$$

整个反应式可用水泥化学符号写成下式：

$$C_3A + 3C\bar{S}H + 26H \longrightarrow C_3A \cdot 3C\bar{S} \cdot 32H \tag{3-13}$$

钙矾石以针状晶体形式沉淀在 C_3A 表面上，阻止水化迅速进行，如图 3-4(a) 所示。从而产生"诱导阶段"。在这一阶段，石膏逐渐减少，而钙矾石继续沉淀。当加入的石膏消耗尽时，C_3A 水化延缓期结束，而快速水化期开始。SO_4^{2-} 浓度迅速降低。钙矾石变得不稳定，转变成片状低硫型水化硫铝酸钙。反应如下：

$$C_3A \cdot C\bar{S} \cdot 12H + 2C_3A + 4H \longrightarrow 3C_3A \cdot C\bar{S} \cdot 12H \tag{3-14}$$

上述反应 $CaSO_4 \cdot 2H_2O$ 与 C_3A 的比值不同，其水化产物也有差别，如表 3-1 所示。

表 3-1 C_3A 的水化产物

实际参加反应的 $C\bar{S}H_2/C_3A$（摩尔比）	水化产物
3.0	钙矾石（AFt）
3.0~1.0	钙矾石（AFt）+单硫型水化硫铝酸钙（AFm）
1.0	单硫型水化硫铝酸钙（AFm）
<1.0	单硫型固溶体 [C_3A ($\bar{CS}$, CH) H_{12}]
0	水石榴石（C_3AH_6）

石膏存在下，C_3A 水化过程及放热速率与时间的关系见图 3-4。图 3-4 中（a）表示水化不同阶段时放热速率的变化。图 3-4(a) 中有两个放热峰：第一个放热峰在水化初始阶段，约 15min 以内，主要是钙矾石生成放出的反应热；第二个放热峰是钙矾石转化为单硫型水化硫铝酸钙的反应阶段。在两个放热高峰之间为水化反应低速阶段，称为诱导期。诱导期的长短与体系中石膏含量有关，石膏含量越多，诱导期越长。当然，实际上石膏的含量是有限制的，因为过高的石膏含量会引起水泥石安定性不良。

图 3-4(b) 根据对石膏存在下 C_3A 水化机理的研究结果，描述了 C_3A 在石膏存在下的水化过程。在反应的第 1 阶段，C_3A 与石膏迅速反应形成钙矾石针状结晶，沉淀在 C_3A 表面上形成包覆层，它阻碍了 SO_4^{2-}、OH^- 和 Ca^{2+} 的扩散，延缓了 C_3A 的水化反应，所以使

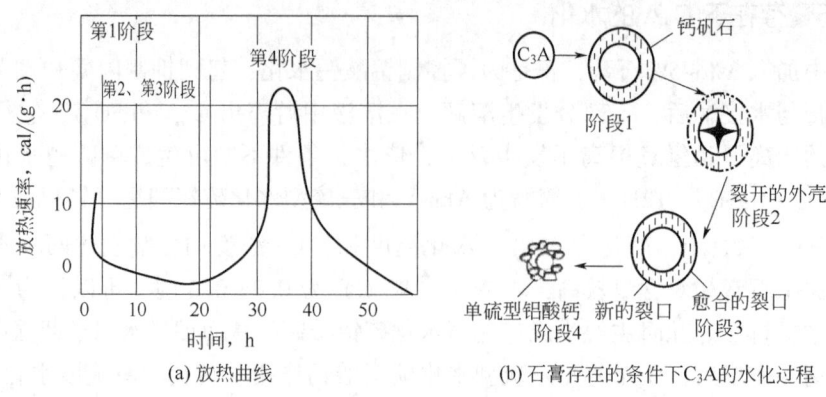

图 3-4 加入石膏后 C_3A 水化热谱图（25℃）

C_3A 水化在初始快速反应后，即在第一个放热高峰后，迅速进入诱导期。第 2 阶段是由于在 C_3A 表面形成的包覆层不断变厚，结晶压力增大最终导致包覆层出现裂口。第 3 阶段表明 C_3A 进一步的水化，新形成的钙矾石将包覆层裂口处封闭。这样，使 C_3A 水化在第 2 和第 3 阶段均处于低速。第 4 阶段由于石膏消耗完毕，诱导期结束，C_3A 又进入了快速水化期，此阶段主要是 C_3A 与钙矾石反应，生成水化硫铝酸钙和 C_4AH_{13} 以及二者的固溶体。

三、铁相固溶体的水化

水泥中的铁相固溶体可以用 C_4AF 表示，也可用 Fss 表示。它的水化速率比 C_3A 略慢，水化热较低，即使单独水化也不会引起快凝。其水化反应及其产物与 C_3A 很相似。氧化铁基本上起着与氧化铝相同的作用，相当于 C_3A 中的一部分氧化铝被氧化铁所置换，生成水化铝酸钙和水化铁铝酸钙的固溶体，见式（3-15）。它的水化不仅受外界条件（如加水量、温度、氧化钙浓度）的影响，而且受矿物中 Al_2O_3 和 Fe_2O_3 比例的影响。铁铝酸盐中 Al_2O_3 比例增大，则固溶体的水化速度也加快，反之，Fe_2O_3 含量增加，则反应减慢。

$$C_4AF+4CH+22H \longrightarrow 2C_4(A,F)H_{13} \qquad (3-15)$$

在 20℃ 以上，六方片状的 $C_4(A,F)H_{13}$ 要转变成 $C_3(A,F)H_6$。当温度高于 50℃ 时，C_4AF 直接水化生成 $C_3(A,F)H_6$。

掺有石膏时的反应也与 C_3A 大致相同，当石膏量充分时，形成铁置换后的钙矾石固溶体 $C_3(A,F) \cdot 3CS \cdot H_{32}$。而石膏不足时，则形成单硫型固溶体，并且同样有两种晶型的转化过程。在石灰饱和溶液中，石膏使放热速率变得缓慢。

第二节 油井水泥的水化

油井水泥一旦与水接触，组成水泥的各种矿物成分就能与水发生化学反应。形成过饱和的不稳定溶液，生成带有不同数量结构含水的新产物，同时有热量和体积的变化，这种水泥和水的物理化学反应称为水化反应。水化反应的生成物统称为水化产物。

一、水泥水化反应历程

油井水泥各相与水反应都能得到固体产物，形成波特兰水泥浆体结构，人们对水泥水化产物进行研究，认识到水泥熟料矿物的水化产物十分复杂，实际水泥主要相的水化反应是相互混杂的，并形成几乎不溶的硅酸盐。

为了在多种应用中安全有效地使用油井水泥及其混合物，弄清水泥水化的化学过程是必要的。水泥水化反应主要是基于熟料单相矿物的水化反应以及总的水化反应，特别是与生产过程中水泥熟料一起混磨的石膏有关。此外，还必须搞清与水泥单矿物水化行为有关的因素，即水化产物间的相互影响。

油井水泥的水化理论与波特兰水泥的水化类似，实质上是水泥熟料中矿物组分和硫酸钙与水之间发生复合化学反应，而使水泥逐步凝结和硬化。通常，人们用 C_3S 的水化反应作为波特兰水泥水化反应的模型，当然还应包括其他成分的水化反应。

从化学角度来看，水泥水化反应是一个复杂的溶解/沉淀过程，在这一过程中，与单纯一种成分的水化反应是不同的。各组分是以不同的水化反应同时进行的，而且各组分之间还互相影响或制约。例如，由于 C_3S 较快水化，迅速提高了液相 Ca^{2+} 浓度，促进了 $Ca(OH)_2$ 结晶，从而能使 $\beta\text{-}C_2S$ 的诱导期缩短，水化有所加速。以油井水泥硅酸盐成分为例，当 $C_3S/C_2S>1$ 时，C_2S 对 C_3S 的水化速率及水化行为不会产生明显的影响，而 C_3S 的存在则能明显地加快 C_2S 的水化进程；当 $C_3S/C_2S<1$ 时，C_2S 对 C_3S 的水化有延迟作用，且随着 C_2S 加量的增加 C_3S 的水化速率下降的程度增大，此时 C_3S 对 C_2S 仍具有加速水化的作用，加速的程度随着 C_3S 加量的增大而增大。而一般熟料中都含有杂质，在固相中包含的每一种氧化物杂质都影响水泥组分的活性。再者，水化产物也是不纯净的：C-S-H 凝胶含有相当数量的铝、铁、硫，钙矾石等硫铝酸盐中又含有硅，氢氧化钙中也含有铁杂质，尤其是硅酸盐杂质。

图 3-5 是典型的波特兰水泥水化放热曲线，其形式与 C_3S 的基本相同。

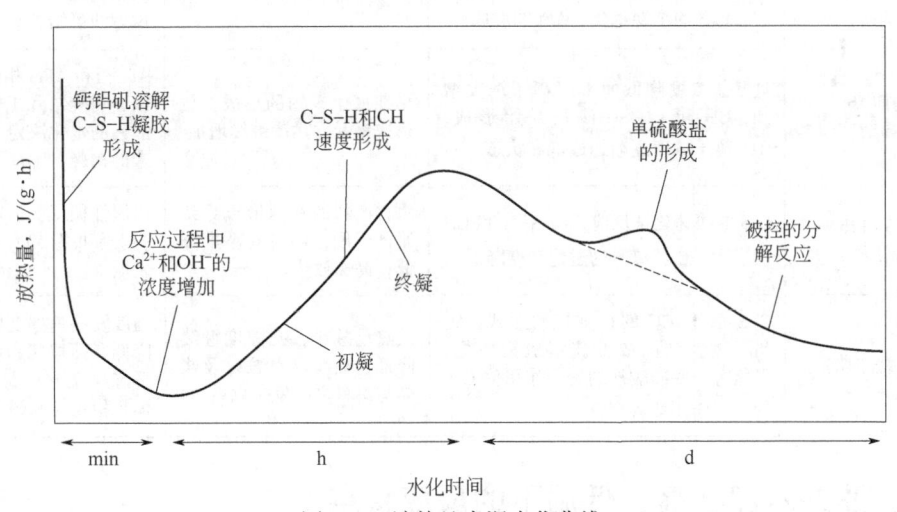

图 3-5　波特兰水泥水化曲线

用微量热法研究水泥水化过程，大致可分为四个阶段：初始活泼期、诱导期、加速期（或称之为凝结期）以及（最后的）缓速期（或称之为硬化期）。图 3-5 中同时标出了各反应阶段的主要反应及产物。

由图 3-5 可知，在初始快速反应的活泼期，当水泥与水接触时，马上开始了一个很短的但是非常激烈的放热反应，在5min内放热即达到最大值。此时水泥水化生成水化硅酸钙凝胶、水化硫铝酸钙和氢氧化钙等水化产物，并很快在水泥粒子周围形成水化产物的过饱和溶液。

随后，水化反应速度迅速下降进入诱导期。其原因可能是在水泥粒子周围水化硅酸钙、水化硫铝酸钙和氢氧化钙等水化产物形成的包覆层阻碍了水与水泥粒子的作用，使水化反应速度大为降低。当水泥粒子周围的包覆层在渗透压力和结晶压力作用下遭到破坏，水泥粒子重新水化，此时诱导期结束而进入加速期。水泥水化进入加速期有两个特征性物理效应：一是放热作用的加强，C_3S大量水化形成C-S-H，引起水泥凝固，水泥浆失去可泵性；二是体积发生微小膨胀，同时伴随着强度形成并逐渐增长。当石膏含量足够时，包覆层的破坏有双重作用：一方面加速水泥水化；另一方面也正由于水化反应加速使形成的水化产物增加，水泥粒子周围水化物的进一步积累又会反过来延缓水泥粒子的水化。

因此，在加速期之后又出现了水泥水化的缓速期或硬化期。在硬化期，C_3S水化生成大量的C-S-H和$Ca(OH)_2$。C-S-H凝胶是硬化水泥强度的主要贡献者，水泥水化初期至少7天内的早期强度主要由C_3S水化来提供。与C_3S相比，C_2S水化较慢，在此期间C_2S水化，提供28天或更长时间的后期强度。C_3A和C_4AF的水化对硬化期仅有很少的影响。水泥硬化8~16h后，形成的钙矾石部分地转变成单硫型水化硫铝酸钙。

上述关于水泥水化的四个阶段，可以从水化化学反应过程、物理过程以及体系力学性能等方面进行描述，见表3-2。

表3-2 波特兰水泥水化的物理意义

反应阶段	化学过程	物理过程	有关的力学性能
大约前1min（活泼期）	碱性硫酸盐和铝酸盐的早期快速溶解；C_3S的早期水化，AFt的形成	高速放热	液相组成的变化可以影响以后的凝结
大约前1h（诱导期）	硅酸盐浓度降低而Ca^{2+}离子浓度增加，CH和C-S-H核开始形成，Ca^{2+}离子浓度逐渐达饱和状态	早期水化产物的形成，放热速率低，黏度继续增加	AFt相和AFm相的形成可以影响凝结和工作性，硅酸钙的水化决定了诱导期末的初凝
大约3~12h（加速阶段）	C_3S的快速化学反应，C-S-H和CH的形成；Ca^{2+}离子的过饱和度降低	水化产物的快速形成导致浆体变硬，同时孔隙度降低；高速放热	由塑性稠度变为刚性稠度（初凝和终凝）；早期强度发展
后期（缓速期）	C-S-H和CH的扩散控制形式；钙矾石重新结晶成低硫型硫铝酸盐；可能有一些硅酸盐的聚合作用使C_2S的水化作用变得充分	放热量减小，孔隙度继续降低，颗粒与颗粒以及浆体与集料之间发生黏结	强度发展速率变缓，蠕变降低，孔隙度和水化系统形态决定它的最终强度、体积稳定性和耐久性

二、油井水泥在高、低温下的反应特点

高、低温下水泥的水化反应与室温下的水化行为有许多不同。水泥的主要水化反应不是简单的溶解与沉淀过程，本质上都是固态反应。这些局部化学反应主要发生在硅酸盐、铝酸盐、铁铝酸盐各自的表面，而它们本身几乎不溶于水，水化反应中的其他离子，如SO_4^{2-}、Ca^{2+}、Na^+、OH^-等都可由溶液中进入这些表面。

1. 低温下油井水泥的反应特点

(1) 波特兰水泥及其矿物组成相在-5℃时仍能水化，但在-10℃时，水化反应趋于停止；

(2) C_3S 的水化非常慢，与室温下形成的相同的水化产物相比，化合物形态有差别；

(3) 较低温度下，C_2S 几乎不水化；

(4) 使用促凝剂可提高凝固速度，并促进抗压强度的形成。

2. 高温下油井水泥反应特点

(1) 高达100℃以上的水泥的水化将形成不同的水化产物，开始出现水化硅酸钙晶体，来自于水泥熟料矿物的所有杂质离子包含于固溶体中。

(2) 其主要产物为 α-水化硅酸二钙（$\alpha\text{-}C_2SH$）（具有高渗透性、低抗压强度），当温度高于200℃时硅酸三钙水化生成 $C_6S_2H_3$（具有高渗透性、低抗压强度）。上述水化硅酸盐的形成，将引起水泥石强度衰退。

(3) 加入35%~40%硅（为防止强度衰减），生成雪硅钙石（$C_5S_6H_5$，具有低渗透性、良好的抗压强度），当高于150℃时，则生成硬硅钙石 C_6S_6H 与白钙沸石 $C_2S_3H_2$（比雪硅石具有更高的渗透性和更低的抗压强度，但比 $\alpha\text{-}C_2SH$ 与 $C_6S_2H_3$ 的性能好得多），从而提高了水泥石的热稳定性，抗压强度不降低。

(4) 无 $Ca(OH)_2$ 存在，但反应促进了水化硅酸钙晶体的形成。

(5) C_3A 与 C_4AF 生成的中间产物与水化硅酸钙晶体形成一体，残余物继续反应形成水钙铝榴石 $Ca_3Al_2SiO_4(OH)_4$ 和单硅铝酸钙 $Ca_3(Al,Fe)SiO_7 \cdot 8H_2O$。

第三节　油井水泥水化速率及影响因素

一、油井水泥水化速率

水泥的水化速率是决定水泥性能的一个主要指标。水化速率是指单位时间内水泥的水化程度或水化深度。水化程度（α）是指某一时刻水泥发生水化作用反应的量与完全水化时的量的比值，以百分率表示：

$$\alpha = 水化部分量/完全水化的量 \times 100\% \tag{3-16}$$

水化深度是指水泥已水化层的厚度。从水泥水化程度可以求得水泥粒子的平均水化深度。

测定水化反应速率的方法有直接法和间接法两种。直接法是利用岩相分析、X射线分析、热分析等方法定量地测定水泥未水化的数量以及相应的水化部分的数量。间接方法包括测定水化热、结合水以及 $Ca(OH)_2$ 生成量等方法，最常用的较简便的方法是测定结合水和水化热。在研究水泥水化的动力学时，采用微热量测试是一种有效的方法。

二、影响水化速率的因素

影响水泥水化速率的因素是多方面的，例如矿物组分、水化温度、粒度分布、水灰比及外加剂等。现分别叙述如下。

1. 矿物组分的影响

油井水泥熟料矿物的水化速率由快至慢排列顺序为：

28d 内

$$C_3A > C_4AF > C_3S > C_2S$$

180d 以后

$$C_3A > C_3S > C_4AF > C_2S$$

水化速率如图 3-6 所示。

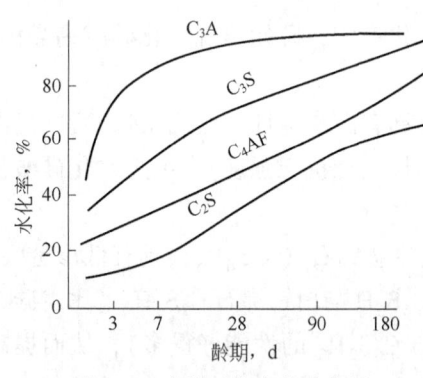

图 3-6 水泥矿物水化速率图

2. 温度的影响

温度是影响水泥水化速率的重要因素之一。除此之外，温度对水化产物的性质、稳定性和形态等也有重要作用。

提高温度可以加速水化，特别是可以提高水泥早期水化速率，但却使后期的水化程度和强度降低。如图 3-7 的放热曲线所示，当提高温度后其诱导期和凝固阶段都很短。这一现象主要是因为在 C_3S 的表面形成一个致密的 C-S-H 凝胶层阻碍了水泥的完全水化。

不同温度下，水化产物的结构、性质、形态等均发生了变化。如 40℃ 时水化，其水化产物与常温下水化产物相同。但随着温度的升高，C-S-H 凝胶变成纤维状的结构并出现硅酸盐高聚合度产物；当养护温度超过 110℃ 时，C-S-H 凝胶不稳定，最终生成 $\alpha\text{-}C_2S$ 水化物晶体，使水泥强度下降，渗透率增大。在高温下加速铝酸盐水化物的晶形转变，由六方形晶体转变为立方体晶体。当温度超过 80℃ 时，直接形成 C_3AH_6。

硫铝酸钙的性能也与温度有关，当温度超过 110℃ 时，钙矾石的稳定性变差，趋向于向低硫型硫铝酸钙转化。低硫型硫铝酸钙水化物的稳定温度高达 190℃。

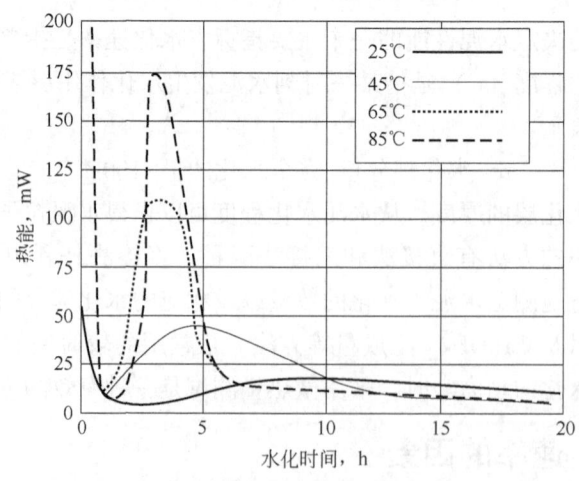

图 3-7 温度对波特兰 G 级水泥水化性能的影响

3. 水泥粒度分布的影响

水泥的粒度分布（或称细度）是影响水泥水化速率和水泥浆流变性的重要因素。水泥细度越小表示其颗粒直径越小，比表面积则越大，水泥粒子的反应活性增大。例如，同样矿物含量条件下，超细水泥水化反应速率远大于常规水泥。

水泥熟料的研磨过程使水泥粒径变小，同时使晶格不断变形而使其有序程度下降，使水化活性提高。此外，研磨还可导致水泥粒子晶格缺陷增多，使具有较大水化活性的官能团增多，提高水泥粒子的润湿性而促进水化反应。

图3-8为A级、G级油井水泥稠化时间与水泥细度关系曲线。由图3-8中曲线可看出，稠化时间随细度增大而缩短，两者之间有良好的对应关系。

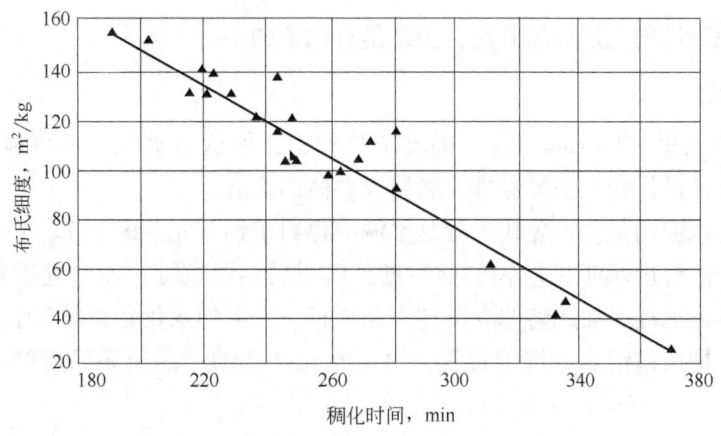

图3-8　A级，G级油井水泥稠化时间与水泥细度关系曲线

水泥的粒度分布与水泥石的抗压强度有关，研究结果表明，分布范围窄的水泥粒子，其抗压强度高，但为了综合考虑水泥水化速率、水泥浆和水泥石性能，生产中对水泥细度要做适当的控制。

4. 水灰比的影响

由于水灰比的变化会影响溶液中离子的浓度，所以水泥的水化速率与水灰比有密切关系。从水泥熟料矿物的溶解和水化反应角度来看，水灰比越大，在同一时间内水泥的水化程度就越高，也就是说水化速率加快了。但是在实际固井作业中，为保证固井质量，通常水灰比均限制在0.4~0.7范围。应在允许的条件下尽可能降低水灰比。

5. 压力的影响

提高压力将加速水泥水化。因此，对于深井固井作业，随着施工压力和温度的升高，水泥的稠化时间缩短。为了满足施工要求，通常需要使用缓凝剂以减缓水化速率。

6. 外加剂的影响

常用外加剂有促凝剂、早强剂及缓凝剂等。绝大多数无机电解质都有促进水泥水化的作用。使用历史最早的是$CaCl_2$，主要是增加Ca^{2+}浓度，加快$Ca(OH)_2$的结晶，缩短诱导期。大多数有机外加剂对水化有延缓作用，最常使用的是各种木质素磺酸盐。

第四节 油井水泥的凝结与硬化

油井水泥的凝结与硬化和硅酸盐水泥的凝结与硬化基本相似。凝结与硬化是同一过程中的不同阶段：凝结标志着水泥浆失去流动性而具有一定塑性强度；硬化则表示水泥浆固化后所建立的结构具有一定的力学强度。对于油井用水泥浆来说，在满足施工的前提下，希望凝结时间越短越好，水泥浆由流动状态转变为具有一定力学强度的水泥石的时间越短，油井水泥浆的防窜性能越好。

一、凝结硬化过程

有关对水泥凝结硬化过程的看法，历来是有争论的。

1. 结晶理论

1887 年，查德里（Le Chatelier）提出结晶理论，他认为水泥之所以能产生胶凝作用，是由于水化生成的晶体相互交叉穿插，联结成整体的缘故。

该理论认为水泥的水化、硬化过程是水泥中熟料矿物首先溶解于水，且与水反应，生成的水化产物由于溶解度小于反应物的溶解度，所以就结晶沉淀出来。随后熟料矿物继续溶解，水化产物不断沉淀，如此溶解—沉淀不断进行。水泥的水化和普通化学反应一样，是通过液相进行的，即所谓溶解—沉淀过程，再由水化产物的结晶交联而凝结、硬化，与石膏相同。

2. 凝胶理论

1892 年，米凯利斯（W·Michaelis）又提出了凝胶理论。他认为水泥水化以后生成大量凝胶物质，再由于干燥或未水化的水泥颗粒继续水化产生"内吸作用"而失水，从而使凝胶凝聚变硬。

该理论认为：水泥凝结、硬化过程中的水泥水化反应是固相反应的一种类型，认为不经过矿物溶解于水的阶段，由固相直接与水反应生成水化产物，即所谓局部化学反应。之后通过水的扩散作用，使反应界面由颗粒表面向内延伸，继续进行水化。凝结、硬化是胶体凝聚成刚性凝胶的过程，与石灰或硅溶胶的情况基本相似。

3. 拜依柯夫提出的理论

拜依柯夫（А·А·Бойков）提出的理论认为水泥由液相凝聚成固相分三个时期：

(1) 胶溶期/溶解期：油井水泥遇水后，水泥颗粒表面发生溶解和水化反应。水化产物浓度迅速增加，当达到饱和状态时，部分水化产物就以胶态粒子或小晶体析出，形成胶溶体系。

(2) 凝结期/胶化期：水化作用由水泥颗粒表面向深部发展，胶态粒子大量增加，晶体开始相互联结，逐渐絮凝呈凝胶结构，水泥浆失去流动性。

(3) 硬化期/结晶期：水化过程更进一步深入发展，晶体大量出现并互相联结，使凝胶致密，结构强度明显增加，逐渐硬化成微晶结构的水泥石固体。

上述三个时期实际上是在水泥凝结硬化过程中交错进行的，溶液未达饱和状态时，颗粒表面就已经开始析出胶态粒子，并随即进行结晶。

4. 洛赫尔等人提出的理论

洛赫尔（F. W. Locher）等人从水化产物形成及其发展的角度，提出整个硬化过程可分为三个阶段。这三个阶段详细地概括了油井水泥中各主要水化产物的生成情况，也有助于形象地了解水泥浆体结构的形成过程。

第一阶段，大约从水泥拌水起到初凝为止，C_3S 和水迅速反应生成 $Ca(OH)_2$ 饱和溶液，并从中析出 $Ca(OH)_2$ 晶体。同时，石膏也很快进入溶液和 C_3A 反应生成细小的钙矾石晶体。在这一阶段，由于水化产物尺寸细小，数量少，不足以在颗粒间架桥相联，网状结构未能形成，水泥浆呈塑性状态。

第二阶段，大约从初凝起至 24h 为止，水泥水化开始加速，生成较多的 $Ca(OH)_2$ 和钙矾石晶体。同时水泥颗粒上长出纤维状的 C-S-H。在这个阶段中，由于钙矾石晶体的长大以及 C-S-H 的大量形成，产生强（结晶的）、弱（凝聚的）不等的接触点，将各颗粒初步联接成网，而使水泥浆凝结。随着接触点数目的增加，网状结构不断加强，强度相应增大。原先剩留在颗粒间空间的非结合水就逐渐被分割成各种尺寸的水滴，填充在相应大小的孔隙之中。

第三阶段，24h 以后，直到水化结束的阶段。在一般情况下，石膏已经耗尽，所以钙矾石开始转化为 AFm，还可能会形成 $C_4(A,F)H_{13}$。随着水化的进行，C-S-H、$Ca(OH)_2$、$C_4(A,F)H_{13}$、$C_3A \cdot C\bar{S} \cdot H_{12}$ 等水化产物的数量不断增加，结构更趋致密，强度相应提高。

对水泥的凝结硬化过程学界仍有不同的看法，但是在测试技术的发展以及不断研究之下，对水泥的凝结硬化有了较为统一的认识。在水化历程中，C-S-H 凝胶，$Ca(OH)_2$，AFt 等水化产物填满原先的水和水泥占据的空间，针棒状的钙矾石，纤维状、箔片状的 C-S-H 凝胶等交叉联结，形成密实整体。

二、影响凝结硬化的因素

1. 水泥细度的影响

水泥颗粒的粗细直接影响水泥的水化、凝结硬化、强度及水化热等。这是因为水泥颗粒越细，总表面积越大，与水的接触面积也大，因此水化迅速，凝结硬化也相应增快，早期强度也高。但是颗粒过细，易与空气中的水分及二氧化碳反应，致使水泥不宜久存，过细的水泥硬化时产生的收缩亦较大，水泥磨得越细，耗能越多，成本越高。通常，水泥颗粒的粒径在 $7 \sim 200 \mu m$ 范围内。

2. 石膏掺量的影响

石膏作为水泥的调凝剂，主要用于调节水泥的凝结时间，是水泥中不可缺少的部分。石膏的掺入量太少，缓凝效果不显著，过多的掺入石膏其本身会生成一种促凝物质，反而使水泥快凝。适宜的石膏掺入量主要取决于水泥中 C_3A 含量和石膏中 SO_3 的含量，同时也与水泥细度及熟料中 SO_3 的含量有关。石膏掺量一般为水泥质量的 3%~5%。若水泥中石膏掺量超过规定的限量，还会引起水泥强度降低，严重时会引起水泥体积稳定性不良，使水泥石产生膨胀性破坏。所以国家标准规定，硅酸盐水泥中 SO_3 总计不超过水泥质量的 3.5%。

3. 水泥矿物组成的影响

水泥的矿物组成成分及各组分的比例是影响水泥凝结硬化的最主要因素。不同矿物成分单独和水起反应时所表现出来的特点是不同的。提高水泥中 C_3A 的含量，将使水泥的凝结硬化加快，同时水化热也增大。

4. 外加剂的影响

油井水泥的水化、凝结硬化受水泥熟料中 C_3S、C_3A 含量的制约，凡对 C_3S、C_3A 的水化能产生影响的外加剂，都能改变油井水泥的水化、凝结硬化性能。如加入促凝剂（$CaCl_2$、Na_2SO_4 等）就能促进水泥水化硬化，提高早期强度；相反，掺加缓凝剂（木钙糖类等）就会延缓水泥的水化、硬化，影响水泥早期强度的发展。

5. 养护龄期的影响

水泥的水化硬化是在一个较长时期内不断进行的过程，随着水泥颗粒内各熟料矿物水化程度的提高，凝胶体不断增加，毛细孔不断减少，使水泥石的强度随龄期增长而增加。实践证明，水泥强度一般在28天后增长缓慢。

6. 拌合用水量的影响

在水泥用量不变的情况下，增加拌合用水量，会增加硬化水泥石中的毛细孔数量，降低水泥石的强度；水泥颗粒间距离增大，颗粒水化相互连接形成骨架结构时间增加，从而延长水泥的凝结时间。

7. 养护条件（温度、湿度）的影响

适宜的温度与湿度有利于水泥浆的水化和凝结硬化。在较高温度下养护时，水泥的水化、凝结硬化速度较快，早期强度发展也快。若在较低的温度下硬化，虽然强度发展较慢，但最终强度不受影响。当温度低于0℃以下时，水泥的水化停止，强度不但不增长，甚至会因水结冰而导致水泥石结构破坏。如果环境湿度非常低时，水泥浆中的水分蒸发，导致水泥不能充分水化，同时硬化也将停止，严重时会使水泥石产生裂缝。实际工程中，常通过蒸汽养护、压蒸养护来加快水泥制品的凝结硬化过程。

8. 贮存条件的影响

贮存不当，会使水泥受潮，颗粒表面发生水化而结块，严重降低强度。即使良好的贮存，在空气中的水分和二氧化碳作用下，也会发生缓慢水化和碳化，经3个月，强度约降低10%~20%，6个月降低15%~30%，1年后将降低25%~40%，所以水泥的有效贮存期为3个月，不宜久存。

第五节　油井水泥石的组成、结构与性能

水泥石是一个非均质的多相体系，由各种水化产物和残存熟料所构成的固相以及存在于孔隙中的水和空气所组成，所以水泥石是固—液—气三相多孔体。它具有一定的机械强度和孔隙率，而外观和其他性能又与天然石材相似。

一、油井水泥水化产物的组成及结构

水泥石水化产物的组成随水化时间、温度而变化。油井水泥在常温下水化物的主要组成是C-S-H、CH、AFt、AFm、C_xAH_y等，在110℃以上时，水化产物发生晶型转变，产物中的部分C_2SH_2、$C_3S_2H_3$、CSH(Ⅱ)开始转化为C_2SH，当达到160~170℃时，C_2SH_2、$C_3S_2H_3$、CSH(Ⅱ)几乎全部转化为C_2SH。水灰比为0.5，水化龄期为3个月的水泥石的组成如表3-3所示。

表3-3 水泥石的组成

水泥石的组成	体积分数，%	附注
C-S-H	40	无定形态，包括凝胶内孔
CH	12	结晶相
AFm	16	结晶相
UHC（未水化水泥）	8	—
孔隙	24	—

下面分别讨论几类主要水化物的结构。

1. 水泥水化物的结晶相及其结构

油井水泥水化产物的结晶相主要有氢氧化钙[$Ca(OH)_2$，又标记为CH]，水化硫铝酸钙（三硫型水化硫铝酸钙和单硫型水化硫铝酸钙）。三硫型水化硫铝酸钙也称AFt，钙矾石（$C_3A \cdot 3CaSO_4 \cdot 32H_2O$）是典型的AFt相；单硫型水化硫铝酸钙（$C_3A \cdot CaSO_4 \cdot 12H_2O$）为AFm相。它们的晶体结构分别为：

1) 氢氧钙石

氢氧钙石[$Ca(OH)_2$]属于三方晶系，其晶胞尺寸为$a=0.353$nm，$c=0.490$nm。晶体构造呈层状。其层状构造为彼此联接的[$Ca(OH)_6$]八面体，结构层内为离子键，结构层之间为分子键。氢氧钙石的层状结构决定了它的片状形态，在显微镜下，$Ca(OH)_2$为六角形片状晶体，密度为2.23g/cm³。

2) AFm相

1929年Lerch提出单硫型水化硫铝酸钙，化学式为$C_4A\bar{S}H_{12}$，是分子式为C_4AXH_n的化合物同结构群中一员。在水泥水化的最终产物为结构中含有OH^-和SO_4^{2-}的固溶体，同时还会发生Fe^{3+}和Si^{4+}对Al^{3+}的部分替换，故统称为AFm相。AFm属三方晶系，呈层状结构，其基本层状结构单元：[$Ca_2Al(OH)_6$]$^{2+}$，AFm相通式可以写为[$Ca_2Al(OH)_6$]$^{2+} \cdot X_m$-$n \cdot YH_2O$，式中X_m表示层间的离子，n是层间离子的数量，Y表示层间水分子的数量。不同AFm相的结构组成如表3-4所示。

表3-4 AFm相的结构

AFm相的化合物	层间离子	层间水分子数Y	来源
C_4AH_{19}	OH^-	12	由C_3A水化形成
C_4AH_{13}	OH^-	6	由C_4AH_{19}脱水形成

续表

AFm 相的化合物	层间离子	层间水分子数 Y	来源
$2[C_2AH_8]$	$Al(OH)_4^-$	6	由 C_3A 水化形成
$C_4A\bar{S}H_{12}$	SO_4^{2-}	6	在有硫酸盐的情况下生成
$C_4A\bar{C}H_{11}$	CO_3^{2-}	5	在有碳酸盐的情况下生成

3) AFt 相

钙矾石是典型的 AFt 相，它属三方晶系，呈柱状结构，其基本柱状结构单元为 $\{Ca_3[Al(OH)_6]\cdot 12H_2O\}$。它是由 $[Al(OH)_6]^{3-}$ 八面锥体组成，其周围有三个钙多面体结合。柱状结构单元的可重复的距离为 1.07nm。钙矾石的基本结构是沿 c 轴具有两倍的柱状结构，所以 $c=2.14$nm。平行于 c 轴存在有四个沟槽，在沟槽中含有 SO_4^{2-} 和 H_2O 分子，其中三个沟槽含有 SO_4^{2-}，一个沟槽含有 2 个分子的水，所以钙矾石的结构可以写为 $\{Ca_6[Al(OH)_6]_2\cdot 24H_2O\}\cdot(3SO_4)\cdot(2H_2O)$，其化学式为：$3CaO\cdot Al_2O_3\cdot 3CaSO_4\cdot 32H_2O$。从钙矾石的结构式可以看出，其中的水处于不同的结合状态，因此会有不同的脱水温度。钙矾石的特征 X 射线衍射峰对应的晶面间距为 0.973nm、0.56nm、0.469nm、0.388nm、0.2772nm、0.3564nm、0.2209nm。

在水泥中加 $CaCl_2$ 作促凝剂时，可以发现 $C_3A\cdot 3CaCl_2\cdot 32H_2O$ 的存在。试验证明，有类似钙矾石柱状结构的 AFt 相的通式为：$\{Ca_6[Al(OH)_6]_2\cdot 12H_2O\}\cdot(Xn)\cdot(YH_2O)$。式中 X 为沟槽中的离子，$n$ 为离子数，Y 为沟槽中的水分子数，如表 3-5 所示。

表 3-5 AFt 相的结构

AFt 相的化合物	沟槽中的离子	n	沟槽中的水分子数 Y
$C_3A\cdot 3CaSO_4\cdot 32H_2O$	SO_4^{2-}	3	2
$C_3A\cdot 3CaCl_2\cdot 30H_2O$	$2Cl^-$	3	0
$C_3A\cdot 3Ca(OH)_2\cdot 12H_2O$	$2(OH)^-$	3	0
$C_3A\cdot 3CaCO_3\cdot 3H_2O$	CO_3^{2-}	3	0

2. 油井水泥水化物的凝胶相及其结构

这里所讨论的水化物凝胶相，主要是指作为硅酸盐水泥在常温下的主要水化产物 C-S-H 凝胶。

1) C-S-H 凝胶的化学组成

表征 C-S-H 凝胶化学组成的两个主要指标是钙硅比 C/S 和水硅比 H/S，通常假定 C-S-H 的分子式为 $C_3S_2H_3$，即 C/S=1.5，H/S=1.5，实际上这两个比值不是一个固定的值，同时在 C-S-H 凝胶中还可以进入一些其他离子，如 Al^{3+}、Fe^{3+}、SO_4^{2-} 等。因此，C-S-H 凝胶的化学组成是不固定的，它是随一系列因素的变化而改变的。

实验研究表明，水化时间对 C-S-H 凝胶中 C/S 比的影响，在 C_3S 和 C_2S 的水化物中有差别。C_3S 和 C_2S 与水作用后，在最初形成的水化物中，C/S 比值接近于原始化合物的比值。接着，对 C_3S 来说，C/S 下降很快，随后缓慢下降，也有人认为 C/S 随后又有回升；而对 C_2S 来说，水化物的 C/S 的比值也下降很快。但是随后又略有上升。

水化温度对 C-S-H 凝胶组成的影响不显著。对 C_2S 水化浆体来说，C-S-H 凝胶中 C/S

的比值随温度的提高略有提高，而对 C_3S 的水化物组成影响较小。

水灰比对 C-S-H 凝胶组成的影响最为显著。当水灰比降低时，C-S-H 凝胶的 C/S 提高，H/S 也有相似的规律，而且 H/S 大约比 C/S 小 0.5 左右，这就表明 C-S-H 凝胶组成的变化与氢氧化钙的进入或脱离有关。因此，在水化良好的情况下，C-S-H 凝胶的组成可以粗略地用 $C_xSH_{x-0.5}$ 表示，其中 X 表示 C/S 的比值。

硅酸盐水泥水化过程中，由于液相中有铝、铁等离子的存在，因此在 C-S-H 凝胶体中，有少量离子进入结构代替硅。而且 Al_2O_3 取代 SiO_2 的量与 C-S-H 凝胶中的 C/S 有关。随着 C-S-H 凝胶体 C/S 的提高，Al_2O_3 取代 SiO_2 的量增加。同时试验也表明：由于凝胶中 Al_2O_3 的存在，极大改善了 C-S-H 凝胶体的收缩性能。

另外，由于石膏的存在，硫酸盐也要进入 C-S-H 凝胶体的结构中，其进入的量也与凝胶体中的 C/S 比值有关。当 C/S 值越大时，结构中取代 SiO_2 的 SO_3 随之增多。而且由于硫酸盐的存在，C_3S 浆体的强度随着 C-S-H 凝胶中硫酸盐的含量的提高而降低。

2）C-S-H 凝胶的硅酸根聚合度

C_3S（或 C_2S）水化时，首先溶出 Ca^{2+} 和单硅酸根离子 $[SiO_4]^{4-}$，在溶液中，硅酸根随水化过程的进行而不断聚合，所以 C-S-H 凝胶是由不同聚合度的硅酸根与钙离子组成的水化物。

然而，影响水泥浆体中硅酸根聚合度的因素是很多的，其中主要因素是水化龄期、水化温度以及 C-S-H 的组成。

（1）水化龄期的影响：随着水化龄期的增长，单聚硅酸根迅速减少，多聚硅酸根迅速增加。

（2）水化温度的影响：随着水化温度的提高，单聚硅酸根迅速减少，多聚硅酸根迅速增加。

（3）C-S-H 组成的影响：当 C-S-H 中的 H/S 提高时，多聚物减少，同样，当 (H+C)/S 增加时，多聚物也迅速减少。当 C-S-H 中存在 Al^{3+}、Fe^{3+}、SO_4^{2-} 等杂离子时，硅酸根的聚合度也要降低。

3）C-S-H 凝胶的结构与形态

Taylor 认为，C-S-H 是一种由不同聚合度的水化物组成的层状固体凝胶，它在宏观上是无序的，在微观上是有序的。当提高水化温度时，水化硅酸钙的半结晶相和结晶相与 C/S 比值有关。当 C/S=0.8～1.0 时的半结晶相是 C-S-H（Ⅰ），结晶相是托贝莫来石；当 C/S=2 时，其半结晶相是 C-S-H（Ⅱ），其结晶相是黑柱石，它的结构式是 $Ca_9(Si_6O_{18}H)_2 \cdot (OH) \cdot 6H_2O$，也属于层状水化物。

水化硅酸钙凝胶体是水泥石的主要组成。用扫描电子显微镜观察时，可以发现它具有不同的存在形态。S. 戴蒙德（S. Diamond）认为至少有表 3-6 所示的四种存在形态。

表 3-6 C-S-H 凝胶存在形态

	形貌	尺寸	附注
Ⅰ型 C-S-H 凝胶	呈针柱状或棒状晶体，也有人认为是管状晶体	其长约为 0.5～2μm，宽一般小于 0.2μm	常常在尖端上分为两个或更多叉枝

续表

	形貌	尺寸	附注
Ⅱ型 C-S-H 凝胶	许多小的粒子互相接触而形成的互相连锁的网状构造	—	粒子在生长过程中往往每隔 $0.5\mu m$ 就叉开，而叉开的角度相当大
Ⅲ型 C-S-H 凝胶	大而不规则的等大粒子或扁平粒子	一般不大于 $0.3\mu m$	水泥石形成的 $Ca(OH)_2$ 结晶（呈六角板状宽约几十微米）常常插入在这类凝胶体中
Ⅳ型 C-S-H 凝胶	呈褶皱状，具有规正的孔隙或紧密结合的等大粒子	典型的颗粒尺寸或孔间隙在 $0.1\mu m$ 左右	存在于水泥粒子原来边界的内部，不易观察

显然，影响水化硅酸钙凝胶体型态的因素是很复杂的。但是，最主要的还是水泥水化阶段以及水化环境（包括水化温度、水溶液的组成以及其他条件），即水化物在不同的水化阶段和不同的水化环境有不同的型态。

在水泥石结构形成的初期，可以观察到间隔比较大的水化水泥粒子的聚集体。这时从每个粒子放射出Ⅰ型即纤维状 C-S-H 凝胶，也有棒状的钙矾石形成。与此同时，也有局部的形成Ⅱ型即网状 C-S-H 凝胶，并有薄的 CH 晶体插入其中，当水化到一定程度后，才有Ⅲ型即等大 C-S-H 凝胶粒子形成，进一步的水化使每个水泥粒子放射出水化物凝胶的区域相互交织，网络状粒子连成一体，这时水泥石强度明显增长。在这个阶段以后，水泥继续水化形成的凝胶体大部分属于Ⅲ型粒子，并有厚实的 CH 晶体插入其间。最后，当水泥石水化达到成熟阶段，即达到绝大部分水泥已经水化或完全水化阶段。在整个基质中，就不容易观察到个别粒子的形态。但仍可看到有些区域以 CH 晶体为主，而另一些区域则以Ⅲ型 C-S-H 凝胶为主，其中插入厚实的 CH 晶体，也可以看到仍属于Ⅰ型和Ⅲ型凝胶的特征和孔洞等。总之，硬化水泥石的结构在微观上是不均匀的。

二、水泥石中的水和孔结构

1. 水泥石中的水及其存在形式

水泥浆硬化后得到的水泥石中仍然存在水，它与水泥石中的孔存在一定的关系，如毛细孔水、层间水、凝胶水，脱去以后就成为相应的孔。但是，水泥石中的水并非纯水，而是被其他离子所饱和的液体，它们的浓度与水化过程和水化产物有关，同时也对水泥石性能有一定的影响，因此有必要了解水泥石中水的情况。

水泥石中的水有不同的存在形式，根据水与固相组分的作用情况，可以分为结晶水、吸附水和自由水三种类型。

1) 结晶水

结晶水又称化学结合水，根据其结合力的强弱，又分为强、弱结晶水两种。强结晶水又称晶体配位水，以 OH^- 离子状态占据晶格上的固定位置，结合力强，脱水温度高，脱水过程将使晶格遭受破坏，如 $Ca(OH)_2$ 中的结合水就是以 OH^- 形式存在。弱结晶水是占据晶格固定位置内的中性水分子，结合不如配位水牢固，脱水温度也不高，在 $100 \sim 200$℃ 就可脱水，脱水过程并不导致晶格破坏，水分子数量与水化物其他组分含量有一定比例关系。当晶体为层状结构时，此种水分子常存在于层状结构之间，又称层间水。

2) 吸附水

吸附水是以中性的水分子形式存在。它不参与组成水化物的结晶结构，而是在分子力或表面张力的作用下被吸附于固体粒子的表面或孔隙之中。它们可以随着温度、湿度、应力的变化而变化，对水泥石的性能产生重大影响。吸附水包括凝胶水和毛细孔水。凝胶水包括凝胶微孔内所含水分及胶粒表面吸附的水分，由于受凝胶表面强烈吸附而高度定向。结合强弱可能有很大差别，脱水温度有较大的范围。凝胶水的数量大体上正比于凝胶体的数量。T. C. Powers 认为凝胶水占凝胶体积的28%，基本上是个常数。毛细孔水是指凝胶体外部空间所含的水量，它在数量上取决于毛细孔的数量。毛细孔水是存在于几纳米和 $0.01\mu m$ 甚至更大的毛细孔中的水，结合力弱，脱水温度低。毛细孔水在数量上取决于毛细孔的数量。

3) 自由水

自由水又称游离水，存在于粗大孔隙内，与一般水的性质相同。它的存在使水泥石结构不致密，干燥后水泥石孔隙增加，强度下降。

上述关于水泥石中水的各种形态，很难定量地加以区分。为了研究工作的方便，经常人为地将水泥浆体中的水分为可蒸发水和非蒸发水。凡是经 105℃ 或降低周围水蒸气分压到 6.67×10^{-2} Pa 的条件下能除去的水，称为可蒸发水。它主要是毛细孔水、自由水和凝胶水，还有水化硫铝酸钙、水化铝酸钙和 C-S-H 凝胶中一部分结合不牢的结晶水。凡是经 105℃ 或降低周围水蒸气分压到 6.67×10^{-2} Pa 的条件下仍不能除去的水分称为非蒸发水，有人称这部分水为"化学结合水"。实际上它不是真正的化学结合水，而仅仅是代表化学结合水的一个近似值。对于完全水化的水泥来说，化学结合水的质量约为水泥质量的23%。化学结合水的比容比自由水的小，是水泥水化过程中体积减缩的主要原因。

2. 水泥石中的孔结构

各种尺寸的孔是水泥石的重要组成部分，决定了水泥石的一系列性能。孔结构的概念包含了水泥石的总孔隙率、孔径及其分布、孔的形态以及孔壁所形成的巨大内表面积，都是水泥石的重要结构特征。

在水化过程中，水化产物的体积要大于熟料矿物的体积。据计算，每 $1cm^3$ 的水泥水化后约需占据 $2.2cm^3$ 的空间，即约45%的水化产物处于水泥颗粒原来的周界之内，成为内部水化产物；另有55%则为外部水化产物，占据着原先充水的空间。随着水化过程的进展，原来充水的空间减少，而没有被水化产物填充的空间则逐渐被分割成形状极不规则的毛细孔。在 C-S-H 凝胶所占据的空间内还存在着孔，尺寸极为细小，用扫描电镜也难以分辨。

另外，布特（ЮМ. Бутт）等人对水泥石的孔结构也曾作过大量的研究，他们按水泥石的孔径大小将其分为四级：凝胶孔（小于 10nm）、过渡孔（$10 \sim 10^2$ nm）、毛细孔（$10^2 \sim 10^3$ nm）、大孔（又叫宏观孔，大于 10^3 nm）。在这种分类中，似乎凝胶孔的尺寸偏大，但如将凝胶粒子之间的孔及凝胶粒子内的孔统称为凝胶孔，这个尺度范围是可以的。这时关于过渡孔的概念，主要是指外部水化物之间的孔了。另外，在这种分类中，对大孔的定义也不是很清楚。尽管如此，许多实验表明，这种简便的孔分类，可以将水泥石的某些宏观性能和孔的分布联系起来。孔的分类方法很多，表 3-7 是其中的一例。

表 3-7 孔的分类方法

类别	名称	直径	对水泥石性能影响
粗孔	球形大孔	1000~15μm	强度、渗透性
毛细孔	大毛细孔	15~0.05μm	强度、渗透性
	小毛细孔	50~10nm	强度、渗透性、高湿度下的收缩
凝胶孔	胶粒间孔	10~2.5nm	相对湿度50%以下时的收缩
	微孔	2.5~0.5nm	收缩、徐变
	层间孔	<0.5nm	收缩、徐变

三、水泥石结构对力学性能的影响

决定水泥石抗压强度的因素有很多，这里主要讨论的是决定水泥水化程度、硬化水泥浆体的水化相组成和显微结构的因素，而其中孔结构是最重要的因素之一。

已经有很多经验公式表示抗压强度与上述一个或几个因素有关，可举例 R. Feret，Powers 等人提出的抗压强度模型。

$$\sigma = K \frac{C^2}{(C+W+Q)^2} \tag{3-17}$$

式中 C、W、Q——水泥、水和空气的体积；

K——常数。

$$\sigma = \sigma_0 X^n \quad \text{或} \quad \sigma = \sigma_0 \left(\frac{0.68\alpha}{0.32\alpha + \frac{W}{C}} \right)^3 \tag{3-18}$$

式中 σ_0——水泥浆体的本征强度；

n——常数；

α——水泥水化程度。

Powers 公式引入了 W/C 的同时，也引进了胶空比 X 的概念来反映浆体的密实程度。所谓"胶空比"是指凝胶固相在浆体总体积中所占的比例，也就是凝胶体填充浆体内原有孔隙的程度。胶空比可定义为：

胶空比＝凝胶体积（包括凝胶孔）/水泥浆体所占体积

＝凝胶体积/(凝胶体积+毛细孔体积)

$$= \frac{0.68}{0.32 + \frac{W}{C}} \tag{3-19}$$

Powers 公式对低水灰比的材料不适用。此外，还发展了很多强度关系式，其中更为适用的是 Rossler 和 Odler 公式。

$$\sigma = \sigma_0 (1 - EP) \tag{3-20}$$

式中 E——常数；

P——孔隙率，一般以总孔隙率表示。

但是水泥浆体的强度并不只与孔隙率有关，还决定于浆体的显微结构。需要说明的是，这些公式仅适用于水泥浆体，却并不一定适用于水泥石。

一些研究进一步表明,硬化水泥浆体的力学性能与孔径分布的关系也很密切,并认为,大孔径的孔对浆体的影响大,而小孔和微孔只对渗透性起作用,对强度并无不利影响,甚至微孔的多少标志着凝胶相的量,因此,微孔增多反而有利于强度的发展。从对水泥浆体强度的作用,可按孔径的大小将孔径分为有害孔和无害孔。但是划分有害孔和无害孔的临界孔径是一个难题。对不同类型和结构的水泥浆体,不能有统一的临界孔径值。深入了解孔结构对水泥浆体力学性能的影响,可以有目的地改变浆体的孔结构,从而指导制备高强度的水泥基材料。

孔隙率和孔径分布并不能解释硬化水泥浆体如何产生强度和如何在外界的一定作用下不会毁坏。硬化水泥浆体是强极性物质,其中存在多种原子间力,且比范德华力强得多,包括离子—共价键、离子—偶极子吸引,库仑力大约只存在于氢氧化钙晶体的多层之间。这种吸引力更为重要。对于显微结构与强度关系,必须从高局部应力着手,可以认为水泥浆体受载荷断裂的过程是结构破坏的积累过程。

课后习题

1. 硅酸盐熟料矿物中的 C_3S 水化分为哪几个阶段?每个阶段都有些什么特点?
2. 简述铝酸盐的水化过程及特点。
3. 水泥水化过程分为哪几个阶段?
4. 水泥的水化产物主要有哪几种?简述油井水泥水化过程的特点。
5. 简述水泥水化速率定义和测试方法。
6. 影响油井水泥水化速率的主要因素有哪些?详细说明各因素是如何影响水化速率的?
7. 油井水泥凝结和硬化经历了哪些阶段?
8. 膨胀水泥有哪些种类,它们的作用机理分别是什么?
9. 水泥石有哪些结晶相?各自的特点是什么?
10. 描述 C-S-H 凝胶相的结构和特点。
11. 水泥石的孔隙率和孔分布有哪些测定方法?请查阅相关资料对这些方法进行描述。
12. 水泥石孔结构可以怎么划分?
13. 简述水泥石结构对性能的影响。

第四章
油井水泥浆与水泥石的性能

为了保证施工安全并提高固井质量，水泥浆以及最终形成的水泥石的性能必须满足固井施工要求。水泥浆的性能主要包括密度、稳定性、稠化时间、失水及流变性、失重；水泥石的性能主要包括抗压强度、胶结强度、抗折强度、渗透率、抗腐蚀性及利用三轴应力试验测试水泥石的力学形变能力等。本章对各性能的作用和影响因素做了较详细的介绍。

第一节 概述

一、油井水泥浆的制备

水泥浆和水泥石的性能受材料间的物理化学作用控制。将油井水泥、配浆水、外加剂或外掺料按照实验配比称取后按照 GB/T 19139—2012《油井水泥试验方法》进行拌合配制成油井水泥浆。实验所用油井水泥应满足 GB/T 10238—2015《油井水泥》中所规定的要求。配浆水应尽可能使用现场施工所用配浆水，根据外加剂和外掺料的状态选择混合方式，固体外加剂常与水泥粉干混，液体外加剂加入配浆水中。

由于水泥具备活性，水泥浆体的制备与其他混合物的配制存在区别。混拌时的剪切速率和剪切时间对水泥浆体的性能具有重大影响。

根据 GB/T 19139—2012 规定，水泥浆的混拌装置要求由底部进行驱动。由于水泥浆的混拌会对搅拌装置造成腐蚀和磨损，因此搅拌装置的浆杯和搅拌叶片的材料为耐腐蚀材料，同时搅拌叶能从驱动结构上卸下。在进行混拌之前，应卸下搅拌叶进行称重，计算磨损量，当磨损量达到10%时，更换搅拌叶；此外，使用前还应检查搅拌叶的破损情况，必要时予以更换。另外，在配浆过程中出现泄漏时应将杯中浆体废弃，解决泄漏后重新配浆。

1. 水和水泥的温度

配浆水、水泥、外掺料和混拌装置的温度应尽量与现场施工拌合条件一致。若现场条件未知，则应控制温度为23℃±1℃。在实验开始前都应测量记录实验温度。

2. 配浆水

为避免水泥浆的性能受配浆水的影响，应使用现场施工配浆水或成分类似的水进行配浆。若现场配浆水成分未知，则应使用去离子水、蒸馏水或自来水。称量配浆水和液体外加剂的搅拌杯要求清洁、干燥。忽略因蒸发或润湿而导致的质量损失。

3. 水泥与水的混合

固相材料和液相材料称量好后在混拌前应分别混合均匀,遵循 GB/T 19139—2012 的要求混拌制备水泥浆,部分外加剂有特殊的加入顺序和搅拌步骤,遵循并记录相应的操作步骤。在进行实验时,应尽可能在 15s 内将固相材料加入配浆水中,部分特殊水泥浆配方可适当延长,但需控制时长最短,转速为 4000r/min±200r/min,然后再 12000r/min±500r/min 混拌 35s±1s,还应记录混拌时的转速。

二、油井水泥石养护

水泥水化作用的结果是水泥浆逐渐凝结硬化为水泥石。为了测试水泥石各项性能能否满足现场施工要求,需要在室内根据井下温度和压力条件对水泥浆进行养护,模拟其在实际工况条件下的水化硬化过程,从而优选适用于现场施工的水泥浆配方。

针对不同的实际工况,设置不同的养护温度和压力制度。常压实验在水浴中养护完成,放入样品时水浴已预先加热到养护温度,因此放入水浴时即视为养护实验已经开始;高压实验在高温高压养护釜中完成,放入样品时养护釜温度应为 27℃±3℃,按照预设的实验方案开始升温升压的时刻视为养护实验的开始,某些特殊工况(如热采井),要求在水浴中进行常压养护成型后再转移至高温高压养护。

第二节 油井水泥浆的性能

一、水泥浆密度

水泥浆密度指的是单位体积内所含的水泥浆的质量。为防止水泥浆在注替和凝固过程中,出现油、气、水窜及地层漏失等问题,水泥浆密度必须满足注水泥全过程中浆柱压力与地层压力之间的平衡关系,即水泥浆柱所产生的静液柱压力和流动阻力必须大于或等于地层流体压力,同时又小于地层破裂压力或漏失压力(图 4-1)。如果地层流体压力大于地层破

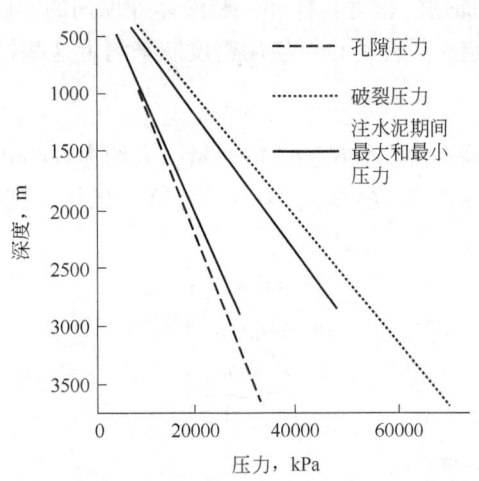

图 4-1 孔隙压力、破裂压力和注水泥作业压力关系图

裂压力或漏失压力,则应采取相应措施,提高地层的承压能力和防止漏失的能力,避免因水泥浆密度过高造成地层漏失而引起油、气、水的窜流和损害地层等问题。另外,从提高水泥浆顶替效率考虑,在设计水泥浆密度时,一般要求水泥浆密度略大于钻井液密度。

水泥浆密度是由组成水泥浆的材料决定的。由于水泥浆是由水泥、配浆水以及外加剂或外掺料组成,故组成水泥浆的材料的密度和掺量直接影响水泥浆的密度。水泥浆密度一般可通过改变水固比或加入密度调节剂(减轻剂或加重剂)来进行调节,也可采用充气体等办法进行调节。水泥浆密度与其所用的密度调节剂之间的关系见图4-2。

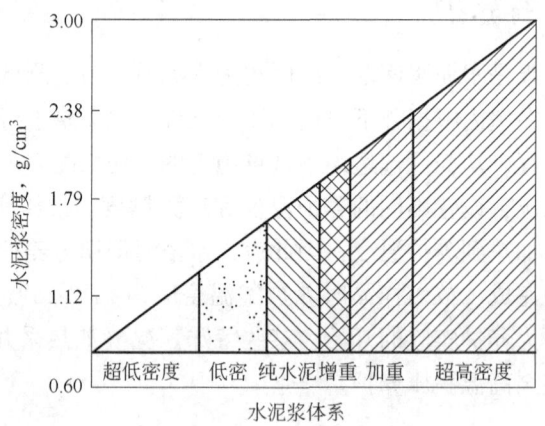

图 4-2 水泥浆密度与调节剂密度之间的关系

1. 水泥浆组分密度的测定

由于制备水泥浆的原材料成分略有变化,同一配方配制的水泥浆密度可能稍有不同。研究表明,水泥的密度可在 $3.10 \sim 3.25 \text{g/cm}^3$ 范围内变化,这导致同一配方的水泥浆密度有 $0.00 \sim 0.04 \text{g/cm}^3$ 的偏差。因此在开始实验前,为了准确控制水泥浆的密度及原材料的需求量,需要测定原材料的密度。

(1) 水泥和固体外加剂的密度:固相材料的密度根据 GB/T 208—2014 所述的李氏(Le Chatelier) 瓶进行测定。另外,也可使用密度瓶来测定这些材料的密度。

(2) 配浆水和液体外加剂的密度:拌和水和液体外加剂的密度应使用 GB/T 4472—2011 所述的液体密度计进行测定。另外,也可使用密度瓶来测定这些材料的密度。

2. 实验室密度计算

水泥浆体积应满足实验室大多数试验的需要量,大约为 600mL,但不得超出搅拌杯的容量。实验室混料需要量可由式(4-1)至式(4-3) 计算。另外,其他适用的公式也可用于计算实验室混料需要量。

$$V_S = V_0 + V_w + V_a \tag{4-1}$$

$$m_s = m_0 + m_w + m_a \tag{4-2}$$

$$\rho_s = \frac{m_s}{V_S} \tag{4-3}$$

式中　V_S——水泥浆体积,cm^3;

　　　V_0——水泥体积,cm^3;

V_w——水的体积,cm³;
V_a——外加剂体积,cm³;
m_s——水泥浆质量,g;
m_0——水泥质量,g;
m_w——水的质量,g;
m_a——外加剂质量,g;
ρ_s——水泥浆密度,g/cm³。

3. 优选仪器

(1) 为避免水泥浆中夹带的空气在测定密度时造成影响,GB/T 19139—2012 推荐使用加压液体密度计(示意图见图 4-3),通过减小夹杂空气的体积来提高测定密度的准确度。此外,GB/T 19139—2012 还推荐使用钻井液密度计(见图 4-4)或任何一种精度达到 ±0.01g/cm³ 或 ±10kg/m³ 的测试仪器。加压液体密度计类似于常规钻井液密度计,操作方法也类似,区别在于加压液体密度计的浆杯上多了一个加压装置。使用钻井液密度计时,应遵循 GB/T 16783.1—2014 所推荐的方法,对水泥浆体搅拌 25 次以排除空气。

(2) 温度计:量程为 0~105℃。

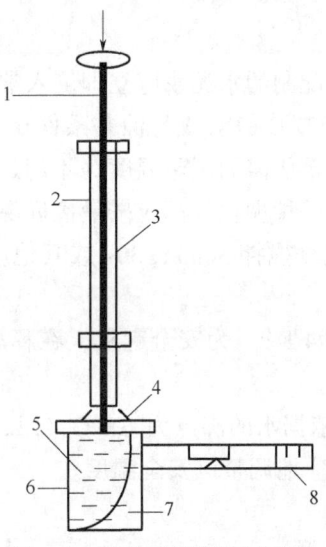

图 4-3 钻井液密度计示意图

1—活塞杆;2—套筒;3—加压泵;4—加压阀;5—水泥浆样品;6—夹带的空气;7—样品杯;8—密度秤

图 4-4 加压液体密度计

二、水泥浆稳定性

稳定性是水泥浆的重要性能指标之一，是关系到固井质量的重要因素。稳定性较差的水泥浆所形成的水泥柱从上到下其致密程度非常不均匀。在大斜度井及水平井中，这种不均匀性更加突出，从井眼下侧到上侧，水泥石的致密程度及胶结程度在不断减弱，这对水泥环的封固质量有不良的影响。稳定性差的水泥浆，一般情况下游离液也多，也会在水泥柱中形成油、气、水窜的通道，影响水泥环的封固质量。因此，水泥浆的稳定性测试方法必须严格按照 GB/T 19139—2012《油井水泥试验方法》中的规定方法进行。为测试水泥浆在井下条件下的静态稳定性，需要同时进行游离液试验和沉降试验。

1. 稳定性测定方法

测定静态（静止）水泥浆稳定性的方法是先搅拌水泥浆以模拟井内动态的注水泥作业，然后静置水泥浆，测定水泥浆是否有游离液出现和是否发生颗粒沉降。解释水泥浆在井下条件下的静态稳定性的同时需要游离液试验结果和沉降试验结果。有极少沉降的水泥浆能产生游离液，而没有游离液产生的水泥浆也会发生沉降。因此，应评价游离液和沉降两个试验结果以确定水泥浆的稳定性。过量的游离液和沉降通常被认为对水泥环质量不利，不同的注水泥作业对游离液或沉降的要求也不同。

1) 水泥浆的搅拌

根据不同的实际工况要求，配制的水泥浆应立即倒入常压稠化仪或增压稠化仪的浆杯中进行搅拌，浆杯的起始温度应为27℃±1℃或与油井条件相适应的温度。水泥浆可在常压稠化仪或增压稠化仪内加热或冷却至所需的试验温度（不超过90℃），或在增压稠化仪内升至所需的试验温度和压力。用任何一种稠化仪都应按最接近现场条件的试验方案进行实验。在完成升温方案后，水泥浆仍可继续搅拌 30min±30s 或其他所需的搅拌时间，再进行下一步操作。

如果搅拌温度高于90℃（194℉），为安全起见，在释放稠化仪中的压力之前应将水泥浆冷却至90℃（194℉）以下。

90℃（194℉）安全温度是依据水的沸点为100℃（212℉）而确定的，若所在区域水的沸点低于100℃（212℉），则相应地调整该安全温度。

2) 游离液的计算

游离液计算公式如下：

$$FF = \frac{V_F}{V_S} \times 100\% \tag{4-4}$$

式中　FF——游离液的体积分数，%；

　　　V_F——游离液体积，mL；

　　　V_S——水泥浆体积，mL。

3) 密度计算

将水泥浆倒入沉降管（图4-5）中按照实验方案进行养护，到达养护龄期后拆出后去除头尾再均分成几份，运用阿基米德原理计算每一节水泥试块的相对密度，按式(4-5)计算：

$$d_i = \frac{m_i}{m_{iw}} \tag{4-5}$$

式中 d_i——第 i 节水泥试块的相对密度；

m_i——第 i 节水泥试块在空气中的质量，g；

m_{iw}——第 i 节水泥试块在水中的质量，g。

全部试块的测定结果用于编制整个试样的密度分布情况。

注：水泥浆在凝固时其密度有一点增加是正常的。

水泥浆样品和水泥石样品之间的密度差按式(4-6)计算：

$$\frac{\Delta \rho_i}{\rho_s} = \frac{\rho_i - \rho_s}{\rho_s} \times 100 \tag{4-6}$$

式中 $\dfrac{\Delta \rho_i}{\rho_s}$——第 i 节水泥试块的密度差，%；

ρ_i——第 i 节水泥试块的密度，g/cm³；

ρ_s——水泥浆的密度，g/cm³。

油井水泥的密度差可能变化很大，这取决于多种因素。不同的注水泥作业对密度差的要求也不同。

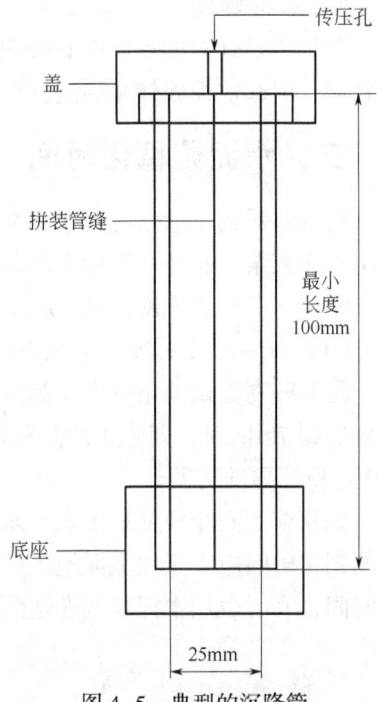

图 4-5 典型的沉降管

因此，通过式(4-5) 和式(4-6) 给出的计算方法可以定量分析水泥浆的沉降情况。

2. 影响稳定性的主要因素

1) 外加剂

(1) 降失水剂：随着降失水剂加量的增大，稳定性有了一定的提高，这主要是因为降失水剂分子量大，形成的聚合物吸附层厚，增大了空间稳定效应，同时，浆体中未被吸附的降失水剂分子还会形成空位稳定效应，从而增强了体系的絮凝稳定性，提高了水泥浆的稳定性。

(2) 分散剂（减阻剂）：一般随着分散剂掺量的增加，游离液无明显增加，但水泥浆上下密度差变大，这是由于分散剂通过改变颗粒所带的电荷情况削弱了水泥颗粒之间的成团连接，释放了游离液，降低了内摩擦阻力，影响了体系的聚结稳定性，破坏了体系的沉降稳定性，分散剂的这种影响同样也是无法避免的。

(3) 缓凝剂：随着缓凝剂加量的增大，水泥浆的沉降稳定性变差，这主要是因为缓凝剂的吸附络合作用破坏了 C-S-H 的黏结力，使其聚结稳定性变差，从而导致沉降稳定性变差。

2) 外掺料

在水泥中加入的微细固相物质，由于它们颗粒小、加入量大，这些惰性微细颗粒占去水泥颗粒间的大量间隙，增加了间隙水运移阻力，控制析水量。

3) 实验温度

一般情况下，实验温度越高，水泥浆的稀释作用越强烈，水泥浆的稳定性越差。

4) 实验压力

此处主要针对的是以空心玻璃微珠作为减轻剂的低密度水泥浆,实验压力太高,玻璃微珠破裂,引起水泥浆体系稳定性变差。

三、水泥浆稠化时间

随着水泥的不断水化,水泥浆不断变稠,最终失去流动性。为了保证注水泥施工安全,能将水泥浆泵送到井内环形空间的预定位置,水泥浆必须在一定的时间内保持流动。稠化时间指的是水泥浆体稠度达到100Bc时所用的时间,表示水泥浆在井下保持可泵性的时间,按GB/T 19139—2012标准,水泥浆的流动性一般用稠度表示,稠度单位为Bc。

在某些高温试验条件下,为避免因冷却的时间过长而使水泥浆凝固在浆杯中,当水泥浆稠度达到70Bc时,即停止加温和试验工作。再人为延长稠度记录曲线,得到水泥浆稠度为100Bc所需要的时间。

如从施工安全角度来考虑,水泥浆稠化时间(t_{ct})按注水泥施工的总时间确定,水泥浆的稠化时间应大于注水泥施工的总时间,一般可取水泥浆稠化时间为施工时间加1h的安全时间,有时也用水泥浆稠度达到70Bc的时间表示。

初始稠度值反映水泥浆配浆初期的流动性能,即稠度试验开始15~30min之间水泥浆的最大稠度值。

1. 稠化时间测定方法

水泥浆稠化时间由增压(高温高压)稠化仪(图4-6)测定。增压稠化仪的最高试验温度和压力可达315℃和275MPa。

该仪器有一个旋转圆筒式浆杯,其内配有固定搅拌叶。实验时密封在一个能承受一定压力和温度的高压容器内。浆杯和高压容器内壁间的空隙应全部注满烃类油。加热系统要求能至少以3℃/min的速率升高油浴温度,温度测量系统用于测定油浴和水泥浆的温度。浆杯以150r/min±15r/min的速度旋转,以测量水泥的稠度。

图4-6 增压稠化仪

2. 影响稠化时间的主要因素

1) 水泥批样

并非同一厂家生产的水泥配制的水泥浆的稠化时间都一样。由于水泥生产厂家对水泥产品质量控制的不稳定性,不同批样水泥的化学成分有着较大的不同。因此,用不同批样水泥按相同配方配制的水泥浆的稠化时间相差较大。

2) 外加剂

使用缓凝剂可以延长稠化时间,使用促凝剂可以缩短稠化时间,有的分散剂也对水泥浆的稠化时间有影响。

3) 试验温度和压力

温度和压力是影响稠化时间的主要因素。随着温度的升高,水泥的水化速度加快,稠化时间缩短，反之，稠化时间增长。在试验温度相同时，试验压力增加，稠化时间缩短，反之，稠化时间延长，但影响程度没有温度的影响明显。所以，在进行稠化时间试验时，必须将试验温度控制在±2℃的误差范围之内。温度和压力对稠化时间的测量具有明显的影响。因此，正确掌握模拟井下的温度和压力，对准确测量水泥浆稠化时间是极为重要的。

4）稠化仪的准确性

电位计和电压测量电路应每月校准1次，同时维修更换零部件时也应进行校准，否则将导致稠化时间结果不准确。

电机的转速即水泥浆的搅拌速度直接影响水泥浆的稠化时间，所以其转速必须控制在误差范围之内，每3个月应校准1次。

温度测量系统的准确度应校准至±2℃，每月校准次数应不少于1次。

计时器的准确度应校准至30s/h内，每6个月校准1次。

压力测量系统的准确度应校准至整个量程的0.25%，至少应在满刻度的12%、50%和75%处进行校准。

四、水泥浆失水

水泥浆中的水通过井壁渗入地层的现象称为水泥浆失水。水泥浆失水分两个阶段：一是注水泥顶替过程的动态失水；二是候凝阶段的静态失水。

由于水泥浆是由固相和液相组成，为了使水泥浆保持适当的可泵性，需要加入超过水泥水化所需的水量。现场实践和室内研究表明，水泥浆向地层失水至少会带来以下三个方面的危害：

1. 影响固井质量

由于水泥浆失水，使水灰比降低，流变性能变坏，稠化时间变短，水泥浆顶替效率下降，水泥浆返高达不到设计要求，使水敏性的地层井径扩大坍塌，严重时会导致固井失败。

2. 产生环空气窜

由于失水使水泥浆中水灰比和胶凝特性发生变化，再加上水泥浆滤饼增厚，从而导致水泥浆的液柱对地层的压力急剧下降，一旦此压力接近或低于地层压力，地层流体就会混入水泥浆发生环空窜流。

3. 对油气产层造成损害

1）水泥浆滤液对储层的影响

水泥浆滤液pH=11.0~13.2，pH值越高，氢氧化物溶解硅氧四面体的能力越大，连接晶胞的内聚力削落得越多，其中解离的敏感性也就越强。Ca^{2+}对非膨胀型黏土也有增强解离作用，Ca^{2+}是一种较大的离子，它不仅不能抑制非膨胀型黏土的解离，在一定的条件下，还可以促进非膨胀型黏土的解离。

2）滤液中各种离子过饱和形成结晶沉淀

当水泥浆滤液中的Ca^{2+}、Mg^{2+}、CO_3^{2-}、SO_4^{2-}、OH^-等离子处于过饱和状态时，可能析出$Ca(OH)_2$、$Mg(OH)_2$、$CaCO_3$、$CaSO_4$沉淀。经计算和实验表明$Ca(OH)_2$最容易析出沉淀，数量也较大，$CaSO_4$和$Mg(OH)_2$则数量较少。

3) 水泥浆滤液对储层的直接损害

水泥浆滤液中 $Ca(OH)_2$ 处于过饱和状态，而 $Ca(OH)_2$ 的溶解度是随着温度升高，$Ca(OH)_2$ 将会因过饱和而析出，堵塞储层孔隙空间。另外，在温度和压力作用下，$Ca(OH)_2$ 还会与岩石中的氧化硅作用，形成硅酸钙胶结物，将缩小储层孔隙通道。

4) 水泥浆的固相微粒进入储层

水泥浆的固相微粒可能进入储层，造成永久性堵塞。因此控制水泥浆失水具有十分重要的意义，有利于提高固井质量，减少对产层的损害，提高原油的采收率。

未加降失水剂的水泥浆，失水量一般在 1000mL/30min 以上，比钻井液失水量大很多，更易对油、气层造成严重损害。因此，在水泥浆中一般需要加入一些降失水剂来控制水泥浆的失水量。降失水剂的作用是束缚多余的水分并防止这些水分从水泥浆中被分离出去，从而使水泥浆的水灰比变化不大。由于施工条件、井下复杂情况和作业要求不同等原因，目前还没有严格规定统一的水泥浆失水控制标准。对于尾管和深井固井作业，一般要求水泥浆 API 失水量小于 50mL。对不同注水泥作业，水泥浆失水量的要求可参见表 4-1。

表 4-1 不同作业对水泥浆降滤失量的要求

注水泥作业名称	套管注水泥	尾管注水泥	挤水泥	打水泥塞	防气窜水泥
API 滤失量，mL/30min	≤150	≤50	50~200	≤150	≤50

五、水泥浆流变性

水泥浆的流变性指的是水泥浆在外加剪切应力作用下流变变形的特性。

水泥浆的流变性是顶替理论的试验基础，在固井过程中起着重要作用：①计算注水泥和顶替钻井液过程的循环摩擦损失，以防止井眼憋漏和合理选择与设计装置；②设计注水泥的最佳流态，提高顶替效率和固井质量，而流变参数是计算注水泥临界排量的重要参数，也是水泥浆配方设计的核心以及安全施工的前提。

1. 流变性测定方法

1) 仪器

使用的仪器有旋转黏度计、计时器、温度计或热电偶。使用的仪器应符合 GB/T 19139—2012 规范要求。

2) 流变参数的计算

(1) 幂律流体的计算公式为

$$n = 2.096 \lg\left(\frac{\theta_{300}}{\theta_{100}}\right) \tag{4-7}$$

$$k = 0.511 \frac{\theta_{300}}{511^n} \tag{4-8}$$

式中 n——流变指数，无量纲；

k——稠度系数，$Pa \cdot S^n$；

θ_{300}——转速为 300r/min 的格数，格；

θ_{100}——转速为 100r/min 的格数，格。

(2) 宾汉流体的计算公式为

$$\eta_p = 0.001(\theta_{300} - \theta_{100}) \tag{4-9}$$

$$\tau_0 = 1.533(3\theta_{100} - \theta_{300}) \tag{4-10}$$

式中 η_p——塑性黏度,Pa·s;

τ_0——动切力,Pa;

θ_{300}——转速为300r/min的读数,格;

θ_{100}——转速为100r/min的读数,格。

2. 影响流变性的主要因素

尽管人们对水泥浆的流变性做了大量的研究工作,但由于影响水泥浆流变性能的因素较多,仍没有完全掌握水泥浆的流变性能变化规律。下面分析影响水泥浆流变性能的几个主要因素。

1) 水泥熟料对水泥浆流变性的影响

油井水泥是由水泥熟料加石膏经过磨细而成的。熟料中的铁铝酸四钙(C_4AF)和铝酸三钙(C_3A)成分对水泥浆流变性有影响,尤其是C_3A对水泥浆流变性影响极大。纯C_3A与水的反应十分强烈,可以导致水泥浆立即变稠变硬。另外,C_4AF和C_3A可与石膏反应,其生成物具有很强的吸附能力,会对水泥浆中的分散剂、降失水剂、缓凝剂等产生吸附作用,进而对水泥浆流变性产生不利影响。此外,含量较高的C_3A与含量较低的硅酸二钙(C_2S)对改善水泥浆的流动性能有一定的影响。

2) 水泥总碱量对水泥浆流变性的影响

水泥总碱量以Na_2O最大当量[$Na_2O(eq)$]表示。Greszczyk通过对24种不同化学组成的熟料及水泥浆流变性的研究发现,熟料中的总碱量是影响水泥浆流变性的主要因素。其原因是[$Na_2O(eq)$]水化热高(Na_2O为2.43kJ/g,K_2O为1.87kJ/g),当其含量增加时,C_3A的反应活性增强,加快了C_3A的水化,水泥浆的流变性能变差。加入石膏可使C_3A的反应活性降低。对不同含碱量水泥的水化、硬化性能进行系统研究后证实:碱促进了水泥的早期水化而阻碍了后期水化的进行。高碱水泥1~3d的硬化浆体孔隙较少,强度较高;而7~8d后的浆体的孔隙较多,强度也较低。研究还发现,当水泥浆的初始稠度低即流变性很好,水泥浆28d抗压强度高。当水泥其他化学组分相同(C_3A含量均为15.4%),Na_2O和K_2O含量分别从0.99%降至0.69%时,动切力与塑性黏度也分别从1650Pa和103MPa·s降至660Pa和92MPa·s,改善了水泥浆的流变性能。

3) 水泥比表面积对水泥浆流变性的影响

研究发现粒径小于10μm的水泥颗粒在1d的水化程度达75%,28d接近完全水化;粒径10~30μm的水泥颗粒,在7d的水化程度接近50%;粒径30~60μm的水泥颗粒,在7d的水化程度仅50%;粒径大于60μm的水泥颗粒,3个月的水化程度还不到50%。通常水泥颗粒越细,30min的稠度越高,流变性能变差,稠化时间缩短,游离水量减小,抗压强度增大,与外加剂相容性增强。

表4-2表示不同生产批次的G级水泥(MSR)的矿物组成、比表面积(S_g)与流变性(τ_0, η_p)、游离水、稠化时间(t_{Bc})、抗压强度(p)等的关系。

当G级水泥化学组分符合要求,比表面积在310~335m²/kg范围内,水泥浆性能比较稳定，流变性能满足要求，与外加剂的相容性较好。

表 4-2 G 级中抗硫酸盐油井水泥的矿物组分含量和物理性能

熟料矿物组分含量，%				物理性能					
C_3S	C_2S	C_3A	C_4AF	S_g m²/kg	游离水率 %	t_{Bc} (52℃，35.6MPa) min	H_p mPa·s	τ_0 Pa	p (38℃，8h) MPa
54.9	15.3	7.10	15.4	265	2.16	138	33.0	27.0	1.90
55.0	15.2	6.40	16.2	283	1.02	105	48.0	54.0	2.50
55.0	15.4	5.70	16.8	296	0.48	87.0	34.0	105	3.50
58.0	15.5	2.30	16.6	321	0.36	113	30.0	74.0	3.80

4）温度对水泥浆流变性的影响

温度主要是通过加速或延缓水泥的水化速度而影响水泥浆的流变性。一般而言，水泥浆的塑性黏度和动切力随温度的升高而减小，即通常称为的热稀释，但程度有限。当水泥浆温度超过某一值（平衡温度）时塑性黏度达到或接近一恒定值。动切力与塑性黏度一样，当水泥浆温度超过某一值时，也趋于稳定。

5）压力对水泥浆流变性的影响

压力增大会加速水泥的水化，故对其流变性有影响。但从水的可压缩程度低以及水的黏度与压力关系不大的观点出发，过去通常认为压力对水泥浆流变性的影响可以忽略不计。随着高温高压流变仪的出现，近期对 G 级水泥浆流变性的研究表明：当温度恒定时，养护压力增大到一定程度后，水泥浆的塑性黏度、动切力和表观黏度都增大。其原因是随着压力增大，液相被压缩，使得水泥浆中的固相相对增加，内摩阻增大。在低压下（小于 1MPa），随温度增加，表观黏度降低；在高压下（大于 2MPa），随温度增加，表观黏度升高。Kellingry 的研究表明：随温度和压力增加，水泥浆的黏弹性也随之增加，有利于提高小间隙和不规则井眼的顶替效率。

6）化学外加剂对水泥浆流变性的影响

某些化学外加剂能够显著改善水泥浆的流变性，如减阻剂、缓凝剂及部分水溶性聚合物等；另一些化学物质则使水泥浆的流变性变差。

通常具有减阻分散作用的化学物质可分为三类。第一类物质是分子结构中含有磺酸基的物质，如磺化萘醛缩合物和磺化酮醛缩合物等。这类物质的减阻分散作用主要是靠分子的活性基团吸附在水泥颗粒表面，改变水泥颗粒表面的 Z 电位，即靠静电斥力达到减阻分散的目的。第二类物质是电中性的水溶性聚合物，如聚氧乙烯类（PEO）和聚乙烯醇（PVA）等。其减阻分散作用是靠高分子链的溶剂化作用和空间位阻来实现的。最新的研究表明：分子在水泥颗粒表面吸附后造成的空间位阻比静电斥力具有更大的分散能力。第三类物质为羟基羧酸盐，如酒石酸、柠檬酸等。这类物质主要靠延缓水泥颗粒的水化速度达到减阻分散的目的。

碱、硫酸盐和含有高价阳离子的物质会对水泥浆的流变性产生不利影响。具有增黏作用的降失水剂会对水泥浆流变性能有一定影响，因此通常降失水剂均与分散剂一起使用。

7）搅拌速度对流变性的影响

在相同温度下，搅拌速率越高，n 值越大，k 值越小，即水泥浆的流变性越好。在不同温度条件下，GB/T 19139—2012 标准（4000r/min 搅拌 15s，12000r/min 搅拌 35s）搅拌速度下，常温下水泥原浆的流变性好于 70℃ 条件下的水泥浆流变性。搅拌速度对于流变性的影响主要体现在高搅拌速度有利于提高水泥颗粒在水中的分散性，能使水泥颗粒充分分散在水中。

8）搅拌时间对水泥浆流变性的影响

搅拌时间在 5~35min 变化的过程中，n 值和塑性黏度的变化较小，而 k 值的变化比较大，随搅拌时间的延长，水泥浆流变性变好。搅拌时间对水泥浆流变性影响的方式跟搅拌速度一样，通过物理分散的方法来提高水泥颗粒在水中的分散程度，搅拌时间越长，水泥颗粒在水中的分散越好，从而提高了水泥浆的流变性。

9）水灰比对水泥浆流变性的影响

随着水泥水灰比的变化，n 值和塑性黏度的变化较小，而 k 值的变化比较大。在水灰比为 0.44 附近时，n 值、k 值和塑性黏度都达到最小值，水灰比在 0.44~0.46 范围内各个参数值变化小，而且随着水灰比的变大，水泥浆的 k 值基本上是趋向于减小的，从而看出水泥浆流变性随着水灰比的增大而变好。

六、水泥浆失重

水泥浆失重是指注水泥刚结束时，水泥浆还是液态，这时环空内液体对地层作用的压力为作用点以上各浆柱的静液压力之和；因为水泥浆密度一般大于钻井液的密度，因此能够起到压住地层的作用，但是由于水泥浆柱在凝结过程中对其下部或地层所作用的压力将逐渐降低，就好像失掉了一部分质量一样的现象。

水泥浆失重后，当水泥浆液柱压力低于地层压力时，油、气、水就会侵入环形空间并窜至井口，出现井口冒油冒气，严重的环空气窜可能导致很高的井口压力和气体流动，不仅使后续钻井工程和开采过程无法进行，甚至有可能发生不可控井喷，不仅造成油气资源浪费，更严重的是对环境带来严重破坏。

影响水泥浆失重的主要因素为：

1. 水泥浆稳定性

水泥浆体系的稳定性，即水泥浆体系的失水和析水对水泥浆在凝结过程中的失重有重要影响。在其他条件相同的情况下，水泥浆体系的失水和析水越小，水泥浆在凝结过程中的失重幅度越小，从而更有利于在候凝过程中维持高的井底有效压力而压稳地层流体防窜。

2. 井斜角

随着井筒倾斜角增加，水泥浆失重速度加快。当倾斜角增至 45° 以后，压降速度又减慢。因此，井筒倾斜角增加，抗气侵能力不断减少，倾斜角 45° 时，抗气侵能力比其他倾斜角时小。

3. 套管偏心度

在环空充满水泥浆的情况下，偏心度越大，水泥浆的失重速度越快。

4. 环空间隙

对于相同的水泥浆来说，环空间隙较大时，环空壁面面积较小，水泥浆收到的壁面拖曳力小,则水泥浆静液柱压力大,表现在水泥浆失重试验中就是失重速率减小。

5. 井下温度

在同一口井中,由于地温差异,温度随着油井深度的变化也存在着差异。当固井注入水泥浆到套管与地层环空静止候凝,水泥浆必定处于一定的温度环境中。水泥浆的水化反应会受到温度影响。随着温度升高,水泥浆水化速度增快。温度是水泥浆静胶凝发展的重要因素。水泥浆的胶凝将引起严重的失重。所以温度会对水泥浆失重产生重要影响。

第三节　油井水泥石的力学性能

一、抗压强度

抗压强度是指水泥试样破坏时单位面积所作用的压力。要取得较好的固井质量,一般要求水泥石具有较高的抗压强度,但是在高应力反复作用下,抗压强度高的水泥石可能存在易脆裂的问题。根据经验,水泥石的抗压强度达到3.5MPa,已能支持套管所形成的轴向载荷,而满足继续钻进的要求。水泥石强度应根据封固目的层的需要来确定。

1. 试模准备

将试模、底板和盖板擦净,在试模与试模的接触面涂一层黄油,拧紧连接试模的螺钉,以防此处漏浆,然后在试模与底板的接触面涂一层黄油后放在底板上并按压试模,将试模与底板接触处多余的黄油刮净。在试模内表面涂一薄层脱模剂,以便脱模不损坏试块。

2. 选择试验方案

(1) 油井水泥试验方案

GB/T 10238—2015规定了A级、B级、C级、D级、G级和H级油井水泥强度试验方案,其中A级、B级、C级、G级和H级油井水泥只要求进行常压下38℃或60℃抗压强度试验,而D级水泥则在高温养护条件下进行抗压强度试验。

(2) 油井模拟抗压强度试验方案

油井模拟抗压强度试验方案选择参见GB/T 10238—2015《油井水泥》。

3. 制备水泥浆

参见本章第一节。

4. 试体的成型

将制备好的水泥浆倒入已装好的模具内(模具为边长50mm的立方体),其深度约为试模深度的一半。当所有试模都倒入水泥浆后,用搅拌棒搅拌每个试样大约30次。然后用搅拌棒搅拌浆杯剩余的水泥浆以防沉淀,随后将水泥浆倒满每一试模,再分别搅拌30次,使水泥浆填满试模边角处。每一试模用水泥浆充满后,用搅拌棒或直尺将多余的水泥浆从试模上部刮掉,在试模上盖上盖板。进行抗压强度试验的试件不能少于3块。

5. 试样的养护

参见本章第二节。

6. 抗压强度测试

从冷却水浴取出试块样并擦干,将试块放在压力机支承块的中心位置,在与试块平面接触的表面上施加载荷,在试块受压至破坏前,不允许调节压力机控制器。考虑加载速率对抗压强度的影响。对于预期强度大于 3.5MPa 试样,加荷速率应为 71.7kN/min±7.2kN/min;对于预期强度为 3.5MPa 或低于 3.5MPa 的试样,加载速率应为 17.9kN/min±1.8kN/min。

7. 抗压强度计算

用最大负荷除以试体的横截面积计算抗压强度。如果试体受压面积的误差在 1.5% 以内可以忽略不计,否则应按实际横截面积计算抗压强度值。同一试样、同一龄期的合格试体,应计算出平均值并精确到 0.1MPa,作为抗压强度的结果。

二、抗折强度

抗折强度是指材料单位面积承受弯矩时的极限折断应力,又称抗弯强度。目前对于油井水泥石尚没有公布的抗折强度试验方法,实验室所采用为 GB/T 7897—2008《钢丝网水泥用砂浆力学性能试验方法》中对抗折强度的试验方法。

抗折强度试验用仪器为抗折试验机,所用试模由三个水平的模槽组成(见图 4-7),可同时成型三条截面为 40mm×40mm,长 160mm 的试体,当试模的任何一个公差超过规定的要求时,就应更换。在组装备用的干净模型时,应用黄干油等密封材料涂覆模型的外接缝。试模的内表面应涂上一薄层模型油或机油。成型操作时,应在试模上面加有一个壁高 20mm 的金属模套,当从上往下看时,模套壁与模型内壁应该重叠,超出内壁不应大于 1mm。

图 4-7 抗折强度用试模

1. 试验步骤

先将试件擦拭干净,测量尺寸,并检查其外观。在试件中部 30mm 范围内测量试件尺寸,取其三次平均值,精确至 1mm,并据此计算试件截面几何特征。如实测尺寸与公称尺寸之差不超过 1mm,可按公称尺寸进行计算。

试件承压面的不平度应为每 100mm 不超过 0.05mm、承压面与相邻面的不垂直度不应超过±1°。

试件不得有明显缺损。如其中一个试件中部 30mm 范围内有直径大于 5mm、深度大于 2mm 的表面孔洞,该组试件即作废。

将试件一个侧面放在抗折试验机支撑圆柱上,应使加荷圆柱、支撑圆柱与试件成型时侧面接触,并应居中放置。

当试件中部有孔洞并决定用其进行试验时,应将有孔洞面朝向上面,并应尽可能避免孔洞在跨中放置。

抗折试验应以每秒 50N±10N 的加荷速度,连续而均匀地加荷,直至试件破坏,记录破坏荷载及破坏位置。

2. 计算与评定

抗折强度一般采用简支梁方法进行测定，如图 4-8 所示。

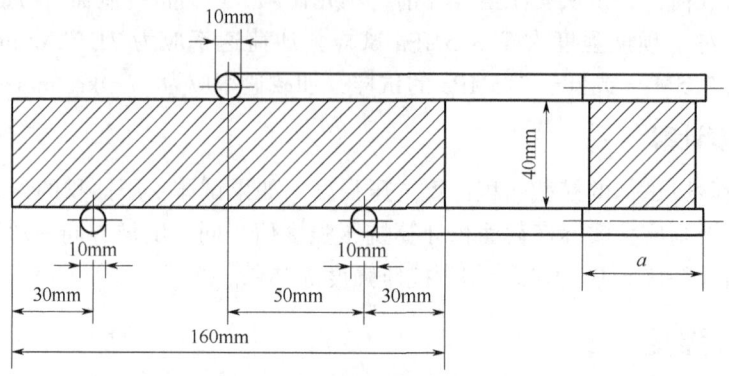

图 4-8　抗折强度测定加载图
a—支撑圆柱的长度

抗折强度按公式（4-11）计算。当采用公称尺寸时，则可按公式（4-12）计算。精确至 0.1MPa。

$$R_f = \frac{1.5 F_f L}{b^3} \tag{4-11}$$

$$R_f = 0.234 \times 10^{-2} F_f \tag{4-12}$$

式中　R_f——水泥石抗折强度，MPa；

F_f——折断时施加于棱柱体中部的荷载，N；

L——支撑圆柱之间的距离，mm，此处为 100mm；

b——棱柱体正方形截面的边长，mm，公称尺寸为 40mm。

三、三轴应力—应变曲线

凝固后的水泥石是非均质体，在受力达一定程度时会瞬间脆裂，要想准确测定及评价水泥石在整个受力过程中的力学形变能力是一个较为困难的问题。长期以来，应力—应变曲线仍是评价水泥石力学形变能力的经典力学方法，而三轴试验比起单轴试验来更能反映井下的真实受力情况。三轴压缩试验是在恒定围压（即 $\sigma_2 = \sigma_3$）下施加轴向压应力直至试件破坏的过程。三轴压缩强度指在恒定围压作用下，达到破坏时所能承受的最大压应力。

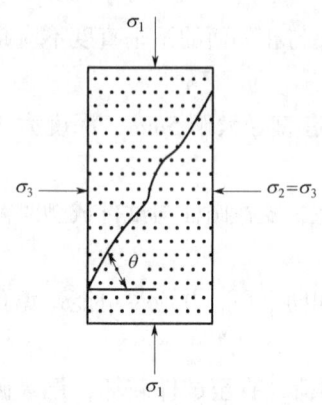

图 4-9　试件破坏状态

石油行业并没有对水泥石三轴试验进行相关标准制定，本部分内容借鉴 GB/T 23561.9—2009《煤和岩石物理力学性质测定方法　第 9 部分：煤和岩石三轴强度及变形参数测定方法》。三轴压缩试验所用的仪器一般为电液伺服三轴试验机，一般采用圆柱形的试样进行测试，详细测试规程参见 GB/T 23561.9—2009。图 4-9 为水泥石在三轴应力下破坏状态。

1. 数据处理方法

下面重点介绍手工计算试验结果的方法。

1) 轴向最大主应力

在一定侧压力作用下的水泥石轴向最大主应力按式(4-13) 计算：

$$\sigma_{1max}=\frac{10p}{F} \tag{4-13}$$

式中 σ_{1max}——在一定侧压力作用下的水泥石轴向峰值应力，MPa；
  p——纵向破坏载荷，kN；
  F——受压试件初始承压面积，cm^2。

2) 绘制应力—应变曲线

以主应力差（$\sigma_1-\sigma_3$）为纵坐标，纵向应变或横向应变为横坐标，绘制主应力差与纵向或横向应变的关系曲线，在每条曲线上标出侧向压力值 σ_3，见图 4-10。

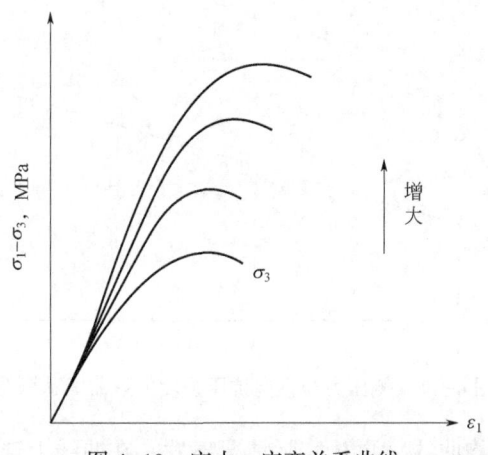

图 4-10 应力—应变关系曲线

纵向应力 σ_1，按式(4-14) 计算：

$$\sigma_1=\frac{10P}{F} \tag{4-14}$$

式中 σ_1——在一定侧压力作用下的水泥石轴向峰值应力，MPa；
  P——纵向破坏载荷，kN；
  F——受压试件初始承压面积，cm^2。

3) 弹性模量和泊松比

三轴应力状态下试件弹性模量按式(4-15) 或式(4-16) 计算，泊松比按式(4-17) 计算：

$$E=\frac{(\Delta\sigma_1+2\Delta\sigma_3)(\Delta\sigma_1-\Delta\sigma_3)}{\Delta\sigma_3(\Delta\varepsilon_1-2\Delta\varepsilon_3)+\Delta\sigma_1\Delta\varepsilon_1} \tag{4-15}$$

$$E=\frac{\Delta\sigma_1-2\mu\Delta\sigma_3}{\Delta\varepsilon_1} \tag{4-16}$$

$$\mu = \frac{3\Delta\varepsilon_1 - \Delta\sigma_1 \Delta\varepsilon_3}{(\Delta\sigma_1 + \Delta\sigma_3)\Delta\varepsilon_1 - 2\Delta\sigma_3 \Delta\varepsilon_3} \tag{4-17}$$

式中 E——三轴应力状态下试件的弹性模量,MPa;

μ——泊松比;

$\Delta\sigma_1$——轴向应力增量,MPa;

$\Delta\sigma_3$——侧向应力增量,MPa;

$\Delta\varepsilon_1$——轴向应变增量;

$\Delta\varepsilon_3$——侧向应变增量。

弹性模量计算精确至小数点后两位;泊松比计算精确至 0.01。

4) 计算内摩擦角 Φ 和凝聚力 C

以侧压力 σ_3 为横坐标,纵向峰值应力 σ_{1max} 为纵坐标,将同组试件的侧压力与纵向峰值应力的关系在图上标出,见图 4-11。

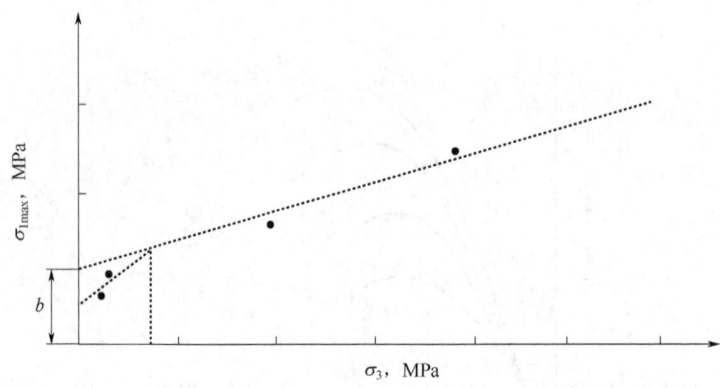

图 4-11 侧压力与纵向抗压强度关系曲线示意图

通过上述各点绘制平均曲线,再从实际情况出发,在曲线上选取最适当的线段绘一条直线或在曲线上选取不同的线段绘出几条直线。对每条直线都要计算出它们的斜率 m 和纵轴上的截距 b。

各段直线方程的表达式为:

$$\sigma_1 = b + m\sigma_3 \tag{4-18}$$

b,m 可分别计算如下:

$$b = \frac{\sum\sigma_3\sigma_1 \sum\sigma_3 - \sum\sigma_1 \sum\sigma_3^2}{(\sum\sigma_3)^2 - n\sum\sigma_3^2} \tag{4-19}$$

$$m = \frac{\sum\sigma_3 \sum\sigma_1 - n\sum\sigma_3\sigma_1}{(\sum\sigma_3)^2 - n\sum\sigma_3^2} \tag{4-20}$$

n 为该直线段内的点数,σ_1、σ_3 分别为该直线段内各点相对应的纵向峰值应力与侧向压力值。利用参数 m 和 b,计算内摩擦角 Φ 和凝聚力 C 的公式分别为:

$$\Phi = \sin^{-1}\frac{n-1}{m+1} \tag{4-21}$$

$$C = \frac{b(1-\sin\Phi)}{2\cos\Phi} \tag{4-22}$$

2. 绘制摩尔圆及其包络线

可采用以下方法绘制摩尔圆及包络线，取纵、横坐标比例相同的坐标纸，采用以压应力为正的直角坐标系，按不同的侧压力 σ_3 及相应的纵向抗压强度 σ_1 绘出摩尔圆簇。画摩尔圆时，可先根据实际情况在所研究的范围内选定 3~5 个取值，然后运用该组 σ_1 所通过的直线方程 $\sigma_1 = b + m\sigma_3$ 求出相对应的 σ_1，以 $\left(\dfrac{\sigma_1+\sigma_3}{2}, 0\right)$ 为圆心，$\left(\dfrac{\sigma_1-\sigma_3}{2}, 0\right)$ 为半径绘出一组摩尔圆及其包络线，此包络线即为该组岩石的强度曲线，见图 4-12，包络线在纵轴上的截距为凝聚力 C，与横轴的夹角为内摩擦角 Φ，τ 为剪切力。

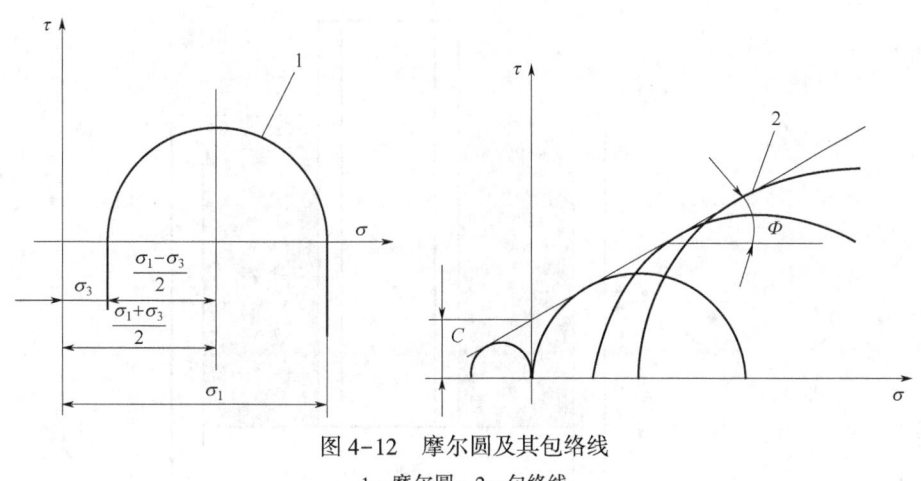

图 4-12　摩尔圆及其包络线
1—摩尔圆；2—包络线

除以上手工计算外，可应用计算机数据采集处理系统或电液伺服三轴试验机整理试验结果。依据系统采集试验数据，由计算机软件直接绘制应力—应变曲线，计算出该试件的抗压强度、内摩擦角 Φ 和凝聚力 C 及相关参数。

四、胶结强度

胶结强度是指水泥浆在环空中凝固后，水泥与地层、水泥与套管之间界面胶结的牢固程度，对于水泥环封隔性能有着十分重要的意义。二界面胶结强度可用剪切胶结强度、水力胶结强度和黏结强度表示，如图 4-13 所示。剪切胶结强度是评价单位面积的水泥环能承受的剪切力，黏结胶结强度评价单位面积的水泥环能承受的黏结力，水力胶结强度是指界面能承受的最大水力压力。测定黏结强度和水力胶结强度的方法实现起来难度很大，而且一般都是在常温常压下进行。

1961 年，Bearden 和 Lavne 就建立了一套简单的试验装置，以确定水泥与管子间的剪切胶结强度。研究指出，在试验范围内，剪切胶结强度与试件大小无关，而与水泥石的抗拉强度成正比，此外还与水泥的组分、养护温度、压力、时间和胶结面的状态有关。一般水泥剪切胶结强度约为 7MPa，而加有膨胀剂的则在 12MPa 左右（图 4-14 至图 4-16）。

图 4-13　剪切胶结强度示意图

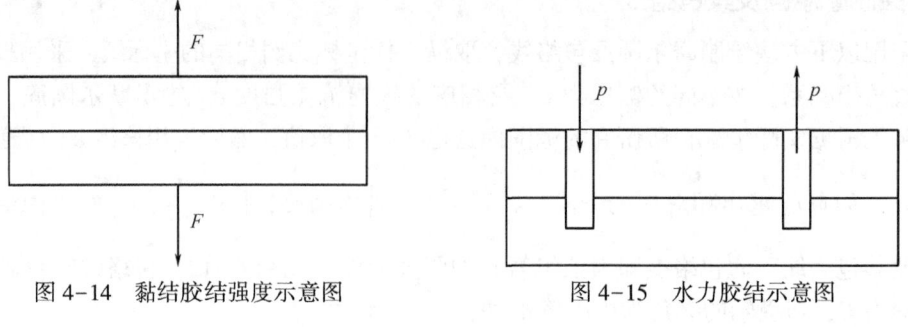

图 4-14 黏结胶结强度示意图　　　　图 4-15 水力胶结示意图

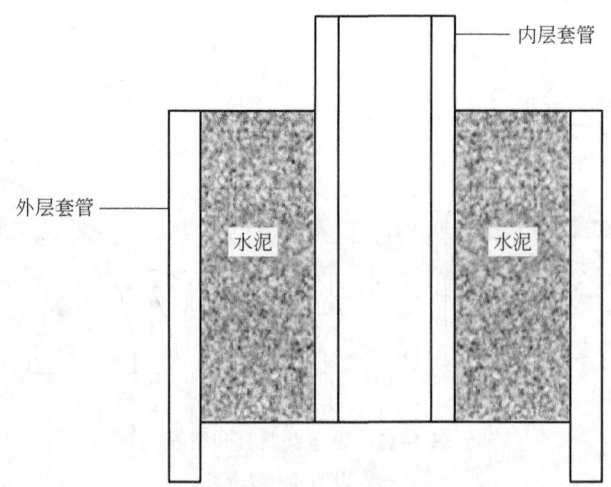

图 4-16 水泥与管子间的剪切胶结强度示意图

1962 年 Evans 和 Carter 建立了一套测量水泥与套管、水泥与地层的水力胶结强度试验装置。尽管未找出剪切胶结强度和水力胶结强度的关系，但发现影响两种强度的有关因素是相同的，即两者都随表面粗糙度的减少而降低（图 4-17）。

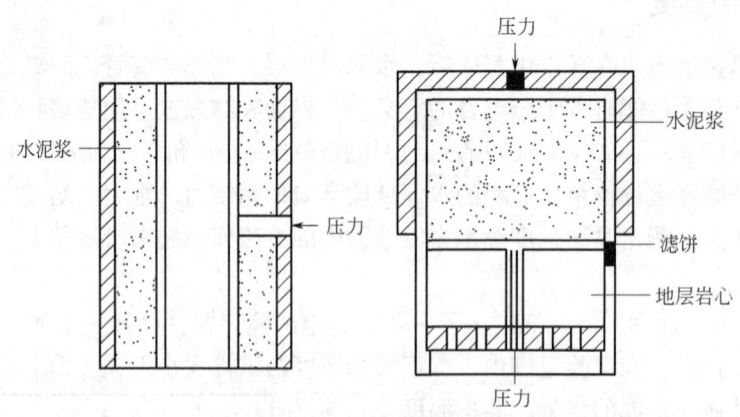

图 4-17 水泥与地层的水力胶结强度的实验装置示意图

试验指出，水力胶结作用的效果主要取决于套管的膨胀或收缩。另外，流体的类型影响很大，气体的水力胶结强度仅为水的 5%。近年来，随着人们对胶结强度认识的不断加深，研制出了能够模拟地下条件的高温高压（HTHP）剪切胶结强度试验仪。在水泥浆凝固后，HTHP 剪切胶结强度试验仪可以用来测定初始的剪切胶结强度，并可测定后期水泥的剪切胶结强度，以确定出表面摩擦力和滑动摩擦力，剪切过的水泥可以继续在不变的 HTHP 条件下再保持一定的周期，再一次试验以确定水泥在交界面的胶结情况和恢复能力。根据这种装置，石油工程技术研究院研制了该类型的仪器。它包括模拟地层的岩心，并可在动态搅拌下形成滤饼。当水泥浆在高温高压下养护后，可以在该条件下连续测出第一、第二界面的剪切胶结性能，但尚难测出高温高压水力胶结强度。

2008 年，中国石油化工股份有限公司石油勘探开发研究院研制出了一套高温高压滤饼界面胶结模拟评价装置，实现了钻井液井筒式滤失、钻井液冲洗顶替、固井液注入、固井液的固化等连续性实验操作，模拟评价井下钻井液、滤饼存在时对固井液界面胶结质量的影响，评价不同冲洗液对环空冲洗效果，通过压力剪切测定两者界面的剪切胶结强度，通过水压窜通原理测定两者界面的水力胶结强度，为油田钻井工程钻井液、固井液的配方优选、工程设计提供实验数据。

五、影响力学性能的主要因素

1. 影响抗压强度和抗折强度的因素

1) 外加剂

（1）早强剂：为了增强早期强度，水泥浆中常添加一些早强剂，加快水泥石早期强度发展，以减少候凝时间，从而达到降低钻井成本的目的。早强剂发展早期强度的原理主要是：早强剂加快钙矾石的形成速度，改变了 C-S-H 凝胶屏蔽层的结构，加快水化速度，也使水泥中水合物体积显著增加，降低了凝固水泥的渗透率，从而增强水泥石的早期强度。

（2）缓凝剂：随缓凝剂加量的增大，水泥浆从初凝至终凝的时间有所延长；另外，随缓凝剂加量的增大，水泥的初、终凝时间延长，影响 24h 抗压强度，即缓凝剂加量小，初凝时间短，24h 抗压强度高；缓凝剂加量大，初凝时间长，24h 抗压强度偏低。

（3）分散剂：分散剂加量对水泥浆初凝、终凝时间有一定影响，随分散剂加量的增加，抗压强度有所减小。这是因为分散剂使水泥充分分散，部分抑制了降失水剂网状结构的形成，降低了胶凝强度，并增大水泥比表面积，从而增多了水泥石的毛细通道，降低了水泥石强度。

2) pH 值

pH 值的变化对水泥浆稠化时间、水泥浆终凝时间无明显影响，但 pH 值升高，使氢氧化钙溶液过早呈过饱和状态，促使氢氧化钙析出，其晶核生长速度加快，加速水化，使水泥石早期强度发展迅速。

3) 水灰比

水泥浆的水灰比对水泥石的抗压强度有较大的影响。水泥浆体所用的水灰比，通常超过水泥充分水化所需的水量甚多。水灰比越大，浆体内产生的毛细孔隙越多；另外，随着水化程度的提高，凝胶体积不断增加，毛细孔隙率相应减少。

4) 水泥批样

由于水泥生产厂家对水泥产品质量控制的不稳定性，不同批样水泥的化学成分有着较大的不同。因此，用不同批样水泥按相同配方配制的水泥浆，强度发展差别较大，并非所有同一厂家生产的水泥配制的水泥浆 24h 内的强度发展都一样。不同批样水泥的生产工艺中质量控制的不稳定导致 C_3S、C_3A 含量及游离钙、氧化镁的含量存在较大差异，水泥中 C_3S、C_3A 的水化产物较多，早期强度较高，水泥石强度衰退时间较长。

2. 影响胶结强度的因素

水泥与地层的胶结界面是由地层、水泥浆（环）、滤饼三大部分构成的。其中每一部分状态都有不同的形式，而且像水泥浆这部分是随时间而变化的，每部分的每一状态对应其他两部分的状态，形成了多项组合状态，每一种状态其密封的程度都有可能不同。

影响胶结强度的因素很多，可系统划分为四大类，见表4-3。

表 4-3　二界面封固质量影响因素

地层	钻井液	水泥浆（环）	其他
孔隙压力	滤饼渗透率	水泥浆失水胶凝特性	压稳程度
隔层渗透率	滤饼形成程度	水泥浆失水	界面亲和性
隔层厚度	滤饼破裂强度	水泥石收缩与界面强度	顶替效率
破裂压力	滤饼附着强度	井下水泥浆实际密度	工程事故

第四节　油井水泥石的渗透率和孔结构

硬化水泥浆体的渗透性也称为水密性，它与水泥浆体结构的致密性密切相关。水泥石中的集料是不渗水的，因此水泥浆体的抗水渗透性直接影响了水泥石的抗渗透性。在水泥浆体结构中孔的尺寸和它的贯通性实际上是决定其抗渗性的主要因素。渗透性和孔隙率之间存在指数关系。前面已经提到，总毛细孔隙率决定于水泥浆体的水灰比 W/C 和水化程度，它随 W/C 减少和水化程度的增加而降低。在水化过程中，原来不连续的水泥颗粒间的空间逐渐被水化产物所填充，所以浆体中的大孔也减少。C—S—H 层间孔和细毛孔对水泥浆体的渗透性并无不良作用，由于 C—S—H 凝胶量增加的同时，这类孔也增多，而水泥浆体的渗透性反而降低，生成的凝胶填充了大毛细孔。水泥浆体的渗透性与孔径大于 100nm 左右的孔体积有直接关系。

一、水泥石的渗透率

渗透性是一个综合指标。它是指气体、液体或者离子受压力、化学势或者电场的作用，在水泥石中渗透、扩散或迁移的难易程度。测试水泥渗透率时，水泥石的渗透率通常是指在一定压差下水泥石抵抗流体通过的能力，单位用 μm^2 表示。水泥石的渗透率指标在控制腐蚀速度和防止气窜等方面具有重要意义。目前，油井水泥石渗透率测试使用的方法主要有液体测试法和气体测试法，分别依据 GB/T 19139—2012《油井水泥试验方法》进行测试，测试仪器和具体测试步骤如下：(1) 油井水泥石液体渗透率试验；(2) 计算油井水泥石液体渗透率；(3) 油井水泥石气体渗透率试验；(4) 计算油井水泥石气体渗透率。

影响渗透率的四大主要因素为：

1. 水灰比

水灰比是影响硬化水泥浆体渗透率的重要因素。研究人员发现，完全水化的水泥结合水量占水泥质量的 22.7%。此外，还有一部分的水被限制在凝胶孔隙中而不能参与化学作用，所以使水泥完全水化而无毛细孔的水灰比为 0.39。但这样低的水灰比是无法拌合水泥的，必须在浆体中保留一定数量的毛细孔作为供水通道，以使水泥完全水化。研究发现，使水泥完全水化并具有最低毛细孔孔隙率的水灰比为 0.437。所以油井水泥的水灰比通常为 0.44，水灰比越大，渗透率越大。当对水泥浆流变性基本没有要求时，尽可能降低水灰比可以实现不渗透水泥石。水灰比达到 0.6 以上后，渗透率随水灰比增大而增大的幅度减小，水泥浆不再稳定，水灰比也不再有意义。降低水灰比能降低渗透率的原因是：①液相体积降低，固相体积增加，降低了孔隙度；②颗粒和颗粒间的距离降低，降低了孔隙半径。

2. 孔隙度及孔隙结构

水泥石是一种多孔非均质材料，水泥石的多孔性决定了水泥石具有一定的渗透性，而其渗透性很大程度上取决于其内部的孔结构。一般认为，水泥的渗透性随着孔隙率的增加而增大，但孔隙率并不是影响渗透率的最主要因素，有研究人员发现，水泥石的渗透性与孔隙率相关，但两者之间并不是简单的函数关系，其渗透性高低主要取决于内部孔隙的连通状况以及渗透路径的曲折性，即孔结构的特征。在孔隙半径和孔隙连通性没有确定的情况下，单纯的孔隙度对水泥石渗透率的影响不明显。如水灰比很高，其水泥石孔隙度可以高达 60% 以上，但其渗透率却并不很高。原因是其水化产物多为纤维状或条状，孔隙半径微小，大部分孔隙半径不足 $4\mu m$。因此，降低水泥石孔隙度并不一定能有效降低其渗透率。

3. 分散剂

分散剂的主要作用是改善水泥浆的流变性。当水灰比一定时，加入分散剂不仅能够改善水泥浆流变性，而且可以降低水泥石渗透率，原因是分散剂的作用使水泥颗粒得到了充分分散，减少了由于颗粒粘连堆积造成的大孔隙，从而降低渗透率。

4. 养护条件

在没加其他处理剂时，养护条件（温度、压力、湿度）对渗透率的影响相对于其他因素（水灰比、孔隙结构等）相对较小，随着温度和压力的升高，水泥水化越充分水泥石结构越致密，所以一般的趋势是温度越高、压力越大，渗透率越小。但如果养护温度太高，水泥水化速度过快，会导致水化物分布不均匀，结晶度低，晶粒粗大，密实程度将变差。由于水泥的水化过程是个长期的过程，随着水泥浆体水化程度进一步增加，水泥石中毛细孔逐渐被不断水化反应生成的新的水化产物所占据，浆体孔隙率和孔径减小，从而使得毛细孔的连通性降低，水泥石的渗透性降低。

二、水泥石的孔结构

水泥石孔结构包括孔隙率、孔径分布、孔形貌。孔隙率是指整个水泥石结构中空隙所占的百分比。孔径分布是指不同孔径孔的分布情况，水泥石中孔径分布的差异也会显著影响水泥石的性能。孔形貌即水泥石中孔的形态。

水泥石是一种多孔、非均质材料，尽管随着原料的颗粒级配提高，水泥石结构越来越致密，但在拌合以及水泥水化过程中，难免会留下一些孔隙。孔隙率、孔径分布、孔型等孔结构特征严重影响着新拌水泥浆的工作性、硬化水泥石的力学性能，以及抗渗性、抗冻性、抗碳化性、耐腐蚀性等耐久性能。因此，孔结构的测试及其对水泥石性能影响的研究是油井水泥石研究的一项重要内容。水泥石的渗透性与水泥石内部孔隙密切相关，渗透性取决于毛细孔相和C-S-H凝胶、CH等致密水化产物相的体积分数，以及毛细孔隙的连通程度、连通的路径等。

在1980年第七届国际水泥化学会议上，F. H. Wittmann 教授提出了"孔隙学"的概念，将混凝土中孔结构的研究范围扩展到了孔径分布（或孔级配）以及孔的形态等方面。Kyoji Tanakaa 等人选择镓（Ga）作为浸入液体，同时结合电子探针图像分析技术（EPMA）揭示孔的位置和形状。M. K. Head 等人采用激光扫描共焦显微镜来研究硬化水泥石细孔结构的 3D 图像，光学分辨率可以达 1μm，可以观察多孔的集料界面、微裂纹、毛细孔和气孔。A. B. Koudriavtsev 等人采用核磁共振技术研究孔隙率和孔尺寸分布。此外，还有一些学者采用扫描电镜的背散射图像分析技术来研究孔结构。目前常用的水泥石孔结构测试技术包括光学法、等温吸附法、X-射线小角度散射法、压汞法等，还有饱水法、溶剂法、氦流法等其他方法。

第五节　水泥石体积收缩

水泥颗粒因水化引起的绝对体积的减小称为化学收缩。水泥石的收缩会导致界面胶结质量不高，在第一、第二界面形成微环隙和微裂纹，为气体的窜入提供通道。水泥浆内部水化反应，消耗部分自由水，形成连通孔隙，在外部高压环境作用下，水泥石全部水化，体积收缩表现为宏观体积收缩，当在固井第二界面形成微环隙后，水泥石外侧面属于自由面，体积的变化（膨胀和收缩）不受约束。此时如果发生体积膨胀，由于套管与水泥环是硬接触，而地层与水泥环的接触属于软接触，水泥石会发生指向井壁的膨胀或指向套管壁的收缩。当水泥浆发生体积收缩时，处于压缩状态的水泥浆通过膨胀泄压，导致孔隙压力下降，井内压力出现欠平衡，引发气窜。同时水泥石体积收缩，在水泥石与井壁和套管壁的界面处形成张应力，削弱了界面胶结质量，气体可能沿着界面发生窜流。水化产生的外观体积收缩会使水泥石指向套管发生径向收缩，水泥环与井壁可能形成微环隙。

现有测试方法的测试效果不是很理想，无法在整个实验周期内连续测定实验条件下水泥塑性体和硬化体体积随时间产生的变化量，满足不了深入研究的需求。为此研制了新型水泥浆体积收缩膨胀测试仪，该设备在模拟地层环境下，依据不同井况，可设定不同温度压力，连续自动测量固井水泥从液态到塑性体再到硬化体整个过程中的体积随时间的变化量并同时可以对水泥水化放热进行监测。

温度是影响水泥水化速率的重要因素之一，水泥在不同的温度下发生水化反应产生胶凝结构的速度不同，因此温度是影响水泥石体积收缩的主要因素。为此对常规密度纯水泥浆在不同温度下进行高温高压体积收缩实验，结果见表4-4及图4-18、图4-19。随着温度的升高，水泥浆初凝时间和终凝时间逐渐缩短，分析认为温度越高，水泥水化速率越快，水泥浆中水泥颗粒分布越均匀，界面水化反应更迅速，导致初终凝时间间隔缩短；随着温度升高，水泥浆终凝时的体积收缩率越大，分析认为温度越高，水泥浆中钙矾石通过溶解沉淀生成，所形成的钙矾石是具有胶体尺寸的似凝胶物质，带负电、高比表面。凝胶状的钙矾石粒子吸引围绕在钙矾石周围的极化水分子，引起颗粒之间的排斥力，造成整个体积的膨胀。当其与水溶液接触时会形成扩散双电层，正是高比表面和不饱和表面电荷使得钙矾石吸附大量的水分子，随着温度继续升高，分子活动加剧，导致扩散双电层的破坏，高温会使 C-S-H 凝胶、$Ca(OH)_2$ 和铝酸盐等水化物中含的结晶水自动脱出，所以在高温下呈现收缩的趋势，且温度越高水泥水化速率越快，水化产物增加越多，体积收缩率越大。

表 4-4　不同温度下水泥浆体积收缩测定结果

编号	测试温度 ℃	初凝时间 min	终凝时间 min	塑性阶段时间 min	初凝温度 ℃	终凝温度 ℃	终凝体积收缩率 %
1	30	226	276	50	31.20	32.16	0.28
2	40	218	269	51	40.96	42.21	0.31
3	50	200	248	48	50.81	52.27	0.44
4	60	172	222	50	60.67	63.99	0.69
5	70	138	186	48	70.64	74.06	0.99
6	80	128	166	38	82.26	87.78	1.18
7	90	108	139	31	92.74	98.99	1.29

配方：G 级水泥+3%G302+6%SD10+0.2%消泡剂，$w/c = 0.44$。

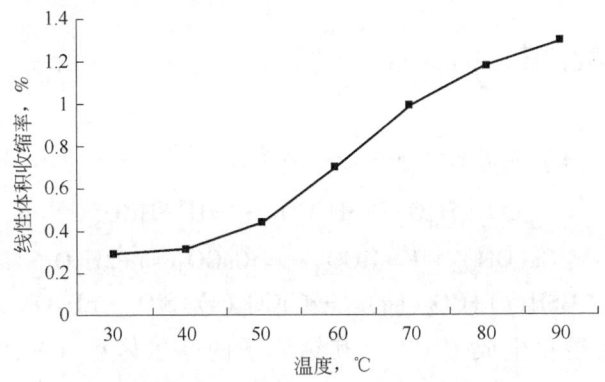

图 4-18　温度对水泥浆终凝体积收缩率的影响

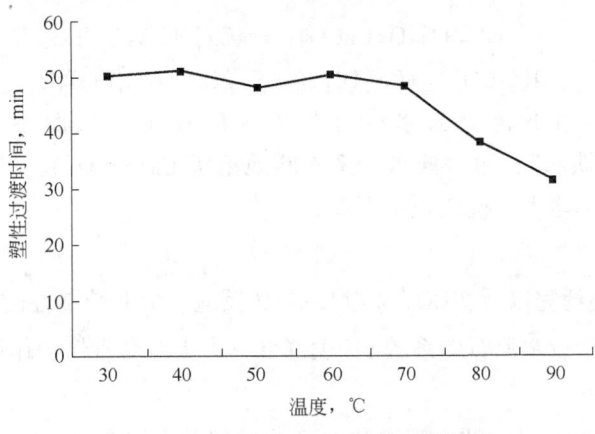

图 4-19　温度对塑性过渡时间的影响

第六节 水泥石抗腐蚀性

随着石油工业的不断发展，固井施工不断遇到新的问题，情况也更加复杂。高矿化度地下水、含有高浓度镁离子的地下水以及高含 CO_2、H_2S，硫酸盐还原菌的地下水等，对油井水泥即使是高抗硫酸盐油井水泥也都有较强的腐蚀作用。就是通常的地下水，当其很活跃时，对油井水泥的腐蚀作用也不可忽视。在这些条件下固井，不仅要考虑固井质量，同时也应考虑油井水泥的耐久性，如处理不当，会大大缩短油井的寿命。因此，提高固井水泥在这些特殊环境中的抗腐蚀能力已经引起人们的重视。

根据腐蚀介质的不同，可将水泥石的腐蚀分为以下几类：

(1) 浸蚀型，$Ca(OH)_2$ 被浸出产生腐蚀；
(2) 冲刷型，如 $MgCl_2$、$MgSO_4$ 的腐蚀；
(3) 酸性腐蚀型，如 H_2S、H_2CO_3 的腐蚀；
(4) 硫酸盐腐蚀，如 Na_2SO_4、$MgSO_4$ 的腐蚀；
(5) 热腐蚀，即环境温度增高对水泥石的腐蚀。

下面详细对酸性腐蚀的机理、影响因素及防护措施进行分析。

一、CO_2 腐蚀

1. 低温环境下腐蚀机理

1) 淋滤作用

CO_2 溶于水后渗入水泥石并发生如下化学反应：

$$CO_2 + H_2O \longrightarrow H_2CO_3 \longrightarrow H^+ + HCO_3^- \tag{4-23}$$

$$Ca(OH)_2 + H^+ + HCO_3^- \longrightarrow CaCO_3(s) + 2H_2O \tag{4-24}$$

$$CSH(s) + CO_2(aq) \longrightarrow CaCO_3(s) + SiO_2 \cdot nH_2O \tag{4-25}$$

水泥石表面初始碳化生成 $CaCO_3$，其钙原子的摩尔体积（36.9Å^3）大于 C–S–H（32.7Å^3），使水泥石的渗透率略有降低。但随着富含 CO_2 地层水的不断作用，又会发生下面的反应：

$$CO_2 + H_2O + CaCO_3 \longrightarrow Ca(HCO_3)_2 \tag{4-26}$$

$$Ca(HCO_3)_2 + Ca(OH)_2 \longrightarrow 2CaCO_3(s) + H_2O \tag{4-27}$$

$CaCO_3$ 在 CO_2 作用下转变为水溶性的 $Ca(HCO_3)_2$，从而不断消耗水泥石中的 $Ca(OH)_2$，并生成"淡水"，而"淡水"又不断地溶解 $Ca(HCO_3)_2$，形成淋滤作用，使水泥石的孔隙率和渗透率增大，抗压强度下降。

2) 溶蚀作用

当 $Ca(OH)_2$ 被消耗完以后，CO_2 又与 C-S-H 反应生成非胶结性的无定型硅，破坏水泥石的整体胶结性，并造成水泥石体系的 pH 值降低，失去对套管保护作用。

3) 碳化收缩作用

在水化温度低于 80℃时，纯水泥水化时生成钙矾石。当存在 CO_2 时，CO_2 与上述反应

争夺 $Ca(OH)_2$，抑制钙矾石的生成，因而造成水泥石的体积收缩，从而导致环空微间隙，为富含 CO_2 地层水打开通道，加剧水泥石和套管的腐蚀。

4）高矿化度地层水的协同作用

在高离子强度的地层水中，$CaCO_3$ 的溶解度使淋滤作用加强。同时地层水中含有的多种腐蚀性离子也会加剧腐蚀水泥石和套管。

2. 高温环境下腐蚀机理

在高温湿环境下 CO_2 与水泥水化产物发生下述反应：

$$SiO_2 + \alpha\text{-}C_2SH \longrightarrow C_5S_6H_4 \tag{4-28}$$

$$SiO_2 + C_5S_6H_4 \xrightarrow{\text{高于}150℃} C_6S_6H + C_2S_3H（白钙沸石）\tag{4-29}$$

$$C_7S_{12}H_3 \xrightarrow{275℃} C_7S_6H + SiO_2 \tag{4-30}$$

$$C_6S_6H + CO_2 \xrightarrow{\text{重结晶}} C_7S_6\bar{C}H_2 \tag{4-31}$$

$$C_5S_6H_4 + CO_2 \longrightarrow CaCO_3 + \text{硅胶} \tag{4-32}$$

$$CH + CO_2 \longrightarrow CaCO_3（方）\tag{4-33}$$

$$C_6S_2H_3 + CO_2 \longrightarrow CaCO_3（文）+ SiO_2 \tag{4-34}$$

$$\alpha\text{-}C_2SH + CO_2 \longrightarrow CaCO_3（文）+ SiO_2 \tag{4-35}$$

3. 影响 CO_2 腐蚀的因素

1）水泥浆密度及水泥石渗透率

配浆时降低水灰比，提高水泥浆密度，水化产物结构就会更加致密，使水泥石的初始渗透率降低，从而抑制 CO_2 的腐蚀速率。

2）游离 $Ca(OH)_2$ 含量

加入 35% 的活性硅粉。在降低水泥石渗透率的同时，它还能与 $Ca(OH)_2$ 生成 C-S-H，削弱和消除了溶蚀离子交换源，增大了水泥石中胶结性组分的含量，故能大大改善水泥石的抗腐蚀能力，如使用高活性的硅灰（铁合金厂的生产废料）效果更好。

在 150℃ 时碳化程度由水泥石中 $Ca(OH)_2$ 的含量和碳化产物的渗透率控制。碳化程度和 $Ca(OH)_2$ 的含量直接相关，因为碳化产物方解石的体积比 $Ca(OH)_2$ 大 17%，有堵孔增强作用。当加入过量石英砂而消耗 $Ca(OH)_2$ 时，便失去了堵孔物质。当石英砂的加量大于 20% 时，$Ca(OH)_2$ 便被消耗完，CO_2 就直接与 $\alpha\text{-}C_2SH$ 和 $C_5S_6H_4$ 反应，其生成物的渗透率很大，这对抑制碳化和保护套管均不利。因此，在水泥石中保留一定量 $Ca(OH)_2$（27%）对阻止进一步的碳化是有好处的，也就是说，$Ca(OH)_2$ 含量增加，抗 CO_2 腐蚀能力增强。

当温度高于 250℃ 时，纯 H 级水泥石中还有少量 $Ca(OH)_2$ 生成，而加入石英砂后已无 $Ca(OH)_2$ 存在，故水化产物的渗透性决定着 CO_2 的腐蚀速度。此时，雪硅钙石的稳定性起着十分重要的作用，引入少量的铝离子（如加入膨润土）后，高温下生成铝取代的雪硅钙石，其抗温能力高于 250℃（无铝离子取代时雪硅钙石只耐 150℃ 的高温）。而掺加 35% 的石英砂时 CO_2 腐蚀程度高于纯水泥。

3）温度

温度升高更加有利于加快 CO_2 与水泥石水化产物间的化学反应速率，加速碳化产物的生成，使 $CaCO_3$ 等腐蚀产物量增加，导致水泥石的微观结构由 C–S–H 凝胶所形成致密结构向由晶簇状、致密粒状、柱状等构成的粗堆积结构转变，造成腐蚀后水泥石抗压强度降低。因此，其他条件不变时，温度越高，水泥石的抗压强度下降程度越大，腐蚀越严重。

4) CO_2 分压

CO_2 分压对腐蚀的影响也是通过影响腐蚀的化学反应速度及腐蚀产物的生成量而实现的。在特定的温度及养护时间的条件下，随着 CO_2 分压的增大，腐蚀后水泥石抗压强度均有下降趋势，但 CO_2 分压对腐蚀后水泥石抗压强度的影响程度比温度产生的影响要小。

4. 防腐措施

在井温低于 110℃ 的地层，可在水泥中掺加活性硅灰（5%~8%）或在地层压力允许的条件下提高水泥浆密度；在高温段（高于 110℃）可向水泥中加入 10%~15% 的石英砂，在适当控制水泥石强度衰退的同时，增加抗 CO_2 腐蚀的能力，或者在纯水泥中外加 3%~8% 的膨润土（高于 150℃）。

二、H_2S 腐蚀

1. 中低温下 H_2S 腐蚀机理

1) 膨胀作用

H_2S 溶于水后渗入水泥石，首先与 $Ca(OH)_2$ 反应生成 $CaSO_4 \cdot 2H_2O$（生石膏），固体物质体积发生膨胀，从而使水泥石产生裂缝，使水泥石内部发生腐蚀，直至水泥石全部腐蚀崩溃。H_2S 与水泥石反应如下：

$$Ca(OH)_2(s) + H_2S(g) + H_2O(l) \longrightarrow CaSO_4 \cdot 2H_2O(s) \tag{4-36}$$

$Ca(OH)_2$ 的密度为 $2.24g/cm^3$，而 $CaSO_4 \cdot 2H_2O$ 的密度为 $2.30g/cm^3$，因此，当水泥石被 H_2S 腐蚀时，固体物质的体积膨胀导致水泥石产生裂缝；水泥石中 C–S–H 凝胶与 H_2S 溶液也会发生反应，生成 $CaSO_4 \cdot 2H_2O$（生石膏），反应为

$$CSH + H_2S + H_2O \longrightarrow CaSO_4 \cdot 2H_2O + C_{(m)}S_{(n)}H_{(x)} \tag{4-37}$$

溶于水中的硫酸根（SO_4^{2-}）还可与水泥中的铝酸三钙和铁铝酸四钙反应，生成钙矾石（AFt），反应式如下：

$$3CaO \cdot Al_2O_3 \cdot 6H_2O + 3Ca^{2+} + 3SO_4^{2-} \longrightarrow 3CaO \cdot Al_2O_3 \cdot 3CaSO_4 + 6H_2O \tag{4-38}$$

$$4CaO \cdot Al_2O_3 \cdot Fe_2O_3 \cdot 3H_2O + 3Ca^{2+} + 3SO_4^{2-} + 29H_2O \longrightarrow 3CaO \cdot Al_2O_3 \cdot 3CaSO_4 \cdot 32H_2O + 2Fe^{3+} + 6OH^- \tag{4-39}$$

钙矾石形成时与大量的结晶水结合，它所占的体积比初始水化铝酸钙所占体积大 2~3 倍。钙矾石晶体造成体系的内应力，也是水泥硬化体膨胀产生裂缝的主要原因。

2) 溶蚀作用

$CaSO_4 \cdot 2H_2O$ 能够溶解于水，其溶解度为先升高后降低。$CaSO_4 \cdot 2H_2O$ 溶解后会留下孔洞，使水泥石的渗透率增大。H_2S 通过缝隙或孔洞进入水泥石，使腐蚀向水泥石内部推进，直至水泥石全部腐蚀崩溃。

2. 高温下 H_2S 腐蚀机理

超过 130℃ 后，$CaSO_4 \cdot 2H_2O$ 要失去 1.5~2 个结晶水，AFt 将失去几乎所有的结晶水而

转换成其他矿物。$Ca(OH)_2$ 也因为在高温下水化反应强烈而消耗掉。而在130℃和150℃腐蚀产物中出现了大量的莫来石和 $CaSO_4$。莫来石的孔隙较多，是造成腐蚀后水泥石渗透率增高的原因之一。其主要的反应式为

$$CSH+H_2S+O_2+H_2O \longrightarrow CaSO_4+SiO_2 \qquad (4-40)$$

由于 $CaSO_4$ 几乎不溶解于水，所以高温区溶蚀作用不突出，这也是在150℃时，腐蚀后的渗透率增长不明显的原因。

3. 影响 H_2S 腐蚀的因素

H_2S 对水泥石具有很强的腐蚀作用，渗透率和钙硅比是影响 H_2S 腐蚀水泥石的重要内在因素；温度、总压力、H_2S 的分压是影响 H_2S 腐蚀水泥石的重要外在因素。降低水泥石的钙硅比、渗透率，可明显降低 H_2S 对它的腐蚀，加入微硅能有效提高水泥石的抗腐蚀能力。

(1) 水泥石渗透率对 H_2S 腐蚀的影响：水泥石的原始渗透率越大，腐蚀越严重，腐蚀后强度的损失率越大，渗透率增大倍数也越大。

(2) 水泥石中钙硅比对 H_2S 腐蚀的影响：降低钙硅比能明显提高水泥石的抗腐蚀能力，水泥石中含有硅元素的物质的增加能够延缓 H_2S 侵入水泥石的速率。

(3) H_2S 的分压对 H_2S 腐蚀的影响：总压力越大、H_2S 浓度越高，水泥石的腐蚀率也越大。分压越大使得 H_2S 进入水泥石孔隙的能力增加，腐蚀增加。

(4) 温度对 H_2S 腐蚀的影响：随温度升高，H_2S 对水泥石的腐蚀程度减轻，这与温度升高、H_2S 的溶解度减小有关。

4. 提高水泥石抗 H_2S 腐蚀的技术途径

(1) 降低水泥水化产物中 $Ca(OH)_2$ 的含量和水化硅酸钙的碱性。方法为：①加入耐 H_2S 腐蚀的材料；②加入可将水化产物中不耐 H_2S 腐蚀成分转化为耐腐蚀成分的材料。

(2) 减少水泥浆用水量和加入憎水剂，降低水泥石基体孔隙中的水，提高水泥石的抗腐蚀性。方法是：①尽量减少水的用量，防止水泥水化产物含过多的结晶水，使得 HS^-，S^{2-} 的浓度增大，加剧腐蚀。②加入憎水剂，减少渗入水泥石基体的游离液，降低 HS^-，S^{2-} 的浓度。

(3) 降低水泥石中的 C_3A、C_4AF 的含量。

(4) 增加水泥石的致密性。方法是：①加入可与水泥颗粒形成良好级配的材料，增加水泥石致密性，从而降低水泥石的渗透率；②加入在一定条件下具有变形能力的微粒材料，堵塞水泥石的微小孔隙，使水泥石具有基本不渗透的特点。

课后习题

1. 水泥浆性能主要包括哪些方面，每个方面对水泥浆主要产生什么影响？
2. 说明水泥浆养护过程中的注意事项，并说明这些事项会对水泥浆体产生什么影响。
3. 简述水泥浆密度设计时的要求。
4. 简述水泥浆体稳定性的影响因素。

5. 什么是稠化时间与初始稠度？简述其测试方法。
6. 阐述实际井下的水泥浆失水存在较大差别的依据。
7. 影响水泥浆流变性能的因素有哪些？
8. 简述水泥石抗压强度的影响因素。
9. 简述三轴试验的测试原理。
10. 简述抗折强度的测试原理。
11. 简述水泥浆胶结强度的定义、分类、测试方法及影响因素。
12. 水泥石渗透率的影响因素是什么？
13. 阐述水泥石发生腐蚀的原因、种类及危害。
14. 阐述 CO_2 腐蚀的机理、影响因素及防护措施。
15. 简述 H_2S 腐蚀的机理、影响因素及防护措施。
16. 查阅资料说明热腐蚀的机理、影响因素及防护措施。

第五章 油井水泥外加剂及外掺料

第一节 油井水泥用减阻剂

减阻剂又称分散剂，用于提高水泥浆的可泵性，降低水泥浆泵送的泵压，实现低排量下的紊流，提高对钻井液的顶替效率；并在不破坏水泥浆流变性的条件下，减少水的用量，配出较高密度的水泥浆。减阻剂的加入还可使稠化时间曲线趋于直角，提高水泥石强度和抗渗透能力。

一、减阻剂的作用机理

减阻剂主要是通过调节水泥颗粒表面电荷改善水泥浆流动性，即降低水泥浆的塑性黏度和屈服值。一般情况下，塑性黏度不宜大于35mPa·s，屈服值不要超过5Pa。水泥熟料中C_3S和C_2S水化生成水化硅酸钙，使水泥颗粒表面带负电荷。

$$-Si-OH+OH^- \longrightarrow -SiO^- +H_2O \tag{5-1}$$

油井水泥浆中的游离Ca^{2+}与SiO^-基团发生反应形成桥接，从而使水泥颗粒形成网状结构，减阻剂的加入会使粒子表面带同种电荷，于是在电性斥力作用下抑制颗粒聚集，同时可使水泥—水体系处于相对稳定的悬浮状态，从而达到提高水泥浆流动性、改善流变性能的目的。

多数研究表明，减阻剂在水泥粒子表面是多分子层吸附。内层可能是通过阴离子基团、氢键或络合的化学吸附，外层多为物理吸附。减阻剂被吸附后，会使水泥与水之间的固液界面自由能降低，此外，吸附于水泥颗粒表面的聚阴离子减阻剂分子也有利于粒子之间的滑动与分散。

常用的油井水泥减阻剂作用机理通常有以下几个方面：

1. 吸附—分散机理

向水泥浆中加入离子型减阻剂时，聚合物离子将吸附在水泥颗粒的表面，使颗粒表面带有同种电荷，在同电性斥力作用下抑制颗粒聚集，同时可使水泥颗粒处于相对稳定的悬浮状态。

随着减阻剂的加入，吸附量增加，ζ电位（负值）也随之增加，在扩散双电层的作用下，颗粒间相互排斥消除了水泥浆体系的絮凝网状结构，达到分散的目的。将水泥浆扩散电

层的 ζ 排斥负电位由最初的 $-8\sim10\text{mV}$ 增至 $-60\sim80\text{mV}$，水化形成的絮状结构被分散解体，将其中包裹的游离水释放出来。减阻剂的用量存在最佳加量，此时水泥颗粒带有足够的相同电荷，水泥浆分散效果最好，加量提高，不能再提高其分散性。减阻剂最佳加量取决于减阻剂本身的结构、水泥矿物的组成、水灰比及水泥浆体系中其他外加剂的加量。

2. 润湿、润滑作用

表面活性剂的润湿作用会增加水泥颗粒的水化面积，向水泥颗粒的内部渗透，并定向吸附于水泥颗粒表面，与水分子以氢键的形式缔合起来并在水泥颗粒表面形成一层稳定的溶剂化膜，这层膜阻止了水泥颗粒的直接接触，对水泥颗粒起到润滑的作用。

3. 微气泡润滑作用

表面活性剂类减阻剂可降低水泥颗粒与水之间固液表面的自由能，通过引入微量气泡，使得微细气泡被减阻剂吸附的分子膜包围，此外，使得水泥颗粒与气泡带有相同符号的电荷，使气泡与水泥颗粒电性相斥而分散水泥颗粒，增加水泥颗粒之间的滑动能力，更好地提高水泥浆体的分散性。

4. 形成扩散双电层

在水泥浆体系中，水泥水化使水泥颗粒表面带有电荷，当加入减阻剂时，减阻剂的阴离子基团或聚阴离子则可定向吸附到水泥颗粒的表面，形成单分子或多分子吸附层，使水泥颗粒均匀的带上电荷，从而改变了水泥浆体系的 Zeta 电位。

对于聚合物类减阻剂，其分散作用与表面活性剂类不同，通常认为加入水泥浆中的聚合物电解质，主要通过颗粒间的空间位阻作用来分散水泥颗粒，阻止水泥颗粒间的紧密靠近以达到分散的目的。

二、减阻剂的类型

根据减阻剂的组分可以分为三大类：磺酸盐类、甲醛和丙酮（或其他酮类）缩聚物、羧酸盐类。

1. 磺酸盐类

磺酸盐类减阻剂的分子中一般含有 5~50 个磺酸基团，磺酸基团主要连接在高度枝化的大分子主链上。从结构上看，具有大量支链结构分子聚合物是最理想的减阻剂，支链结构有利于桥接水泥颗粒，使得对减阻剂加量的调控更加方便。此外，部分带有阴离子基团的线型聚合物的水化分子和有机化合物也是有效的减阻剂。其中，磺酸盐类的减阻剂主要有以下几种：

1) 木质素磺酸盐

目前，木质素磺酸盐是钻井液最常用的减阻剂，但具有一定缓凝作用，因而一般不用于低温。木质素磺酸钙和铁铬盐是一种棕黄色粉末，由提取酒精后的木质纸浆废液经蒸发、磺化、浓缩和干燥制成，其中木质素磺酸钙占 60% 左右，含糖量低于 12%，水不溶物含量不高于 2.5%。木质素磺酸钙作为阴离子型表面活性剂，其分子结构如图 5-1 所示。

2) 聚萘磺酸盐

聚萘磺酸盐是 β-萘磺酸盐与甲醛的缩合产物，这种减阻剂的支化度和相对分子质量变化范围都很大。图 5-2 所示为它的分子结构单元。

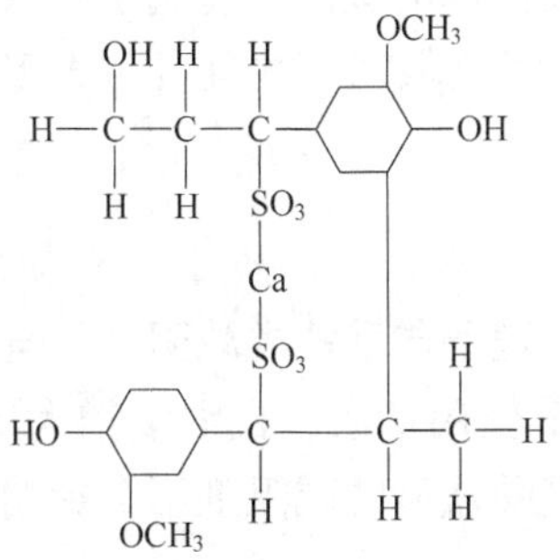

图 5-1 木质素磺酸钙分子结构单元

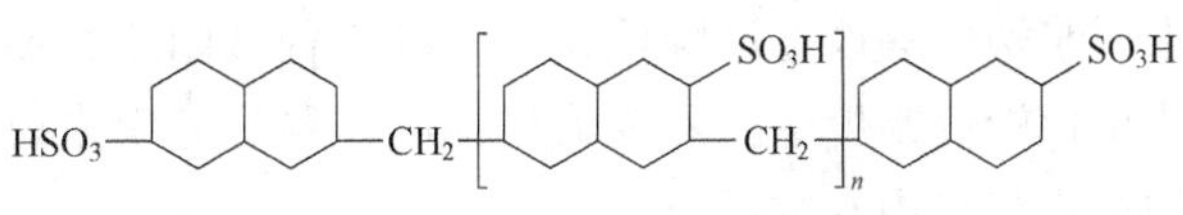

图 5-2 β-萘次甲基磺酸分子结构单元

由于聚萘磺酸盐化学结构中带芳香族共轭环，可牢固地吸附于水泥颗粒表面，所以对水泥颗粒分散效果较好。其具有的减水作用对水泥浆稀释作用强，有利于高密度水泥浆体系的配制。但是，它容易引起水泥颗粒沉降，凝固时间受温度影响较大，且具有一定的缓凝作用。

3）密胺磺酸盐

密胺磺酸盐，全称为磺化三聚氰胺甲醛树脂，缩写为 PMS。它是由三聚氰胺、甲醛和亚硫酸钠经缩聚而成的水溶性聚合物。这类减阻剂使用温度不超过 85℃，化学稳定性差，常用于建筑业。

图 5-3 为 PMS 大分子结构示意图，它具有稳定的六元共轭环，亲水性基团为磺甲基且数量多，比其他减阻剂具有更强的水化作用，因此减阻效果尤为明显，而且无缓凝作用。

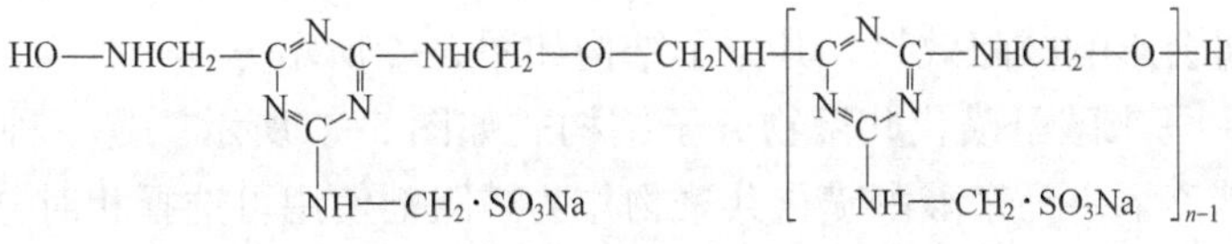

图 5-3 磺化三聚氰胺甲醛树脂分子结构示意图

4）其他磺酸盐

所有的磺酸盐聚合物都可以作减阻剂。这可能是因为磺酸盐都溶于水而产生阴离子，被吸附于水泥颗粒表面，带上相同符号的电荷，在相互斥力的作用下，使水泥水化初期形成的絮凝结构分散解体，释放出游离水，提高了流动性。除使用最多的磺化栲胶、磺化单宁等减阻剂，还有一些新型磺酸盐减阻剂，例如：改性木质素磺酸盐、新型高效减水剂 ACS、新型油井水泥分散剂 AS、新型磺酸高效减水剂等，均具有较好的减水性能和分散性能，能有效改善水泥浆体系的流变性，满足现场施工要求。

2. 甲醛和丙酮（或其他酮类）缩聚物

甲醛和丙酮缩聚物分子结构中含—OH，—CH_3，—C=O 和—SO_3H 基团，该种减阻剂作为阴离子型表面活性剂，其分子的极性端决定了减阻剂分子对水泥颗粒的亲和力，而非极性端的结构则通过诱导效应、共轭效应以及空间效应等方式对极性端的吸附、分散能力施加影响。该类减阻剂加入后可使水泥颗粒聚集体的尺寸减小，促使絮状结构中包裹的自由水被释放出来，从而提高水泥的流动性；同时还可改善水泥颗粒聚集体的级配，有利于降低水泥浆的失水。其使用温度可达150℃，是目前国内最好的高温水泥减阻剂，并且可与大多数外加剂的进行配伍作用。

3. 羧酸盐类

羧酸盐类减阻剂具有完全不同于磺酸盐类减阻剂的特点：随着羧酸盐类减阻剂用量的增加，水泥浆塑性黏度逐渐降低，但达到该种减阻剂减阻效果最佳用量后，再继续增大用量，则可能出现塑性黏度保持不变或增加的现象。通常来说，非磺酸盐型的减阻剂不会影响水泥颗粒的沉降与自由水的析出。

羧酸盐类减阻剂包括丙烯酰胺/丙烯酸共聚物、甲基丙烯酰胺/甲基丙烯酸共聚物、苯乙烯/马来酸酐共聚物以及低分子糖类和羧酸或其盐类。这些聚合物都有较强的高温缓凝作用和降失水作用，所以在使用时应注意加入碱性或硅酸盐物质加以抑制。

（1）丙烯酰胺—丙烯酸或甲基丙烯酰胺—甲基丙烯酸共聚物作减阻剂使用时，应使用7万~12万相对分子质量的大分子聚合物，具有悬浮性较好的特点，并可耐受150℃以上的高温。图5-4及图5-5分别为丙烯酰胺—丙烯酸和甲基丙烯酰胺—甲基丙烯酸的分子结构。

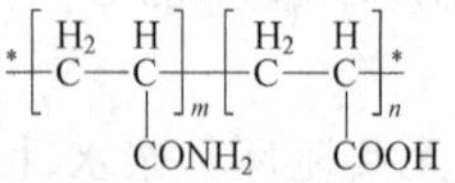

图5-4 丙烯酰胺与丙烯酸酸分子结构 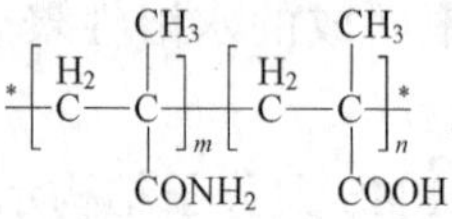   图5-5 甲基丙烯酰胺—甲基丙烯酸分子结构

（2）马来酸酐用作油井水泥减阻剂，最好是使用平均相对分子质量在200~1500范围内的小分子，否则将会影响减阻效果。其分子结构如图5-6所示。

（3）苯乙烯—马来酸酐磺化共聚物分子结构式如图5-7所示，是一种无规律重复结构单元的共聚物。苯乙烯—马来酸酐磺化共聚物作为减阻剂使用可选择相对分子质量在3000~10000的低聚物。

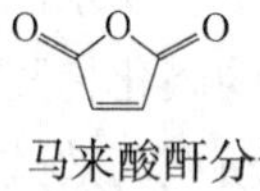

图5-6 马来酸酐分子结构 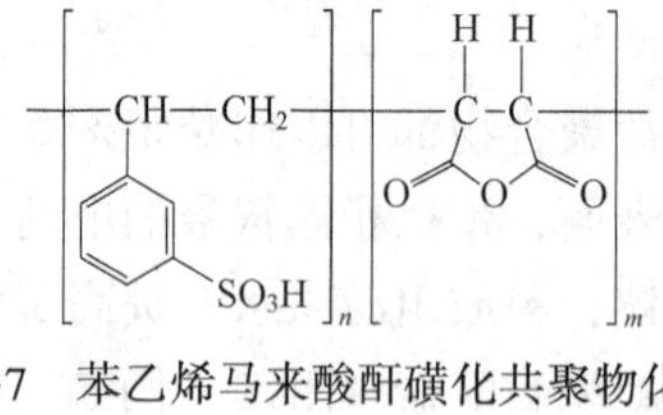   图5-7 苯乙烯马来酸酐磺化共聚物化学式

（4）分子量较低的羟基聚多糖，属于此类的有水解淀粉、纤维素或半纤维素和它的非离子型聚合物，以及聚乙烯醇、聚氧乙烯和聚乙二醇等，均具有良好的分散性能，但同时也有缓凝作用。

除上述几种减阻剂外，高性能丙烯酸盐—丙烯酸酯—丙烯酰胺三元共聚体、聚乙二醇改性聚羧酸类减水剂等新型减阻剂，同样具有显著的分散效果，并满足水泥浆失水量、稠化时间与抗压强度发展的要求。

第二节　降滤失剂

油井水泥浆失水是指水泥浆在环空上返的过程中，受液柱和地层压差的作用下，水泥浆中自由水渗入地层的现象。水泥浆高失水不仅会对地层造成伤害，而且将改变水泥浆的流动性，甚至造成气窜。固井作业时，为了防止和减少水泥浆在注替时的失水量，需要使用降滤失剂来调节其滤失量。

一、降滤失剂的作用机理

对于降滤失剂的作用机理，主要有以下几种观点：

1. 物理充填堵塞作用

在液体压力差的作用下，分布在油井水泥浆中的降滤失剂颗粒进入滤饼孔隙中，并堆积在水泥颗粒之间，提高滤饼的致密度，从而控制水泥浆中的液体向渗透性地层漏失的速度，达到降低水泥浆失水的目的。

2. 增加体系黏度

聚合物水溶液的黏度受聚合物浓度、聚合物分子量大小的影响，高分子聚合物可通过增大液相黏度阻碍自由水的移动，从而降低水泥浆向渗透性地层失水。

3. 吸附和聚集作用

吸附和聚集双重作用是聚合物类材料降滤失剂控制失水的主要作用机理。含有聚合物的水泥浆，聚合物微小颗粒或吸附在水泥颗粒表面，或通过相互交联桥接作用形成胶结的网状胶体聚集体，束缚更多的自由水，使得水泥浆在一定压差下，于滤饼和地层交界面处形成薄薄的一层非渗透性、韧性的膜或是薄而致密的非渗透性滤饼，阻止水泥浆中的自由水向渗透性地层渗透，降低水泥滤饼的渗透性。固井水泥浆的失水量设计应达到的标准如下：

(1) 对于防气窜水泥浆体系，要求水泥浆失水量 50mL/30min 或更低；
(2) 对于尾管固井水泥浆体系，要求水泥浆失水量 50mL/30min 或更低；
(3) 对挤水泥水泥浆体系，要求水泥浆失水量 50~200mL/30min；
(4) 对于套管固井水泥浆体系，要求水泥浆失水量 150mL/30min 或更低。

二、降滤失剂的类型

根据降滤失剂的作用原理，可将油井水泥降滤失剂分为两大类：固体颗粒类和水溶性高分子聚合物类（如纤维素类、磺化聚合物类、淀粉类、聚酰胺类、聚胺类、聚乙烯醇等）。

1. 固体颗粒类

最初用作降滤失剂的是膨润土，它是以极小的颗粒进入滤饼并镶嵌在水泥颗粒之间，从而使滤饼结构致密，渗透率降低。用水泥、水、膨润土、禾木胶配制的水泥浆体系具有密度低、黏度低、体系稳定性好、降失水性能好、耐高温、不影响凝结时间等特点。当凝固形成水泥石后，降滤失剂对硫酸盐或其他盐类的侵蚀也有很好的抵抗力。此外，沥青、石灰石粉、热塑性树脂等均可用作降滤失剂。其中，胶乳是由粒径为 200~500μm 的微粒聚合物组成的乳液悬浮体系，含有约 50%固相颗粒，形成物理堵塞作用，在加压滤失中迅速形成膜，具有相同性质的材料还有二氯乙烯、聚醋酸乙烯酯、聚乙烯醇、丁苯胶乳等，均具有很好的降失水作用。

2. 纤维素类

纤维素类材料包括羧甲基纤维素、羟乙基纤维素、羧甲基羟乙基纤维素、纤维素硫酸盐和水解聚丙烯腈等。它们均具有水溶性差、黏度大、降失水性能随温度的升高而降低的特点。

1）羧甲基纤维素

羧甲基纤维素（简称 CMC），白色粒状或略呈纤维状粉末，由纤维素（如棉花短纤维或木屑纤维等）经过一系列处理与化学反应后制成。其结构式如图 5-8 所示。

将 CMC 加入水泥浆中可能使其产生絮凝，即钙盐沉淀，但可通过加硅酸盐、羧酸盐或磺酸盐提高其流动性予以改善。此外还可通过 CMC 的磺化或接枝来改善其使用性能。

2）羟乙基纤维素

羟乙基纤维素（简称 HEC）主要分为碱溶性和水溶性两种。HEC 是一种非离子型纤维素，一般为白色或淡黄色纤维状或粉末状固体，溶于冷水或热水。因其非离子性，故在高浓度盐水中性能依旧稳定。可作为降滤失剂使用的 HEC 分子结构式如图 5-9 所示。

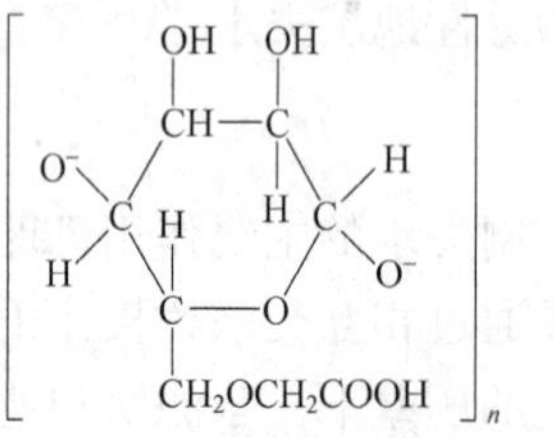

图 5-8 羧甲基纤维素结构式

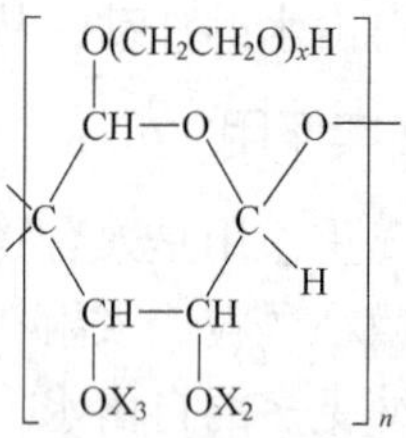

图 5-9 羟乙基纤维素分子结构

使用中可根据需要选择不同的相对分子质量的 HEC，其选择原则主要取决于对水泥浆密度和注水泥体系的要求。对于常规密度水泥浆，应选择中低相对分子质量，2% HEC 水溶液的黏度为 40mPa·s。对于低密度水泥浆，应选择高相对分子质量，2% HEC 水溶液的黏度为 180mPa·s。

3）羟丙基纤维素

羟丙基纤维素（简称 HPC）可与高相对分子质量（$M_w=2\times10^6$）的生物胍胶复合使用，效果更好。图 5-10 为羟丙基纤维素单元结构示意图。

4）羧甲基羟乙基纤维素

羧甲基羟乙基纤维素（简称 CMHEC）可用作盐水水泥浆体系的降滤失剂。CMHEC 是由若干无水葡萄糖单元构成的聚合物，其单元结构如图 5-11 所示。

CMHEC 聚合物的相对分子质量必须足够低，才可使其混合后的盐水水泥浆具有较低的黏度。适用于作油井水泥降滤失剂的相对分子质量，一般是 1%CMHEC 的水溶液，黏度范围大约是 10~225mPa·s。

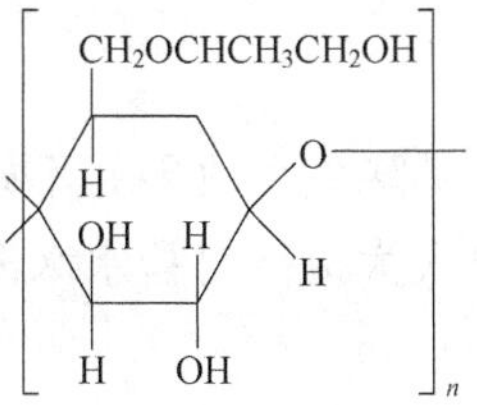

图 5-10 羟丙基纤维素单元结构 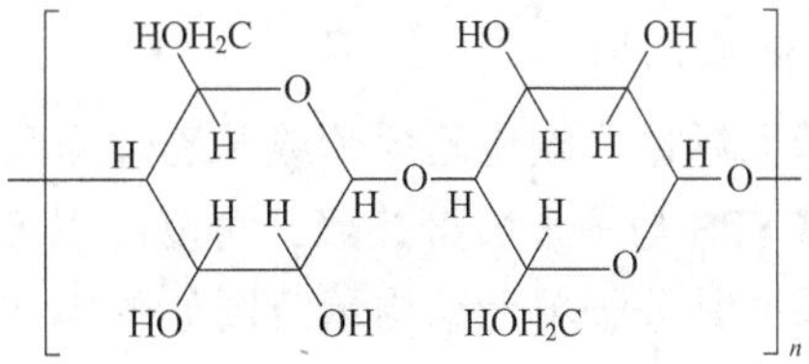　　　　　图 5-11 无水葡萄糖单元结构

5) 硫酸纤维素

硫酸纤维素又称纤维素硫酸盐、磺化纤维素或纤维素磺酸盐，可缩写成 $CelSO_4$。硫酸纤维素所含有的酯键（—O—SO_2—O—）可由纤维素与硫酸或氯磺酸反应制得。其反应式如图 5-12 所示。

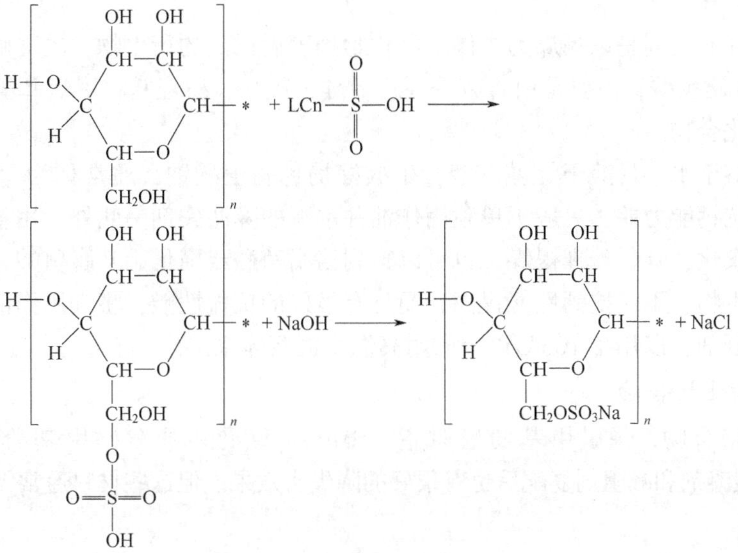

图 5-12 硫酸纤维素的反应式

硫酸纤维素能溶于水，具有比 Na-CMC 更强的水化性能和更好的抗盐、抗钙性能。此外，当 $CelSO_4$ 与 CMHEC 按 1∶3~3∶1 比例混合后，对油井水泥都有很好的缓凝和降失水作用。

3. 磺化聚合物

磺化聚合物属于阴离子聚合物，包括磺化聚乙烯甲苯、磺化聚苯乙烯、磺化褐煤、磺化酚醛树脂、磺化木质素磺甲基酚醛树脂等。其耐高温性能较差，这是由于在强碱介质中，高温使得磺酸基脱除或分解所致。但与其他降滤失剂复配或共聚有时也可耐受 150℃ 以上的高温。

1) 磺化聚乙烯甲苯

磺化聚乙烯甲苯也称磺化聚甲苯乙烯或聚乙烯甲苯磺酸盐，简称 SPVT。将磺化聚乙烯甲苯的钠盐或铵盐用作降滤失剂，即使在高温下，水泥浆仍有很好的降失水效果。其分子结构式见图 5-13。

虽然聚苯乙烯磺酸钠在高温高压下会失去降失水作用，但是磺化聚乙烯甲苯仍有良好的降失水效果。

2）磺化苯乙烯

磺化苯乙烯也称磺化乙烯苯或苯乙烯磺酸盐，简称 SPS。其降失水效果并不好，也不耐高温。但将 SPS 与马来酸酐共聚，再复配以 SPVT 或 PNS，可大大提高对盐水水泥浆体系的降失水效果，其分子单元结构示意图如图 5-14 所示。

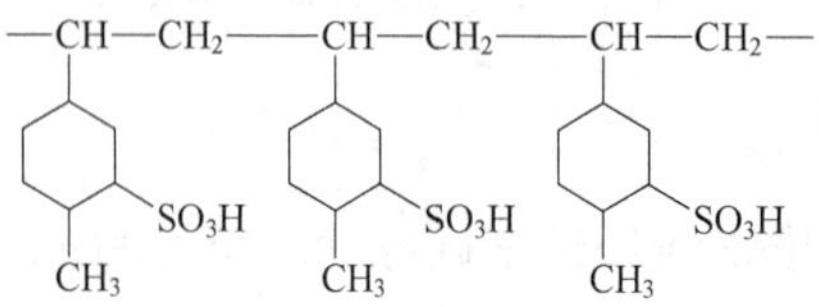

图 5-13　磺化聚乙烯甲苯

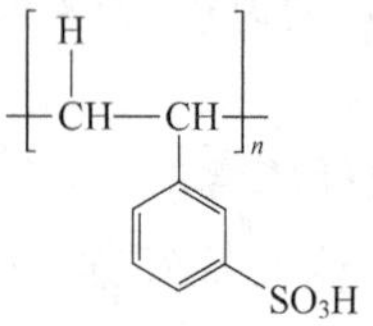

图 5-14　磺化苯乙烯单元结构

3）腐殖酸类

腐殖酸类降滤失剂是以褐煤为主体，经化学处理后得到的衍生物，也称磺化褐煤。褐煤含有 20%~80% 腐殖酸，主要是由含芳香环、烯键、羧基、酚羟基、甲氧基等多官能团组成的链状高分子化合物。

腐殖酸难溶于水，易溶于烧碱溶液，生成棕褐色腐殖酸钠，通常称为"煤碱液"降滤失剂。由于其抗钙能力差，一般不单独用作油井水泥的降滤失剂。此外，用重铬酸钾、硝酸和亚硫酸钠等氧化、碳化处理褐煤，也可以得到铬腐殖酸或磺化硝基腐殖酸，因此，处理后的腐殖酸类衍生物，不仅抗钙性能提高，而且有很好的抗盐性能，将其用作油井水泥降滤失剂必须加入缓凝剂，以用于 160℃ 以上的耐高温水泥浆体系。

4）其他磺化聚合物

其他磺化聚合物，像磺甲基酚醛树脂（SMP）、磺化木质素磺甲基酚醛树脂共聚物（SLSP）等与缓凝剂和减阻剂复配后也有很好的降失水效果。但这些材料通常无法单独使用。

4. 淀粉类

淀粉类主要包括羧甲基淀粉、黄原酸淀粉和丙基淀粉等，均具有使水泥浆增稠，耐温性差的缺点。由于其性质与纤维素类似，且在水泥浆中使用较少，此处仅介绍黄原酸淀粉和 Welan 树胶两种。

1）黄原酸淀粉

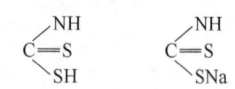

图 5-15　黄原酸淀粉钠盐结构示意图

以黄原酸化作用所生产的水溶性黄原酸盐类淀粉能用作油井水泥的降滤失剂。使用最多的是黄原酸淀粉钠盐，已制成的黄原酸淀粉钠盐，在存放过程中会缓慢分解而失效。温度越高，分解越快，在 60℃ 以上时，就丧失其降失水作用。其结构示意图如图 5-15 所示。

2）Welan 树胶

Welan 树胶是一种杂多糖类，其种类主要分为低黏度 Welan 树胶与高黏度 Welan 树胶两种。即使在 127℃ 的高温下，也能降低水泥浆的失水，且其失水控制能力与聚合物浓度成正比。Welan 树胶在盐水水泥浆中也是一种性能优良的悬浮稳定剂。

5. 聚酰胺类

聚酰胺类是阴离子聚合物降滤失剂，它包括丙烯酰胺及其衍生物的聚合物、二元共聚物和三元共聚物等。

1) 丙烯酰胺聚合物

聚丙烯酰胺是非离子性聚合物，不能单独用于油井水泥作降滤失剂，一般与AMPS、丙烯酸钠、乙烯基咪唑等形成共聚物，用作油井水泥的降滤失剂。部分水解的聚丙烯酰胺，大分子链上含有不同份额的丙烯酸或丙烯酸盐基团，成为含阴离子基的聚合物，可作为黏土悬浮液降滤失剂而用于钻井液。但当使用温度高于60℃时，水解聚丙烯酰胺的羧基与水泥颗粒表面有较强的作用力，常导致缓凝或絮凝，所以不适合做水泥的降滤失剂。

2) 二元共聚物

丙烯酰胺及其衍生物的二元共聚物包括：丙烯酸与丙烯酰胺（AA/AM）的共聚物；2-丙烯酰胺-2-甲基丙烷磺酸与丙烯酰胺（AMPS/AAM）的共聚物；2-丙烯酰胺-2-甲基丙烷磺酸与N,N-二甲基丙烯酰胺（AMPS/NNDMAM）的共聚物等，对于以上聚合物形成的混合降失水体系，通过调整单体摩尔比，可以达到更好的降失水效果。

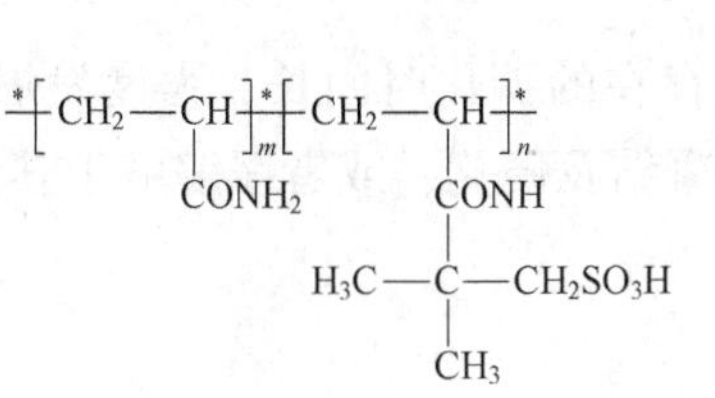

图5-16　2-丙烯酰胺-2甲基丙烷磺酸与丙烯酰胺的共聚物

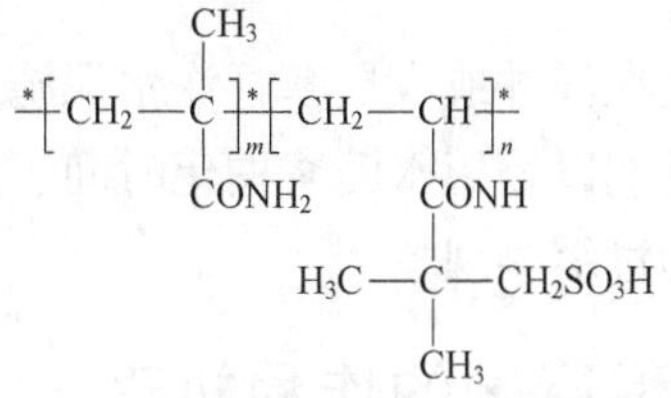

图5-17　2-丙烯酰胺-2-甲基丙烷磺酸与N-甲基丙烯酰胺共聚物

3) 三元共聚物

三元共聚物有下列几种：

（1）AMPS+AM+IA（衣康酸）；

（2）AMPS+AA+NMVA（N-甲基-N-乙烯基乙酰胺）；

（3）AM+乙烯基硫酸盐+NMVA；

（4）AA（AM）+NMVA+AMPS。

6. 聚胺类

聚胺对水泥浆的失水控制能力很差，但与减阻剂、木质素磺酸盐类缓凝剂复配以后，具有非常好的降失水效果。可用作油井水泥降滤失剂的聚胺有三种类型。

1) 聚乙二胺（PEI）

PEI是乙二胺的聚合物。采用一次、二次和三次加氮的方法制备，才能产生高支链聚合物。

2) EDA

EDA是由聚烯烃-多胺通过缩聚而成，例如L-胺与邻位二卤代烷（如1,2-二氯乙烷）缩聚。

3) DMA

DMA是由三氯-1,2-环氧丙烷和双功能胺（如乙烯二胺）共聚而成，其中加入少量的乙烯二胺是为了构成辅助或次级胺键。

聚胺类降滤失剂能有效地控制淡水或海水配制的水泥浆失水性能。它在淡水中应用时，需加入盐和氯化钙，以防水泥浆的沉降和自由水的析出。此外，聚胺类降滤失剂对水泥浆的流变性、稠化时间和抗压强度影响很小。

7. 聚乙烯醇（PVA）

聚乙烯醇又称"成膜降滤失剂""非渗透降滤失剂"和 AMPS 聚合物降滤失剂，缩写为 PVA 或 PVAL，是目前水泥浆体系中经常使用的降滤失剂。在压差的作用下，由 PVA 分子作为黏结剂，为水泥颗粒提供架桥颗粒相互粘连，共同组成了连续的凝胶结构——固体膜。虽然 PVA 在低温下无缓凝作用，且与氯化钙配伍性很好，但加量敏感性强，会出现滤失量急剧下降的现象。此外，PVA 作为降滤失剂虽然成膜性好，但水溶性差，不耐高温，而且起泡也比较严重，故而只能在 50℃ 以下使用，但可通过加入适量的 HEC，使之具有缓凝作用，并可耐受 90℃ 左右的高温。

第三节 促凝剂

为解决在浅井或表层套管注水泥施工中水泥浆存在的稠化时间长、强度发展慢的问题，需加入促凝剂以缩短水泥浆稠化时间、加速水泥浆凝结及硬化，或者缓解由于其他外加剂加入所引起的过缓凝现象。

一、促凝剂的作用机理

促凝剂的促凝机理有以下三个方面的原因：

1. 提供结晶中心加速水泥的凝结与硬化

促凝剂如 $NaAlO_2$、Na_2SiO_3 等在水溶液中可水解为呈胶态的氢氧化铝胶体、硅胶等，水解产物与 Ca^{2+} 结合，为水化物形成提供结晶中心，进而加速水泥浆的凝结与硬化。

2. 盐效应与同离子效应

无机盐在水泥浆体系中可发生盐效应和同离子效应，通过改变胶凝材料的溶解度，加快水泥水化反应的进程。促凝剂在盐效应的作用下使水泥浆溶液的离子浓度增大，改变水泥颗粒表面的吸附层，从而提高水化矿物的溶解度，加速水泥水化进程；促凝剂可在同离子效应的作用下，不仅使得一些水泥水化矿物的溶解度减小，而且促使水泥水化产物更快地结晶析出，从而提高水泥石的早期强度。

3. 生成复盐、络合物或难溶化合物

一些促凝剂可与水泥凝胶矿物发生化学反应生成复盐、络合物或难溶化合物，由于复盐、络合物或难溶化合物的溶解度比相应单盐更小，从而加速了水泥水化进程。如亚硝酸盐和硝酸盐能与 C_3A 生成络盐（亚硝酸铝酸盐和硝酸铝酸盐）加速水泥水化，进而促进水泥石早期强度的发展；三乙醇胺在水泥浆中可生成易溶络合物，可加快水泥中 C_3A、C_4AF 的溶解速度，促进硫铝酸钙的产生以提高水泥早期强度。

二、促凝剂的类型

常用的油井水泥促凝剂主要包含无机盐促凝剂、无氯促凝剂、复合促凝剂等几种类型。

1. 无机盐促凝剂

氯化物是最常用的油井水泥促凝剂,主要包括氯化钙、氯化钠和氯化钾等。

1) 氯化钙

氯化钙($CaCl_2$)作为最有效、最经济的促凝剂,其常规加量为2%~4%(质量分数),使得水泥浆稠化时间在45℃条件下可由152min缩短到59min,见表5-1。当加量超过6%(质量分数)时可能发生先期假凝,而且其影响规律难以预计。

表5-1 $CaCl_2$水泥浆体系的稠化时间和抗压强度

$CaCl_2$的质量分数,%	$CaCl_2$水泥浆体系稠化时间,min		
	32℃	40℃	45℃
0	240	210	152
2	77	71	61
4	75	62	59

$CaCl_2$的质量分数,%	$CaCl_2$水泥浆体系抗压强度,MPa								
	15.5℃			28℃			38℃		
	6h	12h	24h	6h	12h	24h	6h	12h	24h
0	—	0.4	2.9	0.3	2.6	8.8	2.6	5.9	12.5
2	0.88	3.4	10.6	2.9	7.1	17.6	7.8	16.6	27.6
4	0.88	4.6	11.0	3.8	8.7	20.0	9.2	17.9	31.2

氯化钙的作用机理复杂,主要有以下几种认识。

(1) 对水泥水化的影响:氯离子增强了钙矾石的形成速度,加快铝酸盐或石膏体系水化速度直到石膏被消耗掉。

(2) C-S-H结构的改变:氯化钙通过改变C-S-H凝胶形状,使其成为开放的絮状结构,提高了凝胶层的渗透率,加速了水化。

(3) 氯离子的扩散作用:氯离子的扩散系数远高于阳离子的扩散系数。由于氯离子比阳离子更快地扩散进入C-S-H凝胶层,因而发生氢氧根离子的反扩散保持电平衡,使得水泥水化诱导期缩短,水化加速。

(4) 液相组成的改变:氯化钙的存在极大地改变了油井水泥浆中液相离子分布。由于氯离子的引入,水化产生的氢氧根离子和硫酸盐浓度降低,而Ca^{2+}的浓度增加,水化反应被加速。

氯化钙作为促凝剂,加速水化的同时,将产生以下几种副作用。

(1) 水化放热集中:最初几小时水化放热量很高。由于套管与水泥的热膨胀系数不同,水泥水化集中放热造成"热微环空间隙"。

(2) 流变性变差:氯化钙能提高水泥浆的屈服值,起初没有影响,加入氯化钙30min后水泥浆塑性黏度增加。

(3) 渗透率大：加有氯化钙的水泥浆，所产生的水化产物体积大于未加入的浆体，导致水泥石结构致密度降低，渗透率变大。

(4) 腐蚀套管：由于氯离子的存在，当遇到地下酸性介质侵入水泥石，在 H^+ 与 Cl^- 的共同作用下，将加剧套管的腐蚀。

2) 氯化钠

氯化钠（NaCl）作促凝剂应注意加量控制。通常情况，氯化钠浓度在 10%（BWOC）以下时为促凝剂。

3) 氯化钾

氯化钾（KCl）能促进水泥浆凝固，且对其流动性略有影响，与氯化钙复配使用效果更好。在泥岩、页岩、夹缝砂岩、石灰岩等注水泥时，通过在水泥浆中加入 0.3%~1.0% 的氯化钾，可以抑制岩层黏土膨胀，避免界面胶结强度降低。

除了上述无机类氯化物以外，为方便海上固井配置水泥浆，含有多种氯化物的海水同样可以起到对水泥浆促凝的作用，但主要适用于井深 2000m 以内、井底温度不超过 80℃ 的油井注水泥作用。

2. 无氯促凝剂

无氯促凝剂主要包括碳酸钠、石膏等无机物，以及分子量相对低的有机物，如甲酰胺、三乙醇胺等。

1) 碳酸钠

碳酸钠（Na_2CO_3）与水结合形成 $Na_2CO_3 \cdot H_2O$、$Na_2CO_3 \cdot 7H_2O$ 和 $Na_2CO_3 \cdot 10H_2O$ 三种水合物。当水泥浆的初凝和终凝时间相隔较长时，加入纯碱之后，可缩短初终凝时间间隔，同时影响稠化时间。在加量不同的情况下，对稠化时间影响无明显规律，所以应慎重使用。

2) 甲酰胺

甲酰胺（$HCONH_2$）为无色油状液体，能溶于水或醇，可促进水泥浆凝结，缩短水化时间，增加水泥石强度，并改善水泥浆流动性能，当加量为水泥质量的 1%~2.5% 时，甲酰胺的促凝效果与氯化钙相当，且对金属无腐蚀作用，但使用价格比氯化钙高，不宜大量使用。

3) 三乙醇胺

三乙醇胺 [($HOCH_2CH_2)_3N$] 为无色黏稠而富有吸水性的液体，露置于空气中颜色变深，与水混合成为强碱。

三乙醇胺主要作用于 C_3A-$CaSO_4$-H_2O 体系中加快钙矾石的生成，但会延缓 C_3S 和 C_2S 的水化，因此，三乙醇胺对铝酸盐水泥促凝，对硅酸盐水泥却有缓凝作用，一般不单独使用，而是与其他外加剂配伍使用。

4) 石膏

石膏作为常用的促凝剂，其中无水石膏（$CaSO_4$）或半水石膏（$CaSO_4 \cdot 0.5H_2O$）具有促凝作用，而二水石膏（$CaSO_4 \cdot 2H_2O$）具有一定的缓凝作用，促凝效果可通过加量大小调整。对于压住气喷井、修补断裂套管和控制漏失等情况，可通过调整石膏与水泥粉比例进行有效控制。

3. 复合促凝剂

利用 CMC（羧甲基纤维素）、碱金属氢氧化物、尿素和水制备复合促凝剂。随着尿素、氢氧化物加入 CMC 水溶液中，可使 CMC 改性而降低水溶液黏度，并提高 CMC 的化学活性。用这种复合促凝剂与油井水泥混配，既能缩短水泥浆的凝固时间，又能提高水泥浆的流动性。

除上述促凝剂外，例如铝酸钠、三聚氰胺甲醛树脂、硫酸铝、明矾、高铝水泥、铝氧熟料、链烷醇胺—硫氨酸、三乙醇胺—氯化钠（或氯化钾）、三异丙醇胺—亚硝酸钠等体系，都是很好的促凝剂。此外人工合成的纳米级晶体同样可作促凝剂使用，比如纳米 C-S-H、纳米级二氧化硅等。已有研究显示纳米 C-S-H 和纳米级二氧化硅能显著缩短水泥水化过程，提高水化反应速度，是具有应用潜力的油井水泥促凝剂。

第四节　早强剂

油井水泥早强剂是指能提高水泥石早期强度，并对后期强度无显著影响，甚至可以提高后期强度的外加剂。在水泥中加入早强剂能加速水泥矿物组分水化反应速度，改善水泥石晶体结构。

一、早强剂的作用机理

总体来说早强剂的早强机理与促凝机理有以下三个方面：

1. 形成水化产物结晶中心加速水泥的凝结与硬化

一些早强剂如 $NaAlO_2$、Na_2SiO_3 等物质，在水溶液中可水解，形成胶态的氢氧化铝凝胶、硅胶等，它们与钙离子结合形成水化物的结晶中心可加速水泥的水化进程，进而加速水泥浆的凝结与硬化。

2. 同离子效应

无机盐在水泥浆体系中改变胶凝材料的溶解度，加快水泥水化反应的进程主要是因为发生同离子效应和盐效应。若水泥浆中有同类离子的电解质，在同离子效应的作用下，早强剂一方面降低一些水泥水化矿物的溶解度；另一方面却促使水泥水化产物更快地结晶析出，从而提高水泥石的早期强度；若水泥浆中没有同类离子的电解质，在盐效应的作用下早强剂增加水泥浆溶液的离子浓度，改变水泥颗粒表面的吸附层，从而提高水化矿物的溶解度，加速水泥水化进程。

3. 生成复盐、络合物或难溶化合物

一些早强剂加速水泥水化进程可通过与水泥凝胶矿物发生化学作用，生成溶度积比相应单盐更小的复盐、络合物或难溶化合物。如亚硝酸盐和硝酸盐通过与 C_3A 生成络盐、亚硝酸铝酸盐和硝酸铝酸盐，加速水泥水化并促进水泥石早期强度的发展；三乙醇胺提高早期强度的原因是在水泥浆中可生成易溶解络合物，加快 C_3A、C_4AF 的溶解速度，从而生成更多的硫铝酸钙。

二、促凝剂与早强剂的异同

早强剂和促凝剂都是用来调节水泥的凝结时间与硬化性能的，但是它们存在以下两个方面的差异。

1. 工作机理不同

促凝剂主要用于调节水泥凝结时间，对水泥的长期强度有影响，成分是以铝酸盐、硅酸盐和碳酸盐为主的外加剂。如铝酸盐类促凝剂，掺入混凝土后与硅酸盐水泥中的石膏相结合，阻碍水泥颗粒周围硫铝酸钙的生成，从而使铝酸三钙迅速水化凝结，起到速凝作用。

早强剂是提高水泥石早期强度，对水泥凝结时间影响较弱的外加剂，包含无机物盐类、有机物盐类和复合物三大类，目前广泛使用的是无机盐类。在水泥浆中加入早强剂后，水泥矿物的溶解度提高，水泥矿物的水化速度加快；同时复盐晶体的产生，使水泥内部结构致密，进而起到早强作用。

2. 工作性能不同

在水泥中掺入促凝剂后，可以缩短水泥浆凝结时间，使得水泥石初期强度增长快。由于促凝剂吸水性强，将影响水泥的黏结力；促凝剂将影响水泥石的后期强度。此外，水泥石的力学性能，如弹性模量、泊松比、抗剪强度、黏结力等，均有所降低。

在水泥中掺入早强剂后，水泥浆初凝时间几乎不受影响，而水泥石的早期强度却可以提高，并且水泥石的后期强度也有所提高。由此可知，加入早强剂后，若与水泥的配比不变，水泥石强度将有所提高，若为保持水泥石强度不变，可减少水泥用量，节约水泥。

三、早强剂的类型

早强剂按照化学成分可分为无机盐类、有机物类、有机物和无机物复合的复配型早强剂三类。

1. 无机盐类早强剂

1) 氯盐类

氯盐早强剂主要有氯化钙、氯化钠、氯化铝等，是应用历史最长、应用效率最显著的早强剂。其中氯化钠、氯化钙不仅可以作为促凝剂使用，而且可作为早强剂使用。由于氯离子对井筒套管等具有强烈的腐蚀作用，故而使用范围受限。

2) 硫酸盐类

常用的硫酸盐早强剂有硫酸钠、硫酸钾和硫酸钙三种。在使用这类早强剂时应注意用量，避免引起碱集料反应破坏或硫酸盐过量产生的腐蚀破坏。

3) 钙盐类

钙盐类早强剂主要有甲酸钙、溴化钙等，钙盐早强剂能降低水泥浆体系的 pH 值，从而加速水泥的水化及硬化。

2. 有机物类早强剂

最常用的有机物类早强剂是三乙醇胺，将其掺入水泥中能加速铝酸三钙的水化和钙矾石的形成。

3. 复配型早强剂

通过对各种早强剂或早强剂与减水剂之间的复配，可使得早强剂性能和效果大大提高，实现大幅度提高水泥石早期强度快速发展的同时，对水泥石后期强度的稳定具有积极作用。

第五节 缓凝剂

缓凝剂的作用就是能够有效地延长或维持水泥浆处于液态和可泵性的时间。在固井工作中，如果水泥浆的稠化时间过短，水泥浆在灌注过程中还没来得及被完全顶替到环空中就在套管里凝固，易出现"灌香肠"的现象，造成工程事故，性能优良的缓凝剂应在任何温度区间都具有稳定的缓凝作用，而且对稠化时间的影响与其加量成正比，同时与各种油井水泥及其他外加剂均有很好的适应性。

一、缓凝剂的作用机理

缓凝剂的作用机理有待深入研究，目前较为公认的缓凝理论有以下四种。

(1) 晶核延缓结晶理论：缓凝剂分子吸附在水泥水化产物表面上，毒化了水化产物形核结晶过程，从而阻止了晶体的生长，以延缓水泥的水化。

(2) 吸附理论：水泥浆缓凝剂分子吸附在水化产物表面，阻止水泥颗粒与水的接触，影响水泥在固化阶段和硬化阶段形成网络结构的速率，起到缓凝作用。

(3) 螯合理论：缓凝剂分子与水泥水化产生的 Ca^{2+} 发生螯合作用，形成稳定的五元或六元环结构，阻止了水化产物晶核的生成，从而抑制水化的进行。

(4) 沉淀理论：缓凝剂与水化液相中的 Ca^{2+} 或 OH^- 反应，在水泥颗粒表面生成不溶性非渗透沉淀层，阻止了水分子渗透，使得水泥颗粒的水化反应被延缓。

二、缓凝剂的类型

油井水泥缓凝剂有以下9种类型。

1. 木质素磺酸盐类

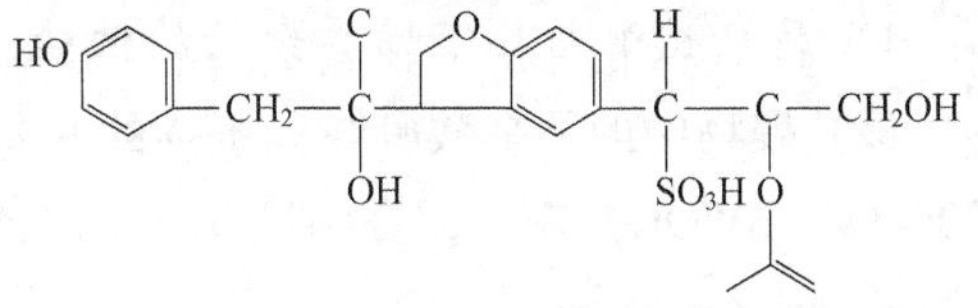

木质素磺酸盐包括钠盐、钙盐、铵盐或其混合物，它们的分子结构式如图5-18所示。木质素磺酸盐是利用木材中天然存在的木质素，经亚硫酸盐的磺化作用后，从纸浆废液中提取出来的副产品。

图5-18 木质素磺酸盐化学结构式

木质素磺酸钙和木质素磺酸钠可以在井底循环温度87℃以下单独使用，缓凝效果也好，并可以显著地延长水泥浆的稠化时间。在高温下使用，木质素磺酸盐会因降解作用而使缓凝失效，所以只能用于3000m左右深的井。对于木质素磺酸盐的作用机理，一般认为它主要影响 C_3S 水化动力学，同样对 C_3A 的水化产生影响。

2. 羟基羧酸及其盐类

这类缓凝剂包括酒石酸、柠檬酸、水杨酸、苹果酸和乳酸等及其盐类。这类产品的缓凝作用主要靠分子中 α 位和 β 位羟基羧酸基团，这些基团对 Ca^{2+} 具有很强的螯合能力，形成高度稳定的五元环或六元环结构，部分地被吸附于水泥颗粒表面，毒化晶核，阻止水化产物形成。

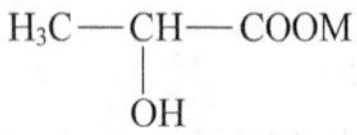

图 5-19 乳酸及其盐单元结构示意图

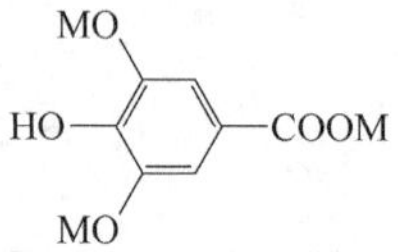

图 5-20 五倍子酸及其盐单元结构示意图

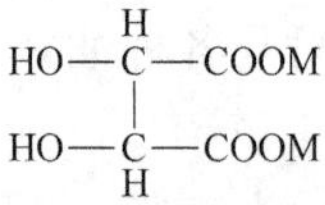

图 5-21 酒石酸单元结构示意图

1) 酒石酸及其盐类

酒石酸及其盐类包括酒石酸、酒石酸钠、酒石酸钾和酒石酸钾钠等，它们被吸附于水泥颗粒表面后，可降低水泥颗粒的溶解和水化速度。其阴离子与 Ca^{2+} 生成微溶性沉淀，因而降低了溶液中 Ca^{2+} 浓度，导致水泥缓凝。

酒石酸和酒石酸钾钠，具有较好的抗高温性能，且对水泥石强度影响较小。但是加入酒石酸后，会使水泥浆的游离水和滤失量增大，因此往往与降滤失剂配合使用。酒石酸在任何温度区间，其加量都与稠化时间成指数关系，加量灵敏度较高。一般加量为 0.4%～0.6%（BWOC），当小于 0.1%（BWOC）时具有一定促凝作用，而大于 0.7%（BWOC）时将导致水泥浆超缓凝，所以须慎重使用。

2) 柠檬酸及其钠盐

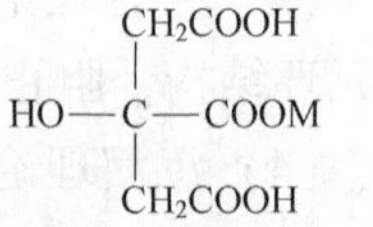

柠檬酸是无色半透明结晶，或为白色颗粒或为白色结晶状粉末，无毒、有酸味，在潮湿的空气中微有潮解性。柠檬酸钠在空气中稳定，并且缓凝作用也稳定，储存起来也比较方便。柠檬酸钠的缓凝作用比较温和，最低加量为 0.5%（BWOC），加量较小时，会引起水泥的促凝；当加量达到一定值时，其缓凝作用比较稳定，不会因加量的微小变化而引起稠化时间的较大波动。

图 5-22 柠檬酸单元结构示意图

3) 马来酸酐与异丁烯共聚物的钠盐

该共聚物中的马来酸酐与异丁烯的摩尔比为 1:1，相对分子质量为 6 万。一般加量在 0.044%（BWOC）左右，在温度 52℃以上具有很好的缓凝效果。

3. 糖类化合物

蔗糖、棉子糖和可溶性淀粉等糖类化合物是油井水泥优良的缓凝剂。在这类化合物中，以含有五元环的蔗糖和棉子糖性能最好。但是，由于这类缓凝剂的缓凝性能显著，对加量敏感性强，故其应用较少。

研究表明，糖类的缓凝作用主要取决于它在碱性条件下水解的程度，即转化为含有 α-羟羰基（H_3C-CO-）葡萄糖酸或其盐类的能力。当水解产物大量吸附在 C-S-H 凝胶表面时，C-S-H 成核中心被水解产生的阴离子"毒化"，从而起到抑制水泥水化的作用。

图 5-23 为蔗糖和棉子糖的化合物结构式。葡萄糖盐类是应用最为普遍的缓凝剂，主要种类如下。

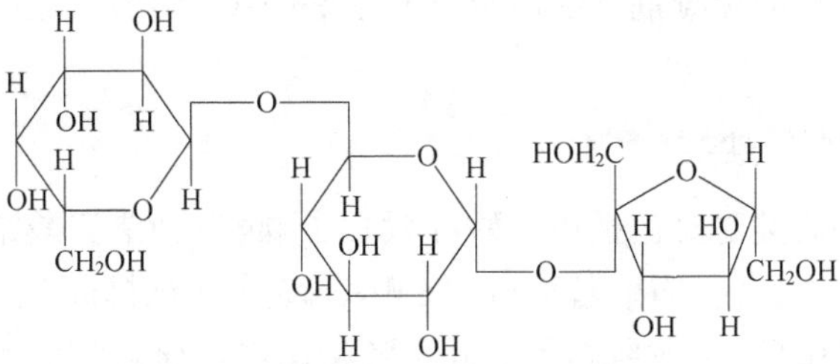

图 5-23 糖类缓凝剂的分子结构

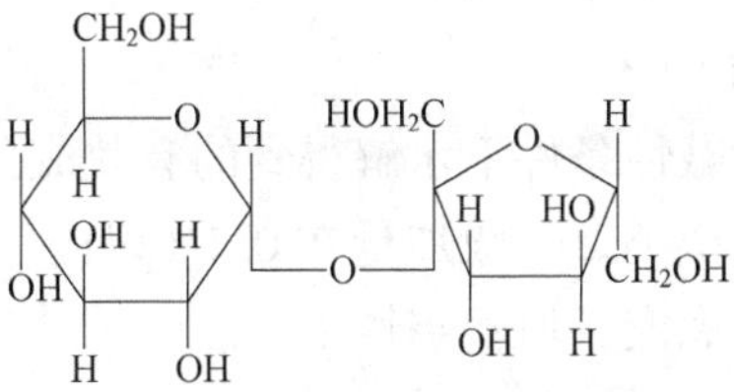

1) 葡萄糖酸钠

α-葡萄糖酸钠和 β-葡萄糖酸钠均是高效水泥缓凝剂，白色或黄色结晶状粉末，易溶于水。在 65℃ 条件下，水泥浆稠化时间对缓凝剂加量非常敏感；在 80~100℃ 条件下，加量敏感性降低；当温度高于 120℃ 时，该缓凝剂对稠化时间影响降低。

2) 葡萄糖酸钙

当使用温度达到 200℃ 时，一般采用葡萄糖酸钙作为水泥浆缓凝剂。它是一种白色、无味、不燃、无毒、非爆的结晶状粉末。加入葡萄糖酸钙的水泥浆耐热性能有所提高，当温度达到 220℃ 时，水泥浆仍可长时间（2~3h）保持流动状态。葡萄糖酸钙与各种体系的水泥浆均有很好的适应性，并可提高水泥浆的流动性能。

3) 葡庚糖酸钠

葡庚糖酸钠有 α-葡庚糖酸钠和 β-葡庚糖酸钠两种，均可作缓凝剂。其结构式如图 5-24 所示。

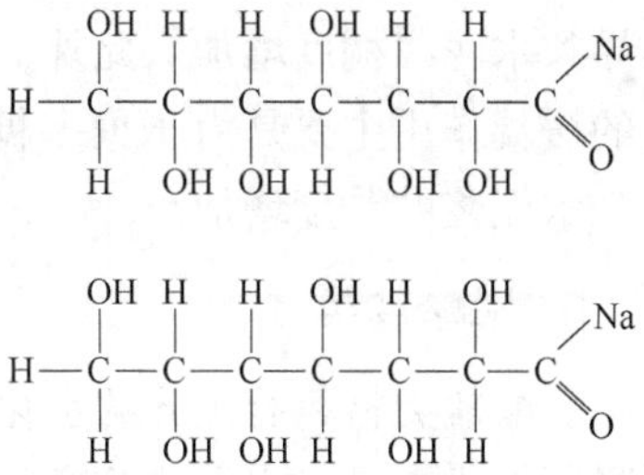

葡庚糖酸钠被用作油井水泥缓凝剂具有抗温性能好，使得稠化时间易于控制，并且有改善水泥浆的流动性，增加水泥石强度等优点。研究表明，单独使用葡庚糖酸钠时，易引起水泥浆沉降，因此需要配合降滤失剂一同使用，特别是可增加黏度的降滤失剂。

图 5-24 α-葡庚糖酸钠和 β-葡庚糖酸钠结构式

4) 糖蜜

糖蜜是呈棕褐色糖浆状液体，无毒，能很好地溶于水，主要成分为蔗糖和葡萄糖。提取酒精后的废液经氧化可变成羟基羧酸，故而具有缓凝作用。

5) 糊精

糊精为淀粉分解单糖时的中间产物，但仅有白糊精可用作缓凝剂。白糊精是白色精致的细粉末，在冷水中仅部分溶解，能全部溶解于沸水。当白糊精的加量小于0.6%时，有促凝作用；而大于0.65%时，又表现出强烈的缓凝。

改性淀粉和糊精复配的缓凝剂，在高温下有很好的缓凝作用。淀粉和糊精的缓凝机理与其他糖类相同。

4. 单宁酸及其磺甲基盐类

单宁酸及其磺甲基盐类主要包括单宁酸（没食子鞣酸）、单宁酸钠、磺甲基五倍子单宁酸钠（SMT，简称磺化单宁）、磺甲基栲胶（SMK，简称磺化栲胶）、磺甲基褐煤（简称磺化褐煤，又名磺甲基腐殖酸）、龙胶粉等。几乎各种磺甲基化合物对水泥都有缓凝作用，且随掺量的增加，水泥浆稠化时间相应延长。

1) 单宁酸（没食子鞣酸）

单宁酸是天然植物单宁在碱性条件下水解得到的有效成分，主要是多元酚基和羟基的有机物，即没食子酸和葡萄糖酸盐类。一般加量在0.1%以内，即可延长稠化时间，它对流动性没有太大的改善，性能比较稳定，但溶解性不好。

2) 磺化单宁和磺化栲胶

磺化单宁和磺化栲胶均有显著的缓凝效果，其中栲胶的主要成分是天然单宁，因此磺化栲胶的缓凝作用也是由单宁所致。与天然单宁相比，磺化单宁的性能要稳定得多，水溶性也好，并且使用温度范围也广，在高温下仍有较好的缓凝效果。受分子中所含磺甲基极性基团影响，黄化单宁不仅可以改善水泥浆的流动性能，还有一定的降失水作用。一般加量在0.1%（BWOC）以下时，就有很好的缓凝效果，若与硼砂和酒石酸复配，可提高其使用温度范围。

3) 磺化褐煤

磺化褐煤由于溶解性不好，缓凝效果也不如其他磺甲基化合物，故而使用较少。

5. 纤维素衍生物

纤维素衍生物来源于木材或其他植物的聚多糖类，在水泥浆的碱性条件下性能较为稳定，但作为缓凝剂使用时，其优缺点都比较突出；主要表现为可控制水泥浆的滤失量，但极易导致水泥浆稠度增加。此外，在高温条件下，纤维素将导致水泥石的抗压强度下降。纤维素的缓凝作用主要是由于聚多糖被吸附在水泥颗粒表面之后，使水渗入水泥颗粒的速度减慢，水泥浆的黏度增加。

6. 磷酸盐类

磷酸盐类材料有优异的水化稳定性与高温稳定性，使用温度可高达204℃。有机磷酸盐缓凝剂的优点是对水泥成分变化不敏感，并可降低高密度水泥浆的黏度。然而，磷酸盐缓凝剂的作用机理尚未明确，由现有研究结果可知，可能是由于磷酸盐基团（图5-25）吸附于水泥颗粒表面上之后，阻止了水泥颗粒的水化。

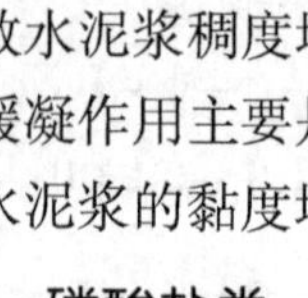

图5-25 烯基磷酸盐结构式

1) 1-羟基乙叉-1,1-二磷酸

1-羟基乙叉-1,1-二磷酸（HEDP）（图5-26）在水泥浆中能离解成多价阴离子，与水泥颗粒表面上的Ca^{2+}络合，生成稳定的络合物保护膜，阻碍水的渗入，减缓水泥颗粒进一步水化，起到缓凝作用。与饱和食盐水混合后，可提高对水泥浆的缓凝效果。

2）烯基磷酸盐

烯基磷酸盐是由乙烯醇、丙烯酰胺和磷酸乙烯酯生成的共聚物，可以在高温、高压和盐水条件下作油井水泥的缓凝剂，并可改善水泥浆的流变性能。

3）乙二胺四甲叉磷酸盐

乙二胺四甲叉磷酸盐（EDTMP）的分子式结构如图5-27所示，特征为棕黄色清澈液体，能溶于水。常用作钻井液降黏剂，也可用作缓凝剂使用。

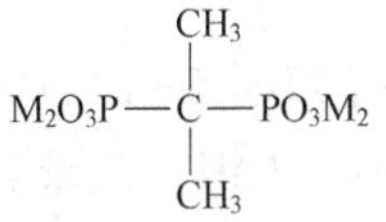

图 5-26　HEDP 单元结构示意图 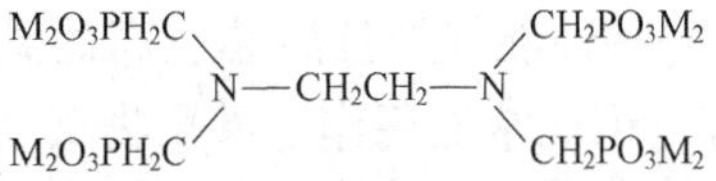　　　图 5-27　EDTMP 单元结构示意图

7. 无机化合物

许多无机酸及其盐类可使水泥浆缓凝，常用的有以下3种。

1）氯化钠

氯化钠浓度大于20%（BWOC）才有缓凝作用，故而不常用作缓凝剂。

2）硼酸及其钠盐

硼酸及其硼酸钠（硼砂）对油井水泥有很好的缓凝作用。其中硼酸的加量与稠化时间不成直线关系而呈折线或指数关系，且灵敏度很高，若不精确调控，可能引起水泥浆的早凝或过缓凝。

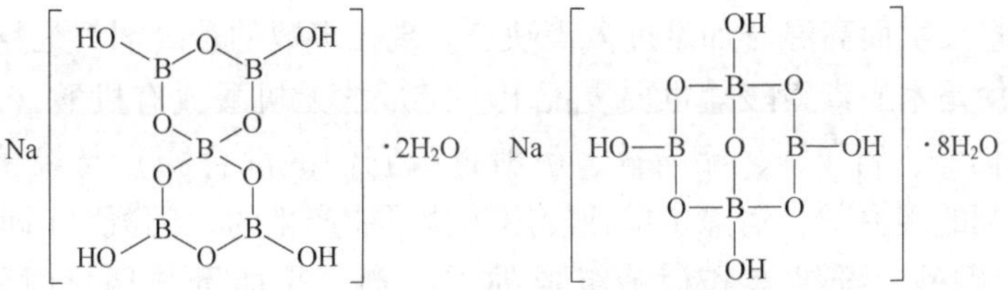

图 5-28　五硼酸钠结构示意图

硼砂缓凝效果比较平缓，可与其他缓凝剂复配，提高其他缓凝剂适用温度范围。例如：将硼砂与木质素磺酸盐复配，就能将它的使用温度范围提高到204℃或更高，只适用于淡水。

当然，若将硼砂与酒石酸、柠檬酸、葡糖酸、葡庚糖酸或其钠盐复配，同样也能提高其使用温度范围（193℃以上）。由于这种缓凝作用是由两种或几种化合物联合产生的，硼砂只是加强了羟基羧酸的作用。当在高温环境中单独使用硼砂时，其缓凝作用微弱，所以硼砂又被称为助缓凝剂。

3）氧化锌

氧化锌不影响水泥浆的流变性，且对 C_3A—石膏体系的水化无影响。氧化锌的缓凝机理是：氢氧化锌沉淀在水泥颗粒表面，形成一个低溶解度、低渗透率的薄膜，抑制了水泥的进一步水化。当凝胶状态的氢氧化锌与钙离子结合形成锌钙石后，缓凝作用结束。反应式如下：

$$2Zn(OH)_2 + 2OH^- + Ca^{2+} + H_2O \longrightarrow CaZn_2(OH)_6 \cdot 2H_2O \tag{5-2}$$

8. 聚合类缓凝剂

近年来，由于聚合物的分子结构易编辑、高温稳定性好，聚合类缓凝剂成了国内外学者的研究热点。通过合理的分子结构设计，优选具有不同功能的活性单体，采用适当聚合方法，获得不同相对分子量以及分布的缓凝剂分子。优选得到较为理想的缓凝剂。聚合类缓凝剂主要有 AMPS（2-丙烯酰胺基-2-甲基丙磺酸）类共聚物、非 AMPS 类共聚物。

AMPS 是一种性能优异且活性较高的共聚单体，其结构如图 5-29 所示。AMPS 的耐温抗盐性能较好，因此常被用作于共聚物型缓凝剂的主要单体。AMPS 共聚物型缓凝剂的性能稳定，使用温度范围宽，与其他外加剂配伍性好，是当前国内外研究较为热门的一类缓凝剂。

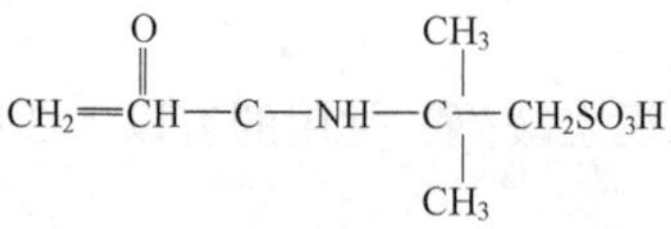

图 5-29 AMPS（2-丙烯酰胺基-2-甲基丙磺酸）结构示意图

非 AMPS 类共聚缓凝剂主要是利用含有羧酸、磺酸、羟基、膦酸和酰胺基团的单体聚合而成综合性能良好的油井水泥缓凝剂。

9. 复配缓凝剂

复配缓凝剂的目的在于扩大使用温度范围，使稠化时间与加量成直线关系，消除单一化合物在低温时加量灵敏而高温时加量过多等缺点。现在多数的缓凝剂都是复合物，很少用单一的化合物，即使是木质素磺酸盐也要复配上一定量的无机酸或有机酸（或它们的盐类），其中由锌盐（氯化锌、硝酸锌、醋酸锌、硫酸锌或它们的混合物）与烷基磺酸盐（铵盐、钠盐或钙盐）复配的缓凝剂，消除了单独使用锌盐可能产生的"闪凝"（即瞬间凝固或先期凝固）。由硼酸、硼砂、纤维素和糊精组成的缓凝剂，其加量与稠化时间有很好的直线关系。

第六节 防气窜剂

当某些高压气井注水泥结束后，水泥浆候凝阶段将由液态转化为固态，在此相变过程中，水泥浆难以保持对气层的压力或受水泥浆窜槽等影响，储层气体窜入水泥浆或进入水泥—套管、水泥—井壁之间的间隙中，导致胶结质量不好，造成层间互窜，甚至发生气体窜出井口。为杜绝这种现象的发生，通常需要在油井水泥中加入防气窜剂防止气体运移，并能提高固井质量。

防气窜技术一直是国内外固井领域攻关的重点，但是目前对于气窜的机理认识尚不统一，故而无法针对气窜问题提出有效的解决方法。

一、防气窜剂的作用机理

防止水泥浆气窜的基本原理是维持固井施工中水泥浆液柱压力与地层压力的平衡。由此提出三种主要的防气窜方法。

（1）增加水泥浆孔隙压力：通过加入与水泥浆反应产生气体的物质，使得产生的气体可均匀地分布在水泥浆中，并在气体膨胀过程中产生一个附加压力，进而提高水泥浆的孔隙压力，保证水泥浆液柱压力不降低，防止水泥浆失重造成压力降低现象的出现。

（2）增加水泥浆孔隙阻力：通过降低水泥石的渗透率，阻止气体的窜流。在水泥浆中加入抗渗透剂，在水泥浆内形成不渗透薄膜，随着水泥水化的不断进行，水泥浆内部产生附加阻力，使水泥浆失重后的液柱压力与附加阻力平衡或高于地层压力，从而阻止了地层气体进入水泥浆。

（3）缩短水泥浆固液转变的过渡时间：防气窜剂可使水泥浆具有较好的触变性，使水泥浆静胶凝强度在其孔隙压力降至地层压力之前，提高到足以抵抗气窜的强度，防止气体侵入水泥浆。

二、防气窜剂的类型

1. 金属粉末

常见的金属粉末有铝粉、铁粉、锌粉和镁粉等。由于水泥浆的水化将产生大量氢氧化钙，因此在水泥浆中加入上述金属粉末，可反应产生氢气，提高水泥浆孔隙压力，实现防气窜的目的。但使用金属粉末做防气窜剂时，应注意所需附加压力的大小和气侵发生的时间，进而控制其加量和反应时间。

2. 有机与无机化合物

1）胶乳

胶乳主要是丙烯酸类化合物，由水、水泥、胶乳、稳定剂和其他外加剂配成的水泥浆是不渗透水泥之一，它具有很好的防气窜性能。在水泥水化期间，胶乳将在水泥基质中絮凝聚结，形成抑制渗透的胶乳膜，从而防止气体或液体侵入水泥浆。胶乳水泥浆体系的缺点是流动性能较差，常导致环空中出现水泥浆沉降等现象，从而影响强度的发展速度。

加有稳定剂和缓凝剂的胶乳水泥浆可在较高的温度范围内使用，最高可达胶乳的降解温度288℃。若在高温下使用，则需与高温稳定剂硅粉或硅砂复配使用，否则胶乳加量过高不利于水泥性能的发展。

2）烧石膏

烧石膏又称半水石膏（$CaSO_4 \cdot 0.5H_2O$），加入油井水泥后，首先水化生成石膏，而后与 C_3A 反应生成硫代铝酸钙矿物，即钙矾石。钙矾石将替代水泥组分中的铝酸三钙晶体，产生膨胀效益。钙矾石晶体越大，所产生的引起水泥膨胀的内应力就越大，因而水泥浆产生的阻力越高，水泥膨胀同样使得其与套管、井壁的胶结越牢固。

此外，增大烧石膏含量就可增强触变性，缩短水泥浆固化过渡时间，可更好地控制气窜。但是，烧石膏存在着与外加剂配伍性差的问题，提高了水泥浆的配方设计和流动性调控的困难程度。

3) 表面活性剂

防气窜剂常用的阴离子表面活性剂以硫酸脂肪（醇）酯、硫酸聚乙氧基脂肪（醇）酯、乙氧化烷基酚磺酸盐、聚乙氧基脂肪（醇）磷酸酯为主，阳离子表面活性剂以季（四）铵盐为主，而非离子型表面活性剂多为乙氧化烷基酚、多乙氧基化脂肪醇、环氧乙烷与乙二醇—丙烯的缩合产物、多乙氧基化山梨糖（醇）酯。

表面活性剂的作用机理是将侵入的气体以气泡的形式分散，形成泡沫水泥浆，阻碍气体在水泥浆中的流动，从而防止气窜发生。

4) 发泡剂

水泥用发泡剂与高分子材料发泡剂的使用目的不同。在注水泥之前，将发泡剂注入储层附件环空，其产生的泡沫将形成阻挡层，抑制储层气体侵入水泥浆。然而，发泡剂的使用不会影响水泥浆固化或稠化的时间，也不会影响水泥石的抗压强度。

第七节　膨胀剂

膨胀剂是指与水泥浆混合后，经水泥浆反应生成具有体积膨胀特性产物的外加剂。由于水泥浆固化时部分水化产物结晶导致水泥石体积收缩，这种现象将在第一、第二界面形成微环隙和微裂纹，影响界面胶结质量，为气体的窜入提供了通道。为封闭环空微隙，改善水泥环与地层及套管之间的黏结效果，提高水泥环封隔地层的能力，需向油井水泥中加入膨胀剂，缓解水泥固化导致的体积收缩。

一、膨胀剂的作用机理

晶体类膨胀材料，主要依靠晶体材料重结晶或晶形转变时产生的体积膨胀，其膨胀特性受压力和温度影响较小，但钙矾石类膨胀剂却受温度和湿度影响明显。发气类膨胀材料，主要依靠碱活性金属粉末与水泥浆体中碱溶液反应产生气体，由于气体具有较好的可压缩性，在高压条件下膨胀效果较低，导致硬化后的水泥石仍然收缩。理想的膨胀材料应该具备的性质是：膨胀源晶体的反应速度和水泥浆体结构的形成速度同步，在水泥浆塑性状态后期和硬化状态初期膨胀，既能产生足够的塑性体膨胀，又具有硬化体膨胀。

二、膨胀剂的类型

油气井水泥用膨胀剂主要分为晶体膨胀类材料和发气膨胀类材料。其中晶体膨胀材料主要分为钙矾石类晶体膨胀材料以及碱土金属氧化物类膨胀材料。

1. 晶体膨胀类材料

钙矾石类晶体膨胀剂在水泥水化时生成钙矾石晶体，该晶体在水化过程中将不断长大，使得水泥石体积膨胀，进而补偿水泥固化时发生的体积收缩，并可使得水泥石结构改善。但是随着对水泥浆研究的深入，研究结果表明水泥浆体收缩主要发生在水泥浆终凝以后，而钙矾石类膨胀剂的作用主要发生在水泥水化的早期。因此，单纯以钙矾石为膨胀源的膨胀剂已无法满足固井的需要，并提出碱土金属氧化物类膨胀剂。

碱土金属氧化物类膨胀剂主要是利用 CaO、MgO 水化形成 $Ca(OH)_2$、$Mg(OH)_2$ 而产生体积膨胀。由于单一的碱土金属氧化物用作膨胀剂存在一定的局限性，因此可以将不同碱土金属氧化物复合或碱土金属氧化物与钙矾石类膨胀剂复合，使其产生更加优良的膨胀效果。

2. 发气膨胀类材料

发气膨胀类材料主要依靠氢气和氮气产生膨胀效果。

（1）膨胀源为氢气的膨胀剂主要是经过钝化处理的铝粉反应产生。

（2）膨胀源为氮气的膨胀剂主要是由氮气发气材料、稳气材料和特种表面活性剂混合而成。氮气膨胀剂在38℃以上的温度养护下能够释放出氮气，该氮气在表面活性剂作用下均匀分布在水泥浆体内，使水泥石在常压下也具有很高的抗压强度。

第八节 强度稳定剂

油井水泥的抗压强度在高温条件下将严重衰退。研究表明，随着水泥石养护温度的升高和养护期龄的延长，当温度达到某一临界值，水泥石的强度达到最大值，超过此临界温度后，水泥石的强度将会发生衰退，此时水泥石的渗透率也会增大。并且水泥石强度衰退现象会随温度的升高和养护期龄的延长逐渐加剧。

根据油井水泥在温度较低时水化产物可知，水化产物主要是 C-S-H 和 $Ca(OH)_2$，均有较好的力学性能；当使用环境温度高于110℃时，在高温下不稳定的 C_2SH_2，会生成 $C_2SH(A)$ 和 $C_2SH(C)$ 为主的混合物，这两种水化产物的强度均远低于2MPa，水化产物发生晶体转变，破坏了水泥石的内部结构稳定，导致高温下水泥石强度的急剧下降。因此，当油井水泥用于深井高温条件下，通常需要加入强度稳定剂，以保证水泥石可长期耐受高温环境而抗压强度不衰退。

一、强度稳定剂的作用机理

油井水泥石强度稳定剂是以多种氧化物为主，辅以适量抗高温纤维组成的固体粉末。稳定剂作为惰性外掺料，具有耐高温、不燃烧、吸热性能好的特点，在高温环境下，可发生相变，脱水吸热反应，消耗大量的脱水热，分解生成活性氧化物附着于水泥石表面，阻止了高温环境对水泥石内部的影响。稳定剂里的抗高温纤维在高温条件下具有良好增强作用，在高温下发生裂解、软化、收缩，以带走大部分热量，降低水泥石表面的温度，进而防止水泥石抗压强度衰退，保持水泥石的完整性。

二、强度稳定剂的类型

水泥高温稳定剂主要有硅微粉、微硅粉、陶瓷粉末、粉煤灰等，其中硅微粉与微硅粉组分为二氧化硅。二氧化硅可在高温下与水泥水化产物反应延缓水泥石的强度衰退，陶瓷粉末中还含有黏土、氧化铝、高岭土等物质，能够增强水泥的强度。

第九节 消泡剂

受水泥浆组分及其配制过程高速搅拌的影响，常有大量气体被裹挟进入水泥浆体中，产生大量气泡，进而影响水泥浆的密度和水泥石强度，因此，需要在水泥浆配制过程中加入消泡剂，以消除配浆过程中产生的气泡，进而消除气泡对水泥石性能的影响。

一、消泡剂的作用机理

在水泥浆中消泡作用机理主要为破（坏）泡和抑（制）泡的区别。破泡作用是在已发生的气泡膜上，加入破泡剂，破坏气泡膜而消泡。破泡剂又称除泡剂，其原理是能在气泡膜上形成有扩张能力的单分子膜，将吸附在气泡膜界面上的起泡剂分子推开，进而破坏气泡。抑泡剂也称防泡剂或抗泡剂，即将气泡消灭在未生成之前。抑泡作用则是预先在清水或水溶液中加入抑泡剂，使其在较长时间的搅拌下不起泡。

二、消泡剂的类型

1. 醇类

醇类包括醇、醚和酯，因其廉价而使用得最广，但存在稳定性差和使用安全性差的缺点，因此通常都是预先加入到配浆水中使用。

1) 斯盘-80（Span-80）

斯盘-80的主要成分为山梨醇酐油酸酯，是一种非离子型表面活性剂。通常为琥珀色黏性油状液体，具有脂肪气味，难溶于水，亲油性强。不仅可作油井水泥浆的消泡剂，而且可作油包水型钻井液的乳化剂。

2) 甘油聚醚

甘油聚醚是由甘油和环氧丙烷共聚而成，其结构式为 $[C_3H_5(OH)_3]_m(C_3H_6O)_n$。是一种无色或微黄色黏稠状透明液体，难溶于水，能溶于苯和乙醇等，多用作水泥浆和钻井液的消泡剂。

3) 磷酸三丁酯

磷酸三丁酯又称磷酸正丁酯，分子式为 $(C_4H_{11})_3PO_4$，是无色无臭的液体，微溶于水，能与多种有机溶剂混合。它主要用作硝基纤维素及醋酸纤维素的溶剂和抗泡剂等，被用作水泥浆的消泡剂。

4) 其他醇类

除以上几类之外，还有乙二醇、聚丙烯醇/正丁醇等（图5-30）可用作水泥浆消泡剂。

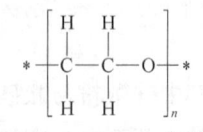

图5-30 聚乙二醇单元结构示意图

2. 有机硅类

有机硅是一类高效消泡剂，具有低溶解度、高活性、强稳定性、无毒等特点。它与醇类所不同的是在水泥浆中起到抑制气泡生成的作用，但是纯的硅油在水中的分散性差，因此在使用时需要乳化、油溶等处理以提高其分散性，达到高效消泡的目的。

1) 硅氧烷

硅氧烷是将研磨极细的硅粉，分散到聚二甲基硅氧烷或类似的硅氧烷中，而制成的悬浮体系，也可制成乳状液使用。

2) 硅醚油

硅醚油是由二甲基二氯硅烷 $[(CH_3)_2SiCl_2]$ 水解成硅醇 $[(CH_3)_2Si(OH)_2]$，再经缩聚而成的多甲基聚硅醚类线性缩聚物。

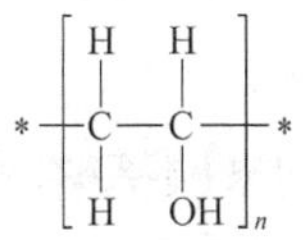

聚硅醚（图 5-31）是无色透明，无毒无味，中性油状液体。化学稳定性好，难溶于水。由于其表面张力低、表面活性高，可作高效消泡剂使用。

图 5-31 聚硅醚单元结构示意图

第十节 增韧剂

油井水泥石具有硬度高、脆性大、弹性模量高，抗拉强度小的特点。当油气井水泥环在受到射孔冲击和岩层挤压作用时，将会破坏水泥环结构，产生微观裂纹以及宏观裂缝，给油气流体提供互窜通道，导致后期层间封隔密封性失效，对油气井后期开发增产带来巨大的安全隐患。因此在油井水泥中掺入增韧材料从而提高固井水泥环的力学性能，这对安全开采及提高油气资源产量至关重要。本节将对晶须/纤维、纳米材料、胶乳、颗粒材料等增韧材料的作用机理及其应用展开讨论。

一、增韧剂的作用机理

受不同增韧材料组成、结构以及性能的影响，增韧剂的增韧机理有所不同。

1. 纤维材料

由于纤维材料和水泥颗粒间的相容性较高、黏附性较大，所以当纤维材料加入水泥浆后，会形成各向异性的水泥石。当水泥石受到较大的外力作用时，会在缺陷处的裂纹尖端形成应力场，而纤维的存在可以对此应力场形成屏蔽，从而提高了水泥石的抗折强度和韧性。此外，在水泥石刚开始出现裂缝时，由于纤维和水泥颗粒的黏结作用，纤维从脱离到拔出会吸收较多的能量，纤维的存在控制了裂缝的进一步发展。若纤维长度小于 2mm，在水泥石受冲击破坏后，大多数的纤维从水泥基体中拔出，只有少量纤维发生了断裂，纤维本身的伸缩性还未得到发挥，黏结性就被破坏，失去了增韧作用。当纤维长度为 3~5mm 时，在水泥石受冲击破坏后，大部分纤维被拉断，被拔出的纤维较少，纤维的弹塑性能得到充分发挥，对水泥基材料的增韧作用明显，如聚合物类纤维、无机晶须、矿物纤维等。

2. 弹性颗粒

弹性颗粒增韧剂掺入到油井水泥浆内，按照紧密堆积原理堆积达到增强水泥石抗压强度和提高水泥石韧性的目的。在弹性颗粒增韧的水泥石中，水泥晶体颗粒是骨架结构，在水泥石受到外界应力作用时充当冲击力的传递介质。当冲击力传递到充填于水泥颗粒间的弹性颗粒时，弹性颗粒会对这种冲击力产生缓冲，并吸收部分能量，从而提高水泥石的抗冲击性能。

3. 聚合物材料

聚合物在水泥基材料中易于成膜，影响水泥水化。因此，由于聚合物的特殊成膜效应，在水泥石出现裂缝的同时，聚合物材料存在物理桥接作用，将会有效提高水泥基材料的韧性。

4. 纳米碳基材料

纳米碳基材料（碳纳米管、石墨烯及其衍生物类材料）能够提高水泥基材料的强度以及耐久性，其主要作用机理为：一方面，水泥石一旦出现裂缝，纳米材料能够起到物理桥接作用，在一定程度上缓解微裂缝的进一步发展；另一方面，由于碳及其衍生物材料（碳纳米管、石墨烯及其衍生物类材料）与水泥水化产物尺寸同等效应，在一定程度上能够改善水泥基材料微观结构，从而对水泥基材料起到了增强增韧效果，极大程度提高水泥基材料的服役寿命。

二、增韧剂的类型

油井水泥增韧剂可分为以下四类：纤维材料增韧剂、弹性颗粒增韧剂、聚合物增韧剂以及纳米材料增韧剂。

1. 纤维材料

将长短不一的纤维材料加入到油井水泥浆中，构成了纤维水泥浆体系，加入的纤维材料也就是此种水泥体系中的纤维材料增韧剂。现代纤维复合水泥所用的纤维种类繁多，按其材料种类可分为：

（1）金属纤维：如不锈钢纤维和低碳钢纤维。
（2）无机纤维：如石棉纤维、玻璃纤维、硼纤维、碳纤维等。
（3）合成纤维：如尼龙、聚酯纤维、聚丙烯纤维；植物纤维，如竹纤维、麻纤维等。

目前以钢纤维、玻璃纤维、聚丙烯纤维、聚酯纤维和碳纤维的使用最为普遍。

2. 弹性颗粒

弹性颗粒增韧剂一般是橡胶类材料，目前用于水泥基材料的橡胶主要是合成橡胶中的异戊橡胶和乙丙橡胶。

3. 聚合物

目前应用于水泥基中的聚合物增韧材料大致可分为以下类别，分别是醋酸乙烯酯、丙烯酸共聚物胶乳和苯乙烯—丁二烯共聚物胶乳。

4. 纳米材料

在水泥基材料中应用最为普遍的纳米材料主要是纳米颗粒材料即零维纳米材料，如纳米 SiO_2 和纳米 $CaCO_3$，以及碳及其衍生物材料（碳纳米管、石墨烯及其衍生物类材料）。

第十一节 自修复剂

自修复剂是能够响应外界环境条件变化,使得被修复材料内部结构部分或完全恢复的材料。利用自修复剂可设计出具有自修复性能的固井水泥浆。通过响应外部环境变化,发生相应的自修复反应,从而修复水泥结构中的微裂缝和微环隙,阻止油气窜流,恢复水泥石的密封性,达到延长油气井生产寿命的目的。

一、自修复剂的作用机理

自修复水泥基剂无须任何外部干预,本身具有治愈裂缝的能力。自修复水泥基材料有两种修复方式:自体自修复和自主自修复。

1. 自体自修复

自体自修复现象主要与水泥基质内物理机制、机械机制和化学机制的复杂干扰有关,其中最重要的机制是化学作用:未水化的水泥颗粒继续水化和碳酸钙晶体在裂缝表面沉淀。由继续水化产生的自体自修复对水泥基体恢复力学性能非常重要,因为这些水化产物具有与硅酸钙凝胶相似的结构,并且明显优于碳酸钙沉淀物。但是在裂缝处产生的水化产物的成核和生长过程与在水泥浆中产生的不同,裂缝中的自由空间比水泥浆中的自由空间大得多,可以获得更多的水用于水化反应。在传统水泥基材料中普遍存在自体自修复机制,因为它可以通过碳酸钙($CaCO_3$)沉淀、未水化水泥颗粒水化或一些化学、物理和机械过程来愈合较小的裂缝。

2. 自主自修复

在自主自修复机制中,将修复剂在水泥基材料混合阶段中引入,与水泥基材料中的物质反应以促进水泥基材料的裂缝修复。自主自修复是将一些化学或生物添加剂添加到水泥基质中,触发这些试剂实现水泥材料的自修复。通过液芯纤维技术或微胶囊技术封装自修复剂,当水泥基体发生损伤(裂缝)时自修复剂释放出来,在外部环境刺激下发生反应,从而触发自修复机制。

二、自修复剂的类型

1. 矿物质添加剂

关于矿物添加剂对水泥基材料自修复过程的影响,主要涉及高炉矿渣和粉煤灰材料。由于在水泥石的水化后期,水泥基质中这些矿物质添加剂仍然有很多未进行水化,因此将会促进由持续水化作用而导致的自修复。矿物质添加剂复合水泥中所包含的火山灰反应可以增强水泥颗粒在长期 C-S-H 发展过程中的持续水化,从而达到一定程度的自修复。

2. 结晶添加剂

渗透结晶技术是在水泥石中掺入具有高亲水性活性外加剂,它们在有水存在的条件下反应,形成水不溶性孔/裂缝堵塞沉淀物,增加 C-S-H 的致密度和抗水渗透性。结晶添加剂不仅能堵塞孔隙,而且还具有承受水压的能力、在水分作用下封堵细裂纹的能力。

3. 微胶囊

微胶囊技术是利用成膜材料将修复剂与外部隔离而形成具有核壳结构的微小粒子，将微胶囊埋入水泥基体中，当基体受损产生微裂缝扩展至微胶囊时，微胶囊破裂释放修复剂，对裂缝进行修复。

4. 液芯纤维

液芯纤维技术是将自修复剂存储在中空纤维内部，并嵌入水泥基质中，当发生损伤或开裂时，在某些刺激下，自修复剂流出并修复裂缝。中空纤维不仅可以作为自修复剂的载体，还可利用其本身优异的力学性能提高水泥基体的强度和韧性，限制水泥石内部微裂纹的扩展，这也为纤维内部自修复剂的释放提供了自修复点位。

5. 微生物类

采用细菌诱导的碳酸盐沉淀填充裂缝是非常具有创新性的，这种生物方法是无污染的。在自修复水泥基材料中，任何裂缝的形成都会导致细菌从休眠阶段活化，通过细菌的代谢活动，产生碳酸钙沉淀封堵裂缝，一旦裂缝完全充满碳酸钙，细菌就会回到休眠状态。微生物沉淀取决于几个因素，包括溶解的无机碳的浓度、pH 值、钙离子浓度和成核点的存在。此外，当细菌应用于油气井水泥的裂缝时，主要的阻碍因素是水泥的高温高压以及高碱性的环境，限制了细菌的生长，所以需要采取必要措施保护水泥基材料中的细菌。

6. 吸水膨胀类

在水泥基材料中加入吸水膨胀类材料时，当水泥石产生微裂缝后，裂缝壁面上的吸水类材料通过吸收裂缝的水分而膨胀，利用膨胀的体积而封堵裂缝。当前应用油气井水泥的吸水膨胀类材料主要有高吸水树脂添加剂［聚丙烯酰胺、改性交联聚（甲基）丙烯酸酯、非溶质丙烯酸聚合物］和吸水膨胀的添加剂（烷基苯乙烯橡胶、聚降冰片烯、预交联取代乙烯基丙烯酸酯共聚物和硅藻土等树脂）等。

7. 响应型聚合物

通过聚合物分子结构设计和聚合工艺优化，在聚合物分子中引入特殊功能基团，使聚合物对油气中某种特殊成分具有响应性，研制了环境响应型聚合物，呈球形。该修复剂可以在水泥石中产生体积膨胀，且膨胀过程非常迅速，有利于快速封堵通道。目前已投入工程应用的环境响应型聚合物有遇到碳氢化合物膨胀（聚氨基甲酸乙酯、丁基橡胶、丁二烯、异戊二烯、三元乙基橡胶）类材料以及油气响应性膨胀类材料等。

第十二节　外掺料

一、加重材料

在高温高压油气层或在老油田调整井进行固井作业时，为防止发生井喷、气窜，需增大水泥浆密度，这些用于增加水泥浆密度的外加剂就称作加重剂。一般要求加重剂颗粒粒度分布要与水泥相当，颗粒太粗容易使水泥浆产生离析，从水泥浆中沉降出来；颗粒太小又容易增加水泥浆的稠度；加重剂用水量要少，在水泥水化过程中呈惰性；加重剂不能与水泥或者水发生化学反应，引起水泥水化异常，并要求与其他外加剂有很好的相容性。最常用加重剂为重晶石，其他的加重剂有赤铁矿、钛铁矿和氧化锰等。

油井水泥加重剂的加重原理主要是靠材料自身的高密度来提高水泥浆密度，如重晶石、钛铁矿、赤铁矿和氧化锰等。由其所配制的浆体密度高低取决于加重剂本身密度和掺量多少。

1. 重晶石

在固井工程中，重晶石是一种应用最广泛的加重剂。其主要成分为硫酸钡，分子式$BaSO_4$，晶体属斜方（正交）晶系的硫酸盐矿物，密度为 $4.3 \sim 4.6 g/cm^3$。重晶石粉是重晶石经过一系列机械加工后成为适宜细度的粉末，纯品为白色，不过一般都含有少量杂质，故呈淡黄色或棕黄色。一般情况下，可将水泥浆密度增加到 $2.28 \sim 2.40 g/cm^3$。

2. 赤铁矿

赤铁矿的化学成分为 Fe_2O_3，晶体属三方晶系的氧化物矿物。晶体常呈板状，集合体通常呈片状、鳞片状等。呈金属至半金属光泽，有天然磁性，莫氏硬度为 $5.5 \sim 6.5$，密度 $4.9 \sim 5.3 g/cm^3$，细度过 $40 \sim 200$ 目筛。由于赤铁矿比重晶石所需附加水少，因而可将水泥浆密度升高到 $2.4 g/cm^3$ 以上。若将赤铁矿粉与分散剂一起使用，可将水泥浆密度增加到 $2.64 g/cm^3$ 以上。

3. 钛铁矿

钛铁矿的化学分子式为 $TiO_2 \cdot Fe_3O_4$，晶体属三方晶系的铁和钛的氧化物矿物，呈灰黑色，具有一点金属光泽。钛铁矿粉是钛铁矿经过一系列机械加工后研磨成适宜细度的粉末，颜色为褐色。钛铁矿可将水泥浆密度加重到 $2.40 g/cm^3$ 以上。

4. 氧化锰

除了上述常用的加重剂外，在固井作业中也应用了一些新型的加重剂。比如锰铁合金生产中的副产品氧化锰。氧化锰呈黑色，粒径小、颗粒呈球形，密度为 $4.98 g/cm^3$，与赤铁矿相似，虽然它的密度比重晶石要大，但其颗粒的尺寸却比重晶石小。氧化锰比表面积为 $300 m^2/kg$，是水泥颗粒的 10 倍，因此它在水泥浆中悬浮性能很好。用它配制的水泥浆密度可调整到 $2.5 g/cm^3$。

对于上述几种加重剂在固井水泥浆中的应用，总结了不同加重剂的材料特性，如表 5-2 所示。

表 5-2　几种加重剂对水泥性能的影响

加重剂	外观	密度，g/cm^3	粒度，目	配制的水泥浆密度，g/cm^3
细重晶石	白色粉末	$4.3 \sim 4.6$	300	2.28
钛铁矿	黑色细粒	4.45	$30 \sim 200$	2.40
赤铁矿	黑色粉末	$5.0 \sim 5.3$	$40 \sim 200$	2.60
氧化锰	黑色粉末	4.98	$100 \sim 300$	2.50

二、减轻材料

减轻材料也称填充剂,主要用于降低水泥浆密度,减少固井时静水泥浆液柱压力,避免水泥浆通过裂缝性地层、多孔隙地层、高渗透性地层和溶洞漏失地层时流失,同时,又可增加水泥造浆率,降低水泥用量,节约固井成本。另外,在一些注水泥体系中,为了改善水泥颗粒大小分布,使水泥浆增稠或具有一定的触变性,也加入减轻材料。

1. 减轻材料分类

油井水泥减轻材料按其减轻原理可分为三类。

(1) 吸水性材料,主要利用材料的高吸水性能,该类材料主要有微硅、粉煤灰、硅藻土、膨润土等。利用吸水性材料配制的水泥浆,其密度的高低主要取决于水灰比而非减轻材料自身,所以在水泥浆密度相同的情况下,这一类水泥浆需要添加大量的水,将会导致水泥浆游离液较多、失水难以控制、水泥石强度低且渗透率高的问题。

(2) 空心微珠类材料,是靠材料自身的低密度来降低水泥浆密度,如空心玻璃微珠、空心陶瓷微珠等。在设计低密度水泥浆体系时,由于大量减轻材料的掺入,胶凝成分所占比重相对降低了许多,而为了获得足够的早期抗压强度,希望减轻材料自身具有一定的活性。现在通常采用的空心玻璃微珠、漂珠等减轻材料,其主要成分是 SiO_2,自身具有一定的活性,能够参与水泥浆的水化反应。

(3) 发气类材料,与前文提到膨胀剂相同,通过向水泥浆中充气或化学发气的方法形成泡沫水泥浆来降低水泥浆密度。

常用的油井水泥减轻材料加量和适宜密度范围如表 5-3 所示。

表 5-3 常用油井水泥减轻材料加量和适宜密度范围

减轻材料类别	减轻材料名称	密度,g/cm³	加量范围,%	水泥浆密度范围,g/cm³
吸水类	膨润土	2.60~2.70	2~32	1.38~1.77
	硅藻土	2.05~2.10	10~40	1.33~1.55
	粉煤灰	2.10~2.60	25~100	1.55~1.70
	微硅	2.30~2.60	10~45	1.35~1.75
	水玻璃	1.36~1.50	0.2~3	1.37~1.70
空心微珠类	空心玻璃微珠	0.42~0.70	10~60	0.72~1.50
	空心陶瓷微珠	0.42~0.70	10~60	0.72~1.50
气体类	空气	—	—	0.84~1.44
	氮气	—	—	0.84~1.44

2. 常用减轻材料

1) 吸水性材料

吸水性材料是通过增加混合水的用量来降低水泥浆密度以及提高造浆率,从而达到降低水泥浆密度的目的。吸水性材料配制出来的水泥浆密度大小主要取决于水灰比的大小,而不是由吸水性材料本身的密度大小或掺量多少而决定。

(1) 火山灰:是指具有固定石灰性能的材料。它具有火山灰活性,即在常温和有水的情况下可与石灰（CaO）反应生成具有水硬性胶凝能力的水化物。火山灰水泥凝固体的渗透率较低，提高了水泥石的抗压强度和高温稳定性，也有助于增强对硫酸盐和其他腐蚀性盐类的抗侵蚀能力。

（2）粉煤灰：是煤粉经高温燃烧后形成的一种似火山灰质混合材料。粉煤灰的化学成分主要是 Al_2O_3 和 SiO_2，并含有少量的 Fe_2O_3、CaO、Na_2O、K_2O 和 SO_3 等。粉煤灰颗粒多呈球形，粒径很小，表面比较光滑，这种球形小颗粒通称"微珠"，掺入水泥浆中，犹如滚珠，可以提高水泥浆的流动性，减少水泥浆的用水量。当粉煤灰颗粒很小时，在水泥石中可起微集料作用，填充到水泥石中的微小孔隙中，同时表面水化生成凝胶体，物理填充和水化反应产物填充共同作用，比惰性微集料单纯的物理填充效果更好，使水泥石更加密实。

（3）硅藻土：由无定形的 SiO_2 组成，并含有少量 Fe_2O_3、CaO、MgO、Al_2O_3 和有机杂质。硅藻土是由海水或淡水中沉积下来的硅藻残骸形成的硅质生物沉积岩，其本质是含水的非晶质 SiO_2。因其具有火山灰的活性，所以掺有硅藻土的水泥的抗压强度远比掺膨润土的水泥的抗压强度高，但相比膨润土或火山灰，其成本也较高。

（4）膨润土：主要成分是85%～90%的蒙脱土，另含少量长石、石英、方解石等。可呈白色，含杂质时呈淡绿、灰白、粉红、紫色等色。可以呈致密块状，也可为松散的土状，用手指搓磨时有滑感，小块体加水后体积胀大数倍至数十倍，在水中呈悬浮状，水少时呈糊状。膨润土由两层硅氧四面体夹一层铝氧八面体组成，这种规则的层状结构造成层与层间的结合松弛，可以吸存大量水分于其结构周围，使体积膨胀。这样一来，由于自身分散与支撑作用，而具有较高的液相黏度、胶凝强度和固相悬浮能力。

（5）硅酸盐：水溶性增充剂，有粉剂和水剂两种。主要化学成分是硅酸钠、硅酸钾及它们的混合物。一般来说，硅酸钠有促凝作用，它们的混合物却没有促凝作用；硅酸钾有缓凝作用。硅酸盐在水泥浆中可与游离的钙离子生成硅酸钙凝胶，这种凝胶结构黏度很高，能容纳大量的水而又不至于离析出来。使用时，和淡水混合之前，必须预先加入少量的氯化钙，并且不能加分散剂，因它是靠加过量的水来降低密度的，所以强度都很低，而且发展得也慢。

（6）膨胀珍珠岩：一种天然酸性玻璃质火山熔岩非金属矿产，由于在1000～1300℃高温条件下其体积迅速膨胀4～30倍，故统称为膨胀珍珠岩。珍珠岩矿石经破碎形成一定粒度的矿砂，经预热焙烧，急速加热（1000℃以上），矿砂中水分汽化，在软化的含有玻璃质的矿砂内部膨胀，形成多孔结构，体积膨胀10～30倍的非金属矿产品。膨胀珍珠岩含二氧化硅70%左右，密度是 $2.4g/cm^3$，而容重仅为 $0.1～0.2kg/m^3$，孔隙可以吸存比自身质量多五六倍的水分，因此被用作油井水泥的减轻材料。由于膨胀珍珠岩内含有大量孔隙，在泵注施工时，水被挤压到这些孔隙中去，水泥浆体积就有所压缩，故密度增加而流动性下降。

2）轻质材料

这种轻质颗粒材料的自身密度都低于水泥（$3.15g/cm^3$），并且还都是惰性的。所以用它配制的水泥浆密度完全取决于轻质材料本身密度的大小和掺量的多少。用这种材料作填充剂可以使用分散剂，但失水量一般都大，游离水也多。轻质材料作为减轻材料所配制的水泥浆密度变化不大，失水和游离水都控制得较低，而且候凝时间较长。属于轻质材料的有硬沥青和空心漂珠等。一般在同一种水泥浆中，经常同时使用几种不同类型的填充剂，以调节其性能，使之达到固井作业的设计要求。

（1）硬沥青：一种天然的黑色固体或片状物质，断面有光泽，能部分溶于喹啉等有机溶剂，普通沥青通过氧化法也能得到高软化点的硬沥青。硬质沥青软化点较高，质硬而脆，故称硬质沥青。软化点范围为110~160℃，可作为油井水泥的减轻材料。

用于油井水泥减轻材料的硬沥青要研磨成能够通过60目方孔筛均匀的细小颗粒，其密度为 $0.9~1.1g/cm^3$，与水非常接近，不用增加水灰比就能配成低密度水泥浆。一般加量 $2.5\%~50\%$，可使水泥浆密度减小到 $1.37~1.79g/cm^3$ 的范围内。当密度过低，井内温度过高时，由于硬沥青粉末中挥发性成分增加，它的软化点就要降低，造成水泥浆性能变差。

（2）空心漂珠：一种从燃烧粉煤锅炉中排放出来的，能浮于水面的粉煤灰空心球，呈灰白色，化学成分以 SiO_2 和 Al_2O_3 为主，具有颗粒细、中空、质轻、高强、耐磨、耐高温等多种功能，漂珠内被封闭的气体为氮气和二氧化碳气体。使用漂珠时要注意搅拌速度，4000r/min以上，部分漂珠将被打碎，应控制漂珠低密度水泥浆的搅拌速度在4000r/min以内。现场应用证明，漂珠复合低密度水泥浆体系很好地解决中深井固井漏失问题，具有广泛的推广应用前景。

（3）空心玻璃微珠：一种中空的圆球粉末状超轻质无机非金属材料，经过特殊加工处理的玻璃微珠，其密度在 $0.20~0.60g/cm^3$，粒径在 $2~130\mu m$ 之间，具有重量轻、体积小、导热系数低、抗压强度高、流动性好的特点，抗压承受可达到70MPa，是近年发展起来的一种用途广泛、性能优异的新型轻质材料。空心玻璃微珠配制的固井超低密度水泥浆体具有良好的流动性、黏稠性，较低的失水量，并且对凝固后的水泥石抗压和抗折性能也有显著改善，同时也提高了水泥石的热稳定性和耐久性，与水泥混合后制成的水泥浆密度为 $0.90~1.45g/cm^3$，固井质量优于粉煤灰空心漂珠。

三、微硅

微硅又称硅石、超细硅粉或微硅石，是生产硅、硅铁或其他硅合金的副产品——硅石蒸汽冷凝物。外观为灰色或灰白色粉末、耐火度>1600℃，每个颗粒都是不定型玻璃微珠，细度小于 $1\mu m$ 的占80%以上，平均粒径为 $0.1~0.3\mu m$，比表面积一般在 $150~250m^2/kg$ 之间。

微硅掺入水泥浆后，具有良好的火山灰效应和微集料填充效应，能在一定程度上减小水泥浆的密度，改善水泥石的孔结构和密实性。硅酸盐水泥的矿物组成主要有四种，即 C_3S、C_2S、C_3A 和 C_4AF。C_3S 和 C_2S 在水泥中含量最多，遇水水化首先生成 $Ca(OH)_2$。水泥在水化过程中，$Ca(OH)_2$ 浓度不断增加，直至达到过饱和状态，并且析出 $Ca(OH)_2$ 晶体，在未水化的水泥颗粒及水化产物周围形成一个半稳定状态的 $Ca(OH)_2$ 薄层，掺入微硅后，由于微硅中含有大量高活性 SiO_2，与溶液中的 $Ca(OH)_2$ 结合，生成水化硅酸钙（C—S—H），降低溶液中 $Ca(OH)_2$ 的浓度，加速水泥水化过程。并析出新的非常稳定的 C—S—H 晶体，减少了大晶格 $Ca(OH)_2$ 和钙矾石的数量，这就是通常所指的微硅的火山灰效应。微硅的火山灰效应有效地促进了水泥石强度的增长。微硅颗粒可填充在水泥颗粒间的空隙中，使水泥凝胶密实，微硅的二次水化作用生成新的物质堵塞毛细管通道，使得内部孔隙减少，水泥凝胶更加密实，提高了水泥石的强度。

四、其他外掺料

1. 石英砂

石英砂是主要的高温稳定剂,分粗、细两种,通过 70~200 目方孔筛者为硅砂,通过 325 目为硅粉。石英砂中二氧化硅含量可高达 96%~99%。在高温条件下(110℃以上),水泥石强度达到一个高值就会产生衰退,更高的温度可能导致水泥石完全丧失机械强度而崩溃,因此需要在水泥中加入热稳定剂进行水泥性能的改善。热稳定剂的作用机理是通过加入石英砂改善水泥中的硅钙比,减缓水泥石在高温情况下的强度衰减、渗透率增大问题。石英砂作为高温稳定剂的水泥浆体系最高可耐 350℃ 高温。为了保证固井的安全和质量,在大于 350℃ 的情况下,硅粉耐高温系统不再有效。因此国外开始考虑将耐高温的高铝水泥用于常规水泥体系中代替硅粉使用,目前在稠油热采井中已经使用高铝水泥作为水泥体系研究。

2. 海泡石

海泡石是一种纤维状硅酸盐黏土矿物,它呈特殊的"稻草束"状的网状纤维结构和集合状的纤维结构对溶剂起到束缚、吸附作用,单个纤维与水泥颗粒形成良好胶结性能,从而提高水泥环的形变能力。正是这种特殊的结构使得海泡石能够起到特殊的作用,使其具备了成为良好增塑材料的基础。海泡石的加入对水泥浆的密度影响不大,但能够很好地改善水泥浆的流动性,降低水泥浆的析水量、滤失量,提高水泥浆的稳定性;缩短水泥浆的稠化时间,对抗压强度的影响不大。在工程性能实验的基础上,研究发现海泡石的加入能较好地改善水泥环的胶结强度、抗折强度、抗冲击韧性。

海泡石水泥浆体系流变性的改善主要取决于海泡石对溶剂的束缚作用,水泥石力学性能的改善主要取决于基体的物理性质和纤维与水泥之间的黏结强度,当基体水泥确定后,海泡石纤维与水泥之间的黏结强度就成了决定硬化后水泥石性能的主要因素。海泡石在水泥中的作用具体表现为:

(1) 海泡石的加入使水泥浆稳定性更好,加量增大,滤失量减小,稠化时间较基浆缩短;

(2) 随着温度和含量的增大,对体系的体积变化贡献加大,抵抗体积收缩的能力增强;

(3) 胶结强度、抗折强度、抗冲击韧性等性能可提高 30% 到 40% 左右,能够形成具有各向异性的高韧性水泥石;

(4) 水泥浆的流变性主要取决于海泡石集合状的纤维结构对溶剂的束缚、吸附作用;

(5) 无论是分散状还是集合状纤维都可以对水泥石中缺陷处的裂纹尖端应力场形成屏蔽,从而提高水泥石的断裂韧性。

课后习题

1. 简述油井水泥分散剂的作用机理。
2. 简述油井水泥分散剂的分类以及存在的问题。
3. 油井水泥浆失水有哪些危害?降滤失剂的主要作用是什么?
4. 纤维素类降滤失剂的作用机理是什么?存在哪些问题?

5. 简述胶乳类降滤失剂的作用机理。
6. 从材料学角度出发分析氯化钙作为促凝剂的作用机理以及存在的问题。
7. 从工程应用的角度出发谈谈促凝剂对固井的意义。
8. 油井水泥缓凝剂的作用是什么？对其有什么要求？
9. 简述木质素磺酸盐缓凝剂的作用机理。
10. 调研相关资料陈述目前油井水泥缓凝剂存在的不足和前景。
11. 早强剂的作用机理是什么？
12. 简述早强剂与促凝剂的异同。
13. 早强剂的加量如何影响水泥浆体的性能？
14. 简单分析气窜产生的原因。
15. 谈谈油井气窜所产生的危害。
16. 对于防气窜问题，目前常用的方法有哪些？
17. 胶乳防窜的作用机理是什么？
18. 油井水泥膨胀剂的作用和膨胀机理是什么？
19. 油井水泥膨胀剂的种类有哪些？
20. 为什么在油井水泥浆配制过程中要使用消泡剂？
21. 消泡剂的加入会对水泥浆体系的性能有什么影响？
22. 常用加重材料有哪些？它们的加重范围是多少？
23. 减轻材料分为哪几类？常用的有哪些？
24. 请简述微硅的火山灰反应。
25. 增韧剂的种类都有哪些？请阐述其增韧机理。
26. 简述油井水泥自修复剂的作用机理。

第六章
常用油井水泥浆体系

为满足高温高压、低压易漏失、多压力系统、盐膏层和高压盐水层等不同地层固井作业的需求，业界已在抗高温水泥浆体系、高密度水泥浆体系、防窜水泥浆体系、低密度水泥浆体系、抗盐水泥浆体系等水泥浆技术方面取得突破。为解决高温深井、地热井、稠油热采井等高温条件下注水泥施工困难，后期水泥石高温强度衰退影响安全生产的问题，需采用抗高温水泥浆体系。为解决高压油气层、水层和盐膏层等复杂地层的固井难题，需采用高性能的高密度水泥浆体系，同时盐膏层固井时为解决盐膏层易溶解、易塑变、易坍塌等难题，还需考虑水泥浆的抗盐性能；高压天然气井固井时，还需考虑水泥浆的防窜性能。为解决低压易漏失固井难题，需采用低密度水泥浆体系。为保证固井水泥石的长期服役和油气井后续储层改造技术的顺利实施，还需考虑固井水泥石的韧性、杨氏模量等力学性能。本章将重点介绍抗高温水泥浆体系、高密度水泥浆体系、防窜水泥浆体系、低密度水泥浆体系、抗盐水泥浆体系等。

第一节　抗高温水泥体系

常规油气资源产量日益递减，油气开发向深井、超深井和稠油资源转战。无论是深井、超深井还是稠油热采井，解决高温问题始终是设计固井水泥浆的关键所在。在高温高压条件下，固井水泥浆体系面临稠化时间突变、性能不稳定、水泥石强度衰退等诸多特殊复杂问题。

在稠油热采井的高温热采条件下，井筒将反复多周期经受蒸汽及火烧油层产生的高温作用，井筒周围的油井水泥环在高温下抗压强度衰退，渗透率增加，水泥石的稳定性和均质性遭到破坏，直接影响井筒完整性，导致井筒层间封隔失效，大大缩短稠油井的生产寿命，影响稠油热采井开采效率。

一、抗高温水泥体系技术难点

根据井底温度大小，将高温高压井分为三类：
（1）高温高压井，指井底温度高于150℃、压力高于70MPa的井；
（2）超高温高压井，指井底温度高于205℃、压力高于140MPa的井；
（3）极超高温高压井，指井底温度高于260℃、压力高于240MPa、所处环境达到极限的井。

随着石油天然气勘探不断向深部进军,深井、超深井井底温度往往高于150℃,而在高温高压环境下,固井水泥浆面临严重的挑战。

1. 油井水泥外加剂性能不足

井底静止温度高,为了保证安全泵送(稠化时间设计符合要求),固井水泥用缓凝剂需要具备一定的抗高温性能。但由于缓凝剂对温度波动很敏感,缓凝剂的加量也随温度升高而激增,现场作业难以精确控制。此外,常见的降失水剂在高温条件下可能发生组分降解,易导致控失水能力大大降低,严重影响固井水泥的失水性能,因此对降失水剂也提出了抗高温的性能要求。

2. 水泥浆综合性能难以调控

深井、超深井常会遇到长封固段大温差固井水泥浆施工难、固井质量难以保证等问题。在长封固段和低压易漏性地层的固井施工中,采用低密度水泥浆可有效解决上述固井复杂问题。但随着大量轻质材料掺入,水泥浆密度降低的同时,流变性和稳定性变差,失水也变得难以控制,尤其是水泥石强度大幅度降低,且水泥浆的漏失低返尤为突出,使得固井难度增大,固井合格率不高。在多压力层系的固井施工中,高密度水泥浆的使用可以保证压稳高压盐水地层。由于在长封固段超高密度固井水泥浆中加重剂等非胶结相增多,会明显减缓低温下顶部水泥石强度发展的速度,导致出现超缓凝现象。

3. 水泥石力学性能衰退严重

良好的固井胶结质量和水泥石性能是油气井长期生产寿命和水力压裂有效性的重要保证。然而,水泥石属于硬脆性材料,形变能力和止裂能力差、抗拉强度低,尤其是高温下,水泥石力学性能衰退严重,难以满足水泥环层间封隔要求。

二、抗高温水泥体系设计原理

1. 力学性能衰退原理

普通硅酸盐油井水泥的主要矿物是硅酸三钙(C_3S)、硅酸二钙(C_2S),大约占水泥熟料矿物的75%~80%。低温下,C_3S、C_2S水化生成无定形水化硅酸钙(C-S-H)和结晶相$Ca(OH)_2$。当温度高于110℃时,C-S-H不再稳定,易发生结晶转变形成α-水化硅酸二钙($α-C_2SH$)。$α-C_2SH$是一种比C-S-H凝胶更致密的针状晶体,此针状晶体易构成多孔高渗结构,导致水泥石抗压强度降低和渗透率增加;同时$α-C_2SH$的形成使水泥石发生体积收缩,破坏水泥石的完整性;这种现象称为"强度衰退"。温度越高,水泥石强度衰退越严重,其中110℃是硅酸盐水泥高温水化强度衰退的临界温度点。为抑制水泥石发生高温强度衰退,通常往水泥中添加35%~50%的硅粉或石英砂,将水泥浆体系的钙硅比(C/S)降到1.0左右。加砂油井水泥石由多种水化产物构成,环境温度是决定水化产物类型的主要因素。在硅酸盐矿物反应系统中,水化产物与温度、初始反应物C/S的关系如图6-1所示。虽然该系统是不稳定的,但仍可作为参考对硅酸盐油井水泥高温性质进行讨论。根据加砂油井水泥高温水化特征,结合水化产物高温性能参数,如表6-1所示,分3个温度区间进行讨论。

(1) 110~150℃:加砂水泥中的水泥熟料水化生成大量的$α-C_2SH$,致使水泥石抗压强度明显降低,但加砂水泥中的SiO_2会发生二次火山灰反应,降低水泥熟料水化体系中

Ca(OH)$_2$ 晶体的含量，进而抑制 α-C$_2$SH 的生成，并形成具有良好网络结构的雪硅钙石（C$_5$S$_6$H$_5$），最终提高水泥石的致密度和抗压强度。故在该温度区间形成的加砂油井水泥石具有高强度、低渗透的特性。

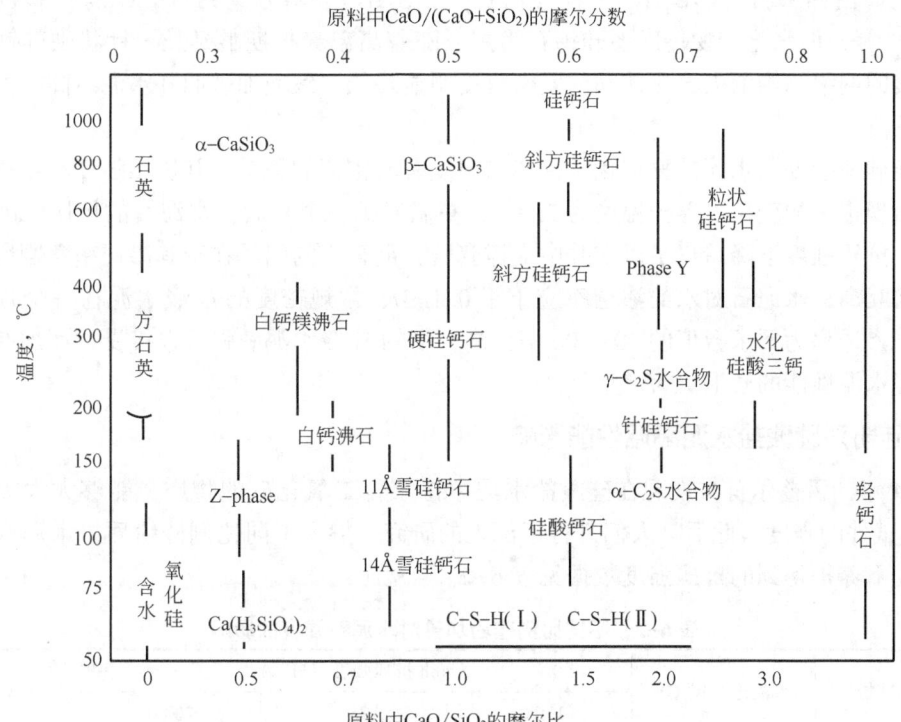

图 6-1 硅酸盐矿物反应系统物相组成

表 6-1 加砂油井水泥部分水化产物及物理性质

序号	水化产物	简化分子式	耐温,℃	晶体形状	密度,g/cm^3	钙硅比
1	水化硅酸二钙	α-C$_2$SH	150	针状	2.65	2.0
2	水硅钙石	C$_6$S$_3$H$_3$	210	放射球状	2.70	2.0
3	斜方硅钙石	C$_3$S$_2$	800		2.99	1.5
4	粒硅钙石	C$_5$S$_2$H	950		2.84	2.5
5	雪硅钙石	C$_5$S$_6$H$_{5.5}$	150	纤维辐射状、网状	2.43	0.83
6	硬硅钙石	C$_6$S$_6$H	400	针状、片状、网状	2.70	1.0
7	柱硅钙石	C$_3$S$_2$H$_3$	160	棱柱状	2.62	1.5
8	片柱钙石	C$_7$S$_6$(CO$_3$)H$_4$	300		2.77	1.17
9	白钙沸石	C$_2$S$_3$H$_2$	210	板状、薄片状	2.48	0.67
10	针钠钙石	NC$_4$S$_6$H	315	针状、球状	2.86	0.67
11	白钙镁沸石	C$_7$S$_{12}$H$_3$	400	板状、球状	2.35	0.58

（2）150~210℃：加砂油井水泥中主要水化产物为硬硅钙石（C$_6$S$_6$H）和雪硅钙石，产物结构较为致密，硬硅钙石表现为平行针状和网状。随着养护期龄延长，雪硅钙石会完全转变为硬硅钙石。由于硬硅钙石的力学性能低于雪硅钙石，会使加砂油井水泥石的力学性能降

低，但在该温度区间硬硅钙石相对稳定，且其为针状晶粒，可穿插搭接成网状结构，故在该温度区间形成的加砂水泥石仍具有较好的高温力学性能。

（3）210~350℃：加砂油井水泥石中生成了少量高渗低强度且高温稳定性差的硅酸盐水化产物，如白钙沸石（$C_2S_3H_2$）、柱硅钙石（$C_3S_2H_3$）、斜方硅钙石（C_3S_2）和粒硅钙石（C_5S_2H）等，但水化产物仍以硬硅钙石为主。随着高温养护期龄延长，针状硬硅钙石晶粒穿插搭接的网络结构消失，晶体间的紧密程度明显降低，致使加砂油井水泥石高温力学性能严重降低。

普通硅酸盐油井水泥的物理化学性能与温度有着密切的关系，其抗压强度和渗透率在高温时会出现很大的变化。养护温度为230℃，高温养护一个月后，水泥石的抗压强度出现明显下降，抗压强度下降后仍足以在井中支撑套管，但真正的问题在于其渗透率急剧增大。为防止层间互窜，水泥石对水的渗透率应小于0.1mD，常规密度的G级水泥在一个月的养护期龄，其渗透率为要求数值的10~100倍，高密度的H级水泥勉强可以接受，而加有填充料的低密度水泥性能的衰退更为严重。

2. 硅粉对硅酸盐水泥高温性能影响

1934年，孟兹尔首次发现在硅酸盐水泥中掺入含二氧化硅的物质，能够大大提高压蒸（水泥）试件的强度。此后，人们进行了深入的研究。掺入不同比例硅粉后，水泥石在不同水热温度下养护得到的抗压强度数据见表6-2。

表6-2 不同比例硅粉加量对水泥石强度的影响

水泥：硅粉	水灰比（W/C）	48h抗压强度（MPa）			CaO/SiO_2
		135℃	175℃	200℃	
100:0	0.50	34.90	6.70	14.90	2.64
90:10	0.45	34.30	4.90	5.00	1.89
80:20	0.45	41.20	41.60	28.20	1.37
75:25	0.45	43.70	48.50	29.90	1.20
70:30	0.45	40.80	27.00	23.90	1.03
60:40	0.45	33.50	21.90	—	0.77

由表6-2可知，当硅粉掺入比例小于10%时，虽然不影响135℃时水泥石的抗压强度，却十分明显地降低了它在175℃和200℃时的抗压强度；随着硅粉掺入比例的增加，水泥石抗压强度逐渐增加，当掺入比例为25%时，水泥石在所有养护温度下均具有最高的抗压强度；如再提高掺入比例到30%时，水泥石强度则明显下降，但比不掺硅粉的纯水泥和掺入量为10%的水泥石抗压强度还是要高得多；当养护温度高于175℃时，所有硅粉掺入比例情况下的水泥石抗压强度都有不同程度的降低，因此，硅粉合理掺入比例应为20%~25%。应当指出，不同种类的油井水泥，其硅粉合理掺入比例也不同，其比例大小应视水泥类型、养护条件及养护一定时间下的水泥石的抗压强度来确定。

如前所述，水泥石强度衰退问题可以通过降低水泥石中氧化钙与二氧化硅的摩尔比（C/S）得以改善，通常采用的方法就是掺入石英粉或硅粉来取代部分水泥。1964年Taylor研究了在恒定养护时间、不同钙硅比C/S的各种硅酸钙化合物的形成条件，如图6-1所示。调节钙硅比平均值1.5，并逐渐加入35%~40%（水泥质量分数）的二氧化硅，使C/S降低至1.0左右，防止在110℃时转化为α-C_2SH，并形成雪硅钙石（$Ca_5S_6H_5$），使水泥石保持较高强度和低渗透率。养护温度升高到150℃时，雪硅钙石通常转化成硬硅钙石（C_6S_6H）和少量的白钙沸石（$C_2S_3H_2$），它对水泥性能的衰退作用最小。硬硅钙石（C_6S_6H）和少量的白钙沸石（$C_2S_3H_2$）具有较好的强度和低渗透性，是高温下（100~200℃）具有较好稳定性的水化产物。温度升高到250℃时，开始出现白钙镁沸石（$C_6S_{10}H_3$）晶相。养护温度接近400℃时，硬硅钙石和白钙镁沸石已接近它们的最大稳定温度。在更高温度下，硬硅钙石和白钙镁沸石将因脱水而导致水泥石破裂。

在水泥水化时，形成大量的硅酸钙水合物。表6-3为自然界中部分常见的硅酸钙水合物。

表6-3 部分结晶硅酸钙水合物

序号	名称	化学式	钙硅比（C/S）
1	硅钙石	C_2SH	2.00
2	雪硅钙石	$C_5S_6H_{5.5}$	0.83
3	硬硅钙石	C_6S_6H	1.00
4	白钙沸石	$C_2S_3H_2$	1.00
5	白钙镁沸石	$C_7S_{12}H_3$	0.60

加砂水泥浆体系最高适用温度为358℃，超过这个温度，这一体系将变得不稳定，SiO_2会在高温高压水蒸气下被溶出形成间隙和孔洞，水泥石的抗高温性能大大降低。若遇某些含有碳酸盐卤水的地热层，也会给这个体系造成一系列难题，因为在含有碳酸盐的化学环境下，既使在常温下硅酸钙水合物也不稳定，而在碳酸盐溶液中，硅酸钙水合物实质上转化成了碳酸钙和不结晶的氧化硅。针对这个问题一般有两种解决方法：

(1) 适当降低硅粉的掺量，可提高水泥抗CO_2的能力。当加入更少量的二氧化硅时，将会产生松软的、渗透性更高的硅酸钙水合物，同时也在水泥中留下了大量的氢氧化钙。在相当强的碳化作用下，氢氧化钙发生反应，生成方解石保护层，从而渗透率降低并能防止进一步的反应。

(2) 采用对碳酸盐具有惰性的水泥，合成树脂水泥，但是这种水泥的缺点是不能承受高温，在高温下性能会急剧衰退。

第二节 稠油热采井水泥浆体系

由于稠油的特殊性质，通常油田采用热力采油方法（蒸汽驱或蒸汽吞吐、火烧油层）开采，其中又以蒸汽驱及蒸汽吞吐手段为主，蒸汽温度高达300~350℃，甚至达到蒸汽临界温度375℃。热采井投产后，注入的蒸汽温度很高，普通油井水泥石在短时间内被蒸汽急剧加热，受热冲击后水泥水化产物的晶体转型、孔隙结构改变、渗透性增大、水泥石的抗压强度急剧衰退，其高温强度和长期强度难以满足固井要求。其结果是缩短了热采井的生产寿命，严重影响油井产量，以上因素对水泥浆体系的抗高温性能提出了更高的要求。

一、稠油热采井固井水泥浆设计要求及难点

稠油热采井开采方式主要有蒸汽驱、蒸汽吞吐和火烧油层，根据稠油热采井开采方式的

不同，对固井水泥浆的要求具有一定的差异性。国内稠油热采井开采方式大多采用蒸汽驱或蒸汽吞吐技术，根据文献报道及现场反映，这类稠油热采井固井水泥浆应具有以下特点：在低温下快速凝结，防止候凝过程中的环空窜流，形成封隔性能良好的优质水泥环；在生产过程中，水泥石要具有长期的抗高温性能，具有较高的强度且能长期保持强度不衰退，水泥环不发生破坏。

火烧油层技术是一种有效的提高采收率技术，用这种方法开采高黏度稠油或沥青砂，可以将重质原油开采出来。现场试验资料证实，火烧油层技术的采收率可达50%以上。火烧油层开采过程中，除了其特有的高温（超过500℃）作业环境外，原油燃烧会产生大量CO_2气体，固井水泥环需要在高温和碳化腐蚀环境下服役。因此采用火烧油层采油技术给固井工作提出了巨大挑战，其固井主要难点包括：

（1）稠油燃烧温度比较高，可达550℃，高温下水泥石晶体结构容易发生变化，产生强度衰退；

（2）550℃下热应力大，会导致水泥环层间封隔失效，进一步引起套损，影响油井寿命；

（3）稠油燃烧产生CO_2和蒸汽，对油井水泥产生腐蚀作用，从而破坏水泥环密封完整性，影响油井寿命；

（4）地层渗透率高，易产生漏失，引起固井质量问题，加剧水泥环的破坏和套损。

二、铝酸盐水泥

1. 铝酸盐水泥水化性质

铝酸盐水泥又被称为高铝水泥、矾土水泥。铝酸盐类水泥与硅酸盐水泥的矿物组成特征截然不同，是以铝矾土和石灰石为原料，经煅烧制得以铝酸钙为主要成分、氧化铝含量较大的熟料，再磨制成的水硬性胶凝材料。铝酸盐水泥常为黄或褐色，也有呈灰色的。

铝酸盐水泥的主要矿物成分为铝酸一钙（$CaO \cdot Al_2O_3$，简写为CA）及其他的铝酸盐，以及少量的硅酸二钙（$2CaO \cdot SiO_2$）等。铝酸盐水泥对温度十分敏感，通过实验考查及资料分析：铝酸盐水泥主要成分为铝酸一钙，当铝酸一钙遇到水时，在温度<15℃时，主要水化产物为$CAH_{10}(1.72g/cm^3)$；在15~30℃时，主要水化产物为CAH_{10}和$C_2AH_8(1.95g/cm^3)$；大于30℃时，主要水化产物为$C_3AH_6(2.52g/cm^3)$。在不同温度条件下，铝酸一钙的水化反应机理不同，导致水化产物不同，从而表现出铝酸盐水泥强度及渗透率对温度敏感。

当温度小于15℃时，水化反应式为

$$CaO \cdot Al_2O_3 + 10H_2O \longrightarrow CaO \cdot Al_2O_3 \cdot 10H_2O(CAH_{10}) \tag{6-1}$$

一般认为，这时生成CAH_{10}为主要水化产物，属于六方晶系，形成坚硬的结晶结合体，形成的其他产物充填于晶体骨架的孔隙，结合水量大，所以孔隙率很低，水泥石结构致密，抗压强度高。

当温度为15~30℃时，水化反应式为

$$CaO \cdot Al_2O_3 + 10H_2O \longrightarrow CaO \cdot Al_2O_3 \cdot 10H_2O(CAH_{10}) \tag{6-2}$$

$$2CaO \cdot Al_2O_3 + 11H_2O \longrightarrow 2CaO \cdot Al_2O_3 \cdot 8H_2O(C_2AH_8) + Al_2O_3 \cdot 3H_2O \tag{6-3}$$

一般认为，这时CAH_{10}和C_2AH_8同时生成，且共存，其相对比例则随温度的提高而减少，随着 CAH_{10} 减少，C_2AH_8 增加，水泥石强度开始降低。

当温度大于 30℃ 时，水化反应式为

$$3(CaO \cdot Al_2O_3) + 12H_2O \longrightarrow 3CaO \cdot Al_2O_3 \cdot 6H_2O + 2(Al_2O_3 \cdot 3H_2O) \quad (6-4)$$

一般认为，这时 C_3AH_6 为主要水化产物，属于立方晶系，基本上是尺寸相同或相近的晶体，经常伴有位错等较多缺陷的存在，晶体间连接效果较差，骨架结构强度较弱，孔隙率较大，所以由 C_3AH_6 为主晶体结构形成的水泥石强度较低。

铝酸盐水泥不含氢氧化钙，水泥石液相碱度低，故具有很好的抗硫酸盐及抗海水腐蚀的性能。另外，高铝水泥水化生成铝胶，水泥石结构致密，抗渗性好。温度低于 225℃ 时，C_3AH_6 大概是唯一稳定的铝酸钙水合物。在更高温度下，含水量开始减少，在 275℃ 下将会出现 $C_3AH_{1.5}$，温度继续升高时，$C_3AH_{1.5}$ 将发生分解并析出 CaO，当温度介于 550℃ 至 950℃ 时，会发生再结晶，最后生成 CaO 和 $C_{12}A_7$。

2. 稠油热采井固井用铝酸盐水泥体系研究

随着国内蒸汽吞吐等热力采油方式的大范围推广，同时也诱发一系列复杂的技术难题。根据辽河油田、克拉玛依油田等国内稠油生产区块现场数据不完全统计，稠油井经过长时间生产后套损率高达 30%~50%，由于水泥环层间封隔失效问题导致停产的井的数量以平均每年 10% 的比例上升。其中经过多轮次高温蒸汽吞吐后水泥石出现高温衰退导致固井质量变差（固井水泥环胶结疏松和抗压强度降低），是造成套管损坏和水泥环层间封隔失效问题的关键因素之一。

由此可见，开展固井水泥石耐高温特性研究和攻关对改善稠油热采井固井质量、提高热采井生产寿命具有重大意义。国内稠油井油层埋藏深度为几百米至上千米不等，油层温度重点集中在 30~50℃。稠油开采的主要措施是热力采油，其中又以高温蒸汽吞吐为主，蒸汽温度通常高达 300~350℃。热采井固井过程中，常通过在普通硅酸盐水泥加入一定比例的石英砂来提高水泥石的耐高温性能，但从热采井生产现场来看，尽管一些井初始固井质量是合格的，然而经过多个轮次的蒸汽吞吐后，水泥石出现强度明显下降，渗透率急剧增大等现象，导致套管损坏和层间封隔失效，严重影响稠油井的开采安全并大大缩短了油井的生产寿命。

为了避免普通硅酸盐水泥高温下出现的一系列问题，笔者于 2001 年提出将铝酸盐水泥用于热采井固井的思路，并进行了探索及现场应用，为提高热采井固井质量和延长油井生产寿命提供了依据。

1）铝酸盐水泥体系的耐高温性能研究

国内稠油井一般在油层温度下注水泥形成封隔性良好的水泥环，之后在高温蒸汽下开采。由于注水泥工况温度与采油工况温度为两种截然不同的温度，为模拟现场工况，水泥石室内养护分两步进行：水泥浆先在低温（30~50℃）下养护成型，之后将低温养护成型的水泥石进行高温（315℃）养护。

（1）铝酸盐水泥在不同温度下强度变化规律研究。

实验所采用的水泥浆配方为：铝酸盐水泥+H_2O，密度为 $1.90g/cm^3$，考察该水泥石在不同养护温度和时间下的强度变化情况，其实验测试结果见表 6-4，可看出温度对铝酸盐水泥的抗压强度影响很大。

表 6-4 铝酸盐水泥不同温度和养护时间下强度发展情况

实验条件	抗压强度，MPa			
	1 天	3 天	7 天	28 天
0℃	33.73	72.90	67.68	62.08
25℃	32.32	53.60	37.47	40.97
30℃	0.00	17.79	15.37	9.27
50℃	18.04	10.61	11.75	9.56
70℃	12.91	17.55	17.92	14.96
90℃	17.67	12.29	17.18	21.65

（2）高温对铝酸盐水泥石孔隙度的影响。

取高温养护前后的水泥石试样，用压汞法测试其孔隙度变化情况，实验结果见表 6-5。

表 6-5 高温对铝酸盐水泥石孔隙度的影响

水泥石组别	孔隙度，%	
	低温凝固 7 天	315℃ 养护 7 天
30℃	7.55	8.25
50℃	7.27	8.62

孔隙度反映水泥石中孔隙的发育程度，孔隙度越小，在一定程度上说明水泥石越致密。由表 6-5 可以看出，铝酸盐水泥经高温养护前后，试样孔隙度均小于 10%，属于致密、弱渗透型水泥石。

（3）高温对铝酸盐水泥石孔喉分布的影响。

取高温养护前后的水泥石试样，用压汞法测试其孔喉分布情况。实验结果见图 6-2 和图 6-3。

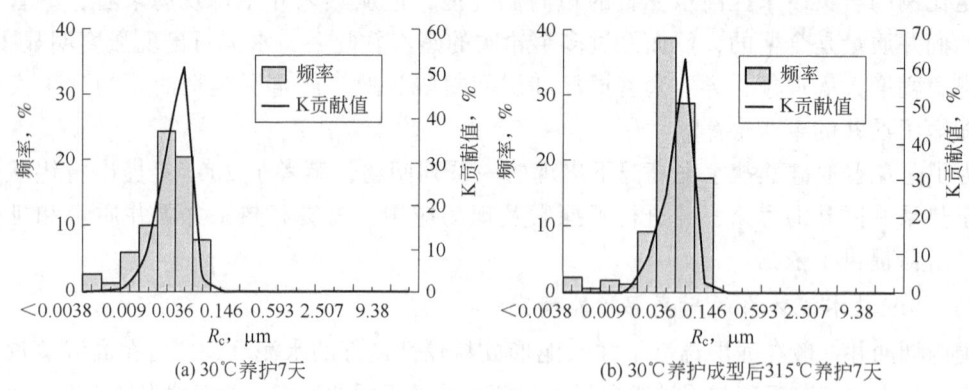

(a) 30℃养护7天　　　　　　　　(b) 30℃养护成型后315℃养护7天

图 6-2 高温对铝酸盐水泥石孔喉分布的影响（30℃养护与315℃高温作用）

孔喉分布是评价水泥石高温前后微观孔隙结构的一个重要因素，它反映了水泥石存储流体和渗透能力，孔喉半径分布的范围数值越小，说明孔隙连通性越差，流体渗流通过的能力就越小。

由图 6-2 和图 6-3 可以看出，铝酸盐水泥经高温养护前后，两个低温养护下的水泥石试样的孔喉半径变化不大，分布在 0.0038~0.146μm 之间。根据孔喉半径与渗透率贡献值

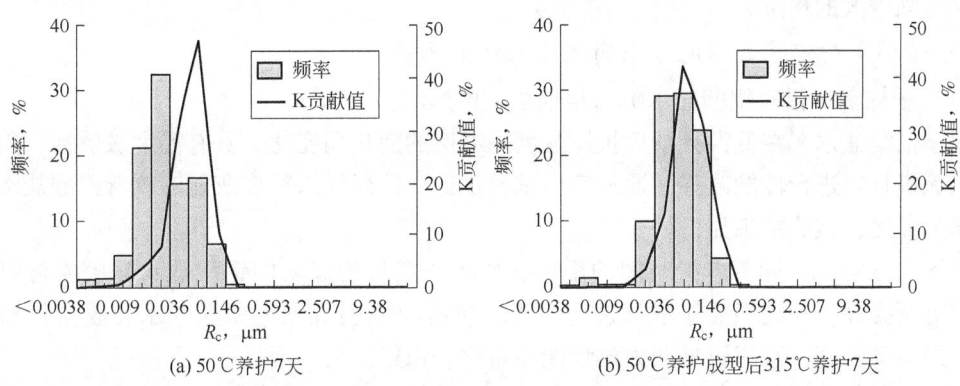

(a) 50℃养护7天   (b) 50℃养护成型后315℃养护7天

图 6-3　高温对铝酸盐水泥石孔喉分布的影响（50℃养护与315℃高温作用）

关系曲线分析可知，半径小于 0.146μm 的孔喉对渗透率基本上是无贡献的，即半径小于 0.146μm 的小孔喉流体基本是不可渗透的。由上所述，在一定程度上能够说明水泥石的封隔性能良好。

（4）铝酸盐水泥在 315℃条件下强度及渗透率变化规律研究。

为了检验铝酸盐水泥在多周期热循环湿热条件下的耐高温特性，实验考查该水泥浆样品在 50℃（井底静止温度）下养护 168h，并经多个高温热循环后抗压强度和渗透率的变化情况。其实验评价测试结果见表 6-6。

表 6-6　铝酸盐水泥 315℃养护条件下强度及其渗透率变化情况

项目	实验条件	养护龄期及热循环周期		
		1×7 天（热循环周期 1）	2×7 天（热循环周期 2）	3×7 天（热循环周期 3）
抗压强度，MPa	315℃，20.7MPa	15.10	15.60	16.28
渗透率，mD	—	0.0346	0.0385	0.0317

注：渗透率为水泥石经 315℃、20.7MPa 养护不同周期后测试，测试条件为 50℃、3.5MPa。

铝酸盐水泥在 50℃（井底静止温度）下养护 168h 后其强度为 11.75MPa，渗透率为 0.0498mD，图 6-4 为高温养护前后强度及渗透率对比图。

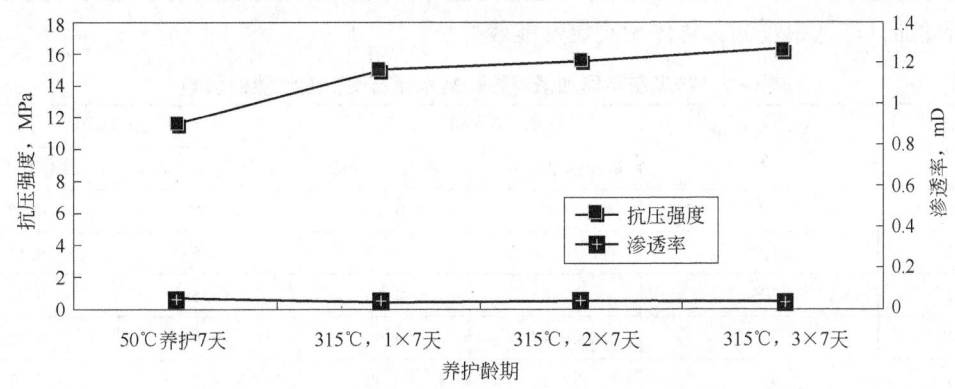

图 6-4　铝酸盐水泥高温前后抗压强度与渗透率

由表 6-6 和图 6-4 可以看出铝酸盐水泥经多个热循环周期后，未出现强度明显衰退、渗透率急剧增大的现象。

2）粉煤灰对铝酸盐水泥体系耐高温性能的影响

（1）粉煤灰掺量对铝酸盐水泥石早期强度的影响。

由于铝酸盐水泥在低温凝结后抗压强度随温度的变化而变化，具有温度敏感性，因此需要掺入无机材料进行性能改善。通过室内试验优选，发现掺入粉煤灰能够改善铝酸盐水泥石低温早期强度，试验结果如下：

由图6-5可知，随着养护时间的增加，掺有一定量粉煤灰的铝酸盐水泥胶凝材料的抗压强度有所提高。与纯铝酸盐水泥进行对比，掺有30%粉煤灰的铝酸盐水泥胶凝材料水泥石的早期强度较高，水泥石早期力学性能相对比较稳定。

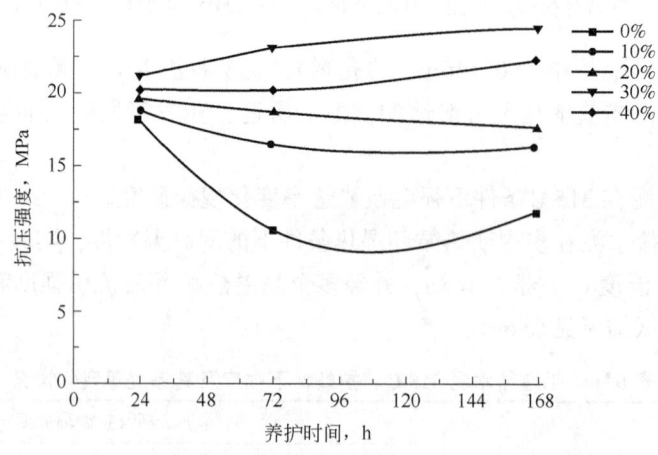

图6-5 粉煤灰掺量对铝酸盐水泥石早期强度的影响

（2）粉煤灰掺量对铝酸盐水泥石耐高温性能的影响。

由以上分析可知，掺量30%为改善铝酸盐水泥石早期抗压强度的一个最佳加量，可以通过加有30%粉煤灰的水泥石和纯铝酸盐水泥石经过高温前后抗压强度及渗透率的变化情况来评价水泥石的耐高温性能。

根据国内石油行业评价水泥石耐高温性能的指标——抗压强度和渗透率，对水泥石耐高温性能进行考察。由表6-7可以看出，经过高温养护后，掺入粉煤灰的水泥石的抗压强度均有所增加，渗透率较低，总体耐高温性能较好。

表6-7 粉煤灰不同加量对铝酸盐水泥石耐高温性能的影响

组别	粉煤灰掺量 %	50℃，0.1MPa，7天		315℃，20.7MPa，7天	
		抗压强度，MPa	渗透率，mD	抗压强度，MPa	渗透率，mD
1	—	11.75	0.18	8.24	0.28
2	10%	16.16	0.13	14.59	0.15
3	20%	17.65	0.10	18.58	0.11
4	30%	24.47	0.06	26.08	0.05
5	40%	22.22	0.08	22.45	0.07

（3）矿物组分分析。

图6-6为没有加粉煤灰材料的水泥石XRD图谱。低温（50℃）养护下水泥石主要

矿物为 C_3AH_6 和三水氧化铝（AH_3）；再经 315℃ 养护后其主要矿物为 C_3AH_6 和一水氧化铝[AlO(OH)]。对比可知，试样高温前后均生成了 C_3AH_6，AH_3 经高温后失去水分，转化为 AlO(OH)。

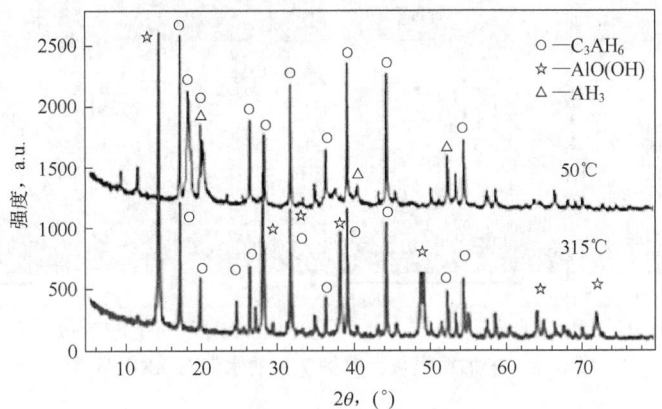

图 6-6 未加粉煤灰的水泥石 XRD 图谱

图 6-7 是通过球磨方式加入 30% 的粉煤灰材料的水泥石 XRD 图谱。由图谱可以看出，低温（50℃）养护下水泥石主要矿物为 C_3ASH_2 和 AH_3；再经 315℃ 养护后，其主要矿物为 C_3ASH_2 和 AlO(OH)。

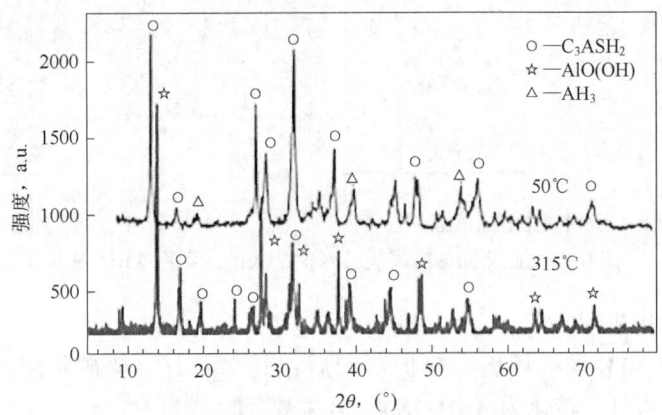

图 6-7 加 30% 粉煤灰的水泥石 XRD 图谱

图 6-8 为没有加粉煤灰材料的水泥石 SEM 形貌图像。从形貌图上可以看出，水泥石试样中主要矿物为 C_3AH_6，是立方晶体，通常呈等大粒子的集聚状，晶体与晶体之间错落交叉，但是结构相对致密，宏观上有一定的强度，但是强度不高。对比可知，试样高温前后均生成了 C_3AH_6，AH_3 经高温后失去水分，转化为 AlO(OH)，结构充填了空隙，使得孔隙度降低，强度有所提高。

图 6-9 为通过球磨方式加入 30% 的粉煤灰材料的水泥石 SEM 形貌图像。从形貌图上可以看出，水泥石试样中主要矿物为 C_3ASH_2。分析可知，由于粉煤灰中含有大量的 SiO_2，在高温湿热环境下，其活性得到激发，参与水化反应，生成 C_3ASH_2 等矿物。C_3ASH_2 属于水化石榴子石的一种，该矿物在高温环境下晶体结构发育良好，结晶度较高，使得水泥石密实度增加，孔隙度减小，强度大幅度提高，渗透率降低，因此水泥石经高温养护后能够保持良

好的力学性能，同时其耐久性也得到很大的提高。

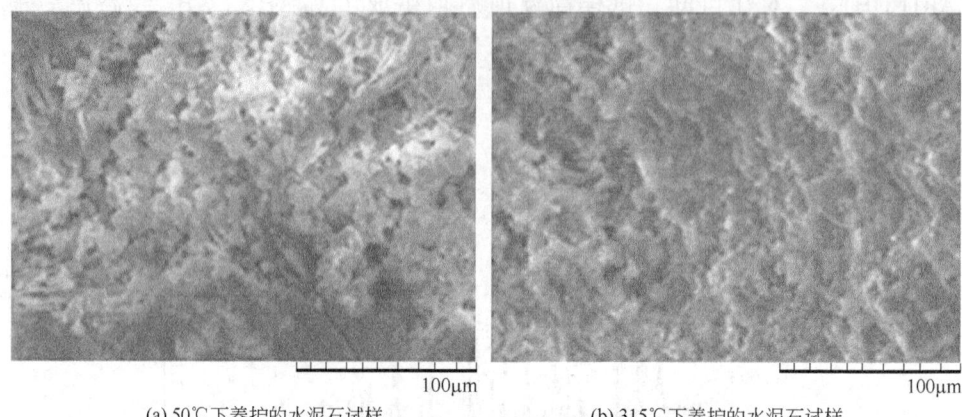

(a) 50℃下养护的水泥石试样　　　　(b) 315℃下养护的水泥石试样

图 6-8　未加粉煤灰、养护 7 天的水泥石 XRD 图谱

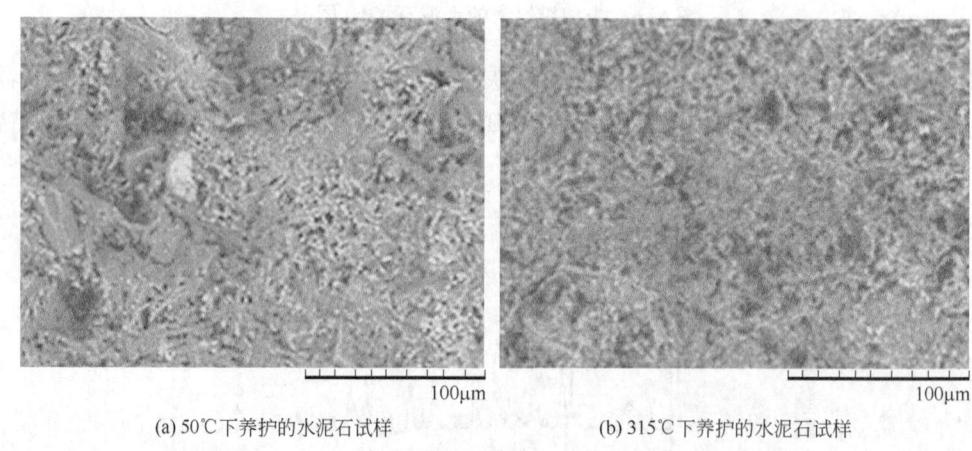

(a) 50℃下养护的水泥石试样　　　　(b) 315℃下养护的水泥石试样

图 6-9　加入 30%粉煤灰、养护 7 天的水泥石 XRD 图谱

（4）耐高温作用机理。

铝酸盐水泥在 50℃水浴环境中养护 7 天后，其水泥石主要矿物组分为 C_3AH_6，同时 AH_3 经高温后失去水分，转化为 AlO(OH)。其主要反应式为

$$3(CaO \cdot Al_2O_3) + 12H_2O \longrightarrow 3CaO \cdot Al_2O_3 \cdot 6H_2O + 2(Al_2O_3 \cdot 3H_2O) \tag{6-5}$$

$$Al_2O_3 \cdot 3H_2O \longrightarrow 2AlO(OH) + 2H_2O \tag{6-6}$$

由以上分析可知 50℃养护下的水泥石经高温养护后，其主要组分为 C_3AH_6，是立方晶体，该矿物组分使水泥石相对密度出现了很大的增长。在水泥石晶体结构中，C_3AH_6 通常呈等大粒子的集聚状，晶体与晶体之间错落交叉，但是结构相对致密，宏观上有一定的强度，但是强度不高。

通过球磨方式掺入 30%粉煤灰材料的铝酸盐水泥复合材料，在 50℃水浴环境中养护 7 天后，有

$$3(CaO \cdot Al_2O_3) + SiO_2 + 12H_2O \longrightarrow 3CaO \cdot Al_2O_3 \cdot SiO_2 \cdot 2H_2O + 2(Al_2O_3 \cdot 3H_2O) + 4H_2O \tag{6-7}$$

$$Al_2O_3 \cdot 3H_2O \longrightarrow 2AlO(OH) + 2H_2O \tag{6-8}$$

铝酸盐水泥作为优质的耐火水泥，水化产物中无 $Ca(OH)_2$ 生成，和普通硅酸盐水泥相比，在遇到高温热蒸汽情况下没有 $Ca(OH)_2$ 分解为 CaO 后再吸收水分转化为 $Ca(OH)_2$ 时产生的体积膨胀性破坏效应，不存在因晶型转变造成的结构缺陷，能够保持水泥石的完整性。

因此，合理的水化产物组成和相对致密的微观结构决定了铝酸盐水泥在高温湿热条件下仍能保持一定的强度，表明铝酸盐水泥具有很好的耐高温性能。

三、磷酸盐水泥

1. 磷酸盐水泥性能特点

磷酸盐水泥（magnesium-phosphate cement，MPC）是由重烧氧化镁、磷酸盐以及缓凝剂按适当比例配制，加水发生酸—碱反应而凝结硬化产生强度的新型胶凝材料，具有工作性好、快硬早强、耐磨耐高温以及体积变形小等优点。

磷酸镁水泥的原材料、水化机理及水化产物都有别于普通硅酸盐水泥及其它快硬高强水泥。与其它水泥相比，该材料具有自己独特的性能，具体可概括为以下内容。

1) 凝结速度快，凝结时间可控

磷酸镁水泥的凝结速度很快，且初终凝的时间间隔很短，20℃以上温度时一般在几分钟内就会迅速凝结硬化。其凝结时间可通过加入缓凝剂、调整水泥细度等措施进行控制。

2) 早期强度高

磷酸镁水泥强度发展迅速，早期强度尤其是小时强度非常高，这是普通硅酸盐水泥甚至是快硬硫铝酸盐水泥等都不能相比的。养护 1h 的磷酸镁水泥的抗压强度可达 20MPa 以上，养护 3h 的抗压强度可达到 40MPa 以上，并且后期强度还在增长。

3) 环境温度适应性强

磷酸镁水泥既能在常温下保持快硬高强的特性，在负温环境下同样可迅速凝结硬化。由于该胶凝材料是从民用水泥和耐火材料领域中发展起来的，因此磷酸镁类水泥还具有耐高温性，它在不定性耐火材料的应用中有着诱人的应用前景。

4) 工业化生产程序简单，设备投入小

生产磷酸镁水泥的各原料组分在我国市场上均有丰富的原料供应，各组分原料只需按一定比例混合后包装即可使用，设备投入小，便于工业化大规模生产。

5) 磷酸镁水泥与旧混凝土的黏结强度高

磷酸镁水泥中的磷酸盐能与普通硅酸盐水泥配制的混凝土中的水化产物或未水化的熟料颗粒反应，生成同样具有胶凝性的磷酸钙类产物，因此在黏结界面附近，除了物理黏结外，还存在很强的化学黏结作用，所以磷酸镁水泥与旧混凝土的黏结强度高。

6) 体积变形小

磷酸镁水泥表现出完全不同于普通硅酸盐水泥的水化机理及水化生成产物，磷酸镁水泥水化后表现出较好的体积稳定性，收缩值只有普通硅酸盐水泥的十分之一左右。

7) 耐磨性及抗冻性好

由于配制磷酸镁水泥的过烧 MgO 中含有大量的粗颗粒，这些 MgO 粗颗粒本身具有很高的耐磨性，可作磨料使用。大量未水化的 MgO 颗粒可起到耐磨细骨料的作用，从而使磷酸镁水泥基材料具有高的耐磨性。另外，磷酸镁水泥材料还具有较高的抗冻性。

2. 磷酸盐水泥水化机理

1）磷酸镁水泥主要化学反应

重烧 MgO 与可溶性磷酸盐（$NH_4H_2PO_4$、KH_2PO_4 等）加水混合后，磷酸盐立即分解出 H^+、K^+/NH_4^+、$H_2PO_4^-$ 等离子；在 H^+ 的作用下，MgO 颗粒表面水解出 Mg^{2+}、OH^- 离子，并与 H^+、K^+/NH_4^+、$H_2PO_4^-$ 等离子发生反应，生成以 $Mg(NH_4)PO_4·6H_2O$ 或 $MgKPO_4·6H_2O$ 晶体为主的水化产物。也有学者研究发现，一些 $MgKPO_4·6H_2O$ 可能以非晶体形态存在。其反应过程为

$$MgO+NH_4H_2PO_4+5H_2O \longrightarrow Mg(NH_4)PO_4·6H_2O \qquad (6-9)$$

$$MgO+KH_2PO_4+5H_2O \longrightarrow MgKPO_4·6H_2O \qquad (6-10)$$

MgO 与 $NH_4H_2PO_4$ 或 KH_2PO_4 完全反应时的摩尔比为 1:1。然而，在实际应用过程中，$MgO/H_2PO_4^-$（M/P）的摩尔比通常大于 1，硬化浆体中会残留着过量的 MgO 颗粒。水化产物在未反应的 MgO 颗粒周围沉淀、交织，进而引发凝结、硬化，而未反应的 MgO 颗粒则以骨料的形式存在于硬化浆体中。

2）磷酸镁水泥水化硬化过程

目前，关于磷酸镁水泥水化硬化过程的理论解释主要有两种：溶液扩散机理和局部化学反应机理，大多数学者比较认同前者。溶液扩散理论主要认为磷酸镁水泥水化硬化过程分三个主要阶段进行：

第一阶段，磷酸盐和硼砂组分的溶解。当磷酸镁水泥与水拌合后，易溶于水的磷酸盐和硼砂组分首先溶解，释放出 PO_4^{3-}、H^+ 和 $B_4O_7^{2-}$，形成低 pH 值的磷酸盐水溶液。

第二阶段，氧化镁的溶解。氧化镁的溶解速率比磷酸盐慢很多，因此氧化镁的溶解过程是在已形成的低 pH 值磷酸盐水溶液中进行，氧化镁颗粒表面不断受到 H^+ 的攻击并逐渐释放出 Mg^{2+}，在水溶液中以 $Mg(H_2O)_6^{2+}$ 形式存在。

第三阶段，磷酸镁水泥石的形成。随着 H^+ 不断消耗，Mg^{2+} 大量溶出，$H_2PO_4^-$、HPO_4^{2-} 不断电离出 H^+ 和 PO_4^{3-}，体系 pH 值上升，溶液中 $Mg(H_2O)_6^{2+}$、PO_4^{3-} 以及 NH^{4+}、K^+ 等离子开始反应生成水化产物，最终水化产物与未反应完的氧化镁颗粒相互胶结，体系迅速凝结硬化，形成磷酸镁水泥石。

3. 抗高温磷酸盐水泥浆研究

磷酸盐水泥以胶凝材料为质子受体，以磷酸盐为质子给体，通过酸碱反应来合成化学键合水泥。考虑到胶凝材料反应活性高，需选用调节材料来调整胶凝材料的反应活性。据此，中国石油集团海洋工程有限公司针对磷酸盐水泥的水化特点和表面性质，开发了与磷酸盐水泥配套的缓凝剂和降失水剂。设计的抗高温磷酸盐水泥浆体系由磷酸盐水泥 BCM-600S、降失水剂 BCF-600L、缓凝剂 BCR-600S 和消泡剂 G603 组成。

1）常规性能

设计了低密度领浆和常规密度尾浆两种水泥浆，由表 6-8 可知，磷酸盐水泥浆浆体稳定，失水量小，流性指数高，稠度指数低，有利于实施提高顶替效率的工艺措施。

表 6-8 磷酸盐水泥浆工程性能

水泥浆	密度, g/cm³	温度, ℃	沉降稳定性, g/cm³	流性指数 n	稠度指数 K	失水量, mL	稠化时间, min
领浆	1.45	56	0.01	0.937	0.290	44	216
尾浆	1.85	56	0.00	0.774	0.392	68	171

2）稠化时间影响因素

分别考察了缓凝剂加量（占灰重）、密度波动、隔离液及钻井液污染对水泥浆稠化时间的影响，稠化条件均为56℃×30MPa，见表6-9和表6-10。

表 6-9 缓凝剂加量对水泥浆稠化时间的影响

BCR-600S, %	稠化时间, min	
	40Bc	100Bc
1.57	243	244
1.52	234	235
1.36	193	194
1.31	171	172

表 6-10 密度波动对水泥浆稠化时间的影响

水泥浆	密度, g/cm³	稠化时间, min	
		40Bc	100Bc
领浆	1.45	216	217
	1.50	170	171
尾浆	1.85	170	171
	1.90	120	121

由表6-9可知，稠化时间与缓凝剂加量呈较好的线性关系，过渡时间约为1min，为直角稠化。由表6-10可知，在水泥浆密度波动时，稠化时间随之波动，领浆稠化时间缩短46min，尾浆稠化时间缩短38min，均在可接受范围内，没有出现急剧变化的情况，为现场固井施工提供了安全保证。国内稠油热采井井深一般比较浅，固井施工时间为110min左右，附加安全时间为30~60min。领浆与隔离液混合后稠化时间足够长（大于480min），可保证施工安全，领浆与隔离液和钻井液相容性好，混合液稠化时间大于900min，利于安全施工。

3）抗压强度

将领浆和尾浆在高温高压强度养护仪中养护，养护温度分别为30℃和56℃，养护48h后，领浆顶部强度达到12.0MPa，具有快速的强度发展性能，尾浆养护24h后，强度达到14.1MPa，满足工程需求。

4）磷酸盐水泥石耐高温性能

磷酸盐水泥石耐高温抗压强度见表6-11，尾浆和领浆所对应的水泥石高温条件下长期抗压强度分别超过18MPa和12MPa且保持稳定，说明磷酸盐水泥石完全能满足火烧油层的固井应用。

表 6-11　磷酸盐水泥石耐高温抗压强度

养护条件	抗压强度，MPa	
	1.85g/cm³（尾浆）	1.45g/cm³（领浆）
养护条件1，300℃，7天（湿养）	17.2	12.4
养护条件1，300℃，14天（湿养）	18.3	12.3
养护条件1，300℃，21天（湿养）	18.2	12.6
养护条件1，300℃，28天（湿养）	18.5	12.4
养护条件2，600℃下干烘7天	18.4	12.2
养护条件2，600℃下干烘14天	18.8	12.8
养护条件2，600℃下干烘28天	18.6	12.6

注：养护条件1为50℃，48h；养护条件2为50℃，48h后300℃，7天（湿养）后，再在80℃和150℃下脱水各12h，经300℃下干烘24h。

5）磷酸盐水泥耐CO_2腐蚀性能

碳酸钙热分解温度为600~770℃，因此可通过研究在该温度范围内的失重量来表征水泥石的腐蚀程度。同时，随着养护温度升高，水泥石中易腐蚀成分减少，水泥石的孔隙率减小，因此仅需考察100℃及以下磷酸盐水泥石腐蚀情况，其腐蚀情况见表6-12至表6-14。

表 6-12　经CO_2腐蚀磷酸盐水泥石样品在受热600~770℃区间质量损失情况

CO_2腐蚀条件	不同腐蚀时间下的质量损失情况，%			
	7天	14天	21天	28天
50℃，5MPa	0.20	0.26	0.30	0.32
70℃，5MPa	0.55	0.70	0.80	0.85
100℃，5MPa	0.63	0.79	0.82	0.80

表 6-13　磷酸盐水泥石在CO_2腐蚀前后孔隙率和孔径分布情况

CO_2腐蚀条件	孔隙率，%	水泥石不同孔径分布，%			
		小于20nm	20~50nm	50~200nm	大于200nm
100℃，48h	6.68	61.93	22.72	8.40	6.95
100℃，5MPa，30天	6.82	50.24	35.56	8.26	5.94

表 6-14　磷酸盐水泥石CO_2腐蚀前后样品抗压强度以及渗透率变化情况

CO_2腐蚀条件	腐蚀后稳定性	抗压强度，MPa		渗透率，mD	
		腐蚀前72h	腐蚀30天	腐蚀前72h	腐蚀30天
50℃，5MPa	稳定	17	23	0.03	0.03
70℃，5MPa	稳定	16	24	0.03	0.02
100℃，5MPa	稳定	22	34	0.02	0.01

结果表明，随着腐蚀时间增加，磷酸盐水泥腐蚀量在30天后趋于稳定，腐蚀量小于1%；腐蚀后孔隙率略有增大，少害孔级数量略有增大，但对强度影响较大的孔级（大于50nm）无增大趋势；腐蚀后水泥石的渗透率基本保持不变，强度有增大趋势。综合以上数据可知，磷酸盐水泥石具有良好的耐CO_2腐蚀性能。

第三节　高密度水泥体系

目前，我国浅层油气资源储量因多年开发而日益枯竭，迫使我们将勘探目标转向深部地层资源。但随着钻井深度的加大，难免钻遇各种复杂地层，经常钻遇高压气层、高压盐水层，有时还钻遇盐碱层等复杂地层。由于高压井存在着钻井液密度高、油气活跃的特点，常规密度水泥浆固井时易发生钻井液窜槽、油气侵窜等问题，因此必须开发研究适应高压井固井的高密度水泥浆。高密度水泥浆体系是指密度大于 $2.1g/cm^3$ 的水泥浆体系，该水泥浆体系用来解决超高压井固井压稳问题。主要外加剂是铁矿粉加重剂、悬浮剂以及调整其他性能的外加剂。

一、高密度水泥体系技术难点

1. 流变性难以控制

为了提高水泥浆体系的密度，向其中加入了大量的加重材料，同时，尽量降低体系的液固比。因此，体系中配浆水的量很小，不能对体系进行良好分散；另外，高密度水泥浆颗粒间的摩擦力较常规水泥浆的大，使得高密度水泥浆体系难以获得良好的流变性和流动能力。

2. 密度及滤失控制要求高

高密度水泥浆体系的液固比小，导致体系的密度波动、流变性和流动能力对液固比的波动异常敏感，液固比降低 0.01 也将使体系大幅度增稠。现场的混配条件下，液固比无法实现精确控制，难以与实验室相匹配。因此，在高密度水泥浆的现场混配过程中，高密度水泥浆的密度控制工作难度很大。水泥浆体系必须具备良好的滤失控制能力，以避免浆体在注水泥、替浆过程中向地层大量失水、急剧增稠、憋泵而引发固井事故，或大量失水后性能达不到设计要求，难以形成优质的水泥环而影响固井质量。

3. 悬浮稳定性难以控制

加重材料和水泥浆之间的密度差较大，在外加剂性能不过关以及井底高温作用的条件下，加重材料颗粒容易沉降而造成水泥浆体系出现沉降失稳，甚至上下分层，从而严重影响固井质量，严重的沉降甚至会导致施工事故。

4. 力学性能受加重材料影响大

由于体系中加入了大量的加重材料颗粒，这些颗粒基本上都呈惰性，本身无胶结能力。因此，将加重材料加入水泥浆中会明显降低体系的抗压强度。

5. 相容性问题突出

高密度钻井液和高密度水泥浆中固相含量高且都含有大量的处理剂。在固井施工过程中，两者容易产生接触污染，使得浆体变稠，流动性急剧下降甚至闪凝，从而造成水泥浆顶替过程中产生憋泵或无法泵替的工程事故。因此，二者间的相容性问题较常规泥浆和水泥浆更为突出。

6. 体系的适应性

室内实验温度、压力与井下实际温度、压力之间不可能完全一致,实验材料与现场材料之间、不同批次材料之间的性能存在差异,室内混拌条件与现场混拌条件之间也有较大的差别,再加上现场配浆时液固比波动等因素,使现场所配水泥浆的性能与设计性能之间会存在一定的差异。因此,水泥浆体系必须具备良好的适应性,尤其是对前述差异的适应性,以承受其可能造成的不利影响,减小配方设计以及调试的工作量。同时,还可减少现场作业的风险,提高现场作业的可靠性、安全性。

二、高密度水泥体系设计原理

目前高密度水泥浆体系的设计,主要通过减小水灰比、提高配浆水的密度、外掺加重材料和提高颗粒堆积密度来完成,在水泥浆密度要求很高时,可以同时采用这四种方法或其中的几种。

1. 减小水灰比

在水泥浆中,加入分散剂可以使胶凝材料吸附体分散,使水灰比减小,但这种改善是有限的,因为水泥中的拌合水同时起到以下作用:

(1) 润湿水泥颗粒表面,形成水膜;
(2) 填充水泥颗粒的间隙(填充水);
(3) 参与化学反应(结合水)。

在水泥浆中加入分散剂后,表层水膜的厚度可以大大减薄,并使水泥颗粒之间产生斥力而易于流动,但填充水的数量和参与反应的水不会发生变化。微观研究表明,加入分散剂形成的水泥石颗粒之间的微间隙较大,阻碍水泥石抗压强度等性能的进一步提高和发展。使用高性能的分散剂,水泥浆的极限密度为 $2.16g/cm^3$,但同时水泥浆的失水必须控制得很低,否则水泥浆在地层失水,极易破坏其流动性,产生桥堵和憋泵。

2. 提高配浆水的密度

在无干混条件的固井作业中经常采用通过提高配浆水的密度来达到配制高密度水泥浆的目的,如在配浆水中加入 NaCl、KCl 等无机盐类。但是,由于无机盐本身的密度决定了它对提高水泥浆密度的作用比较有限,因此采用此种方法所配制的水泥浆体系密度一般不超过 $2.10g/cm^3$,而且无机盐还可能破坏水泥浆的其他性能;但是,将超细加重材料混入配浆水,并同时提高配浆水的黏度,保持良好的稳定性,是一种比较有效的办法。

3. 外掺加重材料

高密度水泥浆设计中使用加重材料进行加重是常用的一种手段,重晶石、钛铁矿、磁铁矿、赤铁矿、砷铁矿、方铅矿等均可用于配制高密度水泥浆体系。在设计时首先应清楚掌握不同种类加重剂的性能特点,以及它们对水泥浆混配稳定性(沉降与自由水)、抗压强度和流变性的影响。根据不同加重剂及外加剂材料特性科学地进行水泥浆工程性能综合优化设计,优选水泥浆分散剂、降失水剂和缓凝剂等处理剂,保证体系的稳定性和流变性,保证水泥浆抗压强度。表6-15给出了一些常用加重材料的物理性能及一般能达到的水泥浆密度。

表 6-15 各种加重材料性能特性对比

加重剂	外观	密度,g/cm³	细度,μm	对水泥浆的影响	可配制的水泥浆密度,g/cm³
重晶石粉	白色或灰色粉末	4.1~4.4	97%<75 80%<45	增加需水量较大,增稠	可达到 2.28
赤铁矿粉	暗红色粉末	4.8~5.2	97%<75 85%<45	增加需水量较小,稍增稠	可达到 2.60
钛铁矿粉	黑色细粒	4.4~4.5	97%<75 80%<45	增加需水量较小	可达到 2.40
Micromax	棕红色粉末	4.8~4.9	平均颗粒粒度 5	不增加需水量,无沉降问题,有适当减阻效果	可达到 2.80

注：Micromax 为挪威 Elkem 公司生产水泥浆密度加重剂。

对于配制高密度水泥浆，加重材料选择至关重要，要从加重效果、杂质含量对流动性的影响程度、化学杂质对外加剂的敏感性反应、细度可控范围、稳定性要求、货源及成本等方面综合考虑优选加重材料，性能具体要求如下：

（1）合理的颗粒形状和粒度分布。加重剂的颗粒形状影响浆体固相颗粒间的排列组合关系（如接触角、摩擦角等），这些性能决定了水泥浆的稳定性、流动性、水泥石的抗压强度等。另外，在浆体密度一定时，颗粒的直径越大，颗粒与浆体的密度差越大，颗粒上浮或下沉的速度越快，体系越不稳定，保持浆体稳定所需的切力越大，反之亦然。提高体系的悬浮稳定性，可通过减小颗粒的直径实现，由此减小颗粒上浮或下沉的速度，减小保持浆体稳定所需的切力；另外，可通过增加体系内固相材料的比表面积，通过提高体系的黏度、切力而提高体系的悬浮稳定性。

（2）需水量要少。需水量过大，会使加重剂加量增大，影响水泥浆的强度发展，并且还不利于密度的提高。

（3）选用的加重材料质量要纯。纯度较高的加重材料能降低杂质（尤其是黏土成分的杂质）对处理剂的作用效果和对体系综合性能的负面影响。

（4）不影响水泥水化进程。所选择的加重材料尽量在水泥水化过程中呈惰性，不影响水化反应的速度，并且与其它添加剂有良好的相容性，同时对外加剂的吸附能力要弱，不相互影响。

4. 提高颗粒堆积密度

由于普通的加重方法是使用单一粒度的加重剂进行水泥浆的混配。此种方法加重水泥浆所能达到的密度容易受到限制，不能达到较高的密度，而且在配制密度为 $2.30g/cm^3$ 以上的高密度水泥浆时，水泥浆性能较差，且加重剂价格昂贵。此外，分散剂的加入不能改变填充水的数量，要削减填充水，必须提高系统的堆积密度。合理的颗粒大小分布和紧密堆积可使水泥浆固相颗粒间的微间隙大幅度下降，因此，利用先进的紧密堆积原理，筛选加重剂，分析不同加重材料对水泥浆性能的影响。

颗粒级配技术是解决超高密度水泥浆体系强度发展慢、沉降稳定性差等技术难题的有效措施。为了合理利用紧密堆积原理设计水泥浆体系，需首先研究各成分的粒径分布。其中包括主胶凝大颗粒组分（水泥）、中颗粒组分（铁矿粉）及小颗粒组分（锰矿粉）。大颗粒（30~80μm）一般为主胶凝材料，其空隙为被填充对象；中等颗粒（赤铁矿粉 30~50μm）

起填充与胶结两种作用；小颗粒（锰矿粉 2~7μm）可起加重、填充、滚珠、悬浮、增强效应。水泥浆密度越高，需要惰性加重剂的加量越大，相应胶凝材料水泥的比例减少，水泥石的强度就会降低，从而影响了固井质量。为此，必须应用填充剂，填充剂可优化胶凝物质的组成，使其加速生成低碱度 C-S-H 及沸石类水化物，还具有填充、滚珠、悬浮及增强效应，其中增强效应、悬浮效应的作用较大。合理利用上述颗粒级配的原理，可设计配制性能优越的高密度水泥浆体系。

此外，运用紧密堆积原理配制高密度水泥浆时，颗粒的形状也至关重要，最好是圆球形。如果颗粒形状不是圆球形，或者经过粉磨工艺后达不到圆球形，则填充效果差，难以产生滚珠效应，不能达到作矿物减阻剂的要求，而且非球形材料的沉降稳定性差。因此，不是任何外掺加重材料均可用于紧密堆积，而应选择形状呈圆球形、具有较好活性的颗粒。

三、颗粒级配模型

国内外学者在颗粒级配（紧密堆积）方面开展了大量的理论和实验研究工作，并提出了一系列经典的预测体系颗粒堆积率和优化颗粒级配效果的数理模型。对颗粒级配（紧密堆积）模型的研究，主要有两种思路：一种偏重于体系颗粒堆积率的计算，研究如何从体系的实际粒度分布情况分析计算出体系颗粒的堆积率；另一种则偏重于研究并提出实现最大堆积率的粒度分布曲线。另外，国内外学者根据颗粒尺寸的分布情况将颗粒分为尺寸连续分布的颗粒和尺寸不连续分布的颗粒，并提出了针对性的粒度级配（紧密堆积）模型。

1. 连续颗粒尺寸分布与堆积模型

1) Rosin-Rammler 模型

Rosin-Rammler 粒度分布模型的数学表述式为

$$R = \exp\left[-\left(\frac{d}{d_e}\right)^n\right] \tag{6-11}$$

式中　d——任意粒径；

　　　R——大于粒径 d 的粒级含量；

　　　d_e——特征粒径，等于 $R = 0.368$ 相对应的粒径；

　　　n——模型参数。

2) Gaudin-Schuhmann 粒度分布模型

Gaudin-Schuhmann 粒度分布模型的数学表达式为

$$y = \left(\frac{d}{d_L}\right)^n \tag{6-12}$$

式中　y——小于粒径 d 的粒级含量；

　　　d_L——颗粒体系中的最大粒径。

3) Andreasen 模型

连续分布的提倡者 Andreasen 认为最紧密堆积时，粗颗粒的体积总是细颗粒体积的恒定分数，其颗粒分布符合以下方程：

$$\frac{CPFT}{100} = \left(\frac{D}{D_L}\right)^n \tag{6-13}$$

式中　　$CPFT$——筛孔径为 d 时的筛析通过量,%;

　　　　D_L——体系中最大颗粒的粒径,μm;

　　　　n——分布指数。

Andreasen 的研究结果表明,颗粒组合堆积后的孔隙率随方程中分布模数 n 值的减小而下降,如图 6-10 和图 6-11 所示。可以看出,当 n 值降至 1/3 时,颗粒组合可获得最大的堆积密度,此时颗粒组合堆积后的孔隙率最小。$CPFT = 100(D/D_L)^{1/3}$ 时,颗粒分布见表 6-16。

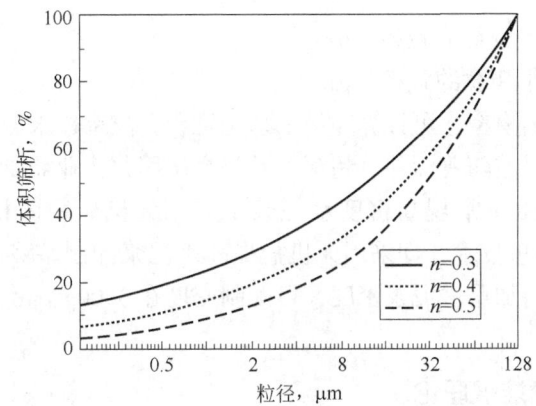

图 6-10　Andreason 粒度分布曲线

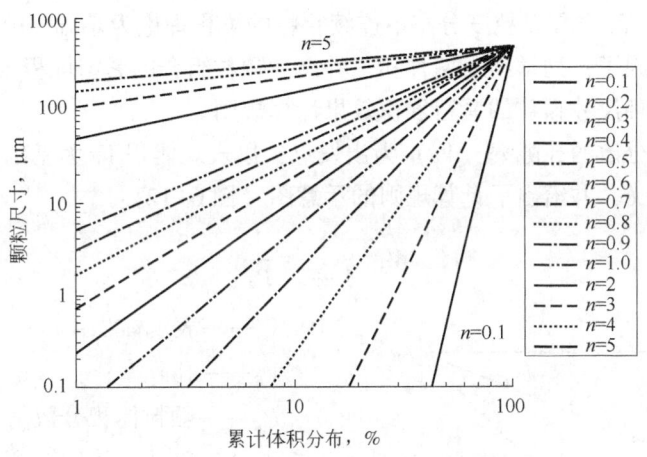

图 6-11　Andreasen 颗粒粒径分布图

表 6-16　Andreasen 模型计算的理论粒度分布

粒径,μm	<1	1~2	2~5	5~10	10~15	15~20	20~37	37~44	44~60	60~80	80~150
累计体积分数	18.82	23.71	32.18	40.55	46.22	51.09	62.71	66.44	73.68	81.10	100

那么,为使实际颗粒组合堆积后的孔隙率最小,n 的最佳值应在 0.33~0.50 的范围内,$D_L = 500$μm 时不同分布模数 n 的 Andreasen 分布。

该模型描述了需要无限小尺寸颗粒的理想颗粒分布情况,但在实际应用中,颗粒的最小尺寸是有限的,因此,20 世纪 70 年代,Dinger 和 Funk 通过在颗粒的粒径分布中引入有限尺寸的最小颗粒，对 Andreasen 方程进行了修正，假定当 $D=D_S$ 时，$\dfrac{CPFT}{100}=0$；当 $D=D_L$ 时，$\dfrac{CPFT}{100}=1$，则有

$$\frac{CPFT}{100}=\frac{\left(\dfrac{D}{D_L}\right)^n-\left(\dfrac{D_S}{D_L}\right)^n}{\left(\dfrac{D_L}{D_L}\right)^n-\left(\dfrac{D_S}{D_L}\right)^n}=\frac{D^n-D_S^n}{D_L^n-D_S^n} \tag{6-14}$$

式中　D_L——体系中最大颗粒的粒径，μm；

D_S——体系中最小颗粒的粒径，μm。

通过该方程及相应的模型，可计算颗粒的理论堆积孔隙率、水泥浆中的颗粒间距，从而控制颗粒的最终性能。目前随着深井、超深井及超高压固井作业需要的增加，研究超高密度水泥浆体系势在必行，由于常规高密度水泥浆是采用无机矿物固相加重，密度难以突破 2.60g/cm³。采用液体加重技术，即采用无机盐提高水泥浆配制基液的密度，结合紧密堆积原理，辅以无机矿物材料加重水泥浆密度，可配制密度在 3.00g/cm³ 以上的超高密度水泥浆体系。

2. 非连续相的紧密堆积理论

1) Westman 和 Hugill 方程

Westman 和 Hugill 方程以粒度分布不连续颗粒的堆积理论为基础，分析计算了多尺寸颗粒组合的最大堆积因子，列举出了两种和三种尺寸颗粒组合的紧密堆积效果计算步骤，并给出了用于四种或多种尺寸颗粒的紧密堆积效果计算规则。

方程以颗粒单分散的孔隙率（V_F）为出发点，以表观体积 V_a 为基础，给出如式(6-15)所示的表观体积定义，并给出了计算规则的示意图（图6-12）：

$$V_a=\frac{1}{1-V_F}=\frac{1}{P_F} \tag{6-15}$$

式中　V_a——表观体积；

V_F——孔隙率；

P_F——颗粒体积分数。

交点 A_C 和 A_B 分别为单分散粗（C）、细（F）颗粒的 V_a 值。线 1 和 2 分别是粗、细颗粒的实际体积分数，线 3 是所有颗粒实际体积分数，线 4 和线 5 分别是粗、细颗粒的表观体积，V 型粗线为混合物的表观体积。

可以看出，当其粗颗粒、细颗粒之间的尺寸比足够大时，可得到以下结论：(1) 当颗粒组合由接近 100% 的粗颗粒组成时，颗粒组合的表观体积由粗颗粒决定，少量细颗粒虽然可填入粗颗粒之间的孔隙，但并不占有容积，如线 4 的左上

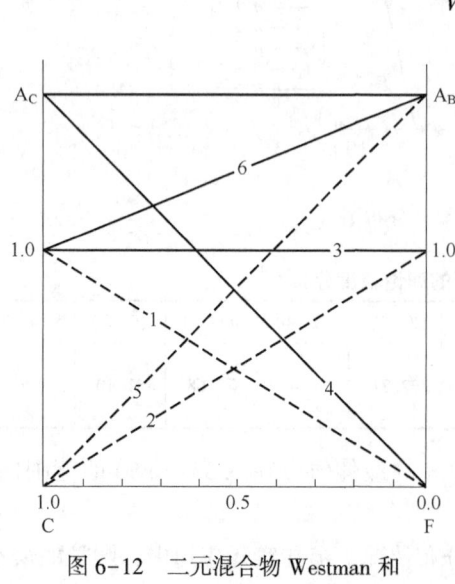

图 6-12　二元混合物 Westman 和 Hugill 计算规则示意图

部所示；（2）当颗粒组合由接近100%的细颗粒组成时，细颗粒之间形成气孔并堆积在粗颗粒的周围，颗粒组合的表观体积为细颗粒和粗颗粒的实际体积之和，如线6的右上部所示（线6为线1和线5之和）。此时有

$$V_{a_1} = a_1 x_1 \tag{6-16}$$

$$V_{a_2} = x_2 + a_2 x_2 \tag{6-17}$$

$$V_{a_i} = \sum_{j=1}^{i-1} x_j + a_i x_i \tag{6-18}$$

$$V_{a_m} = \sum_{m=1}^{m-1} x_j + a_m x_m \tag{6-19}$$

式中　a_i——单分散中第i尺寸颗粒的表观体积；

　　　x_i——第i尺寸颗粒的质量分数；

　　　V_{a_i}——根据第i尺寸颗粒所计算的表观体积；

　　　m——颗粒尺寸数；

　　　V_{a_m}——V_{a_i}的最大值，即m个尺寸颗粒混合物的表观体积。

那么，只要知道颗粒组合的表观体积a_i和质量分数x_i，即可通过式(6-18)计算颗粒组合的表观体积和孔隙率。

2）可压缩模型（CPM）

1999年，法国路桥试验中心deLarrard继固体悬浮模型和线性堆积模型后提出了第三代堆积模型——可压缩模型（CPM）。

该模型考虑了颗粒粒径分布及不同堆积方法对堆积密实度的影响，克服了Toufar模型单一粒径假设的局限性，可预测任何粒级组合的堆积密实度；区分了虚拟堆积密实度和真实堆积密实度，并建立了虚拟堆级密实度与堆积过程的关系；引入压缩因子，为此，计算真实堆积密度比Toufar模型更符合实际情况。

该模型认为混凝土是由多种材料混合而成，每种材料又有不同的粒径分布，并且也会有重叠的粒径存在。为了计算出实际堆积密实度，可以将不同材料但相同粒径区间的颗粒合并为一级，算出此时的复合后的体积分数y_i^*和复合后剩余堆积密实度β_i^*。

对油井水泥浆，首先假设水泥和外掺料两种材料混合，粉煤灰与水泥的体积分数之比为$\gamma_{cem}:\gamma_{wcl}$，此时水泥的第$i$粒级的体积分数为$y_{icem}$，外掺料的第$i$粒级的体积分数为$y_{iwcl}$；则$i$粒级颗粒的复合后的体积分数为

$$y_i^* = y_{icem}\gamma_{cem} + y_{iwcl}\gamma_{wcl} \tag{6-20}$$

复合后的剩余堆积密实度为

$$\beta_i^* = 1 \Big/ \left(\frac{y_{icem} r_{cem}}{y_i^* \beta_{cem}} + \frac{y_{ifa} \gamma_{fa}}{y_i^* \beta_{fa}} \right) \tag{6-21}$$

由此两种混合料混合公式可推导出多种材料混合时的一般式为

$$y_i^* = \sum_{j=1}^{n} y_{ij} r_j \tag{6-22}$$

$$\beta_i^* = \frac{1}{\sum_{j=1}^{n} \dfrac{y_{ij} r_j}{y_i^* \beta_{ij}}} \tag{6-23}$$

式中 y_i^*——复合后的第 i 粒级的颗粒体积分数；

y_{ij}——第 j 种材料的第 i 粒级的颗粒在该材料中的体积分数；

r_j——第 j 种材料在复合材料中所占的体积比例；

β_i^*——复合后第 i 粒级的剩余堆积密实度；

β_{ij}——第 j 种材料在 i 粒级的颗粒的剩余堆积密实度。

3) deLarrard 的固体悬浮模型

该模型考虑了整个体系的颗粒粒径分布，而非简单地用平均粒径代替全粒径分布；同时，还考虑了堆积密度受大、小颗粒相互充填作用——墙壁效应和松散效应的影响，以及固体颗粒在一定稠度条件下的悬浮状态，因此更符合实际的堆积情况，可预测不同组分配比混合物的堆积密度。

与其他颗粒级配和紧密堆积模型相比，该模型考察的影响因素更为全面、更接近真实情况，其堆积密度的隐式方程如下：

$$\eta_r^{ref} = EXP\left[\int_d^D \frac{2.5y(t)}{1/C - 1/C(t)} dt\right] \tag{6-24}$$

$$C(t) = \frac{\beta(t)}{1 - \int_d^t y(x)f(x/t)dx - [1-\beta(t)]\int_t^D y(x)g(t/x)dx} \tag{6-25}$$

$$f(z) = 0.7(1-z) + 0.3(1-z)^{1.2} \quad (z=x/t) \tag{6-26}$$

$$g(z) = (1-z)^{1.3} \quad (\text{墙壁效应函数}, z=x/t) \tag{6-27}$$

$$g\eta_r^{ref} = EXP\left[\frac{2.5}{1/a(t) - 1/\beta(t)}\right] \tag{6-28}$$

$$\frac{1}{\beta(t)} = \sum_{i=1}^{N} \frac{y_i(t)}{\beta_i(t)} \tag{6-29}$$

式中 η_r^{ref}——随机堆积颗粒的黏滞系数；

C——颗粒混合物的堆积密度；

$C(t)$——颗粒混合物 t 级的堆积密度；

t——颗粒直径；

d、D——颗粒混合物的最小、最大直径；

$y(t)$——颗粒混合物按体积比的尺寸分布函数（总积分为 1）；

$f(t)$——松散效应函数；

$g(t)$——墙壁效应函数；

$\beta(t)$——非随机分布的堆积颗粒的有效比堆积密度函数；

$\alpha(t)$——随机分布的堆积颗粒的有效比堆积密度函数。

4) 线性堆积模型

1986 年，T. Stovall 等假定颗粒紧密堆积的过程不受静电力、范德华力、粒子团聚等因素的影响，仅考虑颗粒几何因素对堆积密度的影响，为此，通过将颗粒堆积体系分为挤塞（crowding）和非挤塞体系（non-crowding），建立了线性堆积密度模型。

所谓非挤塞体系，即为某一组分粒子的加入不影响粉末颗粒原来的堆积结构，如超细颗粒充填于大颗粒之间孔隙的情况。

该模型假设体系含有 n 个球形颗粒，粒径为 d_i 的颗粒 i 单独存在时的堆积率为 ε_i，则体系的堆积率（γ_i）与各粒径颗粒的体积分数（η_i）呈线性关系。

设粒径为 d_i 的颗粒其堆积均为连续堆积时，都可计算一个堆积率（γ_i），其中最小者为该体系的理论最密堆积率。

$$\gamma_i = \frac{\varepsilon_i}{1 - \sum_{j=1}^{i-1}[1-\varepsilon_i+w(i,j)\cdot\varepsilon_i(1-1/\varepsilon_i)]\eta_i - \sum_{i=i+1}^{n}[1-l(i,j)\cdot\varepsilon_i/\varepsilon_j]\eta_j} \quad (6-30)$$

$$l_i = \sqrt{1-(1-d_j/d_i)^{1.02}} \quad (6-31)$$

$$w(i,j) = 1-(1-d_i/d_j)^{1.50} \quad (6-32)$$

式中　$l(i,j)$——因小颗粒的存在使大颗粒堆积率减小的松动效应函数；

　　　$w(i,j)$——因大颗粒的存在导致小颗粒堆积率减小的墙壁效应函数。

5）修正的 Toufar 模型

该模型主要用于计算二元体系紧密堆积的密实度，假设粗细颗粒均为单一粒径，且颗粒均假设为理想圆形，其密实度的计算公式如下：

$$\varphi = \frac{1}{\frac{y_1}{\varphi_1}+\frac{y_2}{\varphi_2}-y_2\left(\frac{1}{\varphi_2}-1\right)k_d k_s} \quad (6-33)$$

$$x = \frac{\frac{y_1}{\varphi_1}}{y_2\left(\frac{1}{\varphi_2}-1\right)} \quad (6-34)$$

式中　y_1、y_2——细、粗颗粒各自的体积比；

　　　φ_1、φ_2——细、粗颗粒各自的实际堆积密度；

　　　k_d——直径比的影响系数，$k_d = (d_2-d_1)/(d_1+d_2)$；

　　　d_1、d_2——细、粗颗粒各自的特征直径；

　　　k_s——经验系数［当 $x<x_0$ 时，$k_s = (x/x_0)k_0$；当 $x \geq x_0$ 时，$k_s = 1-(1+4x)/(1+x)^4$；$x_0 = 0.4753$，$k_0 = 0.3881$］；

　　　x——细颗粒的堆积体积/粗颗粒之间的孔隙体积。

单一粒径的假设通常会带来比较大的误差，考虑到实际颗粒的连续分布特性，在用 Toufar 模型计算颗粒组合紧密堆积后的密实度时，对单一组分粉体采用其特征粒径（Rosin-Raimmler 分布取 36.8% 分位直径）和实测堆积密度进行计算。

6）Aim & Goff 模型

1967 年，Aim 和 Goff 共同提出了针对简单二元系统颗粒组合，如掺有矿物微粉的水泥紧密堆积后的孔隙率的计算模型：

$$\phi = \frac{1-\varepsilon_0}{1-Yp} \quad (6-35)$$

$$Yp = \frac{1-\left(1+\frac{0.9d_m}{d_c}\right)(1-\varepsilon_0)}{2-(1+0.9d_m/d_c)(1-\varepsilon_0)} \quad (6-36)$$

式中　d_m——微细胶凝材料的平均直径；

　　　d_c——水泥颗粒的平均直径；

　　　ε_0——单一水泥材料堆积时的孔隙度，假定为 0.45。

7）Horsfield 模型

1939 年，法国学者 Furnas 在假设粒度较小颗粒不影响粒度较大颗粒紧密堆积的条件下，研究了圆形颗粒之间的粒度级配和紧密堆积效果，结果如表 6-17 所示。可以看出，对单一尺寸的颗粒，由于其颗粒之间不能相互充填，其堆积后的孔隙率高达 20% 以上；对不同尺寸的颗粒组合，如果小颗粒不能充填于大颗粒之间，仍难以发挥小颗粒的充填效果，体系的紧密堆积效果仍得不到改善。仅当小颗粒的粒径与大颗粒的粒径实现合理的级配，小颗粒可填充于大颗粒之间时，颗粒组合才能实现较为理想的紧密堆积，从而提高体系颗粒堆积后的密实度。

表 6-17　Horsfield 填充

填充状态	球的半径	球的相对个数	孔隙率
1 次球 E	r_1	1	25.94%
2 次球 J	$0.414r_1$	1	20.7%
3 次球 K	$0.225r_1$	2	19.0%
4 次球 L	$0.177r_1$	8	15.8%
5 次球 M	$0.116r_1$	8	14.9%
填充材料	极小	极多	3.9%

通过前面的分析可以看出，在连续尺寸分布颗粒堆积模型中，Andreasen 模型考虑的因素较多、较为全面，也更具有代表性，更适于主要由水泥与外掺料相掺组成的多元体系。为此，通过激光粒度仪，测得不同组分、掺量比例体系的粒度分布和粒级区间，获得各体系的微分分布曲线，再将曲线与 Andreasen 方程的最紧密堆积颗粒微分分布曲线进行对比，从而得出体系与最紧密堆积曲线的差距，并据此优选合适的组分，改善体系的粒度分布和紧密堆积程度，最终提高水泥石的综合性能、降低水泥石的渗透特性。

经典非连续分布颗粒堆积模型主要以材料的特征粒径来描述填充材料的粒度，利用模型近似计算多种粒径材料的堆积密度，并由其指导各组分的优选与优化，从而提高体系颗粒的堆积密度。然而，如油井水泥浆体系的多元颗粒组合实际上形成了新的颗粒体系，其粉体分布情况更接近连续分布情况，采用非连续粒径分布模拟计算的结果与实际情况相差较大，为此，更适于连续尺寸分布颗粒堆积模型。

第四节　防窜水泥体系

20 世纪 60 年代初，当国外的储气库出现了严重的井口冒气问题时，环空窜流现象才被人们认识，并获得相应的研究。所谓环空窜流，是指固井作业后由于固井设计或施工不当等多方面原因，导致固井质量差，不能对套管环形空间做到有效密封，气体从地层孔隙侵入环空，并沿着水泥环本体、固井一二界面运移的现象，是几乎所有天然气井固井都存在的一个潜在问题。

美国墨西哥湾大约15500口井中,有43%的井至少其中一个套管层次带压,加拿大西部有18000多口井表层套管环空带压或窜流,有许多井面临关井甚至停产。国内川渝地区和塔里木油田山前构造的多口天然气井均在固井后出现了技术套管和生产套管环间带压,部分井生产套管带压高达30MPa以上,对气井安全生产造成隐患。

国内外大量研究和现场实践均证明,环空窜流由一系列复杂的物理、化学作用所导致,其影响因素多,各因素之间相互影响、相互制约,既可由其中某些因素单独作用形成,也可由其中一些因素综合作用形成,不同影响因素的作用时间、作用方式、作用原理都不同。

因此,要防止环空窜流,必须全面认识引起环空窜流的原因和作用机理,针对影响固井水泥浆防窜的关键性能和关键参数进行防窜水泥浆体系设计,在固井工程设计和固井注水泥作业时对其进行全面的掌握和控制,才能为切断环空窜流形成的通道、防止环空窜流提供有效解决措施。

一、防窜水泥体系技术难点

在实际钻井过程或是固井作业中,经常在注水泥作业结束后,水泥浆逐步凝结的过程中出现气体上窜问题。施工井气层压力高、地层压力难以预测,因此地层超平衡压力难以控制,其结果不是井漏就是气窜,由于水泥浆性能在高温高压条件下易发生突变,导致目前应用在固井作业的水泥浆体系防窜效果较差,气窜风险大。具体技术难点可以归纳为以下四点:

(1) 水泥浆进入环空后,由于自由水不断析出向地层的滤失,造成其水灰比急剧下降,形成桥堵,导致环空水泥浆液柱压力小于气层压力而发生气窜;

(2) 环空中的水泥浆静胶凝强度为48~240Pa时为由液态向固态转化期,这一时期水泥浆逐步失去传递液柱压力的能力,即发生水泥浆失重现象,发生气窜;

(3) 在水泥浆凝固期间,由于水泥浆中的孔隙水随着水化和滤失而不断减少,使水泥浆中的孔隙压力不断降低,进而导致气体侵入到水泥浆基体内引发环空窜流;

(4) 由于施工过程水泥浆窜槽或水泥在凝固过程的体积收缩等原因造成胶结质量不好,使气体进入水泥与套管或水泥与井壁之间的间隙中,造成层间互窜,甚至窜至井口。

二、防窜水泥体系设计原理

国内外对环空窜流问题开展了大量的研究,结合国内外油气井领域对于水泥浆环空窜流的简要历程,可大致总结出目前相对完善的环空窜流学说有四种,包括"桥堵"理论、水泥浆胶凝"失重"理论、"界面胶结"理论以及"微裂缝—微环隙"理论。

1. "桥堵"理论

斯伦贝谢公司的Baret将水泥浆的失水分为两个阶段:注水泥过程中的动失水和水泥浆顶替到位候凝时的静失水阶段。动失水和静失水期间,水泥浆不断地向地层失水(包括渗透性地层或由于与地层水活度不平衡导致失水),造成水灰比急剧下降,改变了水泥浆原有的性能。同时在井壁上形成水泥滤饼,使井径缩小甚至完全堵塞环空,导致水泥浆静压传递受阻,使水泥浆静液柱压力不能有效作用于气层而发生环空窜流。

此外,由于井壁不稳定(主要是力学失稳),注水泥时排量过大或水泥浆流变性的原因，对破碎性井段产生了很强的冲刷导致井壁垮塌，垮塌物和水泥浆一起堵塞环空。若水泥浆浆体自身在井下条件下不稳定，导致顶替过程中或顶替到位后水泥浆中的水泥颗粒、加重材料（如重晶石、铁矿粉）迅速下沉堵塞环空。

上述几方面均会导致环空产生"桥堵"，致使桥堵段上部水泥浆液柱压力不能有效传递至桥堵段下部地层，降低了对下部地层的有效压力，从而发生环空窜流。

2. "水泥浆胶凝失重"理论

静液柱压力的损失也是固井后环空窜流的原因之一。水泥自身是一种胶凝物质，在物理化学作用下，水泥浆开始水化和胶凝，水泥颗粒逐渐形成网架结构；水泥浆中的聚合物类处理剂在井底条件下自身发生胶凝，形成网状结构。这两个方面使得水化的水泥颗粒之间以及井壁与套管之间形成不同类型相互搭接的空间网状结构，随着胶凝结构的逐渐形成和胶凝强度的不断增加，水泥浆稠度增加，气窜阻力（包括水泥浆结构自身阻力及聚合物提供的附加阻力）相应增大，水泥浆柱的部分重量悬挂在井壁和套管壁上，从而降低作用于气层的有效环空静液柱压力。如果此时环空静液柱压力与气窜阻力叠加之和大于地层压力则不会发生气窜，否则必将发生气窜。水泥浆进入过渡状态后期至终凝，由于水泥浆柱继续失重，直至环空静液柱压力为零甚至为负值。同时高分子聚合物由于自由水的减少逐渐析出，也就逐渐失去提供附加气窜阻力的能力，水泥浆只有依赖自身的胶凝结构阻止气窜，此时是环空窜流易发生时期。气体可沿通道窜向低压层或上窜到地面，气窜通道一旦形成便会保留在凝结的水泥浆中。

3. "界面胶结"理论

固井作业时顶替效率不高是导致界面胶结质量不好的主要原因，而顶替效率不高使得钻井液滤饼、干枯胶凝的稠化钻井液以及水泥浆与钻井液掺混物留存于井壁，严重影响水泥浆与地层或套管的胶结质量。

国外研究人员很早就提出了改善界面胶结质量的技术措施，主要集中于钻井液清除效率，他们认为钻井液清除对维持水泥浆性能的一致性、减少水泥浆过渡时间以及使气层维持最大静水压力是很重要的，这一观点也和后来致力于提高注水泥时顶替效率的观点完全一致，实质就是提高固井作业时水泥浆在环空对钻井液的置换效率。提高顶替效率的技术措施包括：钻井液性能调整、套管居中、循环钻井液和注水泥时活动套管、使用合适的冲洗液和隔离液、较长的接触时间以及根据井下条件选择顶替流态（趋向于紊流顶替）等。

4. "微裂缝—微环隙"理论

该理论是 Talabani 等于 20 世纪 90 年代初提出的，微环隙是由于水泥环不能很好地与套管胶结造成的，而微裂缝则是在水泥环与地层之间或水泥环内产生的微小通道，他们认为环空存在的微裂缝—微环隙是引起窜流的根本原因。微裂缝—微环隙形成的主要原因是水泥浆柱的体积收缩、滤饼的影响、毛细管作用影响、水泥浆初凝阶段水的凝聚、井内热应力及静液柱压力的影响等。表面上看这一理论与"界面胶结论"如出一辙，但这一理论认为界面胶结不良的本质是由于水泥水化产生的微裂缝及微环隙，其防窜措施也有别于"界面胶结说"，即在承认滤饼存在的基础上，消除微环隙或微裂缝。这一理论也不排斥"失重理论"，它承认"失重现象"的存在，由于消除了微环隙及微裂缝，而形成较好的界面胶结及内部结构，从而大大增加了气体窜流阻力，阻止窜流的发生。

三、水泥浆防窜能力评价方法

如何准确预测环空窜流，并为固井施工设计提出防止气窜的方法，已成为国内外防窜研究的一项关键技术。水泥浆防窜能力评价方法是衡量水泥浆体系自身防窜性能强弱的主要技术手段，科学全面地评价水泥浆的防窜性能，有助于指导防窜水泥浆体系及防窜材料的研发，提高水泥浆的防窜能力。因此，建立科学、合理的水泥浆防窜性能评价方法，对改善水泥浆体系的防窜性能具有重要的现实意义。

结合国内外固井界对水泥浆防窜能力评价方法的研究历程，大致总结归纳出以下五种具有代表性的水泥浆防窜能力评价方法。

1. 窜流潜力系数法

1984年，哈里伯顿（Halliburton）公司的Sutton回顾了窜流问题的发展及解决历程，认为水泥浆静胶凝强度发展到240Pa以后气体将无法通过水泥浆基体运移，此时水泥浆失重值越小，窜流的可能性就越小。于是Sutton在静胶凝强度过渡时间理论基础上，提出了窜流潜力系数的概念，对特定压力的地层，采用水泥浆静胶凝强度发展到240Pa时对应的有效液柱压力下降与初始过平衡压力的比值，评价用该水泥浆固井后发生环空窜流的可能性。

实验研究结果表明，水泥浆在凝结过程中的失重与其静胶凝强度发展之间的关系可表达为式(6-37)和式(6-38)：

$$FPF = MRP/OBP \tag{6-37}$$

$$MPR = 960L/(D_h - D_p) \tag{6-38}$$

式中　FPF——窜流潜力系数；

　　　MRP——水泥浆静胶凝强度发展到240Pa时产生的压力损失，Pa；

　　　OBP——初始过平衡压力（初始静压—气层压力），Pa；

　　　L——水泥浆柱长度，m；

　　　D_h, D_p——井眼直径，套管外径，mm。

该方法的评价标准见表6-18，窜流潜力系数越大，固井后越容易发生窜流（环空窜流）。

表6-18　窜流潜力系数准则

1	2	3	4	5	6	7	8	9	10	∞
窜流潜力小			窜流潜力中等					窜流危险性大		

该方法在静胶凝强度过渡时间理论基础之上，综合考虑了水泥浆在凝结过程中地层流体压力、固井顶替结束时地层流体处的初始平衡压力等因素，从压力平衡的角度，客观分析了固井后地层流体侵入环空、发生环空窜流的可能性。但窜流潜力系数法无法评价水泥浆防窜能力，只能定性分析环空窜流危险程度，这是它的最大缺点。

2. 水泥浆性能系数法

该方法认为环空窜流源于水泥浆失重，导致井内压力欠平衡，而此时水泥浆基体静胶凝强度发展缓慢，渗透率较高，无法阻止气体运移。失水是影响失重的重要因素，失水越小，孔隙压力下降越缓慢；水泥浆稠度变化可以近似反映静胶凝强度发展规律，稠化过渡时间越短，静胶凝强度发展越快，渗透率降低迅速。在此基础上提出了水泥浆性能系数法；同时，水泥浆从液态转变为固态的时间越短、窜流的可能性就越小，为此，引入如式(6-39)和式(6-40)所示的水泥浆防窜性能系数计算模型，以及如表6-19所示的评判标准。

$$SPN = \frac{d_{FL}}{d_t}(t_{100Bc} - t_{30Bc}) \tag{6-39}$$

式中 $\dfrac{d_{FL}}{d_t}$——失水速率，mL/min；

t_{100Bc}，t_{30Bc}——水泥浆稠度分别达100Bc和30Bc的时间，min。

因失水与时间的平方根成线性关系，SPN方程可简化为

$$SPN = FLAPI_{30}(t_{300Bc} - t_{30Bc}) \tag{6-40}$$

式中 $FLAPI_{30}$——水泥浆的API失水速率，mL/30min；

表 6-19 水泥浆性能系数法评判标准

SPN	0~3	3~6	>6
水泥浆防窜性能	好	中等	差

SPN基于水泥浆水化动力学和失水给出了不同水泥浆的对比性能指数，SPN越小，水泥浆防窜性能越好；SPN越高，该水泥浆越不适宜作防窜水泥浆，而具有低API失水和短水化时间的水泥浆（SPN值低）防气窜的成功率很高。

3. 水泥浆性能响应系数法

哈里伯顿的Sutton和Ravi于1989年从压力平衡的角度提出，固井后环空的封固质量以及气窜控制与水泥浆过渡时间内在井下的真实失水密切相关，认为水泥浆失重很大程度上取决于钻井液滤饼存在条件下水泥浆的真实失水速率，而窜流阻力则受水泥浆静胶凝强度发展快慢的影响。在综合考虑水泥浆的渗透率、井下水泥浆失水速率、静胶凝强度发展速率以及井眼几何形状等因素对防窜能力影响的基础上，提出了水泥浆性能系数法（SRN），其计算方法如式(6-41)至式(6-43)所示：

$$SRN = N_{SGS}/N_{FL} \tag{6-41}$$
$$N_{SGS} = (d_{SGS}/d_t)/SGS_X \tag{6-42}$$
$$N_{FL} = (d_l/d_t)/(V/A) \tag{6-43}$$

式中 d_{SGS}/d_t——静胶凝强度最大增长速率；

SGS_X——静胶凝强度增长速率最大时的静胶凝强度；

d_l/d_t——SGS_X时的滤失速率；

V/A——单位长度环空体积与单位长度井眼面积之比，直接影响水泥浆柱压力下降速率，且将N_{FL}与特殊的井眼套管尺寸联系在一起。

FPF反映了气层潜在气窜的危险程度，与FPF相比而言，SPN和SRN评价方法的实质是水泥浆综合防窜性能。

为此，研究表明在现场应用时应根据FPF值的大小，选择适当的防窜水泥浆体系及其性能。一般而言，当FPF值分别为0~3，3~8，≥8时，对应的SRN值分别为70~170、170~230、>230。

SRN 法基于静胶凝强度发展速率与失水速率的对比关系，评价了不同水泥浆的防窜能力，失水越小，水泥浆失重速率越慢；静胶凝强度发展越快，渗流阻力增加越快；减少失水、缩短静胶凝强度过渡时间有利于防窜。

4. 胶凝失水系数法

大量有关于环空窜流机理的研究表明，水泥浆孔隙压力降（失重）是水泥浆胶凝强度发展、失水和体积收缩三因素综合作用的结果。因此，在考虑以下三方面影响后提出了胶凝失水系数法：

（1）重点考虑静胶凝强度发展对失重的影响；

（2）只考虑水泥浆在由液态向固态转化过程中失水造成体积收缩对失重的影响（因为水泥浆在液态时失水可以得到有效补充，而当水泥浆固化后，水泥浆已不再失水）；

（3）因为水泥浆化学体积收缩主要发生在水泥浆初凝之后，且水泥浆化学体积收缩可以通过添加水泥浆膨胀剂克服，所以忽略水泥浆化学体积收缩对失重的影响。

胶凝失水系数法如式（6-44）至式（6-47）所示：

$$GELFL = \frac{\frac{\rho_c L_c + \rho_s L_s + \rho_m L_m}{100} - p_{gel} - p_{fl}}{\frac{\rho_g L_g}{100}} \tag{6-44}$$

$$p_{gel} = \frac{4 \times 10^{-3} SGSL_c}{D_h - D_P} \tag{6-45}$$

$$P_{fl} = \frac{\Delta V_{fl}}{C_f} \tag{6-46}$$

$$\Delta V_{fl} = A_j \int_{t_1}^{t_2} q_t \mathrm{d}t \tag{6-47}$$

式中 $GELFL$——水泥浆胶凝失水系数，无量纲；

L_c, L_s, L_m——环空水泥浆、隔离液以及钻井液浆柱长度，m；

L_g——气层深度，m；

ρ_c, ρ_s, ρ_m——水泥浆、隔离液以及钻井液的密度，g/cm³；

ρ_g——气层当量密度，g/cm³；

p_{gel}——水泥浆静胶凝强度发展引起的失重，MPa；

p_{fl}——水泥浆失水引起的失重，MPa；

ΔV_{fl}——水泥浆静胶凝强度从 48Pa 到 240Pa 时由于失水造成的水泥浆体积收缩量，m³；

C_f——水泥浆体积压缩系数，m³/MPa，取值 2.6×10^{-2}；

t_1, t_2——水泥浆静胶凝强度分别达 48Pa 和 240Pa 的时间，min；

A_j——水泥浆段裸眼面积，cm²；

q_t——过渡时期水泥浆单位面积上的失水速率，mL/(cm²·min)。

当水泥浆静胶凝强度发展到大于 240Pa 时，就具有足够的气窜阻力抵抗气体运移，此时的压力损失是可能发生气窜期间的最大压力损失，所以胶凝失水系数法可变为如式（6-48）

所示的模型：

$$GELFL = \frac{\dfrac{\rho_c L_c + \rho_s L_s + \rho_m L_m}{100} - \dfrac{0.96 L_c}{D_h - D_P} - \dfrac{A_j}{C_f}\int_{t_1}^{t_2} q_t \mathrm{d}t}{\dfrac{\rho_g L_g}{100}} \tag{6-48}$$

该方法的评价标准如下：$GELFL$ 小于 1，发生环空窜流的概率较大，说明环空水泥浆柱静压在静胶凝强度达到 240Pa 时已不能压稳气层，极易发生气窜，且 $GELFL$ 越小，发生气窜的可能性越大；$GELFL$ 大于 1，发生环空窜流的概率较低，且 $GELFL$ 值越大，发生气窜的可能性越小。

5. 水泥浆防窜能力量化评价方法

前文所述的国内外评价方法主要依靠经验公式，对水泥浆防气窜能力进行片面的定性评价，不能实现事前指导水泥浆防窜性能设计，只能作为水泥浆体系设计后的验证手段。针对这一问题，近年来，国内西南石油大学郭小阳研究团队从水泥材料自身特性入手，提出气体在水泥浆基质内窜流的本质是一个渗流物理过程，气侵危险时间内渗透率能反映水泥浆抗窜能力。水泥浆静胶凝强度影响着水泥浆失重和塑态渗透率，静胶凝强度过渡时间关系着环空窜流发生可能性及危害程度。水泥颗粒的水化是造成体积收缩的本质原因，水泥浆塑性阶段（初凝前）体积收缩将造成孔隙压力下降，可能引发气体侵入环空。因此将气侵危险时间内水泥浆渗透率、静胶凝强度过渡时间、初凝前体积收缩率作为防窜关键性能。通过相关实验设备探讨这三个关键性能的发展规律，并建立环空气窜数学模型，最终形成水泥浆防气窜能力的量化评价方法。

四、防窜水泥浆体系

1. 充气水泥浆

充气水泥浆具有较大的可压缩性，当水泥浆发生水化收缩时，充气水泥浆可以补偿水泥浆体积收缩，弥补水泥浆由此造成的压力损失，保持水泥浆液柱压力大于环空中气层压力，达到防窜的目的。充气水泥浆通常有三类：

（1）在水泥浆中加入阴离子表面活性剂、阳离子表面活性剂或两性表面活性剂，将水泥浆替至环空后，如有气体进入水泥浆中，就会生成相互独立的气泡均匀地分布在水泥浆中，防止气窜的发生。但表面活性剂的加量及控制较为困难，没有得到很好的应用。

（2）在地面通过特殊的制氮设备向水泥浆中注入氮气，然后通过添加表面活性剂（或称发泡剂）和稳泡剂，使水泥浆中的氮气形成均匀、稳定且相互独立的泡沫水泥浆。现场应用结果表明，泡沫水泥浆解决了环空窜流问题，但固井工艺较复杂且需要特殊的施工设备。为此，国内外研发了化学发泡的方法生成泡沫水泥浆，且取得了较好的现场应用效果。

（3）以钝化的铝（锌）粉作为发气剂生成 H_2，形成泡沫水泥浆，但由于氢气的分子量很小，在水泥浆中保存率低，且具有一定的活性，其应用受到了一定的限制。

2. 非渗透水泥浆

非渗透水泥浆体系是 20 世纪 80 年代以来发展起来的，且已得到了较快的发展。其作用机理为：通过添加高分子聚合物或微细材料，利用化学交联剂的交联反应或利用微细材料充填作用形成不渗透膜，增加气体在水泥浆中的侵入和运移阻力。非渗透水泥大致可分为两种类型：一是加入胶乳聚合物、阳离子表面活性剂等；二是加入微细材料，常用的有微硅、炭黑等。

胶乳是最好的胶结辅助剂、防窜剂、基质增强剂和降失水剂等，它还能增强水泥石的弹性和具有抗腐蚀的能力。所以，胶乳已被广泛地用于改善水泥的胶结和防气窜作业。油井水泥使用最普遍的是苯乙烯—丁二烯共聚物（SBR）。在该化合物中，一般苯乙烯占胶乳质量的70%~30%，丁二烯占30%~70%，并且一定不能含有与水泥不相容的其他成分。若丁二烯含量过高，可引起胶乳水泥过早地凝结；若胶乳中含有太多的苯乙烯，又不能使其生成胶膜，达不到防气窜的目的。一般来说，胶乳水泥在水化期间，胶乳要在水泥基质中絮凝，这些絮凝物在水泥基质中聚结起来，形成抑制渗透的胶乳膜，从而防止气体或液体侵入水泥柱。同时胶乳的黏附性和黏结性又可以改善水泥石的胶结和弹性。胶乳能够很好地控制失水和延缓胶凝强度的发展，因而使水泥浆得以长时间地产生和传递压力，有利于在水泥浆凝固过程中缩短失重时间而防止气窜的发生。胶乳水泥浆体系的缺点是流动性能较差，常导致环空中出现水泥浆沉降和水泥回落现象，因而发展抗压强度的速度较慢，凝固时也不发生膨胀。

哈里伯顿公司首先研究并应用微硅作为防窜材料，用含有微硅的水泥浆体系在北海进行了100多井次防窜固井作业，应用效果很好，同时也显著降低了水泥浆的总成本。近几年来，国外研究开发了廉价的防窜材料——炭黑（颗粒直径$0.001~0.5\mu m$）。室内试验表明，炭黑水泥浆具有良好的防窜性能，而且在亚得里亚海的一口3500m井的$\phi 177.8mm$套管固井中得到成功应用，没有发生环空窜流，水泥浆与套管及地层胶结质量良好。

3. 触变性水泥浆

水泥浆的触变性是指在一定的剪切速率作用下，黏度随作用时间的延长而逐渐减小，并趋于某一定值；当剪切作用停止后，水泥浆黏度有重新升高现象。流体出现触变的原因，一般认为是由于流体在一定的剪切速率作用下，其内部结构发生了变化，而当流体静止后结构又恢复到原来的状态。

触变水泥体系主要由水泥和触变剂组成。触变剂包括无机类触变剂和可交联的聚合物体系触变剂。无机类触变剂主要有膨润土体系、硫酸钙体系、硫酸铝—硫酸亚铁体系；可交联聚合物体系的触变剂主要包含两个部分，即交联剂和被交联物质。当水泥浆静止时，它们能迅速发生交联而形成网状结构，使水泥浆在较短时间内获得较强的触变性。

4. 膨胀水泥浆

水泥固化时会产生固有的宏观体积收缩，水泥石的收缩导致界面胶结质量不高，在第一、二界面形成微环隙和微裂纹，为气体的窜入提供了通道。在硅酸盐水泥中掺入碱性材料或不限制某些碱性杂质的量，就可以引起水泥的膨胀。通过加入石膏和膨胀剂，与净浆相比，水泥石在物相上没有变化，只是改变了水泥熟料矿物水化后的固相绝对体积变化。经理论计算，水泥石的相对体积较净浆增大2.4%。电子显微镜分析水化产物的微观结构表明：该体系水泥石的表面以六方长条状的$Ca(OH)_2$和针状的钙矾石（AFt）为主，而净浆水泥石则以簇状的C-S-H凝胶为主，六方长条状的$Ca(OH)_2$和针状的钙矾石（AFt）交错排列有利于抵消因水化后产生的化学收缩。油井水泥的膨胀，主要有如表6-20中所示的四种机理。

表6-20　油井水泥膨胀作用机理

项目	作用物质	膨胀方式	共同点
固相体积增大	SO_4^{2-}	硬化水泥浆中六方板状的单硫型水化硫铝酸钙转变为三方柱状的钙矾石	（1）固相体积膨胀对温度有一定要求，低温下膨胀比较明显； （2）硫酸根离子对钙矾石的形成至关重要； （3）钙矾石对膨胀的影响主要发生在水化初期
化学反应（固相反应）	钙矾石晶体	钙矾石晶体直接在未溶解的C_3A颗粒表面形成	
吸水膨胀	钙矾石晶体	凝胶状的钙矾石粒子吸引围绕在钙矾石晶体周围的极化水分子，引起颗粒之间的排斥力，造成整个体积的膨胀	
结晶压力	钙矾石晶体	钙矾石晶体交叉生长，互相施加压力，导致水泥浆体膨胀，晶体生长使膨胀水泥体积增大	

对于公路和建筑物，这种膨胀会导致水泥石破裂，是不利的。但在井下，由于受到套管和地层的限制，水泥膨胀更有利于将其密封在套管和井壁之间，并能进一步减小由于顶替效率不好，或者由于内部压力或内应力造成的微环隙，当然也可减少水泥石内部的孔隙度。值得注意的是，这种水泥浆虽然有线性体积膨胀，但依然表现出化学收缩，同样产生静液柱压力和空隙压力降低。所以膨胀水泥控制气窜的作用是有限的。

5. 胶凝滞后水泥浆

当水泥浆的胶凝强度小于10Pa时，本身能产生静压，也可传递外压。只要这两种压力之和大于地层压力就不会发生气窜。而当胶凝强度大于240Pa时已发展成网状结构，其自身可承受的压力也大于地层压力，也不发生气窜。据此，试设想出一种水泥浆，延迟其胶凝强度的发展而使一直小于10Pa，当然就不会发生气窜。一旦固化，胶凝强度迅速发展到大于240Pa，其过渡时间短来不及气窜，这种水泥浆称为胶凝滞后水泥浆或不胶凝水泥浆。胶凝滞后水泥的特点是一旦变稠，高速搅拌也不会变稀，属于非触变性水泥浆。

胶凝滞后水泥浆的配制方法通常有以下几种：

（1）通过在水泥浆中加入化学交联剂，在水泥浆水化反应的同时，在控制的时间内利用化学交联反应，使水泥浆迅速形成一定的胶凝强度，达到防窜的目的。

（2）在水泥浆替浆到位以后到水泥浆凝固之前活动套管，保证水泥浆在初期能够传递液柱压力压稳气层，在水泥浆即将凝固时停止，使水泥浆迅速凝固并形成强度，从而减少水泥浆柱压力损失（实验证明减小15%~30%），尽可能减少气窜发生的机会。

（3）在替浆以后用环空中压力脉冲使水泥浆产生往复运动来延缓水泥浆胶凝。

6. 紧密堆积型水泥浆

该技术基于混凝土—水泥浆技术，利用颗粒级配原理，通过优化水泥及外掺料颗粒直径分布（PSD），优选三种或三种以上不同直径的颗粒，使单位体积内固相颗粒增加，尽可能降低水泥浆水灰比，提高水泥石的抗压强度和降低水泥石的孔隙度和渗透率。紧密堆积型水泥浆防窜作用有两个方面，一是不同粒度级配的材料在水泥石的微孔隙中，降低了基体的渗透率；另一方面粒度极小的材料被束缚在孔隙的游离液中，增加了流动阻力。使该水泥浆体系具有高稳定性、低失水、高早强及强防腐蚀能力，能够有效控制气窜。

第五节 抗盐水泥体系

盐岩（碱金属和碱土金属氯化物）地层、膏盐（硫酸盐）地层和盐水层统称为盐膏层。地层中的盐水常常使诸如蒙脱石、伊利石、绿泥石和高岭土等黏土矿物处于絮凝和未膨胀状态，因此盐膏层具有易膨胀、易溶解、易塑性流动和易致坍塌的地质特性。若使用常规含盐少、离子浓度低的淡水水泥浆进行注水泥作业，地层中的盐离子因扩散作用转移到水泥浆体，使水泥浆体性能发生波动，地层矿物吸水膨胀，导致水敏性页岩和砂岩地层井段出现井径缩小、剥落或坍塌等现象，含油砂层因黏土矿物膨胀出现堵塞输油通道的现象，导致含油地层渗透性和产层寿命降低，并危及固井作业安全性。常规水泥环在盐膏层服役期间，高盐环境让油井水泥石更易被腐蚀，从而降低水泥环界面胶结质量，即降低水泥环保护套管的能力，增加油气窜流的安全隐患。因此，应对盐膏层的注水泥作业，需要选用抗盐水泥体系搭配相应抗盐外加剂来减少水泥浆体与盐层间相互影响。抗盐水泥体系需满足高盐环境的固井要求，提高保护套管的能力以及水泥环胶结质量，提高油井水泥石的耐腐蚀性能。

一、抗盐水泥体系技术难点

1. 含盐水泥体系外加剂

在有盐层的环境下，盐（NaCl 或 KCl 等）是一种强电解质。在不同温度和浓度条件下，许多外加剂的性能出现明显改变，将对水泥浆产生分散、密度升高、促凝、缓凝等不同效应，使水泥浆失水量难以控制，稠化时间不易调整，水泥石的强度发展不稳定。为此要控制抗盐水泥浆的各项性能，就必须在含盐水泥浆中使用适当的抗盐外加剂。对外加剂的选择，需满足：

（1）外加剂的相对分子质量大小、分子分布以及分子形态合理，高含盐情况下稳定性好，不发生盐析，在盐水中仍具有稳定效果；

（2）外加剂对水泥的密度、流变性、稠化时间、凝结时间、早期强度等无不良影响。

2. 含盐水泥体系的耐腐蚀性

我国许多主力油田都已分别进入了中、高含水开发期，综合含水率上升，加之油井采出液及伴生气中含有大量的侵蚀性物质，如 Cl^-、H_2CO_3、Na^+、K^+、Ca^{2+}、Mn^{2+}、SO_4^{2-} 及 CO_2、H_2S 和少量溶解氧与细菌，是引起固井水泥中套管锈蚀的重要因素。与常规地层服役条件相比，盐膏层具备高浓度盐溶液环境，盐蚀产物生成速率更大，导致水泥环的腐蚀、剥落甚至断裂等耐久性损伤。

二、抗盐水泥体系设计原理

1. 含盐水泥体系的外加剂

抗盐外加剂的特点是：

（1）抗盐水泥体系外加剂含有大量磺酸基，保证水泥浆的流变性能，提高抗钙抗盐的能力；

(2) 抗盐水泥体系外加剂含有可溶性碳酸盐、硫酸盐，可避免地层中相关物质因浓差而发生离子交换现象，防止电解质对水泥石和套管腐蚀；

(3) 加入抗凝剂可以消除水泥浆增稠和胶凝现象。

常规固井降失水剂的抗盐能力较差，无法满足盐膏层固井需要。为克服常规降失水剂的缺陷，多采用具备水溶性、耐温及抗盐性的聚合物类降失水剂，并通过在大分子侧链上引入官能团达到聚合物改性目的，常用的方法有：

(1) 磺化改性（磺化改性是利用磺酸基水化能力强、耐温、耐盐性能好等特点，将磺酸基通过化学方法引入大分子链中的一种改性方法）；

(2) 链刚性化改性（链刚性化改性是通过共聚或接枝的化学方法将含有苯环、环状结构的刚性基团引入大分子链中。高分子链刚性的大小直接影响其性能，较柔顺的大分子链在外来机械力的作用下容易发生断链。大分子链适度刚性化，是改善耐温、耐盐特别是抗剪切性能的一条途径）；

(3) 两性离子化改性（两性离子化改性是通过共聚将等摩尔分数的正、负离子基团引入大分子链中。两性离子聚合物具有与一般聚电解质不同的"反聚电解质效应"，即在盐溶液中，其黏度不但不减少，反而增大。是提高聚合物抗盐性的重要途径）；

(4) 疏水缔合化改性（疏水缔合化改性是在不改变整体水溶性的同时，将一定数量的疏水长链烷基引入亲水的大分子链中，以改善耐盐性能。在盐溶液中，尽管盐离子中和了大分子中存在的带电基团、减少了分子内电荷的相互排斥作用而使分子主链卷曲、黏度下降，但是盐离子对疏水长链烷基的影响不大，疏水缔合作用可阻止黏度的迅速下降，提高其耐盐性）。

2. 含盐水泥体系的选择

1) 高含盐水泥体系

大于18%含盐量（以水泥重量计算，BWOC）的水泥体系，包括饱和盐水水泥浆和过饱和盐水水泥浆，统称高含盐水泥体系。盐膏层段钻井一般使用饱和盐水钻井液，故使用饱和或过饱和盐水水泥浆使盐层井段注水泥容易与钻井液相协调。这种水泥浆的主要优点是较好地控制盐岩的溶解，使水泥与地层更好胶结，减少水泥石的体积收缩率。

含盐量高的水泥浆也有许多极为严重的缺点：

(1) 浓度大于20%的盐水，其缓凝作用明显，水泥浆的凝固时间大大延长，水泥浆稠化时间难以调节（特别是在加有降失水剂的情况下）；

(2) 水泥浆的流变性差，流变性的调节非常困难；

(3) 水泥浆的失水量难以控制；

(4) 高含盐量水泥浆与地层相容性不高，如碱金属要与二氧化硅发生反应，生成可以膨胀的碱性硅酸盐，可能造成破坏地层，甚至破坏水泥本身的问题。

此外，高含盐水泥石在接触含盐量较低的地层水时，水泥石中会出现较高的渗透压力，导致水泥石强度显著降低；由于饱和盐水与水泥混合过程中易产生气泡，在实际注水泥过程中，直接影响泵的上水效率和水泥浆密度，使水泥浆难以达到设计要求。

2) 欠饱和盐水水泥体系

15%~18%含盐量（BWOC）的水泥浆称为低含盐水泥浆。使用欠饱和含盐水泥浆可以使井壁稳定，水泥浆不因盐膏岩层溶解而造成促凝，且水泥石强度发展较快，早期抗压强度高，水泥浆流变性易于控制。基于盐膏岩层固井水泥浆的成功经验，结合当前盐膏岩层地层压力高、钻井液密度高的特点，高密度欠饱和盐水水泥体系是较为合适的选择，水泥浆性能可稳定调节。

3) 低含盐水泥体系

含有 0~15%NaCl（BWOC）的水泥浆称为低含盐水泥浆。使用低含盐水泥浆时，稠化时间易于调节，失水容易控制，早期强度发展迅速。低含盐水泥浆存在以下缺点：

（1）严格控制水泥浆泵送速度，尽量避免冲蚀盐膏层；

（2）由于盐的溶解现象，低含盐水泥浆在泵送和候凝过程中的含盐量会增加，水泥浆性能发生变化（特别是当外加剂不抗盐时，低含盐水泥浆的性能出现恶化）；

（3）低含盐水泥浆溶解井壁盐层，可能会造成水泥和盐层之间出现微环隙，使水泥与地层间胶结较差，给地下的油、气、水窜流提供通道。

因此，低含盐水泥体系只限于在少数特殊的井中使用。

综上所述，饱和盐水水泥体系虽然可以有效解决淡水水泥浆封固盐膏层带来的问题，但是饱和盐水水泥浆在水泥水化过程中，会反应掉部分水，导致饱和盐水变成过饱和而有盐结晶析出，影响水泥石强度发展，引起套管腐蚀等问题。目前已明显减少饱和盐水水泥体系的使用，多采用半饱和或欠饱和盐浓度的水泥浆来封固盐膏层。欠饱和盐水水泥石强度发展较快，由盐溶解引起的井径扩大率与盐岩因塑性变形引起的缩径率相接近，可有效防止井筒缩径，起到稳定井壁的作用。结合当前盐膏层地层压力高、钻井液密度高的特点，高密度欠饱和盐水水泥体系是较为合适的固井方案。

3. 盐对水泥体系的影响

1) 盐对水泥浆外加剂的影响

盐能够对水泥浆外加剂的溶解、水化及分子链形态等特性产生影响，降低水泥浆外加剂的效能。即使是抗盐聚合物处理剂，在盐水环境中，其处理效能仍受到一定削弱，通常会提高处理剂的加量来弥补其性能损失。

2) 盐对水泥浆性能的影响

低浓度盐水对水泥浆有促凝作用，浓度 3%~5%（BWOW）的盐水促凝作用最为显著，水泥浆初始稠度增大，流动度和流变性变差。而浓度 8%~15%（BWOW）的盐水对凝结时间几乎不影响。浓度大于 15%（BWOW）的盐水却是水泥浆的缓凝剂，但随着温度升高，盐对稠化时间的影响减弱。较高浓度的盐可以起到一定分散作用，从而降低水泥浆的稠度，有利于实现低速紊流顶替，提高固井质量。水泥浆中的 NaCl 或 KCl 中的 Cl^- 参与 C_3A 和 C_3S 的水化反应，生成离子溶度积小的氯盐，将加速水化进程，从而缩短水泥浆稠化时间。例如：NaCl 与水泥发生反应时生成氯铝酸钙，这是一种具有快凝早强特性的物质，该物质具有水化迅速、初始水化放热速率高、水化活性极大等特点。在一定范围内，水泥浆的稠化时间随着 NaCl 含量的增加而先降后升，这是由于当 NaCl 加量超过一定值后，水泥水化过程中要消耗一部分水，使得水泥浆中的 NaCl 浓度达到过饱和状态，从而形成结晶并析出，这样将导致其稠化时间延长。

3) 盐对水泥石的影响

盐对水泥石强度的影响主要体现为，水泥浆中的 NaCl 或 KCl 中的 Cl^- 参与 C_3A 和 C_3S

的水化反应后，产生的 $Ca(OH)_2$ 在 C-S-H 凝胶表面形成交错分布的状态，将导致水泥石结构呈现疏松且分布不均的状态，使水泥石的抗压强度小于未加盐水泥浆形成的结构致密且分布均匀的水泥石。当含盐量为 10%（BWOW）时，水泥石具有明显早强作用；随着含盐量增加，水泥石强度发展会逐渐变慢，强度也随之降低；当含盐量较高时，水泥石会发生微膨胀，将改善水泥环与盐岩胶结状态。

盐对水泥石的腐蚀破坏机理主要包含三个方面：

（1）"酸"腐蚀：水泥浆体相在高浓度钾（K^+）和氢氧根（OH^-）的强碱性孔溶液中是稳定的。对所有处在该条件下是稳定的水化物来说，孔溶液是过饱和的。当氯离子（Cl^-）接近水泥浆体时，将干扰热力学平衡，并在降低 pH 值的过程中，导致一些水化物溶解，而这些水化物能在分解中释放出氢氧根（OH^-）离子，具有抵御外来影响的作用，因此这部分水化物的分解将导致水泥浆体抵抗酸性腐蚀的能力降低。同时，氯离子（Cl^-）的扩散速率很高，高于阳离子的扩散速率，为保持电中性状态，必然会发生氢氧根离子（OH^-）在逆方向上的扩散，从而使 pH 值下降和水泥浆体中水化物溶解。因 $Ca(OH)_2$ 相对于水泥石中钙矾石等其他组分而言，其受 pH 值波动的影响较大，稳定性也较差，当 $Ca(OH)_2$ 浓度较低时将导致 C-S-H 相分解，在此条件下 C-S-H 相开始脱钙化，水泥石中的钙硅比（C/S）将下降，并转变成二氧化硅的一种多孔水化形态。

（2）膨胀性化合物的形成：水泥浆体与氯化物反应生成 $Mg_3Cl_2(OH)_4 \cdot 2H_2O$（碱式氯化镁）和 $Ca(OH)_2 \cdot CaCl_2 \cdot H_2O$（碱式氯化钙）等膨胀性化合物，这些膨胀性化合物的形成，将会导致微裂缝的生成和水泥石的开裂破坏。

（3）内部渗透压的改变：盐的存在将使水泥石内的渗透压增大，饱水度提高，结冰压增大。由于盐水是过冷水且处在不稳定状态，使得其最终在毛细孔中结冰时的破坏力增加，氯盐在水泥石表面形成的浓度梯度，使其分层结冰并产生应力差，当融化冰雪吸收大量热量，使冰雪覆盖层下的水泥石温度剧降，将增加额外的损伤。

第六节 低密度水泥体系

随着油气田开发向复杂油气层不断深入，在压力系数低、易漏地层，特别是裂缝型、溶洞型碳酸盐岩地层固井中，采用常规水泥浆固井，极易引起井漏，造成固井失败，固井质量不合格，甚至诱发井喷和井塌。为了克服上述固井难题，低密度水泥浆体系应运而生，水泥浆密度低于 $1.50g/cm^3$ 属于低密度水泥浆，小于 $1.30g/cm^3$ 属于超低密度水泥浆。低密度水泥浆主要应用于低压易漏失地层、深井长封固或近平衡固井等特殊井的固井施工中，不仅能够以较低的液柱压力作用于地层，避免在水泥浆注入过程中发生漏失，而且减少了注水泥及其候凝过程对产层的污染，对实现保护储层提供了可靠的技术途径。

一、低密度水泥体系技术难点

1. 流变性难以控制

环空水泥浆顶替泥浆或最终泥浆顶替水泥浆的过程，都与水泥浆的结构形成、基本性能以及环空顶替水力学密切相关。水泥浆流变学研究的内容是注水泥过程中的流速场和压力场，水泥浆流变特性是指它的流动和变形特征。提高固井水泥浆的流变性，可以改善水泥颗粒质点间的相对运动，以及新拌水泥浆的稳定性和可驱替性，因此，控制水泥浆的流变特性是注水泥技术的重要指标之一，直接关系到固井作业的安全、质量和成本。

2. 体系稳定性难以保证

水泥浆进行水化反应生成 C-S-H 结构，有理论的需水量，增大水灰比就会有过多的自由水，体系的稳定性会下降。减轻剂分为惰性和活性的，需水量各有不同，要进行复配和优化，合理确定加量和水灰比，以保证体系的稳定性和综合性能的要求。低密度水泥浆由于外掺料的加入，水泥石的强度发展很慢，一般要使用促凝早强剂，以提高低密度水泥石48h的抗压强度。低密度水泥浆水灰比一般都较大，体系的自由水过多，体系的稳定性难以控制，因此要保证水泥浆体系具有一定的黏度和切力，就要使用降失水剂减少过多的自由水。

3. 失水控制和防漏性能

在油井固井中，水泥浆除满足密度等性能外，还必须满足失水、稠化等性能。一般情况下按0.44的水灰比配浆，净浆的失水可达2000mL。如果不对失水加以控制，会产生一系列的严重后果。注水泥阶段使水泥浆密度显著升高，流变性变差，水泥浆发生闪凝或桥堵，导致注水泥失败；水泥浆滤液浸入地层形成水障或发生沉淀，引起地层损害；在静止条件下，水泥浆失水发生失重引起层间窜流，使封固质量下降，尤其长封固段固井、天然气固井中严格控制水泥浆的失水，以便防止水泥浆由于失重引起油、气、水窜。控制失水能明显提高固井质量，已成为共识。

4. 水泥浆防窜性

油井注水泥后，由于环形空间液柱压力与地层压力的不平衡，地层流体进入环形空间，产生纵向流动，这种纵向流动称为流体窜流，简称环空窜流。地层中最活跃的是气体，气体的黏度为水的黏度的百分之一至八十分之一，发生窜流的可能性最大，因此又被称为气体窜流或环空气窜。严重的环空气窜可能导致很高的井口压力和气体流动，不仅使后续钻井工程和开采工程无法进行，还可能造成全井报废的风险。

5. 抗压强度

应用低密度水泥浆这种体系时所面临的最大技术难点是水泥石的抗压强度。水泥浆水化最终反应生成具有强度的物质，增加水灰比或加入减轻剂都会使水泥浆的强度受损。一般来讲，随着水泥浆中水泥固相含量的降低，低密度水泥浆的水泥石抗压强度降低，因此合理地确定减轻剂用量和设计水灰比是提高低密度水泥石强度的重要途径。低密度水泥浆不宜用于主要产层及套管鞋部位，同时，除满足具体固井设计要求外，还应考虑38℃的24h养护抗压强度应大于3.5MPa。

水泥浆抗压强度受外掺料和水影响很大，要设计高强度低密度的水泥浆体系，必须科学使用减轻剂，认清各种减轻剂的物理化学特性及其对水泥石抗压强度的影响，最后应用颗粒级配原理，优选减轻剂及其颗粒细度，合理设计水灰比，以发挥材料的最大特性，实现最大的抗压强度。

二、低密度水泥体系设计原理

低密度水泥浆因大量外掺料的掺入以及较高的水灰比，致使水泥浆密度的降低和水泥浆性能发生矛盾，突出表现在：（1）水泥浆体系稳定性差，体系易分层离析；（2）水泥浆失水量难以控制；（3）水泥浆流变性差，泵送困难；（4）水泥石强度发展慢，强度急剧下降，水泥石渗透性高，易引起腐蚀性介质的腐蚀等，即水泥浆的施工性能和水泥石的长期封固力学性能之间往往发生矛盾，且其应用又受到限制，大部分作为充填水泥用于非目的层封固。

高强度低密度水泥浆的开发基于紧密堆积理论，通过活性材料的选择和颗粒级配，增加单位体积水泥浆中的固相量，提高了低密度水泥浆的悬浮稳定性、滤失控制能力和水泥石的抗压强度，使低密度水泥浆的综合性能和常规密度相媲美，可用于目的层封固作业中。

紧密堆积理论最早应用于建筑行业，目前已有多种紧密堆积理论体系（详见第六章第三节），主要用于高强混凝土的开发，在固井应用中相对较晚。水泥浆研究中，减水剂可防止胶凝材料的聚集、改善空隙结构，并使水灰比减小，从而使胶凝材料性能有较大改善，但这种改善是有限的，当加入减水剂使水灰比小于 0.35 时，水泥浆稠度、稠化时间、强度、失水量、流变性等并未得到改善，处于材料空隙的水和化学剂并没有为材料强度做出贡献，有时还增加了颗粒间的黏滞性。为保证水泥浆的流动，拌和水的量要满足两个条件：充填水泥颗粒间隙（充填水）；润湿水泥颗粒表面，形成水膜（表层薄膜水）。在水泥浆中加入超塑化剂后，水泥颗粒之间斥力易于流动，表层水减薄，但充填水的量不会发生变化，减阻剂加量达到一定值后，表层水已减到最低限度，而对于充填水的减少，减水剂无能为力。充填水的量取决于系统的堆积密度，要提高体系的堆积密度，必须通过细化材料的应用，达到紧密堆积的效果。

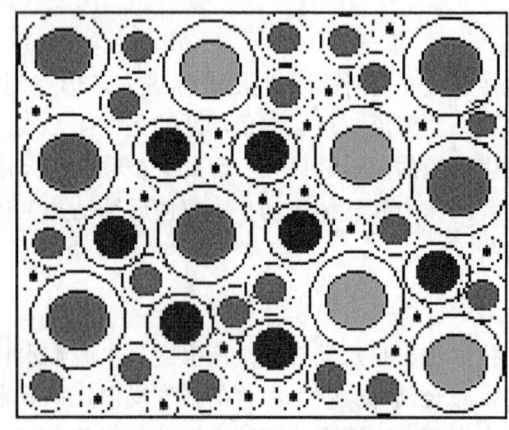

图 6-13 含水化膜颗粒的紧密堆积

这种模型考虑了整个体系的颗粒粒径分布，不是简单地用平均粒径代替全粒径分布；同时还考虑到堆积密度受大、小颗粒相互充填作用——墙壁效应和松散效应的影响；考虑固体颗粒在一定稠度条件下的悬浮状态，更符合实际堆积情况。利用这一模型，可以对混合物不同组分的配比进行预测。

另外，还应该指出高性能水泥浆技术不应只从紧密堆积模型数理模式考虑问题，而应综合考虑其他物理化学因素，如颗粒的形状、致密程度、化学性能、光滑度、水膜厚度、吸附性能、颗粒尺寸等，尤其是材料的颗粒形状、表面性能和化学性能直接影响水泥浆的施工性能和水泥的水化反应，相邻充填细微胶凝材料的尺寸 D_{50} 应在被充填材料颗粒尺寸 D_{50} 的 1/10~1/2.5 范围内（D_{50} 为颗粒累计体积分数为 50%处的颗粒直径）。

目前，降低水泥浆密度按实验方法划分为两种。第一种是通过增大原水泥浆体系的水灰比降低密度，但需要再加入吸水或增黏的外加剂，如粉煤灰、膨润土、水玻璃、硅藻土、火山灰、膨胀珍珠岩等超细粉末。由于增大水灰比降低密度，这也导致水泥浆体系的游离水含量较大，失水量较难控制，强度较低、渗透率高，其优点则是成本低。第二种是通过添加适量减轻剂来降低水泥浆密度，如微珠和化学发泡剂属于减轻剂。这一类低密度水泥浆的水灰比较小，水泥浆具有较低的游离液含量、相对较高的抗压强度和相对低的渗透率。

目前多数固井工程中，涉及的高密度和低密度水泥浆体系一般是通过向基本硅酸盐油井水泥中加入相适应的外掺料（加重剂或减轻剂）和外加剂共同实现水泥浆体系密度调节。由于减轻剂种类多样，低密度水泥浆体系的种类也具多样性，下面介绍几种经典的低密度水泥浆体系。

1. 粉煤灰低密度水泥浆体系

粉煤灰水泥浆体系通过调整水灰比的大小和粉煤灰的掺量来降低密度，多用于地层承压能力较高的上部填充段，油田实践证明这种低密水泥浆适合油田大多数低压易漏失井、长封固井段固井，适用于110℃以下的油井注水泥。

粉煤灰低密度水泥浆的特点有：

（1）水泥浆密度可调范围 $1.55\sim1.70\text{g/cm}^3$；

（2）粉煤灰能与水泥水化时析出的游离石灰反应生成稳定的硅酸水化产物，以提高水泥石密实性和强度，可规避二氧化碳对水泥石的腐蚀破坏；

（3）粉煤灰低密度水泥浆体系存在游离液含量较大、稠化时间较长的缺点。

使用前，须根据设定的水泥浆密度通过实验确定粉煤灰的适宜掺量和需水量。虽然粉煤灰可部分代替水泥并增加用水量，但受自身密度及水泥浆性能稳定性的影响，粉煤灰掺量及用水量是有限的。粉煤灰的活性较弱，需要对其激发（物理激发、化学激发、热力激发），因此不能大量替代水泥。粉煤灰在不同掺量下要达到统一的设计密度，通过调整其用水量来实现，欲使粉煤灰低密度水泥浆具有最佳浆体性能，配方的确定上需遵从恰当的粉煤灰掺量及较小需水量的原则。

2. 膨润土低密度水泥浆体系

在膨润土低密度水泥浆体系中，膨润土有两个作用，首先可以吸附水，其次膨润土吸水后将自身分散，悬浮支撑沉降的水泥颗粒，保持水泥浆体系的稳定性。结合海上平台实际工况，膨润土低密度水泥浆体系用于封固油气层顶200m以上非目的层水泥充填井段，目的层段应用常规密度防漏水泥浆体系封固，取得良好的应用效果。

膨润土低密度水泥浆的特点有：

（1）水泥浆密度可调范围 $1.38\sim1.80\text{g/cm}^3$；

（2）膨润土水泥浆体系渗透率较低，浆体稳定性好；

（3）膨润土充填至水泥颗粒间，静置状态下稠度较大，进而产生触变性，降低滤失性的同时，增强水泥浆抗油气水侵蚀的能力；

（4）膨润土低密度水泥浆体系的抗压强度较低，抵抗外力变形能力较弱。

从理论上讲，膨润土低密度水泥浆的设计密度可低于 1.50g/cm^3，但在实际工况使用中，当水泥浆密度低于 1.50g/cm^3 时，随水泥浆水灰比的增大，水泥石强度逐渐降低，渗透率进一步增加。通过实验探究发现，膨润土低密度水泥浆的适宜密度为 $1.53\sim1.58\text{g/cm}^3$；膨润土掺量为干水泥质量的 8%~10% 最为适宜，若采用预水化膨润土，达到相同的密度，只需2%即可达到效果。

3. 水玻璃（液体硅酸钠）低密度水泥浆体系

水玻璃低密度水泥主要用于领浆，起到降低液柱静压力作用，此外水玻璃具有促凝作用，在地层发生塌落处，常用水玻璃来配制一定密度的速凝水泥固井。对于表层套管固井，为赢得二次开钻的时间，也常选用水玻璃低密度水泥浆。

水玻璃（液体硅酸钠）低密度水泥浆的特点有：

（1）水泥浆密度可调范围 $1.37 \sim 1.70 g/cm^3$；

（2）水玻璃的黏滞力阻止水泥颗粒的沉降，起到稳定浆体的重要作用；

（3）水玻璃可直接加到混合水中，对难以达到干混条件的固井现场更为适用。

水玻璃低密度水泥浆的密度可降至 $1.37 g/cm^3$，密度降低后的水泥浆稠化时间很长，硬化后抗压强度很低，失去使用价值。水玻璃的掺量虽可以增大，但造成水泥浆稠度高，严重影响水泥浆的流动性能。故水玻璃水泥浆的配制与膨润土水泥浆体系类似，降低密度主要依靠增大水灰比。

4. 微珠低密度水泥浆体系

空心微珠又称微珠，一种比水泥颗粒粒径大 $3 \sim 4$ 倍的质轻、密闭、粒细、壁薄玻璃质材料。微珠具有类似火山灰的性质，密度为 $0.6 \sim 0.7 g/cm^3$，SiO_2 和 Al_2O_3 的含量占 $85\% \sim 90\%$，不失为一种理想的油井水泥减轻材料。

在实验室用高速搅拌机配制水泥浆时，会造成微珠的损坏，空心微珠进水造成实际密度高于理论密度，为此必须在低剪切速率下（转速小于 $4000 r/min$）配制浆体。其次，由于液柱压力的作用，微珠低密度水泥浆在注水泥施工过程中水泥体积有较大减小，其原因国内外有两种观点：一是微珠破碎说；二是微珠进水说。

空心微珠低密度水泥浆的特点有：

（1）可调密度范围 $0.72 \sim 1.44 g/cm^3$。

（2）微珠的加入对稠化时间无影响，与其他外加剂的相容性好。

（3）因微珠与普通水泥的密度差较大，为保证水泥浆体系的黏滞力和稳定性，通常需要减少用水量并添加稳定剂或悬浮剂，以增加浆体沉降稳定性。

（4）受剪切搅拌和压力作用后，水泥浆密度会随着搅拌强度和压力的增加而增加。资料表明，瓦楞搅拌器以 $4000 r/min$ 的速度搅拌 $5 min$ 后，水泥浆密度上升 $0.1 g/cm^3$，当试验模拟压力为 $55 MPa$ 时，水泥浆密度上升 $0.13 \sim 0.16 g/cm^3$（水泥浆原浆密度为 $1.20 \sim 1.40 g/cm^3$）。

微珠密度很低，自身不吸水，只需少量水润湿微珠表面，水泥浆即可具有一定的流动性。因自重较轻起到减轻作用的是微珠，随着微珠掺量的增加，可配制出一般减轻剂所难以达到的低密度范围。过量水使水泥石形成毛细孔道，微珠水泥的低水灰比对降低水泥的渗透性起着重要作用。此外，微珠是密闭的玻璃体，在水泥中将堵塞毛细孔道，可进一步降低水泥石的渗透性。

5. 泡沫低密度水泥浆体系

泡沫低密度水泥浆是一种超低密度水泥浆，它是在水泥浆中充入气体（氮气或空气），并加入表面活性剂以稳定气泡。制造泡沫水泥浆的方法有两种：一种是机械充气法，这种方法可根据需要在水泥浆中充入任意设计量的气体（苏联专家研究表明，H_2 在常压下的保持系数为零，而空气的保持系数为 65%，N_2 的保持系数可达 90%，因此，空气和氮气是常用的减轻剂），并通过人工干预形成均匀细小的泡沫，但所需设备庞大，工艺设计和施工都较为复杂。另一种是化学充气法。它是利用化学剂在水泥浆中反应产生氮气而形成泡沫水泥浆,由于发气量较小,需要在水泥基浆中加入微珠以降低基浆密度,但无须添加任何辅助设备,设计简单,施工方便。

泡沫低密度水泥浆的特点有:

(1) 可调密度范围 $0.96 \sim 1.80 \text{g/cm}^3$。

(2) 在较低密度下,仍能保持较高的强度,有研究表示,泡沫低密度水泥浆密度在 0.839g/cm^3 左右时,24h 抗压强度至少为 3.45MPa。

(3) 泡沫为可压缩流体,水泥浆胶凝强度发展过程中,对静水压力的损失不太敏感。

(4) 泡沫低密度水泥浆体系渗透率小,具有优良的保温隔热性能、较低的滤失量及适当的触变性能,其膨胀特性使它可用于防窜,能够弥补失重产生的压降。此外泡沫还能封堵气窜通道,应用范围更广。

(5) 在钻井平台上需要增加一些复杂的装置及设备,与许多常规水泥添加剂体系不相容,因此成本较高。

美国、加拿大等国的油田及一些深水区的海上油田,多次应用泡沫水泥固井,获得了很好的效果。泡沫水泥浆并不是特别针对深水固井而开发的技术,由于自身局限性阻碍了这项技术的推广。

表 6-21 低密度水泥外掺料密度表

减轻剂种类	密度,g/cm^3	水泥浆密度调节范围,g/cm^3
膨润土	2.65	1.38~1.80
黏土	2.60~2.70	1.60~1.85
膨胀珍珠岩	2.40	1.32~1.53
微硅	2.20~2.60	0.90~1.60
硅藻土	2.10~2.55	1.33~1.87
粉煤灰	2.00~2.60	1.55~1.70
硅酸钠	2.00	1.37~1.70
硬沥青	0.90~1.10	1.37~1.70
普通微珠	0.60~0.75	0.72~1.44
高强微珠	0.40~0.60	0.90~1.50

众所周知,液固比是影响水泥石强度的主要因素,合理控制浆体液固比对于保证地层长期封固质量具有十分重要的意义。对于自身密度较高的减轻剂(如粉煤灰等),降低水泥浆密度需要较高的液固比,为了维持水泥浆体系的稳定性、均匀性并保持足够的水泥石强度,液固比不能过大。微硅在高温条件下具有优越性,但其水泥浆体系黏度大,流变性不易调节,因此一般单独使用;以粉煤灰为减轻剂时水泥浆游离液大,稠化时间长,不利于浅层低压易漏油气层固井;微珠与水泥密度差异太大,混配在一起时稳定性较差,微珠上浮,水泥下沉;膨润土水泥浆和水玻璃水泥浆都靠增加水量来降低水泥浆密度,因此抗压强度低,且有极强的黏滞性,稠度较大,通常只用作领浆;矿渣粒度较水泥小,且具有较好的活性,因此能有效改善水泥浆性能,但是由于矿渣自身内部的脆裂问题,影响水泥石强度,固井质量难以保证。因此,低密度水泥浆设计的合理性尤为重要。

第七节　MTC体系

长期以来，硅酸盐水泥一直是注水泥作业的主要材料，为了提高顶替效率和二界面胶结强度，实现有效的层间封隔，国内外固井研究人员不断开发新型水泥外加剂提高水泥浆性能，使用性能优良的冲洗液和隔离液，改进固井工艺，清除井壁和套管残存的钻井液和滤饼，但始终没能达到预期目标。主要原因是，井眼内的钻井液不能被完全顶替干净，残存的钻井液与水泥浆接触后会形成黏稠的絮状物，严重影响水泥浆流变性、稠化时间等性能，造成固井质量下降，甚至引发安全事故。注水泥作业结束后，水泥浆在固化过程中会吸收井壁滤饼的水分，致使滤饼脱水粉化，形成窜流通道，严重影响第二界面胶结质量。

人们开始探索和研究利用废弃钻井液转化为水泥浆进行固井的技术，即泥浆转化为水泥浆（mud to cement，MTC）技术。MTC技术主要是通过向钻井液中加入具有潜在活性的材料，钻井结束后，井眼内的钻井液在一定条件下转化为类似水泥浆的固井液。其优点在于固井液和钻井液之间有良好的相容性，有利于提高顶替效率。滤饼和井眼内残存的泥浆存在潜在的固化性能，能够与固井液实现整体固化，所以环空封隔得到了改善，能够有效地封隔地层，提高固井质量。此外，MTC技术能够将废弃泥浆加以利用，可以节约废弃泥浆的处理费用，降低环境污染的风险以及钻井成本风险。

一、MTC技术的优势和缺点

MTC技术最具代表性的是矿渣MTC技术，即MTC固井液使用的固化材料主要为高炉矿渣。矿渣MTC技术的优势主要体现在经济、技术和环保三个方面：

1. MTC技术的优势

1）经济方面的优势

钻井液转化为水泥浆技术取消了隔离液，在相同的水泥浆用量条件下，由于充分利用了钻井泥浆，且外加剂也比常规水泥固井用得少，MTC技术可比常规水泥浆节约40%的费用。此外，在设备上，它依靠钻井设备进行固井施工，提高了固井的灵活性，降低了处理废弃钻井液的费用，省去了备用固井泵的费用及有关操作人员的费用。矿渣密度小，易于实现长裸眼封固，使分级注水泥改为一级注水泥成为可能，节约了分级工具和工时费用。

2）技术方面的优势

矿渣MTC固井液与钻井液的相容性好，能够提高两界面固井质量，可以减少和阻止油、气、水窜槽，减少挤水泥次数；矿渣水化后可以形成低钙的水化产物，无$Ca(OH)_2$结晶相，结构致密，渗透率低，因此，能提高MTC固化体的抗腐蚀能力，对延长套管寿命和修井周期极为有利。

3）环保方面的优势

由于MTC技术本身所具有的减少钻井液处理量的技术特点，可大大减少废弃钻井液对地下水和土壤的污染，充分体现出了它的环保优势；矿渣是冶金工业的一大废料，我国矿渣每年排放量在$3000×10^4$t以上。若能充分应用这些矿渣，不仅能减小对环境的污染，还能节约大量水泥。

2. MTC 技术的缺点

尽管矿渣 MTC 技术具有明显的经济和技术优势，但是该技术也存在一些缺点，这些缺点制约了其大规模的应用：

1) 高温下固化体容易开裂

在研究和应用过程中，人们发现当温度超过 90℃后，矿渣 MTC 固化体就容易出现裂纹，导致其结构的强度和韧性差，受射孔压裂等作业的影响发生碎裂而失去层间封隔能力。主要原因是不同温度条件下，矿渣的水化反应速度不同，从而导致水化产物存在差异。温度较高时，矿渣水化速度快，生成水化产物呈球形和蜂窝形，胶结时接触面积少，形成的凝胶体胶结差，不稳定，易发生晶型转变，宏观上表现为固化体容易形成裂纹。

2) 矿渣 MTC 固化体性能受矿渣批次影响大

由于矿渣的化学成分随炼铁方法和铁矿石种类变化而变化，因此，不同批次的矿渣化学组成可能差异很大，进而形成的固化体性能也会有明显差异。

3) 与矿渣 MTC 配伍的外加剂种类少

目前，矿渣 MTC 技术并未大规模使用，因此与之配伍的外加剂较少。

二、MTC 技术设计原理

过去钻井液和水泥浆是相互独立的，缺乏相互协调和总体考虑的措施。从 20 世纪 50 年代起，为避免直接排放废弃钻井液危害环境和生物，减少解决处理成本，人们就开始探索使用 MTC 技术进行固井。泥浆转化为水泥浆最早的实例是 Novak 于 1985 年提出的。20 世纪 80 年代末，壳牌（Shell）公司致力于研究矿渣转化技术，并于 1991 年首次在西墨西哥湾的 Augar TLP 平台上应用该技术，共进行了 31 次固井作业，憋压成功率达到了惊人的 100%，而用普通水泥憋压成功率只有 70%；后来又将该技术应用于具有风险性的井上，在技术和效益上都获得成功。同时，由于优异的分散剂和有机促凝剂的开发，以及高炉矿渣泥浆固化技术的开发，使得实现 MTC 技术的可能性越来越大。1992 年，矿渣 MTC 技术开始在西墨西哥湾的 Augar 油田大范围应用。20 世纪 90 年代以后，逐渐形成了以 Willson 为代表的波特兰水泥转化技术和以 Cowan 为代表的高炉矿渣转化技术。

但是 MTC 技术不能解决滤饼和未替净的钻井液的固化问题，在隔层小的情况下仍会出现油气水窜。1994 年，壳牌（Shell）公司在 MTC 技术的基础上开发了多功能钻井液（universal fluid，UF）技术，并将二者结合起来，形成了 UF 钻井、MTC 固井的 UF/MTC 全方位结合技术。多功能钻井液（UF）技术是将部分具有潜在活性的材料加入完井液，潜在活性材料在钻井过程中是一种惰性材料，并不发生水化反应，等同于一般的加重材料，固井时，在激活剂的渗透和扩散作用下可发生水化反应并固化，因此可有效地改善地层与水泥石的胶结性能，同时能够防止循环漏失和液柱回落。图 6-14 说明了 MTC 和 UF 的作用原理。

UF/MTC 技术成功地在加利福尼亚的 Breldge 油田蒸汽驱井、Midway Sunset 油田的水平井和加拿大 Peace River 水平井中应用，解决了这些地区由于油井水泥固井方法出现的循环漏失，水泥返高不够和地层胶结不好等问题。

三、MTC 工作液设计

MTC 工作液的配方设计应遵循配制水泥浆的原则，也采用同样的设备和方法衡量其性

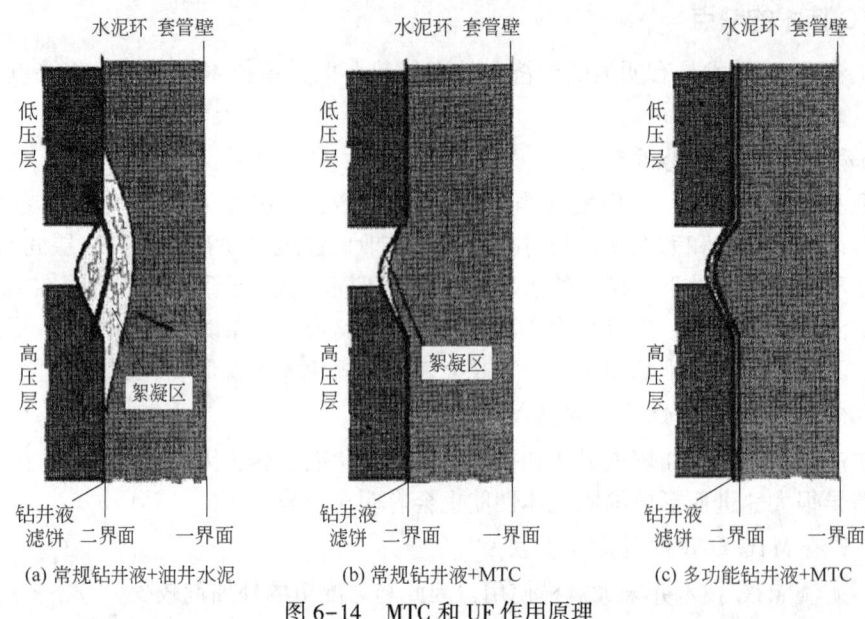

图 6-14 MTC 和 UF 作用原理

能，进而调节工作液配方。密度、稠化时间、流变性、失水性和自由水是指导配方设计最常用的指标。矿渣 MTC 工作液的材料主要有：钻井液、高炉水淬矿渣、激活剂、分散剂和缓凝剂。钻井液主要起悬浮作用、高炉水淬矿渣是 MTC 工作液固化的主材、激活剂溶解后激发矿渣活性、分散剂和缓凝剂主要提高浆体的流动性以及延长稠化时间。

1. 钻井液

常用钻井液体系中有七类为水基钻井液，水基钻井液中的膨润土是最常用的配浆基本材料，主要发挥提黏、降滤失和造壁等作用。钻井液中膨润土的含量对 MTC 工作液的抗压强度等性能有显著的影响。不加入膨润土时，MTC 工作液在 50℃ 与 90℃ 条件下强度较低，达不到施工的要求。当基浆中膨润土加量大于 2.0% 时，MTC 工作液固化体的抗压强度达到 8MPa 以上，随着加量的继续增大，50℃ 时固化体抗压强度发展趋于稳定；高温下固化体的抗压强度有下降趋势（尤其是膨润土含量高于 5% 时），主要是固化体在高温下开裂导致。固化体在高温下早期强度发展较低温快，但后期强度发展缓慢。综合上述分析，不同膨润土含量的水基钻井液体系配制的 MTC 工作液均具有良好的胶结性能，在钻井液性能符合现场要求的条件下，尽量将膨润土的含量控制在 2.0%~5.0% 之间。

不同密度的钻井液，其性能差别很大，主要是因为高密度钻井液中加入了很多处理剂来改善钻井液的综合性能，使之满足钻井要求。高密度钻井液不仅影响 MTC 工作液的配制，也影响其抗压强度。

在其他条件不变的情况下，随着 MTC 工作液密度增大，浆体固化的抗压强度逐渐降低。密度低于 $1.90g/cm^3$ 时强度发展稳定，衰减程度很小，密度高于 $1.90g/cm^3$ 时强度迅速衰减，主要是由于随着密度的增加，钻井液中的重晶石比重增加，MTC 工作液中活性材料比重减少。高密度固化石需要加重材料提高密度，一方面重晶石颗粒与组成材料形成了级配效应，充填了固化体孔隙，增强了固化体的密实度，对强度提高有利；另一方面重晶石属于惰性材料，自身不具有活性，对固化体的胶结不利。

此外，钻井液处理剂种类繁多，矿渣 MTC 工作液由钻井液转化而来，两者相容性相对较好，不会对固井作业带来麻烦。但是，部分钻井液处理剂在一定程度上也会影响矿渣的水化作用。表 6-22 比较了钻井液处理剂对水泥浆和矿渣 MTC 工作液的影响。

表 6-22 钻井液处理剂对水泥浆和矿渣 MTC 工作液的影响

泥浆处理剂	加入目的	对水泥浆影响	对 MTC 工作液影响
膨润土	造浆	增稠明显	增稠，悬浮矿渣
重晶石	加重	提高密度，增稠	提高密度
碱类	调整 pH 值	增稠，促凝，强度下降	激活剂
钙类	降低摩阻，控制 pH 值	促凝，破坏滤失量	激活剂
润滑剂	降低摩阻	胶凝强度下降	胶凝强度下降
防漏剂	堵漏	缓凝，强度下降	影响小
分散剂	分散稀释	分散稀释，缓凝	分散稀释、缓凝
三磺聚合物	调整性能	缓凝	缓凝
乳化剂	油包水、水包油	缓凝	缓凝
絮凝剂	防塌、剪切稀释	缓凝，增黏	降滤失，增黏
降滤失剂	降滤失	降滤失，增稠	降滤失

2. 高炉水淬矿渣

高炉水淬矿渣对 MTC 工作液的影响主要表现在抗压强度和流动度，表 6-23 显示了不同矿渣加量对 MTC 工作液抗压强度和流动度的影响。

表 6-23 矿渣加量对 MTC 工作液抗压强度和流动度的影响

矿渣,%	激活剂,%	H_2O,%	分散剂,%	常温流动度，cm	抗压强度，MPa	
					24h	48h
60	7	15	1.0	19	9.36	8.88
70	7	15	1.0	18	11.64	13.32
80	7	20	1.5	20.5	17.16	19.18
90	7	20	1.5	18	14.88	18.12
100	7	20	1.5	17.5	10.74	15.09

矿渣加量在一定范围时，随着加量的增加，MTC 固化体抗压强度随之增加，当加量超过一定值后，抗压强度会下降，这是因为激活剂的加量一定，当矿渣含量增加后，激活剂不能完全激活固化液中的矿渣。因此，矿渣水化不完全，导致固化体抗压强度降低。随着矿渣加量增加，MTC 工作液流动度降低，因为固相颗粒增多，颗粒间摩擦增大，流动度必然会下降。

MTC 技术最主要的目的是为了提高二界面胶结质量，最好的办法就是将 UF 和 MTC 技术相结合，实现钻井液滤饼和 MTC 工作液的整体胶结，以此提高第二界面的胶结质量。矿渣含量对滤饼的固化起到至关重要的作用。表 6-24 反映了矿渣含量对滤饼固化及二界面胶结强度的影响。

表 6-24　矿渣含量对滤饼固化及二界面胶结强度的影响

编号	矿渣含量,%	滤饼固化情况	24h 胶结强度, MPa	48h 胶结强度, MPa	72h 胶结强度, MPa
1	0	未固化	0	0	0
2	2	未固化	0	0	0
3	4	未固化	0	0	0
4	6	未固化	0	0	0
5	8	已固化	0.21	0.39	0.53
6	12	已固化	0.23	0.27	0.51
7	16	已固化	0.56	0.59	0.61
8	20	已固化	0.83	1.12	2.13

从表 6-24 中可以看出，当矿渣达到一定量后，随着加量增加，第二界面胶结质量明显提高。通过分析可知，激活剂对 UF 滤饼和 MTC 工作液物理力学宏观性能的影响，主要体现在两者胶凝材料相组成的变化上。不含有高炉矿渣的普通滤饼不能实现固化的主要原因就是不含有胶凝材料成分，此外，没有激活剂的激活作用，即使滤饼中含有高炉矿渣，也不能实现滤饼固化。图 6-15 为未固化的滤饼的 XRD 图，图 6-16 为固化的滤饼和 MTC 固化体的 XRD 图。从图 6-15 中可以看出，未固化的滤饼中没有胶凝材料组分，主要的组分为 $BaSO_4$、SiO_2 和 C_2S，这些主要是重晶石和未发生水化的矿渣的主要成分。而在激活剂作用下，UF 滤饼和 MTC 固化体发生水化反应后没有出现 SiO_2 的衍射峰，这说明矿渣中的玻璃体已基本被激活剂破坏。水化反应使其生成了三种新的水化产物，碳酸钙 $CaCO_3$、莱粒硅钙石 $Ca_5(SiO_4)_2(OH)_2$ 和类水滑石化合物 $Mg_2Al(OH)_7$。从图 6-16 中可以看出，固化滤饼和 MTC 固化体水化产物一致，均有 C-S-H 凝胶和 $CaCO_3$ 生成，证明二者发生了同步水化固化反应，使滤饼与矿渣 MTC 固井液整体固化胶结成为可能。

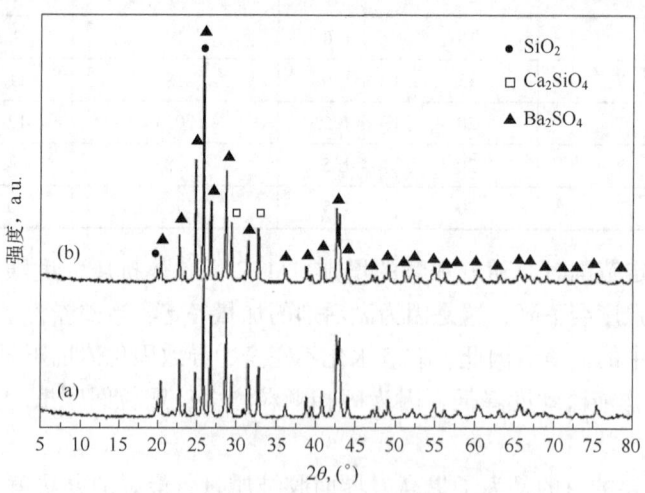

图 6-15　未固化滤饼 XRD 图谱

(a) UF 未固化滤饼的 XRD 图谱；(b) 不含矿渣的滤饼的 XRD 图谱

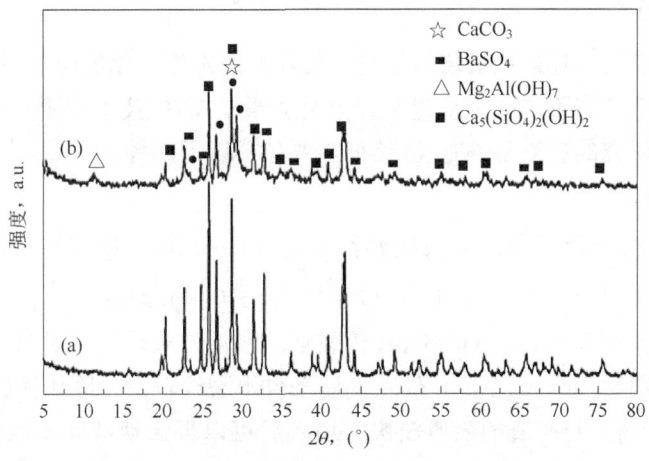

图 6-16 固化滤饼及 MTC 固化体 XRD 图谱
(a) 固化滤饼的 XRD 图谱；(b) MTC 固化体的 XRD 图谱

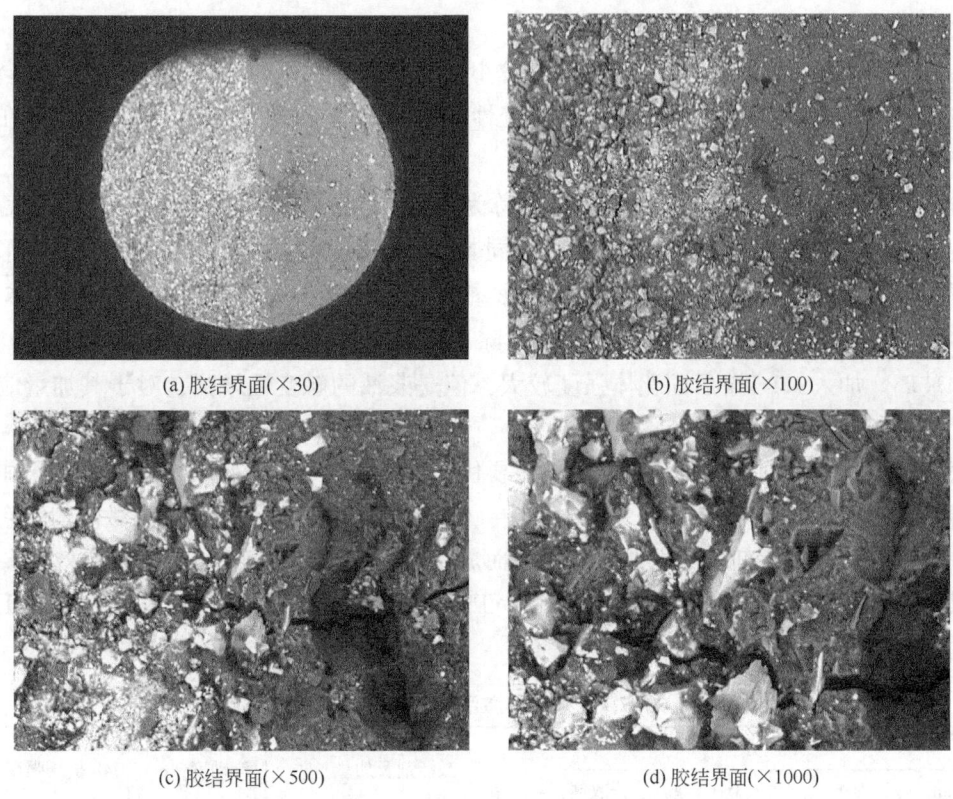

图 6-17 滤饼与 MTC 固井液胶结界面 SEM 图

图 6-17 中颜色较浅有大量浅灰色颗粒的区域为矿渣 MTC 固化体，颜色较深的区域为滤饼固化体。由以上四幅扫描电镜图可以看出滤饼与矿渣 MTC 固化体已经胶结为一体，两部分之间有相互渗透现象，胶结界面结构致密，无明显孔洞，矿渣 MTC 与滤饼发生了同步水化固化反应，且两者的体积变化大致相同，能够协同变形，界面无明显裂纹，保证了良好的胶结性能。

3. 矿渣激活剂

激活剂的作用就是破坏矿渣玻璃体结构，促使矿渣发生水化反应。高炉水淬矿渣的激活剂很多。不同的激活剂有不同的反应过程及水化产物，MTC技术中要求矿渣水化反应越快越好。国内外开发研究的矿渣粉MTC激活剂主要包括以下四种。

1) 碱性激活剂

碱性激活剂可以分为三类，即碱金属氢氧化物［$NaOH$、KOH、$Ca(OH)_2$、CaO等］；碱金属的碳酸盐（Na_2CO_3、K_2CO_3等）；硅酸盐（$Na_2O \cdot nSiO_2$）。

以上几类碱性激活剂中Na_2CO_3的pH值较低，激活效果较慢，对MTC中膨润土的水化有利，用该种激活剂激活的MTC固化体在高温条件下裂纹较少，固化体后期强度较大。

$NaOH$的pH较高，对矿渣的激活较快，加入后可以很快地破坏矿渣颗粒玻璃体表面的膜，但是该种激活剂激活的MTC固化体在高温条件下的微裂纹和脆性问题较为明显，这是由于$NaOH$对矿渣玻璃体的破坏速度快而且不均匀，致使矿渣水化速度分布不均，造成局部应力集中，所以固化体出现微裂纹。此外，单纯的$NaOH$激发的MTC固化体后期强度发展缓慢。

$Ca(OH)_2$加入MTC浆后由于其pH值较小，对矿渣粉激活作用较小，同时，还会和钻井液发生化学污染，影响MTC工作液的流变性和稠化时间，所以一般不予采用。但在建筑混凝土中，可用于激活矿渣水泥。

硅酸钠是$Na_2O \cdot nSiO_2$的统称，n通常称为模数，表示的是SiO_2与Na_2O的比例。不同模数的硅酸钠特性是不一样的。一些具有相同Na_2O和SiO_2物质的量的溶液浓缩时，形成偏硅酸钠晶体，偏硅酸钠晶体可以以四种形态存在：$Na_2O \cdot SiO_2$、$Na_2O \cdot SiO_2 \cdot 5H_2O$、$Na_2O \cdot SiO_2 \cdot 6H_2O$ 和 $Na_2O \cdot SiO_2 \cdot 9H_2O$。除了粒状偏硅酸钠，市售的硅酸钠通常为液体，也叫水玻璃。加入MTC浆后固化体强度较大，但是浆液的触变性增强，对于其加量应该有一定的控制。

通常情况下，不同碱类激活剂复配效果要优于单种激活剂。表6-25比较了不同加量的碱性激活剂对MTC工作液的激活效果。其中，GYW-601是一种复配的碱类激活剂，它由几种不同类型的碱性激活剂以一定的比例混合而成。可以看出，GYW-601的激活效果要明显优于其他碱类激活剂复配的效果，加入MTC工作液后24h抗压强度迅速发展，并对工作液的流动性有很好的调节性。

表6-25 几种碱类激活剂复配的激活效果

配方				激活剂及加量	流动度，cm	24h抗压强度，MPa
UF，mL	BFS，g	H_2O，g	分散剂，g			
500	400	80	6	10g $NaOH$+20g Na_2CO_3	—	13.26
500	400	80	6	5g $NaOH$+25g Na_2CO_3	15	10.75
500	400	80	6	10g CaO+20g Na_2CO_3	13	6.56
500	400	80	6	5g CaO+25g Na_2CO_3	14	6.14
500	400	80	6	10g Na_2SiO_3+20g Na_2CO_3	13	13.37
500	400	80	6	5g Na_2SiO_3+25g Na_2CO_3	15.5	11.52

续表

配方				激活剂及加量	流动度, cm	24h抗压强度, MPa
UF, mL	BFS, g	H₂O, g	分散剂, g			
500	400	80	6	25g GYW-601	20	14.50
500	400	80	6	30g GYW-601	21	15.05
500	400	80	6	35g GYW-601	23	16.57

注：稠化实验条件为90℃，80MPa，MTC固化液密度均为1.86g/cm³。

2) 硫酸盐类激活剂

硫酸盐类激活剂属于非硅酸盐类强酸盐，主要有$CaSO_4$、Na_2SO_4。硫酸盐类激活剂在矿渣解体后能够与Al_2O_3反应生成钙矾石从而提高早期强度。通常情况下，只加入硫酸盐时，矿渣的活性并不能很好激发。只有在一定的碱性环境中，再加入一定量的硫酸盐，矿渣的活性才能较为充分地发挥出来，并能得到较高的胶凝强度。这是因为，碱性环境中OH^-将促使矿渣中的硅氧聚合链的键破坏，加速矿渣的分散、溶解，并形成水化硅酸钙和水化铝酸钙。在硫酸盐存在条件下，SO_4^{2-}可与矿渣中活性Al_2O_3和水化铝酸钙化合生成水化硫铝酸钙，大量消耗溶液中的钙、铝离子，反过来又加速了矿渣水化进程，这两种作用互相促进。硫酸盐激发实质是碱和硫酸盐共同作用的混合激发。硫酸盐激发剂主要有Na_2SO_4、石膏（包括二水石膏、半水石膏、硬石膏、烧石膏）和芒硝。在硫酸盐中Na_2SO_4的激发效果最好，这是因为Na_2SO_4加入后无论是在水化早期还是晚期都维持较高的碱性环境，能够使矿渣的潜在水硬活性很好地被激发，因而浆体呈现早期强度高、后期强度增长明显的特征；它的主要产物是无定形C-S-H（Ⅰ）凝胶、杆柱状杆沸石类水化硅铝酸钙钠以及针状钙矾石类水化硫铝酸钙三类矿物，它们之间具有良好的匹配方式，形成密实的空间网络结构。

在$CaSO_4$类激发剂中，半水石膏的激发效果优于硬石膏，烧石膏的激发效果优于二水石膏和半水石膏。这是因为烧石膏经中温煅烧后脱去结晶水、排除杂质，有部分分解为CaO，活性增大，同时烧石膏能使钙矾石提前形成，也减少了钙矾石膨胀对水泥石结构的破坏作用，从而进一步提高了强度。但烧石膏的掺量不能过大，否则碱度太高，钙钒石将紧靠矿渣表面，以团集细小晶体析出，在MTC固化体中互相交织积压，导致膨胀应力产生，强度下降，甚至使MTC固化体结构遭到破坏。

3) 无机钠盐和有机胺盐复合激活剂

它们的主要成分为Na_2SO_4和$NaNH_2$，其中不含Cl^-和挥发胺，对工程质量和人体健康没有危害。调凝剂采用硫铝酸盐复合调凝剂，主要成分为$CaSO_4$和$KAl(SO_4)_2·12H_2O$。$CaSO_4$可缩短初凝时间，提高早期强度；$KAl(SO_4)_2·12H_2O$可推迟凝结时间，提高后期强度，它们的复合使用不但可取长补短，还可以方便加入。

4) 晶种激活剂

矿渣中加入晶种可以降低水化产物由离子转变成晶体时的成核势垒，诱导水泥快速水化，正是由于加快了水泥早期水化，从而提高了体系的碱度，为矿渣结构的解体提供了更有利的外部条件。由于晶核诱导反应，造成以晶核为核心的局部规正，形成水化产物的近程有序排列，固化体的应力场分布驱向均匀，固化体内部胶结结构增强。矿渣水化物晶体的进一步生长使固化体中的毛细管容积变小，微裂缝逐渐闭合，凝胶水处于高压缩状态，其接触点的铰合强度增加，故固化体变得更加致密，渗透率降低，抗压强度增高，弹性模数变大。晶种可选用天然材料或人造材料，一般含有较多的 C-S-H 和托贝莫来石。

4. 分散剂

钻井液往往有较高的固相，较高的膨润土含量和较大的切力，因此在加入作为胶凝材料的高炉水淬矿渣前，一般需对钻井液进行稀释。常用的稀释方法有水稀释和化学稀释两种，水是最廉价的稀释剂，但它会降低钻井液中的有益成分（降失水剂）的浓度，而且膨润土对泥浆固化液的抗压强度发展有利，因此有时为保证矿渣泥浆的性能需用化学稀释剂。钻井液中常用的稀释剂都可用于泥浆固化液中，如铁铬盐、木质素磺酸盐、丹宁、腐殖酸等，它们主要是通过稀释钻井液从而达到稀释泥浆固化液的目的；但对高固相（水化材料）的分散作用没有水泥专用分散剂好，可作为水泥或矿渣的分散剂有萘磺酸甲醛缩合物、磺化丙酮甲醛缩合物、水溶性密胺树脂等。磺化苯乙烯马来酸酐共聚物（SSMA）既是钻井液的稀释剂，又是水泥浆的分散剂，可作为本技术的优选分散剂。

5. 缓凝剂

矿渣泥浆固化液在高温深井中的地热固井中使用时，缓凝剂是一种必不可少的添加剂。延长稠化时间的方法有两种：减少激活剂的用量和提高具有缓凝作用化学处理剂的用量。一般的油井水泥的缓凝剂也可用作矿渣泥浆的缓凝剂，但由于矿渣和水泥不同的水化特性，缓凝效果要稍差一些，在矿渣泥浆固化体中，一般温度不高时调节分散剂和激活剂的掺量即可满足要求。当在温度较高条件下就要加入缓凝剂。

课后习题

1. 阐述水泥环在高温环境下主要出现的问题。
2. 普通硅酸盐油井水泥中的主要矿物组成是什么？
3. 高铝水泥的特性是什么？
4. 名词解释

   低密度水泥浆、紧密堆积原理
5. 简答题

   （1）低密度水泥浆在固井应用中具有怎样的现实意义？

   （2）设计低密度水泥浆应注意哪些工程性能？

   （3）低密度水泥浆设计的基本原理？
6. 简述高密度水泥浆的技术难点。
7. 简述高密度水泥浆的技术要求。
8. 加重材料的选择条件是什么？
9. 简述高密度水泥浆的技术途径。
10. 盐对水泥浆的性能有哪些影响？
11. 抗盐降失水剂如何改善水泥浆的抗盐性能？
12. 含盐量的优选对保证水泥浆顺利施工有何指导意义？
13. 隔离液的概念以及抗盐隔离液的原理是什么？

14. 气窜机理有哪几种？
15. 气窜发生的条件是什么？
16. 控制气窜的方法有哪几种？
17. 常用的防气窜水泥浆体系有哪些？
18. 简述胶乳水泥浆体系的原理及其优点。
19. MTC 的实现方式有哪几种？
20. 从材料学角度分析矿渣的结构形态。
21. 矿渣的化学组成有哪些？各自所起的作用是什么？
22. 简述矿渣水化机理。
23. 影响矿渣水化速率的因素有哪些？
24. 矿渣 MTC 的优势是什么？
25. 矿渣 MTC 性能设计应该考虑哪些？如何去设计？

第七章
油气井注水泥及质量评价

据统计,固井施工费用占全井建设成本的 10%~25%,以消耗大量的套管、水泥等材料为主。因此,固井施工在保证质量的前提下,应尽可能节约材料、降低成本。固井作为一次性工程,具有施工时间短、工作量大的特点,如果固井质量不好,不仅不易补救,甚至为后续油气开发带来潜在的危险。其中,油气井水泥的注入过程等各项工作都将直接影响最终固井质量的好坏。

第一节 油气井注水泥工艺

固井施工过程主要包括下套管和注水泥两部分。常规固井工艺是将套管下入准备好的井眼,再注入前置液、下胶塞与钻井液隔离后,利用水泥车、灰罐(车)、供水设备完成水泥浆的混配,随即通过高压管汇、水泥头、套管串一次性地注入井内,从管串底部进入环空,最终顶替至设计位置,待水泥浆凝固后实现套管与井壁间的有效封固。

油气生产的简要流程示意图如图 7-1(a) 至图 7-1(f) 所示。固井施工流程为下套管→

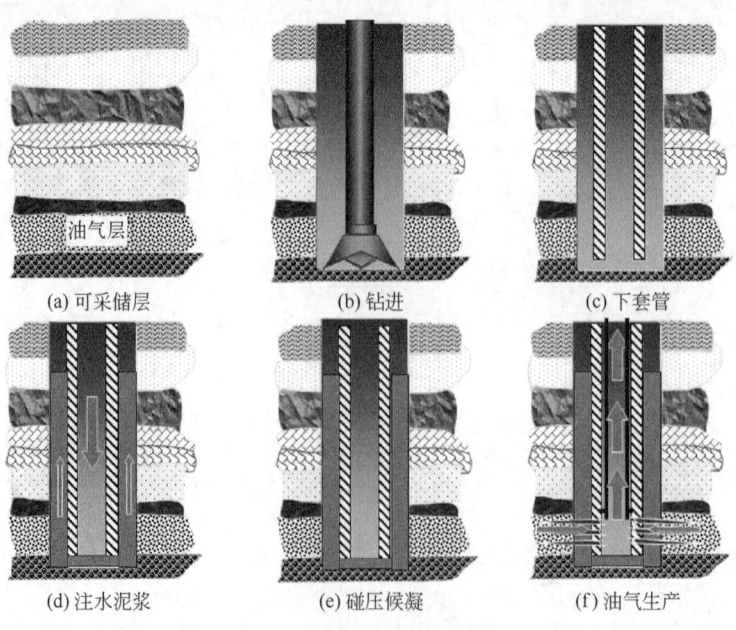

图 7-1 常规固井工艺流程

注前置液→注水泥浆→压碰压塞→替钻井液→碰压→候凝。

一、井眼准备

为保证固井施工安全和固井质量，固井施工之前，必须认真分析是否具备施工条件，未经检查就盲目施工，将会带来严重的质量问题或工程事故，因此固井施工应具备以下基本条件：

(1) 井眼通畅、井底干净、井壁无掉块；
(2) 井径规则，井径扩大率小于15%；
(3) 固井前井下未发生严重漏失；
(4) 钻井液中无严重油气侵，油气上窜速度小于10m/h；
(5) 套管居中，居中度不小于75%；
(6) 套管与井壁环形间隙大于20mm；
(7) 钻井液性能在保证井下压稳的情况下，应保证具有良好的流动性能；
(8) 水泥浆稠化时间、流动度等性能应满足施工要求；
(9) 水泥浆和钻井液要有一定密度差，一般要大于$0.2g/cm^3$；
(10) 下灰设备、供水设备、注水泥设备、替泥浆设备及高低压管汇等的性能满足施工要求。

二、下套管

为了满足油气开发需求，需根据设计标准下入不同尺寸、壁厚、钢级及螺纹类型的套管。下套管是将单根套管及固井所需附件逐一在钻台上连接，并下入井内的作业。套管结构通常由两部分组成，即套管和接箍（图7-2）。入井时，接箍在上，利用套管钳通过螺纹将单根套管一根一根连接而成套管柱。常用的标准套管外径从114.3mm到508mm（即4.5~20in），共14个尺寸系列。

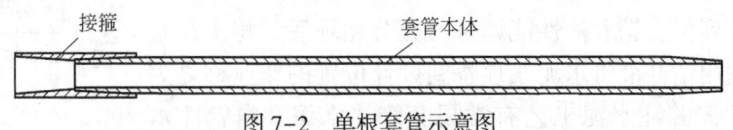

图7-2 单根套管示意图

套管柱通常由同一外径、相同或不同钢级及不同壁厚的套管用接箍连接组成，应符合强度设计及油气生产的要求。按照套管的功能和使用位置可将其分为：导管、表层套管、技术套管（中间套管）、油层套管（生产套管）。各种套管在井筒内的结构如图7-3所示。

1. 导管

在钻表层井眼时，导管将钻井液从地表引导到钻井装置平面上来（导管的长度变化较大，在坚硬的岩层中仅用10~20m）。

2. 表层套管

表层套管下入深度一般在30~1500m，为封固该层套管的环空，通常将水泥浆返至地表，用来防护浅层水不受污染，封隔浅层流砂、砾石层、浅层气和易漏地层。候凝后，将在表层套管内继续钻进。

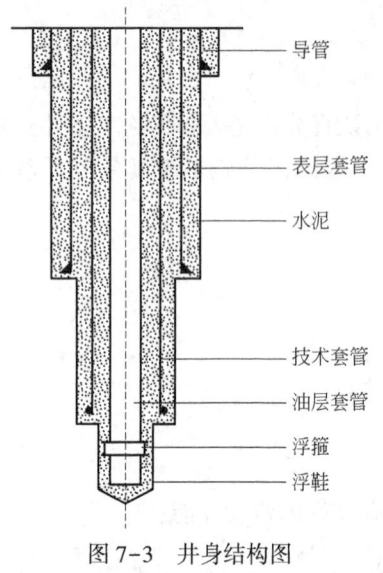

图 7-3 井身结构图

3. 技术套管（中间套管）

技术套管主要用于隔离坍塌地层及高压水层，防止井径扩大，减少阻卡等复杂情况的发生，有利于继续钻进；其次，技术套管还可用于分隔不同的压力层系，以便建立正常的钻井液循环。此外，技术套管为井控设备的安装、防喷、防漏及悬挂尾管提供了条件，对生产套管有保护作用。

4. 油层套管（生产套管）

油层套管可将油气层与其他流体层以及不同压力的油气层封隔开来，达到分层测试、分层采油、分层改造的目的。在长期油气开采过程中，油层套管要经受地层挤压、长期高压注水、多次压裂酸化及各种地下腐蚀介质的作用，因此油层套管需在固井水泥的保护下长期使用。油层套管固井是井筒密封关键环节。

5. 浮箍

浮箍是一种单流阀，具有防止水泥浆回流，并实现在固井时胶塞碰压、限制人工井底深度的控制作用。

6. 浮鞋

浮鞋用于引导套管柱沿井筒顺利下到井底，防止套管前端插入井壁岩层，减少套管柱下井阻力的作用。

下套管作业工序如图 7-4 所示。

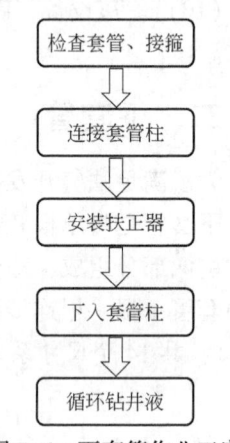

图 7-4 下套管作业工序

三、注水泥

在套管下放到位、钻井液性能调好并充分循环后，将水泥浆泵入套管内，利用钻井液将水泥浆顶替到设计位置的作业称之为注水泥。常见的固井注水泥工艺有常规套管注水泥、内管注水泥、管外注水泥、分级注水泥、尾管注水泥、反循环注水泥、延迟凝固注水泥、多管注水泥等。其中，常规套管注水泥的施工程序如图 7-5 所示。

如图 7-5 所示，当按设计将套管下至预定井深后，装上水泥头，循环钻井液。当地面一切准备工作就绪后，开始注水泥施工。先注入隔离液，然后打开下胶塞挡销，压胶塞，注入水泥浆（注入水泥浆的过程常简称为注浆或注灰）；按设计量将水泥浆注入完成后，打开上胶塞挡销，压胶塞，用钻井液顶替管内的水泥浆（钻井液顶替水泥浆过程简称为替浆）；下胶塞坐落在浮箍上后，在压力作用下破膜；继续替浆，直到上胶塞抵达下胶塞而碰压，施工结束。

当注入的水泥浆凝固并达到一定强度后，方可进行后续的钻井作业或其他后续开发，通常，注水泥施工结束后，水泥浆候凝时间通常为 24h 或 48h，候凝期满后，通过测井评价固井质量是否合格。

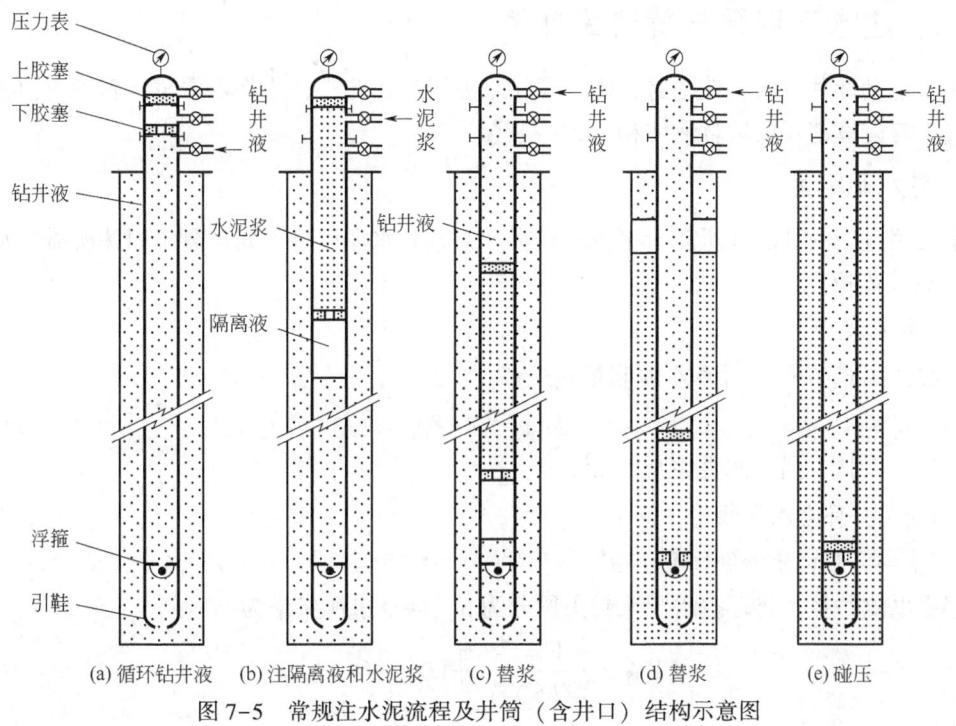

图 7-5 常规注水泥流程及井筒（含井口）结构示意图

第二节 注水泥基本设计

科学合理的注水泥设计是保证固井质量的关键。注水泥的目的是实现环空的有效封隔，因此，注水泥设计应遵循的一个基本原则是维持整个注水泥过程中环空压力与地层压力始终处于平衡状态，既不压漏地层，也不使油气水窜入环形空间。此外，在封固段，水泥浆可充分替净钻井液，提高水泥石与套管、地层的胶结能力。

一、油气井水泥试验条件确定

油气井水泥浆和水泥石性能将受到温度、压力等因素的影响，其中温度是最重要的因素之一。水泥浆设计所需温度数据主要有：水泥浆顶部与底部温差、井底循环温度（BHCT）、井底静止温度（BHST）、配浆水温度。温度数据的获取途径有直接测量和间接测量：直接测量包括循环温度投测仪、测温小球、电测；间接测量主要是计算机模拟，通常情况下，水泥浆稠化实验温度以井底循环温度为参考，水泥级别和强度实验以井底的静止温度作为参考。

此外，水泥浆稠化实验中压力条件多以井底压力为参考，而井底压力一般可从钻井液录井所进行的孔隙压力检测中获得；如若无法测得，也可通过钻井液液柱高度产生的压力计算获得该井段的最大孔隙压力。大量的实验数据表明，从常压至 20.7MPa 的范围内，压力对水泥浆的稠化时间和水泥石的抗压强度有较大的影响；而当压力超过 20.7MPa 时，上述影响大大降低。

二、注水泥用量与替浆量计算

为实现设计井段的有效密封，需计算注水泥用量。此外，为将水泥浆从套管内顶替到设计位置，需计算消耗的顶替液体积（即替浆量）。

1. 注水泥用量

水泥用量指的是固井所需干水泥的质量。为计算水泥用量需先计算出固井所需的水泥浆量（水泥浆体积）。

1）水泥浆量

一般按照式(7-1)计算水泥浆量：

$$V_{sl} = V_{sla} + V_{slp} \tag{7-1}$$

式中 V_{sl}——固井所需水泥浆量，m³；

V_{sla}——环空水泥浆量，m³；

V_{slp}——管内水泥塞体积，m³。

根据电测井径，将环空水泥浆封固段分为 n，环空水泥浆量为

$$V_{sla} = \frac{1}{10000} \sum_{i=1}^{n} \frac{\pi}{4}(D_{hi}^2 - D_c^2) h_i \tag{7-2}$$

式中 D_{hi}——井径，cm；

D_c——套管外径，cm；

h_i——环空段高度，m；

i——表示环空段的序号。

考虑到注水泥需在套管内形成人工井底，则管内水泥塞体积为

$$V_{slp} = \frac{\pi}{40000} D_{pl}^2 h_p \tag{7-3}$$

式中 D_{pl}——水泥塞处套管内径，cm；

h_p——水泥塞高度，m。

2）水泥用量

按式(7-4)计算干水泥的用量：

$$W_c = \frac{r_{sl}}{1+m} V_{sl} = \frac{r_c}{1+r_c m} V_{sl} \tag{7-4}$$

式中 W_c——水泥用量，t；

r_{sl}——水泥浆密度，g/cm³；

r_c——水泥密度，g/cm³。

注：视配浆水的密度值为1g/cm³。

3）配浆水用量

由式(7-5)计算配浆水用量：

$$W_w = m W_c \tag{7-5}$$

式中 W_w——配浆水用量，m³；

W_c——水泥用量，m^3；

m——水灰比。

实际应用时，水泥准备量和配浆用水准备量都要在理论计算的基础上附加一定数量，具体附加量根据油田经验定。

2. 替浆量

替浆量按式(7-6)计算（设不同壁厚即不同内径套管的段数为k）：

$$V_d = \frac{K_y}{10000} \sum_{i=1}^{k} \frac{\pi}{4} D_{pi}^2 L_i \tag{7-6}$$

式中　V_d——替浆量，m^3；

　　　D_{pi}——套管内径，cm；

　　　L_i——套管段长度，m；

　　　K_y——压缩系数，无量纲；

　　　i——表示不同壁厚套管段的序号。

三、水泥浆流变学设计

注水泥流变学设计是注水泥设计中非常重要的部分。为提高注水泥顶替效率、保证注水泥施工中井内压力平衡，需根据注水泥流变学开展设计与计算，主要包含：水泥浆流变参数计算、紊流临界排量设计以及平衡压力固井基本概念。本书仅以幂律模式为例，详细的注水泥流变学设计参见行业标准：《固井设计规范》（SY/T 5480）。

1. 水泥浆流变参数计算

这一部分内容具体参考本书第四章第二节。

2. 平衡压力固井设计

在注水泥施工中，实现平衡压力固井，是最基本的要求之一。在注水泥设计中，压力平衡设计也是最基本的设计内容之一。实现平衡压力固井，就是要求在整个固井施工过程中，井内的压力满足以下关系：

$$p_a > p_p \tag{7-7}$$

$$p_a < p_f \tag{7-8}$$

式中　p_a——环空流体压力，MPa；

　　　p_p——地层孔隙压力，MPa；

　　　p_f——地层破裂压力（或地层漏失压力），MPa。

要求井下地层都能保证满足上述关系。显然，防止井涌时，高压层是重点对象；防止井漏时，低压易漏层是重点对象。

防止井涌，可通过计算环空内静液压力进行核算。一般情况下，水泥浆的密度高于钻井液的密度，前置液的密度通常小于钻井液密度（如采用清水作为冲洗液）。因此，当前置液底部处于研究层位时，液体对地层作用的静液柱压力最小，以此来进行防井涌核算。

防止井漏，可通过计算环空内压力（静液压力与流动摩阻压降之和）进行核算。一般情况下，顶替终了时环空内动压力最大，以此进行核算。

要实现平衡压力固井，可通过设计合理的环空流体组成和合理的顶替排量等途径。

3. 紊流临界排量设计

如前所述，紊流顶替是提高注水泥顶替效率的有效措施之一，主要通过施工排量控制水泥浆在环空中的流态。

水泥浆在环空中的雷诺数的计算式为：

$$Re = \frac{12 \times 10^3 \rho V^{2-n}(D_h - D_c)^n}{1200^n K \left(\frac{2n+1}{3n}\right)^n} \tag{7-9}$$

式中 Re——环空雷诺数，无量纲；
V——水泥浆在环空中的流速，m/s。

幂律液体的临界雷诺数为

$$Re_c = 3470 - 1370n \tag{7-10}$$

式中 Re_c——幂律流体临界雷诺数，无量纲。

当 $Re \geq Re_c$ 为紊流状态，否则为层流状态。

由式（7-9）与式（7-10）可得水泥浆达到紊流时的临界环空流速计算式为：

$$V_c = 0.01 \left[\frac{(3470-1370n)K}{1.2\rho}\right]^{\frac{1}{2-n}} \left[\frac{8n+4}{n(D_h-D_c)}\right]^{\frac{n}{2-n}} \tag{7-11}$$

式中 V_c——环空水泥浆紊流临界流速，m/s。

所以，水泥浆紊流的临界排量为（按现场常用单位，m^3/min）：

$$Q_c = \frac{3\pi}{2000}(D_h^2 - D_c^2) V_c \tag{7-12}$$

式中 Q_c——环空水泥浆紊流临界排量，m^3/min。

在计算临界排量时，井径可取自主要封固的井段。

四、水泥浆顶替效率

水泥浆在环形空间顶替钻井液的程度用顶替效率 η 表示。对于注水泥井段，η = 水泥浆体积/环空体积；对于注水泥井段的某一截面，η = 水泥浆面积/环空面积。当 η 等于1（即100%）时，水泥浆完全替净钻井液；当 η 小于1时，钻井液没有被水泥浆完全替净，即发生钻井液窜槽；η 值越大，顶替效率越高。为提高顶替效率，所采取的主要措施有：加装扶正器，降低套管在井眼中的偏心程度；注水泥前调整钻井液性能；采用紊流和塞流流态设计水泥浆；增加紊流接触时间；采用前置液等。

第三节 固井质量影响因素及评价方法

固井质量评价就是在固井施工后检查固井质量是否达到固井的设计效果。固井质量依据测井结果来判断。在钻井时，当钻到设计井深深度后都必须进行测井，又称完井电测，以获得各种石油地质及工程技术资料，作为完井和开发油田的原始资料，这种测井习惯上称为裸眼测井。在油井下完套管后所进行的第二系列测井，习惯上称为生产测井或开发测井。生产测井的发展大体经历了模拟测井、数字测井、数控测井、成像测井四个阶段。

一、固井质量影响因素

影响固井质量的因素很多，涉及固井作业相关的各个环节，同时这些因素的作用机理、作用方式、作用时间都有所不同，且各因素之间相互影响、相互制约，既可单独作用，也可联合作用。

1. 井眼因素

井眼参数主要包括井深、井径、环空间隙、返高及上层套管程序。

套管与地层之间的环空间隙可分为大间隙、正常间隙和小间隙。不同的环空间隙将影响水泥浆的顶替流速、流态。此外，钻到目的层位后，井径规则程度、井眼光滑程度、井径扩大率以及井眼清洁程度等都会改变环空流动压耗，从而影响水泥浆对钻井液的顶替效率。在小间隙注替水泥浆过程中，环空压耗（流动阻力）将大大增加，影响固井质量。

2. 钻井液性能

钻井液性能对于保证固井质量十分重要。首先，钻井液的密度关系到压稳地层，为之后固井提供安全的环境，同时将影响环空浆柱结构、平衡注水泥设计与井底有效压力相关的各个环节；其次，钻井液与水泥浆的相容性将影响水泥环的胶结质量；再次，钻井液流变性（黏度、切力、触变性）会影响水泥浆对其的顶替过程，从而影响顶替效率；最后，钻井液滤饼质量（薄而韧且容易被冲洗液分散的滤饼）有利于安全下套管、提高水泥对地层、套管的胶结能力，从而提高联结界面的胶结、密封质量，增大水泥浆与钻井液的壁剪应力差，提高水泥浆对钻井液近井壁滞留层的清除效果，有利于改善界面胶结。

3. 水泥浆性能

水泥浆性能，包括水泥浆沉降稳定性、密度、滤失量和流变性等，对固井质量起着关键性的作用。

水泥浆沉降稳定性直接关系到固井质量的好坏。水泥浆发生沉降时，水泥浆中较重的组分会沉淀到底部，较轻的组分则上浮或形成顶部自由水层。水泥浆体系稳定是安全施工、候凝过程压稳、形成优质水泥环的重要保证。

水泥浆密度直接反映了水灰比的大小，水泥石在固化过程中，只需要25%的水即可，而水灰比25%的水泥浆密度达到$2.3g/cm^3$以上，固井无法泵入。为了满足固井要求，只能增大水灰比。但如果水泥浆密度过小，势必增大水分流失，从而影响固井质量。

水泥浆滤失量变化，会使水泥浆水分含量减少，从而影响水泥浆密度与沉降稳定性，导致固井质量下降。特别在中、高渗地层这种影响会更加明显。另外，水泥浆滤失量大，在施工过程中会造成严重的施工憋泵事故。

水泥浆流变性直接影响着顶替效率。流动性差会增大泵入难度，增加施工危险性，而水泥浆流动性太好，容易使水泥分层沉淀，影响封固质量。此外，实践证明，动切力大的水泥浆具有较好的顶替效率。

4. 冲洗液和隔离液性能及用量

冲洗液和隔离液同属于前置液。不同的类型、密度，有不同的特殊性能，可以满足不同固井作业的需要。

冲洗液具有性能如下：稀释和分散钻井液，防止絮凝和胶凝；有效地冲刷黏在井壁和套管上的钻井液或疏松滤饼，提高水泥与井壁和套管之间的胶结强度；稀释改善钻井液的流动性能，使钻井液易于被顶替，同时提高顶替效率。

隔离液具有以下性能：有效驱替钻井液，适应塞流、低速层流或紊流驱替钻井液；与冲洗液相比，易于控制不稳定地层的垮塌，能更有效地隔离钻井液和水泥浆，避免两者间的接触污染，防止钻井液絮凝增稠；对紊流隔离液，依靠其中的固相颗粒冲蚀井壁滤饼；对黏性隔离液，依靠其黏性产生平面推进驱替钻井液。

前置液黏度及用量可影响冲洗、隔离的效果，从而影响水泥浆对钻井液的顶替效率。前置液用量影响接触时间、顶替效率，也影响平衡注水泥设计。前置液与钻井液、水泥浆的相容性有利于提高顶替效率和施工安全。

二、提高固井质量的措施

1. 优选合理的井身结构

合理的环空间隙是实现流体上返最佳流态的重要条件。通过现场计算和室内试验，使用3种尺寸井眼和2种尺寸套管可以搭配组成4种最佳的环空结构组合：

（1）152.4mm 井眼×114.3mm 套管；
（2）152.4mm 井眼×101.6mm 套管；
（3）177.8mm 井眼×114.3mm 套管；
（4）200.03mm 井眼×101.6mm 套管。

2. 井眼条件良好

井径扩大率应控制在10%以内，井径规则，井斜及全角变化率控制在设计标准之内；从工艺上，坚持下套管前进行通井划眼，保证井眼畅通。

3. 保证套管居中

根据井眼条件，优化套管扶正器安放位置，保证套管居中度良好，利于提高顶替效率，消除滞留钻井液。

4. 固井前充分循环洗井

在产层特别是高渗透部位，黏附在井壁上的滤饼与稠钻井液，若未充分循环替净，将造成水泥窜槽，因此固井前要把钻井液性能调好，充分循环钻井液，达到固井要求。

5. 使用优质前置液

施工前应通过冲洗试验，确定冲洗时间及水泥浆滞留线上升速度，经验表明，冲洗液性能应具备以下条件：尽量采用优质低黏度冲洗液，上返雷诺数大于10000为宜，接触时间控制在8~10min；也可用化学反应型隔离液，通过反应降低钻井液黏度及改善胶结强度发展。

6. 优选适宜的顶替速度

应尽可能地采用紊流顶替，在紊流不能实现或难以实现的情况下，用层流顶替也能有效地清除钻井液（需达到下列条件）。

（1）顶替液与被顶替液保持10%的密度差。

（2）被顶替液和顶替液必须至少有20%的摩擦压力增加。

（3）在偏心井眼中，环空窄边的流动速率必须确保足以克服顶替液（钻井液）屈服值的最小压力梯度。

（4）偏心井眼宽边的流速必须与窄边的流速相近，这将保持流体沿环空均匀运动，确保流体窜槽的可能性很小。

采用层流顶替还要求确保顶替流体在环空窄边的速度不明显大于宽边的速度，如果出现窄边的流速显著大于宽边的情况，就会发生窜槽，发生不同流体的混合，这就可能危及并破坏水泥环的完整性。

三、固井质量评价

固井质量检测主要是水泥环胶结质量评价，即评价套管与水泥环（第一界面）、水泥环与地层（第二界面）的胶结情况。水泥胶结测井原理如图7-6所示。随着油田开发的进展，固井质量资料评价的精度要求越来越高，固井质量的好坏直接影响油气的生产。

20世纪50年代，人们利用水泥凝固时的放热特性，采用井温测井曲线来评价固井质量，但该方法受时间限制。60年代后期，开始利用声幅测井（CBL）技术判断第一界面的胶结情况，以此评价固井质量比较可靠，但无法评价第二界面胶结情况。70年代后期，随着对第二界面胶结质量的重视，开发了变密度（VDL）技术测井。90年代，固井质量评价开始向SBT（方位声波成像测井）等新技术发展。

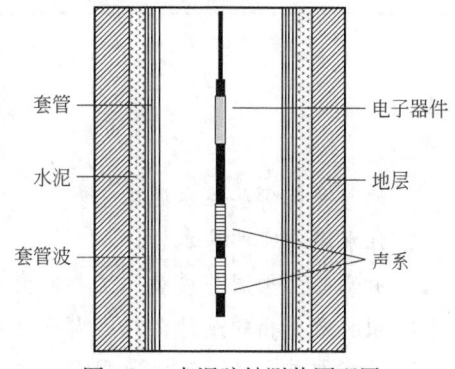

图7-6 水泥胶结测井原理图

目前的测井技术众多，直接利用电、声、放射性信号对应三种基本测井技术，特殊测井技术有电缆地层测井、地层倾角测井、成像测井、核磁共振测井等，其他测井技术还有随钻测井。各种测井技术基本上是间接地、有条件地反映岩层地质特性的某一侧面。要全面认识地下地质面貌，发现和评价油气层，需要综合使用多种测井技术，并重视钻井、录井第一性资料。表7-1所示为应用比较广泛的几种测井技术及其特点。

表7-1 测井技术及其特点

测井技术	简介及特点
成像测井技术	通过计算机将勘测到的内容以三维图形式展现，清晰地展现勘测出的相关内容以及数据。成像测井技术采集的信息多、效率高、分辨率也高，适合较为复杂的石油地质环境
地层测井技术	对地层中产生的能量以及地层压力情况进行精准分析，得到一些温度、湿度以及含油量等相关的参数，进而有效地判断出地下流体种类，为石油开采状态提供依据。地层测井技术具有高精准度、效率高、便捷的优势，为后期石油生产提供保障
声波测井技术	通过对钻孔进行声波发射，利用声波独有的传递性，对环井眼地层的声学性质做出判断，从而分析地层的特性和井眼的状况。声波测井技术能够揭示多种储层和井筒特性，还能推导孔隙压力、渗透率、各向异性、岩土的特性等

续表

测井技术	简介及特点
电法测井技术	电法测井技术是石油工程生产中应用比较早比较广泛的一种测井技术,它是根据岩土导电性能差异,依据电阻率的变化在钻孔中研究地层的一种方法。电法测井技术具有简单实用、应用普遍、效果良好的优势
核测井技术	核测井技术也被称为放射性测井技术,是利用岩土或者矿物天然放射现象研究钻井地质剖面,以放射性类别、所使用的放射性源和所探究的岩石物理性质为测量依据,实现对地层的性质和油气等相关数据的收集。核测井技术对测量条件具有广泛的适应性,能在含有各种井内流体的裸眼井、套管井中对各种不同类型的储层进行有效测量,能提供大量具有不同物理实质的参数,且大部分参数用其他方法不易获得
随钻测井技术	国内测井应用最多的技术之一,是指在钻井的过程中测量地层岩石物理参数,并用数据遥测系统将测量结果实时送到地面进行处理。随钻测井既能用于地质导向,指导钻进,又能对复杂井、复杂地层的含油气情况进行评价

课后习题

1. 油气井有哪些注水泥工艺?
2. 注水泥有哪些基本设计?
3. 有哪些影响固井质量的主要因素?
4. 顶替效率指的是什么?有哪些可以提高顶替效率的方法?
5. 提高固井质量,可以采用哪些方法?
6. 测井中的胶结比指的是什么?
7. 当前应用比较广泛的是哪些测井技术,分别有什么特点?

参 考 文 献

《2004年固井技术研讨会论文集》编委会，2005. 2004年固井技术研讨会论文集［M］. 北京：石油工业出版社.

薄岷，等，2005. 辽河油田热采井套损防治新技术［J］. 石油勘探与开发，32（1）：116-118.

（英）本斯迪德，等，2009. 水泥的结构和性能［M］. 2版. 廖欣，译. 北京：化学工业出版社.

步玉环，等，2005. 油气固井纤维的筛选研究［J］. 石油钻探技术，33（3）：16-18.

曹成章，2009. 水泥浆胶凝强度模型的建立及防气窜评价研究［D］. 青岛：中国石油大学（华东）.

陈德鹏，2003. 高流动性超早强修补混凝土的研究［D］. 天津：河北工业大学.

陈雷，2007. SBT分区水泥胶结测井仪及其应用研究［D］. 青岛：中国石油大学（华东）.

陈鹏，1999. 高炉矿渣的水硬活性及其评定方法［J］. 钻井液与完井液，16（1）：19-20.

陈平，2011. 钻井与完井工程［M］. 2版. 北京：石油工业出版社.

戴金辉，等，2018. 无机非金属材料概论［M］. 哈尔滨：哈尔滨工业大学出版社.

丁保刚，等，2006. 固井技术基础［M］. 北京：石油工业出版社.

丁士东，等，2002. 国内外防气窜固井技术［J］. 石油钻探技术，30（5）：36.

董延安，2007. 水泥立式螺旋窑工艺研究［D］. 大连：大连理工大学.

方国伟，2009. 固井水泥浆防气窜性能评价方法研究［D］. 青岛：中国石油大学（华东）.

冯水山，2013. 吉林高含CO_2深层天然气田水泥浆体系设计与应用研究［D］. 大庆：东北石油大学.

高德利，等，2003. 热采井套管损坏机理及控制技术研究进展［J］. 石油钻探技术，31（5）：46-48.

高莉莉，2010. 超深井固井水泥石性能变化规律研究［D］. 大庆：东北石油大学.

高义兵，等，2008. 固井质量的测井评价及影响因素分析［J］. 国外测井技术，23（3）：40-42.

弓玉杰，等，1998. 固井二界面问题的初步分析与试验研究［J］. 石油钻采工艺，20（6）：38-41.

谷穗，等，2009. 纤维水泥浆堵漏实验研究［J］. 探矿工程，36（4）：4-6.

顾军，等，2003. 高温高压井水泥浆的研究与实践［J］. 钻井液与完井液，20（2）：31-32.

顾军，等，2005. 论固井二界面封固系统及其重要性［J］. 钻井液与完井液，22（2）：7-10.

关富佳，等，2003. 丁苯胶乳水泥浆室内研究［J］. 海洋石油，23（4）：83-86.

桂浩尧，2007. 公路施工废水污染控制研究［D］. 西安：长安大学.

郭向阳，2010. 掺杂$BaO/BaSO_4$对高阿利特水泥熟料合成及性能的影响［D］. 济南：济南大学.

郭小阳，等，1996a. 零析水水泥浆的研究与应用［J］. 天然气工业，16（6）：41-45.

郭小阳，等，1996b. 大斜度及水平井中水泥浆的失重和气侵研究［J］. 西南石油学院学报，18（2）：25-33.

郭小阳，等，1998. 提高注水泥质量的综合因素［J］. 西南石油学院学报，20（3）：49-54.

韩福彬，2009. 庆深气田深层气井防气窜固井配套技术［J］. 天然气工业，29（2）：7.

何德清，等，2006. 纤维水泥防漏实验研究［J］. 钻井液与完井液，23（3）：34-36.

何勤功，等，1990. 油田开发用高分子材料［M］. 北京：石油工业出版社.

何世明，1999. 温度压力对水泥浆流变性的影响规律研究［J］. 石油钻采工艺，21（6）：7-12.

洪平，1998. 特种水泥［M］. 北京：中国建材工业出版社.

侯立红，2002. 适应新标准的立窑最佳配方研究［D］. 武汉：武汉理工大学.

侯薇，等，2010. 高温水泥浆体系的现状及研究［J］. 天津科技，（5）：14-17.

胡曙光，2009. 先进水泥基复合材料［M］. 北京：科学出版社.

胡曙光，2010. 特种水泥［M］. 武汉：武汉理工大学出版社.

黄柏宗，2001. 紧密堆积理论优化的固井材料和工艺体系［J］. 钻井液与完井液，18（6）：7-8.

黄柏宗，2007. 紧密堆积理论的微观机理研究及模型设计［J］. 石油钻探技术，35（1）：10.

黄河福，2007. MTC 技术理论与应用研究［D］. 青岛：中国石油大学（华东）.

黄河福，等，2005. 影响油井水泥浆流变性的因素［J］. 石油钻采工艺 27（5）：45.

黄琼念，等，2009. 橡胶粉水泥混凝土路用性能及机理分析研究［J］. 人民长江，40（16）：58-60，62.

黎家英，2013. 固井水泥浆凝结过程中的体积变化测定装置研制及评价研究［D］. 成都：西南石油大学.

黎良元，等，2008. 石膏—矿渣胶凝材料的碱性激发作用［J］. 硅酸盐学报，36（3）：405-410.

李笃信，等，1999. 等离子体技术对高分子材料的表面改性［J］. 高分子材料科学与工程，15（3）：172.

李丰收，2007. 最新石油固井关键技术应用手册［M］. 北京：石油工业出版社.

李福德，等，1988. 高压气井 KQ—A 充气水泥固井实践研究［J］. 天然气工业，8（4）：39-44.

李坚利，等，2008. 水泥生产工艺［M］. 武汉：武汉理工大学出版社.

李明豫，等，2002. 水泥企业化验室工作手册［M］. 徐州：中国矿业大学出版社.

李微，2011. 纳米材料 DNF 在油井水泥中的应用研究［D］. 大庆：东北石油大学.

李文斌，2003. 高温下 G 级油井水泥的水化硬化与强度［D］. 大庆：大庆石油学院.

李文建，等，1997. 国外胶乳水泥固井技术［J］. 石油钻探技术，25（2）：35-37.

李早元，2006. 有助于改善层间封隔能力的聚合物多元水泥体系材料特性研究［D］. 成都：西南石油大学.

李早元，等，2008. 橡胶粉对油井水泥石力学性能的影响［J］. 石油钻探技术，36（6）：52-55.

李泽林，等，2004. 高温防气窜水泥浆体系的研究及应用［J］. 断块油气田，11（4）：68-70.

李占国，等，1994. 非渗透水泥外加剂 QC600 在吐哈油田的应用［J］. 钻井液与完井液，11（5）：52-54.

李长青，2008. 利用电石渣生产水泥的研究［D］. 唐山：河北理工大学.

李志坤，等，2003. 混凝土用聚丙烯纤维的表面改性方法［J］. 混凝土与水泥制品，132

（4）：44-46.

李志平，1996. 混凝土抗折强度的影响因素及质量控制［J］. 西安公路交通大学学报，16（3）：59-61.

廖刚，等，1996. 硅灰对油井水泥抗腐蚀能力的影响［J］. 石油钻采工艺，18（4）：31-33.

林润雄，等，2005-06-08. 丁二烯—苯乙烯胶乳的制备方法：CN1624043［P］. 2023-06-01.

林友建，2012. 一种固井环空水泥浆失重测量装置设计研究［D］. 成都：西南石油大学.

林宗寿，2008. 无机非金属材料工学［M］. 3 版. 武汉：武汉理工大学出版社.

刘崇建，等，1995. 控制水泥浆失水性能的新认识［J］. 天然气工业，15（5）：36-41.

刘崇建，等，1997. 水泥浆桥堵引起的失重和气侵研究［J］. 天然气工业，17（1）：39-44.

刘崇建，等，1999. 应用水泥浆稠度阻力变化预测环空气窜的方法研究［J］. 天然气工业，19（5）：46-50.

刘崇建，等，2001. 油气井注水泥理论与应用［M］. 北京：石油工业出版社.

刘大为，等，1994. 现代固井技术［M］. 辽宁：辽宁科学技术出版社.

刘建，2009. 预防环空气窜的膨胀水泥机理研究［D］. 成都：西南石油大学.

刘晓勇，等，2008. 路用橡胶水泥混凝土研究综述［J］. 公路，4（4）：186-191.

刘玉凤，等，2004. 固井质量评价测井技术综述［J］. 油气田地面工程，23（8）：61.

娄晓东，2007. 柴北缘大庆区块固井技术研究［D］. 大庆：大庆石油学院.

罗宇维，等，2004. 水泥浆防气窜能力评价仪的研制与应用［J］. 中国海上油气，16（4）：266-268，271.

马宝岐，1995. 油田化学原理与技术［M］. 北京：石油工业出版社.

马开华，等，2008. 高温下 H_2S 气体腐蚀水泥石机理研究［J］. 石油钻探技术，36（6）：4-8.

马先平，2002. 影响水泥石渗透性的因素分析［J］. 石油钻采工艺，（S1）：24-25.

马勇，2009. 固井环空气体窜流原因分析及防控技术［D］. 成都：西南石油大学.

梅国萍，1994. 水泥浆滤失规律及其对注水泥作业的影响［D］. 南充：西南石油学院.

孟宪鹏，2010. 固井过程中套管轴向受力变化规律实验与研究［D］. 秦皇岛：燕山大学.

莫勇，2009. 一种新型公路建设水泥［J］. 企业科技与发展，（22）：191-193.

慕鑫，2012. 苏里格气田小井眼插入式固井方法研究［D］. 西安：西安石油大学.

牛建东，2002. 水泥复合速凝早强剂的试验研究与应用［D］. 长沙：中南大学.

潘庆林，等，2004. 粒化高炉矿渣的微观结构和物相分析［J］. 水泥，23（5）：4-7.

彭波，2002. 高强混凝土开裂机理及裂缝控制研究［D］. 武汉：武汉理工大学.

彭志刚，2004. 水硬高炉矿渣 MTC 固井技术研究［D］. 成都：西南石油大学.

齐奉忠，等，1999. MTC 固井液固化影响因素的探讨［J］. 钻井液与完井液，16（4）：11-12.

齐奉忠，等，2005a. 盐层固井技术探讨［J］. 西部探矿工程，（10）：58-60.

齐奉忠，等，2005b. 国外新型水泥浆体系：胶乳水泥浆［J］. 石油钻探技术 33（6）：31.

齐宏科，等，2006. 纤维韧性水泥浆技术在中原油田的应用［J］. 钻采工艺，29（6）：121-124.

屈建省，等，2006. 特殊固井技术［M］. 北京：石油工业出版社.

沈伟，2000. 各种因素对水泥石抗压强度的影响［J］. 钻井液与完井液，17（4）：21-23.

施惠生，等，2011. 水泥基材料科学［M］. 北京：中国建材工业出版社.

史才军，等，2008. 碱-激发水泥和混凝土［M］. 北京：化学工业出版社.

隋同波，2006. 水泥品种与性能［M］. 北京：化学工业出版社.
孙展利，1997. 水泥浆的水化体积收缩胶凝失重研究［J］. 江汉石油学院学报，19（4）：55-58.
孙展利，1998. 水泥浆在不同井斜的沉降失重和沉降—胶凝失重［J］. 天然气工业，18（4）：55-58.
谭平，2002. 多底井注水泥用液体乳胶水泥浆［J］. 钻井液与完井液，19（5）：31-32.
谭树人，等，1989. 不渗透水泥外加剂在高压易漏油气井中的固井应用及其施工工艺，［J］. 石油钻采工艺（2）：23-28.
唐继平，等，2004. 盐膏层钻井理论和实践［M］. 北京：石油工业出版社.
陶世平，1998. 固井水泥浆的稳定性探讨［J］. 西部探矿工程，10（3）：31-32.
陶世平，等，2007. 盐膏层固井技术探讨［J］. 吐哈油气田，（3）：70-76.
滕学清，等，2011. 多功能防气窜水泥浆体系研究与应用［J］. 西南石油大学学报，33（6）：151-154.
王爱民，2003. 扇区水泥胶结测井仪及在套管井的应用［J］. 测井技术，27（1）：56-58.
王建华，2005. 麻纤维用于混凝土（砂浆）抗裂性能的研究［D］. 青岛：青岛大学.
王立平，等，1992. 大庆固井后水气窜实验研究［J］. 石油钻采工艺，6（2）：25-28.
王群，1991. 我国油井水泥外加剂的研制和应用［J］. 油田化学，8（1）：62-73.
王群，1993. 漂珠低密度防气窜水泥应用研究［J］. 石油与天然气化工，22（1）：35-38.
王瑞和，等，2008. 矿渣MTC水化机理实验研究［J］. 石油学报，29（3）：443-446.
王卫军，等，1996. CX—18防气窜剂的研制及应用［J］. 西安石油学院学报，11（5）：50-53.
王文山，等，1996. 矿渣MTC技术研究及首次应用［J］. 石油钻探技术，24（2）：29-36.
王瑜，2008. 高强补偿收缩砼在桥面现浇湿接缝中的试验研究［D］. 重庆：重庆交通大学.
王振昌，等，2001. 霍10井超高密度水泥浆固井技术［J］. 钻井液与完井液，18（6）：31-33.
吴达华，等，1995. 泥浆转化为水泥浆技术综述［J］. 钻井液与完井液，12（1）：69-73.
吴达华，等，1997. 高炉水淬矿渣结构特性及水化机理［J］. 石油钻探技术，25（1）：32-33.
吴强，2006. 水泥生料生产过程计算机监控系统设计与研究［D］. 长沙：武汉理工大学.
吴笑梅，等，2004. 水泥颗粒分布对其使用性能的影响［J］. 水泥，10：5-9.
吴兆琦，等，1991. 水泥结构与性能［M］. 北京：中国建筑工业出版社.
吴宗国，1991. 套管内敞压候凝防气窜的机理［J］. 钻采工艺，14（3）：9-11.
西南石油学院钻井教研室，1981. 水泥浆胶凝引起的"失重"和气侵的研究［J］. 西南石油学院学报（3）：19-30.
萧瑛，等，2010. 我国水泥产品中有害微量元素含量水平的调查［J］. 水泥，4：14-15.
谢飞燕，2011. 无机盐对固井隔离液及油井水泥石的影响研究［D］. 成都：西南石油大学.
谢晓永，等，2006. 氮气吸附法和压汞法在测试泥页岩孔径分布中的对比［J］. 天然气工业，26（12）：100-102.
徐璧华，等，1997. 利用解析法直接预测气井注水泥后环空防止气窜的能力［J］. 天然气工业，17（5）：48-51.
徐彬，等，1997. 矿渣玻璃体分相结构与矿渣潜在水硬活性本质研究［J］. 硅酸盐学报，（6）：72-73.
徐冠立，2009. 利用宁夏石嘴山煤矸石制备系列硫铝酸盐水泥研究［D］. 成都：成都理工大学.

徐宁, 2006. 我国水泥生产主要工艺与装备的技术进步 [J]. 硅酸盐通报, 5 (1): 1-5.

徐世辉, 2009. 氯离子与碳酸氢根离子对油井水泥的腐蚀研究 [D]. 大庆: 大庆石油学院.

徐卫强, 2011. 油井水泥低温早强剂研究与性能评价 [D]. 大庆: 东北石油大学.

徐雅君, 等, 1998. 苯—丙型共聚乳液—水泥砂浆共混体系的研究（Ⅰ）共混体系的改性机理及微观结构形态 [J]. 北京化工大学学报, (4): 28-33.

许树谦, 等, 2011. 超高密度水泥浆固井技术 [J]. 新疆石油天然气, 7 (1): 40.

薛峰, 2009. 固井质量测井评价研究 [J]. 科技信息, (26): 320-321.

严思明, 2010. 硫化氢对固井水泥石腐蚀研究 [J]. 油田化学, 27 (4): 369-370.

杨钱荣, 2003. 混凝土渗透性的测试方法及影响因素 [J]. 低温建筑技术, 5: 7-9.

杨晓星, 2007. 早龄期混凝土质量超声检测技术研究 [D]. 南京: 河海大学.

杨新朝, 2005. 锅炉内掺杂煤粉燃烧过程中水泥矿物演化与数值模拟 [D]. 大连: 大连理工大学.

杨勇, 2010. 高温水泥浆沉降稳定性 [J]. 钻井液与完井液, 27 (6): 55-56.

杨振科, 等, 2001. 矿渣MTC固化体的脆裂问题及改进途径 [J]. 石油钻采工艺, 23 (3): 31-34.

杨振科, 等, 2007. 矿渣MTC技术的应用 [J]. 内蒙古石油化工, (9): 32-33.

杨智, 2011. 影响固井水泥石韧性强度的因素研究 [D]. 成都: 成都理工大学.

杨智光, 等, 2008. 深井高温条件下油井水泥强度变化规律研究 [J]. 石油学报, 29 (3): 435-437.

姚京坤, 2003. 分区水泥胶结测井仪 (SBT) 及其应用 [J]. 石油仪器, 17 (1): 29-31.

姚晓, 1998. 二氧化碳对油井水泥石的腐蚀及其防护措施 [J]. 钻井液与完井液, 15 (1): 8-11.

姚晓, 1999. 影响油井水泥浆流变性的因素 [J]. 钻采工艺, 22 (4): 52-54.

姚晓, 2004. 油井水泥膨胀剂研究 [J]. 钻井液与完井液, 21 (4): 52-54.

姚晓, 等, 2004. F27A油井水泥防漏增韧剂的研究及应用 [J]. 天然气工业, 24 (6): 66-69.

油井水泥及外加剂质量检验编写组, 1997. 油井水泥及外加剂质量检验 [M]. 北京: 石油工业出版社.

于涛, 等, 2008. 油田化学剂 [M]. 北京: 石油工业出版社.

于永金, 等, 2012. 高温深井固井水泥浆稳定性探讨 [J]. 西部探矿, 24 (5): 18-21.

袁春华, 2003. 水泥浆失水的危害及油井降失水剂的发展现状 [J]. 内蒙古石油化工, (S1): 201-202.

袁润章, 2008. 胶凝材料学 [M]. 武汉: 武汉理工大学出版社.

袁润章, 等, 1982. 矿渣的结构特性对其水硬活性的影响 [J]. 武汉建材学院学报, (1): 7-13.

曾旭辉, 等, 2013. 氯化铵重量法分析步骤的简化探讨 [J]. 水泥工程, (2): 87-89.

张德润, 等, 2002. 固井液设计及应用 (上册) [M]. 北京: 石油工业出版社.

张峰, 2003. 油井水泥增韧剂的制备及性能评价 [D]. 南京: 南京工业大学.

张厚美, 等, 1997. 水泥浆中气体运移的模拟试验 [J]. 石油钻采工艺, 19 (3): 31-34.

张杰, 等, 2002-09-25. 油田固井用共聚物胶乳及其制备方法: CN1370788 [P]. 2023-06-01.

张景富，2001. G 级油井水泥的水化硬化及性能 [D]. 杭州：浙江大学.

张景富，2007. 二氧化碳对油井水泥石的腐蚀 [J]. 硅酸盐学报，35（12）：1654-1656.

张美琴，2010. 胶乳防气窜水泥浆体系的研究与应用 [D]. 西安：西安石油大学.

张明昌，2008. 固井工艺技术 [M]. 北京：中国石化出版社.

张树宇，2009. 固井质量检测中影响 CBL/VDL 测井精度原因分析 [J]. 质量管理与质量监督（石油工业技术监督），25（10）：78-80.

张西玲，等，2007. 矿渣的活性激发技术及机理的研究进展 [J]. 萍乡高等专科学校学报，（3）：12-15.

张兴国，2002a. 固井质量影响因素分析 [J]. 钻采工艺，25（2）：10-13.

张兴国，2002b. 水泥浆网架结构胶凝悬挂失重机理研究 [D]. 成都：西南石油学院.

张兴国，等，2004a. 对水泥浆有效浆柱压力降至水柱压力时间的新认识 [J]. 天然气工业，24（7）：68-70.

张兴国，等，2004b. 水泥浆体系稳定性对水泥浆失重的重要影响 [J]. 西南石油学院学报，26（3）：68-70.

张颖，2007. 混凝土材料细观结构与抗冻融性的研究 [D]. 兰州：兰州交通大学.

张运峰，1994. G69 不渗透防气窜水泥的性能与现场试验 [J]. 油田化学，11（2）：105-107.

赵红军，2005. 提高立窑水泥 ISO 强度的研究 [D]. 长沙：中南大学.

赵林，等，2004. 丁苯胶乳对油井水泥浆性能的影响研究 [J]. 天然气工业，12：74-76.

赵清军，2008. 膨胀剂的研究与应用 [D]. 大庆：大庆石油学院.

赵文彬，2010. 尾管固井过程中管柱拉力—扭矩分析 [D]. 河北秦皇岛：燕山大学.

赵英泽，等，2007. 双作用防气窜固井水泥浆体系的研究与应用 [J]. 石油钻采工艺，29（6）：95-98.

赵忠举，等，2005. 2004 年国外钻井液技术的新进展（Ⅱ）[J]. 钻井液与完井液，22（5）：60-67.

郑友志，2007. 影响声波水泥胶结测井结果的因素 [J]. 国外测井技术，22（6）：44-47.

周国治，等，2005. 水泥生产工艺概论 [M]. 武汉：武汉理工大学出版社.

周仕明，等，2001. 利用修正 SPN 值预测环空气窜 [J]. 石油钻探技术，29（5）：31-32.

周宛谕，2010. 灰渣资源化综合利用试验研究 [D]. 杭州：浙江大学.

周向苏，等，1997. 联合使用 SEP 膨胀剂和 KQ 防气窜剂提高固井质量 [J]. 钻井液与完井液，14（3）：24-26.

朱卫华，等，2005. 柔性石墨微孔孔径分布 X 射线小角散射实验测定 [J]. 江西科学，23（5）：552-553.

邹建龙，等，2007. 纤维水泥堵漏性能评价研究 [J]. 钻井液与完井液，24（2）：42-44.

《钻井手册（甲方）》编写组，1990. 钻井手册（甲方）[M]. 北京：石油工业出版社.

ASHOK K S, et al., 2007. Designing cement slurries for preventing formation fluid influx after placement [C]. SPE106006.

BACKE K R, et al., 1999. A Laboratory study on oilwell cement and electrical conductivity [C]. SPE56539.

BACKE K R, et al., 1999. Characterizing curing – cement sluurries by permeability, tensile strength, and shrinkage [C]. SPE57712.

BANNISTER C E, et al., 1984. Critical design parameters to prevent gas invasion during cementing operations [C]. SPE11982.

BAUNGARTE C, et al., 1999. Case study of expanding cement to prevent microannular formation [C]. SPE56535.

BRUFATTO, et al., 2003. From mud to cement-building gas wells [J]. Oilfield Review, 15 (3): 62-76.

CHENEVEERT M E, et al., 1987. Shrinkage properties of cement [C]. SPE16654.

CHEUNG P R, et al., 1985. Gas flow in cements [J]. J. Pet. Tech., 11 (9): 1041-1048.

CHRISTIAN, et al., 1976. Gas leakage in primary cementing-a field study and laboratory investigation [J]. J. Pet. Tech., 28 (11): 1361-1369.

COOK, et al., 1977. Filtrate control-key in successful cementing practices [J]. J. Pet. Tech., 29 (8): 951-956.

DEGOUY D, et al., 1993. Characterization of the evolution of cementing materials after aging under severe bottomhole conditions [J]. SPE Drilling & Completion, 8 (1): 57-63.

DRECQ P, et al., 1988. A single technique solves gas migration problems across a wide range of conditions [C]. SPE17629.

EFFENDHY, et al., 2003. Fibers in cementform network to cure lost circulation. World Oil, 224 (6): 48-50.

GARACIA J A, et al., 1976. An investigation of annular gas flow following cementing operations [C]. SPE5701.

GOMZALO V, et al., 2005. A methology to evaluate the gas migration in cement slurries [C]. SPE94901.

GRABOWSKI E, et al., 1989. Effect of curing temperature on the performance of oilwell cements made with different types of silica [J]. Cement and concrete Research, 19 (5): 703-714.

GRIFFITH J, et al., 1997. Halliburton Energy Services, Inc. cementing the conductor casing annulus in an overpressured water formation [J]. SPE8304-MS.

HALLIBUTON, 1991. High pressure high temperature cementing [M]. New York: Hallibuton.

HAROLD F W, 1990. Cement chemistry [M]. New York: Academic Press.

HARRIS K L, 1990. Verification of slurry response number evaluation method for gas migration control [R]. SPE20450.

HASSAN I EI, et al., 2003. Using a novel fiber cement system to control lost circulation: case histories from the middle east and the far east [J]. Middle East Drilling Technology Conference and Exhibition, SPE / IADC 85324.

HOU J R, et al., 2000. Synthesizing dispersant for MTC design and its effect on slurry rheology [J]. SPE62095-PA, 15 (1): 31-36.

HUO J H, et al., 2018. Preparation, characterization and investigation of low hydration heat cement slurry system used in natural gas hydrate formation [J]. Journal of Petroleum Science and Engineering, 170: 81-88.

JENNINGS S S, et al., 2003. Gas migration after cementing greatly reduced [C]. SPE81414.

LEIMKUHLER J M, et al., 1994. Downhole performance evaluation of blast furnace slag-based cements: onshore and offshore field applications [C]. SPE28474-MS.

LEVINE, et al., 1979. Annular gas flow after cementing: a look at practical solutions [C]. SPE8255.

Li Y P, et al., 2001. Study of plasma-polymerization deposition of $C_2H_2/CO_2/H_2$ onto ethylene-co-propylene rubber membranes [J]. Radiation Physics and Chemistry, 60 (6): 637-642.

MUELLER D T, 2002. Redefining the static gel strength requirements for cements employed in SWF migration [C]. SPE14282.

MURRY J R, et al., 2004. Trasition time of cement slurries, definitions and misconceptions, related to annular fluid migration [C]. SPE90828.

NAHM J J, et al., 1993. Slag Mix Mud Conversion Cementing Technology: Reduction of Mud Disposal Volumes and Management of Rig-Site Drilling Wastes [C]. SPE25988-MS.

NAHM J J, et al., 1998. New facets of universal fluid usage: reduction of hole wash-out and solidification for environmentally safe drilling waste disposal [C]. SPE39384.

PARCEVAUX P A, et al., 1984. Cement shrinkage and elastcity: a new approach for a good zonal isolation [C]. SPE13176.

PROHASKA, et al., 1995. Modeling early-time gas migration through cement slurries [C]. SPE27878, 10 (3): 178-185.

RAE P, et al., 1989. A new approach to the prediction of gas flow after cementing [C]. SPE18622.

SABINS, et al., 1982. Transition time of cement slurries between the fluid and set states [J]. SPE9285, 22 (6): 875-882.

SABINS, et al., 1986. The relationship of thickening time, gel strength, and compressive strength of oilwell cements [C]. SPE11205, 1 (2): 143-152.

SABINS, et al., 1997. Parametric study of gas entry into cemented wellbores [C]. SPE28472, 12 (3): 180-187.

SEPOS D J, et al., 1985. New quick-setting cement solves shallow gas migration problems and reduces WOC time [C]. SPE14500.

SKALNY J, et al., 1978. Studies on hydration of cement recent developments [J]. World Cement Technology, (9): 183-194.

SONG M Q, et al., 2000. Slag MTC techniques slove cementing problems in complex wells [C]. SPE64758-MS.

SUTTON D L, et al., 1983. New method for determining downhole properties that affect gas migration and annular sealing [C]. SPE19520.

WATTERS T, et al., 1980. Field evaluation of method to control gas flowing: cementing [C]. SPE9287.

WEBSTER W W, et al., 1979. Flow after cementing~a field and laboratory study [C]. SPE8259.

WILLIAN H, et al. 1974. The inability of unset cement to control formation pressure [C]. SPE4783.

WILSON, et al., 1990. Conversion of mud to cement [J]. SPE20452-MS.